环境暴露与人群健康丛书

大气颗粒物环境暴露与健康效应

董光辉　周小涛　陈功博　主编

科学出版社

北　京

内 容 简 介

本书共 12 章，主要介绍大气颗粒物环境暴露与健康效应的基础理论、研究方法、相关领域的前沿进展以及大气颗粒物的疾病负担及经济学评价。第 1 章介绍我国大气颗粒物污染现状、理化特性以及监测现状和标准。第 2 章论述大气颗粒物暴露评估方法、健康效应评估的研究设计和统计分析。第 3~6 章系统介绍大气颗粒物暴露与不同健康结局的研究现况，包括心脑血管系统、呼吸系统、生殖健康和传染病。第 7 章介绍大气颗粒物健康效应的人群和区域性差异，强调大气颗粒物健康效应的复杂性。第 8 章介绍大气颗粒物影响健康的一般和系统毒性机制。第 9 章介绍大气颗粒物理化特性（如粒径、组分、来源）对人群健康效应的影响。第 10 章介绍大气颗粒物与其他环境因素交互作用对健康的影响。第 11~12 章介绍大气颗粒物的干预研究、疾病负担及经济学评价方法。

本书可供环境科学、大气科学和气象学、地理科学等与环境健康交叉学科相关专业的科研人员、管理人员阅读参考，也可作为这些专业的研究生教材或参考书。

图书在版编目(CIP)数据

大气颗粒物环境暴露与健康效应 / 董光辉, 周小涛, 陈功博主编. -- 北京 : 科学出版社, 2025. 1. -- (环境暴露与人群健康丛书). -- ISBN 978-7-03-080480-8

Ⅰ. X513

中国国家版本馆 CIP 数据核字第 2024L78U80 号

责任编辑：杨 震 刘 冉 / 责任校对：杜子昂
责任印制：徐晓晨 / 封面设计：北京图阅盛世

科学出版社 出版
北京东黄城根北街 16 号
邮政编码：100717
http: //www.sciencep.com
北京华宇信诺印刷有限公司印刷
科学出版社发行 各地新华书店经销
*
2025 年 1 月第 一 版 开本：720×1000 1/16
2025 年 1 月第一次印刷 印张：32 1/4
字数：650 000

定价：160.00 元

（如有印装质量问题，我社负责调换）

丛书编委会

《大气颗粒物环境暴露与健康效应》

编　委　会

丛书序

近几十年来，越来越多的证据表明环境暴露与人类多种不良健康结局之间存在关联。2021 年《细胞》杂志发表的研究文章指出，环境污染可通过氧化应激和炎症、基因组改变和突变、表观遗传改变、线粒体功能障碍、内分泌紊乱、细胞间通信改变、微生物组群落改变和神经系统功能受损等多种途径影响人体健康。《柳叶刀》污染与健康委员会发表的研究报告显示，2019 年全球约有 900 万人的过早死亡归因于污染，相当于全球死亡人数的 1/6。根据世界银行和世界卫生组织有关统计数据，全球 70%的疾病与环境污染因素有关，如心血管疾病、呼吸系统疾病、免疫系统疾病以及癌症等均已被证明与环境暴露密切相关。我国与环境污染相关的疾病近年来呈现上升态势。据全球疾病负担风险因素协作组统计，我国居民疾病负担 20%由环境污染因素造成，高于全球平均水平。环境污染所导致的健康危害已经成为影响全球人类发展的重大问题。

欧美发达国家自 20 世纪 60 年代就成立了专门机构开展环境健康研究。2004 年，欧洲委员会通过《欧洲环境与健康行动计划》，旨在加强成员国在环境健康领域的研究合作，推动环境风险因素与疾病的因果关系研究。美国国家研究理事会（NRC）于 2007 年发布《21 世纪毒性测试：远景与策略》，通过科学导向，开展系统的毒性通路研究，揭示毒性作用模式。美国国家环境健康科学研究所（NIEHS）发布的《发展科学，改善健康：环境健康研究计划》重点关注暴露、暴露组学、表观遗传改变以及靶点与通路等问题；2007 年我国卫生部、环保部等 18 个部委联合制订了《国家环境与健康行动计划》。2012 年，环保部和卫生部联合开展“全国重点地区环境与健康专项调查”项目，针对环境污染、人群暴露特征、健康效应以及环境污染健康风险进行了摸底调查。2016 年，党中央、国务院印发了《“健康中国 2030”规划纲要》，我国的环境健康工作日益受到重视。

环境健康研究的目标是揭示环境因素影响人体健康的潜在规律，进而通过改善生态环境保障公众健康。研究领域主要包括环境暴露、污染物毒性、健康效应以及风险评估与管控等。在环境暴露评估方面，随着质谱等大型先进分析仪器的有效利用，对环境污染物的高通量筛查分析能力大幅提升，实现了多污染物环境暴露的综合分析，特别是近年来暴露组学技术的快速发展，对体内外暴露水平进行动态监测，揭示混合暴露的全生命周期健康效应。针对环境污染低剂量长期暴露开展暴露评估模型和精细化暴露评估也成为该领域的新的研究方向；在环境污染物毒理学方面，高通量、低成本、预测能力强的替代毒理学快速发展，采用低等动物、体外试验和非生物手段的毒性试验替代方法成为毒性测试的重要方面，解析污染物毒性作用通路，确定生物暴露标志物正成为该领域研究热点，通过这些研究可以大幅提高污染物毒性的筛查和识别能力；在环境健康效应方面，近年来基因组学、转录组学、代谢组学和表观遗传学等的快速发展为探索易感效应生物标志物提供了技术支撑，有助于理解污染物暴露导致健康效应的分子机制，探寻环境暴露与健康、疾病终点之间的生物学关联；在环境健康风险防控方面，针对不同暴露场景开展环境介质-暴露-人群的深入调查，实现暴露人群健康风险的精细化评估是近年来健康风险评估的重要研究方向；同时针对重点流域、重点区域、重点行业、重点污染物开展环境健康风险监测，采用风险分区分级等措施有效管控环境风险也成为风险管理技术的重要方面。

环境健康问题高度复杂，是多学科交叉的前沿研究领域。本丛书针对当前环境健康领域的热点问题，围绕方法学、重点污染物、主要暴露类型等进行了系统的梳理和总结。方法学方面，介绍了现代环境流行病学与环境健康暴露评价技术等传统方法的最新研究进展与实际应用，梳理了计算毒理学和毒理基因组学等新方法的理论及其在化学品毒性预测评估和化学物质暴露的潜在有害健康结局等方面的内容，针对有毒有害污染物，系统研究了毒性参数的遴选、收集、评价和整编的技术方法；重点污染物方面，介绍了大气颗粒物、挥发性有机污染物以及阻燃剂和增塑剂等新污染物的暴露评估技术方法和主要健康效应；针对典型暴露场景，介绍了我国电子垃圾拆解活动污染物的排放特征、暴露途径、健康危害和健康风险管控措施，系统总结了污染场地土壤和地下水的环境健康风险防控技术方面的创新性成果。

近年来环境健康相关学科快速发展，重要研究成果不断涌现，亟须开展从环境暴露、毒理、健康效应到风险防控的全链条系统梳理，这正是本丛书编撰出版的初衷。“环境暴露与人群健康丛书”以科技部、国家自然科学基金委员会、生态环境部、卫生健康委员会、教育部、中国科学院等重点支持项目研究为基础，汇集了来自我国科研院所和高校环境健康相关学科专家学者的集体智慧，系统总结了环境暴露与人群健康的新理论、新技术、新方法和应用实践。其成果非常丰富，可喜可贺。我们深切感谢丛书作者们的辛勤付出。冀望本丛书能使读者系统了解和认识环境健康研究的基本原理和最新前沿动态，为广大科研人员、研究生和环境管理人员提供借鉴与参考。

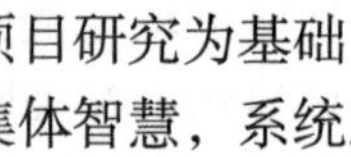

2022 年 10 月

前　言

良好生态环境是实现中华民族永续发展的内在要求，是增进民生福祉的优先领域，是建设美丽中国的重要基础。新中国成立 70 多年以来，在党和国家的高度关注和大力支持下，我国的环境污染防治从最初的末端治理到如今的全过程控制，污染控制理念不断升级，力度不断加大。但随着我国国民经济的快速增长和城市化进程加快，环境污染问题日趋复杂，其中，空气污染特别是大气颗粒物已跃居我国居民疾病死因的第 4 位。世界卫生组织的国际癌症研究机构（IARC）在 2013 年已将大气颗粒物 PM_{10} 与 $PM_{2.5}$ 列为Ⅰ类致癌物，但截至目前，用于制定质量标准的剂量-反应关系仍未获得，污染减排、能源和产业结构、政策调整所需的关键毒性组分信息尚不完整。我国地域辽阔，大气颗粒物污染涉及区域广、强度大、持续时间长、来源与成因复杂，无法照搬国外的研究结果和结论。因此，深入阐述大气颗粒物暴露与人群健康效应、探究大气颗粒物毒性机制、分析比较不同理化特征的大气颗粒物对不同区域和人群的健康影响等，对推动大气颗粒物健康效应研究发展以及环境质量标准制定具有重要意义。

本书系统地介绍了我国大气颗粒物污染现状和大气颗粒物监测系统建设，并全面阐述了大气颗粒物暴露评估方法及其健康效应评估的研究设计和统计方法。同时本书也纳入了大气颗粒物暴露对多个人群健康结局的健康效应影响的最新内容和进展，包括心脑血管系统疾病、呼吸系统疾病、生殖系统疾病以及传染病的人群健康效应。本书还系统论述了大气颗粒物健康效应的人群和地区差异、不同理化特征的大气颗粒物健康效应、毒理机制、与其他环境因素交互作用对健康的影响、干预研究现况以及大气颗粒物的疾病负担及经济学评估的方法和最新进展，拓宽了学科的研究和应用领域。本书可供本领域科研机构、高等院校预防医学专业的本科生和研究生参考使用，也可为从事环境医学、环境科学、地理信息等领域专业人员开展环境污染与人群健康影响的环境流行病学研究工作提供理论支持和技术指导。

本书为“环境暴露与人群健康丛书”之一，是众多学者集体努力、协同攻关的成果，旨在推动大气颗粒物的健康效应研究发展。全体编委为本书的编写付出了辛勤的汗水，在此表示衷心感谢！由于编者的水平有限，时间仓促，不足之处在所难免，热情欢迎广大读者批评指正。

董光辉　周小涛　陈功博

2024 年 2 月于广州

目　录

第1章　大气颗粒物污染现状

1.1　我国大气颗粒物污染现状

气溶胶是指长时间悬浮在气体环境中、能观察或测量到的液体或固体粒子的集合。大气气溶胶是指悬浮在大气中的液体或固体颗粒，直径通常在纳米到微米的数量级。气溶胶体系中分散的各种粒子称为大气颗粒物（atmospheric particulate matters），它们可以是无机物，也可以是有机物，或由两者共同组成；可以是无生命的，也可以是有生命的；可以是固态的，也可以是液态的。目前，大气颗粒物是大气的主要污染物之一，由天然污染物和人为污染物两类构成，但能够真正引起危害的往往是人为污染物，它的主要来源是大规模的工业生产和燃料的燃烧。据 2019 年全球疾病负担（Global Burden of Diseas，GBD）研究估计，全球由大气颗粒物污染造成的伤残调整寿命年超过 1.18 亿，是造成全球居民疾病负担的第七位危险因素；在我国，归因于大气颗粒物污染的死亡约有 142 万。

随着我国社会经济的快速发展，以煤炭为主的能源消耗大幅攀升。2020 年我国能源消费总量上升至 49.8 亿吨标准煤，同比增长 2.2%；同时，机动车保有量也急剧增加，截至 2021 年 9 月，全国机动车保有量已达 3.90 亿辆。在煤炭等燃料燃烧和机动车尾气的双重作用下，经济发达地区氮氧化物（NO_x）和挥发性有机物（volatile organic compounds，VOCs）排放量显著增长，臭氧（O_3）和细颗粒物（$PM_{2.5}$）污染加剧，在可吸入颗粒物（PM_{10}）和总悬浮颗粒物（total suspended particulate，TSP）污染还未全面解决的情况下，京津冀、长江三角洲、珠江三角洲等区域 $PM_{2.5}$ 和 O_3 污染加重，灰霾现象频繁发生，能见度降低。美国国家航空航天局（NASA）发布的全球 $PM_{2.5}$ 浓度分布显示：中国的东部地区是全球 $PM_{2.5}$ 浓度的高值区，受污染地区的国土面积约占全国总国土面积的 9.5%，受污染地区的人口占全国总人口的 38%。据统计 2000 年中国空气污染物的排放量占全球总值的 18%，2014 年增长至 35%，空气质量日趋恶化，因此我国制定了一系列法律法规，例如《大气污染防治行动计划》和《打赢蓝天保卫战三年行动计划》（以下简称“三年计划”），以严格管控空气污染物排放。在多方努力下，我国大多数污染物浓度大幅下降，2010~2017 年 SO_2、NO_x 和 PM_{10} 浓度降幅分为 62%、17%和 68%[1]。2020 年是“三年计划”的收官之年，由亚洲清洁空气中心撰写的《大气中国 2021：中国大气污染防治进程》报告中明确指出，全国城市 $PM_{2.5}$ 年均浓度已迈入达标线，臭氧浓度首次下降；汾渭平原污染恶化趋势得以缓解。此外，2020 年共有 202 个城市环境空气质量达标，占全部地级及以上城市数的 59.9%，同比 2019 年增加 45 个。全国 $PM_{2.5}$ 年均浓度为 33 μg/m³，同比 2019 年下降 8.3%；PM_{10} 年均浓度为 56 μg/m³，同比 2019 年下降 11.1%[2]。然而，我国城市空气质量持续改善的同时，$PM_{2.5}$ 的全国整体浓度水平仍远高于世界卫生组织提出的健康水平指导值（5 μg/m³），$PM_{2.5}$ 的污染情况仍存在较大的改善空间。2020 年我国 O_3 污染逐年恶化的趋势虽得到初步缓解，但与 2015 年相比全国平均浓度上升了 12.6%，重点区域上升幅度更大，表明光化学污染情况更为严峻。目前我国以煤为主的能源结构未发生根本变化，仍是煤炭消耗大国，因此煤炭燃烧产生大气污染物也成为影响环境质量的主要因素。在某些城市除燃煤污染外，大气颗粒物的产生还存在与当地工业污染和气象地理条件密切关联的地方特点。例如，作为物流运输大省的山东，是目前机动车颗粒物排放量最大的地区之一。

我国城市大气颗粒物时间分布特征明显，表现为冬季大气颗粒物污染程度最严重，其次为春秋季节，夏季最轻；总体上北方污染程度重于南方。这可能是由于中国大部分城市夏季为湿季且地表植被茂盛，湿沉降较强，土壤源的排放相对减弱；而冬季燃煤量较大，人为源排放的污染物较多。按照环境空气质量综合指数评价，2020 年海口、拉萨、舟山等 20 个城市环境空气质量相对较好，安阳、石家庄、太原等 21 个城市环境空气质量相对较差。因此从空间分布特征上看，颗粒物污染较重的城市主要分布在西北、华北地区，总体上北方地区较南方地区污染严重。随着城市化的加速发展、机动车保有量的快速增长和重化工业日趋增加，我国部分城市大气污染正从单一的煤烟型污染向复合型空气污染转型，以 $PM_{2.5}$ 为特征的二次污染进一步加剧，造成区域性大气污染呈现扩张趋势。复合型大气污染导致能见度大幅度下降，我国黑河-腾冲分界线的东、西部地区能见度存在明显差异：甘肃、内蒙古、新疆、宁夏、西藏等地的能见度一般大于 20 km，但我国东南部地区能见度一般＜20 km，平均能见度呈现下降趋势，以京津冀地区为首的区域能见度小于 10 km，此外京津冀、长三角、珠三角等重点区域每年出现灰霾污染的天数达 100 天以上，污染物的分布形式也由点状污染转换为片状或带状[3]。

我国是一个占世界总人口约 18%的发展中大国，在工业化持续快速推进过程中，能源消费量持续增长，以煤为主的能源消费排放出大量的烟尘、二氧化硫、氮氧化物等大气污染物，大气环境形势十分严峻；同时伴随着居民收入水平的提高和城市化进程的加快，城市机动车流量迅猛增加，机动车尾气排放进一步加剧了大气污染。我国大气污染严重的区域主要集中在经济发达的城市地区，城市也是人口最密集的地方，我国城市严重的大气污染对居民健康造成了巨大的危害，已经成为广泛关注的热点问题之一。但目前大部分研究仍聚焦于大气颗粒物短期暴露的健康效应，而仅有少数研究关注颗粒物长期暴露和室内颗粒物暴露引起的健康效应。在短期暴露效应上，一些学者已发现孕妇女在孕前短期暴露于大气颗粒物会增加流产和早产的发生风险，还发现了大气颗粒物的短期暴露与居民超额死亡风险、心血管病死率以及卒中风险死亡风险增高显著相关[4,5]。而目前大多采用队列研究等流行病学方法来探讨大气颗粒物的长期暴露的健康效应，已有流行病学调查结果表明颗粒物的长期暴露不仅可引起呼吸系统和心血管系统疾病的发病率上升，还可通过诱导神经性炎症、血脑屏障损伤和氧化应激损伤中枢神经系统，进而增加阿尔茨海默病和帕金森病等神经系统疾病的风险。

目前，在我国出台实施了一系列大气污染防治政策措施后获得了可观的成效，空气质量持续改善，全国空气质量达标城市逐年增加，但大气污染防治工作挑战犹存，特别是减少对化石燃料的依赖、机动车尾气、光化学污染以及室内污染物的监测与管控等方面，因此进一步改善空气质量依旧任重道远。

1.2 大气颗粒物理化特性

大气颗粒物在大气过程中的作用及环境效应均取决于其物理和化学性质。物理性质包括颗粒物的质量浓度、数浓度、单个颗粒的大小和形状、粒径、表面积及体积、显微形貌、颗粒的聚集特性等以及颗粒物的吸附性、吸湿性以及对光的吸收和散射性等，化学性质包括颗粒物元素组成、无机和有机化学组分及分布、化学成分的可溶性、颗粒物表面非均相反应等。

1.2.1 大气颗粒物粒径

粒径是大气颗粒物最为重要的物理性质之一，粒径的大小决定其空中漂浮的时间、进入人体的位置以及用来吸附有害物质的比表面积的大小。事实上，大气颗粒物所具有的物理化学性质都和粒径有关。大气颗粒物的形状极不规则且非常复杂，因此在大气颗粒物研究中往往运用光学、电学或空气动力学性质，采用简单的有效直径来表示颗粒物的粒径，最常用的是空气动力学等效直径。根据粒径大小，大气颗粒物可分为总悬浮颗粒、可吸入颗粒物、细颗粒物和超细颗粒物。粒径≤100 μm 的所有颗粒物统称为总悬浮颗粒物（total suspended particulates，TSP）。可吸入颗粒物（inhalable particle，IP，PM_{10}）指空气动力学直径≤10 μm 的颗粒物，因其可以进入人体呼吸道而得名，又因其能在空气中长期悬浮，也被称作飘尘。细颗粒物（fine particle，$PM_{2.5}$）是指空气动力学直径≤2.5 μm 的细颗粒，它在空气中悬浮的时间更长，易于滞留在终末细支气管和肺泡中，其中某些较细的组分还可穿透肺泡进入血液。$PM_{2.5}$ 更易于吸附各种有毒的有机物和重金属元素，对健康危害极大。超细颗粒物（ultrafine particle，$PM_{0.1}$）指空气动力学直径≤0.1 μm 的大气颗粒物。人为来源的 $PM_{0.1}$ 来自汽车尾气。$PM_{0.1}$ 有直接排放到大气的，也有排放出的气态污染物经日光紫外线作用或者其他化学反应转化后二次生成的。$PM_{0.1}$ 的影响受到日益广泛的关注。需要特别指出的是，大气中不同粒径的颗粒物所占的比例并不是一致或一成不变的，而是随污染源、地理位置和气候条件等因素呈现出明显的时间和空间变化。

1.2.2 大气颗粒物组分

大气颗粒物的组分具有较大的差异，这是由于各组分间来源和形成机制的不同。此外，悬浮在空气中的粒子在漂移过程中吸附空气中各种物质，并在粒子表面进行复杂的物理化学反应，这更增加了颗粒物组分的复杂性。大气颗粒物主要由含碳气溶胶、重金属、多环芳烃、挥发性有机物及其他成分组成。

1. 含碳气溶胶

含碳气溶胶在 TSP 中占比约为 10%~15%，在 PM_{10} 中约占 20%~30%，在 $PM_{2.5}$ 中约占 40%~60%，是大气颗粒物的重要组成部分，其分布与颗粒物粒径和地理位置等因素有关。含碳气溶胶主要可分为元素碳（elemental carbon，EC）和有机碳（organic carbon，OC）两类。

元素碳（EC）是大气颗粒物中以单质碳形态存在的碳的总称，主要由化石燃料或生物体不完全燃烧产生，只存在于污染源直接排放的一次气溶胶中[6]。EC 的粒径一般为 0.1~1 μm，是 $PM_{2.5}$ 的重要组成成分，其表面具有良好的吸附性但不溶于水和甲醇等有机溶剂以及大气气溶胶的其他组分，其成分和结构由缺氧环境中的燃料类型、燃烧条件等决定[7]。EC 还具有较强的吸收特性，可在紫外线到红外光谱范围内强烈吸收太阳辐射，并产生正的辐射强迫作用，因此 EC 不仅是大气颗粒物中最主要的吸收性物质，还是除 CO_2 外引起全球变暖的大气关键成分。在气候变化方面，EC 可通过直接效应和间接效应发挥作用，其中，直接效应是指 EC 吸收太阳辐射，扰乱地气系统的能量辐射平衡，促进大气吸收太阳辐射能进而引发温室效应[8]。间接效应是指 EC 可作为云凝结核，通过影响云的性质及分布间接地诱发气候变化。当 PM 中 EC 浓度达 15%时，室外大气能见度下降 38%，直接减少到达地表的太阳辐射，导致增暖效应进而影响整个大气圈的水循环及能量循环[9,10]。Kanaya 等根据 WRF/CMAQ 模型推算，2018 年我国 EC 排放量由 2009 年的 1.61 Tg/a 减至 1.06 Tg/a[11]。虽然排放量降幅较大，但纵观全球 EC 仍处于一个较高的水平。EC 不仅对空气质量造成严重影响，还会危害人体健康。国际癌症研究机构（IARC）已将 EC 归类为 2B 类致癌物。此外，EC 粒径较小而容易在大气中长距离传播，因此也是大气颗粒物中对肺部起毒性作用的主要成分。浓度过高的 EC 不仅可对神经系统造成不良影响，还会增加心血管疾病和呼吸道疾病的发病率和死亡率。由于 EC 具有吸附性，因此其毒性与 EC 上所吸附的物质有关，不同来源的 EC 携带粒子不同，对人群的健康影响也不同[12]。

有机碳（OC）是大气颗粒物中以有机化合物形态存在的碳的总称，主要为燃料燃烧释放的氮氧化物和碳氢化物。OC 根据饱和蒸气压的不同可分为挥发性有机物（VOCs）、半挥发性有机物（SVOCs）以及不挥发性有机物三类；其次，根据形成机制的不同可分为经过燃料燃烧直接排放到大气中的一次有机碳（primary organic carbon，POC）以及 POC 经过大气化学作用所产生的二次有机碳（secondary organic carbon，SOC）；此外，还可根据分子官能团的不同分为多环芳烃、有机酸、正构烷烃、羰基化合物和杂环化合物。经研究分析发现，在汽油车尾气中有机碳的含量约 70%，在柴油车尾气排放中有机碳的含量约 40%，OC 在人为燃料燃烧和森林自然火灾中排放的含量占总排放量的 50%，在人为燃料源中的燃煤排放中的含量占总排放量的 70%。在气候变化上，OC 可促进大气对太阳光的散射，产生负的辐射压迫，对地气系统能起到降温作用。同时，OC 因其散射特性成为大气消光的主要贡献者。据统计，北京正常天气时 OC 的消光贡献为 21.8%，广州市的气溶胶消光中 OC 占 20%左右，而深圳的 OC 消光贡献高达 45%[13]。除了影响气候外，OC 中含有多种潜在的致畸、致癌、致突变物质，极易增加人体多种疾病的患病风险，对人体健康造成极大危害。此外，OC 中的部分物质具有遗传毒性，可引起染色体损伤和原发性 DNA 损伤、抑制细胞间通信、导致肝脏中某些血清酶活性的升高[14]。例如，OC 中的有机酸会增强 DNA 链断裂的强度，而 DNA 链断裂与遗传毒性密切相关[15]。

OC 与 EC 的比值（OC/EC）可以判断 PM 中 OC 和 EC 来源，同时也是判断二次污染的依据。通常 OC/EC 在 1.0~4.2 之间指示大气污染来自交通排放，OC/EC＞2 时指示存在二次有机碳颗粒物的污染，在 2.5~10.5 之间指示大气污染主要受煤炭燃烧影响，OC/EC 在 12.7 左右指示污染来源于家用天然气，OC/EC 在 13.1 左右则指示主要大气污染源为地面扬尘[16-19]。OC 和 EC 是大气颗粒物的重要组成成分，且二者主要集中于 $PM_{2.5}$，因此控制 $PM_{2.5}$ 的排放可有效减少大气含碳气溶胶的含量。

2. 重金属

大气颗粒物中金属元素根据来源差异可分为地壳元素和污染元素两大类。地壳元素主要来自土壤分化、建筑工地地面扬尘、沙尘等，与地表的分化作用关系密切，包括 Fe、Ca、Mg、Si 等。污染元素主要是对人体健康危害较大的重金属，由人类的工业活动、矿业活动、燃煤燃烧、汽车尾气等人为污染造成，包括

Cu、Pb、Cd、Ni、Zn、Hg 等。

目前我国对大气颗粒物中的重金属的研究主要集中在城市地区，对农村和背景地区的研究相对较少。许多研究显示城市大气重金属污染程度比较严重，其浓度普遍高出欧美国家城市 2 倍以上；在污染水平上，城市大气重金属污染整体呈现北方高于南方，内陆高于沿海和沙漠地区的特征；Pb、As 为大部分城市的主要污染元素，Cd、Cr、Zn、Ni 等元素污染在部分城市较为突出。然而农村和背景地区的大气重金属的污染水平也不容忽视，杨勇杰等[20]研究显示，广州鼎湖山国家级自然保护区 $PM_{2.5}$ 中 Pb、V 等污染元素平均浓度约为北京城区浓度的 2 倍；Pan 等[21]对承德市农村山区细颗粒物进行研究发现，$PM_{2.5}$ 中 Cu、Pb、Cd、Cr 和 Ni 的浓度与北京城区相当。以上结果也证实了 PM 所吸附的重金属可输送到城市周边甚至更远的农村和背景地区，这是因为 $PM_{2.5}$ 具有较强的长距离传输性和迁移能力。

大气颗粒物由于来源、形成条件等因素不同，因此其成分有很大差异，不同国家和地区颗粒物所含重金属的种类和含量也有所差别。在我国，北方燃煤城市大气颗粒物中重金属含量明显高于南方一般城市，重工业城市和大的综合型城市的大气颗粒物中重金属污染较中小型轻工业城市以及农村地区严重[22]。另外在城市内部不同功能区中大气污染物的重金属浓度也有较大差异，一般在工业区含量最大，郊区最少。

大气颗粒物中的重金属在时间分布上还呈现明显的季节变化和日变化规律，气象条件的改变以及排放源的不同是引起季节变化的主要原因，多数金属含量冬季大于秋季，夏季最低。日变化规律主要表现为早晨大气中的重金属含量高于下午和晚上。例如，一项针对成都郊区的调查显示 TSP 中 Pb、Cd、Hg 的浓度峰值出现在 5:00~9:00 和 17:00~21:00 两个时段，日变化规律呈“双峰型”[23]。这可能是与该两个时间段人为活动增多，是上下班高峰期，汽车尾气大量排放有关。此外还可能由于早晨容易出现逆温现象，大气状态较为稳定，不利于大气污染物的扩散和清除。大气颗粒物中重金属元素在垂直方向的分布规律可为其来源提供依据，在一定高度范围内，如果距离地面越高，颗粒物中金属元素浓度越低，表明近地面排放是该金属元素的主要来源；反之随高度的增加，金属元素浓度增高，表明人为活动或工业排放是该元素的主要来源[22]。不同粒径的颗粒物中重金属有不同程度的富集，一般而言，颗粒物粒径越小，富集重金属的浓度越高，比如在 $PM_{2.5}$ 中的富集程度比在 PM_{10} 更大。

金属元素虽然在颗粒物中仅占小部分，对 $PM_{2.5}$ 质量浓度的平均贡献约为 3.16%~5.00%，但对于生态环境和人体健康有重要的影响[24,25]。大气颗粒物中的重金属会促进二次气溶胶的形成，造成空气质量恶化。大气颗粒物中的重金属具有不可降解性、生物毒性和生物蓄积性，人体除了可经呼吸接触外，还可通过食物链的生物放大作用进入人体并产生健康损害效应，长期暴露甚至可引发各种疾病。下面以目前研究较多的重金属为例进行介绍。

铅（Pb）是目前唯一纳入《环境空气质量标准》（GB 3095—2012）的重金属，其标准年平均限值为 0.5 μg/m³，季平均限值为 1.0 μg/m³。我国的一项系统综述汇总了 2000~2012 年发表在 CNKI、万方、维普、Science Direct、Google Scholar 和 Pub Med 等数据库的关于空气颗粒物中重金属含量的文献，研究共涉及 30 个省（自治区、直辖市）42 个城市，结果显示 18 个城市（占 42.96%）PM_{10}中的铅含量超过我国《环境空气质量标准》（GB 3095—2012）的年均限值（272.5 ng/m³），我国空气环境铅含量较高，但总体呈现下降趋势[26]。人体一般通过呼吸道接触蒸气、烟尘及粉尘形态的铅及其化合物，也有部分通过饮食经消化道进入体内。大多数铅可经尿液排出，但存在蓄积作用，人体内 90%~95%的铅可储存于骨内，骨铅与血液、软组织中的铅保持动态平衡。Pb 对全身各系统和器官均有毒性作用，可损害神经系统，引起类神经症；抑制血红素的合成，诱发溶血性贫血；增加膀胱癌、胃癌等癌症的发病风险；损伤生殖系统引起不孕不育；此外还有研究表明母体的血铅可经胎盘和母乳传递给胎儿。

镉（Cd）可经呼吸道和消化道被人体吸收，消化道的吸收率一般不超过 10%，呼吸道的吸收率为 10%~40%，其主要来源于冶炼、燃煤、石油燃烧、运输等的工业废气。据统计，我国大部分城市大气颗粒物中 Cd 的浓度范围为 0.200~504 ng/m³，59.0%的城市 Cd 浓度高于《环境空气质量标准》（GB 3095—2012）的限值（0.005 μg/m³）[27]。Cd 是目前最易在体内蓄积的重金属，主要蓄积于肝脏和肾脏，在体内的生物半减期长达 8~35 年，可通过肾脏随尿液缓慢排出。镉具有明显的慢性毒性，吸入镉烟尘可引起肺间质性肺炎和局灶性肺气肿。美国毒物管理委员会（ATSDR）已将镉列为第六位危害人体健康的有毒物质，国际癌症研究中心（IARC）则将镉归为Ⅰ类致癌物。

镍（Ni）是人体必需的微量元素，主要来源于燃煤、垃圾焚烧和冶炼镍矿石及其他含镍金属矿石的矿粉，在我国大部分城市大气中的浓度为 2.60~186 ng/m³，现行环境空气质量标准尚未对 Ni 进行限制，但在《工作场所有害因素职业接触限值第 1 部分：化学有害因素》（GBZ 2.1—2019）中规定，工作场所空气中金属镍和难溶性镍化合物限值为 1.0 mg/m³，可溶性镍化合物限值则为 0.5 mg/m³。镍化合物被 IARC 归为Ⅰ类致癌物，主要分为可溶性镍化合物、羰基镍和不溶性镍化合物三类，其中，可溶性镍化合物和羰基镍易经呼吸道吸收，可与白蛋白结合，但不易蓄积，生物半减期约为 1 周，可经尿液排出；而不溶性镍化合物则可在呼吸道蓄积。镍易通过胎盘屏障，致癌作用、血液毒性和免疫毒性是其引起的主要毒作用。流行病学研究表明，镍精炼工人鼻和呼吸道肿瘤发病率增高；接触高浓度的镍气溶胶可引起鼻炎、鼻窦炎和鼻中隔穿孔等，短期内吸入高浓度羰基镍可引起急性呼吸系统和神经系统损伤。

铬（Cr）及其化合物主要来源于冶金、电镀、皮革、颜料等工业生产过程以及煤和石油燃烧的废气，大部分城市大气中铬的质量浓度范围为 3.90~321 ng/m³。大气中的无机铬主要以三价铬和六价铬形式存在，现行的《环境空气质量标准》（GB 3095—2012）仅提供了六价铬的年平均参考浓度限值（25 pg/m³）。目前国内研究大多以大气中总铬浓度为主，六价铬的观测数据的有限，狄一安等[28]的研究指出北京城区大气颗粒物中六价铬平均浓度为(200±86)pg/m³，变化范围为 51.0~409.2 pg/m³，约为现行标准参考浓度限值的 8 倍，表明我国大气可能存在六价铬重度污染的现象。铬及其化合物可经皮肤、呼吸道及消化道进入人体，职业人群暴露主要是通过呼吸道吸入和皮肤接触。三价铬是人体必需的微量元素，而六价铬毒性比三价铬毒性高 100 倍，已被 IARC 归为Ⅰ类致癌物。长期接触六价铬化合物可引起鼻黏膜糜烂、鼻中隔穿孔等表现的铬鼻病，铬化合物生产者也呈现肺癌发病率增高的趋势。

3. 多环芳烃

多环芳烃（polycyclic aromatic hydrocarbons，PAHs）是由 2~7 个芳族稠环组成的一类广泛存在的持久性有机化学污染物，也是一类具有半挥发性的非极性化合物，其化学性质与分子结构相关，主要包括苯并[*a*]芘（BaP）、苯并[*a*]蒽（BaA）、苯并[*k*]荧蒽（BkF）、苯并[*b*]荧蒽（BbF）、苯甲[*a*, *h*]蒽（DahA）等。BaP、BaA 和 DahA 被 IARC 列为ⅡA 类致癌物，BbF、IcdP、萘（NaP）和 BkF 列为ⅡB 类致癌物，BaP 也在我国《环境空气质量标准》（GB 3095—2012）中被列为优先控制的污染物，其年平均限值和 24 小时平均限值分为 0.001 μg/m³、0.0025 μg/m³。

PAHs 根据分子量大小和所含苯环数的不同，可分为含四个苯环以下的低分子量 PAHs 和含四个苯环以上的高分子量 PAHs 两类。一般而言，PAHs 的蒸气压随分子量的增大而减小。在普通大气条件下，二环及三环的 PAHs 蒸气压较大，绝大部分分布在气相中，四环和五环的 PAHs 在气相与颗粒相中均存在，六环及以上的 PAHs 蒸气压较小，则大部分分布在颗粒相中[29]，因此大气颗粒物也被认为是 PAHs 的载体，颗粒物粒径大小影响着 PAHs 的分布。此外，环境温度以及光照也会对大气中 PAHs 的分布产生影响，PAHs 在气相和颗粒物中的分布平衡会随着环境温度升高而打破进而向气相移动。大多数 PAHs 具有荧光性，当光照使其激发（光吸收）时，PAHs 会发出特征波长的光，而且不同异构体的紫外吸收光谱互不相同，这也有利于区分和鉴定不同种类的 PAHs[30]。PAHs 大多为疏水亲脂化合物，较易溶于有机溶剂，而水溶性则随着环数量的增加逐渐降低，因此半挥发性的 PAHs 容易沉积在水、土壤、植被等的表面上，经过蒸发作用再挥发到大气中[31]。

PAHs 来源可分为自然源和人为源，其中人为源为其主要污染源。人为源又可分为石油源和热解源，前者主要是指原油运输、生产和利用过程的泄漏。后者则是 PAHs 最重要的人为排放源，主要包括垃圾及煤、石油等的不完全燃烧和机动车、飞机等交通运输的尾气排放，也包括化石燃料开采与利用的过程中在高温下发生热分解反应而产生新的 PAHs。在季节分布上，由于工业生产活动废气排放频率较为恒定，因而以工业生产为主要排放源的 PAHs 无明显的季节变化规律。冬季居民生活供暖需求大幅增加且低温下汽车尾气颗粒物也有所增多，能吸附更多的 PAHs；而夏季光照增强引发气相中 PAHs 的大气反应增多，所以以居民生活燃煤为主要排放源的 PAHs 具有明显的季节规律，一般是冬季颗粒物中 PAHs 浓度较高，夏季气相中 PAHs 浓度较高。

2007 年全球大气中 16 种 PAHs 排放量为 504000 吨，亚洲国家的总排放量占全球排放量的 53.5%，中国（106000 吨）和印度（67000 吨）分居亚洲各国排放量的前两名[32]。穆玺龙等构建的中国多环芳烃排放清单结果显示 2012 年 PAHs 排放总量为 81149 吨[33]，而 2014 年我国 PAHs 排放总量为 125000 吨，提示我国 PAHs 的排放量一直处于较高水平，对其的管控仍需加大力度。Wang 等[34]研究显示，从 2013 年到 2017 年，我国 PAHs 总排放量下降了 11.36%，以工业生产为排放源的排放量减少得最快。我国幅员辽阔，不同地区大气中 PAHs 浓度存在一定差异，主要表现为排放量的高低在一定程度上与我国不同地区经济水平高低呈正相关。此外，由于北方冬季寒冷，人均能源消耗量高于南方进而引起北方地区的人均 PAHs 排放量高于南方。对 PAHs 排放总量城乡区县差异并不大，这可能与 PAHs 具有持久性和长距离迁移性以及远离城镇地区的居民大量燃烧生物质有关[34]。

大多数 PAHs 具有较强的致畸、致癌和致突变作用，因此受到人们的广泛关注。PAHs 可通过呼吸、饮食和皮肤接触等途径进入体内，由于具有亲脂性和惰性因而容易在生物体内蓄积。研究表明，短期暴露于大气中的 PAHs 可引发一系列氧化应激反应并上调炎症因子的表达，进而促进哮喘的发生发展。长期暴露于 PAHs 可引起基因突变，产生 DNA 加合物，加重细胞损伤，增加患肺癌、膀胱癌等癌症的风险。李韵谱等[35]研究指出重污染和非重污染天气的北京市成年人因 $PM_{2.5}$ 来源的 PAHs 暴露引起的超额致癌风险分别为 1.93×10^{-5} 和 5.27×10^{-6}，预期寿命损失分别为 119.73 分钟和 32.75 分钟。此外，PAHs 可干扰神经、内分泌系统，穿过胎盘屏障直接进入胎儿体内，现有流行病学研究表明孕期 PAHs 暴露与早产、低出生体重等多种不良妊娠结局密切相关。除了造成一次污染外，PAHs 还可与其他大气污染物反应生成二次污染物，如 PAHs 与 NO_2 反应可生成致突变作用更强的硝基多环芳烃。

4. 挥发性有机物

挥发性有机物（volatile organic compounds，VOCs）是对熔点在室温以下，沸点在 50~240 ℃的挥发性有机污染物的总称。由于其组分复杂，故可采用总挥发性有机物（total volatile organic compounds，TVOCs）和非甲烷总烃（non-methane hydrocarbons，NMHCs）为污染物控制项目来表征 VOCs 的总体排放情况。TVOCs 是指采用规定的监测方法，对大气中的单项 VOCs 物质进行测量，通过加和得到 VOCs 物质的总量，以单项 VOCs 物质的质量浓度之和计，现行《室内空气质量标准》（GB/T 18883—2022）中规定室内 TVOCs 的 8 小时平均标准限值为 0.60 mg/m^3。NMHCs 是指采用规定的检测方法，氢火焰离子化检测器有响应的除甲烷外的气态有机化合物的总和，以碳的质量浓度计。《大气污染物综合排放标准》（GB 16297—1996）规定 NMHCs 最高排放浓度为 150 mg/m^3，而江苏省《大气污染物综合排放标准》（DB 32/4041—2021）则规定 NMHCs 最高允许排放浓度为 60~70 mg/m^3。

VOCs 排放源可分为自然源和人为源。自然源排放的 VOCs（biogenic volatile organic compounds，BVOCs）是指植物挥发排放到环境空气中的 VOCs，包括异戊二烯、α-菠烯和单萜类等，其中单萜类是生成二次有机气溶胶（secondary organic aerosols，SOA）的重要前体物，而异戊二烯经光化学反应生成的甲基乙烯基酮（MVK）和异丁烯醛（MaCR），是重要的光化学反应指示剂[36]。机动车尾气、工业生产、化石燃料和生物质燃烧等是我国大气 VOCs 的主要来源，VOCs 来源的空间分布也受地区工业生产活动、燃料种类的影响。机动车尾气、化石燃料燃烧和液化石油气使用是北方平原地区 VOCs 的主要来源，而橡胶工业生产和煤炭燃烧则是长三角地区 VOCs 的主要来源，中部地区 VOCs 来源的主要贡献者是工业生产、煤炭燃烧和液化石油气的使用，对于南方珠三角地区的 VOCs 则主要来源于液化石油气的使用、生物质和煤炭的燃烧[37]。

全国工业源 VOCs 排放量从 2011 年的 11122.7 kt 增长到 2017 年的 13397.9 kt，而 2019 年则下降至 13247.0 kt[38]。据梁小明等[39]统计，2018 年我国工业源 VOCs 排放量为 12698 kt，含 VOCs 产品的使用所排放的 VOCs 占工业源排放总量的 58.89%，其次为以 VOCs 为原料的工艺过程、储存与运输，广东、山东、浙江和江苏是工业 VOCs 贡献最大的 4 个省份，其 VOCs 排放均超过了 1000 kt。2018 年我国生活源 VOCs 排放总量为 2518 kt，第三产业源排放贡献量最大，占生活源排放总量的 75.33%[40]。我国不同区域的 VOCs 排放量与经济发展水平相关，东部是高排放区域，而西藏和青海等西部省份排放量较少[41]。此外，与农村地区相比，城市和郊区的 TVOCs 浓度较高。在时间分布规律上，由于秋冬季光化学降解相对较低，大气稳定性较高，燃料消耗多，故秋冬季大气中 TVOCs 浓度高于春夏季；而雾霾日的 TVOCs 浓度是非雾霾日的 2~7 倍。

VOCs 是近地面生成 O_3 和 SOA 的关键前体物，可参与大气的光化学反应产生光化学烟雾，特别是烷烃、烯烃和芳香烃等活性较强的成分。VOCs 中的氯氟烃即俗称的氟利昂等物质会造成臭氧层空洞，对地表生物体产生间接伤害。不仅如此，VOCs 还容易引起火灾和爆炸的出现，如乙烯等脂肪烃类存在于各类化工产业中，但其易被点燃，会引起爆炸的发生[42]。经呼吸进入生物体是 VOCs 暴露的主要方式，占所有暴露途径的 50%~70%，澳大利亚的一项研究显示，VOCs 每增加 10 μg/m³，儿童哮喘患病风险增加 27%（95%CI：18%~37%），当 VOCs 浓度≥60 μg/m³ 时，哮喘的患病风险可增加 4 倍[43,44]。VOCs 还可作用于中枢神经系统，出现头晕、头痛、嗜睡、无力、胸闷等症状，密闭环境中 VOCs 的暴露可降低人群智力的稳定性，对大脑思维活动产生影响，引起情绪和神经行为的改变[45]。VOCs 还可能具有生殖毒性。据调查，孕期职业暴露于 VOCs 的妇女其胎儿畸形的发生率是非暴露组的 13 倍，流产率是非暴露组的 1.25 倍，低出生体重儿的发生率是非暴露组的 5 倍多。

5. 其他

大气颗粒物中除了上述化学组分外，还可能附着大量的生物性有害物质，如细菌、病毒等。生物气溶胶（biological aerosol）是指空气动力学直径小于 100 μm 且含有微生物或来源于生物性物质的气溶胶，是大气气溶胶的重要组成部分，约占大气气溶胶总量的 25%。在水体、土壤和动植物表面等环境介质中普遍存在着各种微生物，在外界扰动作用下微生物可以直接从生物圈释放到大气中并在大气广泛存在，形成微生物气溶胶。生物气溶胶的种类繁多，主要包括细菌、真菌、病毒、花粉、内毒素、细胞碎片和生物膜等生物体，目前国内暂未制定相关标准限值。

据统计全球生物气溶胶的年排放量可达到 1000 Tg 左右，其中细菌排放量为 0.4~28.1 Tg，真菌孢子的排放量为 8~186 Tg。微生物浓度在时空分布上具有明显的差异性，一般表现为夏、秋季大气中的总微生物浓度较高，而春、冬季节相对较低；在一天之中，上午九点和下午五点的空气微生物浓度高于下午一点。生物气溶胶粒径范围较广，病毒的粒径一般小于 0.3 μm；细菌典型的粒径范围通常在 0.25~8 μm；真菌典型的粒径范围通常为 1~30 μm；而植物花粉颗粒的粒径则通常在 15~58 μm 之间。根据颗粒物的粒径和空气动力学的特征，生物颗粒在大气中平均停留时间的范围很广，而花粉由于粒径较大，因而其在大气里停留的时间较短，真菌孢子在大气中的停留时间大约为 30 分钟，粒径小的颗粒物如内毒素、过敏原等的停留时间能够达到 60 小时，粒径在 100 nm 以下的颗粒物如病毒的停留时间也能够达到 60 小时或更长。

生物气溶胶颗粒不仅可吸收和散射太阳短波辐射和地面长波辐射，扰乱地-气系统的辐射收支平衡直接影响气候，还可充当冰核和云凝结核作用于暖云和冷云的过程，间接地改变云量、云的光学特性、云的寿命、微物理和降水效率。研究发现一般粒径在 4~20 μm 的生物气溶胶易引起人类相关疾病。人体主要通过呼吸或者皮肤接触等途径暴露于生物气溶胶，据估计，人坐着时每小时可向周围空气中排放约 10^6 个带菌颗粒，咳嗽或者打喷嚏时可排放 10^4~10^6 个带菌颗粒。生物气溶胶对人体健康的危害最常见的是其致敏作用，大气中的许多细菌、真菌或死细胞、细胞碎片都可以分泌过敏原，从而引起过敏反应。一些学者还发现暴露在高浓度细菌、真菌气溶胶环境中可能引发心血管疾病，吸入生物气溶胶也可影响神经系统进而增加患痴呆的风险。此外，生物气溶胶中的内毒素可诱导强烈的炎症和发烧、呼吸窘迫等的不良症状。

大气气溶胶途径对新冠疫情暴发起着至关重要的作用，也是疫情防控的重点。全球因生物气溶胶引起的呼吸道感染发病率高达 20%，在《新型冠状病毒肺炎诊疗方案》（试行第八版修改版）中明确指出“经呼吸道飞沫和密切接触传播是最主要的传播途径。接触病毒污染的物品也可造成感染。在相对封闭的环境中长时间暴露于高浓度气溶胶情况下存在经气溶胶传播的可能。由于在粪便、尿液中可分离到新型冠状病毒，应注意其对环境污染造成接触传播或气溶胶传播。”该诊疗方案表明防范新冠病毒的大规模传播需警惕人群大气气溶胶的暴露。

1.2.3 大气颗粒物来源

大气颗粒物来源复杂，可分为由自然活动或人类生产、生活活动等污染源直接排入大气环境的一次颗粒物，以及由大气中新粒子生成（new particle formation，NPF）产生的二次颗粒物[46]。识别大气颗粒物的来源对有效控制大气污染至关重要。依据污染物质来源不同可分为天然污染源与人为污染源，前者来源于某些自然现象（如地震、森林火灾等），后者主要来源于燃料燃烧（如工业排放、交通排放、农业排放）；根据人类社会活动分为工业污染源、生活污染源和交通污染源；根据空间分布差异分为区域污染源、面污染源以及点污染源；根据存在形式分为移动污染源和固定污染源[47]。

1. 大气颗粒物的一次来源

大气颗粒物的一次来源可分为自然源和人为源。其中自然源包括火山爆发、海啸、沙尘暴、植物粉尘等造成的颗粒物，将人类生产生活活动引起的颗粒物称为人为源。由于人为污染的来源多、范围广，因此这里将重点阐述人为源。参考《大气细颗粒物一次源排放清单编制技术指南（试行）》中的排放源分类方法，我们将从固定燃烧源、工艺过程源以及移动源介绍大气颗粒物的来源。

1）固定燃烧源

固定燃烧源是指利用燃料燃烧时产生热量，为发电、工业生产和生活提供热能和动力的燃烧设备。固定燃烧源主要用于电力、供热、工业和民用等，常用燃料为煤炭、生物质以及各种气体和液体燃料。其中煤是我国主要的工业和民用燃料，2018 年我国煤炭消耗总量占能源消耗总量的 84.1%，虽然降产能、去杠杆等政策取缔了一部分小型燃煤作坊，但有学者预测在未来相当长的时间内煤炭仍会占比 50%以上[48]。

受限于我国的能源结构，以化石燃料为主的固定燃烧源对我国的大气颗粒物污染有重要贡献。化石燃料含有较多杂质，在燃烧过程中会产生多种大气污染物。煤的主要杂质是硫化物，此外还有氟、砷、钙、铁、镉等，燃煤排放的大气颗粒物中主要包括有机碳、元素碳、水溶性离子、裹挟金属的颗粒物和矿物颗粒等[49]，其中颗粒物主要以细颗粒为主，$PM_{2.5}$ 占 PM_{10} 的 70%~94%[50,51]。与工业活动消耗的煤炭相比，生活活动使用煤炭的条件差、发生不完全燃烧的情况多并且控制颗粒物排放的措施有限，这会导致单位质量的煤炭在家庭炉具中燃烧排放污染物的量远高于工业活动的排放量[52]。据统计，我国能源使用过程中排放的黑碳和多环芳烃中，分别有 49.8%和 62%来源于居民日常生活中燃料的燃烧[53,54]。燃料燃烧产生的污染物种类与排放量除了与其所含杂质的种类与含量密切相关外，还受其燃烧状态的影响。燃料燃烧完全时的主要污染物为 CO_2、SO_2、NO_2、水汽和灰分。燃烧不完全时则会产生多环芳烃、黑碳、硫氧化物、碳氧化物、醛类等。

据统计我国的生物质构成中，有 51.3%来自秸秆废弃物、13.8%来自林业废弃物。我国作为一个农业大国，2015 年农作物秸秆的年产量约为 10.4 亿吨，但有 25.2%的废稻秆被露天焚烧。虽然农作物秸秆的含硫量、含氮量以及重金属含量很低，但是大规模露天低效焚烧还是会对大气环境及气候变化造成重要影响。生物质燃烧不可避免地会伴随污染物的排放，释放的 CO、NO_x、非甲烷总烃（NMHCs）参与大气光化学反应，是对流层臭氧生成的重要前体物；而燃烧排放的醛酮污染物中包含大量的有毒有害的甲醛、乙醛、丙烯醛、丙酮、苯甲醛等组分，不仅是大气光化学反应的重要组分，也是生成自由基、臭氧的前体物，这些生成的物质损害人体健康[55]。

2）工艺过程源

工艺过程源是指工业生产和加工过程中，以对工业原料进行物理和化学转化为目的的工业活动，包括钢铁、有色冶金、建材、石化、化工、废弃物处理等行业。工业生产过程都会产生种类不同的大气颗粒物，多数为细颗粒物和超细颗粒物，因此工业过程源是大气污染的主要来源。对于不同的工业类型，污染源排放的颗粒物的特征组分也不尽相同。钢铁行业排放的颗粒物中富含 Fe、Ca、Si 等元素，以 Fe、Mn 元素为识别钢铁行业排放的特征组分；有色冶金行业的颗粒物排放则以相应有色金属元素（如 Zn、Cu、Al）为源的特征组分。

我国的工业园区以密集型行业为特点，不同类型企业产生的污染物种类与排放量差异巨大。工业源对大气颗粒物的污染虽然不具有全国性，但却是众多工业城市颗粒物的重要来源。胡亚男等运用 WRF-Chem 模型研究了不同排放源对华东地区 $PM_{2.5}$ 的影响，结果显示工业源在一次颗粒物中贡献占比为 48%~63%[56]。钢铁和水泥行业也是我国大气污染工业园防治工作的重中之重，近年来受益于我国始终践行淘汰落后产能、优化产业结构的措施以及工业减排的影响，总体上工艺过程源大气颗粒物呈显著下降趋势，其中水泥行业主要释放的 NO_x 排放量从 2013 年 196.9 万吨降至 2020 年 100.1 万吨。

3）*移动源*

移动源是指由发动机牵引、能够移动的各种客运、货运交通设施和机械设备，一般可分为道路移动源和非道路移动源。道路移动源是指各种类型的机动车，如载客汽车、载货汽车、摩托车、电动车、自行车等；非道路移动源是指铁路、航运、三轮汽车、农用机械、工业或医用机械等。2020 年 6 月 16 日发布的《第二次全国污染源普查公报》结果显示，2017 年我国移动源排放的颗粒物、挥发性有机物分别为 35.01 万吨、239.16 万吨。而 2021 年《中国移动源环境管理年报》指出，2021 年我国机动车保有量达到 3.90 亿辆，仅全国机动车颗粒物（PM）排放量就高达 6.8 万吨。汽车是污染物排放总量的主要贡献者，其排放的 PM 超过 90%。同时资料显示黑加油站点的柴油样品硫含量超标严重，超标率达到 47%，平均超标 52 倍。在一些大中城市如北京，机动车尾气已经成为大气颗粒物的主要来源。随着产业转型升级、燃煤和机动车污染防治力度的加大，非道路移动源排放逐渐凸显，例如其排放的 PM 以及 NO 分别高达 23.7 万吨和 478.2 万吨，因此非道路移动源对空气质量的影响也不容忽视。

机动车排放大气颗粒物主要通过尾气排放和非尾气排放，尾气排放大气颗粒物主要来自于化石燃料的不完全燃烧，非尾气排放过程包括轮胎磨损、刹车损耗、路面磨损和道路颗粒物的再悬浮等[57]。机动车尾气排放 PM 主要为 $PM_{2.5}$，含有各种碳氢化合物，这些污染物易于导致呼吸道疾病和增加致癌风险[58]；动车非尾气排放 PM 主要以 PM_{10} 为主，其化学组分因来源不同而不同，主要含有重金属包括锌、铜、铁和铅等物质[59]。与煤烟尘相比，机动车排放的颗粒物的黑碳比例更高。

不同类型移动源使用的燃料不同、发动机燃烧条件不同会影响其排放的颗粒物；稀释冷却过程中稀释空气的湿度和温度等参数会影响颗粒物的粒径大小；颗粒物进入到环境大气的变化过程受到移动源自身的情况、周边街道的状况、气象条件等等制约[60]。

2. 大气颗粒物的二次来源

气态前体物（SO_2、NO_x、NH_3 和挥发性有机物等）通过一系列复杂化学反应生成二次颗粒物，形成大气颗粒物的二次源。二次颗粒物的典型组分主要有硫酸盐、硝酸盐、铵盐组成的二次无机气溶胶（secondary inorganic aerosol，SIA）和二次有机气溶胶（secondary organic aerosol，SOA）。在颗粒物构成中，直接排放的一次颗粒物相对容易控制，但在大气中通过二次反应形成的颗粒却十分复杂，并且难以控制，而往往这些成分复杂的二次颗粒却会对人体健康产生更大的危害。

Huang 等在 *Nature* 发表的研究成果首次定量揭示了二次气溶胶对严重灰霾事件中 $PM_{2.5}$ 浓度的重要贡献[61]。该研究发现在北京、上海、广州和西安四个城市大气环境中二次颗粒物对 $PM_{2.5}$ 平均贡献达到 51%~77%[61]。在我国城市复合型污染的背景下，二次颗粒物污染也日益重要。2019 年北京城区 $PM_{2.5}$ 来源分析显示二次来源已经成为大气颗粒物的主要来源，总贡献达 63%[43]。

3. 来源识别方法

准确识别大气颗粒物的来源对大气污染物的防控十分重要。目前，大气颗粒物来源解析方法通常有受体模型法、源清单法和扩散模型法三种。从 2000 年至今， 受体模式已经在我国近 30 个大中城市的源解析工作中得到了广泛的应用，成为我国研究大气颗粒物来源的最重要手段之一。研究中主要受体模型包括化学质量平衡模型、正定矩阵分解模型、主因子分析法等。

化学质量平衡模型（chemical mass balance，CMB）是目前应用最广泛的受体模式。它是在确定了对颗粒物有贡献的各类源的详细化学组分（源谱）的基础上，计算各类源对受体颗粒物浓度的贡献值。其优点在于原理简单、明确，但对源谱的依赖性强，需要建立完整、准确且不断更新的源谱信息库。此外，CMB 技术缺乏源类成分谱，污染物性质不稳定时，CMB 模型源解析结果准确性不高。正定矩阵分解模型（positive matrix factorization，PMF）又称为正定因子分解模型，可以在没有颗粒物来源的详细化学组分信息的情况下，基于大样本量的数据利用约束条件同时解析出各类源的源谱和贡献。但因其不能对源谱相似的源进行区分，且使用过程相对复杂，因此需要有经验的使用者识别判断，对使用者的要求较高。主因子分析法（principal component analysis-multiple linear regression，PCA-MLR）是通过研究多个指标的相关矩阵的内部依赖关系，减少变量维数，用少量的变量解释整个问题。但其需要与其他方法结合使用，才能得到各类源的绝对贡献值，如排放清单或者扩散模型等。其中 CMB 模型和 PMF 模型是美国环境保护局推荐的模型[62-64]，二者各有优势和局限，可以联合使用确定解析扬尘、土壤尘和煤烟尘等共线性源类的贡献，尤其适用于复合污染特征较为明显的城市或区域，但工作量大、工作周期长并且投入成本较高。

排放源清单法是最早应用且最基础的大气颗粒物来源解析方法。排放源清单法是根据排放因子，估算区域内各种排放源的排放量，根据排放量，识别对受体有贡献的主要排放源。这种方法对于颗粒物来说，主要存在两方面的缺陷：一是颗粒物开放源众多，其排放量难以准确得到；二是排放源的排放量与其对受体的贡献通常不是线性关系。因此，随着污染源类型越来越多，环境管理的要求越来越高，排放源清单法已经无法满足大气颗粒物源解析技术的要求。

扩散模型从污染源出发，根据各种污染源源强资料和气象资料，用数值方法模拟污染物在大气中的传输、扩散、化学转化以及沉降等过程，从而估算不同污染源对受体点污染物浓度的贡献情况。其优点是使用简单，快速反映污染变化，但是对于量大面广的颗粒物开放源，由于无法得到可靠的源强资料，难以估算该污染源类对受体的贡献值。因此，基于现有理论，还不能找到一个适用于各种条件下的大气扩散模型来描述所有复杂条件下的大气扩散问题[65]。

总的来说，三种方法各有特点，通常将受体模型法和扩散模型法与源清单法结合用于改进源清单以及评价模型对每个源的模拟情况。

1.2.4 影响因素

1. 气象因素

大气颗粒物的理化特征与其所处的气象环境有关，气象环境在大气污染物的扩散、转化、清除过程中发挥着重要作用，可解释大气污染物浓度日均变化差异的 70%或以上[66]。大气压强是颗粒物分布的重要影响因素之一，其能影响空气的稳定程度，气压的高低与空气温度、地理位置等因素有关。当地面气压低于高空气压，地面空气会向上抬升，颗粒物等大气污染物随之上升，地面的污染物浓度下降；当地面气压较高时，地面空气的大气污染物不易扩散，因此颗粒物浓度也在近地面处增加。Tina 等的研究发现当夏季气压低于 1005 hPa 时，大气污染发生的概率可高达 76.42%，而且在一定范围内，春夏季大气污染发生概率随气压增大而降低，秋冬季则呈现相反趋势[67]。

空气的水平运动被称为风，风能决定大气污染物的扩散速度和方向，对大气颗粒物的迁移和扩散具有重要作用。风速越大，颗粒物的扩散越快，范围越广，但单位面积的颗粒物浓度会降低。一般而言，风有利于上风向大气颗粒物的稀释，但会加重下风向的大气颗粒物暴露增加。风速无规则改变且主导风向的下风也出现无规则摆动的现象被称为大气湍流（atmospheric turbulence），风速越高，地面起伏程度越大，则大气湍流运动越强烈，使得大气气体充分混合，利于污染物的稀释与扩散。如基于山西省太行山南麓晋城市 5 个国家气象站 1960~2020 年平均风速，对晋城市风速时空变化特征及其对大气颗粒物浓度的影响进行了分析，结果显示平均最大风速与 $PM_{2.5}$ 及 PM_{10} 浓度均呈现明显负相关，与细颗粒 $PM_{2.5}$ 及粗颗粒 PM_{10} 的相关系数无显著差别[68]。然而不同地区地形的差异可能也会影响风速对污染物扩散的作用，此外，生物气溶胶的释放则与风之间的关系更为复杂。

气温也是大气颗粒物的重要影响因素，其不仅决定大气稳定程度，还影响着大气湍流运动。大气温度的垂直梯度稳定时，大气湍流活动少，不利于大气颗粒物的稀释和扩散。然而大气中还会发生逆温现象（temperature inversion），即气温随着距离地面高度的增加而增加。逆温可分为地形逆温、辐射逆温以及下沉逆温等，而地形逆温对大气影响最形象的例子便是“山谷风”，由地形逆温引起的大气污染事件包括马斯河谷烟雾事件和多诺拉大气污染等。此外城市中由于机动车的使用、空调等电器使用等人类活动，温度往往高于郊区，城郊温差的存在会导致热岛效应使郊区的污染物扩散至城市，加重城市大气污染。据报道，温度与不同粒径段的颗粒物浓度均存在相关且不同粒径的颗粒物与温度的相关性不同。温度与中值粒径为 0.01 μm 左右的颗粒物负相关，与中值粒径大于 0.121 μm 的颗粒物正相关；湿度与中值粒径为 0.010~0.072 μm 的颗粒物负相关，与中值粒径为 0.199~1.242 μm 的颗粒物正相关，与中值粒径为 2.007 μm 以上的颗粒物在高湿情况下呈负相关，在低湿环境下呈正相关[69]。

大气湿度也与颗粒物密切相关，是调节能见度变化和大气污染发展的重要气象因素。一般而言，当空气湿度较大，颗粒物会吸附水汽形成更大的悬浮物从而更易于沉降。表征大气湿度的指标一般有绝对湿度、相对湿度以及比湿。绝对湿度是指空气中实际的含水量，相对湿度是指空气中水汽压与相同温度下饱和水汽压的百分比，而比湿则指每千克湿空气中有多少克水汽，其稳定性比相对湿度更高，因而在一定程度上可利用比湿来预测大气污染事件的发生及污染程度。在天津开展的一项研究结果显示冬季比湿＞3.0 g/kg（即平均相对湿度＞80%）时，$PM_{2.5}$ 质量浓度＞75 μg/m³ 的概率为 80%[70]。此外，在高相对湿度下，气溶胶颗粒中的可溶性组分吸收水，从而增大大气颗粒物的尺寸，使大气颗粒物散射显著增强，进而影响大气辐射平衡。这一过程称为气溶胶吸湿增长。气溶胶吸湿增长会影响颗粒物粒径、化学组分、形态和折射率，导致颗粒物的性质发生变化。常见的测量气溶胶吸湿增长的指标是气溶胶散射吸湿增长因子，称为 f(RH)，代表一定相对湿度下气溶胶散射系数与状态下气溶胶散射系数的比值。

2. 社会经济学因素

社会经济学因素对大气颗粒物的影响毋庸置疑。在国家大力推进生态文明建设、生态环境质量快速改善之后，2017 年我国的污染物排放量相比 10 年前显著下降。随着经济发展，我国的污染物治理能力也有了明显提升，在近十年工业企业除尘设施的数量增长了 5 倍以上，清洁能源供暖覆盖 65% 北方地区。我国始终践行淘汰落后产能、优化产业结构等措施，在产业结构调整上也成效显著。例如，钢铁行业产量在 2020 年突破 10 亿大关的同时仍深化超低排放改造，而各省市也通过收紧相关标准限制水泥产业污染物的排放进而达到主要污染物排放量总体呈下降趋势。在购车优惠政策倾斜下，新能源汽车保有量保持高速增长，2020 年新能源汽车保有量已达到 492 万辆。此外，国民文化教育水平的普遍提高也使得民众环保意识增强，低碳出行、节能减排等概念已经获得了普遍认同。

3. 其他环境因素

大气颗粒物还受到其他环境因素的影响。例如，降雨使大气颗粒物浓度减少；绿地系统能够通过吸附、阻滞等消减空气中的颗粒物；城市的植被叶面微结构会影响其截留大气颗粒物的能力；某些地形如盆地会影响大气颗粒物的扩散，形成局部的大气颗粒物浓度增加等。

1.3　大气颗粒物监测现状及标准

1.3.1　大气颗粒物监测现状

在空气质量管理框架中，监测既是奠定基础的第一步，也是评价管理是否有效的最后一步。我国对空气质量的监测始于 20 世纪 70 年代后期，从 103 个城市开始到现在覆盖全国的空气质量监测网络，为环境管理与公众健康服务提供了基础支撑，现今环境空气监测网分为国家、省、市、区（县）4 个层级。2020 年，交通监测站点和工业园区监测站点建设取得积极进展，重点区域和工业园区 $PM_{2.5}$、NO_2、SO_2 等污染物的网格化遥感监测站点建设进一步加强。“十四五”期间国控点位数量将增加至 2000 个左右，将增设 PM 组分、VOCs、有毒有害污染物等监测点位，并鼓励优先在学校、医院、居民区等区域开展环境健康监测，强调环境质量监测对于保障易感人群健康的重要作用。监测功能已经涵盖城市环境空气质量监测、区域环境空气质量监测、背景环境空气质量监测、酸雨监测、沙尘影响空气质量监测、大气颗粒物组分/光化学监测等多种功能。

城市环境空气质量监测用于监测城市地区环境空气质量整体状况和变化趋势，参与城市环境空气质量评价，其监测范围为半径 500 m~4 km 的区域，主要监测项目为 SO_2、NO_2、PM_{10}、CO、O_3、$PM_{2.5}$、气象五参数（温度、湿度、气压、风向、风速）等，监测频次为每天 24 小时连续监测。2020 年，环境保护部在“十三五”国家环境空气监测网基础上，依据有关标准和监测规范，进一步优化调整了监测点位，发布了《关于印发“十四五”国家空气、地表水环境质量监测网设置方案的通知》（环办监测〔2020〕3 号），共计在全国 339 个地级以上城市设置监测点位 1734 个，京津冀及周边地区县（市）国控点位 279 个。

区域（农村）空气质量监测，用于监测区域范围空气质量状况和污染物区域传输及影响范围，其监测范围为半径几十千米的区域内，监测频次也为 24 小时连续监测。不同区域监测项目有所差异，31 个区域（农村）站监测项目为 SO_2、NO_2、PM_{10}，而 61 个区域站监测项目则包括 SO_2、NO_2、PM_{10}、$PM_{2.5}$、CO、O_3、气象五参数、能见度。“十二五”期间，我国在原有区域站基础上建成了 61 个区域环境空气质量监测站。为进一步扩大国家环境空气质量监测网络的覆盖面，在区域尺度上更准确地监测我国环境空气质量，监控重点区域/城市污染物输送特征，同时为区域联防联控及空气质量预警预报提供技术支持，“十四五”期间在 31 个省（区、市）各设置 1~5 个点位，全国共设置了 92 个点位。

背景环境空气质量监测，用于监测国家或大区域范围的环境空气质量本底水平，监测范围达半径 100 千米以上的区域，主要监测项目为 SO_2、NO_2、PM_{10}、$PM_{2.5}$、CO、O_3、CO_2、CH_4、N_2O、黑碳、主要阴阳离子等。目前已建成福建武夷山、广东南岭、云南丽江、湖北神农架等 16 个背景环境空气质量监测站。

沙尘天气影响空气质量监测，主要监测项目为 TSP 和 PM_{10}，监测频次为 1~6 月每日 24 小时连续自动监测，其余时间则在沙尘天气发生时开展实时监测。“十二五”期间，共计在全国 82 个地级以上城市（含地、州、盟所在城市）设置监测点位 82 个。大气颗粒物组分/光化学监测网（简称“组分网”），包括大气颗粒物组分监测网和光化学监测网，采用手工与自动相结合的方式开展监测，用于监测大气颗粒物主要组分、光化学主要成分，具体监测指标包括 $PM_{2.5}$ 质量浓度、无机元素、水溶性离子和 56 种臭氧前驱体等。2019 ~ 2020 年，建成包括京津冀、长三角、珠三角、成渝、华南、东北、西北、华中等地区的省会城市、重点城市和大气传输通道关键点的 75 个手工监测站和 68 个自动监测站，远期拟建成覆盖全国的 287 个手工监测站和 137 个自动监测站。组分网实现了我国环境空气监测从单纯的质量浓度监测向化学成分监测的重大推进，为全国-区域-城市尺度大气颗粒物污染成因分析、重污染过程诊断、污染防治及政策措施成效评估提供支持。大气颗粒物组分监测作为一项新技术，通过分析颗粒物中的化学组成特征，可获得污染来源的相关信息，从而指导颗粒物的污染管控和治理成效评估。例如，通过组分监测可发现不同年份 $PM_{2.5}$ 污染较重的采暖季中组分的变化特征，反推污染的特征及来源，并说明污染管控措施的成效。此外，颗粒物组分的自动监测当天即可快速提供区域的颗粒物组分特征，方便专家学者判断每次污染过程的污染成因及特点，对污染管控、削减污染峰值提出措施建议。“十四五”末期国家大气颗粒物组分监测网要求覆盖全国 $PM_{2.5}$ 超标的城市，并且按照“三年行动计划”和《2019 年全国环境颗粒物组分监测规划》要求，环境颗粒物组分监测城市需增加到 93 个。因此，广州、福州、厦门、重庆、成都等地新建了 11 个监测站，截至 2019 年底，由 94 个人工监测点和 74 个自动监测点组成的组分监测网覆盖了重点区域的 83 个城市。其他功能的监测点介绍具体详见《2021 年国家生态环境监测方案》、《环境空气质量监测规范》（试行）以及由亚洲清洁空气中心编撰的《定标，启航——中国空气质量标准分析与国际经验分析报告》。

国家控制的监测网由 1436 个监测站、16 个国家空气质量本底站和 337 个城市的 96 个地区性监测站组成，一直在稳步完善和扩大。根据 2019 年发布的《生态环境监测规划纲要（2020 ~ 2035 年）》，随着地方监测网络的扩大，国家控制的空气质量监测站数量将增加到近 1800 个，而国家环境空气监测网络的优化和调整将在“十四五”期间完成，以解决现存城市新增建成区缺少点位、现有建成区点位密度不均衡等问题，实现地级及以上城市和国家级新区全覆盖。在网络环境下，统一了操作、质量保证、质量控制、数据上报等方面的要求，实现了自动监测站的网络化。该系统目前处于初步阶段，旨在为区域和地方空气污染防治提供坚实的科学和技术基础。此外，还发布了 2019 年地级及以上城市环境空气挥发性有机化合物监测计划，规定 337 个城市应开始监测环境空气中的非甲烷总烃（NMHCs）和挥发性有机化合物成分。该计划根据 O_3 浓度是否超标提出了差异化的监测目标，有助于更好地跨地区和跨城市了解 O_3 的生成机制和前驱物质的特征。例如，2018 年针对 205 个 O_3 达标的城市仅需监测 NMHCs，而 54 个未达标城市则需在 NMHCs 的监测基础上额外监测 57 类臭氧前体混合物（PAMS）和 13 类醛酮。2019 年，重点区域城市主动在国家级新区、高新区、重点产业园区、机场设立环境空气质量监测站，从 2020 年 1 月起，各省（市）被要求对高新区、重点产业园区等场所进行环境空气质量排名。针对长三角地区近 30 个城市，《2019—2020 年秋冬季大气污染综合防治行动计划》要求在物流大通道建设道路空气质量监测站，推动在机场、口岸设立空气质量监测站。《汾渭平原秋冬季大气污染综合防治 2019—2020 年行动计划》要求晋中、临汾、晋城、吕梁、洛阳、西安和杨凌示范区加快建立道路和机场监测站。在繁忙的路网和海港、机场、工业园区等排放强度高的地区建立监测站，可以对城市空气质量进行综合评价，增加对排放热点如何影响空气质量的了解。在监测中区分臭氧达标区域和未达标区域，要求差别化开展非甲烷总烃（NMHCs）和 VOCs 组分指标监测，这些举措都将为区域和城市大气污染防治提供更坚实的科技基础和更综合全面的分析数据以支撑研究结论。

随着各地的不断努力，我国大气传统一次污染物得到有效控制，但以光化学污染、细颗粒污染为主要特征的二次污染问题凸显，目前我国部分城市大气污染正从单一的煤烟型污染向复合型空气污染转型，因而上述传统的污染监测站已无法满足现今的监测需求，遂提出建设大气环境综合观测研究站（简称大气超级站）。超级站（Supersite）是指高度专业化、设备完善的空气环境监测设施，利用先进的仪器，综合而全面地监测空气质量。与传统的空气质量监测站相比，超级站的检测限更低，能以更细致的时间分辨率进行持续性的测量（可细至以秒计算），可监测更多有关污染物的物理与化学性质，并可针对大气污染演变规律、形成机制等相关科学问题开展专业性的研究。2005 年，台湾率先建成了北部悬浮微粒超级测站和南部空气质量超级测站；2011 年 5 月香港也启动了首个空气质量研究超级站；2012 年广东鹤山启用了内地首个大气监测站，是中国第一个业务化运行的区域大气超级站。目前中国在大气超级站建设方面仍处于起步阶段，截至 2017 年仅建成 48 个超级站，而且部分超级站存在重复建设的情况，华北、华中和华东地区的长期业务化运行超级站比例较高（40%以上），西北和西南地区比例较低（25%及以下）。由此可见目前所建成的超级站主要服务我国东部经济较发达的城市，未来在超级站覆盖范围上仍有较大的进步空间，仍需加强顶层设计，进行统一规划，实现超级站建设合理布局[71]。

虽然目前我国环境空气质量监测网络日趋完善，监测点数量及范围不断增加和扩展，但仍存在一定的局限。由于区域经济发展不平衡不充分，部分地区在空气监测方面投入的资金不够，监测设备参差不齐，进而影响监测结果的准确性，无法高效完成监测任务。此外在人员配置上，部分从事自动监测工作的技术人员认识依旧过于传统，对自动检测工作的要求还存在一定的认识误区，难以对空气质量监测结果进行质量控制和质量保证。因此，为更持续高效地改善空气质量，未来仍需在加强环境空气质量监测体系建设、大力维护空气自动监测设备、不断完善现有的自动监测标准、加大空气质量监测的管理力度、培养专业的监测人员队伍等方面继续努力。

目前的监测方法主要分为三大类十二种，三大类为质量测量、个体数测量以及组分监测（表 1-1）。重量法适用于各类燃煤、燃油、燃气锅炉等固定污染源废气中颗粒物的测定，该方法主要是利用等速采样原理抽取一定量含颗粒物的废气，根据包含过滤介质（如滤膜等）的低浓度采样头上所捕集到的颗粒物量和同时抽取的废气体积，计算出废气中的颗粒物浓度。但该方法使用的滤膜并不能把所有的 $PM_{2.5}$ 都收集到，一些极细小的颗粒还是能穿透，而由于所损失的部分极细小的颗粒物对 $PM_{2.5}$ 的质量贡献很小，因此其对结果影响不大。β 射线法适用于 $PM_{2.5}$ 和 PM_{10} 的自动监测，该方法原理是将 $PM_{2.5}$ 收集到滤纸上，然后照射一

束 β 射线，射线穿越颗粒物时被衰减，衰减的程度与颗粒物的重量成正比，根据射线的衰减就可以计算出 $PM_{2.5}$ 的重量。原子核在发生 β 衰变时，放出 β 粒子，而 β 粒子实际上是一种快速带电粒子，其穿透能力较强。当它穿过一定厚度的吸收物质时，其强度随吸收层厚度增加而逐渐减弱的现象叫做 β 吸收。微量振荡天平法（tapere element oscillating microbalance，TEOM）是将一头粗一头细的空心玻璃管的粗头端固定，细头端装有滤芯，空气从粗头进，细头出，进而 $PM_{2.5}$ 便被截留在滤芯上，然后在电场的作用下，细头以一定频率振荡，该频率和细头重量的平方根成反比，再根据振荡频率的变化便可以计算出所捕获到的 $PM_{2.5}$ 重量。简而言之，振荡天平法是基于航天技术的锥形元件微量振荡天平原理而研制的，通过测定系统频率的变化来计算对应时间颗粒物浓度。

表 1-1　常用监测方法

监测方法	优点	缺点	应用
质量测量			
重量法	测定数据可靠，操作简单	监测成本高，测定过程复杂，不能实现在线、实时监测	标准 $PM_{2.5}$ 监测方法；单点、短时间段内的采样与监测
微量振荡天平法	准确度高	颗粒物的吸水性和挥发性物质会导致测量结果偏高或偏低	等同法；自动、连续、实时监测
β 射线法	准确度高且传感器信号与颗粒物质量关联度高	速度慢，颗粒物的吸水性和挥发性物质会导致测量结果偏高或偏低	
个体数测量			
显微镜计数法		准确度低，步骤复杂，耗时	最基本的检测方法
气溶胶静电计	检测效率高	需仪器校准，准确性低	国际公认的颗粒计数最高标准
电子低压冲击器	在线监测和采集样品	仪器昂贵，检测系统复杂	适用条件严格
凝结核颗粒计数器	准确度高		
法拉第杯法		无法反映单个颗粒物特征	只适用于特定尺寸的颗粒物
电迁移法	精确度高	要求待测颗粒物电迁移率高	检测范围广
组分监测			
电感耦合等离子体质谱法	敏感性和准确性高		多元素分析，能同时满足主成分、痕量金属元素测量要求
波长色散 X 射线荧光光谱法	操作简单，成本低，快速，准确		
超声提取-超高效液相色谱串联质谱法	能解决空白干扰问题，溶剂用量少，灵敏度高，选择性强		

气溶胶静电计是测量气溶胶数浓度的主要仪器，适用于检测 2 nm~100 μm 的超细颗粒，其工作原理是当带有单一电荷的气溶胶颗粒进入采样入口后，颗粒被截留在放置于法拉第杯中的高效过滤器上，此时由于空间电荷效应，颗粒携带的电荷会被释放于法拉第杯中，从而形成可测量的电流，该电流值与颗粒数浓度存在一定的关联[72]。显微镜计数法是最基本的个数检测的捕集测定方法，其原理是将微粒捕集到滤膜表面，再使滤膜在显微镜下成为透明体，接着观察计数，分析过程主要包括试样样品采集、显微镜观察和粒子计数。电子低压冲击器可以在线分析烟气、环境大气中的可吸入颗粒物的粒径、数浓度及质量浓度分布，其原理为含有颗粒物的气流首先通过一个 PM_{10} 的切割器，去除大于 10 μm 的颗粒，而小于 10 μm 的颗粒物在进入撞击器前首先通过荷电器，然后气流从上而下通过每一级撞击器， 经惯性分离将颗粒物由大到小分成 12 级，气流经最后一级的导流管排出撞击器；每级撞击器均对应一个静电计和电流放大器来测量捕集到该级撞击板上的颗粒物所带电流值，由此电流值自动计算出颗粒物浓度[73]。凝结核颗粒计数器（condensation particle counter，CPC）准确度高，适用于测量空气中的超细和纳米颗粒以及液滴的粒径大小，还能用于成核过程研究。其原理是通过让过饱和蒸汽冷凝在颗粒物上，以此让微细颗粒物长大到光学可测的尺寸，再采用弥散射方法检测颗粒物的数目。法拉第杯法被用于许多需要侦测离子或电子的分析仪器，适用于特定尺寸的颗粒物，无法反映单个颗粒物特征，其工作原理是当带电颗粒物进入杯中时，颗粒物与敏感电极碰撞，丢失所携带电荷， 在低电阻率的敏感电极材料上产生电流，经转换成电压后进行放大记录。电迁移率检测法简称电迁移法，其通过气溶胶中和器给采样的大气细颗粒物荷电，采用差分电迁移分析仪来测量颗粒物尺寸，并利用凝结核颗粒计数器（CPC）来测定颗粒物的数浓度或者利用气溶胶静电计测量分级后颗粒物的带电量，通过反演计算出颗粒物数浓度。

电感耦合等离子体质谱法（ICP-MS）是一项无机元素和同位素分析测试技术，它以独特的接口技术将电感耦合等离子体的高温电离特性与质谱仪的灵敏快速扫描的优点相结合而形成一种高灵敏度的分析技术。波长色散 X 射线荧光光谱法（wavelength dispersive X-ray fluorescence spectrometry，WD-XRF）是一种通过晶体衍射进行空间色散，分别测量不同波长的 X 射线分析线峰值强度，进行定性和定量分析的方法，适用于原子序数 4 以上所有化学元素的分析。超声提取-超高效液相色谱串联质谱法（UE-UHPLC-MS/MS）是一种集高效分离和多组分定性、定量于一体的方法，对高沸点、不挥发和热不稳定化合物的分离和鉴定具有独特优势。王肖红等已建立了对 $PM_{2.5}$ 中 15 种邻苯二甲酸酯检测的超声提取-超高效液相色谱串联质谱法，有效控制了空白干扰问题，溶剂用量少，灵敏度高[74]。索氏提取法（Soxhlet extraction）又名连续提取法、索氏抽提法，不仅是从固体物质中萃取化合物的一种前处理方法，还是经典的提取方法以及许多国家法定的标准方法，在大气颗粒物检测领域一般用该法提取颗粒物中的有机组分如多环芳烃、十溴联苯醚等。

新兴监管技术则为移动源监管注入强劲动力。随着大气环境越来越复杂，我国在大气污染监测新技术上增加了投入，并将这些技术应用于不同污染源的监管。遥感监测技术是大气颗粒物的传统采样方法的有力补充，其原理是探测地表物体对电磁波的反射和其发射的电磁波，从而提取这些物体的信息，完成远距离识别物体，具有能够对大气成分进行远距离实时监测，快速分析多成分大气混合物，不需要烦琐的取样程序便可获得地面或高空大区域、长时段的三维空间数据等优点。目前已广泛应用于监测气溶胶、O_3、NO_2、CO、SO_2和甲醛等多种大气成分，也应用于监测车辆和船舶尾气排放是否超标的排放筛查方式，并为随后的执法提供便利。2020 年年底全国累计建成 2956 个遥感监测（含黑烟抓拍）点位，可利用该技术锁定违法证据，有助于扩大筛查范围，提升监督能力。此外，OBD（on-board diagnostic）远程监控可检测机动车发动机的排放水平，在重点区域的一些城市，一半以上的重型柴油车被要求安装远程在线监测设备，并与生态环境部门联网。2020 年，国家出台《机动车和非道路移动机械排放污染防治条例》，明确规定在超标车精准执法方面设定专项条款，重点检查远程排放管理车载终端等设备，利用在线平台实时监控重型柴油车。

1.3.2 我国目前大气颗粒物监测标准

我国现行的大气环境质量标准是由生态环境部（原环境保护部）2012 年 6 月 29 日公布，2016 年 1 月 1 日实施的《环境空气质量标准》（GB 3095—2012），代替了《环境空气质量标准》（GB 3095—1996）、《〈环境空气质量标准〉（GB 3095—1996）修改单》（环发〔2000〕1 号）和《保护农作物的大气污染物最高允许浓度》（GB 9137—88）。该标准调整了环境空气功能区分类，将三类区并入二类区；增设了颗粒物（粒径≤2.5 μm）浓度限值和臭氧 8 小时平均浓度限值；调整了颗粒物（粒径≤10 μm）、二氧化氮、铅和苯并[a]芘等的浓度限值（表 1-2）。

表 1-2　环境空气污染物基本项目浓度限值（GB 3095—2012）

序号	污染物项目	平均时间	浓度限制		单位
			一级	二级	
1	二氧化硫（SO_2）	年平均	20	60	μg/m³
		24 小时平均	50	150	
		1 小时平均	150	500	

续表

序号	污染物项目	平均时间	浓度限制		单位
			一级	二级	
2	二氧化氮（NO_2）	年平均	40	40	
		24 小时平均	80	80	
		1 小时平均	200	200	
3	一氧化碳（CO）	24 小时平均	4	4	mg/m^3
		1 小时平均	10	10	
4	臭氧（O_3）	日最大 8 小时平均浓度	100	160	
		1 小时平均	160	200	
5	颗粒物（粒径≤10 μm）	年平均	40	70	$\mu g/m^3$
		24 小时平均	50	150	
6	颗粒物（粒径≤2.5 μm）	年平均	15	35	
		24 小时平均	35	75	

原环境保护部于 2013 年 7 月 30 日发布了《环境空气颗粒物（PM_{10} 和 $PM_{2.5}$）连续自动监测系统技术要求及检测方法》（HJ 653—2013）等 6 项国家环境保护标准。6 项标准自 2013 年 8 月 1 日起实施，而由原国家环境保护总局批准、发布的《PM_{10} 采样器技术要求及检测方法》（HJ/T 93—2003）、《环境空气质量自动监测技术规范》（HJ/T 193—2005）两项旧标准同时废止。

（1）《环境空气颗粒物（PM_{10} 和 $PM_{2.5}$）连续自动监测系统技术要求及检测方法》（HJ 653—2013）规定了环境空气颗粒物（PM_{10} 和 $PM_{2.5}$）连续自动监测系统的技术要求、性能指标和检测方法，适用于环境空气颗粒物（PM_{10} 和 $PM_{2.5}$）连续自动监测系统的设计、生产和检测。

（2）《环境空气颗粒物（PM_{10} 和 $PM_{2.5}$）采样器技术要求及检测方法》（HJ 93—2013）规定了环境空气颗粒物（PM_{10}和 $PM_{2.5}$）采样器（以下简称 PM_{10} 和 $PM_{2.5}$ 采样器）的技术要求、性能指标和检测方法，适用于环境空气颗粒物（PM_{10} 和 $PM_{2.5}$）采样器的设计、生产和检测。该标准是对《PM_{10} 采样器技术要求及检测方法》（HJ/T 93—2003）的修订。该标准首次发布于 2003 年，2013 年为第一次修订。该次修订增加了 $PM_{2.5}$ 采样器的相关内容。自该标准实施之日起，《PM_{10}采样器技术要求及检测方法》（HJ/T 93—2003）废止。

（3）《环境空气气态污染物（SO_2、NO_2、O_3、CO）连续自动监测系统技术要求及检测方法》（HJ 654—2013）规定了环境空气气态污染物（SO_2、NO_2、

O_3、CO）连续自动监测系统（以下简称监测系统）的组成、技术要求、性能指标和检测方法。

（4）《环境空气颗粒物（PM_{10} 和 $PM_{2.5}$）连续自动监测系统安装和验收技术规范》（HJ 655—2013）规定了环境空气中颗粒物（PM_{10} 和 $PM_{2.5}$）连续自动监测系统的组成、安装、调试、试运行和验收的技术要求，适用于环境空气颗粒物（PM_{10} 和 $PM_{2.5}$）连续自动监测系统的安装和验收活动。该标准是对《环境空气质量自动监测技术规范》（HJ/T 193—2005）部分内容的修订。自该标准实施之日起，《环境空气质量自动监测技术规范》（HJ/T 193—2005）有关 PM_{10} 连续监测系统安装和验收的内容废止。

（5）《环境空气气态污染物（SO_2、NO_2、O_3、CO）连续自动监测系统安装和验收技术规范》（HJ 193—2013）规定了环境空气中气态污染物连续监测系统的组成、安装、调试、试运行和验收的技术要求。该标准是对《环境空气质量自动监测技术规范》（HJ/T 193—2005）部分内容的修订。自该标准实施之日起，《环境空气质量自动监测技术规范》（HJ/T 193—2005）有关气态污染物（SO_2、NO_2、O_3、CO）连续自动监测系统安装和验收的内容废止。

（6）《环境空气颗粒物（$PM_{2.5}$）手工监测方法（重量法）技术规范》（HJ 656—2013）规定了环境空气颗粒物（$PM_{2.5}$）手工监测方法（重量法）的采样、分析、数据处理、质量控制和质量保证等方面的技术要求。

对于住宅和办公建筑物室内空气，现行的标准是由国家卫生健康委员会于 2022 年 7 月 11 日公布，2023 年 2 月 1 日实施的《室内空气质量标准》（GB/T 18883—2022），属于推荐性标准，规定了室内空气物理性、化学性、生物性、放射性共 19 项目指标。再者，住房城乡建设部公布的于 2020 年 8 月 1 日起实施的《民用建筑工程室内环境污染控制标准》（GB 50325—2020）是强制性的国家标准，对幼儿园、学校教室、学生宿舍等装饰装修提出了更加严格的污染控制要求，重新确定了室内空气中污染物浓度限量值。此外，还有国家卫生健康委员会公布的《室内空气中可吸入颗粒物卫生标准》（GB/T 17095—1997）、《室内空气中氮氧化物卫生标准》（GB/T 17096—1997）以及《室内空气中臭氧卫生标准》（GB/T 18202—2000）等多项标准对大气污染物进行更加精准的管控。

（杨　盼[①]　曾晓雯[②]　陈功博[②]）

① 暨南大学
② 中山大学

参 考 文 献

[1] Zheng B, Tong D, Li M, et al. Trends in China's anthropogenic emissions since 2010 as the consequence of clean air actions[J]. Atmospheric Chemistry and Physics, 2018, 18(19): 14095-14111.

[2] 孙剑鑫. 2020 年全国生态环境质量简况(一)[J]. 环境经济, 2021, (7): 8-9.

[3] 滕宇. 大气颗粒物污染现状及防治对策探讨[J]. 环境与发展, 2019, 31(5): 67+71.

[4] Johnson N M, Hoffmann A R, Behlen J C, et al. Air pollution and children's health—A review of adverse effects associated with prenatal exposure from fine to ultrafine particulate matter[J]. Environmental Health and Preventive Medicine, 2021, 26(1): 72.

[5] 王欣, 张星光, 高方鑫, 等. 中国大气 $PM_{2.5}$ 短期暴露对心血管疾病死亡率影响的 meta 分析[J]. 环境与职业医学, 2021, 38(1): 17-22.

[6] 张国斌. 太原市 $PM_{2.5}$ 中有机碳和元素碳变化特征[J]. 山西化工, 2021, 41(5): 247-251.

[7] Bond T C, Doherty S J, Fahey D W, et al. Bounding the role of black carbon in the climate system: A scientific assessment[J]. Journal of Geophysical Research: Atmospheres, 2013, 118(11): 5380-5552.

[8] 白哲. 华北平原典型城市和泰山的黑碳光吸收特征[D]. 济南: 山东大学, 2018.

[9] 于勇, 吴自越. 浅析中国区域黑碳气溶胶的气候效应[J]. 科技风, 2020, (34): 160-161.

[10] 孔少飞. 大气污染源排放颗粒物组成、有害组分风险评价及清单构建研究[D]. 天津: 南开大学, 2012.

[11] Kanaya Y, Yamaji K, Miyakawa T, et al. Rapid reduction in black carbon emissions from China: evidence from 2009–2019 observations on Fukue Island, Japan[J]. Atmospheric Chemistry and Physics, 2020, 20(11): 6339-6356.

[12] 龚天宜. 北京市黑碳与 $PM_{2.5}$ 的人群健康效应研究[D]. 成都: 成都信息工程大学, 2019.

[13] 姚青, 韩素芹, 毕晓辉. 天津 2009 年 3 月气溶胶化学组成及其消光特性研究[J]. 中国环境科学, 2012, 32(2): 214-220.

[14] 吴丹, 左芬, 夏俊荣, 等. 中国大气气溶胶中有机碳和元素碳的污染特征综述[J]. 环境科学与技术, 2016, (S1): 23-32.

[15] 刘文芳. 环境空气 $PM_{2.5}$ 中有机碳的研究进展[J]. 江西化工, 2007, (4): 37-39.

[16] 赵晓楠. 石家庄市大气颗粒物中碳组分污染特征及来源解析[D]. 石家庄: 河北科技大学, 2019.

[17] 杨乐. 长春市 $PM_{2.5}$ 中 EC/OC 的污染特征分析[D]. 长春: 吉林大学, 2018.

[18] Pekney N J, Veloski G, Reeder M, et al. Measurement of atmospheric pollutants associated with oil and natural gas exploration and production activity in Pennsylvania's Allegheny National Forest[J]. Journal of the Air & Waste Management Association, 2014, 64(9): 1062-1072.

[19] Schauer J J, Kleeman M J, Cass G R, et al. Measurement of emissions from air pollution sources. 5. C_1-C_{32} organic compounds from gasoline-powered motor vehicles[J]. Environmental Science & Technology, 2002, 36(6): 1169-1180.

[20] 杨勇杰, 王跃思, 温天雪, 等. 鼎湖山 $PM_{2.5}$ 中化学元素的组成及浓度特征和来源[J]. 环境科学, 2009, 30(4): 988-992.

[21] Pan Y, Wang Y, Sun Y, et al. Size-resolved aerosol trace elements at a rural mountainous site in Northern China: Importance of regional transport[J]. Science of the Total Environment, 2013, 461-462: 761-771.

[22] 李万伟, 李晓红, 徐东群. 大气颗粒物中重金属分布特征和来源的研究进展[J]. 环境与健康杂志, 2011, 28(7): 654-657.

[23] 李晓, 杨立中. 成都市东郊 TSP 及 Pb、Cd、Hg、As 浓度日变化规律研究[J]. 地质灾害与环境保护, 2004, (3): 35-38.

[24] 支敏康, 张凯, 吕文丽. 大气颗粒物中金属元素粒径分布与风险评估研究进展[J]. 环境工程技术学报, 2022: 1-13.

[25] Hu X, Zhang Y, Luo J, et al. Bioaccessibility and health risk of arsenic, mercury and other metals in urban street dusts from a mega-city, Nanjing, China[J]. Environmental Pollution, 2011, 159(5): 1215-1221.

[26] 邹天森，张金良，陈昱，等. 中国部分城市空气环境铅含量及分布研究[J]. 中国环境科学，2015，35(1)：23-32.

[27] 邹天森，康文婷，张金良，等. 我国主要城市大气重金属的污染水平及分布特征[J]. 环境科学研究，2015, 28(7): 9.

[28] 狄一安，周瑞，于跃，等. 北京城区大气颗粒物中六价铬的污染特征及来源[J]. 环境化学，2014，2117-2122.

[29] 丁喆正. 典型多环芳烃类有机污染物的大气反应机理与动力学研究[D]. 济南：山东大学, 2021.

[30] Abdel-Shafy H I, Mansour M S M. A review on polycyclic aromatic hydrocarbons: Source, environmental impact, effect on human health and remediation[J]. Egyptina Journal of Petroleum, 2016, 25(1): 107-123.

[31]Masih J, Singhvi R, Kumar K, et al. Seasonal variation and sources of polycyclic aromatic hydrocarbons (PAHs) in indoor and outdoor air in a Semi Arid Tract of Northern India[J]. Aerosol and Air Quality Research, 2012, 12(4): 515-525.

[32] Shen H, Huang Y, Wang R, et al. Global atmospheric emissions of polycyclic aromatic hydrocarbons from 1960 to 2008 and future predictions[J]. Environmental Science & Technology, 2013, 47(12): 6415-6424.

[33] 穆玺龙. 中国多环芳烃排放清单[D]. 北京：中国石油大学, 2016.

[34] Wang T, Li B, Liao H, et al. Spatiotemporal distribution of atmospheric polycyclic aromatic hydrocarbon emissions during 2013–2017 in Mainland of China[J]. Science of the Total Environment, 2021, 789: 148003.

[35] 李韵谱, 刘喆, 唐志刚, 等. 北京市某城区冬季细颗粒物中多环芳烃的人群健康风险评估[J]. 中国预防医学杂志, 2021, 22(2): 7.

[36] 刘振通. 邯郸市大气 VOCs 污染特征及其环境和健康影响[D]. 邯郸：河北工程大学, 2020.

[37] Mozaffar A, Zhang Y-L. Atmospheric volatile organic compounds (VOCs) in China: A Review[J]. Current Pollution Reports, 2020, 6(3): 250-263.

[38] 刘锐源，钟美芳，赵晓雅，等. 2011~2019 年中国工业源挥发性有机物排放特征[J]. 环境科学，2021，5169-5179.

[39] 梁小明, 孙西勃, 徐建铁, 等. 中国工业源挥发性有机物排放清单[J]. 环境科学, 2020: 4767-4775.

[40] 梁小明, 陈来国, 沈国锋, 等. 中国生活源挥发性有机物排放清单[J]. 环境科学, 2021: 5162-5168.

[41] Li B, Ho S S H, Li X, et al. A comprehensive review on anthropogenic volatile organic compounds (VOCs) emission estimates in China: Comparison and outlook[J]. Environment International, 2021, 156: 106710.

[42] 黄小蕾，李洁，周素文. 我国大气中挥发性有机物监测与控制现状分析[J]. 资源节约与环保，2021：47-48.

[43] 安欣欣, 曹阳, 王琴, 等. 北京城区 $PM_{2.5}$各组分污染特征及来源分析[J]. 环境科学, 2022, 43(5)：2251-2261.

[44] Rumchev K, Spickett J, Bulsara M, et al. Association of domestic exposure to volatile organic compounds with asthma in young children[J]. Thorax, 2004, 59(9): 746-751.

[45] 李筱翠. 吉林省某化工园区空气挥发性有机物污染对人群健康影响及肝毒性作用研究[D]. 长春：吉林大学, 2020.

[46] 李晓晓，蒋靖坤，王东滨，等. 大气超细颗粒物来源及其化学组分研究进展[J]. 环境化学，2021，2947-2959.

[47] 李宇婷. 典型工业园区大气污染健康风险识别及经济损失评估技术研究[D]. 北京：北京交通大学，2020.

[48] 王永英. 我国燃煤大气污染物控制现状及对策研究[J]. 煤炭经济研究, 2019, 39(8): 66-70.

[49] 黄未杰. 典型燃煤源排放可吸入颗粒物的化学成分及细胞毒性研究[D]. 南京：南京信息工程大学，2021.

[50] 孔少飞，白志鹏，陆炳. 民用燃料燃烧排放 $PM_{2.5}$ 和 PM_{10} 中碳组分排放因子对比[J]. 中国环境科学，

2014, 34(11): 2749-2756.
[51] 彭瑞玲, 刘君卓, 潘小川, 等. 3 种民用燃料的燃烧颗粒物的含量及其粒径组成[J]. 环境与健康杂志, 2005, 22(1): 3.
[52] 于国光, 王铁冠, 吴大鹏. 薪柴燃烧源和燃煤源中多环芳烃的成分谱研究[J]. 生态环境, 2007, (2): 285-289.
[53] Wang R, Tao S, Wang W, et al. Black carbon emissions in China from 1949 to 2050[J]. Environmental Science & Technology, 2012, 46(14): 7595-7603.
[54] Shen G, Tao S, Wei S, et al. Emissions of parent, nitro, and oxygenated polycyclic aromatic hydrocarbons from residential wood combustion in rural China[J]. Environmental Science & Technology, 2012, 46(15): 8123-8130.
[55] 罗意然, 韦进毅, 郭送军, 等. 广西典型生物质燃烧气态污染物排放特征[J]. 农业环境科学学报, 2021: 1-12.
[56] 胡亚男, 马晓燕, 沙桐, 等. 不同排放源对华东地区 $PM_{2.5}$ 影响的数值模拟[J]. 中国环境科学, 2018, 38(5): 13.
[57] Thorpe A, Harrison R M. Sources and properties of non-exhaust particulate matter from road traffic: A review[J]. Science of the Total Environment, 2008, 400(1-3): 270-282.
[58] Kagawa J. Health effects of diesel exhaust emissions—A mixture of air pollutants of worldwide concern[J]. Toxicology, 2002, 181-182: 349-353.
[59] Gualtieri M, Rigamonti L, Galeotti V, et al. Toxicity of tire debris extracts on human lung cell Line A549[J]. Toxicology *In Vitro*, 2005, 19(7): 1001-1008.
[60] 庞宇婷. 典型机动车尾气排放可吸入颗粒物的成分和毒性效应研究[D]. 南京: 南京信息工程大学, 2021.
[61] Huang R J, Zhang Y, Bozzetti C, et al. High secondary aerosol contribution to particulate pollution during haze events in China[J]. Nature, 2014, 514(7521): 218-222.
[62] 路娜, 李治国, 周静博, 等. 2015 年石家庄市采暖期一次重污染过程细颗粒物在线来源解析[J]. 环境科学, 2017, 38(3): 884-893.
[63] 高健, 李慧, 史国良, 等. 颗粒物动态源解析方法综述与应用展望[J]. 科学通报, 2016, 3002-3021.
[64] 任丽红, 周志恩, 赵雪艳, 等. 重庆主城区大气 PM_{10} 及 $PM_{2.5}$ 来源解析[J]. 环境科学研究, 2014, 27(12): 1387-1394.
[65] 廖乾邑, 陈建文, 罗彬, 等. 颗粒物源解析研究进展与展望[J]. 资源节约与环保, 2015, (11): 136.
[66] He J, Gong S, Yu Y, et al. Air pollution characteristics and their relation to meteorological conditions during 2014—2015 in major Chinese cities[J]. Environmental Pollution, 2017, 223: 484-496.
[67] Tina G, Qiao Z, Xu X. Characteristics of particulate matter (PM_{10}) and its relationship with meteorological factors during 2001–2012 in Beijing[J]. Environmental Pollution, 2014, 192: 266-274.
[68] 刘强军, 程海霞, 马龙, 等. 太行山南麓风速特征及对大气颗粒物浓度的影响[J]. 沙漠与绿洲气象, 2022, 16(1): 96-103.
[69] 林亦凡. 关中地区重污染过程气象要素变化特征及其与颗粒物浓度的关系[D]. 西安: 长安大学, 2018.
[70] 丁净, 唐颖潇, 郝天依, 等. 天津市冬季空气湿度对 $PM_{2.5}$ 和能见度的影响[J]. 环境科学, 2021, 42(11): 5143-5151.
[71] 车飞, 宋英石, 高健, 等. 中国大气超级站发展与展望: 基于问卷调研的统计研究[J]. 中国环境监测, 2017, (5): 7-14.
[72] 孙帅杰, 齐天缘, 肖骥, 等. 高准确度气溶胶静电计的研制及校准[J]. 计量科学与技术, 2021: 54-58.
[73] 朱少平, 刘含笑, 郦建国, 等. 电子低压冲击器不同稀释比对 $PM_{2.5}$ 排放测试的影响[J]. 电力与能源, 2014: 141-143.
[74] 王肖红, 胡小键, 张海婧, 等. 大气 $PM_{2.5}$ 中 15 种邻苯二甲酸酯的超声提取-超高效液相色谱串联质谱测定法[J]. 环境与健康杂志, 2015, 32(1): 5.

第 2 章　大气颗粒物健康效应评估方法

2.1　大气颗粒物暴露评估方法

暴露评估是识别大气颗粒物危害的重要步骤之一，不仅可以为分析大气颗粒物污染的时空趋势和特征提供基础数据，还可以支撑流行病学研究的开展。大气颗粒物暴露评估方法经历了由实地环境监测到模型预测和个体精细化测量的进化过程。大气颗粒物的暴露评估是通过多种监测手段或者建模策略，获取或者评估大气颗粒物浓度的过程。在相关的流行病学研究中，暴露评估一般指估算研究对象在研究时间范围内暴露于大气污染物浓度水平的过程。近二十年来，地理信息技术、卫星遥感反演技术、计算机技术和大气监测技术的发展，极大促进了大气颗粒物暴露评估方法的进步，使评估的准确性、时空分辨率和时空覆盖率得到了显著提升。

2.1.1　固定站点监测

通过固定站点监测大气颗粒物浓度是早期暴露评估中常用的方法，通过国家或者地区建立的空气质量监测网络收集的污染物浓度数据直接进行暴露估计是早期大气颗粒物流行病学研究主要采用的暴露评估方法。

基于固定站点的监测采用多种方法测量大气颗粒物浓度。最经典的方法是手工分析方法（重量法），即采样器以恒定采样流量抽取环境空气，使环境空气中颗粒物被截留在已知质量的滤膜上，根据采样前后滤膜的质量变化和累积采样体积，计算出颗粒物浓度。随着监测技术的发展，为了提升监测频率和效率，自动监测方法，例如微量振荡天平法和 β 射线吸收法，也被越来越多地应用于大气颗粒物浓度监测。自动监测可以在小时甚至分钟尺度实现对大气颗粒物浓度的测量。

大气颗粒物浓度的监测最早以监测总悬浮颗粒物（total suspended particle，TSP，环境空气中空气动力学当量直径小于或等于 100 μm 的颗粒物）浓度为主；后过渡到以可吸入颗粒物 PM_{10} 作为主。随着对颗粒物污染及其健康危害认识的逐渐加深，粒径更小的细颗粒 $PM_{2.5}$ 成为空气质量监测网络中的主要监测污染物之一。例如，我国大气空气质量标准 GB 3095—82 中基本监管项目包括 TSP，针对 PM_{10} 仅制定了参考值；在环境空气质量标准 GB 3095—1996 中正式将 PM_{10} 的质量浓度纳入基本监测项目之一；在环境空气质量标准 GB 3095—2012 中

首次将 $PM_{2.5}$ 纳入基本监管项目。

根据监测目的的不同，监测站点一般可以分为城市站点、农村（郊区）站点、交通源站点、工业源站点和背景（自然环境）站点等类型。关注大气颗粒物污染对公众健康影响的站点一般设置在人口稠密且不受点源显著污染的区域；关注交通排放源污染的站点一般设置在车流量较大的交通主干道附近；关注空气质量本底值的站点一般设置在远离城市和显著污染源的地点，例如国家公园或者自然保护区。

目前，已经有多个国家和地区建立了空气质量监测网络。例如我国空气质量监测网络于 2013 年建立并开始向社会公布，每日公开六种主要大气污染物（$PM_{2.5}$、PM_{10}、SO_2、NO_2、O_3 和 CO）的逐小时浓度数据；该网络目前包括城市站点 1400 余个，区域站点 96 个和背景站点 15 个。美国 CSN （Chemical Speciation Network）和 IMPROVE（Interagency Monitoring of Protected Visual Environments）两个空气质量监测体系自 2000 年开始逐步监测大气 $PM_{2.5}$ 总质量浓度及其主要化学组分的浓度。

基于固定监测站的大气颗粒物浓度数据大大促进了初始阶段的流行病学研究的发展。来自空气质量监测网络的监测数据往往由国家或者区域的政府管理机构采用统一的方法测量，数据的可信度和可比性较高。同时，监测网络一般可以同时监测多种大气污染物，便于多污染物研究的开展。更重要的是，很多国家的空气质量监测网络持续公开监测数据，数据获取较为便利。但是，由于监测网络的建立和维护需要较高的财力、人力和时间保障，监测站设立的密度往往较低，且其分布存在空间不均衡性；因此监测站点数据往往不能较好地代表远离监测站区域的颗粒物浓度，在流行病学研究中容易引入暴露错分。

2.1.2 空间插值法

随着地理信息系统（geographic information system，GIS）和空间分析技术方法的发展，多种空间插值法被广泛应用于大气颗粒物的暴露评估。空间插值法可以基于监测站数据推算其周围区域的大气颗粒物浓度，实现由点及面的外推。

确定性插值法根据周围测量值和用于确定所生成平面平滑度的指定数据公式将值赋予预测位置，包括反距离权重法（inverse distance weighting，IDW）、自然邻域法（natural neighbor）和样条函数法（spline）等。例如，IDW 插值利用待预测点周围已知的浓度值来估算该待预测点的污染物浓度，赋予距离近的已知值更大的权重并且权重会随着距离的增大而减小。在加利福尼亚教师队列研究（California Teachers Cohort Study）中，Lipsett 等研究者利用 IDW 插值法来估算研究对象暴露于大气 $PM_{2.5}$ 和 PM_{10} 以及多种气态污染物的月均水平，并且基于该暴露评估数据估算了长期大气污染暴露与心肺系统疾病死亡风险之间的关系。

地统计插值方法则是以考虑了空间自相关的统计模型为基础开展的，因此，地统计方法不仅具有产生空间连续预测值表面的功能，而且能够对预测值的确定性或准确性提供某种度量，即给出某个地点预测值的同时还可以得到该预测值的标准误（例如克里金方差）。地统计方法的代表为克里金（Kriging）插值法，常用的有普通克里金法（odinary Kriging，OK）和广义克里金法（universal Kriging，UK）。克里金插值法也是在周围已知值的基础上估算未知地点大气颗粒物浓度，但是在这个过程中克里金插值法不仅要考虑已知值点位和未知值点位的距离关系，还需要考虑已知值局部或者全局的空间自相关关系。普通克里金插值法假设空间均值是一致的并且该均值在插值过程中自动生成；广义克里插值金法则需要其他变量来决定数据的空间趋势。例如，Beelen 等研究者同时应用普通克里金法和广义克里金法两种插值方法来估算欧洲地区包括颗粒物在内的多种污染物浓度，利用地势和土地利用信息变量来估计因变量的空间趋势；研究发现对于 PM_{10}、NO_2 和 O_3 三种污染物，广义克里金模型的表现优于普通克里金模型。

空间插值法可以较为便捷和准确地利用已有监测站数据估算缺少监测数据区域的大气颗粒物浓度水平，并提供基于家庭住址的暴露评估数据。但是空间插值法的准确性高度依赖研究区域内监测点位的数量和分布均匀程度，较多的点位数量和均匀的点位分布可以帮助提升插值的准确性。随着分析方法和计算能力的提升，插值法与其他模型结合可以更进一步地提升其估算大气污染物浓度的准确性。

2.1.3 土地利用回归模型

土地利用回归（land use regression，LUR）模型最初的核心思想是利用目标地点周围与污染物排放、转化和转归相关的土地利用信息来估算该地点的污染物水平。1997 年，Briggs 等研究者在欧洲的 Small Area Variation in Air pollution Health（SAVIAH）项目中第一次采用 LUR 模型在欧洲四个城市评估了交通相关大气污染物浓度的分布特征。LUR 模型最基本的方法是将监测点位的污染物监测浓度作为因变量，提取这些点位一定缓冲区内的多种环境特征变量（大多为土地利用相关的变量，如道路长度以及工业用地、住宅用地和绿地等土地分类的面积等）水平作为自变量，建立因变量和自变量之间的关系，再利用污染物浓度未知地点周围的环境特征变量水平和前一步建立的关系估算该未知地点的污染物浓度。随着 GIS 技术的发展和普及，以及不断可及的高质量土地利用数据，LUR 模型在过去的 20 年越来越多地被应用于全球多个国家和地区的大气污染物暴露评估研究，并支撑了一系列基于研究对象住址的流行病学研究。

LUR 模型提出后首先在欧洲地区得到了较好的发展和应用，后逐渐发展到加拿大、美国和澳大利亚等国家和地区，Hoek 等研究者对 2008 年之前发表的相关 LUR 模型的研究进行了综述。在这一阶段大部分 LUR 模型的建立方法较为类似和基础。在此之后，来自欧美地区的 LUR 模型空间覆盖度逐渐扩大，发展中国家和地区也涌现了一系列 LUR 模型研究，并且 LUR 模型在流行病学研究中的应用也逐渐增多。近年来，LUR 模型的表现形式逐渐多元化，和卫星遥感、时空模型以及机器学习等方法的融合越来越多。

从采集因变量的方法来说，LUR 模型的建立主要使用已有的空气质量监测数据，或者研究者根据研究目的自行测量污染物浓度数据。采用监测数据的优势是数据获取方便，不需消耗额外的人力、物力和财力进行样本收集；缺陷是在监测网络缺乏或者监测点稀疏的城市和区域无法开展研究，利用现有的监测网络也可能存在监测站代表性不足的问题。例如在我国，虽然大部分监测点位于人口密度较高的地区，但是缺乏反应特异性的交通污染或工业点源污染的监测站点。研究者自行布点采样的优势是可以充分考虑污染物的空间分布情况，更加全面地捕捉污染物浓度自污染源排放后的衰减趋势。缺陷是对人力、物力和财力的需求高，可支撑的采样时间往往较短等。采样方式的不同决定了采样时间的长短：基于监测网络的研究采样频率高且采样时间连续；而自行设计采样的研究采样时间多采用单次或者多次的连续 7/14 天采样方式，由于采样点之间的采样时间不统一和采样时间不连续，需要利用连续采样的数据进行时间趋势校正。近些年来，LUR 模型中的采样方式也更加多样，以机动车为载体的移动采样方式降低了采样成本，增加了采样的频率和覆盖范围。例如，Larson 等研究者采用移动采样的方式建立 LUR 模型来估算晚高峰时期的颗粒物浓度水平。

在 LUR 模型建立过程中最常用的预测变量包括反映交通源排放的变量、反映土地利用类型的变量以及反映人口/住房密度的变量和海拔等。交通变量用来指示交通源排放对于污染物浓度的影响，包括车流量数据、一定缓冲区内的道路长度和距离道路的最近距离等，这些变量对于预测颗粒物尤其是细颗粒物的浓度非常重要。不同类型土地利用的面积一般反映了污染源信息或影响污染物扩散的因素，例如工业用地面积多则往往提示污染物排放的强度大，而绿地面积多则提示周围污染源可能较少并且有利于污染物的吸收和扩散。工业排放点源的信息在 LUR 模型中应用较少，主要受到数据可及性的影响。另一方面，工业排放数据在模型研究中的重要性也受到城市主导污染源的影响，因此在不同城市呈现明显的差异性。例如，虽然欧洲 ESCAPE 研究中纳入了工业排放变量，但是该变量仅在很少城市的 LUR 模型中保留了下来，这可能与欧洲国家城市内部的污染物来源主要是交通源排放为主有关；在我国城市，有研究发现工业点源排放对于 NO_2 和 PM_{10} 的 LUR 模型贡献性都较高，可能因为我国城市的大气污染是复合污染模式，即交通源和工业源是并存的主要大气污染物来源。LUR 模型纳入预测变量的一个重要环节是考虑预测变量的缓冲区。预测变量水平往往是在监测点位周围一定半径的圆形区域内计算，这一区域即为缓冲区（buffer）。对于同一类预测变量（例如道路长度）往往会计算其在多个连续缓冲区内的不同水平，再通过模型筛选最优缓冲区。缓冲区范围的设定通常是在考虑污染物扩散规律的基础上进行的，例如代表交通排放强度的主干道长度这一变量的缓冲区一般设定在几十米到几百米范围，而代表工业排放强度的工业点源变量的缓冲区一般设定在千米水平。

经典的 LUR 模型一般采用线性回归模型来建立因变量（大气颗粒物浓度）与自变量（多种土地利用相关的预测变量）之间的关系。由于同一类预测变量往往对应多个缓冲区的水平，因此 LUR 模型建模需要进行变量筛选（例如向前回归或者向后回归）来识别最优的缓冲区和变量组合。此外，部分研究者在回归模型建立前会先验性地赋予每一类预测变量方向，使得模型结果更容易解释。例如，研究者通常先验地规定交通和工业相关变量方向为“+”，即这两类变量水平的增加与污染物浓度水平的升高正相关；而认为绿地相关的变量方向为“-”，即认为绿地的增加与污染物浓度水平的降低相关。在模型建立过程中，如果变量的方向与先验方向一致才会被继续保留在模型中。随着建模策略的不断发展，LUR 模型可以作为重要部分参与到更复杂的模型构建过程。一方面，非线性的建模方法被引入用于建立污染物和预测变量的关系，例如线性混合效应模型和地理加权模型。另一方面，LUR 模型还可以为更复杂的模型筛选变量，尤其是可以有效地帮助识别预测变量的最优缓冲区。例如，Wong 等研究者将 LUR 与机器学习算法相结合，通过 LUR 过程筛选重要预测变量，再将这些变量进一步应用于多个机器学习的预测模型中预测大气 $PM_{2.5}$ 的浓度。

LUR 模型单独或者作为重要的组成部分，为获取高空间分辨率的大气颗粒物预测值，支持个体水平（地址水平）的暴露评估提供了重要的技术和数据支撑。LUR 模型包含的预测变量的空间分辨率一般较高，因此模型最终生成的大气颗粒物浓度预测值的空间分辨率也较高，最高可以达到数十米水平，相对于基于监测站数据可以更好地识别城市内部污染物的空间变异特征，为健康相关的研究提供更准确的暴露评估数据。一些 LUR 模型研究包含非常丰富的土地利用信息以及采样信息，不仅可以探索平面的污染物浓度分布，还可以探索污染物垂直分布和道路峡谷效应对污染物浓度的影响。但是，LUR 模型也有一定的局限性。首先，LUR 模型对于随污染源距离而浓度变化显著的大气污染物预测准确性较高，反之则较难捕获污染物浓度的空间变异。其次，LUR 模型高度依赖高精度土地利用数据，而这些数据在很多国家和地区较难获取或者更新频率较低。这种数据依赖性以及污染物特征的地区差异决定了 LUR 模型外推的可移植性较差；并且这种高度依赖性使得经典的 LUR 模型的时间分辨率较低，可以通过将 LUR 模型和时空模型进行融合来弥补这一不足。再次，传统的 LUR 模型基于线性回归模型，较难全面反映 $PM_{2.5}$ 浓度与丰富的预测变量之间的非线性关系；近年来，更复杂的非线性模型和机器学习算法的引入可以显著改善这一不足。

2.1.4　卫星遥感数据的应用

在过去 20 年，卫星遥感数据反演的气溶胶光学厚度数据被越来越多地应用于大气颗粒物的暴露评估中。卫星遥感数据具有全球覆盖、监测时间长和时空分辨率高的特征，该类数据的应用大大促进了近地面颗粒物浓度预测模型和方法的发展。大气中悬浮的颗粒物通过吸收或者反射可见光和近红外光起到了消光作用，因此，研究者可以采用大气气溶胶光学厚度（aerosol optical thickness，AOT；aerosol optical depth，AOD）这一代表垂直方向消光系数积分的参数来评估近地面的大气颗粒物浓度。AOD 值越大则提示该区域垂直方向的颗粒物数量和浓度可能越高。例如，AOD 为 0.1 时能见度一般很高可以看到清澈的蓝天，AOD 为 1 时则一般对应较为严重的雾霾天气。AOD 可作为近地面颗粒物载量的近似值，不能完全等同于近地面颗粒物浓度，因为 AOD 大小还与颗粒物的垂直分布有关。假设颗粒物在垂直方向上呈指数递减的规律分布，绝大部分大气颗粒物聚集在近地面的边界层，并在边界层内近似充分混合，那么 AOD 应该与地面颗粒物浓度呈现线性关系。而气溶胶垂直分布和边界层高度具有较大的时间变异性，与气象因素密切相关。因此，在建立 AOD 和地面颗粒物浓度关系时应该考虑两者之间关系的时间变异性和气象条件对其的影响。

在利用 AOD 估算地面颗粒物浓度这一方法发展的早期阶段，PM-AOD 关系的建立往往采用包含垂直校正和湿度校正的经验公式，考虑的因素主要包括边界层高度和湿度等因素。进一步的发展中，模型纳入的预测变量也逐渐丰富。除了 AOD 外，气象因素（温度、湿度、边界层高度、风向、风速、气压等）、地面土地利用信息（道路、硬化路面、绿地、建筑用地、水域等）、海拔和人口密度等变量也被作为有效预测变量纳入到模型中，以期提升模型预测近地面大气颗粒物浓度的准确性。同时，一系列高级统计模型被逐渐应用于 PM-AOD 关系的模拟。例如，考虑到地面颗粒物与 AOD 的关系会受到一些具有时间趋势的因素影响，线性混合效应（linear mixed effects，LME）模型被用来同时估算颗粒物浓度与 AOD 的每日关联和长期平均关联；考虑到地面颗粒物与 AOD 的关系还存在空间异质性，地理加权回归（geographically weighted regression，GWR）模型用来在大尺度的研究中更加准确地模拟局部 PM-AOD 关系；考虑到 PM-AOD 可能存在非线性的关系，广义加性模型（generalized additivity model，GAM）采用灵活的样条函数来拟合大气颗粒物与 AOD 等其他多种预测变量的非线性关系。为了更好地探讨 PM-AOD 的时空关系，在这三类模型的基础上又衍生了多种模型策略。例如，两级模型方法首先在第一级模型中采用 LME 方法纳入时间高变异度的预测变量着重预测颗粒物的时间变异趋势，再将一级模型得到的残差带入到基于 GWR 模型或者 GAM 模型的二级模型中，进一步捕获颗粒物浓度的空间变异趋势。除此之外，地理时间加权回归（geographic time-weighted regression，GTWR）和广义加性混合模型（generalized additive mixed model，GAMM）等更复杂的模型也被证明可以更好地捕获大气颗粒物的时空变异性。

空间覆盖度广、时空分辨率高是卫星遥感数据的最显著优势，同时 AOD 又是与颗粒物载量高度相关的测量值，这些优势使得包含 AOD 数据的模型可以更准确地捕获地面颗粒物浓度在时间和空间上的变异性，时间分辨率可达到小时或者日均水平，空间分辨率可达到 1 km × 1 km 甚至更高。但是卫星遥感数据也有其局限性，云层覆盖和地面高反射率会影响 AOD 数据的反演，造成 AOD 数据在雨雪天大量缺失，进而降低长时间尺度大气颗粒物浓度估算的准确性。例如，同时受到雨雪天气和地面积雪覆盖的影响，我国东北地区冬季 AOD 缺失率极高，如果估算年均 $PM_{2.5}$ 浓度时仅基于有效 AOD 天数的 $PM_{2.5}$ 预测值，则会显著低估该地区的 $PM_{2.5}$ 浓度，因为我国东北地区 $PM_{2.5}$ 浓度的高值大部分出现在冬季。研究者开发和应用了多种补缺方法来减少 AOD 数据缺失对暴露评估的影响，使得大气颗粒物预测值的时空覆盖率和准确性大幅度提升。

2.1.5 数据融合和机器学习

随着模型方法的发展和计算能力的大幅度提升，大气颗粒物暴露评估模型中纳入的预测变量和采用的建模策略都更加丰富。

在预测变量方面，除了前述的气象变量之外，与大气颗粒物生成过程相关的辐射参数等也被发现可以帮助提升预测的准确性。时间滞后效应参数可以反映前后几天的污染物浓度对当天浓度的影响，而空间滞后效应参数可以反映一定区域内污染物浓度空间自相关的影响。夜间光照亮度被作为人为源排放的指示变量纳入模型。化学传输模型（chemistry transport model，CTM）基于排放清单和污染物形成的物理化学机制来模拟大气污染物浓度，除了可以独立进行大气污染物模拟，越来越多的模型将 CTM 生产的大气污染物浓度模拟值作为重要的预测变量纳入进一步的建模过程中，借此提升模型预测大气颗粒物浓度的准确性。同时亦有研究借用 CTM 模拟值来填补 AOD 缺失造成的大气颗粒物预测值缺失，进一步得到更高时空覆盖率的大气颗粒物暴露评估数据库。

近年来，随着算法和计算能力的快速发展，基于机器学习算法的模型逐渐超越经典统计模型，成为大气颗粒物暴露评估的主流模型方法。常见的机器学习模型包括神经网络（neural network）模型、随机森林（random forest）模型和极限梯度提升（extreme gradient boosting，XGBoost）模型等。基于机器学习的模型可以更灵活地拟合大气污染物浓度与预测变量之间的非线性关系，并且可以更好地处理多种预测变量之间的共线性问题，因而可以更加充分地利用预测变量提供的信息捕获大气污染物浓度的时空变异性。不足之处是机器学习模型无法给出预测变量相应的系数和权重，“黑箱”拟合过程可能会增加变量筛选和结果解释的难度，且大量预测变量的纳入可能引入过拟合的问题。随机森林模型可以给出预测变量的重要性排序，一定程度上可以帮助研究者进行变量筛选。在单一模型的基础上，有研究发现多种机器学习方法的整合（ensemble）可以更好地发挥多种模型各自的优势，最终进一步提升预测的准确性。

2.1.6 个体测量

前述基于模型的暴露评估方法大多估算的是大气也就是室外的颗粒物浓度，便携式测量仪器的发展使得在个体层面评估颗粒物暴露水平成为可能，后者可以综合考虑个体暴露于室内外的时间和浓度，因此个体测量可以更好地反映个体真实的颗粒物平均暴露水平。

用于个体颗粒物暴露评估的便携式设备的检测原理主要可以分为两种：重量法和基于光散射原理的体积散射装置或光学颗粒计数器（OPCs）。重量法通过对采样器滤膜进行称重来计算整个采样期间的平均颗粒物暴露水平，一般认为准确性较高，但是其无法实时反映颗粒物浓度的时间变异性。基于光学方法的检测装置可以记录实时颗粒物浓度，有的还可以配合定位装置记录佩戴者的空间位置，在研究中得到较为广泛的应用。

利用个体监测仪器，研究者可以开展室内颗粒物浓度测量、个体暴露水平预测以及颗粒物暴露相关的健康研究。例如，北京的一项研究利用个体监测仪器比较了使用空气净化器场景下，室内和室外环境 $PM_{2.5}$ 及其组分的浓度差异；德国匹兹堡的一项研究利用便携个体检测装置，分析了室外大气颗粒物浓度和吸烟对于室内 $PM_{2.5}$ 浓度的影响；有研究者利用个体监测数据和固定点环境监测数据构建了 $PM_{2.5}$ 其关键组分黑碳的个体暴露预测模型。利用个体可佩戴设备还可以研究供暖和烹饪等因素对个体暴露于颗粒物污染水平的影响。小规模的定群研究采用便携式或者可佩戴颗粒物采样仪器评估受试者室内或者个体水平的颗粒物暴露浓度，针对颗粒物不良健康影响的潜在机制展开研究。例如上海的一项研究基于个体监测和随机双盲交叉实验设计发现 $PM_{2.5}$ 或可以通过激活人体下丘脑—垂体—肾上腺轴（HPA 轴），引发神经内分泌活动和基础代谢改变，进而引发血压升高、炎症反应等一系列变化。

基于个体监测的暴露评估方法可以综合反映多种室内外环境中个体暴露于环境颗粒物的平均水平，相比大气颗粒物浓度，更贴近个体的真实暴露水平；该方法还可以进一步分析影响室外-室内和室外-个体之间颗粒物浓度差异的因素。但是受到仪器购置和维护成本的限制，个体穿戴仪器目前较多地应用于小样本的群组研究。另外，在非实验室环境或者受试者动态移动过程中，仪器的测量精度可能下降，引入暴露错分。

2.1.7 总结和展望

暴露评估是开展大气颗粒物相关健康研究以及评估其健康风险的重要环节和基础。随着数据更加丰富、模型不断迭代、计算能力不断提升以及监测技术不断发展，大气颗粒物暴露评估方法和产品向着空间覆盖更广、准确度更高和时空分辨率更细的多个维度共同发展。在未来，实现颗粒物组分、粒径和来源的模拟并提升其模拟精度，结合室外和个体监测更综合反映个体水平的大气颗粒物暴露水平，可以帮助研究者更深入地认识大气颗粒物的暴露特征、毒性特征和风险特征。

2.2 大气颗粒物健康效应评估的研究设计

2.2.1 横断面研究

1. 横断面研究概述

1）概念

横断面研究（cross-sectional study）是通过对特定时点（或期间）和特定范围内人群中的疾病或健康状况与有关因素的分布状况的资料收集，以描述疾病或健康状况在不同特征人群中的分布，从而为进一步的研究提供病因线索[1]。

2）基本特点

（1）不设对照组：横断面研究一般在设计阶段不根据暴露状态或疾病状态进行分组，但在资料分析阶段可根据暴露的状态或是否患病来分组进行比较。

（2）特定时间：横断面研究关注的是某一特定时点（或时期）某一群体中暴露与疾病的状况或联系。所谓特定时点，对于该群体中的每一个个体，时点所指的具体时间可能不同。例如，在一个人群中调查糖尿病的患病情况，则对每个个体来说，特定时点是指测量血糖、诊断是否为糖尿病的时间。

（3）在确定因果联系时受限：一般而言，横断面研究所揭示的暴露与疾病之间的统计学联系仅为探索因果联系提供线索，不能作出因果推断。

（4）对固有暴露因素可以作因果推断：在排除和控制了可能存在的偏倚的情

况下，可以对性别、种族、血型、基因型等不会发生改变的因素进行因果推断。

（5）用现在的暴露来代替或估计过去情况的条件：①现在的暴露水平与过去的情况存在着较好的相关关系，或已被证明变化不大。②已知研究因素的暴露水平的变化趋势或规律。③回忆过去的暴露或暴露水平极不可靠，而现在的暴露可以用来估计过去的暴露情况。

（6）定期重复进行可以获得发病率资料：两次横断面研究的现患率之差，除以两次横断面研究之间的时间间隔，即是该时期的发病率。要求两次横断面研究之间的时间间隔不能太长，发病率的变化不大，且疾病的病程稳定[1]。

3）研究类型

（1）普查（census）：即全面调查，是指在特定时点或时期内，特定范围内的全部人群（总体）作为研究对象的调查。

（2）抽样调查（sampling survey）：是相对于普查的一种比较常用的研究方法，指通过随机抽样的方法，对特定时点、特定范围内人群的一个代表性样本进行调查，以样本的统计量来估计其所在总体的情况[1]。

4）优缺点

横断面研究有以下优点：横断面研究中常开展的是抽样调查，抽样调查的样本一般来自人群，其研究结果有较强的推广意义，可信度较高；横断面研究有来自同一群体自然形成的同期对照组，结果有可比性；一次调查可同时观察多种因素；与其他研究相比，节省人力、物力和财力[1,2]。

横断面研究也有以下缺点：首先，横断面研究难以确定因果关系，且不能获得发病资料[1]。其次，在解释暴露和疾病结局之间关系时，可能会受到“选择性生存”引起的选择偏倚的影响。例如，若患有肺部疾病的人迁移到了空气污染较轻的地方，那么横断面研究就会低估空气污染与肺部疾病发生风险之间的相关性[3]。此外，在一次横断面研究中，如果研究对象中一些人正处在所研究疾病的潜伏期或者临床前期，则其极有可能会被误定为正常人，使研究结果发生偏倚，还可能出现结果不一致的现象，如后述空气污染与儿童血压的研究[4,5]。

5）在本领域的应用概述

横断面研究通常在队列研究或病例对照研究之前进行，因为完成一个横断面研究花费的时间和费用较其他研究要少。但是，要注意它反映的是疾病的患病情况而不是发病情况。在空气污染流行病学研究中，横断面研究可以用于评价大气污染物暴露对人群呼吸系统、心血管系统、中枢神经系统疾病的慢性健康效应，例如哮喘[6,7]、高血压[8]、糖尿病[9]和阻塞性肺病[10]等。横断面研究还可以用于评估颗粒物暴露因素对症状和生理指标的改变的影响，例如肺功能[11]或神经功能[12]的下降。

横断面研究通常在大样本人群中或现有数据的基础上进行。例如，郑昕等[13]利用国家重大公共卫生服务项目——心血管病高危人群早期筛查与综合干预在华中地区（河南省、湖北省、湖南省）18 个城市的调查数据，研究华中地区人群空气污染与血压水平的相关性。武汉大学向浩团队[14-16]利用河南省农村队列研究的基线数据来探索空气污染与人群高血压、糖尿病、血脂异常之间的关系。北京大学郭新彪团队[17]基于北京人群健康队列研究的基线数据来研究空气污染对高血压及同型半胱氨酸水平的影响。

2. 国内外横断面研究在本领域的研究进展

1）国外研究进展

大量流行病学研究显示，暴露于环境颗粒物与各种不良健康结局或效应有关，包括呼吸系统、心血管系统和神经系统疾病等。表 2-1 为近几年国外的几项代表性的大型横断面研究的简要总结。

表 2-1　国外代表性横断面研究的总结

作者（年份）	地区/时间	研究对象	暴露	暴露测量	结局指标	统计学模型	研究结论
Doiron 等[22]（2021）	荷兰/2006~2017 年	纳入荷兰 LifeLines 队列的基线数据 132595 人和第二次随访数据 6509 人，25~50 岁的患者	$PM_{2.5}$ BC	土地利用回归模型	慢性支气管炎、慢性咳嗽、咳嗽或咳痰症状	Logistic 回归	BC 空气污染与慢性支气管炎发生和流行有关
Yu 等[23]（2021）	荷兰/2012~2013 年	荷兰 PIAMa 出生队列（3963 名出生于 1996~1997 年的儿童）中的 706 名 16 岁青少年	$PM_{0.1}$ $PM_{2.5}$ PM_{10} 及成分	土地利用回归模型	FEV_1，FVC	多元线性回归	长期接触 PM_{10} 中的硫元素可能会导致 16 岁时 FEV_1 降低
Savoure 等[18]（2021）	法国/2012~2019 年	纳入法国 Constances 队列的 127108 名研究对象，平均 18~69 岁	$PM_{2.5}$ BC	土地利用回归模型	鼻炎	Logistic 回归	在空气污染物中，BC 可能是特别值得关注的
Heydari 等[24]（2021）	伊朗/2019 年	2019 年 4~8 月期间转诊到伊朗莫比尼医院的分娩孕妇	PM_1 $PM_{2.5}$ PM_{10}	土地利用回归模型	脐带血血糖和胰岛素浓度、HOMa-β、HOMa-S、HOMa-IR	多元线性回归	产前暴露于 PM 与胎儿葡萄糖稳态失调风险增加有关
De[19]（2020）	印度/2018~2019 年	来自阿格拉的 114 名儿童和博帕尔的 151 名儿童	$PM_{2.5}$ PM_{10}	基于卫星的数据	呼吸阻抗 R5、R19、R5-19、X5	t 检验	空气污染高暴露地区的儿童小气道功能障碍程度较高

续表

作者（年份）	地区/时间	研究对象	暴露	暴露测量	结局指标	统计学模型	研究结论
Hasslöf 等[20]（2020）	瑞典/1991~1994 年	瑞典马尔默饮食与癌症队列的心血管亚队列中的 6103 名研究对象（招募时年龄 45~64 岁）	$PM_{2.5}$ PM_{10} BC	用高斯扩散模型进行建模	颈动脉斑块、颈动脉内膜中层厚度 CIMT	多元线性回归、Logistic 回归	在调整了心血管危险因素和社会经济状况后，空气污染暴露与亚临床动脉粥样硬化之间没有显著相关性
Samadi 等[25]（2019）	伊朗/2008~2015 年	共有 123 名居民居住在乌尔米亚湖周围，分为三组：一个清洁区域和两个污染区域	PM_1 $PM_{2.5}$ PM_{10}	自固式空气采样器	空腹同型半胱氨酸	多元线性回归	长期暴露于干燥的乌尔米亚高盐湖所产生的高盐颗粒物与心血管危险因子水平增加有关
Doiron 等[26]（2019）	英国/2006~2010 年	纳入英国 Biobank 队列中的 303887 人，年龄 40~69 岁	$PM_{2.5}$ $PM_{2.5\sim10}$ PM_{10}	土地利用回归模型	第 1 秒用力呼气容积（FEV_1）、用力肺活量（FVC）、FEV_1/FVC、COPD	多元线性回归、Logistic 回归	环境空气污染与肺功能降低和 COPD 患病率增加有关
Toledo-Corral 等[27]（2018）	美国洛杉矶/2001~2012 年	429 名 8~18 岁的超重或肥胖的非洲裔和拉丁裔美国少数民族儿童	$PM_{2.5}$	固定监测站点	空腹血糖、空腹胰岛素、胰岛素敏感性、胰岛素对葡萄糖的反应率	多元线性回归	空气污染与 2 型糖尿病风险增加相关，在超重和肥胖儿童中，会严重影响糖尿病相关的病理生理
Salimi 等[21]（2020）	澳大利亚/2006~2009 年	纳入在新南威尔士州招募的 236390 名 45 岁及以上的成年人	$PM_{2.5}$ NO_2	土地利用回归模型	帕金森病	Logistic 回归	NO_2 或 $PM_{2.5}$ 暴露与帕金森病之间关联的证据有限
Erickson 等[28]（2020）	英国/2008~2019 年	纳入英国 Biobank 队列中的 18292 人，年龄 44~80 岁	$PM_{2.5}$ $PM_{2.5\sim10}$ PM_1 NO_2 NO_x	土地利用回归模型	大脑灰质和白质体积	最小二乘多元回归	空气污染可能是神经退化的危险因素

A. 颗粒物与呼吸系统疾病

许多研究[10,18,19]都表明了颗粒物对呼吸系统疾病有不利影响。其中，Doiron

等[10]利用英国 Biobank 队列的基线数据，纳入 303887 名研究对象，研究空气污染与肺功能及 COPD 患病风险的关系。结果发现，颗粒物暴露与肺功能下降相关，其中 $PM_{2.5}$ 每升高 5 μg/m³ 与第 1 秒用力呼气容积 FEV_1（−83.13 mL，95%CI：−92.50，−73.75）和用力肺活量 FVC（−62.62 mL，95%CI：−73.91，−51.32）的降低有关；$PM_{2.5}$ 每升高 5 μg/m³ 与 COPD 患病风险（OR：1.52，95%CI：1.42~1.62）的升高有关；颗粒物与肺功能的相关性在男性、低收入和高危职业者中更强，与 COPD 患病风险的相关性在肥胖、低收入和非哮喘者中更强。

B. 颗粒物与心血管系统疾病

Hasslöf 等[20]从 1991~1994 年间的“The Malmö Diet and Cancer study”中随机选择一个瑞典人群队列（招募时年龄 45~64 岁），对其中 6103 名参与者进行了颈动脉斑块和颈动脉内膜中层厚度（CIMT）检查，采用高斯扩散模型来估计个人空气污染暴露（$PM_{2.5}$，PM_{10}，NO_x，BC）。调整了潜在混杂因素和心血管危险因素后，分别用 Logistic 和多元线性回归模型研究空气污染物与颈动脉斑块和 CIMT 患病率之间的关系。结果发现：在仅包括年龄和性别的模型中，$PM_{2.5}$ 暴露（1 μg/m³）与颈动脉斑块相关（OR：1.10，95%CI：1.01~1.20），但在调整心血管危险因素和社会经济状况后，这种关联减弱且不显著（OR：1.05，95%CI：0.96~1.16）。提示需要对空气污染和中间结果开展进一步的流行病学研究，以解释空气污染和心血管事件之间的联系。

C. 颗粒物与神经系统疾病

Salimi 等[21]利用澳大利亚新南威尔士州“The 45 and Up Study”的 24 万名队列成员的数据，对长期暴露于 $PM_{2.5}$ 与帕金森病患病率之间的关系进行了横断面分析，利用基于卫星的土地利用回归模型估算参与者居住地址的 NO_2 和 $PM_{2.5}$ 年平均浓度。结果发现队列中 $PM_{2.5}$ 的年平均浓度为 5.8 μg/m³，与帕金森病呈正相关，但无统计学意义（OR：1.01，95%CI：0.98~1.04），提示长期暴露于 $PM_{2.5}$ 与帕金森病之间联系的证据有限。

2）国内研究进展

在国外空气污染流行病学的横断面研究中，空气污染，尤其是颗粒物对心血管疾病、呼吸系统疾病的影响是研究领域中长期关注的内容。国内关于颗粒物对健康结局影响的横断面研究发展速度也在逐渐加快。随着空气污染加剧，我国也有越来越多的学者开始重视并踏入该研究领域，并得出了与国际学者类似的结论。本节主要阐述国内颗粒物与呼吸系统、心血管系统、神经系统以及儿童健康的横断面研究。表 2-2 为部分国内横断面研究的情况和简要描述。

表 2-2　国内部分横断面研究总结

作者（年份）	地区/时间	研究对象	暴露	暴露测量	结局	统计学模型	研究结论
邓芙蓉等（2021）[12]	北京/2015~2016 年	从北京市某三甲医院招募的 43 名慢阻肺患者，年龄 58~81 岁	$PM_{2.5}$ PM_{10} 及其成分	室内空气采样	心率变异性 HRV	多元线性回归	不同粒径室内颗粒物及其金属组分对慢阻肺患者自主神经功能影响不同，与室内 $PM_{2.5\text{~}10}$ 相比，$PM_{2.5\text{~}10}$ 的地壳成分浓度及其相关金属组分的影响更为明显
阚海东等（2021）[11]	全国范围/2012~2015 年	采用五阶段分层整群抽样方法在全国范围内抽取 57779 名 20 岁以上的成年人作为研究对象	$PM_{2.5}$	卫星反演	肺功能	多元线性回归	这项大规模研究提供了第一手流行病学证据，表明长期暴露于环境 $PM_{2.5}$ 和某些成分，特别是有机物和硝酸盐，与较低的大小气道功能有关
林华亮等（2019）[7]	包括中国在内的 6 个中低收入国家/2007~2010 年	来自全球老龄化与成人健康队列研究（SAGE）的 29249 名 50 岁以上成年人	$PM_{2.5}$	遥感数据	哮喘	混合效应模型	长期接触 $PM_{2.5}$ 可能是哮喘的重要危险因素。应采取有效的空气污染减少措施，降低 $PM_{2.5}$ 浓度，以减少相关哮喘病例和疾病负担
贺媛等（2018）[29]	全国范围/2010~2015 年	基于全国免费孕前健康检查项目，研究对象为全国范围内的 39348119 名 20~49 岁育龄妇女	$PM_{2.5}$	基于卫星的时空模型	血压、高血压	线性混合模型、Logistic 回归	$PM_{2.5}$ 长期暴露超过一定水平可能会增加人群患高血压的风险，并可能是中国育龄成年人可避免的高血压负担的原因
郑昕等（2019）[13]	华中地区/2014 年	基于国家心血管病高危人群早期筛查与综合干预项目，最终纳入来自华中地区河南、湖北、湖南三省的 243904 名 35~75 岁的研究对象	$PM_{2.5}$	固定监测站点	血压	多元线性回归	$PM_{2.5}$ 长期暴露与华中地区人群血压水平显著相关。老年人、男性、患高血压者 $PM_{2.5}$ 长期暴露后收缩压升高更为显著
向浩等（2019）[15]	河南农村/2015 年 7 月	从河南省农村队列中抽取 39259 名已完成基线调查的 18~79 岁受试者作为研究对象	PM_1 $PM_{2.5}$ NO_2	基于卫星的时空模型	空腹血糖、2 型糖尿病	多元线性回归、Logistic 回归	在中国农村人群中，空气污染物暴露浓度越高，患 2 型糖尿病的风险越高，空腹血糖水平越高
颜华等（2021）[32]	中国农村/2017~2018 年	采用多阶段分层整群抽样，抽取“中国农村青光眼流行病学”研究（REG-China）中的 3111 名成年人糖尿病患者	$PM_{2.5}$	基于卫星的时空模型	糖尿病视网膜病变	Logistic 回归	长期暴露于高浓度 $PM_{2.5}$ 与中国农村糖尿病患者发生糖尿病视网膜病变的风险相关

续表

作者（年份）	地区/时间	研究对象	暴露	暴露测量	结局	统计学模型	研究结论
施小明等（2019）[30]	中国 32 个区县/2017~2018 年	在国内大气污染防治重点区域 32 个区/县中，采用分层随机抽样方法选取 40~89 岁中老年人，最终纳入 5997 人	$PM_{2.5}$	固定监测站点	焦虑状态	多因素 Logistic 回归	焦虑患病与 $PM_{2.5}$ 暴露之间存在正向关联，在男性、自报患有慢性病、学历较高者中关联更强
段小丽等（2020）[33]	全国范围/2013~2014 年	采用多阶段分层抽样方法，从全国大陆除西藏外的 30 个省市抽取 41439 名 6~17 岁学龄儿童	$PM_{2.5}$	机器学习法	肥胖	加权 Logistic 回归	$PM_{2.5}$ 暴露与儿童肥胖显著相关，有必要进行进一步研究以揭示 $PM_{2.5}$ 暴露在儿童肥胖发展中的作用
董光辉等（2021）[5]	中国 7 个省市/2013 年 9 月	采用多阶段整群随机抽样，从中国 7 个省市的 94 所学校招募超过 6 万名 7~18 岁儿童和青少年。最后，9897 名 10~18 岁参与者被纳入分析	PM_1 $PM_{2.5}$ PM_{10} NO_2	基于卫星的时空模型	代谢综合征	广义线性混合效应模型	颗粒物暴露与儿童和青少年的代谢综合征患病率呈正相关

A. 颗粒物与呼吸系统

复旦大学阚海东团队[11]做了一项全国范围内的横断面研究来评估长期暴露于 $PM_{2.5}$ 及其成分与肺功能的关系，研究共纳入 50991 名来自中国肺健康研究（the China Pulmonary Health，CPH）的参与者，采用多元线性回归模型分析 $PM_{2.5}$ 或其成分暴露对肺功能指标的影响。结果表明 $PM_{2.5}$ 每升高 1 个四分位数间距（IQR）与第 1 秒用力呼气容积 FEV_1（19.82 mL，95%CI：11.30~28.33）、用力肺活量 FVC（17.45 mL，95%CI：7.16~27.74）、呼气峰流量 PEF（86.64 mL/s，95%CI：59.77~113.52）有关。黑碳、有机质、铵、硫酸盐和硝酸盐与大多数肺功能指标呈负相关。这项大规模研究表明长期暴露于环境 $PM_{2.5}$ 和某些成分，特别是有机物和硝酸盐，与较低的大小气道功能有关。

B. 颗粒物与心血管系统

空气污染与一些重要的心血管疾病危险因素存在关联。国内多项横断面研究发现，大气污染的长期暴露可能会增加高血压、糖尿病等疾病的患病风险。但是现有的研究主要集中于 PM_{10} 和 $PM_{2.5}$[29,31]，而 PM_1 作为 $PM_{2.5}$ 的重要组成部分，可能比 $PM_{2.5}$ 有更广泛的毒性效应。因此武汉大学向浩团队[15]采用横断面设计调查了 PM_1 长期暴露与血压的关系。研究者从河南省农村队列中抽取 39259 名已完成基线调查的受试者作为研究对象，颗粒物 PM_1 的暴露情况采用基于卫星的时空模型进行评估。用二元 Logistic 回归模型分析长期暴露于 PM_1 与高血压的关系，用多元线性回归模型分析长期暴露于 PM_1 与收缩压（SBP）、舒张压（DBP）、平均动脉压（MaP）和脉压（PP）的关系。结果发现基线调查前 3 年的 PM_1 平均浓度较高（59.98 μg/m³）；进一步统计分析发现 PM_1 浓度每增加 1 μg/m³，高血压的 OR 值增加 4.3% （OR=1.043，95%CI：1.033~1.053），SBP、DBP、MaP 和 PP 分别增加 0.401 mmHg（95%CI：0.335~0.467），0.328 mmHg（95%CI：0.288~0.369），0.353 mmHg （95%CI：0.307~0.399）和 0.073 mmHg（95%CI：0.030~0.116）；分层分析结果显示 PM_1 对高血压和血压的影响受到性别、生活方式和饮食的调控。

C. 颗粒物与神经系统疾病

暴露于较高浓度的颗粒物环境也是中枢神经系统疾病的致病因素之一。中国疾病预防控制中心施小明团队[30]于 2017 年 10 月 10 日至 2018 年 2 月 7 日，在大气污染防治重点区域 32 个区/县中，选取 40~89 岁的中老年人进行横断面调查，采用了多因素 Logistic 回归模型分析 $PM_{2.5}$ 暴露与焦虑之间的关联，研究表明，焦虑患病与 $PM_{2.5}$ 暴露之间存在正向关联，即调查前 3 年的 $PM_{2.5}$ 滑动平均浓度每升高 10 μg/m³，焦虑患病的 OR 值为 1.17（95%CI：1.05~1.31），且这种关联在男性、自报患有慢性病、学历较高者中更强。还有研究提示大气颗粒物暴露与神经退行性疾病如阿尔茨海默病的发生发展存在关联[6]。

D. 颗粒物与儿童健康

中山大学董光辉团队基于我国 7 个省市（辽宁、天津、宁夏、上海、重庆、湖南和广东）进行的一项大型横断面研究发现，大气 PM 水平与儿童代谢综合征的患病率呈正相关：PM_1、$PM_{2.5}$ 和 PM_{10} 浓度每增加 10 μg/m³，儿童代谢综合征的 OR 值分别为 1.20（95%CI：0.99~1.46）、1.31（95%CI：1.05~1.64）和 1.32（95%CI：1.08~1.62）；PM 暴露与儿童腹部肥胖患病风险增加有关：PM_1、$PM_{2.5}$ 和 PM_{10} 每增加 10 μg/m³，腹部肥胖的 OR 分别为 1.42（95%CI：1.23~1.64）、1.40（95%CI：1.19~1.65）和 1.32（95%CI：1.11~1.55）；PM_1 与空腹血糖升高相关（OR=1.63，95%CI：1.16~2.29）；但未发现与儿童血压升高有关[5]。而该团队基于中国东北七城市（Seven Northeast Cities，SNEC）开展的横断面研究结果与前一项研究不同，该研究发现 PM_{10} 浓度与儿童血压呈正相关[32]。

2.2.2 病例对照研究

1. 病例对照研究概述

1）基本原理

病例对照研究（case-control study）的基本原理是以当前已经确诊的患有某

特定疾病的一组患者作为病例组，以不患有该病但具有可比性的一组个体作为对照组，通过询问，实验室检查或复查病史，搜集研究对象既往对各种可能的危险因素的暴露史，经统计学检验，若两组差别有意义，则可认为因素与疾病之间存在着统计学上的关联。在评估了各种偏倚对研究结果的影响之后，再借助病因推断技术，推断出某个或某些暴露因素是疾病的危险因素。

2）基本特点

（1）观察性研究：研究对象的暴露情况是自然存在而非人为控制的，属于观察性研究。

（2）研究对象分为病例组和对照组：按是否具有研究的结局分成病例组与对照组。

（3）由“果”溯“因”：病例对照研究是在结局发生之后追溯可能原因的方法。

（4）因果联系的论证强度相对较弱：病例对照研究不能观察到由因到果的发展过程，故因果联系的论证强度不及队列研究。

3）研究类型

（1）非匹配病对照研究：在设计所规定的病例和对照人群中，分别抽取一定数量的研究对象进行组间比较，对照的选择没有其他任何限制与规定。这种方法较匹配法更容易实施，但方法本身控制混杂因素的能力较弱。

（2）匹配病例对照研究：要求选择的对照在某些因素或特征上与病例保持一致，目的是使匹配因素在病例组与对照组之间保持均衡。这种方法可增加统计学检验能力，提高研究效率，但也增加了选择对照的难度，并且资料整理与统计分析较麻烦[1]。

4）优缺点

病例对照研究有以下优点：首先，病例对照研究特别适用于罕见病以及潜伏期长的疾病的病因研究，因为病例对照研究不需要太多的研究对象，此时队列研究常常不实际。其次，可以同时研究多个暴露与健康结局的联系，特别适合于探索性病因研究。再者，该方法应用范围广，不仅应用于病因的探讨，而且广泛应用于其他健康事件的原因分析。最后，相较于队列研究，该方法更节省人力、物力、财力和时间，并且较易于组织实施。

病例对照研究也有以下缺点：不适于研究人群中暴露比例很低的因素，因为需要很大的样本量；难以避免选择偏倚和回忆偏倚；论证因果关系的能力没有队列研究强；不能测定疾病的发病率，不能直接分析相对危险度（RR），只能用优势比 OR 来估计 RR[1]。此外，在区分暴露的状态时会存在较大的偏倚，这是由于暴露因素的测量是在发生健康结局之后进行。例如，有呼吸道症状的个体可能会尽量避免接触空气污染，如果他们参加了一个关于呼吸道疾病的病例对照研究，这个研究就有可能低估呼吸道疾病与空气污染暴露之间的关联[2]。

5）在本领域的应用概述

由于病例对照研究不需要在漫长的潜伏期内等待慢性疾病的发生，并且减少了对病例组和对照组暴露测量的费用（因为并不需要测量整个源人群的暴露情况），因此研究效率较高。由于大多数癌症的发病潜伏期较长，病例对照研究可以用于研究空气污染在多种癌症的发展过程中所起的作用[2]，例如，Poulsen 等用病例对照研究探索空气污染与中枢神经系统肿瘤的关系[34]。病例对照研究也被用于非癌症结局的研究，例如关于颗粒物暴露与早产[35,36]、儿童出生缺陷[37-39]和肺功能[40,41]的研究。对于匹配资料的统计分析一般采用条件 Logistic 回归，非匹配资料则采用非条件 Logistic 回归。

2. 国内外病例对照研究在本领域的研究进展

1）国外研究进展

国外针对大气污染与人群健康的病例对照研究文献数量较多，质量较高。孕妇、婴幼儿和儿童作为空气污染的敏感人群，开展病例对照研究有极其重要的意义。当前针对成年人的病例对照则主要是颗粒物暴露与各种癌症患病风险的研究。本节主要对国外空气污染与早产、出生缺陷等不良妊娠结局、哮喘以及癌症关系的病例对照研究进行简要概括。表 2-3 为部分病例对照研究总结，可以看出颗粒物暴露很可能已经成为婴儿不良妊娠结局以及儿童各种疾病的危险因素之一。

表 2-3　国内外部分代表性病例对照研究总结

作者（年份）	地区/时间	病例组	对照组	暴露	暴露测量	统计学模型	研究结论
Zhu 等（2021）[36]	印度、巴基斯坦、孟加拉国/1998~2016 年	妊娠丢失（即流产或死产）（*n*=34197）	同一母亲的另一活产（*n*=76282）	$PM_{2.5}$	卫星遥感数据	条件 Logistic 回归	该研究为妊娠丢失与 $PM_{2.5}$ 之间的关联增加了流行病学证据，控制 $PM_{2.5}$ 污染将促进南亚的孕产妇健康
Simmons 等（2022）[37]	美国/1999~2007 年	先天性心脏病儿童（*n*=2824）	非畸形活体儿童（*n*=4033）	$PM_{2.5}$	监测站点	Logistic 回归	研究结果提供了有限的证据，证明极端高温暴露的持续时间改变了 $PM_{2.5}$ 与间隔缺损的关系
Holst 等（2020）[41]	丹麦/1997~2014 年	哮喘儿童（*n*=122842）	对每个病例随机选择 25 名在一周内按性别和生日匹配的无哮喘儿童（*n*=3069943）	$PM_{2.5}$ PM_{10} O_3 等	丹麦空气污染模拟系统	条件 Logistic 回归	暴露于较高水平 $PM_{2.5}$ 的儿童比未暴露的儿童更容易发生哮喘和持续性喘息

续表

作者（年份）	地区/时间	病例组	对照组	暴露	暴露测量	统计学模型	研究结论
Poulsen（2020）[34]	丹麦/1989~2014 年	脑、脑膜和脑神经颅内肿瘤患者（n=21057）	为每个病例匹配两名按性别和出生年月匹配的未被诊断为该肿瘤的对照（n=37368）	$PM_{2.5}$ NO_x BC	根据地理编码进行建模	条件 Logistic 回归	空气污染与颅内恶性中枢神经系统肿瘤和脑恶性非胶质瘤有关
Yousefian 等（2018）[44]	伊朗/2004~2012 年	孤独症儿童（n=134）	没有孤独症的儿童（n=388）	PM_{10} SO_2 等	土地利用回归模型	Logistic 回归	研究未发现空气污染的年平均暴露于与儿童患孤独症概率增加之间存在关联的证据
Toro 等（2019）[45]	荷兰/2010~2012 年	帕金森患者（n=436）	非帕金森患者（n=854）	$PM_{2.5}$ $PM_{2.5\sim10}$ PM_{10} 等	土地利用回归模型	条件 Logistic 回归	研究未发现荷兰居民空气污染暴露与帕金森病发病之间的明确联系
樊静洁等（2019）[35]	中国深圳市/2015 年	早产新生儿（n=200）	足月产新生儿对照（n=200）	PM_{10} $PM_{2.5}$ 等	中国环境保护部网站获取暴露数据	Logistic 回归	深圳市空气 SO_2、NO_2、PM_{10}、$PM_{2.5}$ 污染、产妇年龄和家族早产史与早产有关
吴琪俊等（2020）[39]	中国辽宁省/2020~2015 年	多指（n=2605）、并指（n=595）	无出生缺陷的对照（n=7950）	PM_{10}	环境监测站	Logistic 回归	母亲孕前和妊娠早期暴露于 PM_{10} 与胎儿多指和并指的发生风险增加有关
董光辉等（2021）[38]	中国南方/2006~2016 年	冠心病婴儿（n=7055）	健康婴儿（n=6423）	PM_1 $PM_{2.5}$ PM_{10}	随机森林模型	Logistic 回归	孕妇在怀孕期间暴露于较高水平的空气污染物中，特别是在怀孕的前三个月，与后代患冠心病的概率较高有关
顾清等（2022）[40]	中国天津市/2015~2017 年	肺功能受损者（n=187）	肺功能健康者（n=1900）	PM_{10} $PM_{2.5}$ 等	环境监测点	条件 Logistic 回归	大多数空气污染物在不同滞后期的单独或联合作用对儿童肺功能会产生有害影响
Tsan 等（2020）[43]	中国台湾/1999~2013 年	患结直肠癌的糖尿病患者（n=7719）	未发生结直肠癌事件的糖尿病患者（n=30876）	$PM_{2.5}$	环保局	Logistic 回归	长期接触高浓度 $PM_{2.5}$ 可能是糖尿病人群结直肠癌发病率增加的原因之一

A. 颗粒物与不良妊娠结局

大量病例对照研究表明孕期暴露于大气颗粒物与不良妊娠结局相关，主要包括早产、足月低出生体重、出生缺陷等。Zhu 等[36]从印度、巴基斯坦和孟加拉国的人口与健康调查中收集了 34197 名妇女的数据，这些妇女在 1998~2016 年期间至少有一次妊娠丢失（即流产或死产）和一次或多次活产，用基于卫星遥感的 $PM_{2.5}$ 暴露评估妊娠期的环境暴露，采用自身比较的病例对照研究方法，比较妊娠丢失（即一个病例）妊娠期间 $PM_{2.5}$ 的平均浓度与同一母亲另一个活产的可比暴露指标（即相应的对照）。在校正了孕妇年龄、温湿度、季节变化和长期趋势后，结果发现 $PM_{2.5}$ 每增加 10 μg/m³，妊娠丢失的 OR 为 1.03 （95%CI：1.02~1.05）。美国一项多中心病例对照研究——“The National Birth Defects Prevention Study, NBDPS”[6]调查了孕期 $PM_{2.5}$ 暴露与先天性心脏病之间的关系，该研究从 1999~2007 年间的妊娠中选取了先天性心脏病儿童（n=2824）和非畸形活体儿童（n=4033），使用距离母亲住所 50 km 范围内最近的监测仪为每位母亲分配了心脏关键期（怀孕后 3~8 周）的 $PM_{2.5}$ 暴露 6 周平均值。使用 Logistic 回归模型估计孕期 $PM_{2.5}$ 暴露对六种先天性心脏病的联合影响，结果发现 $PM_{2.5}$ 暴露与膜性室间隔缺损（OR：1.54，95% CI：1.01~2.41）显著相关。

B. 颗粒物与儿童健康

颗粒物暴露与儿童哮喘的关联一直是空气污染健康效应领域的研究热点。丹麦一项研究[34] 采用基于国家登记的配对病例对照设计，病例为整个丹麦人口中 1~15 岁的所有被诊断患有哮喘的儿童（122842 人），为每个病例随机选择了 25 名在一周内按性别和生日匹配的未被诊断哮喘的对照（共 3069943 人），采用条件 Logistic 回归分析发现与未暴露于颗粒物的儿童相比，儿童暴露于 $PM_{2.5}$ 和 PM_{10} 的浓度每增加 5 μg/m³，发生哮喘和持续性喘息的危险度分别为 1.05（95%CI：1.03~1.07）和 1.04（95%CI：1.02~1.06），表明儿童暴露于高水平 $PM_{2.5}$ 和 PM_{10} 比未暴露儿童更有可能患哮喘和持续性喘息。

C. 颗粒物与癌症

丹麦另一项基于全国的匹配病例对照研究[3]同样采用条件 Logistic 回归分析，结果发现空气污染与颅内恶性中枢神经系统肿瘤和脑恶性非胶质瘤有关。为研究 $PM_{2.5}$ 组分与白血病的关联，Taj 等[42]从丹麦癌症登记处筛选了 1983 名年龄在 20 岁及以上的白血病患者，然后从整个丹麦人群（n=51613）中为每个病例随机选择最多 4 个性别和年龄匹配的对照，结果显示：$PM_{2.5}$、$PM_{2.5}$ 的组分 NH_4 和 NO_3 每升高一个 IQR，白血病 OR 分别增加 1.09 （95%CI：1.02~1.17）、1.08（95%CI：1.00~1.17）和 1.08（95%CI：1.02~1.14）。

2）国内研究进展

在我国多个地区开展的病例对照研究为国内颗粒物暴露与不良妊娠结局、儿童健康以及癌症的关系增加了流行病学支持，研究结论较为一致，表明了颗粒物对人群，尤其是对新生儿健康的不利影响。

A. 颗粒物与不良妊娠结局

董光辉团队[38]于 2006 年 1 月至 2016 年 12 月在我国南方 21 个城市连续招募冠心病胎儿和健康志愿者，共纳入 7055 例冠心病患者和 6423 例对照，Logistic 回归分析结果显示，孕妇在怀孕前三个月暴露于所有空气污染物与冠心病的患病风险增加有关，如 PM_1 暴露每增加一个四分位数间距，冠心病患病风险可升高 1.09 倍（95%CI：1.01~1.18）。

B. 颗粒物与儿童健康

除了关注出生结局外，国内也有关注儿童健康。天津医科大学顾清团队[40]为探索空气污染和绿地暴露对儿童肺功能的影响，纳入天津市 2087 名 9~11 岁小学生进行研究，因为肺功能测试在 2015~2017 年每年的采暖季节（第四季度：10~12 月）进行，分别评估了前三个季度 6 种常规监测空气污染物的暴露情况（第一季度 lag1：1~3 月；第二季度 lag2：4~6 月；第三季度 lag3：7~9 月），以肺功能受损儿童作为病例组、其他健康儿童为对照组，采用条件 Logistic 回归模型评价室内外环境危险因素对儿童肺功能损伤发生率的影响。结果显示，在 lag1、lag2 和 lag3 期间，6 种空气污染物混合物浓度每增加一个 IQR，患肺功能损伤的风险分别增加 53.4%、34.7%和 16.9%。

C. 颗粒物与癌症

有台湾学者在队列研究中进行巢式病例对照研究，探索糖尿病人群的结直肠癌发病率与颗粒物暴露之间的关系。Tsan 等[43]采用巢式病例对照研究设计，以台湾健康保险研究数据库中获取的 1999~2013 年间新诊断的糖尿病患者（n=1164962）为研究对象，发生结直肠癌事件的参与者被归入病例组，而对照组按 4∶1 的比例与病例匹配，Logistic 回归分析结果显示 $PM_{2.5}$ 每增加 10 μg/m^3，结直肠癌发病的调整 OR 值（95%CI）为 1.08（1.04~1.11），提示长期接触高浓度 $PM_{2.5}$ 可能是糖尿病人群结直肠癌发病率增加的原因之一。

2.2.3 队列研究

1. 队列研究概述

1）基本原理

队列研究（cohort study）是将人群按是否暴露于某可疑因素及其暴露程度分为不同组，追踪其各组的结局，比较不同组之间结局频率的差异，从而判定暴露因素与结局之间有无因果关联及关联大小的一种观察性研究方法。

队列研究的基本原理是在一个特定人群中选择所需的研究对象，根据目前或过去某个时期是否暴露于某个待研究因素（危险因素或保护因素），或其不同的暴露水平而将研究对象分成不同的组，如暴露组和非暴露组，高剂量暴露组和低剂量暴露组等，随访观察一段时间，检查并登记各组人群待研究的预期结局的发生情况，比较各组结局的发生率，从而评价和检验研究因素与结局的关系。如果暴露组某结局的发生率明显高于或低于非暴露组，则可推测暴露与结局之间可能存在因果关系。

2）基本特点

（1）属于观察法：队列研究中的暴露不是人为给予的，不是随机分配的。

（2）设立对照组：队列研究通常会在研究设计阶段就设立对照组。

（3）由“因”及“果”：队列研究中，在疾病发生之前就确立了研究对象的暴露状况，然后探索暴露与疾病的关系。

（4）检验暴露与结局的因果联系能力较强：能准确地计算出结局的发生率，估计暴露人群发生某结局的危险程度，因而能判断其因果关系。

3）优缺点

队列研究有以下优点：首先，队列研究资料完整可靠，信息偏倚相对较小。其次，由于因果现象发生的时间顺序是合理的，加之偏倚较少，又可直接计算 RR 等反映疾病危险强度的指标，故其检验病因假说的能力较强。最后，队列研究有助于了解人群疾病的自然史，可分析一种暴露与多种疾病的关系。

队列研究也有以下缺点：首先，队列研究不适用于发病率很低的疾病的病因研究。其次，因队列研究的随访时间长，容易产生失访偏倚。再者，队列研究耗费的人力、物力、财力和时间较多。

在目前的实际应用中，空气污染流行病学领域的队列研究多通过国家或地区的人口普查资料、疾病监测体系、死亡监测系统和环境监测系统等获取研究对象的健康结局信息和暴露情况，而大多数研究缺少对个体行为特征以及个人社会经济地位，如职业、收入和教育等的探讨；现有的研究侧重于环境暴露与健康结局之间的关系及其造成的疾病负担，而较少涉及环境暴露参数的制定、环境暴露健康风险定性或定量评价模型的构建与完善[1,2,46]。

4）在本领域的应用概述

在空气污染流行病学研究中，队列研究多用于评估慢性空气污染暴露对健康结局的长期影响，其统计模型通常采用 Cox 比例风险回归模型。例如，Samet 等[47]对美国 1 个涵盖近 5000 万人、20 个大城市的大数据资料进行分析，用 Cox 模型研究人群的病死率与颗粒物暴露的关系；Bauer 等[48]对长期暴露空气颗粒物与亚临床动脉粥样硬化之间的关系进行了队列研究。尽管长期的队列研究花费较大、实施很难，但是如果这类研究得到的结果表明某慢性病与某一种暴露因素有关联，那么这个结果是比较可信的。例如，美国的“哈佛大学六城市研究”验证了空气中细颗粒物的污染与死亡率有关联[49]，之后的生态学和时间序列研究证实了他们的研究，而之前的横断面研究也已经表明了这种关系。

出生队列研究是队列研究的一种特殊类型，它以出生人群（含母婴亲子对）为队列起点，研究生命早期和生命不同阶段多种暴露，环境与遗传因素交互作用和多种健康结局的关联效应[50]。在空气污染流行病学中，出生队列研究对于评估母亲孕期和早期空气污染暴露对不良妊娠结局[51]、儿童先天性心脏病[52]、儿童和青少年呼吸系统疾病[53]等的影响起到了十分重要的作用。出生队列有利于识别生命历程中健康和疾病的潜在因果关联，为制定儿童青少年相关公共卫生政策提供循证依据，确保儿童青少年当下和未来健康。

2. 国内外队列研究在本领域的研究进展

1）国外研究进展

不同于污染物短期暴露的研究，队列研究不仅能体现污染物对疾病发病和死亡风险的长期影响，还能反映污染物在慢性疾病产生和发展中起的作用，因此深受众多学者喜爱。近半个多世纪以来，欧美发达国家长期开展空气污染与人体健康关系研究，通常由于设计相对严谨、监测和分析技术全面，研究结果也具有较高可信度。欧美地区早期开展的空气污染队列研究主要包括哈佛大学六城市研究、美国癌症协会（ACS）研究、光化学烟雾危害（AHSMOG）研究、交通运输业颗粒研究、欧洲空气污染健康影响队列研究等。这些大规模人群队列研究在揭示环境污染和健康效应关系方面取得了重大的成果，提出了空气污染长期暴露健康危害和风险，为环境保护以及疾病的预防和干预提供了重要的理论基础和科学依据。表 2-4 总结了国外发表的前瞻性队列研究成果并简单介绍了这些成果所用到的队列的情况。本节主要介绍几个经典的空气污染队列研究。

表 2-4　国外部分大型前瞻性队列研究总结

年份	作者	地区	队列简介	样本量	基线年份	颗粒物	结局	统计模型	主要结论
2000	Laden 等[49]	美国	“哈佛大学六城市研究”：从 1974 年开始对美国六个城市 8000 多名 25~74 岁成年人组成的队列进行长达 14~16 年的随访	—	1974~1977	$PM_{2.5}$	六城市中每个城市的每日死亡率	Poisson 回归	长期暴露于大气污染与人群死亡率增加有关
2011	Turner 等[56]	美国	美国癌症协会队列研究：1982 年启动，共纳入约 120 万名 30 岁以上成年人，其中有约 50 人能获得相应的空气污染数据	375083	1982 年	$PM_{2.5}$	肺癌死亡	Cox 比例风险回归	$PM_{2.5}$ 长期暴露与人群肺癌死亡率增加有关
2016	Kaufman 等[63]	美国	美国 MESA Air 研究：6814 名分布在美国六个地区的四个种族（西班牙裔、黑种人、白种人和中国人），随访期十年	6795	2000~2002	$PM_{2.5}$	冠状动脉钙化、颈动脉内膜中膜厚度	混合模型	大都市地区 $PM_{2.5}$ 浓度的增加与冠状动脉钙化进展有关

续表

年份	作者	地区	队列简介	样本量	基线年份	颗粒物	结局	统计模型	主要结论
2016	Hansen 等[64]	丹麦	丹麦护士队列研究：该队列于 1993 年纳入 19898 名丹麦护士，1999 年调查时新增 10534 名护士	28731	1993 或 1999	$PM_{2.5}$ PM_{10}	2 型糖尿病	时变 Cox 回归	细颗粒物可能是女性糖尿病发病最相关的污染物，非吸烟者、肥胖女性和心脏病患者可能更易患糖尿病
2021	Yu 等[38]	荷兰	PIAMa 出生队列研究：3963 名出生于 1996~1997 年的儿童	706	1996~1997	$PM_{0.1}$ $PM_{2.5}$ PM_{10} 及成分	FEV_1 FVC	多元线性回归	长期接触 PM_{10} 中的硫可能会导致 16 岁时 FEV_1 降低。没有证据表明 UFP 暴露有独立的影响
2018	Pennington 等[64]	德国	凯撒空气污染和儿童哮喘研究：24608 名出生于 2000~2010 年的不同种族的孩子	24608	2000~2010	$PM_{2.5}$	哮喘	二项分布广义线性模型	早期移动污染源空气污染与儿童哮喘发病率之间存在联系，在较低水平的暴露下观察到较陡的剂量-反应关系
2021	Stapleton 等[65]	西班牙	西班牙 INMa 出生队列研究：2004~2006 年间招募的 487 对母婴	487	2004~2006	$PM_{2.5}$ PM_{10} PM_{100}	肺功能，血清 CC16	多元线性回归，线性混合模型	出生前和出生后空气污染暴露水平的增加，特别是出生前 PM_{10} 和粗颗粒物暴露水平的增加，与肺功能的下降有关
2021	Mortamais 等[66]	法国	法国三城市研究（3C）：1999~2001 年间在法国第戎、波尔多和蒙彼利埃三个地区共招募了 9294 名 65 岁以上人群；每两年随访一次，已随访 12 年	7044	1999~2001	$PM_{2.5}$	痴呆症	Cox 比例风险回归	在这一庞大的老年人群队列中，长期暴露于 $PM_{2.5}$ 与痴呆症发病率的增加有关。减少 $PM_{2.5}$ 排放可能会减轻老年人口中痴呆症的负担

A. 哈佛大学六城市研究

著名的“哈佛大学六城市研究”是队列研究方法在大气污染环境与健康效应研究方面的首次尝试，该研究对美国六个城市 8000 多名成年人组成的队列进行了长达 14~16 年的随访，发现 $PM_{2.5}$ 浓度每增加 10 μg/m³，每日死亡率增加 3.4%（95%CI：1.7%~5.2%），揭露了长期暴露于大气污染与死亡率增加有关[54]。Dockery 等在控制吸烟和其他个人混杂因素后，发现相对于颗粒物轻污染区，重污染区的心血管疾病死亡相对危险度为 1.26[54]。

B. 美国癌症协会的癌症预防研究

美国癌症协会的癌症预防研究（Cancer Prevention Study-II，CPS-II）是一项 1982 年启动的大型前瞻性死亡率研究，队列共纳入约 120 万名成年人，其中有约 50 万人能获得相应的空气污染数据。截至 1998 年的随访数据分析显示 $PM_{2.5}$ 污染浓度每增加 10 μg/m³，全死因率、心肺疾病死亡率和肺癌死亡率分别增加 4%，6%和 8%[55]；而截至 2008 年的数据分析发现 $PM_{2.5}$ 污染浓度每增加 10 μg/m³，不吸烟人群肺癌死亡率增加 15%~27%[56]；验证了长期暴露于细颗粒物是心肺疾病和肺癌的重要影响因素。

C. 丹麦护士队列研究

丹麦护士队列纳入 28731 名女护士，发现 $PM_{2.5}$ 水平和女性 2 型糖尿病的发病风险呈正相关，$PM_{2.5}$ 每增加 3.1 μg/m³，2 型糖尿病的发病率上升 11%（95%CI：2%~22%），其中肥胖女性受到 $PM_{2.5}$ 的影响最为明显[57]。

D. 欧洲空气污染健康影响队列研究

为了观察空气污染长期健康效应，欧洲还开展了空气污染健康影响队列研究（European Study of Cohorts for Air Pollution Effects，ESCAPE）。该项目涉及 9 个欧洲国家 36 个地区，共进行了 17 项前瞻性队列研究。研究区域大多是大型城市及其周边地区。研究中进入队列人数为 312944 人，共收集了 4013131 人年数据。在随访过程（平均随访时间 12.8 年）中，运用土地利用回归模型计算了 PM_{10}、$PM_{2.5}$ 和 NO_2 等空气污染物长期暴露量，同期收集了大量与健康相关的危险因素。在调整了性别、年龄、吸烟情况以及社会经济水平等混杂因素，对每个队列分别运用 Cox 比例风险回归模型进行危险度分析，最后采用荟萃分析合并 17 个队列危险度评估空气污染长期暴露肺癌风险。

以上都是国外早期开展的大型前瞻性队列研究，这些关于颗粒物暴露与人群健康关系的研究都来自于发达国家，它们如今的 $PM_{2.5}$ 浓度大多比发展中国家的要低，因此 Hystad 等[58]在 21 个高收入、中等收入和低收入国家的大量成人队列中调查 2003~2018 年间长期暴露于 $PM_{2.5}$ 与心血管疾病之间的关联。结果发现，$PM_{2.5}$ 增加 10 μg/m³ 与心血管疾病事件（HR：1.05，95%CI：1.03~1.07）、心肌梗死（HR：1.03，95%CI：1.00~1.05）、中风（HR：1.07，95%CI：1.04~1.10）和心血管疾病死亡风险（HR：1.03，95%CI：1.00~1.05）增加相关。亚组分析显示，高收入国家发生心血管疾病死亡事件的风险（HR：1.14，95%CI：1.07~1.21）高于中低收入国家（HR：1.05，95%CI：1.02~1.07）；按照世界卫生组织 $PM_{2.5}$ 中度浓度（35 μg/m³）分层发现，在 $PM_{2.5}$ 浓度低于 35 μg/m³ 的地区发生心血管疾病死亡事件的风险（HR：1.15，95%CI：1.02~1.29）高于 $PM_{2.5}$ 浓度为 35 μg/m³ 及以上的地区（HR：1.05，95%CI：1.02~1.08）。

还有一些针对其他多因素导致的疾病的研究，如 Loftus 等[59]通过研究观察到空气污染与儿童行为障碍之间的联系，拓展了表明空气污染会损害儿童神经发育的现有证据；Elten 等[60]研究了空气污染与儿科发炎性肠病的关联；Li 等[17]研究了日常天气与空气污染和夜间客观睡眠之间的关联，弥补了国外在这方面研究的不足；韩国的 Moon 等[62]研究在本国空气状况下空气污染与肺癌发病率之间的关系，弥补了韩国国内研究在这一方面的空缺。

2）国内研究进展

我国也有多项队列研究探讨了大气污染长期暴露对总死亡、心血管系统和呼吸系统疾病等死亡风险的影响。但与国外相比，国内相关领域的队列研究较少，很多国内研究成果都参考到了国外研究数据与内容。由于我国缺乏 $PM_{2.5}$ 的历史监测数据，我国早期的长期暴露研究主要关注总悬浮颗粒物和 PM_{10} 的浓度，之后才将研究重心放到了 $PM_{2.5}$。本节主要介绍国内颗粒物（PM_{10}、$PM_{2.5}$）长期暴露与人群死亡风险以及心血管健康关联的队列研究。表 2-5 为国内近几年发表的前瞻性和回顾性研究成果并简单介绍了这些成果所用到的队列的情况。

表 2-5 国内部分代表性前瞻性和回顾性队列研究总结

年份	作者	地区	方向	队列简介	样本量	颗粒物	结局	统计模型	主要结论
2011	阚海东等[68]	全国	前瞻性	基于全国高血压随访调查收集的数据，1991年采用多阶段整群随机抽样，最后纳入31个省的70947名研究对象，随访期从1991年至2000年	70947	TSP	死亡	Cox比例风险回归	在中国，环境空气污染与心肺疾病和肺癌死亡率的增加有关
2016	董光辉等[70]	北方	回顾性	北方四城市队列：纳入天津、沈阳、太原和日照4个城市的39054名24岁以上研究对象，随访期为1998~2009年	39054	PM_{10}	肺癌死亡	Cox比例风险回归	肺癌死亡率和 PM_{10} 之间有显著相关性
2018	施小明等[72]	全国	前瞻性	中国老年健康影响因素调查研究 CLHLS：包括31个省的13344名65岁以上居民，随访期为2008~2014年	13344	$PM_{2.5}$	死亡	Cox比例风险回归	长期暴露于 $PM_{2.5}$ 与中国65岁及以上成年人全因死亡风险增加有关，但风险随着 $PM_{2.5}$ 浓度的增加而下降
2019	Xiang Qian Lao 等[77]	台湾	前瞻性	在2001~2014年间招募了134978名18岁及以上成年人	134978	$PM_{2.5}$	高血压	时变 Cox 模型	$PM_{2.5}$ 暴露的改善与高血压发病率的降低有关，表明减轻空气污染是降低心血管疾病风险的有效策略
2019	鲁向锋等[76]	全国	前瞻性	中国动脉粥样硬化性心血管疾病风险预测研究（China-PAR）：纳入该项目的88397名35~74岁非糖尿病患者	88397	$PM_{2.5}$	糖尿病	Cox比例风险回归	空气质量的持续改善将有利于减少中国的糖尿病流行

续表

年份	作者	地区	方向	队列简介	样本量	颗粒物	结局	统计模型	主要结论
2020	冯利红等[78]	天津	前瞻性	在 2013~2014 年共募集 5077 名社区居民（18~90 岁）作为基线人群，2014~2018 年逐年开展随访，观察队列人群 T2DM 新发病情况	5077	$PM_{2.5}$ PM_{10}	2 型糖尿病	Cox 比例风险回归	改善空气污染情况能降低人群 T2DM 发病风险
2021	张艳等[52]	武汉	前瞻性	2011 年 1 月至 2017 年 6 月在武汉市分娩的 113236 对围产儿和孕产妇	106317	PM_{10}	先天性心脏病	Logistic 回归	母亲妊娠早期暴露于空气污染物会增加儿童先天性心脏病发生风险
2022	徐顺清等[79]	武汉	前瞻性	2013 年 1 月至 2014 年 10 月在武汉市妇幼保健院首次产检的孕妇 2039 名	391	$PM_{2.5}$ PM_{10}	免疫功能指标：外周血 T 淋巴细胞亚群、血浆细胞因子	广义估计方程	在生命早期的不同关键期暴露于空气污染会不同程度地影响细胞免疫反应，这种影响可能与性别有关
2018	王海俊等[80]	全国	前瞻性	数据来自国家免费孕前健康检查项目（NFPHEP）：该项目于 2010 年启动。涵盖了我国 30 个省 324 个市	1300342	PM_1	早产	Cox 比例风险回归	共调查了 130 多万名新生儿，孕期暴露于 PM_1 与早产风险增加有关
2018	向浩等[78]	湖北十堰、荆州	回顾性	母亲居住在这两个城市的单胎活产婴儿	16035	$PM_{2.5}$ PM_{10}	早产	广义相加模型	证实了之前关于环境空气污染暴露对早产不利影响的结果

A. PM_{10} 与人群死亡风险

复旦大学阚海东团队[67] 最初为研究烟草危害而设计的一项前瞻性队列研究（1990~2006 年，45 个区县 71431 名中年男性）采用 Cox 比例风险回归分析显示，在随访的 9 年内，PM_{10} 长期暴露每增加 10 μg/m³，全因死亡风险增加 1.6%，心血管疾病死亡风险增加 1.8%。不久后，基于中国高血压流行病学随访研究，该团队[68] 又建立了我国第一个大气污染队列（1991~2000 年，31 个城市 70947 名成年居民），同样采用 Cox 比例风险回归模型分析发现，在随访的 9 年期间，总悬浮颗粒物、SO_2 和氮氧化物每增加 10 μg/m³，心血管疾病死亡分别增加 0.9%，3.2%和 2.3%。在北方四城市（沈阳、天津、太原和日照）建立的回顾性大气污染队列（1998~2009 年，3.9 万名城市居民）研究发现 PM_{10} 浓度每增加 10 μg/m³，发生慢性支气管炎的 HR 为 1.616（95%CI：1.546, 1.588）[69]，肺癌死亡率增加 3.4%~6.0%（HR：1.047，95%CI：1.034, 1.060）[70]。

B. $PM_{2.5}$ 与人群死亡风险

中国疾病预防控制中心周脉耕团队[71]基于我国男性队列（1990~2006 年，189793 名男性居民），利用卫星反演和化学传输模型估计 $PM_{2.5}$ 的年平均暴露，使用 Cox 比例风险回归模型发现 $PM_{2.5}$ 年平均浓度值每升高 10 μg/m³，非意外总病因、心血管疾病、缺血性心脏病、卒中、慢性阻塞性肺疾病和肺癌的死亡风险比分别为 1.09、1.09、1.09、1.14、1.12 和 1.12；施小明团队[72]基于中国老年健康影响因素跟踪调查（Chinese Longitudinal Healthy Longevity Survey Cohort，CLHLS）（2008~2014 年，13344 名居民）发现 $PM_{2.5}$ 年平均浓度值每升高 10 μg/m³，全病因的死亡风险比为 1.08。这两个研究分别首次阐明我国大气 $PM_{2.5}$ 长期暴露与男性人群、老年人群死亡的暴露-反应关系，均证实了大气污染的长期暴露会增加全病因、心血管系统和呼吸系统疾病等的死亡率[73]。

C. $PM_{2.5}$ 与心血管疾病危险因素

空气污染也与一些重要的心血管疾病危险因素存在关联，最新一项覆盖我国 15 个省约 12 万自然人群的大型项目——中国动脉粥样硬化性心血管疾病风险预测研究（China-PAR）共包括了 4 个前瞻性队列[74]。这 4 个队列的基线和随访调查均使用了统一的方案和类似的问卷，基线调查时总共纳入 127840 名研究对象，有 93.4%的参与者完成了随访。研究对象分布在 15 个省份。国内学者借助该项目发表了多项成果，为我国空气污染长期暴露对人体健康的影响提供了证据支持。例如中国医学科学院阜外医院鲁向锋团队[75,76]分别纳入该项目的 59456 名非高血压患者和 88397 名非糖尿病患者，发现大气 $PM_{2.5}$ 长期暴露与中国成年人高血压和糖尿病发病风险增加有关，在平均随访 6 年多的研究期间，$PM_{2.5}$ 浓度每升高 10 μg/m³，高血压和糖尿病发病风险分别增加 11%和 16%。

2.2.4　病例交叉研究

1. 病例交叉研究概述

1）基本原理

病例交叉研究（case-crossover study）的基本原理是比较相同研究对象在急性事件发生前一段时间的暴露情况与未发生事件的某段时间内的暴露情况，如果暴露与急性事件（或疾病）有关，那么刚好在事件发生前一段时间内的暴露频率应该高于更早时间内的暴露频率[81]。以 $PM_{2.5}$ 污染对急诊人数的影响为例，如果 $PM_{2.5}$ 污染与入院人数有关，可以预计在入院发生时（前）一段时间的暴露浓度应该高于更早时间内的暴露浓度[1]。

病例交叉研究可以被视为是配对的病例对照研究，因为该设计有危险期和对照期，而且每个研究对象都有其危险期和对照期的暴露信息，即这些病例就是自己的对照，相当于 1∶1 配比。另一方面，病例交叉研究也可以被视为是回顾性队列研究，因为该设计中的对照数据并不一定完全是计数性资料，还可能有以人时为单位的资料。以人时为单位，病例交叉研究的分析可以看成是若干队列研究的荟萃分析，每个队列研究包含一个研究对象，其样本量为 1[1]。

2）对照期的选择方法

病例交叉研究对照期的选择对该设计混杂的控制具有十分重要的作用，目前常用对照期的选择方法主要有单向对照法、双向对照法及时间分层法。单向对照是指选择事件发生前（或者发生后）1 周、2 周和 3 周至 *n* 周的时间作为对照；双向对照是指同时选择事件发生前和发生后 1 周、2 周和 3 周至 *n* 周的时间作为对照；选择以 1 周或周的整倍数作为病例和对照的时间间隔，这样可以避免事件发生的"星期几效应"。而时间分层的对照选择，通常是指在一个固定的时间层，病例期和对照期处于同一年、同一个月和同一个星期几，则一个匹配组中病例期前后有多个对照期，比如，假设事件发生在 2021 年 11 月 5 日，星期五，则 2021 年 11 月其他的星期五均被选为对照，这样各个时间层是不连续的，而且在同一时间层内，几个对照期是随机分布的，可以有效地控制污染浓度和疾病发作的时间趋势、季节性和"星期几效应"[2]。

3）优缺点

病例交叉研究的优点：首先，在流行病学研究中对照组的选择越来越不容易，而病例交叉研究以自身为对照，避免了对照选择的困难。其次，这种自身配对的设计减少了病例与对照特征上的不一致，同时，通过病例期和对照期的匹配可以进一步控制时间趋势、季节性、短期自相关等与时间相关的因素。再者，病例交叉研究避免了许多伦理学问题，因而可行性强。最后，该研究还可节约样本量，且简便易行，又省时省力，花费也较少[1]。

病例交叉研究的缺点：病例交叉研究的资料整理比较复杂，应用的数据以及统计学原理变化多样，难度较大。此外，在进行病例交叉研究时要考虑以下偏倚：研究中对危险期与对照期暴露信息的询问可能在语言上、方法上不同，从而造成虚假的联系，即信息偏倚；使用病例本身为对照消除了那些保持不变的个人特征造成的偏倚，但不能消除那些随时间变化的特征造成的偏倚，即病例内混杂偏倚；还有暴露的时间趋势带来的混杂偏倚[1]。

4）在本领域的应用概述

自 1991 年病例交叉设计的研究方法问世以来，国内外利用其进行空气污染流行病学领域研究的案例很多，探究了环境颗粒物暴露和呼吸系统疾病以及心血管疾病之间的关联。例如，采用时间分层病例交叉研究和条件 Logistic 回归模型分析空气污染物水平与早产[82]、儿童哮喘住院[83-85]、糖尿病患病[86]之间的关系[83-85]；分析大气颗粒物与居民心脑血管疾病死亡的关系[87]；分析大气细颗粒物与居民循环系统、呼吸系统疾病死亡之间的关系[88,89]。国内外的这些病例交叉研究在设计方面大多应用了时间分层技术，统计学模型采用条件 Logistic 回归。

由于大气污染健康影响存在滞后效应，在空气污染流行病学的病例交叉研究中，通常需要分别观察大气污染物滞后 0~7 天（lag0~7）的影响效应，以此确定出最佳滞后期。如乌鲁木齐市的病例交叉研究[8]分别计算了滞后期为 0~5 天时呼吸系统疾病死亡病例在病例期和对照期大气污染暴露的比值比 OR，根据 OR 值最大原则确定出 $PM_{2.5}$ 和 PM_{10} 最佳滞后期均为 lag2。

2. 国内外病例交叉研究在本领域的研究进展

1）国外研究进展

自美国学者 Maclure 于 1991 年提出病例交叉设计的概念后，其在研究短暂暴露对各种急性疾病发生的影响领域的优势越发突出，因此病例交叉研究已成为空气污染流行病学研究领域的常用方法。病例交叉研究在全球不同地点、不同大气污染背景、不同人群取得了相似的结果，初步证实了大气污染物浓度的短期变化与居民逐日死亡数或发病数等健康结局密切相关。表 2-6 对国内外的部分病例交叉研究进行了总结。下面主要对各地区开展的颗粒物与呼吸系统、心血管系统疾病以及人群死亡风险的病例交叉研究进行简要概括。

表 2-6　国内外部分病例交叉研究总结

作者（年份）	地区/时间	研究对象	对照期选择法	结局事件	颗粒物	暴露测量	统计学模型	研究结论
Baek 等（2020）[85]	美国 /2010~2014 年	111 名因哮喘再次入院的哮喘患者	时间分层法	儿童哮喘再入院	$PM_{2.5}$	CDC 的空气污染数据	条件 Logistic 回归	短期（4 天）暴露在空气污染物中可能会增加儿童哮喘患者可预防的再入院风险，且这种影响因年龄和季节而异
Hwang 等（2019）[97]	韩国 /2009~2013 年	454 名死于婴儿猝死综合征的婴儿	时间分层法	婴儿猝死综合征	PM_{10}	韩国航空公司的环境空气污染数据	条件 Logistic 回归	暴露在空气污染中与婴儿猝死综合征的风险增加有关，这种关联在低出生体重或早产的易感婴儿中更为明显
Nhung 等（2020）[90]	越南 /2011~2016 年	1350101 名心血管疾病入院患者	时间分层法	心血管疾病入院	$PM_{2.5}$	固定监测站点	条件 Logistic 回归	在越南北部，环境空气污染物与心血管疾病每日入院率有关
Di 等（2017）[105]	美国 /2000~2012 年	22433862 个死亡病例	时间分层法	死亡	$PM_{2.5}$	基于监测站和卫星的测量	条件 Logistic 回归	在 2000~2012 年的美国医疗保险人群中，短期暴露于 $PM_{2.5}$ 和暖季臭氧与死亡风险的增加显著相关

续表

作者（年份）	地区/时间	研究对象	对照期选择法	结局事件	颗粒物	暴露测量	统计学模型	研究结论
李新等（2020）[92]	天津/2018~2019 年	520 例缺血性脑卒中患者	时间分层法	缺血性脑卒中	$PM_{2.5}$ PM_{10}	固定监测站点	条件 Logistic 回归	空气污染与发生缺血性脑卒中的风险增加有关
刘跃伟等（2021）[98]	湖北省/2013~2018 年	151608 例心肌梗死死亡病例	时间分层法	心肌梗死死亡病例	$PM_{2.5}$ PM_{10}	固定监测站点	条件 Logistic 回归	短期暴露于 $PM_{2.5}$、PM_{10} 和 NO_2 与心肌梗死死亡风险增加相关
崔莲花等（2018）[93]	青岛/2014~2016 年	5493 名心脑血管疾病住院患者	时间分层法	心脑血管疾病住院	$PM_{2.5}$	中国空气质量在线监测分析平台	条件 Logistic 回归	目前青岛市大气污染物对人群健康有短期影响，能增加心脑血管疾病住院人数
叶琳等（2020）[94]	长春/2016~2017 年	16392 名冠心病患者	季节分层法	冠心病	$PM_{2.5}$ PM_{10}	吉林省生态环境厅官网	条件 Logistic 回归	不同季节影响冠心病住院人次的大气污染物不同
晓开提·依不拉音等（2018）[89]	乌鲁木齐/2014~2015 年	1877 例呼吸系统疾病死亡病例	死亡前第七天	呼吸系统疾病死亡	$PM_{2.5}$ PM_{10}	环境质量信息发布平台	条件 Logistic 回归	乌鲁木齐市大气污染物短期暴露增加呼吸系统疾病死亡人数
周文正等（2021）[96]	重庆/2017~2019 年	1399 例自然流产患者	时间分层法	自然流产	$PM_{2.5}$ PM_{10}	中国环境监测站国控点	分布滞后非线性模型	重庆市空气中 $PM_{2.5}$、PM_{10}、SO_2 短期暴露可能造成自然流产风险增加
党少农等（2017）[95]	西安/2013~2015 年	4235 名胎儿出生缺陷的产妇	时间分层法	出生缺陷	$PM_{2.5}$ PM_{10}	西安市环境监测站	条件 Logistic 回归	西安市产妇孕前期和孕早期暴露于不良环境可能导致胎儿发生出生缺陷

A. 颗粒物与呼吸系统疾病

美国的一项时间分层病例交叉研究[85]探索了得克萨斯州 2010~2014 年空气污染与儿童哮喘再住院之间的关系，病例期为哮喘患者因哮喘再次入院的这一周，对照期则选择了每个患者再入院日期的前一周、后一周和后两周。采用条件 Logistic 回归拟合了再入院日当日（lag0）和 3 个单日滞后（lag1, lag2, lag3）以及累积滞后（lag0~1, lag0~2, lag0~3）的空气污染浓度与儿童哮喘再入院的关系，结果显示，在单污染模型和双污染模型，$PM_{2.5}$ 的最大影响效应值 OR 均出现在单日滞后（lag1）：单污染物模型中，$PM_{2.5}$ 浓度对再住院风险有正向影响（OR=1.082，95%CI：1.008~1.162）；在双污染物模型中，臭氧浓度升高（OR=1.023，95%CI：1.001~1.045）和 $PM_{2.5}$ 浓度升高（OR=1.080，95%CI：1.005~1.161）均与儿童哮喘再住院风险显著相关。

B. 颗粒物与心血管系统疾病

越南的病例交叉研究[90]使用北部七家医院的住院记录，研究环境空气污染物与心血管疾病入院的短期关系，总共纳入越南三个省（河内、广宁和富途）的

1350101 份住院病历和每日空气污染物浓度，采用时间分层病例交叉分析方法，并对气象因素、节假日指标和流感流行情况进行了调整，发现颗粒物浓度与心血管疾病每日住院人数呈正相关。例如，$PM_{2.5}$ 的两日平均水平（lag1~2）每增加一个 IQR（34.4 μg/m³），河内每天因缺血性心脏病入院的人数增加 6.3%（95%CI：3.0%~9.8%），在广宁因心力衰竭住院人数增加 23.2%（95%CI：11.1%~36.5%）。

C. 颗粒物与人群死亡风险

Di 等[91]选择了病例交叉研究设计来研究美国 2000~2012 年的所有医疗保险参与者的死亡情况，并估计其与 $PM_{2.5}$ 和臭氧的关联情况，对照期的选择采用时间分层法，最后条件 Logistic 回归分析发现，在 2000~2012 年的美国医疗保险人群中，短期暴露于 $PM_{2.5}$ 和死亡风险的增加显著相关，即经臭氧调节后短期内 $PM_{2.5}$ 浓度每增加 10 μg/m³，每日死亡率相对增加 1.05%（95%CI：0.95%~1.15%）。

2）国内研究进展

从 20 世纪 90 年代发明以来，病例交叉设计的方法在国内就已有使用。尤其是 21 世纪以来，国内空气污染流行病学的相关研究对病例交叉研究十分青睐。近年来我国天津[92]、青岛[93]、长春[94]、西安[95]、乌鲁木齐[8]等城市分别采用这两种方法研究了大气颗粒物污染对人群心血管疾病死亡率变化的急性作用，结果证实了短期接触高浓度的大气污染物与人群每日死亡率/患病率的上升相关。下面对在我国展开的一些病例交叉研究进行简要概括。

A. 颗粒物与心血管系统

李新等[92]对天津某医院 2018 年 4 月至 2019 年 3 月（365 天）收治的 520 例缺血性脑卒中患者进行时间分层的病例交叉分析，空气污染物的日均浓度从固定监测站获得，采用条件 Logistic 回归估计了在调整温度和相对湿度的影响后每种空气污染物的 IQR 增加所对应的 OR 和 95%CI，结果发现 PM_{10} 与 34~70 岁患者发生缺血性脑卒中风险增加相关（1 日滞后：OR=1.49，95%CI：1.09~2.02；3 日平均：OR=1.58，95%CI：1.09~2.29），PM_{10} 与高脂血症患者缺血性脑卒中的发生呈正相关（1 日滞后：OR=1.51，95%CI：1.10~2.07；3 日平均：OR=1.57，95%CI：1.08~2.29）。

B. 颗粒物与呼吸系统

晓开提·依不拉音等[89]用病例交叉研究分析了 2014 年 1 月 1 日至 2015 年 12 月 31 日乌鲁木齐市大气污染与呼吸系统疾病死亡相关性，并按采暖期和年龄等潜在混杂因素进行分层分析，结果发现乌鲁木齐市大气污染物短期暴露增加呼吸系统疾病死亡人数，按采暖期及年龄分层分析时，$PM_{2.5}$、PM_{10} 等对每层呼吸系统疾病死亡影响均有统计学意义（$P<0.05$），且呼吸系统疾病死亡发生的 OR 值

非采暖期高于采暖期、低龄组高于高龄组。

C. 颗粒物与不良出生结局

在重庆，学者运用病例交叉设计研究环境空气污染对自然流产的关系[96]，采用分布滞后非线性模型探究重庆市空气污染与自然流产发生数的关系，发现重庆市空气中 $PM_{2.5}$、PM_{10}、SO_2 短期暴露可能造成自然流产风险增加。而在西安，有学者[95]将研究重点放到出生缺陷上，采用病例交叉研究分析大气污染浓度与出生缺陷的暴露-反应关系，发现在控制气象因素的影响下，孕前期和孕早期 NO_2 和 PM_{10} 高浓度暴露可增加出生缺陷发生的风险。这些触目惊心的结果更加证明了空气污染对人类健康巨大的危害，警示我们务必采取措施限制空气污染、保护大气环境。

2.2.5 时间序列研究

1. 时间序列研究概述

1）概念

时间序列研究（time-series study）是指将同一统计指标的数值按其发生的时间先后顺序排列而成的数列，主要目的是根据过去的历史观测数据对未来同一变量值进行预测的研究方法。根据观察时间的不同，时间序列中的时间可以是年份、季度、月份或其他任何时间形式[1]。研究时，时间序列的因变量是变量未来的可能值，而用来预测的自变量中就包含该变量的一系列历史观测值。时间序列研究排除组群效应，可对发展的稳定性问题和早期影响的作用问题进行研究[2]。

2）特点

（1）时间考虑：时间序列研究的目标是评估随暴露而改变的健康结局序列的短期变化。暴露变化与其导致的结局变化之间的时间段称为滞后。因此，“滞后 0 日效应”一般指当日效应，“滞后 2 日效应”指 2 日后的效应，等等。研究者通常假定某一特定暴露的效应可能持续 1 天以上的时间。

（2）暴露数据：空气污染的时间序列研究主要利用常规空气污染物的监测数据，例如我国大气污染常规监测的 6 种污染物（$PM_{2.5}$、PM_{10}、SO_2、NO_2、CO、O_3）。这些数据通常有较好的质量控制并且覆盖较大的区域并持续很长的时间。然而，这类数据在实际应用中的缺点是：监测的污染物是按照标准选择的，通常未考虑健康因素；这些数据可能未包括健康研究最感兴趣的指标；利用这些数据无法估计个体间暴露的变异等。

（3）结局数据：时间序列研究中的健康结局指标同样基于常规收集的资料，

通常关注的结局包括死亡（如全死因或疾病别日死亡人数）、住院（如总的或疾病别日急诊住院人次）或门诊（如哮喘发作人次）的资料。这些常规收集的数据，其优势是覆盖的人群大且持续时间长，但却常常不能代表研究者期望研究的健康结局[3]。

3）优缺点

时间序列研究的优点：由于所用的是为其他研究目的而收集的数据，所以时间序列研究费用低，且易于实施；时间序列研究的数据为人群合并数据，这使得研究易通过伦理审查；由于所需数据为已有数据，这增大了以较少的费用获得长时间序列数据的可能性，因此可以增大研究的统计功效；在时间序列研究中，任何不随时间变化的变量都不会对研究结果产生混杂影响，而那些可能作为潜在混杂因子（如气象或按时间先后记录的变量）的变量通常存在常规记录并可直接获得[3]。

时间序列研究的缺点：通过对时间序列研究概念原理及其特点分析可以发现时间序列研究在设计上有以下局限性。①时间局限性，由于其时间序列本身具有数据上的不规律性，在对长期结果进行预测时准确度不够高。②空间局限性，不同地区的结果具有差异性，可以结合 meta 分析方法或贝叶斯阶段分层分析克服不同地区的差异性，让研究结论更加具有普遍性和一般性，如后述 Zhou 等在我国 274 个城市进行的时间序列研究便采用了贝叶斯阶段分层分析[71]。③调整复杂性，时间序列研究的结果对模型参数的选择较为敏感。

此外，时间序列研究在空气污染暴露短期健康效应的实际应用中也有一定的局限性。①时间序列研究属于生态学研究，存在生态研究无法避免的缺点，难以确定因果时序关系。②通常时间序列研究可获得的数据对于一项流行病学研究来说并不是最理想的，例如，对于暴露，监测数据大多基于某固定监测站点，这可能导致人群暴露的错分偏倚；对于结局数据，研究者可能无法获得急诊住院数据，不得不依赖总住院数据，而总住院数据中包含那些计划住院的人，它与短期效应无关。③基于其合并数据的本质，时间序列研究无法研究个体敏感性差异或其他特征。

4）在本领域的应用概述

在颗粒物暴露的短期影响研究方面，时间序列研究被广泛用于评估暴露测量（例如每日大气环境中 $PM_{2.5}$ 浓度的测量）和健康结局（例如每日呼吸系统疾病住院人数） 之间短期的关联。时间序列分析通常基于某一时间段（例如一天）的汇总数据，在这种意义上，可以认为时间序列研究是生态学研究。时间序列研究的统计方法大多采用广义相加模型，如墨西哥学者使用基于泊松分布的广义相加模型研究空气污染与每日自杀人数之间的关系[5]。

关于病例交叉与时间序列研究的关系：在环境因素对健康结局影响相关研究中，通常认为时间分层病例交叉研究是病例交叉研究的一种，适用于多变量的时间序列资料，是广义时间序列研究方法中的一种，现已广泛应用于大气污染引起人群健康效应的各种研究[73]。也有研究认为病例交叉研究和时间序列分析是两种研究方法[82]，二者各有优势，但前者更广泛[84]。阚海东团队[104]通过对同样的资料进行病例交叉研究和时间序列研究，发现获得的结果是类似的，但病例交叉研究统计效率偏低，置信区间更宽。也有研究认为时间序列研究的结果对模型参数的选择较为敏感，而病例交叉研究并非通过统计学模型来控制诸多混杂因素，在设计上更加巧妙[83]。

2. 国内外时间序列研究在本领域的研究进展

1）国外研究进展

在国际上，时间序列研究被广泛用于评估颗粒物暴露与健康结局之间短期的关联，主要用于研究空气污染短期暴露对心脑血管系统疾病的影响。除心脑血管系统外，呼吸系统疾病是国际学者对大气污染造成疾病负担中的另一主要研究方向。由于篇幅有限，本节只对颗粒物与人群死亡风险、心脑血管系统疾病和呼吸系统疾病等的几项代表性时间序列研究进行简要概括。表 2-7 为国内外相关研究的总结。在这些健康效应研究中，每一时间序列均包含了产生该序列系统的历史行为的几乎全部信息，研究者根据时间序列的变化，可以较准确地找出健康效应的特征及发展规律。可以发现颗粒物对整个人群的死亡和患病风险已经造成了一定的威胁。

表 2-7　国内外时间序列研究总结

作者（年份）	地区/时间	时间序列数据	颗粒物	暴露测量	研究结局	统计学模型	研究结论
Kim 等（2020）[106]	韩国/2012~2016 年	从韩国全国急救医疗服务数据库中筛选出 2012~2016 年间发生的 38928 例心源性院外心脏骤停病例、空气污染的每日数据	$PM_{2.5}$ PM_{10}	固定站点安装的自动化监测设备	院外心脏骤停	泊松分布的广义相加模型	$PM_{2.5}$、平均气温、日较差和湿度与院外心脏骤停的发生独立相关，且无论季节变化如何，$PM_{2.5}$ 都是唯一的独立危险因素
Byrne 等（2020）[107]	爱尔兰/2013~2017 年	2013~2017 年爱尔兰两个城市（都柏林、科克市）所有脑卒中和缺血性脑卒中的日住院量、入院前两天的空气污染物浓度	$PM_{2.5}$ PM_{10}	固定监测站	脑卒中	泊松分布的广义相加模型	在爱尔兰的一个大城市（都柏林），冬季短期空气污染与脑卒中住院率有关。由于爱尔兰在国际上的空气污染相对较低，这突显出需要出台政策以减少所有国家的空气污染

续表

作者（年份）	地区/时间	时间序列数据	颗粒物	暴露测量	研究结局	统计学模型	研究结论
Slama 等（2019）[108]	波兰/2014~2017 年	2014 年 1 月至 2017 年 8 月期间因呼吸系统疾病入院的患者数据、空气污染的每日/每小时数据	$PM_{2.5}$ PM_{10}	环境保护总督察局（GIOS）	呼吸系统疾病	分布滞后非线性模型	环境空气污染暴露的增加与因呼吸道疾病而住院的短期增加有关，$PM_{2.5}$ 和 PM_{10} 的相关性最显著
Salini 等（2021）[109]	智利/2020 年 3~6 月	随机选择智利圣地亚哥七个社区累计患新冠病毒感染人数最多的每小时数据、气象因素和空气污染物的每小时数据	$PM_{2.5}$ PM_{10}	固定监测站	新冠流行	非线性时间序列分析和混沌分析	环境污染可能会加剧新冠病毒感染状况
Liu 等（2019）[111]	全球/1986~2015 年	来自 24 个国家/地区 652 个城市的空气污染和死亡率的每日数据	$PM_{2.5}$ PM_{10}	从 MCC 数据库获取	每日全因、心血管和呼吸系统死亡率	泊松分布广义相加模型、随机效应模型	在全球 600 多个城市中，短期暴露于 PM_{10} 和 $PM_{2.5}$ 与每日全因死亡率、心血管死亡率和呼吸系统死亡率之间存在独立的相关性
Cakmak 等（2021）[110]	智利/2001~2012 年	初步诊断为 M32 的系统性红斑狼疮住院患者的每日数量、空气污染每小时数据	$PM_{2.5}$ PM_{10}	固定监测站	系统性红斑狼疮	广义线性模型	空气污染的急剧上升增加了系统性红斑狼疮的住院风险
Groves 等（2020）[112]	澳大利亚/2008~2016 年	从数据库中获得新南威尔士州和维多利亚州的心肺疾病、中风、脓毒症患者的 ICU 入院日，污染物日均浓度时间序列	$PM_{2.5}$ PM_{10}	固定监测站	急诊心肺、中风和脓毒症重症监护（ICU）入院	条件 Logistic 回归	ICU 死亡率增加与 $PM_{2.5}$ 水平升高有关，危重患者对室外空气污染的敏感度可能更高
潘小川等（2020）[113]	北京/2013 年	2013 年朝阳区某综合三甲医院、某儿科医院、某中医医院呼吸系统疾病每日门诊病例资料，朝阳区两个监测站点的 24 h 大气污染物浓度均值	$PM_{2.5}$	固定监测站	呼吸系统疾病	广义相加模型	北京市朝阳区大气 $PM_{2.5}$ 质量浓度升高引起综合医院和儿科医院呼吸系统疾病门诊量增加
王子豪等（2020）[114]	重庆/2014~2018 年	重庆市 5 个城区 2014~2018 年 $PM_{2.5}$ 的日均浓度、呼吸系统疾病日死亡人数	$PM_{2.5}$	固定监测站	呼吸系统疾病死亡	广义相加模型	重庆市主要城区 $PM_{2.5}$ 浓度升高导致呼吸系统疾病死亡率增加，对女性呼吸系统疾病死亡的急性效应更强

续表

作者（年份）	地区/时间	时间序列数据	颗粒物	暴露测量	研究结局	统计学模型	研究结论
翟晓文等（2021）[116]	上海/2014~2016年	复旦大学附属儿科医院呼吸系统疾病日门诊量、空气污染物日均浓度	$PM_{2.5}$ PM_{10}	固定监测站	呼吸系统疾病	泊松分布的广义相加模型	上海市 SO_2、O_3、PM_{10} 和 $PM_{2.5}$ 浓度上升可能导致儿童呼吸系统疾病门诊量增加，且有一定滞后效应。NO_2、O_3、CO 和 SO_2 对男女童呼吸系统疾病门诊量的影响有差异。污染物对儿童呼吸系统健康的影响不是简单的效果叠加，污染物之间可能存在复杂的交互作用
常青等（2019）[117]	石家庄/2013年	河北医科大学第二医院的急性心肌梗死日入院人数、$PM_{2.5}$ 日均浓度	$PM_{2.5}$	固定监测站	心肌梗死	多元线性逐步回归	石家庄市 $PM_{2.5}$ 浓度与急性心肌梗死入院人数呈现正相关性，并具有一定的滞后性，以滞后3天的效应最为显著
张亚娟等（2017）[118]	银川/2013~2015年	银川市居民循环系统疾病日死亡人数、6种常规监测污染物的日均浓度	$PM_{2.5}$ PM_{10}	固定监测站	循环系统疾病死亡	广义相加模型	研究期间银川市大气颗粒物浓度较高，且对人群循环系统疾病死亡存在一定的暴露-反应关系
向浩等（2021）[81]	武汉/2015~2017年	武汉市日均流感病例数、空气污染物日均浓度	$PM_{2.5}$ PM_{10}	固定监测站	流感	广义相加模型	空气污染可能与流感风险有关。因此日后在制订处理流感暴发的政策时，应考虑空气污染因素
周脉耕等（2017）[100]	中国/2013~2017年	来自中国322个城市的日死亡数据、$PM_{2.5}$ 日均浓度	$PM_{2.5}$	国控监测点	死亡	两阶段贝叶斯分层模型、广义相加模型	这项全国性的调查提供了强有力的证据，证明了短期暴露于 $PM_{2.5}$ 与中国各种心肺疾病死亡率增加之间的关联

A. 颗粒物与心脑血管系统疾病

韩国 Kim 等[106]从全国急救医疗服务数据库中筛选出 2012~2016 年间发生在 8 个大城市的 38928 例院外心源性心脏骤停病例，采用泊松回归和广义相加模型，对空气污染和 13 个气象变量对院外心脏骤停发生的影响进行了研究，结果发现 $PM_{2.5}$ 每升高 10 μg/m³，每日发生院外心脏骤停的风险增加 1.59%（95%CI：1.51~1.66）。爱尔兰 Byrne 等[107]同样采用泊松回归和广义相加模型进行时间序列研究，以了解空气污染物（$PM_{2.5}$，PM_{10}，NO_2，O_3 和 SO_2）对 2013~2017 年爱尔兰两个大城市（都柏林、科克）所有脑卒中患者入院的影响，研究结果发现，在都柏林的冬季，脑卒中的每日入院率与 $PM_{2.5}$ 和 PM_{10} 日均浓度呈正相关。

B. 颗粒物与呼吸系统疾病

基于波兰几乎所有住院病例的大型数据库的时间序列研究[108] 采用分布滞后非线性模型评估颗粒物污染和呼吸道疾病住院率之间的关系。这一时间序列分析在波兰的五个城市进行，历时近 4 年（2014~2017 年，共 1255 天），覆盖 2000 多万住院患者。该研究结果发现在颗粒物浓度达到峰值后，呼吸系统疾病住院人数在统计上显著增加：$PM_{2.5}$ 和 PM_{10} 每增加 10 μg/m^3，住院人数分别增加 0.9%~4.5% 和 0.9%~3.5%，验证了环境颗粒物污染暴露的增加与因呼吸道疾病住院的短期增加有关。2020 年后新冠病毒感染成为呼吸系统疾病研究热点，如智利 Salini 等[109]收集了三个气象因素 （温度、相对湿度、风速）和三种污染物（PM_{10}、$PM_{2.5}$ 和 O_3）的每小时序列数据，以及圣地亚哥七个社区（随机选择）累计患新冠病毒感染人数最多的每小时数据，以研究它们之间可能存在的联系，最后发现环境污染可能会加剧新冠病毒感染流行。圣地亚哥另一批学者[110]则将时间序列分析用于研究空气污染对新冠病毒感染死亡率的影响，发现空气污染每日暴露的增加使新冠病毒感染的死亡风险升高，特别是在老年人中。这些研究为我们对疫情防控的针对性准备提供了思路和方向，有重要的预测和预防作用。

C. 颗粒物与人群死亡风险

有学者[111]同时研究了空气污染对人群总死亡率、心血管疾病和呼吸系统疾病死亡率的影响。该研究涵盖了全球 24 个国家 652 个城市、$PM_{2.5}$年平均浓度跨度从 4.1 μg/m^{3}到 116.9 μg/m^3，研究显示，两天内 PM_{10}平均水平每增加 10 μg/m^3，每日全因死亡率增加 0.44% （95%CI：0.39~0.50），心血管死亡率增加 0.36%（95%CI：0.30~0.43），呼吸系统死亡率增加 0.47% （95%CI：0.35~0.58）；而相同浓度的 $PM_{2.5}$ 变化对应的每日死亡率分别增加 0.68%（95%CI：0.59~0.77）、0.55%（95%CI：0.45~0.66）和 0.74%（95%CI：0.53~0.95）。

D. 其他

澳大利亚 Groves 等[112]采用了病例交叉分析与时间序列研究相结合的方法，他们利用澳大利亚和新西兰重症监护协会成人患者数据库（The Australia and New Zealand Intensive Care Society Adult Patient Database，ANZICS-APD）的数据，对 2008~2016 年间澳大利亚两个州（新南威尔士州、维多利亚州）急诊心肺、中风和脓毒症 ICU 入院情况进行了研究，评估三种空气污染物（$PM_{2.5}$、PM_{10}、NO_2）与 ICU 入院频率及严重程度之间的关系，为每个病例日匹配最多 4 个对照日（按邮政编码、年、月、周进行匹配），并对温度、湿度、法定节假日和流感情况进行调整，采用条件 Logistic 回归分析，结果发现 30 天内的 ICU 入院死亡人数与短期暴露于 $PM_{2.5}$（每增加 10 μg/m^3）呈显著正相关（RR=1.18，95%CI：1.02~1.37），这种关联在 65 岁及以上的人群中更为明显（RR=1.33，95%CI：1.11~1.58）。

2）国内研究进展

与国外相比，国内外时间序列分析在空气污染流行病学的应用中，方法相对单一，分析对象较为集中（健康结局比较单一），课题研究较为滞后。国内时间序列研究大多是研究呼吸系统疾病和心血管疾病，而关于心理健康等方面的研究数量较少，关于总体疾病负担、死亡风险以及特殊群体的研究数也较少。20 世纪 90 年代以来我国才开始采用时间序列分析研究大气颗粒物污染对人群心血管疾病死亡率变化的急性作用。下面对我国各地区开展的时间序列研究进行举例和简要概括：

A. 颗粒物与呼吸系统

近年国内最主要的研究集中在颗粒物对呼吸系统的影响上，如潘小川等[113]对北京市朝阳区 2013 年大气 $PM_{2.5}$ 污染对医院呼吸系统疾病门诊量的影响进行研究，调整研究因素以外的其他污染物（PM_{10}、SO_2、NO_2）以及气象因素对门诊人次的影响，同时控制长期趋势、节假日效应和星期几效应后，用广义相加模型进行统计学分析得出结果：$PM_{2.5}$ 每升高 10 μg/m^3，综合医院和儿科医院呼吸系统疾病门诊量的超额危险度百分比（ER%）分别为 0.2394 （95%CI：0.0999~0.3786）和 0.0999 （95%CI：0.0100~0.1996）。

此外，各地区也针对颗粒物与呼吸系统的短期健康效应进行了时间序列分析。如王子豪等[114]发现重庆市五个主城区滞后 2 日的 $PM_{2.5}$ 浓度每升高 10 μg/m^3，全人群呼吸系统疾病死亡率增加 0.98%（95%CI：0.28~1.69）。兰州市滞后 4 日的 PM_{10} 日均浓度每升高 1 个 IQR（0.139 mg/m^3），总人群日入院人数增加 2.4%[115]。上海市当日 $PM_{2.5}$ 浓度升高 10 μg/m^3 时，呼吸系统疾病相对危险度为 1.032（95%CI：1.016~1.048）[116]。

B. 颗粒物与心血管系统

常青等[117]关于大气 $PM_{2.5}$ 与急性心肌梗死入院人数的时间序列研究，回归模型显示 $PM_{2.5}$ 浓度与急性心肌梗死入院人数呈现正相关，且这种正相关具有一定的滞后性，以滞后 3 天的效应最为显著。除了呼吸系统和心血管系统疾病，国内学者还用广义相加模型对空气污染所致其他健康结局如循环系统疾病[118]、流感 [119]、过敏[120]、系统性红斑狼疮[121]进行研究，并对大气污染所导致的寿命损失年（years of life lost，YLL）[122]和疾病的经济负担[123]进行了估计。

C. 其他

针对时间序列研究中不同地区存在差异性这一点，可以利用贝叶斯阶段分层分析来克服，提高研究结果的普适性。例如周脉耕团队[100]对 2013~2015 年我国 272 个代表性城市进行时间序列分析，统计分析采用两阶段贝叶斯分层模型来评估 $PM_{2.5}$ 浓度与各地区及全国每日死因死亡率之间的关联，广义相加模型用来评估 $PM_{2.5}$ 对城市的影响。结果发现大气 $PM_{2.5}$ 的短期暴露可以增加心肺系统疾病的死亡率，$PM_{2.5}$ 2d 滑动平均浓度值每升高 10 μg/m³，非意外总病因、心血管疾病、高血压、冠心病、卒中、呼吸系统疾病和慢性阻塞性肺病的死亡率分别增加 0.22%、0.27%、0.39%、0.30%、0.23%、0.29% 和 0.38%，且在 $PM_{2.5}$ 水平较低或气温较高的城市，以及年龄较大或受教育程度较低的人群中，这种关联更强。该研究为我国大气 $PM_{2.5}$ 短期暴露与人群心肺疾病死亡率的暴露-反应关系问题提供了有力的证据。

2.2.6 定组研究

1. 定组研究概述

1）概念

定组研究（panel study）是指在不同的时间点对同一组研究对象进行连续调查，收集相关变量信息，并采用一定的统计分析方法对前后几次调查获得的变量信息进行统计分析，观察变量随时间而发生的变化及不同变量之间因果关系的一种流行病学研究方法[124]。

2）特点

（1）前瞻性：定组研究属于前瞻性研究，在短时间内（通常为几个月）对一小组的个体进行集中随访。

（2）重复测量：在整个研究期间，研究者对暴露和结局变量以及可能的混杂因素进行重复观测（例如每天 1 次），获得每一研究对象的时间序列数据。

（3）与时间序列研究的关系：两者都是研究短期效应，采用类似分析方法，且定组研究中有关时间的考虑与时间序列研究一致。但定组研究与时间序列研究间也存在差异，最主要的差异在于定组研究可以获得个体测量数据[2]。

3）分析策略和统计方法

由于定组研究中收集的资料为重复测量资料，是由多名个体重复测量结果组成的纵向数据，数据之间具有较强的相关性，且相关性来源于同一个体数据之间，因此数据还具有自相关性。在数据处理方面，如果采用传统的统计方法独立地处理各个时间点的观察值，未充分考虑研究对象在不同观察时间点指标间的内在联系及其相关性，将会导致数据中信息的损失，降低检验效能，导致参数估计不准确。目前常用于定组研究统计分析的模型包括混合效应模型和广义估计模型。

其中混合效应模型按照模型形式可分为混合线性模型和非线性混合效应模型。非线性混合效应模型是对混合线性模型的一种扩展，其固定效应和随机效应部分均可以以非线性的形式纳入模型，相对于混合线性模型的正态假定，非线性混合效应模型对数据的分布无特殊要求。

广义估计模型是由 Zeger 等于 1986 年提出、在广义线性模型的基础上发展起来的、专门用于处理纵向数据的统计模型。广义线性模型中包含作业相关矩阵，该矩阵表示的是各次重复测量值之间的相关性大小，通过作业相关矩阵的应用，广义估计模型可以解决纵向数据中因变量间的相关问题，得到稳健的参数估计值。与混合线性模型相比，广义估计模型还具有一定的优势，该模型可以对不同组内相关结构的模型进行拟合[1]。

4）优缺点

定组研究有以下优点：首先，定组研究在确定研究对象时不受样本量大小限制，根据环境的自然变化或研究对象场所的迁移等条件，可以选择几人至几百人不等。其次，每个研究对象都是与自己在不同时期的结果进行比较，可以排除因个体变化而导致的其他因素变化。最后，通过在不同的时间段对同一指标的重复测量，能够更加清晰地看出结果的纵向变化，且能够提高对于研究对象暴露与健康结局关系的准确性。

定组研究也有以下缺点：与传统的前瞻性流行病学研究方法类似，定组研究也存在失访，且随访次数较多使得失访的可能性加大；对每个研究对象的密集随访增加了研究成本，也限制了研究对象的数量；统计分析较复杂[1,2]。

定组研究在大气颗粒物健康效应的实际应用中，还存在一些需要特别注意的问题：①目前国内外的定组研究大多数都是通过固定站点监测数据评价研究期间地区的大气颗粒物暴露，固定站点监测并不能完全地反映个体暴露的真实水平，并且有可能造成暴露的错分；②由于颗粒物成分较为复杂，各组分之间的混杂作用尚难以明确区分，目前还未发现公认的方法可以准确清晰判定各污染物的效应贡献，以及存在未知因素的干扰作用；③为使统计效能最大化，有些研究者选择敏感个体开展研究，因此在将基于敏感人群的研究结果外推至一般人群时应当谨慎；④在定组研究中，与暴露和结局均相关的个体行为特征可能成为混杂变量，例如当污染情况非常严重时待在室内，重污染时按需服用药物等行为。由于定组研究对每一个研究对象进行随访，因此研究者可以通过精心设计的研究方案收集所有可能的混杂因素信息。

5）在本领域的应用概述

定组研究已被广泛应用于研究颗粒物对敏感人群的短期健康效应。世界许多地区已经对儿童，尤其是有症状或患哮喘的儿童开展了定组研究，主要结局是呼吸功能和呼吸系统症状[125]。定组研究也可用于空气污染对成人或老年人的急性效应研究，主要结局变量是呼吸系统症状、肺功能、心血管和炎症[126-128]。

在过去几年里，定组研究在颗粒物污染对人群的急性健康影响方面得到了国外众多学者的应用。目前国内外的定组研究大多数都是通过固定站点监测数据评价研究期间地区的大气颗粒物暴露，采用混合线性模型探索污染物与相应个体健康体征标志物间的关联，其结果常以颗粒物升高的浓度所引起健康效应指标变化的程度（或百分比）及其 95%置信区间表示。

2. 国内外定组研究在本领域的研究进展

1）国外研究进展

定组研究已被广泛应用于探讨空气污染对人群健康的急性影响。采用定组研究进行巧妙设计，可以利用较小的样本量达到研究目的，极大提高研究效率。同时，合理而巧妙的设计不仅能够揭示颗粒物暴露可能的作用机制，还可以在宏观层面为控制颗粒物对健康的危害作用提供依据。本节主要从颗粒物与呼吸系统、心血管系统和儿童健康等方面对国外开展的定组研究进行简要阐述。

A. 颗粒物与呼吸系统

在颗粒物对呼吸系统影响的定组研究中，Nkhama 等[129]研究了赞比亚奇兰加一家水泥厂附近社区空气中 $PM_{2.5}$ 和 PM_{10} 浓度的季节变化及其对呼吸健康的影响。他们首先选取距离工厂 1 km 内（暴露组）和 18 km 内（对照组）的两个社区，分别在这两个社区招募了健康成年人 63 个和 55 个，然后在 2015 年 7 月至 2016 年 2 月的三个气候季节对研究对象进行了跟踪随访，完成呼吸道症状问卷调查，并在每个季节进行为期 14 天的肺功能测量。结果发现暴露组 $PM_{2.5}$ 和 PM_{10} 的季节平均浓度均比对照社区的季节平均浓度高；与对照社区相比，接触者报告的呼吸道症状（咳嗽、咳痰、喘息等）发生率更高；并且暴露人群的所有肺功能都比对照组要差，其中暴露人群的平均 FEV_1（第 1 秒用力呼气容积）和 FVC（用力肺活量）预测百分比分别比对照组低 6%和 4%。可见颗粒物暴露增加了出现呼吸道症状的可能性，且会降低肺功能指数。

B. 颗粒物与心血管系统

Scheers 等[131]招募了 20 名健康志愿者（10 对年龄在 59~75 岁的夫妇），从 2013 年 9 月至 2014 年 9 月，分别测量他们在三个不同地区（比利时鲁汶、意大利米兰、瑞典文德伦）的 $PM_{2.5}$、PM_{10} 暴露情况和血压、动脉硬度等指标，使用线性混合模型来评估污染物与健康结局之间的关联，结果发现：与鲁汶相比，米兰的污染物暴露量较高，文德伦较低；没有观察到收缩压或舒张压与空气污染变化之间有显著关联；动脉硬化与污染物 5 日平均暴露浓度之间存在显著的相关性，PM_{10} 与颈动脉扩张性（DC）和顺应性（CC）系数的相关性最强。上述结果表明短期暴露于颗粒物会导致老年人颈动脉弹性降低，但未发现颗粒物与血压之间的统计学关联。而另一项同样在韩国老年人中进行的定组研究[132]则发现 PM_{10} 与血压之间呈正相关，在 2008~2010 年之间，他们对 547 名老年人进行了 5 次随访，测量他们的血压和心率变异性，用线性混合模型评估 PM_{10} 与血压和心率变异性的关系，结果发现空气污染与血压有正向关联，而与心率变异性无统计学关联。

C. 颗粒物与儿童健康

国外空气污染与人体各种健康结局关系的研究中还比较关注儿童这一群体。如 Saenen 等研究了学校空气污染暴露与儿童线粒体 DNA 含量（mtDNAc）、心率变异性的关系，采用混合效应模型，结果发现，在 mtDNAc 低于第 25 百分位数的儿童中，$PM_{2.5}$ 每增加 10 μg/m³，LF 参数下降 9.76%（95%CI：−16.9，−1.99%），而 mtDNAc 高的儿童中没有这种关联，即暴露于颗粒物会导致儿童自主神经调节的快速变化[131]。在颗粒物对儿童精神健康影响的研究中，Choi 等[132] 对从韩国某市两所学校招募的 52 名 10 岁儿童进行重复测量，线性混合效应模型分析发现儿童 $PM_{2.5}$ 暴露与焦虑之间没有关联。或许可吸入颗粒物与人体精神健康的关联作用有特殊机制。

2）国内研究进展

在过去几年里，定组研究在颗粒物暴露对人群健康影响方面也得到了国内众多学者的青睐。利用环境空气质量明显变化的契机、研究对象地理位置的迁移或季节不同而导致的污染物暴露水平变化进行了大量的定组研究。

A. 利用环境空气质量明显变化的契机进行研究

在 2008 年北京奥运会、2010 年广州亚运会、2014 年南京青奥会等大型运动会期间，我国政府均采取了诸多污染控制措施来改善空气质量，特别是机动车尾号单双号限行措施的效果最为明显，使得在运动会期间，大气 $PM_{2.5}$、一氧化碳（CO）、氮氧化物（NO_x）等机动车尾气相关污染物的水平出现了明显下降，有效改善了大气质量（图 2-1）。许多学者利用这类难得的契机，采用定组研究设计进行了一系列研究，研究对象包括职业人群、老年人和儿童等，获得了较多科学数据。

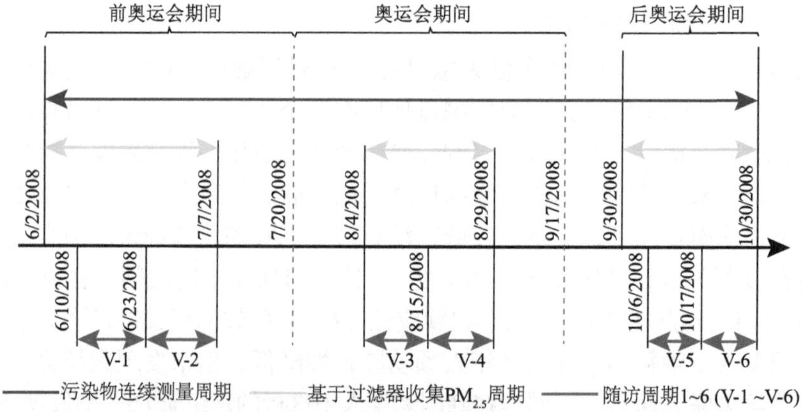

图 2-1　北京奥运会期间空气污染物水平改善对健康年轻人呼吸道的影响

如北京大学朱彤团队等[11]在北京奥运会前、中、后 5 个月持续追踪了 125 名健康年轻人，进行了 6 次个体临床随访，测量系统性炎症、氧化应激和血栓形成等相关生物标志物水平变化。图 2-1 为该研究设计的随访时间脉络图。结果显示，北京奥运会期间空气污染物水平改善对健康年轻人呼吸道炎症和氧化应激水平、全身系统炎症、血栓形成和内皮功能生物标志物、心率和血压等多项指标短期改善存在显著关联。这一系列研究结果支持空气污染可能通过机体氧化应激水平和肺部炎症进一步促进血栓形成和血管功能异常等急性暴露效应的科学假说。

B. 利用地理位置迁移导致的颗粒物暴露水平变化进行研究

北京大学邓芙蓉团队[124] 设计的健康志愿者自然搬迁研究（HVNR）是一项纵向随访研究，旨在调查暴露在环境空气污染中的中国北京健康成年人的短期心肺健康影响。来自北京理工大学的 40 名健康、不吸烟的男性大学生在三种不同的暴露情景下进行了重复的健康测量，以便于评估随着时间的推移空气污染与健康结局之间的关联。北京理工大学有两个校区（主校区和良乡校区），相距约 30 km，空气污染状况不同。良乡校区位于北京郊区，而主校区位于北京市区。参与者于 2008 年 9 月至 2010 年 7 月在良乡校区完成前两年的本科学习，然后 2010 年 8 月至 2012 年 7 月搬迁到主校区学习。在他们从郊区迁往市区前后的 3 种不同暴露时期下（搬迁前、搬迁后 1 期、搬迁后 2 期）分别进行 4 次随访，共计 12 次随访，测定颗粒物以及健康指标的水平，从而探索颗粒物暴露的健康效应。最后的研究结果支持颗粒物暴露后循环抗氧化酶被激活。

C. 利用季节不同导致颗粒物暴露水平变化进行研究

有些研究[134,135]根据一年四个季节来安排随访时间。其中，阚海东团队[136]于 2014 年 12 月至 2015 年 7 月在中国上海对 36 名健康大学生分三批进行 4 次随访。为了扩大 $PM_{2.5}$ 浓度的变化范围，随访尽量安排在了不同的季节。采用个体监测仪来实时测量个人 $PM_{2.5}$ 暴露水平，结局指标测量了血清 ACE 水平以及 ACE 基因和重复元件的血液甲基化，线性混合效应模型进行统计学检验得出结果：短期暴露于 $PM_{2.5}$ 与 BP、ACE 蛋白和 ACE 甲基化显著相关，且 ACE 和 ACE 甲基化可能参与了 $PM_{2.5}$ 升高血压的效应。

D. 自然随访观察研究

北京的一项短期定组研究[137]探索了较高水平的 $PM_{2.5}$ 暴露与血压之间的关系，在 2016 年 12 月 1 日至 2016 年 12 月 28 日期间对 133 名成年人进行每日随访测血压，用线性混合效应模型和分布滞后非线性模型相结合的方法评价 $PM_{2.5}$ 与血压的关系。这项研究结果表明，短期暴露于较高水平的 $PM_{2.5}$ 环境中（$PM_{2.5}$ 日均浓度的 28 天平均值：135.5 μg/m^3）可能会增加成年人的血压；患高血压的成年人可能比血压正常的成年人要更敏感；环境 $PM_{2.5}$ 的周期性高浓度可能会放大 $PM_{2.5}$ 对血压升高的影响。

表 2-8 对上述国内外定组研究进行了总结。综上可见，在过去几年里，定组

研究得到了国内外众多学者的应用。但国内在应用定组研究分析大气颗粒物暴露对健康结局的影响时还存在以下问题：首先，国内定组研究的研究地点、人群主要集中在较发达城市，其中，在北京开展的研究占据了大多数。从环境分析上看，不同位置因自然地理因素、城市发展程度的不同都会对结果产生影响。为了增强结论的可推导性，建议后续研究多多关注其他城市，以及充分利用人口流动导致的所处环境变化进行长短期效应分析。其次，国内定组研究在环境流行病学对健康结局的研究方向仍然较单一，集中在较直接的呼吸道疾病、高血压等，对肠道疾病或是心理状态的分析仍然不足，后续研究应关注到相对空白的领域，探究空气污染与其他更多类型疾病的关系。

表 2-8　国内外部分定组研究总结

作者（年份）	地区/时间	研究对象	样本量	随访安排	颗粒物	暴露测量	研究结局	统计学模型	研究结论
Nkhama 等（2017）[129]	赞比亚/2015 年 7 月~2016 年 2 月	距离工厂 1 km 内（暴露组）的 63 人和 18 km 内（对照组）的 55 人，年龄 21~49 岁	118	在 2015 年 7 月至 2016 年 2 月期间的三个季节，每个季节连续随访 14 天	$PM_{2.5}$ PM_{10}	固定监测点	呼吸道症状、肺功能	广义估计方程	颗粒物暴露增加了出现呼吸道症状的可能性，降低了肺功能指数
Scheers 等（2018）[128]	比利时、意大利、瑞典/2013 年 9 月~2014 年 9 月	10 对健康夫妇，年龄 59~75 岁	20	从 2013 年 9 月至 2014 年 9 月在居住地比利时鲁汶每两月随访 1 次（共 7 次）；其间 2013 年 9 月在米兰旅游的 10 天共随访 2 次，2014 年 6 月在文德伦旅游的 10 天共随访 2 次	$PM_{2.5}$ PM_{10}	固定监测点	血压、颈动脉硬化	混合线性模型	短期暴露于空气污染会导致老年人颈动脉弹性降低
Kim 等（2016）[130]	韩国/2008 年 8 月~2010 年 8 月	韩国的 547 名 60 岁以上老年人	547	从 2008 年 8 月至 2010 年 8 月共随访 5 次	PM_{10}	固定监测点	血压、心率变异性	混合线性模型	空气污染与血压有正向关联，与心率变异性无统计学关联
Saenen 等（2019）[131]	韩国/2012 年 1 月~2014 年 2 月	60 名 9~12 岁小学生	60	重复测量平均间隔 46 天（29~64 天），其中有 36 名儿童完成了 3 次随访，18 名完成了 2 次随访，6 名完成了 1 次随访	$PM_{2.5}$ PM_{10}	高分辨率时空模型模拟	心率变异性	混合效应模型	儿童 HRV 与近期颗粒物暴露呈负相关，特别是在 mtDNA 含量低的儿童中
Choi 等（2020）[132]	韩国/2018 年	从韩国某市两所学校招募的 52 名 10 岁儿童	52	研究招募和参与包括 2018 年 3 月、7 月和 11 月的 3 波，每波 7 天，并在整个研究期间每天评估儿童的焦虑情况	$PM_{2.5}$	固定监测点	焦虑	混合线性模型	$PM_{2.5}$ 暴露与儿童焦虑之间没有关联

续表

作者（年份）	地区/时间	研究对象	样本量	随访安排	颗粒物	暴露测量	研究结局	统计学模型	研究结论
Liang 等（2018）[138]	美国/2014 年 9~12 月	佐治亚理工学院的 54 名学生	54	为期 12 周的抽样期内，收集每人 4 份（每月）静脉血和 12 份唾液（每周）样本	$PM_{2.5}$	宿舍内放置采样仪器	代谢特征	混合线性模型	本研究结果支持使用非靶向代谢组学来开发交通污染暴露和反应的代谢生物标志物
Liang 等（2019）[139]	美国/2011~2013 年	自我报告轻至中度哮喘的 30 人和没有哮喘的 30 人，共 60 名成年人	60	随机分配所有参与者分别参加两个暴露行程，计划相隔 7 天，其中包括按脚本安排的 2 小时高速公路通勤和 2 小时地面街道通勤或 2 小时门诊访问	$PM_{2.5}$	移动监测平台	哮喘恶化或再入院	混合线性模型	通路分析表明，一些炎症和氧化应激相关代谢途径在与交通相关污染物对哮喘患者影响的基础上发生了改变
朱彤等（2012）[133]	北京/2008 年 6~10 月	北京大学第一医院的 125 名不吸烟的住院医生，年龄 19~33 岁	125	在奥运会前、中、后三个时期对参与者进行共 6 次临床随访	$PM_{2.5}$	医院楼顶监测点	氧化应激和肺部炎症的生物标志物水平变化	混合效应模型	本研究结果支持氧化应激和肺部炎症在介导空气污染健康效应中的重要作用
阚海东等（2017）[132]	南京/2014 年 7~9 月	31 名健康且不抽烟的内科医生	31	青奥会前、中、后期各随访 1 次、2 次、2 次，5 次随访之间间隔至少 2 周	$PM_{2.5}$	固定监测站	全身炎症生物标志物	混合线性模型	在 2014 年南京青奥会期间，减少空气污染，特别是细颗粒物和臭氧，与健康成年人的全身炎症减轻有关
邓芙蓉等（2016）[134]	北京/2010~2011 年	来自北京理工大学的 40 名健康、不吸烟的男性大学生	40	40 名健康大学生在从郊区迁往市区前后的 3 种暴露情景下（搬迁前、搬迁后 1 期、搬迁后 2 期）分别进行 4 次随访，共计 12 次随访	$PM_{2.5}$ 及其成分、PM_{10}	固定监测站	抗氧化酶	混合线性模型	研究结果支持颗粒物暴露后循环抗氧化酶被激活
阚海东等（2016）[136]	上海/2014 年 12 月~2015 年 7 月	上海华东理工大学徐汇校区和枫林校区的 36 名健康大学生	36	36 名研究对象分三批，每两周进行 1 次随访，共随访 4 次	$PM_{2.5}$	个体监测仪	血压、ACE	混合线性模型	短期暴露于 $PM_{2.5}$ 与 BP、ACE 蛋白和 ACE 甲基化显著相关
黄薇等（2019）[141]	北京/2015~2016 年	2015~2016 年间居住在北京的 45 名不抽烟、健康成年人，年龄 18~36 岁	45	两次临床随访：2015 年 9 月 21 日至 2015 年 11 月 9 日（非采暖期）、2015 年 12 月 28 日至 2016 年 1 月 18 日（采暖期）	$PM_{2.5}$ 及其成分	北京大学公共卫生学院楼顶采样点	心律失常	广义估计方程	$PM_{2.5}$ 导致心律失常的最重要因素来自于北京地区的人为活动

续表

作者（年份）	地区/时间	研究对象	样本量	随访安排	颗粒物	暴露测量	研究结局	统计学模型	研究结论
施小明等（2021）[142]	济南/2018年9月~2019年1月	居住于济南市甸柳社区的76名60~69岁健康老年人	76	2018年9月~2019年1月期间每月对调查对象进行一次三天随访，共5次随访	$PM_{2.5}$ PM_{10}	环保监测站	血清淀粉样蛋白P组分（SAP）	混合线性模型	大气颗粒物对人群神经系统具有潜在威胁；且小粒径颗粒物具有较高的健康危害
王强等（2020）[137]	北京/2016年12月	在北京市朝阳区采用分层整群抽取了50个家庭的133名成年人	133	在研究期间（28天），每天测量血压并从监测点收集$PM_{2.5}$每日的小时浓度值	$PM_{2.5}$	固定监测站	血压	混合线性模型、分布滞后非线性模型	短期暴露于较高水平$PM_{2.5}$可能会增加成年人的血压。高血压成年人可能比血压正常的成年人更敏感
向浩等（2022）[143]	武汉/2019年9月~2020年1月	在武汉大学医学院招募的70名健康成年大学生，年龄18~26岁	70	从2019年9月12日至2020年1月7日期间共重复随访8次，并收集临床随访前三天的暴露情况	$PM_{2.5}$	个体监测仪	糖稳态	混合线性模型	健康人群短期暴露于$PM_{2.5}$，即使是在数小时内，也与胰岛素抵抗状态升高和葡萄糖稳态受损有关

2.2.7　干预研究

1. 干预研究概述

1）概念

干预研究（intervention study），又称实验流行病学（experimental epidemiology）、流行病学实验（epidemiological experiment）等，是指研究者根据研究目的，按照预先确定的研究方案将研究对象随机分配到实验组和对照组，人为地施加或减少某种处理因素，然后追踪观察处理因素的作用结果，比较和分析两组人群的结局，从而判断处理因素的效果。

2）基本特点

（1）前瞻性：即必须干预在前，效应在后。

（2）随机分组：严格的干预研究应采用随机方法将研究对象分配到实验组和对照组。如果不能随机分组，实验组和对照组的基本特征应均衡可比。

（3）具有均衡可比的对照组：实验组和对照组在有关各方面应相当近似或可比，这样结果的组间差别才能归之于干预处理的效应。

（4）有干预措施：必须施加一种或多种干预处理，作为处理的因素可以是治疗某病的药物或采取的干预措施等[1]。

3）优缺点

干预研究的优点：首先，干预研究预先制定的设计方案能够对选择的研究对象、干预因素和结果的分析判断进行标准化。其次，随机化分组使各组具有可比的基本特征，减少了混杂偏倚。此外，干预研究为前瞻性研究，研究中能观察到干预前、干预过程和效应发生的全过程，因果论证强度高。

干预研究的缺点：整个试验设计和实施条件要求高、控制严、难度较大，在实际工作中有时难以做到；受干预措施适用范围的约束，所选择的研究对象代表性可能不够；随访时间长，容易失访等[1,2]。

4）在本领域的应用概述

大气污染的干预研究包括群体干预和个体干预两种。从群体层面讲，政府可采取严格执行大气污染防治政策和严格管控空气污染物的排放等控制措施。例如，北京奥运会期间的空气质量改善措施与健康志愿者健康效应干预研究。从个体层面讲，公众可采用室内使用空气净化器，室外佩戴口罩和膳食补充维生素/鱼油等补充剂等健康防护措施，如上海地区空气净化器[144,145]和口罩[146]使用与大学生心肺功能干预项目。

2. 国内外干预研究在本领域的研究进展

1）国外研究进展

大气污染的干预研究包括群体干预和个体干预两种，其中个体干预有口罩干预、空气净化器干预以及营养干预等方法。表 2-9 为部分国内外干预研究的大致情况，从个体干预研究中可以看出，可有效地降低室内空气中颗粒物的浓度，对人体健康有一定的防护作用。而口罩防护不管是对健康成年人，还是对心肺疾病患者的呼吸系统和心血管系统都有一定的保护作用。而营养补充剂对个体健康防护的作用尚不明确，还有待进一步开展动物和临床试验来验证。本节从群体干预和个体干预来对国外干预研究进行总结。

A. 群体水平干预措施的人群健康收益研究

在爱尔兰首都都柏林进行的一项群体干预研究[147]观察了大气颗粒物污染对心血管系统的慢性影响。1990 年 9 月，都柏林开始禁止使用煤炭；截至 1996 年大气颗粒物的一项指标——黑烟（black smoke）的浓度下降了 70.0% （35.6 μg/m³），在控制了气候、流行性感冒、死亡自然变化趋势等混杂因素后，发现都柏林居民心血管疾病的死亡率由此下降了 10.3%，即每年减少了 243 例心血管疾病的死亡。这项研究有力地加强了大气颗粒物污染与心血管疾病死亡之间因果关系的推断。

B. 个体水平的口罩干预研究

国际上目前对口罩防护效果的研究主要以特定职业人群为研究对象，如饲养员，研究证明使用口罩能对他们的呼吸系统有保护作用。Sundblad 等[148]对在养猪场（PM_{10} 约为 7 mg/m^3）持续工作 3 小时的 36 名健康志愿者开展了对照试验，分成不佩戴口罩、佩戴仅有防颗粒物功能的口罩和佩戴具有防颗粒物和气态污染物功能的口罩的 3 组，结果表明，佩戴口罩的两组志愿者的鼻腔灌洗液和系统炎症因子较不佩戴口罩的志愿者要低，肺功能指标相对较高。

C. 个体水平的空气净化器干预研究

Brook 等[149]采用随机双盲交叉研究方法，测量了 32 名健康成人分别暴露于农村大气 PM_{10}（76.2 μg/m^3±51.5 μg/m^3）和过滤空气 2 h 期间、暴露后即刻和暴露 2h 后的心率和血压，两次暴露之间有 1~3 周的洗脱期。结果发现与吸入过滤后的空气相比，吸入含污染物的空气使血压和心率升高。具体表现为：与过滤空气暴露时相比，吸入 PM_{10} 空气每 10 min，收缩压（0.32 mmHg；95%CI：0.05~0.58）和舒张压（0.27 mmHg；95%CI：0.003~0.53）呈线性上升，而心率（4.1 bpm；95%CI：3.06~5.12；P<0.0001）和低、高频心率变异性比值（0.24；95%CI：0.07~0.41；P=0.007）也均增加。

D. 个体水平的营养干预研究

还有研究者采用营养干预方法，观察鱼油[150-152]、B 族维生素[153,154]等饮食补充剂对抗大气污染的保护性作用。其中，Zhong 等设计了一项单盲、安慰剂对照的交叉试验来研究补充 B 族维生素是否能减轻 $PM_{2.5}$ 对心脏自主神经功能障碍和炎症的影响，他们让 10 名健康成人志愿者分别在安慰剂、$PM_{2.5}$（250 μg/m^3）、$PM_{2.5}$（250 μg/m^3）与 B 族维生素补充剂（叶酸 2.5 mg/d、维生素 B6 50 mg/d 和维生素 B12 1 mg/d）三种情境下各暴露 2 小时，其中为期 4 周的安慰剂或 B 族维生素治疗也作为洗脱期，研究设计时间线如图 2-2。然后在暴露前、暴露后、暴露后 24 h 分别用心电图测定静息心率（HR）和心率变异性（HRV），用血细胞分析仪测定白细胞（WBC）计数。结果发现 $PM_{2.5}$ 暴露 2 h 可致 HR 显著增高，HRV 显著降低，白细胞数增加；而维生素 B6 和维生素 B12 可以显著降低这种影响[154]。此外，他们还证实了上述营养剂组合的补充可以有效抑制个体在 $PM_{2.5}$ 浓度为 250 μg/m^3 的环境中暴露 2 小

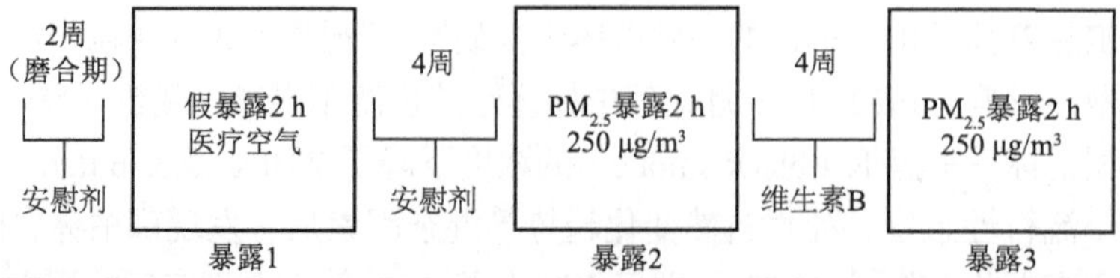

图 2-2　一项单盲交叉干预试验的研究设计：一项在 10 名健康志愿者中开展的单盲、随机对照试验（控制暴露）

时而引起的 DNA 的甲基化[153]。但是这一研究的研究对象为健康成年人，对于老年人、儿童或心肺系统疾病患者等敏感人群，B 族维生素是否具有保护作用，还需证实。

2）国内研究进展

本节从群体干预和个体干预来对国内干预研究进行总结。

A. 群体水平干预措施的人群健康收益研究

我国在特定时期采取大气污染干预措施在群体水平上的健康效益案例较多，如 2008 年北京奥运会、2014 年南京青奥会、2014 年亚太经济合作会议（Asia-Pacific Economic Cooperation，APEC）、2015 年大阅兵[155-158]，以及我国采取的常态化的相关政策措施在群体水平上的健康效应研究，如国务院 2005 年颁布《第十一个五年计划》、2011 年颁布《第十二个五年计划》及 2013 年颁布《大气污染防治行动计划》[159-162]均表明群体层面上的人为干预带来的空气质量改善可以显著提高人群的健康效益。

例如，2013 年颁布《大气污染防治行动计划》（APPCAP）后，Li 等[163]对我国 74 个重点城市 2013~2017 年的全国空气质量监测和死亡数据进行分析，计算死亡率和寿命损失年数（YLL）的变化，评估空气质量管理在 5 年内对健康的影响，结果显示 2013~2017 年，74 个重点城市 $PM_{2.5}$ 和 PM_{10} 年均浓度分别下降 33.3% （95%CI：16.3~50.03）和 27.8% （95%CI：8.0~47.5）；2017 年死亡人数比 2013 年减少了 47240 人（95%CI：25870~69990），YLL 减少了 710020 年（95%CI：420230~1025460）。

B. 个体水平的口罩干预研究

目前国内有少量研究初步探讨了防尘口罩的防护效果，结果均表明佩戴防尘口罩能够使个体的血压下降，心率变异性提高，防尘口罩对于心血管系统有一定的保护作用[163-165]。中国医学科学院阜外医院开展了两项随机交叉试验，研究口罩干预的效果。第一项[163]是针对健康志愿者，要求 19 名研究对象佩戴/不佩戴某品牌防尘口罩 48 h，并在第二天于北京市内设定好的路线步行 2 h，同时记录血压、心率、24 h 动态心电图等指标，结果表明，在 2 h 步行期间佩戴防尘口罩的干预组比对照组收缩压低 7 mmHg，心率相似；在佩戴口罩一天后，第二天佩戴期间研究对象的心率变异性得到显著改善。另一项研究[165]的研究对象是 98 名冠心病患者，与第一项研究采用相同的干预方式，统计学分析采用配对 t 检验、WilCoxon 符号秩和检验以及卡方检验等，结果发现，佩戴了防尘口罩的干预组可以减轻个体对大气 $PM_{2.5}$ 等污染物的暴露水平，从而减少冠状动脉粥样硬化性心脏病患者的临床症状，减慢疾病进程，具体表现为患者自报心血管症状减少、心电图 ST 段压低（缺血表现）减少、平均动脉压降低以及心率变异性升高等。

C. 个体水平的空气净化器干预研究

复旦大学阚海东团队的室内空气净化器干预研究采用了随机化双盲交叉设计，将 35 名健康大学生随机分成两组并轮流使用真空气净化器和假空气净化器，用线性混合效应模型评估干预对健康结局的影响，结果显示使用空气净化器可使 $PM_{2.5}$浓度降低 57%，在干预 48 h 后，气道炎症、肺功能指标有改善，血压和循环系统炎症、凝血和血管收缩指标的水平均有所降低，提示干预措施可产生明显的短期心肺健康效益和应激激素的减少[144,145]。在干预 9 d 后，血清代谢物和尿液氧化损伤指标的水平有所改善[145]。

D. 个体水平的营养干预研究

除了使用空气净化器和佩戴口罩，国外已有研究发现可以通过补充维生素和鱼肝油等营养补充剂的方式来抵御 $PM_{2.5}$ 对健康的危害。国内学者也发现维生素和 Omega-3 对 $PM_{2.5}$ 健康危害的防护作用主要体现在抗氧化损伤、抑制 DNA 甲基化和改善心率变异性等方面[154]。此外，Su 等[166]对中国台湾地区 184 名哮喘儿童开展研究，经过 1 周的 PM_{10} 暴露监测、营养膳食调查和最大呼气流速检测，发现对于住在 PM_{10} 浓度水平较低（日平均浓度为 40~46 μg/m³）的花莲县的哮喘儿童，如果摄取足够的维生素 C 和维生素 E，可减少最大呼气流速降低的幅度。但是，维生素 C 和维生素 E 在 $PM_{2.5}$ 浓度较高的环境下，是否能有效缓解 $PM_{2.5}$ 对健康的危害，或者此类补充剂对其他人群是否有效，还需进一步研究。

表 2-9 国内外部分干预研究总结

作者（年份）	地区/时间	试验设计	研究对象	样本量	干预	对照	颗粒物	研究结局	统计学模型	研究结论
Lenssen 等（2022）[167]	荷兰/2019 年 9~10 月	重复测量	不吸烟的健康志愿者，年龄 18~41 岁	16	烧烤烟雾暴露	无烧烤烟雾暴露	$PM_{2.5}$ UFP	肺功能、炎症标志物	线性混合效应模型	短期暴露于烧烤排放的空气污染物与健康年轻人的轻度呼吸反应有关，包括鼻腔 IL8 的升高，而肺功能和其他测量的炎症标志物没有变化
Sundblad 等（2006）[148]	瑞典	随机对照	健康的不吸烟成年人	36	佩戴口罩	不佩戴口罩	PM_{10}	支气管反应、炎症反应、肺功能等	方差分析、*t* 检验、K-W 检验等	在养猪场佩戴口罩可减少炎症反应，但不影响支气管反应性的增加，佩戴仅有防颗粒物功能的口罩和佩戴具有防颗粒物和气态污染物功能的口罩效果没有差别
Brook 等（2014）[149]	美国/2011 年 5 月~2012 年 6 月	随机双盲交叉	不吸烟的健康成年人，年龄 18~50 岁	32	暴露于过滤空气	暴露于 PM_{10}	PM_{10}	血压、心率	线性混合效应模型	与吸入过滤后的空气相比，吸入含污染物的空气使血压和心率升高

续表

作者（年份）	地区/时间	试验设计	研究对象	样本量	干预	对照	颗粒物	研究结局	统计学模型	研究结论
Romieu 等（2005、2008）[150,151]	墨西哥/2001 年 9 月~2002 年 4 月	随机双盲对照	从一家疗养院招募的 60 岁以上居民	52	鱼油	大豆油	$PM_{2.5}$	氧化应激生物标志物	线性混合效应模型	食用鱼油能改善研究对象的心率变异性和脂质代谢
Zhong 等（2017）[153]	加拿大/2013 年 7 月~2014 年 2 月	单盲交叉	不吸烟的健康成年人，年龄 19~60 岁	10	B 族维生素补充剂	安慰剂	$PM_{2.5}$	心率、白细胞计数	线性混合效应模型	$PM_{2.5}$暴露 2 h 可致 HR 显著增高，HRV 显著降低，白细胞数增加；而维生素 B_6 和维生素 B_{12} 可以显著降低这种影响
李国星等（2018）[160]	中国/2013~2017 年	群体干预	中国 31 个省的 74 个重点城市	74 个城市	颁布《大气污染防治行动计划》	—	$PM_{2.5}$ PM_{10}	死亡率、寿命损失年数 YLL	综合暴露-响应（IER）模型、人口归因率等	2013~2017 年，中国与环境空气污染控制相关的死亡率和 YLL 大幅下降，表明中国 APPCAP 取得了明显成效
蒋立新等（2012）[165]	中国北京/2009 年 3~5 月	随机交叉	北京阜外医院招募不抽烟的冠心病患者	98	佩戴防尘口罩	不佩戴防尘口罩	$PM_{2.5}$ UFP	心血管健康状况	配对 *t* 检验、符号秩和检验、卡方检验	佩戴防尘口罩可以减轻个体对大气 $PM_{2.5}$ 等污染物的暴露水平，从而减少冠状动脉粥样硬化性心脏病患者的临床症状，减慢疾病进程
阚海东等（2015）[144]	中国上海/2014 年	随机双盲交叉	健康大学生	35	真空气净化器	假空气净化器	$PM_{2.5}$	心肺健康状况	线性混合效应模型	在环境颗粒物污染严重的中国城市，室内空气净化对年轻、健康的成年人有明显的心肺益处
苏虹等（2022）[168]	中国安徽/2020 年 8~9 月	随机交叉	精神分裂症慢性稳定期的男性患者	24	真空气净化器	假空气净化器	$PM_{2.5}$ PM_{10}	精神分裂症复发	线性混合效应模型	颗粒物可能增加精神分裂症患者焦虑、抑郁、兴奋性和早期精神病行为的风险，同时降低抗氧化系统的功能
Kai-Jen Chuang 等（2017）[169]	中国台湾/2013~2014 年	随机交叉	居住在台北市区的家庭主妇，年龄 30~65 岁	200	真空气净化器	假空气净化器	$PM_{2.5}$	血压、炎症和氧化应激生物标志物	混合效应模型	暴露于空气污染与全身炎症、氧化应激和血压升高有关
王紫玉等（2017）[170]	中国天津/2015 年 12 月~2016年1月	随机对照	天津市养老院招募 65 岁以上的冠心病患者	59	服用蓝莓冻干粉冲剂	饮用水	$PM_{2.5}$	心血管功能损伤	混合效应模型、方差分析	蓝莓花色苷对 $PM_{2.5}$ 所致心血管损伤有一定的保护作用

2.2.8 研究设计的选择策略

上述七种研究是大气污染健康效应研究中常用的几种设计方法，研究者在选择时必须了解不同研究设计的优点和缺点，才能选择一个合适的研究设计，这些内容在前面已经讨论过了。除此之外，在选择研究设计之前，调查者还必须考虑其他因素，包括研究目的、暴露程度、疾病发生的自然史和频率以及能否获得关于暴露和健康结局的现成资料。

从研究目的来看。当研究目的是研究空气污染的长期、慢性健康效应时，则可以选择横断面研究和队列研究；而短期、急性健康效应的研究方法有时间序列研究、病例交叉研究和定组研究。当研究目的是探索未知但有潜在的因果效应的关联时，可以选择横断面研究，得到相应的研究假设，然后再用病例对照研究或队列研究来验证假设；当探索已知的因果效应的关联时，横断面研究、病例对照研究和队列研究都可以被用来量化环境因素对健康的影响。

通常在实施一项研究时，最主要的限制因素是研究资金和可行性，因此调查者不能只从理论知识的角度选择研究设计类型，必须考虑到资金和可行性的制约，从而选择实际可行的研究类型。干预研究、队列研究以及定组研究由于需要进行多次随访，较为耗费人力物力财力。干预研究也常常因为伦理学限制而难以进行。

从研究方法的类型来看。分析性研究（病例对照研究、队列研究）通常适于研究特定的环境因素或疾病。如果研究以暴露为出发点，调查者可以采用队列研究；如果是以疾病为出发点，可以采用病例对照研究。这两种研究都可以用来评估暴露与疾病发生之间的关系。队列研究适于研究单个暴露因素与多个疾病结局之间的关系；病例对照研究适用于探究单个疾病结局与多个暴露因素之间的关系。实际上，想要完善和评估关于环境因素对疾病发生的影响，通常需要进行一系列的研究。调查者通常从描述性研究（生态学研究、横断面研究等）开始，然后考虑运用队列研究或病例对照研究。

事实上，人群中所有疾病的发病率都是较低的，因此队列研究通常是一个有效的方法，但是，当暴露因素在同一个人群中也比较罕见时，就不适宜了。目前有三个主要的方法用来评估罕见暴露引起的罕见健康结局效应。第一种方法是在一个大规模的源人群中实施研究。但是，这种方法只有在能够利用现成的数据时才可行，因为要获取一个大样本人群新数据的花费是高不可攀的。第二种方法是在大规模的研究人群中开展病例对照研究。但是只有当收集受试者的暴露信息花费较少时，这种方法才适用。虽然获得关于暴露信息的真实测量数据十分重要，但是由于需要直接采集污染物或生物学样本，而且花费较高，因此并不常用。第三种方法是选择“高危”人群开展研究，即暴露比例较高或暴露水平较高的人群，或个体易感性较强的人群。但是高危人群对普通人群的代表性较差，使这类研究结果的外推性受到限制。

虽然队列研究非常适合于罕见暴露因素的研究，但当疾病的发生也比较罕见时就不适合了。因此，目前越来越多的研究者将队列研究和病例对照研究的优点结合起来，在队列研究中进行巢式病例对照研究，如上述在台湾纵向健康保险研究中进行的巢式病例对照研究[43,171]。这种研究类型可以收集和储存许多生物学和环境的样本用于以后的分析。研究中可以收集整个队列的样本，但是只对于病例组和对照组的样本进行实验室分析检测。

随着时间的推移，经典的流行病学研究方法发生了许多变化，出现了巢式病例对照研究、定组研究、时间序列研究、病例交叉研究等许多新的研究方法，研究人员需综合考虑花费、可行性和有效性等因素，确定最合适的流行病学研究方法。充分了解不同研究设计之间的关系和各自的优缺点，对选择最合适的方法研究空气污染健康效应问题十分重要[172]。

2.2.9　未来展望和建议

大气颗粒物对人群健康的影响广泛而深远，我国环境健康工作者以与国际接轨的研究方法证实了大气颗粒物对人群健康的急性和慢性影响，并给出了一定的定量结果，但距离国际先进水平还有一定差距。国外基于大规模的人群队列而开展的空气污染与人群健康相关研究为明确空气污染的健康风险提供了大量准确而有效的证据，但考虑到我国在大气污染物理化特征、人群敏感性和人群遗传背景等方面与欧美发达国家存在较大差异，我国与欧美发达国家的社会经济水平也不同（使得相关疾病的发病和死亡率也存在地区间的差异），故无法直接应用国外相关研究的结论[4]。前瞻性队列研究是确证大气颗粒物健康危害因果关联的最理想研究方法之一，因此有必要在我国积极开展前瞻性队列研究，揭示大气颗粒物等空气污染对我国居民造成的健康风险，为保护人体健康的国家空气质量标准持续评估和修订工作提供科学数据。

我国当前颗粒物健康效应相关研究主要集中在城市地区，农村地区大气污染问题及其对居民健康影响也不容忽视，未来应加强我国农村地区和敏感人群（儿童、老年人、孕产妇、患者）大气颗粒物与健康的相关研究，尤其是开展前瞻性队列研究。考虑到时间序列研究方法的显著优点，我国未来应在典型地区开展多中心的时间序列研究，同时探讨 $PM_{2.5}$ 不同组分、粒径与人群发病、死亡、早期效应标志的流行病学以及暴露-反应关系研究。还应与政府重大环境干预措施相匹配，在个体层面开展中长期的大气复合污染物与多种健康结局的干预实证研究，并探索既能减轻大气污染的健康危害，又不至于产生附带损害的营养补充剂研究[5]。

颗粒物既有短期急性的健康效应，又有长期慢性的危害。急性健康效应主要是对人群总死亡率、呼吸系统疾病、心脑血管疾病死亡率和发病率等影响，而长期的健康效应主要包括对癌症、遗传毒性等的影响。两者一般具有不同的生物学机制，前者更多为促进疾病发展的作用，后者可能有更多的病因学关联。因此，颗粒物影响健康的毒性分子机制仍有待从多方面继续深入研究。由于颗粒物是一种混合物，分析和识别混合物中不同来源颗粒物组分毒性,确定对人体危害最大颗粒物组分或来源仍然需要大量研究支持。

空气污染流行病学研究的方法学的发展不是孤立的，而是与研究内容相辅相成，随着研究领域从传染病扩大到慢性非传染性疾病，研究因素的复杂对方法学提出了更高的要求；而随着研究方法不断充实和完善，研究领域更加扩大，研究内容日趋深入，从而影响并推动着空气污染流行病学学科的发展。展望未来，在前人的基础上，我们完全有理由相信随着研究设计的多样化、调查技巧的熟练、效果测量手段的丰富，以及更为有效的统计方法的应用，空气污染流行病学工作者将能在更广的范围内应用上述多种研究设计，开展病因研究，为促进人类的健康做贡献。

2.3　大气颗粒物健康效应评估的统计方法

2.3.1　一般线性模型

1. 一般线性模型简介

一般线性模型（general linear model，GLM）并不是一个具体的模型，而是多种方法的统称，像 t 检验、方差分析、线性回归都从属于一般线性模型的范畴[173]。

当统计资料中包含自变量 X 和连续变化的反应变量 Y（如血压值）时，为了用最简便的方式描述反应变量与自变量之间的依存关系，首选一般线性模型，见式（2-1）。

$$\boldsymbol{Y}=\boldsymbol{X\beta}+\boldsymbol{\varepsilon} \tag{2-1}$$

式中，$\boldsymbol{Y}$ 为反应变量的观测值向量；$\boldsymbol{X}$ 为由自变量构造的设计矩阵；$\boldsymbol{\beta}$ 为回归参数向量；$\boldsymbol{\varepsilon}$ 为正态独立随机误差向量，并假定其均值 $E(\boldsymbol{\varepsilon})=0$，协方差矩阵为 $\boldsymbol{K}=\mathrm{Cov}(\boldsymbol{\varepsilon})$。

当由模型（2-1）定义的 GLM 具有各种不同结构的设计矩阵 $\boldsymbol{X}$ 和误差的协方差矩阵 $\boldsymbol{K}$ 时，GLM 就会有各种不同的变形。例如，当 $\boldsymbol{K}=\boldsymbol{\varepsilon}^2$ In 时，模型（2-1）被称为经典（或标准）线性回归模型；如果可将 $\boldsymbol{X}$ 剖分成 $\boldsymbol{X}=(\boldsymbol{X}_1, \boldsymbol{X}_2)$，其中 $\boldsymbol{X}_1$ 与固定效应有关，$\boldsymbol{X}_2$ 与随机效应有关，同时，$\boldsymbol{K}$ 具有式（2-2）的形式：

$$\boldsymbol{K}=\boldsymbol{X}_2\boldsymbol{V}\boldsymbol{X}'_2+\boldsymbol{J} \tag{2-2}$$

式中，***V*** 和 ***J*** 是协方差矩阵，则模型（2-1）就变成一般线性混合模型（GLMM）；如果对 ***X*** 与 ***K*** 作其他一些假定，模型（2-1）可分别转变成 MaNOVA 模型（即多元方差分析模型）和 GMaNOVA 模型（即广义多元方差分析模型）等模型。

从构成设计矩阵 ***X*** 的变量性质来分类，模型（2-1）又有许多不同的变形。例如，当 ***X*** 分别由固定效应、随机效应和固定与随机两种效应的定性影响因素构造而成时，模型（2-1）就分别简化为固定效应、随机效应和混合效应的方差分析模型；当 ***X*** 全部由定量的影响因素（包括哑变量）构造而成时，模型（2-1）就简化为回归分析模型；当 ***X*** 同时由定性和定量两种影响因素构造而成时，需分以下三种情形来讨论：情形一，当定性的影响因素是固定效应时，模型（2-1）就变成了协方差分析模型；情形二，当定性的影响因素是随机效应时，模型（2-1）就变成了多水平回归模型（亦称随机系数模型或分层模型）；情形三，当定性的影响因素包括固定和随机两种效应时，若固定效应的定性变量未用哑变量技术处理，模型（2-1）就变成了具有协方差分析结构的多水平模型；反之，模型（2-1）仍旧是多水平回归模型[6]。

在因果关系的统计分析中，传统的线性模型除 ***X*** 与 ***Y*** 之间的线性关系外，对反应变量 ***Y*** 还有 3 个假定：①正态性，即 ***Y*** 来自正态分布总体；②独立性，***Y*** 的不同观察值之间相关系数为零；③方差齐性，各 ***Y*** 值的方差相等都为 σ^2。

2. 一般线性模型应用实例

连续性结局变量（如血糖、血压、FEV_1）的研究，例如前述的横断面研究，多依赖于线性回归。

例如，Yu 等[23]利用荷兰 PIAMa 前瞻性出生队列的数据，使用线性回归模型评估空气污染物（$PM_{0.1}$，$PM_{2.5}$ 和 PM_{10} 等）及其成分与肺功能（FEV_1 和 FVC）之间的相关性，假设暴露-反应关系为线性。并对潜在混杂因素进行了调整，即年龄、性别、体重、身高、父母教育（母亲或父亲的最高教育水平，低/中/高），母亲和父亲的过敏史、母乳喂养、荷兰国籍（父母均在荷兰出生）、母亲怀孕期间吸烟、室内烟草烟雾暴露、是否养带毛宠物、家中的霉菌和燃气烹饪，主动吸烟（定义为每周至少吸烟一次，是/否），以及肺功能测量前最后 3 周的呼吸道感染情况。为避免过度调整，调整因素不包括暴露和结局之间可能存在因果关系的变量。由于肺功能、年龄、身高和体重之间的强烈非线性关系，所有模型中的肺功能均为自然对数变换后的值。关联估计值表示为空气污染暴露每增加一个四分位数间距（IQR）时每个肺功能参数绝对值的百分比变化，根据回归系数 β 值来计算，即$(e^{\beta\times \mathrm{IQR}}-1)\times 100$。结果发现，对大多数颗粒物成分，暴露与 FEV_1 呈负相关，如 PM_{10} 中的硫每增加一个四分位数间距，FEV_1 降低 2.23%（95%CI：−3.70%，−0.74%）。其他具体结果见表 2-10。

表 2-10　在初中阶段（13~16 岁），16 岁学生中最小调整模型与全调整模型中 FEV_1 与 FVC 与空气污染浓度关联差值

空气污染	增加量	FEV_1		FVC	
		最小调整模型	全调整模型	最小调整模型	全调整模型
UFP	1602	−0.97(−1.98, 0.04)	−1.06(−2.08, −0.03)	−0.48(−1.34, 0.40)	−0.65(−1.53, 0.23)
$PM_{10}Cu$	3.2	−0.40(−1.27, 0.48)	−0.38(−1.26, 0.50)	0.04(−0.71, 0.80)	−0.02(−0.77, 0.75)
$PM_{2.5}Cu$	1.4	−1.84(−3.12, −0.55)	−2.10(−3.40, −0.79)	−0.41(−1.53, 0.72)	−0.65(−1.79, 0.50)
$PM_{10}Fe$	109.0	−0.76(−1.76, 0.25)	−0.78(−1.80, 0.24)	−0.11(−0.98, 0.77)	−0.26(−1.14, 0.62)
$PM_{2.5}Fe$	31.9	−1.67(−2.90, −0.42)	−1.98(−3.24, −0.70)	−0.30(−1.38, 0.57)	−0.60(−1.71, 0.52)
$PM_{10}K$	19.7	−0.66(−1.61, 0.30)	−0.70(−1.66, 0.26)	−0.26(−1.08, 0.79)	−0.39(−1.21, 0.45)
$PM_{2.5}K$	6.7	−0.92(−1.86, 0.03)	−0.95(−1.91, 0.01)	0.26(−0.56, 1.09)	−0.39(−1.21, 0.45)
$PM_{10}S$	65.1	−1.99(−3.44, −0.53)	−2.23(−3.70, −0.74)	0.18(−1.09, 1.47)	−0.44(−1.82, 1.02)
$PM_{2.5}S$	107.9	−2.28(−3.81, −0.73)	−2.58(−4.13, −1.00)	−0.18(−1.53, 1.19)	−0.44(−1.82, 0.95)
$PM_{10}Si$	64.6	−0.81(−1.85, 0.24)	−0.91(−1.97, 0.15)	−0.24(−1.14, 0.66)	−0.47(−1.38, 0.45)
$PM_{2.5}Si$	18.6	−1.66(−2.89, −0.42)	−1.84(−3.09, −0.58)	0.03(−1.05, 1.12)	−1.02(−1.22, 0.99)
$PM_{10}Ni$	1.0	−1.68(−3.17, −0.17)	−1.91(−3.41, −0.38)	−0.20(−1.50, 1.13)	−0.46(−1.78, 0.88)
$PM_{2.5}Ni$	0.9	−1.68(−3.28, −0.06)	−1.93(−3.54, −0.29)	−0.15(−1.55, 1.27)	−0.38(−1.79, 1.06)
$PM_{10}V$	1.5	−1.64(−3.23, −0.03)	−1.88(−3.49, −0.25)	−0.12(−1.52, 1.29)	−0.35(−1.75, 1.08)
$PM_{2.5}V$	1.3	−1.64(−3.23, −0.03)	−1.88(−3.49, −0.25)	−0.12(−1.52, 1.29)	−0.35(−1.75, 1.08)
$PM_{10}Zn$	12.8	−0.97(−1.88, −0.05)	−1.00(−1.92, −0.06)	0.18(−0.62, 0.98)	0.09(−0.71, 0.91)
$PM_{2.5}Zn$	8.8	−0.93(−1.92, 0.06)	−0.98(−1.98, 0.03)	0.30(−0.56, 1.16)	0.23(−0.64, 1.11)

2.3.2　Logistic 回归模型

1. Logistic 回归模型简介

前面介绍的一般线性模型，其应用的前提条件是：线性、独立、正态和方差齐性。但在医学中还常研究二分类因变量（如患病与未患病）或多分类因变量（如治愈、显效、好转、无效）Y 与一组自变量（$X_1, X_2, \cdots, X_p$）的关系，对于这类资料就可以选用 Logistic 回归（Logistic regression） 模型。Logistic 回归按设计的不同，分为非条件 Logistic 回归与条件 Logistic 回归，匹配资料选用条件 Logistic 回归[174]。

1）非条件 Logistic 回归模型

假设因变量服从二元分布为 $f(y|\pi)=\pi^y(1-\pi)^{(1-y)}$,由于因变量 Y 为分类变量，不满足线性回归分析条件，首先对 π 进行数据变换：引入连结函数 $\text{logit}(\pi)=\ln\frac{\pi}{1-\pi}=\ln(\text{Odds})$。这个变换将取值在 0~1 间的 π 值转换为值域在$(-\infty, +\infty)$的 $\text{logit}(\pi)$值。再假设 ogit(π)服从线性回归，即 $\text{logit}(\pi)=\beta_0+\beta X$。

$$\pi = \frac{1}{1+\mathrm{e}^{-\left(\beta_0+\beta_0 X_1+\cdots+\beta_p X_p\right)}} = \frac{\mathrm{e}^{\left(\beta_0+\beta_1 X_1+\cdots+\beta_p X_p\right)}}{1+\mathrm{e}^{\left(\beta_0+\beta_1 X_1+\cdots+\beta_p X_p\right)}} \tag{2-3}$$

可见，在已知某一个体的自变量（$X_1, X_2, \cdots, X_p$）情况下，采用公式（2-3）可以得到该个体概率 $\pi(Y=1)$的预测值。公式（2-3）中 β_0 为常数项（截距），β_1，β_2，…，β_p 为回归系数。因为公式（2-3）的右端在数学上属于 Logistic 函数，所以也成为 Logistic 回归模型。Logistic 函数的形状如图 2-3 所示呈 S 形。

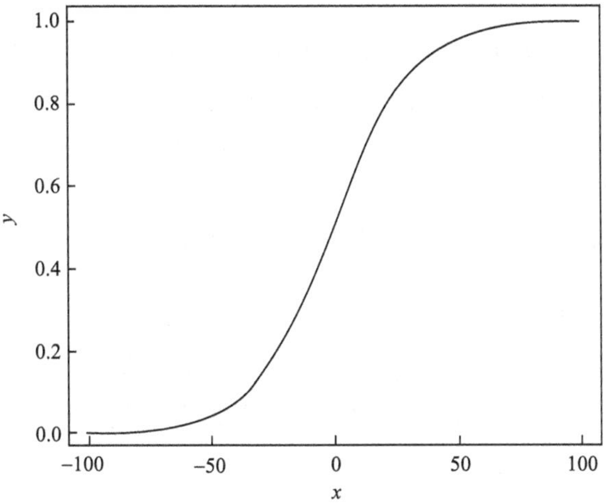

图 2-3　Logistic 函数的值域

如图 2-3 所示，Logistic 函数的值域为[0,1]区间，这保证了由 Logistic 模型估计的概率值域的合理性。Logistic 函数的 S 形曲线表明某个事件发生的概率受 X 变化的影响，当 x 从$-\infty$开始增加时，事件发生的概率为 0 且保持基本不变，但增加到中间阶段时，概率突然增加很快，再增加到某一程度后，概率又开始保持基本不变的水平，逐步接近于 1。这里特别需要指出两点。首先是，在这里将连接函数选择为：$\mathrm{logit}(\pi)=\ln\frac{\pi}{1-\pi}$。但在处理相同的问题时连接函数可以有其他不同的选择。Logistic 回归是特指因变量仅有两个分类并且连接函数选为：$\mathrm{logit}(\pi)=\ln\frac{\pi}{1-\pi}$时的情形。其次是，Logistic 回归对于因变量服从伯努利分布有假设。而伯努利分布属于指数分布族，因此 Logistic 回归可以整合入广义线性回归的框架中[8]。

2）条件 Logistic 回归模型

医学研究中，常采用匹配设计，即为病例组的每一个研究对象匹配一个或几个有同样特征的未患病者，作为该病例的对照，匹配的特征是已知的混杂因子或者有充分理由可疑的混杂因子，这样，除了研究因素外，病例与对照的其他特征均相同，从而消除“其他特征”的混杂作用。常用的匹配形式为 1∶1，即 1 个病例匹配 1 个对照。

以 1∶1 配对设计为例，设有 n 对独立的观察对象，每个对子含两个人，第 1 个已经患病，第 2 个没有患病。则 1∶1 配对设计的条件 Logistic 回归模型为：

$$P\left(\frac{\text{第一个人患病}}{\text{同一个中一人患病}}\right)=\frac{1}{1+e^{-\sum_{j=1}^{p}\beta_j(x_{1j}-x_{0j})}} \tag{2-4}$$

由于式（2-4）左端为条件概率，相应的 Logistic 回归称为条件 Logistic 回归，前述非匹配资料的 Logistic 回归则称为非条件 Logistic 回归。条件 Logistic 回归模型的右端也是一个 Logistic 函数，其参数就是式（2-3）中的 β。但是公式（2-3）与公式（2-4）有两点不同：第一，公式（2-4）中，与系数 β 相乘的是病例与对照相应变量之差；第二，公式（2-4）中不含常数项 β_0。

2. Logistic 回归模型应用实例

二分类结局变量（如是否患病、是否死亡）的研究，包括病例对照研究和病例交叉研究等，一般采用 Logistic 回归。其中非匹配资料采用非条件 Logistic 回归，匹配资料采用条件 Logistic 回归。

1）非条件 Logistic 回归

樊静洁等[35]采用病例对照研究方法，在深圳市某妇幼保健院选取 2015 年分娩的产妇和新生儿为研究对象，以妊娠满 28 周但不足 37 周的 200 例新生儿母亲为病例组，妊娠满 37 周但小于 42 周的 200 例新生儿母亲为对照组，同时收集 2014~2015 年各空气污染物的逐日浓度，运用非条件 Logistic 回归模型分析早产影响因素，用 Forward: LR 法筛选自变量。对单因素分析中 $P<0.05$ 的自变量采用向前法筛选变量进行多因素 Logistic 回归分析，结果显示产妇年龄大、家族早产史比例高、孕晚期 $PM_{2.5}$ 浓度高、孕晚期 PM_{10} 浓度高、孕早期 SO_2 浓度高、孕早期 NO_2 浓度高是早产发生的危险因素。多因素 Logistic 回归分析结果如表 2-11。

表 2-11　早产影响因素的多因素 Logistic 回归分析

相关因素	B	SE	Wald X^2	P	OR （95%CI）
产妇因素	0.009	0.005	4.753	0.025	1.009 (1.002, 1.018)
家族早产史	0.016	0.133	4.477	0.023	1.308 (1.019, 1.714)
孕晚期 $PM_{2.5}$	0.128	0.073	5.399	0.010	1.387 (1.112, 1.579)
孕晚期 PM_{10}	0.098	0.038	4.823	0.018	1.267 (1.108, 1.531)

续表

相关因素	B	SE	Wald X^2	P	OR （95%CI）
孕晚期 SO_2	0.011	0.027	4.323	0.041	1.118 (1.009, 1.329)
孕晚期 NO_2	0.023	0.011	4.296	0.045	1.106 (1.009, 1.273)

2）条件 Logistic 回归

顾清等[175]为研究天津市大气污染对儿童呼吸系统疾病影响，应用条件 Logistic 回归的统计学方法，来估计空气污染物浓度和儿童呼吸系统疾病发病之间的关系，并调整了气温、相对湿度和气压等混杂因素。考虑污染物的单日即时效应和滞后效应，应用单污染物的条件 Logistic 回归模型分别对 SO_2、NO_2、$PM_{2.5}$、PM_{10}、CO 五种大气污染物当日浓度（Lag0）、滞后 1~5 日的浓度（Lag1~Lag5）和累积滞后 1~5 日的浓度（Lag01~Lag05: Lag01）为调查当日和前一天的污染物浓度平均值，Lag02 为调查当日和前两天的污染物浓度平均值，以此类推，与儿童呼吸系统疾病日门诊量的关系进行分析，并计算超额危险度（excess risk rate，ER）及 95%CI。ER 所代表的统计学含义为每升高四分位数间距浓度的污染物 （inter quartile range，IQR），儿童因呼吸系统疾病入院的风险升高的百分比。ER 与 IQR 的关系为:

$$ER=[\exp(\beta \times IQR) - 1]\times 100\% \tag{2-5}$$

式中，β 为条件 Logistic 回归所得的暴露-反应关系系数。选取单污染物模型中超额危险度较大且模型拟合优度较好的污染物、滞后天数为研究对象，控制其他污染物和混杂因素，建立多污染物条件 Logistic 回归模型。并且分别在全部观察期间（2015~2017 年），寒冷季节（2015~2017 年每年的 11 月至次年的 4 月）和温暖季节（2015~2017 年每年的 5~10 月）三个时间段来观察每个污染物对儿童呼吸系统入院率的贡献。最后，单污染物和多污染物模型结果分别如表 2-12 和表 2-13 所示。

表 2-12　SO_2、NO_2、$PM_{2.5}$、PM_{10}、CO 对儿童呼吸系统疾病日门诊量的单污染物的条件 Logistic 回归分析

滞后日	SO_2(μg/m³)	NO_2(μg/m³)	$PM_{2.5}$(μg/m³)	PM_{10}(μg/m³)	CO(μg/m³)
Lag0	0.16%(−0.02,0.33)	1.09%(0.94,1.23)	0.17%(0.11,0.22)	0.15%(0.11,0.20)	11.6%(7.56,15.8)
Lag1	0.13%(−0.05,0.31)	0.97%(0.83,1.11)	0.14%(0.09,0.20)	0.19%(0.15,0.23)	6.24%(2.54,10.08)
Lag2	−0.28%(−0.46,−0.10)	0.98%(−0.83,1.12)	0.13%(0.08,0.19)	0.16%(0.12,0.20)	5.66%(2.54,9.42)
Lag3	−0.66%(−0.84,−0.84)	0.77%(−0.63,0.91)	0.08%(0.03,0.13)	0.09%(0.05,0.13)	3.37%(−0.19,7.06)
Lag4	−0.51%(−0.69,−0.33)	0.92%(0.78,1.06)	0.19%(0.14,0.24)	0.11%(0.07,0.15)	7.52%(3.82,11.36)

续表

滞后日	SO_2(μg/m³)	NO_2(μg/m³)	$PM_{2.5}$(μg/m³)	PM_{10}(μg/m³)	CO(μg/m³)
Lag5	−0.24%(−0.42,−0.06)	1.12%(0.97,1.26)	0.26%(0.21,0.31)	0.15%(0.12,0.19)	11.72%(7.90,15.68)
Lag01	0.25%(0.03,0.46)	1.41%(1.25,1.58)	0.21%(0.15,0.28)	0.24%(0.19,0.29)	11.99%(7.48,16.70)
Lag02	0.12%(−0.14,0.36)	1.80%(1.61,1.98)	0.27%(0.19,0.34)	0.31%(0.26,0.37)	13.86%(8.85,19.10)
Lag03	−0.30%(−0.58,−0.02)	2.08%(1.87,2.29)	0.29%(0.21,0.37)	0.34%(0.28,0.40)	14.55%(9.06,20.31)
Lag04	−0.67%(−0.99,−0.36)	2.41%(2.18,2.63)	0.36%(0.27,0.44)	0.37%(0.31,0.43)	17.24%(11.16,23.65)
Lag05	−0.83%(−1.17,−0.49)	2.82%(2.58,3.07)	0.48%(0.38,0.57)	0.44%(0.37,0.51)	22.26%(15.45,29.48)

表 2-13 SO_2、NO_2、$PM_{2.5}$、PM_{10}、CO 对儿童呼吸系统疾病日门诊量的多污染物的条件 Logistic 回归分析

全观察期	温暖季节（5~10 月）	寒冷季节（11 月至次年 4 月）	
SO_2	−0.78%(−0.97,−0.58)	−0.73%(−0.93,−0.52)	−0.74%(−1.46,−0.01)
NO_2	5.12%(4.73,5.52)	5.31%(4.78,5.84)	7.40%(6.60,8.20)
PM_{10}	0.56%(0.42,0.69)	0.70%(0.53,0.88)	0.01%(−0.22,−0.23)
$PM_{2.5}$	−1.17%(−34.84,−23.04)	−1.59%(−1.85,−1.32)	−0.13%(−0.57,0.31)
CO	−29.19%(−34.84,−23.04)	−18.61%(−25.53,−11.04)	−86.38%(−89.05,−82.32)

2.3.3 广义相加模型

1. 广义相加模型简介

广义相加模型（generalized additive model，GAM）应用的潜在假设为函数是可加的，并且各成分是平滑的。它是广义线性模型（generalized linear model，GLM）的扩展，适用范围更广，可处理应变量与众多解释变量间的复杂非线性的关系。

与 GLM 相同的是，GAM 也用连接函数关系来估计反映变量和各解释成分间的关系；与 GLM 不同的是，GAM 中的各解释成分不一定是解释变量本身，可以是解释变量的各种平滑函数的形式。所以 GAM 适用于多种分布类型，多种复杂非线性关系的分析。GAM 将线性模型中的 $\beta_i x_i$（线性关系）换成了 $f_i x_i$（可以是线性也可以是非线性的函数关系），因此 GAM 的表达式就变成了：

$$g(u_i)=\beta_0+f_1(x_{1i})+f_2(x_{2i})+\cdots+f_p(x_{pi})+\varepsilon \tag{2-6}$$

式中，$g(u_i)$代表各种连接函数关系，可以是多种概率分布，包括正态分布、二项分布、Poisson 分布、负二项分布等；$f_1(x_{1i})+f_2(x_{2i})+\cdots+f_p(x_{pi})$代表各种平滑函数，包括平滑样条函数（smoothing spline，s）、自然立方样条（natural cubic spline，ns）和局部加权回归散点平滑（locally weighted regression scatter smoothing，loess）等。在实际应用中，模型中除了拟合普通的线性项，如大气污染浓度外，还可以将一些与因变量之间存在复杂的非线性关系的变量，如长期趋势、日历效应、气象等混杂因素，以不同函数加和的形式拟合模型[176]。

可以看出，GAM 的公式与广义线性模型[$g(u_i)=\beta_0+\beta_1(x_{1i})+\beta_2(x_{2i})+\cdots+\beta_p(x_{pi})+\varepsilon$]的形式差不多，但不同的是，在广义线性模型中要求每个自变量与因变量（的连接函数）必须为线性关系；而在 GAM 中则放宽了这一条件，允许二者之间为非线性关系。因此，在 GAM 的公式中，左侧的 $g(u)$与广义线性模型一样是一个连接函数，允许因变量是各种分布形式；右侧则与广义线性模型不同，用 f 函数（而不是广义线性模型中的 β 值）来作为自变量的函数，它表示任意的单变量函数，既可以是线性也可以是非线性的。与广义线性模型相比，GAM 允许自变量与因变量采用任意形式。

GAM 给予模型应用更大的灵活性，但同时也为模型的选择提出了更大的挑战，不但要选择模型中包含的变量，还要选择模型中各平滑函数参数的最优值[11]。

2. 广义相加模型应用实例

在大气颗粒物污染健康效应评估中，研究的健康结局通常是居民日死亡人数、患病人数等，相对于总人口而言，患病和死亡为小概率事件，其实际分布近似 Poisson 分布。因此分析空气污染物对居民每日患病率、死亡率等的急性影响（如时间序列研究）时，首先必须控制时间序列中气象因素及长期趋势、季节性和其他时间依赖变量的混杂。气象因素与每日死亡率为非线性关系，加之其他时间依赖变量无法测量，故在颗粒物污染的时间序列研究中常应用 Poisson 广义可加模型，连接函数采用对数函数 log。

例如，顾清等[177]采用时间序列分析研究天津市每日大气污染物与居民心脑血管疾病死亡的关系，在控制气象因素、长期趋势、星期几效应以及人口数等混杂因素的影响后，分别进行单污染物和多污染物模型分析。作者采用时间序列的泊松回归广义可加模型，具体模型为：

$$\log[E(Y_i)] = \alpha + \sum\nolimits_{i=0}^{n} \beta_i \boldsymbol{X}_i + \sum\nolimits_{j=0}^{m} f_i \boldsymbol{Z}_j \tag{2-7}$$

式中，左边为连接函数 log，Y_i为观察日 i 当天的死亡人数；$E(Y_i)$为观察日 i 死亡数的预期值；α 为截距；$\boldsymbol{X}$ 为对应变量产生线性影响指示变量；β 为通过回归模型估计的指示变量系数；*f* 为非参数自然三次光滑样条函数；**Z** 为对应变量发生非线性影响的变量；Σ为加和。

通过拟合单因素 GAM 并进行偏差性检验，同时考虑气象因素、人口结构、星期几效应以及长期趋势等混杂因素，分析大气单污染物滞后 1~5 日对心脑血管疾病死亡的影响，并用相对危险度（RR）评价危害的大小。为检验模型的稳定性，采用广义交叉确认法（GCV）进行不同统计学模型的拟合优度检验。对可能的混杂因素以及单因素分析有意义、相对危险度较大且模型拟合优度较好的污染物、滞后天数等，拟合多因素 GAM，并进行偏差性检验和拟合优度检验。该研究结果发现，单因素 GAM 分析显示大气中 SO_2、NO_2、PM_{10} 效应在当日达到最大，风险 RR 值分别增加 1.13% （95%CI：0.76~1.51）、0.78% （95%CI：0.41~1.15）和 0.61% （95%CI：0.51~0.71; SO_2、NO_2、PM_{10} 日均浓度每升高 10 μg/m³，0~5 日后心脑血管疾病死亡的风险 RR 值分别增加 0.70% （95%CI：0.47~0.94），0.51% （95%CI：0.27~0.74）和 0.16% （95%CI：0.06~0.27）；多因素分析显示，SO_2、NO_2、PM_{10} 日均浓度每增加 10 μg/m³，心脑血管疾病死亡的风险分别增加 0.77% （95%CI：0.58~0.97），0.41% [95%CI：0.05~0.78 和 0.38% （95%CI：0.12~0.64）。提示天津市大气污染物能增加人群心脑血管疾病死亡风险。单因素和多因素分析结果详见表 2-14 和表 2-15。

表 2-14　大气污染物对不同迟滞日心脑血管疾病死亡的单因素 GAM 分析

变量	滞后日	参数回归分析				非参数光滑样条分析				相对危险度	95%可信区间
		b	se	*t*	*F*	GCV	df	*F*	*P*		
SO_2 10 μg/m³	Lag0	0.0113	0.0019	5.9475	0	0.027	11.6525	52.7637	0	1.0113	(1.0076, 1.0151)
	Lag1	0.0106	0.0019	5.5648	0	0.0276	8.3104	55.5944	0	1.0106	(1.0069, 1.0144)
	Lag2	0.0086	0.0019	4.5283	0	0.0267	4.1488	33.2489	0	1.0086	(1.0049, 1.0124)
	Lag3	0.0076	0.0019	3.9754	0.0001	0.0284	5.183	24.8257	0.0002	1.0076	(1.0038, 1.0114)
	Lag4	0.0049	0.0019	2.6065	0.0092	0.0267	8.4763	23.909	0.0024	1.0049	(1.0012, 1.0087)
	Lag5	0.0042	0.0019	2.2072	0.0274	0.0272	2.6613	10.7162	0.0047	1.0042	(1.0005, 1.0079)
	Lag1~5	0.007	0.0012	5.8796	0	0.0114	10.4146	78.3115	0	1.007	(1.0047, 1.0094)
NO_2 10 μg/m³	Lag0	0.0077	0.0019	4.116	0	0.0236	5.0488	19.2355	0.0017	1.0078	(1.0041, 1.0115)

续表

变量	滞后日	参数回归分析				非参数光滑样条分析				相对危险度	95%可信区间
		b	se	*t*	*F*	GCV	df	*F*	*P*		
NO_2 10 μg/m³	Lag1	0.0054	0.0019	2.8774	0.004	0.0253	3.0245	7.9438	0.0472	1.0054	(1.0017, 1.0092)
	Lag2	0.0042	0.0019	2.2514	0.0244	0.0255	11.3147	31.703	0.0009	1.0042	(1.0005, 1.0079)
	Lag3	0.0057	0.0019	3.0405	0.0024	0.0248	2.1071	4.5732	0.1016	1.0057	(1.0020, 1.0094)
	Lag4	0.0046	0.0019	2.5047	0.0123	0.023	1.4922	0.9778	0.3227	1.0046	(1.0010, 1.0083)
	Lag5	0.0047	0.0018	2.5201	0.0118	0.0228	1.0004	0.0007	0.9792	1.0047	(1.0010, 1.0083)
	Lag1~5	0.005	0.0012	4.261	0	0.01	12.7897	34.4091	0.0006	1.0051	(1.0027, 1.0074)
PM_{10} 10 μg/m³	Lag0	0.0061	0.0005	11.6812	0	0.0288	16.4989	33.6291	0.0061	1.0061	(1.0051, 1.0071)
	Lag1	0.0051	0.0005	9.6568	0	0.0294	2.6088	6.9488	0.031	1.0051	(1.0041, 1.0061)
	Lag2	0.0041	0.0005	7.7696	0	0.0291	4.147	—	—	1.0041	(1.0030, 1.0051)
	Lag3	0.0034	0.0005	6.4511	0	0.0284	7.4098	21.3153	0.0033	1.0034	(1.0024, 1.0044)
	Lag4	0.0023	0.0005	4.4417	0	0.0284	6.0428	14.629	0.0233	1.0023	(1.0013, 1.0033)
	Lag5	0.0016	0.0005	3.1439	0.0017	0.0282	2.4935	3.0801	0.2144	1.0016	(1.0006, 1.0027)
	Lag1~5	0.0016	0.0005	3.1439	0.0017	0.0118	7.1093	30.4818	0.0001	1.0016	(1.0006, 1.0027)

注：经过温度、湿度、大气压、风速、星期几效应、人口数的调整；Lag0 为当日心脑血管疾病死亡；Lag1 为 1 日后心脑血管疾病死亡；Lag5 为 5 日后心脑血管疾病死亡；*b* 为回归系数；se 为标准误；*t* 为统计量；GCV 为广义交叉确认；df 为自由度；*F* 为统计量

表 2-15　大气污染物及相关因素对心脑血管疾病死亡的多因素 GAM 分析

变量	参数回归分析				非参数光滑样条分析				相对危险度	95%可信区间
	b	se	*t*	*P*	GCV	df	*F*	*P*		
SO_2（10 μg/m³）	0.0077	0.001	7.7653	0	0.0265	12.1187	44.7474	0	1.0077	(1.0058, 1.0097)
NO_2（10 μg/m³）	0.0041	0.0018	2.2529	0.0243	0.0222	5.5749	17.5429	0.0036	1.0041	(1.0005, 1.0078)

续表

变量	参数回归分析				非参数光滑样条分析				相对危险度	95%可信区间
	b	se	*t*	*P*	GCV	df	*F*	*P*		
PM_{10}（10 μg/m³）	0.0038	0.0013	2.8641	0.0042	0.0277	4.147	31.0238	0	1.0038	(1.0012, 1.0064)
温度（℃）	−0.0104	0.0006	−15.957	0	0.0088	8.9528	97.669	0	0.9897	(0.9884, 0.9909)
湿度（%）	−0.001	0.1601	−0.0066	0.9948	0.0128	2.4212	5.6776	0.0585	0.999	(0.7299, 1.3671)
大气压（hPa）	−0.0017	0.0006	−2.6941	0.0071	0.014	1.0002	0.0003	0.9857	0.9983	(0.9971, 0.9995)
风速（km/h）	0.0004	0.0013	0.2713	0.7862	0.0109	2.1787	3.6532	0.161	1.0004	(0.9978, 1.0029)
星期几	−0.0017	0.0015	−1.1056	0.269	0.0001	1.551	1.8488	0.1739	0.9983	(0.9953, 1.0013)
人口数	0.0455	0.0013	35.4248	0	0.0028	1	0	0.9952	1.0465	(1.0439, 1.0492)

2.3.4 Cox 比例风险回归模型

1. Cox 比例风险回归模型简介

目前对生存资料的多因素分析最常用的是 Cox 比例风险回归模型（Cox's proportional hazards regression model），简称 Cox 模型。该模型以生存结局和生存时间为因变量，可同时分析众多因素对生存期的影响，分析带有删失生存时间的资料，且不要求资料服从特定的分布类型。比起生存分析，比例风险模型不需要假定基线风险函数的形式。因为该模型上述的显著优势，在医学随访研究中得到广泛的应用。

Cox 模型的表达式为：

$$h(t) = h_0(t)\exp(\beta_1 X_1+\beta_2 X_2+\cdots+\beta_p X_p) \tag{2-8}$$

式中，X_1，X_2，⋯、X_p 为与生存时间可能有关的自变量，其中的自变量或影响因素可能是定量的或定性的，在整个观察期内不随时间的变化而变化；$h(t)$为具有自变量 X_1，X_2，⋯，X_p 的个体在 t 时刻的风险函数；$h_0(t)$为所有自变量为 0 时 t 时刻的风险函数，称为基准风险函数（baseline hazard function），是未知的；β_1，β_2，⋯，β_p 为各自变量的偏回归系数，是一组未知的参数，需要根据实际的数据来估计。

Cox 模型不直接考察生存函数 $S(t)$与自变量的关系，而是利用生存函数 $S(t)$与风险函数 $h(t)$的关系，将风险函数 $h(t)$作为因变量，间接反映自变量与生存函数 $S(t)$的关系。该模型右侧可分为两个部分：一部分为 $h_0(t)$，它没有明确的定义，分布无明确的假定，为非参数部分；另一部分是以 p 个自变量的线性组合为指数的指数函数，具有参数模型形式，其中回归系数反映自变量的效应，可通过样本实际观测值来估计。所以 Cox 比例风险回归模型实为半参数模型（semi-parametric model），这使得它在解决问题时兼具灵活性和稳健性。若 $h_0(t)$的函数形式已知，则为参数模型。

由 Cox 模型的表达式（2-8）可知，任意两个个体风险函数之比，即风险比（hazard ratio，HR）为：

$$\begin{aligned} \mathrm{HR} &= \frac{h_i(t)}{h_j(t)} = \frac{h_0(t)\exp(\beta_1 X_{i1} + \beta_2 X_{i2} + \cdots + \beta_\rho X_{ip})}{h_0(t)\exp(\beta_1 X_{j1} + \beta_2 X_{j2} + \cdots + \beta_\rho X_{jp})} \\ &= \exp[\beta_1(X_{i1} - X_{j1}) + \beta_2(X_{i2} - X_{j2}) + \cdots + \beta_\rho(X_{i\rho} - X_{j\rho})] \end{aligned} \qquad (2\text{-}9)$$

$i, j=1, 2, \cdots, n$。

该比值与 $h_0(t)$无关，也与时间 t 无关，即模型中自变量的效应不随时间的改变而改变，具有某种特定预后因素向量的患者的死亡风险与具有另一种特定预后因素向量的患者的死亡风险在所有时间点上都保持一个恒定的比例，这种情形被称为比例风险（proportional hazard）假定，简称 PH 假定，比例风险模型由此得名。

Cox 比例风险回归模型中偏回归系数 β_i的实际意义是：设 δ_i代表第 i 个自变量在两个不同个体身上取值差量的绝对值，在其他自变量取值不变的条件下，变量 δ_i 每增加一个单位所引起的风险比的自然对数，即 $\ln HR_i = \beta_i$。当 $\beta_i > 0$ 时，$HR_i > 1$，说明 X_i 增加时，风险函数增加，X_i 为危险因素（其真正含义是：此类因素取高水平相对于取低水平风险增大）；当 $\beta_i < 0$ 时，$HR_i < 1$，说明 X_i 增加时，风险函数下降，X_i 为保护因素（其真正含义是：此类因素取高水平相对于取低水平风险减少；当 $\beta_i = 0$ 时，$HR_i = 1$，说明 X_i 增加时，风险函数不变，X_i 为对生存时间无影响的因素[178]。

2. Cox 比例风险回归模型应用实例

为研究长期接触 $PM_{2.5}$ 和高血压发病率的动态变化，我国台湾一项队列研究[77]共纳入 13 万成年人，在随访期间测量所有参与者的血压，$PM_{2.5}$浓度利用基于卫星的时空模型来估算。将 $PM_{2.5}$ 暴露浓度变化（$\Delta PM_{2.5}$）定义为该次随访和上次访问期间测量的值之差，负值表明 $PM_{2.5}$空气质量有所改善。由于 $\Delta PM_{2.5}$ 和所有其他协变量（性别除外）在研究期间发生了变化，因此研究者采用了包含时间不变变量和时变变量的时变 COX 回归模型来检验 $\Delta PM_{2.5}$ 与高血压发病的关系，关系式如下：

$$h[t, X(t)] = h_0 \exp\left[\sum_{i=0}^{p1} \beta_i X_j + \sum_{j=1}^{p2} \delta_j X_j(t)\right] \tag{2-10}$$

式中，$h_0(t)$表示基线风险函数；x_i表示时间不变变量；x_j表示时变变量。

分析结果显示，$PM_{2.5}$浓度在 2002 年、2003 年和 2004 年呈上升趋势，但从 2005 年开始下降；$PM_{2.5}$年均浓度每下降 5 μg/m³（即 $\Delta PM_{2.5}$为 5 μg/m³），高血压的发病风险下降 16% （HR=0.84，95%CI：0.82~0.86），结果见表 2-16。

表 2-16 $PM_{2.5}$浓度变化与高血压发展的关联

$PM_{2.5}$	模型 1		模型 2		模型 3		模型 4	
	HR(95%CI)	P	HR(95%CI)	P	HR(95%CI)	P	HR(95%CI)	P
第一个三分位数（<−0.92）	0.8 (0.78~0.83)	<0.001	0.82 (0.78~0.85)	<0.001	0.81 (0.78~0.85)	<0.001	0.78 (0.75~0.82)	<0.001
第二个三分位数（−0.92 ~0.33）	Ref		Ref		Ref		Ref	
第三个三分位数（>0.33）	1.16 (1.11~1.21)	<0.001	1.14 (1.10~1.19)	<0.001	1.16 (1.11~1.21)	<0.001	1.16 (1.11~1.21)	<0.001
trend 检验		<0.001		<0.001		<0.001		<0.001
每下降 5 μg/m³	0.84 (0.82~0.86)	<0.001	0.85 (0.83~0.87)	<0.001	0.84 (0.82~0.86)	<0.001	0.81 (0.80~0.83)	<0.001

注：模型 1，无调整；模型 2，调整年龄、性别、受教育程度、吸烟、饮酒、体力活动、水果摄入、蔬菜摄入、职业粉尘和有机物暴露；模型 3，额外调整体质指数、糖尿病、脂肪代谢紊乱、自我报告的心血管疾病、自我报告的癌症；模型 4，额外调整基础 $PM_{2.5}$浓度

2.3.5 线性混合效应模型

1. 线性混合效应模型简介

一般线性模型（$\boldsymbol{Y}= \boldsymbol{X\beta}+ \boldsymbol{\varepsilon}$）除 $\boldsymbol{X}$ 与 $\boldsymbol{Y}$ 之间的线性关系外，对反应变量 $\boldsymbol{Y}$ 还有 3 个假定：独立、正态、方差齐。但在实际工作中，会经常遇到一些资料，它们并不能完全满足上述 3 个条件。如果对不满足上述 3 个条件的资料勉强配合一般线性模型，就有扩大犯 I 类错误概率的风险，从而出现较多的拒绝无效假设、

造成较多的假阳性错误。

在传统的线性模型中，假定自变量 $\boldsymbol{X}$ 是没有随机误差的，即它对 $\boldsymbol{Y}$ 的作用效应是固定的。例如研究儿童性别与生长发育的关系时，总体中只有固定的 2 种性别；药物毒性的实验室研究或药物疗效的临床疗效研究中，药物的剂量水平是受到严格控制的，这时性别和药物剂量对 $\boldsymbol{Y}$ 的作用是固定效应，固定效应变量只有几个固定的取值水平。但在许多条件下自变量是不能被严格控制的，不是人为给定的固定值，而是从一个大总体中随机抽取的随机样本。例如药物疗效的多中心临床试验中的医院，就是从同类型的大量医院中抽取出来的，受试者患者更具有随机效应性质；在研究社会经济水平对儿童生长发育的影响时，常把社会经济状况划分为几个离散水平，每一个水平包含着一小类，因此它具有随机效应性质。随机效应变量本身就是一个随机变量，其效应的分类水平是从一个无穷总体中抽出的一个样本。有些连续变量为了分析需要而划分为几个等级时，这种等级化的分类变量也属于随机效应变量。

线性混合效应模型（linear mixed model，LMM），也称线性混合模型、混合线性模型等，它将具有固定效应的一般线性模型（$\boldsymbol{Y}=\boldsymbol{X\beta}+\boldsymbol{\varepsilon}$）扩展为：

$$\boldsymbol{Y}=\boldsymbol{X\beta}+\boldsymbol{ZV}+\boldsymbol{\varepsilon} \tag{2-11}$$

式中，$\boldsymbol{Z}$ 为随机效应变量构造的设计矩阵，其构造方式与 $\boldsymbol{X}$ 相同。$\boldsymbol{V}$ 为随机效应参数向量，$\boldsymbol{V}$ 服从均值向量为 2，方差协方差矩阵为 $\boldsymbol{G}$ 的正态分布，表示为 $\boldsymbol{V}\sim\boldsymbol{N}(0,\boldsymbol{G})$。$\boldsymbol{\varepsilon}$ 为随机误差向量，放宽了对 $\boldsymbol{\varepsilon}$ 的限制条件，其元素不必为独立同分布，即对 $\boldsymbol{\varepsilon}$ 没有 $\mathrm{Var}(\boldsymbol{\varepsilon})=\sigma^2_e$ 及 $\mathrm{Cov}(\varepsilon_i,\varepsilon_j)=0$ 的假定。用符号表示随机误差向量 $\boldsymbol{\varepsilon}\sim\boldsymbol{N}(0,\boldsymbol{R})$，不要求 $\boldsymbol{\varepsilon}$ 的方差协方差阵 $\boldsymbol{R}$ 的主对角元素为 σ^2_e、非主对角元素为 0。同时假定 $\mathrm{Cov}(\boldsymbol{G},\boldsymbol{R})=0$，即 $\boldsymbol{G}$ 与 $\boldsymbol{R}$ 间无相关关系。这时 $\boldsymbol{Y}$ 的方差协方差阵变为：

$$\mathrm{Var}(\boldsymbol{Y})=\boldsymbol{ZGZ}'+\boldsymbol{R} \tag{2-12}$$

$\boldsymbol{Y}$ 的期望值为：$E(\boldsymbol{Y})=\boldsymbol{X\beta}$。当 $\boldsymbol{Z}=0$, $\boldsymbol{R}=\sigma^2_e\boldsymbol{I}$ 时，线性混合效应模型转变为一般线形模型[179]。

2. 线性混合效应模型应用实例

重复测量数据（repeated measures data）是医学领域中常见的一种数据资料。所谓重复测量是指对同一个观察对象在不同时间点上进行的多次测量。由于重复测量资料是对同一受试对象的某一观察指标进行的重复观察所得的数据，同一受试者的观察数据间可能存在相关性，一些传统的统计学方法如线性回归等就不能充分揭示这一内在特点，有时甚至会导致错误的结论[180]。对于重复测量线性资料的分析，就可以采用线性混合效应模型。

定组研究由于需要多次重复测量，多采用线性混合效应模型进行统计学分析。例如，张亚娟等[181]采用前瞻性定组研究设计，以银川市为研究地点，于2016 年 10 月至 2017 年 3 月分 5 个周期对 50 名居民进行随访，并于 5 个周期测定其尿液中金属元素含量，同时采集大气 $PM_{2.5}$，采用线性混合效应模型分析大气 $PM_{2.5}$ 质量浓度与尿液中金属元素的暴露-反应关系。将每个研究对象作为随机效应自变量，调整研究对象的性别、年龄、体质指数（BMI）等因素，以尿液中金属元素含量（y）及大气 $PM_{2.5}$ 浓度（x）建立模型，其公式为：

$$Y_{it}=\beta_0+\beta_{it}X_{it}+T_{it}+H_{it}+G+A+B+Z_{it} \tag{2-13}$$

式中，Y_{it} 为第 i 个调查对象第 t 个测量周期尿液中金属元素含量，μg/L；X_{it} 为第 i 个调查对象第 t 个测量周期大气 $PM_{2.5}$ 日均质量浓度，μg/m³；β_0 为与 X_{it} 对应的固定效应参数估计值；T_{it} 为第 i 个调查对象第 t 个测量周期测量时的环境日平均气温，℃；H_{it} 为第 i 个调查对象第 t 个测量周期测量时的环境相对湿度，%；G 为研究对象性别；A 为研究对象年龄，岁；B 为研究对象的 BMI，kg/m²；Z_{it} 为研究对象编号。

考虑到 $PM_{2.5}$ 对人体健康可能存在滞后效应，研究者分别将人群随访前 1 d（lag1）、2 d（lag2）、3 d（lag3）、4 d（lag4）、5 d（lag5）、6 d（lag6）、7 d（lag7）和 7 d 累积（lag1~7）的 $PM_{2.5}$ 浓度代入基本模型，然后计算大气 $PM_{2.5}$ 浓度每升高 10 μg/m³ 导致尿中金属元素含量增加的风险（ER）及 95%置信区间 （95%CI） 。结果如表 2-17，大气 $PM_{2.5}$ 浓度对研究对象尿中 Al、Se、Be 含量的升高有统计学关联。

表 2-17　采样点大气 $PM_{2.5}$ 质量浓度每升高 10 μg/m³ 对研究对象尿中 Al、Se、Be 含量的 ER 及 95%CI（μg/L）

滞后期	Al		Se		Be	
	ER	95%CI	ER	95%CI	ER	95%CI
lag1	9.655*	4.008~15.302	−0.616	−0.771~−2.127	−0.006	−0.008~−0.004
lag2	−5.746	−23.796~12.304	0.656b	0.141~0.931	0.002	−0.006~0.010
lag3	9.228	−15.811~34.267	0.012	−0.745~−1.447	0.003	−0.009~0.015
lag4	−9.240	−69.167~50.687	2.587*	0.729~4.016	0.035*	0.008~0.062
lag5	−72.683	−145.119~−0.247	5.066*	2.859~10.670	0.019	−0.014~0.052
lag6	−2.026	−40.736~36.684	0.144	−1.056~−1.925	−0.010	−0.030~0.006
lag7	1.238	−0.569~3.045	−0.030	−0.090~−0.215	0.000	0.000~0.000
lag1~7	36.269**	3.398~69.140	−2.327	−3.291~−8.778	−0.025	−0.039~−0.011

*$P<0.01$；**$P<0.05$

本节只对颗粒物污染健康效应评估中常用的几种模型进行了简单介绍。当然，在实际研究中，还有很多统计分析模型，如广义线性模型、分布滞后非线性模型等在空气污染流行病学研究中也经常使用，详见相关统计学书籍。

（向 浩① 孟 夏②）

参考文献

[1] 詹思延. 流行病学[M]. 8 版. 北京: 人民卫生出版社, 2017.

[2] 席金彦, 高霞, 吴卫东. 环境流行病学方法在空气污染健康效应研究中的应用[J]. 新乡医学院学报, 2016, 33(8): 727-730.

[3] Baker D, Nieuwenhuiisen M, Brunekreef B. 环境流行病学: 研究方法与应用[M]. 北京: 中国环境出版社 2012.

[4] Zeng X W, Qian Z M, Vaughn M G, et al. Positive association between short-term ambient air pollution exposure and children blood pressure in China-Result from the Seven Northeast Cities (SNEC) study[J]. Environmental Pollution, 2017, 224: 698-705.

[5] Zhang J S, Gui Z H, Zou Z Y, et al. Long-term exposure to ambient air pollution and metabolic syndrome in children and adolescents: A national cross-sectional study in China[J]. Environmetal International, 2021, 148: 106383.

[6] 樊茜楠, 李承欢, 李甜, 等. 太原市中学大气污染与学生呼吸道健康关联研究[J]. 山西大学学报(自然科学版), 2018, 41(3): 636-641.

[7] Ai S, Qian Z M, Guo Y, et al. Long-term exposure to ambient fine particles associated with asthma: A cross-sectional study among older adults in six low- and middle-income countries[J]. Environmental Research, 2019, 168: 141-145.

[8] 谢骁旭. 中国 20~49 岁人群 $PM_{2.5}$ 长期暴露对血压和心率的健康效应及其归因风险研究[D]. 北京: 北京协和医学院, 2019.

[9] 姚梦楠, 陶瑞雪, 胡红琳, 等. 围孕期空气污染物暴露与妊娠期糖尿病的关联研究[J]. 中华预防医学杂志, 2019, 53(8): 817-823.

[10] Doiron D, de Hoogh K, Probst-Hensch N, et al. Residential air pollution and associations with wheeze and shortness of breath in adults: A combined analysis of cross-sectional data from two large European cohorts[J]. Environmental Health Perspectives, 2017, 125 (9): 097025.

[11] Yang T, Chen R, Gu X, et al. Association of fine particulate matter air pollution and its constituents with lung function: The China Pulmonary Health study[J]. Environment International, 2021, 156: 106707.

[12] 张文楼, 李宏宇, 潘璐, 等. 室内不同粒径颗粒物及其金属组分与慢性阻塞性肺疾病患者自主神经功能的关联[J]. 环境与职业医学, 2021, 38(3): 203-209.

[13] 宋佳丽, 胡爽, 唐桂刚, 等. 我国华中地区大气 $PM_{2.5}$ 长期暴露与成人血压水平的相关性分析[J]. 中国循环杂志, 2019, 34(6): 568-574.

[14] Liu F, Guo Y, Liu Y, et al. Associations of long-term exposure to PM_1, $PM_{2.5}$, NO_2 with type 2 diabetes mellitus prevalence and fasting blood glucose levels in Chinese rural populations[J]. Environment International, 2019, 133(Pt B): 105213.

---

① 武汉大学

② 复旦大学

[15] Li N, Chen G, Liu F, et al. Associations of long-term exposure to ambient PM_1 with hypertension and blood pressure in rural Chinese population: The Henan rural cohort study[J]. Environment International, 2019, 128: 95-102.

[16] Mao S, Chen G, Liu F, et al. Long-term effects of ambient air pollutants to blood lipids and dyslipidemias in a Chinese rural population[J]. Environmental Pollution, 2020, 256: 113403.

[17] Du J, Shao B, Gao Y, et al. Associations of long-term exposure to air pollution with blood pressure and homocysteine among adults in Beijing, China: A cross-sectional study[J]. Environmental Research, 2021, 197: 111202.

[18] Savoure M, Lequy E, Bousquet J, et al. Long-term exposures to $PM_{2.5}$, black carbon and NO_2 and prevalence of current rhinitis in French adults: The constances cohort[J]. Environment International, 2021, 157: 106839.

[19] De S, Long-term ambient air pollution exposure and respiratory impedance in children: A cross-sectional study[J]. Respiratory Medicine and Research, 2020, 170: 105795.

[20] Hasslöf H, Molnar P, andersson E M, et al. Long-term exposure to air pollution and atherosclerosis in the carotid arteries in the Malmo diet and cancer cohort[J]. Environmental Research, 2020, 191: 110095.

[21] Salimi F, Hanigan I, Jalaludin B, et al. Associations between long-term exposure to ambient air pollution and Parkinson's disease prevalence: A cross-sectional study[J]. Neurochemistry International, 2020, 133: 104615.

[22] Doiron D, Bourbeau J, de Hoogh K, et al. Ambient air pollution exposure and chronic bronchitis in the LifeLines cohort[J]. Thorax, 2021, 76(8): 772-779.

[23] Yu Z, Koppelman G H, Hoek G, et al. Ultrafine particles, particle components and lung function at age 16 years: The PIAMa birth cohort study[J]. Environment International, 2021, 157: 106792.

[24] Heydari H, Najafi M L, Akbari A, et al. Prenatal exposure to traffic-related air pollution and glucose homeostasis: A cross-sectional study[J]. Environmental Research, 2021, 201: 111504.

[25] Samadi M T, Khorsandi H, Bahrami A F, et al. Long-term exposures to Hypersaline particles associated with increased levels of Homocysteine and white blood cells: A case study among the village inhabitants around the semi-dried Lake Urmia[J]. Ecotoxicology and Environmental Safety, 2019, 169: 631-639.

[26] Doiron D, de Hoogh K, Probst-Hensch N, et al. Air pollution, lung function and COPD: Results from the population-based UK Biobank study[J]. European Respiratory Journal, 2019, 54 (1): 1802140.

[27] Toledo-Corral C M, Alderete T L, Habre R, et al. Effects of air pollution exposure on glucose metabolism in Los Angeles minority children[J]. Pediatric Obesity, 2018, 13 (1): 54-62.

[28] Erickson L D, Gale S D, Anderson J E, et al. Association between exposure to air pollution and total gray matter and total white matter volumes in adults: a cross-sectional study[J]. Brain Sciences, 2020, 10 (3): 164.

[29] Xie X, Wang Y, Yang Y, et al. Long-term effects of ambient particulate matter (with an aerodynamic diameter ≤2.5μm) on hypertension and blood pressure and attributable risk among reproductive-age adults in China[J]. Journal of the American Heart Association, 2018, 7 (9): e008553.

[30] 石婉荧，张翼，杜鹏，等. 大气 $PM_{2.5}$ 暴露与中老年人群焦虑的关联研究[J]. 中华预防医学杂志，2019, (1): 71-75.

[31] 库婷婷. $PM_{2.5}$暴露诱导神经毒性及其相关分子机制研究[D]. 太原：山西大学, 2017.

[32] Shan A, Chen X, Yang X, et al. Association between long-term exposure to fine particulate matter and diabetic retinopathy among diabetic patients: A national cross-sectional study in China[J]. Environment International, 2021, 154: 106568.

[33] Guo Q, Xue T, Jia C, et al. Association between exposure to fine particulate matter and obesity in children: A national representative cross-sectional study in China[J]. Environment International, 2020, 143: 105950.

[34] Poulsen A H, Hvidtfeldt U A, Sorensen M, et al. Intracranial tumors of the central nervous system and air pollution — A nationwide case-control study from Denmark[J]. Environmental Health, 2020, 19 (1): 81.

[35] 樊静洁，刘世新，林一才. 深圳市新生儿早产影响因素的病例对照研究[J]. 实用预防医学, 2019, 26 (11): 1322-1325.

[36] Xue, T, Guan T, Geng G, et al. Estimation of pregnancy losses attributable to exposure to ambient fine particles in south Asia: An epidemiological case-control study[J]. The Lancet Planetary Health, 2021, 5(1): e15-e24.
[37] Simmons W, Lin S, Luben T J, et al. Modeling complex effects of exposure to particulate matter and extreme heat during pregnancy on congenital heart defects: A U. S. population-based case-control study in the National Birth Defects Prevention Study[J]. Science of the Total Environment, 2022, 808: 152150.
[38] Yang B Y, Qu Y, Guo Y, et al. Maternal exposure to ambient air pollution and congenital heart defects in China[J]. Environment International, 2021, 153: 106548.
[39] Zhang J Y, Gong T T, Huang Y H, et al. Association between maternal exposure to PM_{10} and polydactyly and syndactyly: A population-based case-control study in Liaoning province, China[J]. Environmental Research, 2020, 187: 109643.
[40] Zhang J, Wang Y, Feng L, et al. Effects of air pollution and green spaces on impaired lung function in children: A case-control study[J]. Environmental Science and Pollution Research, 2022, 29(8): 11907-11919.
[41] Holst G J, Pedersen C B, Thygesen M, et al. Air pollution and family related determinants of asthma onset and persistent wheezing in children: Nationwide case-control study[J]. BMJ, 2020, 370: m2791.
[42] Taj T, Poulsen A H, Ketzel M, et al. Exposure to $PM_{2.5}$ constituents and risk of adult leukemia in Denmark: A population-based case-control study[J]. Environmental Research, 2021, 196: 110418.
[43] Ma J W, Lai T J, Hu S Y, et al. Effect of ambient air pollution on the incidence of colorectal cancer among a diabetic population: A nsted case-control study in Taiwan[J]. BMJ Open, 2020, 10(10): e036955.
[44] Yousefian F, Mahvi A H, Yunesian M, et al. Long-term exposure to ambient air pollution and autism spectrum disorder in children: A case-control study in Tehran, Iran[J]. Science of the Total Environment, 2018, 643: 1216-1222.
[45] Toro R, Downward G S, Van der Mark M, et al. Parkinson's disease and long-term exposure to outdoor air pollution: A matched case-control study in the Netherlands[J]. Environment International, 2019, 129: 28-34.
[46] 宋欢, 朱韻洁, 许秋瑾. 环境与健康领域队列研究进展[J]. 环境工程技术学报, 2019, 9(3): 331-334.
[47] Samet J M, Dominici F, Curriero F C, et al. Fine particulate air pollution and mortality in 20 U. S. cities, 1987—1994[J]. The New England Journal of Medicine, 2000, 343(24): 1742-1749.
[48] Bauer M, Moebus S, Mohlenkamp S, et al. Urban particulate matter air pollution is associated with subclinical atherosclerosis: Results from the HNR(Heinz Nixdorf Recall) study[J]. Journal of the American College of Cardiology, 2010, 56(22): 1803-1808.
[49] Laden F, Neas L M, Dockery D W, et al. Association of fine particulate matter from different sources with daily mortality in six U. S. cities[J]. Environmental Health Perspectives, 2000, 108(10): 941-947.
[50] 周志俊, 陶芳标. 环境与儿童健康研究的设计: 现状与发展[J]. 环境与职业医学, 2021, 38(9): 924-929.
[51] Yuan L, Zhang Y, Wang W, et al. Critical windows for maternal fine particulate matter exposure and adverse birth outcomes: The Shanghai birth cohort study[J]. Chemosphere, 2020, 240: 124904.
[52] 黄亦明, 徐乔, 胡爱霞, 等. 孕早期空气污染物暴露与儿童先天性心脏病发生风险的大型前瞻性出生队列研究[J]. 中国社会医学杂志, 2021, 38(3): 347-350.
[53] Fuertes E, Sunyer J, Gehring U, et al. Associations between air pollution and pediatric eczema, rhinoconjunctivitis and asthma: A meta-analysis of European birth cohorts[J]. Environment International, 2020, 136: 105474.
[54] Dockery D W, Pope C A, Xu X, et al. An association between air pollution and mortality in six U. S. cities[J]. The New England Journal of Medicine, 1993, 329(24): 1753-1759.
[55] Pope C A, Burnett R T, Thun M J, et al. Lung cancer, cardiopulmonary mortality, and long-term exposure to fine particulate air pollution[J]. JAMA, 2002, 287(9): 1132-1141.
[56] Turner M C, Krewski D, Pope C A, et al. Long-term ambient fine particulate matter air pollution and lung cancer in a large cohort of never-smokers[J]. American Journal of Respiratory and Critical Care Medicine,

2011, 184(12): 1374-1381.
[57] Hansen A B, Ravnskjaer L, Loft S, et al. Long-term exposure to fine particulate matter and incidence of diabetes in the Danish Nurse Cohort[J]. Environment International, 2016, 91: 243-250.
[58] Hystad P, Larkin A, Rangarajan S, et al. Associations of outdoor fine particulate air pollution and cardiovascular disease in 157, 436 individuals from 21 high-income, middle-income, and low-income countries (PURE): A prospective cohort study[J]. The Lancet Planetary Health, 2020, 4 (6): e235-e245.
[59] Loftus C T, Ni Y, Szpiro A A, et al. Exposure to ambient air pollution and early childhood behavior: A longitudinal cohort study[J]. Environmental Research, 2020, 183: 109075.
[60] Elten M, Benchimol E I, Fell D B, et al. Ambient air pollution and the risk of pediatric-onset inflammatory bowel disease: A population-based cohort study[J]. Environment International, 2020, 138: 105676.
[61] Li W, Bertisch S M, Mostofsky E, et al. Associations of daily weather and ambient air pollution with objectively assessed sleep duration and fragmentation: A prospective cohort study[J]. Sleep Medicine, 2020, 75: 181-187.
[62] Moon D H, Kwon S O, Kim S Y, et al. Air pollution and incidence of lung cancer by histological type in Korean adults: A Korean National Health Insurance Service Health Examinee Cohort Study[J]. International Journal of Environmental Research and Public Health, 2020, 17 (3).
[63] Kaufman J D, Adar S D, Barr R G, et al. Association between air pollution and coronary artery calcification within six metropolitan areas in the USA (the Multi-Ethnic Study of Atherosclerosis and Air Pollution): A longitudinal cohort study[J]. The Lancet, 2016, 388 (10045): 696-704.
[64] Pennington A F, Strickland M J, Klein M, et al. Exposure to mobile source air pollution in early-life and childhood Asthma Incidence: the Kaiser Air Pollution and Pediatric Asthma Study[J]. Epidemiology, 2018, 29 (1): 22-30.
[65] Stapleton A, Casas M, Garcia J, et al. Associations between pre- and postnatal exposure to air pollution and lung health in children and assessment of CC16 as a potential mediator[J]. Environmental Research, 2021, 204 (Pt A): 111900.
[66] Mortamais M, Gutierrez L A, de Hoogh K, et al. Long-term exposure to ambient air pollution and risk of dementia: Results of the prospective Three-City Study[J]. Environment International, 2021, 148: 106376.
[67] Zhou M, Liu Y, Wang L, Kuang X, et al. Particulate air pollution and mortality in a cohort of Chinese men[J]. Environmental Pollution, 2014, 186: 1-6.
[68] Cao J, Yang C, Li J, et al. Association between long-term exposure to outdoor air pollution and mortality in China: a cohort study[J]. Journal of Hazard Materals, 2011, 186 (2-3): 1594-1600.
[69] 咸平, 闫梦璠, 李耀妍, 等. PM_{10}长期暴露与中国北方城市居民慢性支气管炎发病风险的回顾性队列研究[J]. 环境与职业医学, 2020, 37(2): 95-102.
[70] Chen X, Zhang L W, Huang J J, et al. Long-term exposure to urban air pollution and lung cancer mortality: A 12-year cohort study in Northern China[J]. Science of the Total Environment, 2016, 571: 855-861.
[71] Yin P, Brauer M, Cohen A, et al. Long-term fine particulate matter exposure and nonaccidental and cause-specific mortality in a Large National Cohort of Chinese Men[J]. Environmental Health Perspectives, 2017, 125 (11): 117002.
[72] Li T, Zhang Y, Wang J, et al. All-cause mortality risk associated with long-term exposure to ambient $PM_{2.5}$ in China: A cohort study[J]. The Lancet Public Health, 2018, 3 (10): e470-e477.
[73] 阚海东, 施小明. 我国大气污染与人群健康关系研究进展[J]. 中华预防医学杂志, 2019, (1): 4-9.
[74] Liu F, Li J, Chen J, et al. Predicting Lifetime risk for developing atherosclerotic cardiovascular disease in Chinese population: The China-PAR project[J]. Science Bulletin, 2018, 63(12): 779-787.
[75] Huang K, Yang X, Liang F, et al. Long-term exposure to fine particulate matter and hypertension incidence in China[J]. Hypertension, 2019, 73 (6): 1195-1201.
[76] Liang F, Yang X, Liu F, et al. Long-term exposure to ambient fine particulate matter and incidence of diabetes

in China: A cohort study[J]. Environment International, 2019, 126: 568-575.
[77] Bo Y, Guo C, Lin C, et al. Dynamic changes in long-term exposure to ambient particulate matter and incidence of hypertension in adults[J]. Hypertension, 2019, 74(3): 669-677.
[78] 于浩, 冯利红, 侯常春, 等. 空气质量改善与 2 型糖尿病发病关系的前瞻性队列研究[J]. 公共卫生与预防医学, 2020, 31 (1): 11-15.
[79] Deng Y L, Liao J Q, Zhou B, et al. Early Life exposure to air pollution and cell-mediated immune responses in preschoolers[J]. Chemosphere, 2022, 286 (Pt 3): 131963.
[80] Wang Y Y, Li Q, Guo Y, et al. Association of long-term exposure to airborne particulate matter of 1 mum or less with preterm birth in China[J]. JAMA Pediatricsics, 2018, 172 (3): e174872.
[81] 张政, 詹思延. 病例交叉设计[J]. 中华流行病学杂志, 2001, (4): 70-72.
[82] Li X, Liu Y, Liu F, et al. Analysis of short-term and sub-chronic effects of ambient air pollution on preterm birth in central China[J]. Environmental Science and Pollution Research, 2018, 25(19): 19028-19039.
[83] 刘梦梦, 郭秀花, 李志伟, 等. 空气污染对呼吸道健康的影响效应研究中统计学模型的应用进展[J]. 健康体检与管理, 2021, 2 (1): 51-55.
[84] Kuo C Y, Pan R H, Chan C K, et al. Application of a time-stratified case-crossover design to explore the effects of air pollution and season on childhood asthma hospitalization in cities of differing urban patterns: Big data analytics of government open data[J]. International Journal of Environmental Research and Public Health, 2018, 15 (4).
[85] Baek J, Kash B A, Xu X, et al. Effect of ambient air pollution on hospital readmissions among the pediatric asthma patient population in South Texas: A case-crossover study[J]. International Journal of Environmental Research and Public Health, 2020, 17 (13).
[86] 张瑞明, 李润奎, 罗凯, 等. 空气中 SO_2 和 NO_2 对糖尿病患者影响的病例交叉研究[J]. 基础医学与临床, 2017, 37(6): 812-816.
[87] 顾怡勤, 陈仁杰. 大气颗粒物与上海市闵行区居民心脑血管疾病死亡的病例交叉研究[J]. 环境与职业医学, 2017, 34(3): 220-223.
[88] 郭建娥. 大气细颗粒物与循环系统疾病死亡关系的病例交叉研究[J]. 中国药物与临床, 2019, 19(1): 28-29.
[89] 阿力达・翁哈尔拜, 孙高峰, 晓开提・依不拉音. 乌鲁木齐市大气污染对呼吸系统疾病死亡影响的病例交叉研究[J]. 职业与健康, 2018, 34(9): 1243-1246+1250.
[90] Nhung N T T, Schindler C, Chau N Q, et al. Exposure to air pollution and risk of hospitalization for cardiovascular diseases amongst Vietnamese adults: Case-crossover study[J]. Science of the Total Environment, 2020, 703: 134637.
[91] Di Q, Dai L, Wang Y, et al. Association of short-term exposure to air pollution with mortality in older adults[J]. JAMA, 2017, 318 (24): 2446-2456.
[92] Qi X, Wang Z, Guo X, et al. Short-term effects of outdoor air pollution on acute ischaemic stroke occurrence: A case-crossover study in Tinajin, China[J]. Journal of Occupational and Environmental Medicine, 2020, 77(12): 862-867.
[93] 吴钦城, 郑玉新, 朴金梅, 等. 青岛市大气污染物对心脑血管疾病住院影响的病例交叉研究[J]. 环境与健康杂志, 2018, 35 (4): 283-287.
[94] 张钊铭, 刘玟彤, 周丽婷, 等. 长春市大气污染与冠心病住院人次的关联性[J]. 中国老年学杂志, 2020, 40 (7): 1345-1349.
[95] 章琦, 相晓姝, 宋辉, 等. 西安市 2013~2015 年产妇孕前期和孕早期空气污染物暴露对出生缺陷影响的病例交叉研究[J]. 中华流行病学杂志, 2017, 38 (12): 1677-1682.
[96] 明鑫, 胡雅琼, 杨赟平, 等. 重庆市主城区 2017~2019 年环境空气污染对自然流产影响的病例交叉研究[J]. 第三军医大学学报, 2021, 43 (1): 25-30.
[97] Hwang M J, Cheong H K, Kim J H, Ambient air pollution and sudden infant death syndrome in Korea: A

time-stratified case-crossover study[J]. International Journal of Environmental Research and Public Health, 2019, 16(18).

[98] Liu Y, Pan J, Fan C, et al. Short-term exposure to ambient air pollution and mortality from myocardial infarction[J]. Journal of the American College of Cardiology, 2021, 77(3): 271-281.

[99] 贾俊平，何晓群，金勇，统计学[M]. 4 版. 北京：中国人民大学出版社, 2009.

[100] Chen R, Yin P, Meng X, et al. Fine particulate air pollution and daily mortality. A nationwide analysis in 272 Chinese cities[J]. American Journal of Respiratory and Critical Care Medicine, 2017, 196(1): 73-81.

[101] Astudillo-Garcia C I, Rodriguez-Villamizar L A, Cortez-Lugo M, et al. Air pollution and suicide in Mexico City: A time series analysis, 2000—2016[J]. International Journal of Environmental Research and Public Health , 2019, 16 (16).

[102] 胡冰川，徐枫，董晓霞. 国际农产品价格波动因素分析——基于时间序列的经济计量模型[J]. 中国农村经济, 2009, (7): 86-95.

[103] 张彩霞，刘志东，张斐斐，等. 时间分层病例交叉研究的 R 软件实现[J]. 中国卫生统计，2016, 33(3): 507-509.

[104] 阚海东，陈秉衡，贾健. 上海市大气污染与居民每日死亡关系的病例交叉研究[J]. 中华流行病学杂志, 2003, (10): 11-15.

[105] Li D, Wang J B, Zhang Z Y, et al. Association between short-term exposure to ambient air pollution and daily mortality: A time-series study in Eastern China[J]. Environmental Science and Pollution Research, 2018, 25 (16): 16135-16143.

[106] Kim J H, Hong J, Jung J, et al. Effect of meteorological factors and air pollutants on out-of-hospital cardiac arrests: A time series analysis[J]. Heart, 2020, 106 (16): 1218-1227.

[107] Byrne C P, Bennett K E, Hickey A, et al. Short-term air pollution as a risk for stroke admission: A time-series analysis[J]. Cerebrovascular Diseases, 2020, 49 (4): 404-411.

[108] Slama A, Sliwczynski A, Woznica J, et al. Impact of air pollution on hospital admissions with a focus on respiratory diseases: A time-series multi-city analysis[J]. Environmental Science and Pollution Research, 2019, 26 (17): 16998-17009.

[109] Salini G A, Pacheco P R, Mera E, et al. Probable relationship between COVID-19, Pollutants and meteorology: a case study at Santiago, Chile[J]. Aerosol and Air Quality Research, 2021, 21(5).

[110] Dales R, Blanco-Vidal C, Romero-Meza R, et al. The association between air pollution and COVID-19 related mortality in Santiago, Chile: A daily time series analysis[J]. Environmental Research, 2021, 198: 111284.

[111] Liu C, Chen R, Sera F, et al. Ambient particulate air pollution and daily mortality in 652 cities[J]. New England Journal of Medicine, 2019, 381(8): 705-715.

[112] Groves C P, Butland B K, Atkinson R W, et al. Intensive care admissions and outcomes associated with short-term exposure to ambient air pollution: a time series analysis[J]. Intensive Care Medicine, 2020, 46 (6): 1213-1221.

[113] 张金艳，田霖，李书明，等. 北京市朝阳区大气 $PM_{2.5}$ 暴露与医院呼吸系统疾病门诊量关系的时间序列分析[J]. 环境卫生学杂志, 2020, 10(4): 367-371.

[114] 王子豪，沈卓之，吴芸芸，等. 重庆市主城区域 2014—2018 年大气污染物 $PM_{2.5}$ 对居民呼吸系统疾病死亡影响的时间序列研究[J]. 重庆医学, 2020, 49 (22): 3688-3692.

[115] 孙兆彬，李栋梁，陶燕，等. 兰州市大气 PM_{10} 与呼吸系统疾病入院人数的时间序列研究[J]. 环境与健康杂志, 2010, 27(12): 1049-1052.

[116] 胡翠玲，徐婕，沈国妹，等. 上海市空气污染物与儿童呼吸系统疾病门诊量的时间序列研究[J]. 环境与职业医学, 2021, 38(1): 23-29.

[117] 常青，刘素云. 大气 $PM_{2.5}$ 与急性心肌梗死入院人数的时间序列研究[J]. 中西医结合心血管病电子杂志, 2019, 7(9): 21-25.

[118] 齐爱, 刘秀英, 周健, 等. 银川市大气颗粒物对人群循环系统疾病死亡影响的时间序列分析[J]. 环境与健康杂志, 2017, 34(7): 598-602.

[119] Meng Y, Lu Y, Xiang H, et al. Short-term effects of ambient air pollution on the incidence of influenza in Wuhan, China: A time-series analysis[J]. Environmental Research, 2021, 192: 110327.

[120] Zhang F, Wang W, Lv J, et al. Time-series studies on air pollution and daily outpatient visits for allergic rhinitis in Beijing, China[J]. Science of the Total Environment, 2011, 409 (13): 2486-2492.

[121] Cakmak S, Blanco-Vidal C, Lukina AO, et al. The association between air pollution and hospitalization for patients with systemic lupus erythematosus in Chile: A daily time series analysis[J]. Environmental Research, 2021, 192: 110469.

[122] Liang H, Qiu H, Tina L. Short-term effects of fine particulate matter on acute myocardial infraction mortality and years of Life lost: A time series study in Hong Kong[J]. Science of the Total Environment, 2018, 615: 558-563.

[123] Guo H, Chen M. Short-term effect of air pollution on asthma patient visits in Shanghai area and assessment of economic costs[J]. Ecotoxicology and Environmental Safety, 2018, 161: 184-189.

[124] 刘越, 黄婧, 郭新彪, 等. 定组研究在我国空气污染流行病学研究中的应用[J]. 环境与健康杂志, 2013, 30 (10): 932-935.

[125] Ranzi A, Freni Sterrantino A, Forastiere F, et al. Asthmatic symptoms and air pollution: A panel study on children Living in the Italian Po Valley[J]. Geospatial Health, 2015, 10 (2): 366.

[126] 熊秀琴, 徐荣彬, 潘小川. 北京市 $PM_{2.5}$ 和 PM_{10} 对中老年人肺功能短期效应的定组研究[J]. 环境与职业医学, 2019, 36(4): 355-361.

[127] Chang L T, Chuang K J, Yang W T, et al. Short-term exposure to noise, fine particulate matter and nitrogen oxides on ambulatory blood pressure: A repeated-measure study[J]. Environmental Research, 2015, 140: 634-640.

[128] Scheers H, Nawrot T S, Nemery B, et al. Changing places to study short-term effects of air pollution on cardiovascular health: A panel study[J]. Environmental Health, 2018, 17 (1): 80.

[129] Nkhama E, Ndhlovu M, Dvonch J T, et al. Effects of airborne particulate matter on respiratory health in a community near a cement factory in Chilanga, Zambia: Results from a panel study[J]. International Journal of Environmental Research and Public Health, 2017, 14 (11).

[130] Kim K N, Kim J H, Jung K, et al. Associations of air pollution exposure with blood pressure and heart rate variability are modified by oxidative stress genes: A repeated-measures panel among elderly urban residents[J]. Environmental Health, 2016, 15: 47.

[131] Saenen N D, Provost E B, Cuypers A, et al. Child's buccal cell mitochondrial DNA content modifies the association between heart rate variability and recent air pollution exposure at school[J]. Environment International, 2019, 123: 39-49.

[132] Choi K H, Bae S, Kim S, et al. Indoor and outdoor $PM_{2.5}$ exposure, and anxiety among schoolchildren in Korea: A panel study[J]. Environmental Science and Pollution Research, 2020, 27(22): 27984-27994.

[133] Huang W, Wang G, Lu S E, et al. Inflammatory and oxidative stress responses of healthy young adults to changes in air quality during the Beijing Olympics[J]. American Journal of Respiratory and Critical Care Medicine, 2012, 186 (11): 1150-1159.

[134] Wu S, Wang B, Yang D, et al. Ambient particulate air pollution and circulating antioxidant enzymes: A repeated-measure study in healthy adults in Beijing, China[J]. Environmental Pollution, 2016, 208(Pt A): 16-24.

[135] Wang Y, Han Y, Zhu T, et al. A prospective study (SCOPE) comparing the cardiometabolic and respiratory effects of air pollution exposure on healthy and pre-diabetic individuals[J]. Science China Life Sciences, 2018, 61(1): 46-56.

[136] Wang C, Chen R, Cai J, et al. Personal exposure to fine particulate matter and blood pressure: A role of

angiotensin converting enzyme and its DNA methylation[J]. Environment International, 2016, 94: 661-666.

[137] Xu N, Lv X, Yu C, et al. The association between short-term exposure to extremely high level of ambient fine particulate matter and blood pressure: A panel study in Beijing, China[J]. Environmental Science and Pollution Research, 2020, 27 (22): 28113-28122.

[138] Liang D, Moutinho J L, Golan R, et al. Use of high-resolution metabolomics for the identification of metabolic signals associated with traffic-related air pollution[J]. Environment International, 2018, 120: 145-154.

[139] Liang D, Ladva C N, Golan R, et al. Perturbations of the arginine metabolome following exposures to traffic-related air pollution in a panel of commuters with and without asthma[J]. Environment International, 2019, 127: 503-513.

[140] Li H, Zhou L, Wang C, et al. Associations between air quality changes and biomarkers of systemic inflammation during the 2014 Nanjing Youth Olympics: A quasi-experimental study[J]. American Journal of Epidemiology, 2017, 185 (12): 1290-1296.

[141] Feng B, Song X, Dan M, et al. High level of source-specific particulate matter air pollution associated with cardiac arrhythmias[J]. Science of the Total Environment, 2019, 657: 1285-1293.

[142] 王琼, 方建龙, 刘园园, 等. 济南市大气颗粒物短期暴露对老年人群血清淀粉样蛋白 P 组分影响的定群研究[J]. 环境科学研究, 2021, 34 (1): 229-234.

[143] Peng S, Sun J, Liu F, et al. The effect of short-term fine particulate matter exposure on glucose homeostasis: A panel study in healthy adults[J]. Atmospheric Environment, 2022, 268: 118769.

[144] Chen R, Zhao A, Chen H, et al. Cardiopulmonary benefits of reducing indoor particles of outdoor origin: A randomized, double-blind crossover trial of air purifiers[J]. Journal of the American College of Cardiology, 2015, 65 (21): 2279-2287.

[145] Li H, Cai J, Chen R, et al. Particulate matter exposure and stress hormone levels: A randomized, double-blind, crossover trial of air purification[J]. Circulation, 2017, 136 (7): 618-627.

[146] Shi J, Lin Z, Chen R, et al. Cardiovascular benefits of wearing particulate-filtering respirators: A randomized crossover trial[J]. Environmental Health Perspectives, 2017, 125 (2): 175-180.

[147] Clancy L, Goodman P, Sinclair H, et al. Effect of air-pollution control on death rates in DubLin, Ireland: An intervention study[J]. The Lancet, 2002, 360 (9341): 1210-1214.

[148] Sundblad B M, Sahlander K, Ek A, et al. Effect of respirators equipped with particle or particle-and-gas filters during exposure in a pig confinement building[J]. Scand J Work Environmental Health, 2006, 32 (2): 145-153.

[149] Brook R D, Bard R L, Morishita M, et al. Hemodynamic, autonomic, and vascular effects of exposure to coarse particulate matter air pollution from a rural location[J]. Environmental Health Perspectives, 2014, 122 (6): 624-630.

[150] Romieu I, Tellez-Rojo M M, Lazo M, et al. Omega-3 fatty acid prevents heart rate variability reductions associated with particulate matter[J]. American Journal of Respiratory and Critical Care Medicine, 2005, 172 (12): 1534-1540.

[151] Romieu I, Garcia-Esteban R, Sunyer J, et al. The effect of supplementation with omega-3 polyunsaturated fatty acids on markers of oxidative stress in elderly exposed to $PM_{2.5}$[J]. Environmental Health Perspectives, 2008, 116 (9): 1237-1242.

[152] Tong H, Rappold A G, Diaz-Sanchez D, et al. Omega-3 fatty acid supplementation appears to attenuate particulate air pollution-induced cardiac effects and lipid changes in healthy middle-aged adults[J]. Environmental Health Perspectives, 2012, 120 (7): 952-957.

[153] Zhong J, Karlsson O, Wang G, et al. B vitamins attenuate the epigenetic effects of ambient fine particles in a pilot human intervention trial[J]. Proceedings of the National Academy of Sciences of the United States of America, 2017, 114 (13): 3503-3508.

[154] Zhong J, Trevisi L, Urch B, et al. B-vitamin supplementation mitigates effects of fine particles on cardiac autonomic dysfunction and inflammation: A pilot human intervention trial[J]. Scientific Reports, 2017, 7: 45322.

[155] Rich D Q, Kipen H M, Huang W, et al. Association between changes in air pollution levels during the Beijing Olympics and biomarkers of inflammation and thrombosis in healthy young adults[J]. JAMA, 2012, 307 (19): 2068-2078.

[156] Zhang L, Jin X, Johnson A C, et al. Hazard posed by metals and As in $PM_{2.5}$ in air of five megacities in the Beijing-Tinajin-Hebei region of China during APEC[J]. Environmental Science and Pollution Research, 2016, 23 (17): 17603-17612.

[157] Lin H, Liu T, Fang F, et al. mortality benefits of vigorous air quality improvement interventions during the periods of APEC Blue and Parade Blue in Beijing, China[J]. Environmental Pollution, 2017, 220 (Pt A): 222-227.

[158] Huang J, Pan X, Guo X, et al. Health impact of China's air pollution prevention and control action plan: An analysis of national air quality monitoring and mortality data[J]. The Lancet Planetary Health, 2018, 2 (7): e313-e323.

[159] Tang D, Wang C, Nie J, et al. Health benefits of improving air quality in Taiyuan, China[J]. Environment International, 2014, 73: 235-242.

[160] Liu T, Cai Y, Feng B, et al. Long-term mortality benefits of air quality improvement during the twelfth five-year-plan period in 31 provincial capital cities of China[J]. Atmospheric Environment, 2018, 173: 53-61.

[161] Fang D, Wang Q, Li H, et al. Mortality effects assessment of ambient $PM_{2.5}$ pollution in the 74 leading cities of China[J]. Science of the Total Environment, 2016, 569-570: 1545-1552.

[162] Gao J, Yuan Z, Liu X, et al. Improving air pollution control policy in China—A perspective based on cost-benefit analysis[J]. Science of the Total Environment, 2016, 543 (Pt A): 307-314.

[163] Langrish J P, Mills N L, Chan J K, et al. Beneficial cardiovascular effects of reducing exposure to particulate air pollution with a simple facemask[J]. Particle and Fibre Toxicology, 2009, 6: 8.

[164] 刘喆，王秦，徐东群. $PM_{2.5}$个体健康防护干预研究进展[J]. 卫生研究 2019, 48 (1): 165-172.

[165] Langrish J P, Li X, Wang S, et al. Reducing personal exposure to particulate air pollution improves cardiovascular health in patients with coronary heart disease[J]. Environmental Health Perspectives, 2012, 120 (3): 367-372.

[166] Su H J, Chang C H, Chen H L. Effects of vitamin C and E intake on peak expiratory flow rate of asthmatic children exposed to atmospheric particulate matter[J]. Archives of Environmental & Occupational Health, 2013, 68 (2): 80-86.

[167] Lenssen E S, Pieters R H H, Nijmeijer S M, et al. Short-term associations between barbecue fumes and respiratory health in young adults[J]. Environmental Research, 2022, 204 (Pt A): 111868.

[168] Wei Q, Ji Y, Gao H, et al. Oxidative stress-mediated particulate matter affects the risk of relapse in schizophrenia patients: Air purification intervention-based panel study[J]. Environmental Pollution, 2022, 292 (Pt B): 118348.

[169] Chuang H C, Ho K F, Lin L Y, et al. Long-term indoor air conditioner filtration and cardiovascular health: A randomized crossover intervention study[J]. Environment International, 2017, 106: 91-96.

[170] 王紫玉. 蓝莓花色苷对细颗粒物致机体心血管损伤的干预及其机制研究[D]. 南宁：广西医科大学, 2017.

[171] Chiang Y W, Wu S W, Luo C W, et al. Air pollutant particles, $PM_{2.5}$, exposure and glaucoma in patients with diabetes: A national population-based nested case-control study[J]. International Journal of Environmental Research and Public Health, 2021, 18 (18).

[172] 王敏珍，郑山. 大气 $PM_{2.5}$暴露对人群 2 型糖尿病影响的研究进展[J]. 环境与职业医学, 2018, 35 (2): 137-142.

[173] 胡良平. 一般线性模型的几种常见形式及其合理选用[J]. 中国卫生统计, 1999, 16 (5): 269.
[174] 金澳. Logistic 回归模型的理解及应用[J]. 文理导航. 教育研究与实践, 2019, (2): 121, 141.
[175] 张经纬, 冯利红, 侯常春, 等. 天津市大气污染对儿童呼吸系统疾病影响的病例交叉研究[J]. 中华疾病控制杂志, 2019, 23(5): 545-549.
[176] 陈林利, 汤军克, 董英, 等. 广义相加模型在环境因素健康效应分析中的应用[J]. 数理医药学杂志, 2006, (6): 569-570.
[177] 王德征, 江国虹, 顾清, 等. 采用时间序列泊松回归分析天津市大气污染物对心脑血管疾病死亡的急性影响[J]. 中国循环杂志, 2014, (6): 453-457.
[178] 姚婷婷, 刘媛媛, 李长平, 等. 生存资料回归模型分析——生存资料 Cox 比例风险回归模型分析[J]. 四川精神卫生, 2020, 33 (1): 27-32.
[179] 余松林. 混合线性模型的应用[J]. 中国医院统计, 2006, 13(1): 70-75.
[180] 王超, 王汝芬, 张淑娴. 混合效应线性模型与单因素方差分析在重复测量数据中的应用比较[J]. 数理医药学杂志, 2006, 19 (4): 355-357.
[181] 齐爱, 丁亚磊, 刘芳芳, 等. 银川市冬季大气 $PM_{2.5}$ 对居民尿液中金属元素影响的定群研究[J]. 环境与健康杂志, 2019, 36 (5): 377-381.

第 3 章　大气颗粒物对人群心脑血管系统的影响

全球疾病负担数据（https://vizhub.healthdata.org/gbd-compare/）显示，2019 年，大气颗粒物相关全球近 645 万人超额死亡，其中心血管疾病（cardiovascular disease，CVD）超额死亡数达 354 万人，占大气颗粒物相关超额死亡人数的 54.88%。2019 年，中国大气颗粒物相关的超额死亡数达 178 万人，其中 CVD 死亡数达 114 万人，占大气颗粒物相关超额死亡人数的 64.04%。由此可见，心血管系统对大气颗粒物的暴露较为敏感。本章对近些年来国内外学者在这一领域的重要创新性成果进行梳理。

3.1　大气颗粒物短期暴露对心脑血管系统的影响

3.1.1　大气颗粒物短期暴露对高血压的影响

目前国内外现有流行病学研究发现短期暴露于大气细颗粒物（fine particulate matter，$PM_{2.5}$）是人群高血压发病、住院甚至死亡的危险因素。针对 $PM_{2.5}$ 对高血压患病的影响，Cai 等[1]针对英国 2015 年 9 月 1 日前的 6 篇关于短期暴露于环境空气污染物与高血压发病之间关系的研究进行了 meta 分析，结果显示短期暴露于 $PM_{2.5}$ 与高血压发病显著相关，在滞后 6 天（lag6）①时，$PM_{2.5}$ 暴露浓度每升高 10 μg/m^3，高血压发病风险增加 6.9%（95%CI：0.3%~14.1%）；针对 $PM_{2.5}$ 短期暴露对高血压亚临床指标的影响，一项在欧洲不同国家 4 个城市开展的研究对 132 名健康成年人短期暴露于空气污染与血压和肺功能关系进行了分析，发现，室外 $PM_{2.5}$ 的 24 h 平均暴露浓度每增加 1 个四分位数间距（interquartile range，IQR）（8.2 μg/m^3），收缩压升高 1.41 mmHg（95%CI：0.70~2.12 mmHg）[2]。在国内同样也开展了关于 $PM_{2.5}$ 短期暴露对高血压亚临床指标影响的研究，一项在中国 4 个城市 277 名高血压患者中进行的前瞻性重复测量调查，以探讨血压控制状态和降压药物是否会潜在改变 $PM_{2.5}$ 对血压的影响，其研究结果表明，在控制血压的人群中，10 h 滑动平均 $PM_{2.5}$ 的暴露浓度每增加 1 个 IQR（43.78 μg/m^3），收缩压降低 0.20 mmHg（95%CI：−0.57~0.18 mmHg），不控制血压的人群，收缩压增

① 为评估空气污染暴露的短期影响，一些研究考虑了不同的滞后模式，例如，单日滞后（lag0~lag7），累积滞后（lag01，lag02，lag06）

加 0.85 mmHg（95% CI：0.36~1.35 mmHg），服用血管紧张素受体阻滞剂的高血压患者收缩压增加 0.32 mmHg（95%CI：–0.37~1.00 mmHg），不服用血管紧张素受体阻滞剂的高血压患者收缩压增加 1.53 mmHg（95% CI：0.74~2.33 mmHg）[3]。在中国湖北 28 个区县的 151608 名中老年（年龄≥40 岁）人群中进行的关于 $PM_{2.5}$ 成分和心血管亚临床指标关系的多中心研究显示，$PM_{2.5}$ 暴露与舒张压增加显著相关，$PM_{2.5}$ 日均暴露浓度每增加 1 个 IQR（8.2 μg/m³），舒张压增加 0.87 mmHg（95%CI：0.28~1.47 mmHg）[4]。 $PM_{2.5}$ 对人群高血压最严重的影响就是造成人群高血压死亡，一项基于中国疾病监测系统的每日死亡率数据，通过对我国 2013~2015 年 272 个城市开展的大规模多中心时间序列研究发现，室外 $PM_{2.5}$ 浓度升高与高血压死亡增加存在显著关联，在 lag01 时，$PM_{2.5}$ 日均浓度每增加 10 μg/m³，高血压死亡风险增加 0.39%（95%CI：0.13%~0.65%）[5]。

短期暴露于大气可吸入颗粒物（inhalable particulate matter，PM_{10}）同样是高血压的危险因素。Cai 等[1]针对英国 2015 年 9 月 1 日前的 6 篇短期暴露于环境空气污染物与高血压之间关系的研究进行了 meta 分析，结果显示短期暴露于 PM_{10} 与高血压显著相关，在累积滞后 2 天（lag02）时，PM_{10} 暴露浓度每升高 10 μg/m³，高血压发病风险增加 2.4%（95%CI：1.6%~3.2%）。国内学者同样发现短期暴露于 PM_{10} 为高血压发病的危险因素，Song 等[6]基于 2013~2016 年石家庄市 PM_{10} 与高血压患者住院数据进行的时间序列研究发现，短期暴露于 PM_{10} 与高血压患者住院率增加相关，在 lag06 时，PM_{10} 暴露浓度每升高 10 μg/m³，高血压患者住院率增加 0.31%（95%CI：0.12%~0.50%）。

3.1.2　大气颗粒物短期暴露对心肌梗死的影响

短期暴露于 $PM_{2.5}$ 可增加人群心肌梗死（myocardial infarction，MI）发病、住院和死亡的风险。早在 1999~2005 年，美国 112 个城市开展的一项关于短期暴露于细颗粒物（$PM_{2.5}$）和粗颗粒物（$PM_{2.5\sim10}$）对全因死亡、CVD 死亡、MI 死亡、中风死亡和呼吸系统疾病死亡率急性影响的全国性多城市时间序列研究，研究结果表明，在 lag02 时，$PM_{2.5}$ 的暴露浓度每增加 10 μg/m³，MI 每日死亡率增加 1.18%（95%CI：0.48%~1.89%）[7]。2000~2006 年在美国 75 个城市约 450 万人中探索 $PM_{2.5}$ 短期暴露对人群全因死亡、CVD 死亡、MI 死亡、中风死亡和呼吸系统疾病死亡率的影响，发现在 lag02 时，$PM_{2.5}$ 的暴露浓度每增加 10 μg/m³，MI 死亡率增加 1.22%（95%CI：0.62%~1.82%）[8]。Cai 等[9]针对英国 2015 年 1 月前发表的 33 篇关于大气颗粒物对 MI 的急性影响的研究进行了 meta 分析，研究发现，短期暴露于高浓度 $PM_{2.5}$ 会增加 MI 住院和死亡的风险，在 lag07 时，$PM_{2.5}$ 暴露浓度每升高 10 μg/m³，MI 患者的死亡风险增加 1.2%（95%CI：

1.0%~1.5%）。国内的状况同样不容乐观，通过对我国湖北 2013~2018 年 151608 例 MI 死亡病例开展的基于个体的时间分层病例交叉研究发现，短期暴露于 $PM_{2.5}$ 与因 MI 死亡率增加显著相关，当环境空气污染物 $PM_{2.5}$ 的暴露浓度低于 33.3 μg/m^3，在 lag01 时，$PM_{2.5}$ 的暴露浓度每升高 10 μg/m^3，MI 死亡率增加 4.14%（95%CI：1.25%~7.12%）[10]。短期暴露于 $PM_{2.5}$ 同样会增加 MI 发病风险，韩国一项时间序列分析研究在 2005~2014 年间通过 192567 例急性心肌梗死（acute myocardial infarction，AMI）病例来评估 $PM_{2.5}$ 对韩国 20 岁以上成年人 AMI 影响，结果显示，在 lag0 时，$PM_{2.5}$ 暴露浓度每增加 10 μg/m^3，AMI 发病相对风险增加 1.1%（95%CI：0.3%~2.0%），在 lag01 时，$PM_{2.5}$ 暴露浓度每增加 10 μg/m^3，AMI 发病相对风险增加 1.0%（95%CI：0.0~2.0%）[11]。2015 年 Luo 等[12]针对欧洲、北美、亚洲、大洋洲、南美五个地区的 31 篇关于短期暴露于空气微粒污染和 MI 风险的研究进行了 meta 分析，研究表明，短期暴露于环境空气污染物会增加 MI 的患病风险，在 lag0 时，$PM_{2.5}$ 暴露浓度每增加 10 μg/m^3，MI 患病风险增加 2.2%（95%CI：1.5%~3.0%）。同期 Cai 等[9]针对英国 2015 年 1 月前发表的 33 篇关于大气颗粒物对 MI 的短期影响的研究进行了 meta 分析，研究也发现短期暴露于高 $PM_{2.5}$ 浓度会增加 MI 住院和死亡的风险，在 lag07 时，$PM_{2.5}$ 暴露浓度每升高 10 μg/m^3，MI 患者的住院风险增加 2.4%（95%CI：0.7%~4.1%）。我国开展的流行病学研究结果与国外相关研究的研究结果具有一致性，针对 2010~2012 年来自中国北京的 15432 例 MI 住院患者开展一项短期暴露于环境 $PM_{2.5}$ 对 MI 患者住院率影响的时间序列研究，结果表明，在 lag0 时，$PM_{2.5}$ 暴露浓度每增加 10 μg/m^3，MI 患者住院率增加 0.46%（95%CI：0.21%~0.71%）；在 lag01 时，$PM_{2.5}$ 暴露浓度每增加 10 μg/m^3，MI 患者住院率增加 0.39%（95%CI：0.16%~0.62%）；在 lag02 时，$PM_{2.5}$ 暴露浓度每增加 10 μg/m^3，MI 患者住院率增加 0.44%（95%CI：0.23%~0.65%）；在 lag03 时，$PM_{2.5}$ 暴露浓度每增加 10 μg/m^3，MI 患者住院率增加 0.32%（95%CI：0.11%~0.54%）；在 lag03 时，$PM_{2.5}$ 暴露浓度每增加 10 μg/m^3，MI 患者住院率增加 0.79%（95%CI：0.48%~1.11%）[13]。

短期暴露于 PM_{10} 同样也会增加人群 MI 发病、住院以及死亡的风险。2015 年 Cai 等[9]针对英国 2015 年 1 月前发表的 33 篇关于大气颗粒物对 MI 的短期影响的研究进行了 meta 分析，研究发现，短期暴露于高浓度 PM_{10} 会增加 MI 住院和死亡的风险，在 lag07 时，PM_{10} 暴露浓度每升高 10 μg/m^3，MI 患者的死亡风险增加 0.8%（95%CI：0.4%~1.2%）。在国内，基于湖北 2013~2018 年 151608 例 MI 死亡病例开展的基于个体的时间分层病例交叉研究发现，环境空气污染物 PM_{10} 的暴露浓度小于 57.3 μg/m^3 时，PM_{10} 的日均暴露浓度每升高 10 μg/m^3，MI 死亡率增加 2.67%（95%CI：0.80%~4.57%）[10]。对于发病，2015 年 Luo 等[12]对欧洲、北美、亚洲、大洋洲、南美五个地区的 31 篇关于短期暴露于空气颗粒物污染和 MI 风险的研究进行了 meta 分析，研究发现，短期暴露于环境空气污染物会增加 MI 的患病风险，在 lag0 时，PM_{10} 暴露浓度每增加 10 μg/m³，MI 患病风险增加 0.5%（95%CI：0.1%~0.8%）。Cai 等[9]就英国截至 2015 年 1 月发表的有关大气颗粒物对 MI 的短期影响的 33 篇流行病学研究开展 meta 分析，研究结果表明，短期暴露于高 PM_{10} 浓度会增加 MI 住院和死亡的风险，在 lag07 时，PM_{10} 暴露浓度每升高 10 μg/m³，MI 患者的住院风险增加 1.1%（95%CI：0.6%~1.6%）。国内相关研究与国外相关研究具有结果一致性，2014~2015 年在中国 14 个城市 80787 例因 AMI 入院的患者中开展空气污染与急性 MI 住院关系的研究发现，空气污染物暴露与每日 AMI 入院风险呈正相关，在 lag02 时，PM_{10} 暴露浓度每增加 1 个 IQR（85.7 μg/m³），AMI 入院风险增加 0.8%（95%CI：0.1%~1.6%）；在 lag03 时，PM_{10} 暴露浓度每增加 1 个 IQR（85.7 μg/m³），AMI 入院风险增加 1.0%（95%CI：0.2%~1.8%）[14]。

3.1.3　大气颗粒物短期暴露对心力衰竭的影响

短期暴露于 $PM_{2.5}$ 是人群心力衰竭发病、住院和死亡的危险因素。在全球范围内，2012 年 Anoop 等[15]对全球 35 篇短期暴露于环境空气污染物与急性失代偿性心力衰竭之间的关系进行了 meta 分析，结果表明，空气颗粒物浓度的增加与心力衰竭住院或死亡有关，在 lag0 时，$PM_{2.5}$ 的暴露浓度每增加 10 μg/m³，急性失代偿性心力衰竭风险增加 2.12%（95%CI：1.42%~2.82%）；通过对美国 1999~2002 年间 204 个城市的每日住院数据进行时间序列研究发现，$PM_{2.5}$ 短期暴露与心力衰竭住院率相关，在 lag0 时，$PM_{2.5}$ 的暴露浓度每增加 10 μg/m³，心力衰竭患者住院率增加 1.28%（95%CI：0.78%~1.78%）[16]。2008~2016 年在韩国大城市中老年人群中开展的一项关于空气污染浓度与心力衰竭住院率之间关联的时间序列研究，结果表明，短期暴露于 $PM_{2.5}$ 与因心力衰竭住院率增加相关，在 lag0 时，$PM_{2.5}$ 暴露浓度每升高 10 μg/m³，因心力衰竭住院率增加 0.93%（95%CI：0.51%~1.36%）[17]。2014~2015 年通过对我国 26 个大城市的 105501 名充血性心力衰竭住院患者进行的时间分层病例交叉研究发现，短期空气污染暴露与充血性心力衰竭住院之间存在关联，在 lag0 时，$PM_{2.5}$ 的暴露浓度每增加 1 个 IQR（47.5 μg/m³），充血性心力衰竭患者住院率增加 1.2%（95%CI：0.5%~1.8%）[18]；将样本量扩大到 184 个城市时发现，2014~2017 年日平均 $PM_{2.5}$ 浓度对心血管疾病住院存在显著影响，在 lag0 时，$PM_{2.5}$ 的暴露浓度每升高 10 μg/m³，心力衰竭入院率增加 0.27%（95%CI：0.04%~0.51%）[19]。

国外多项研究都表明短期暴露于 PM_{10} 是人群心力衰竭发病、住院以及死亡的危险因素。1986~1999 年在美国 7 个城市医疗保险人群中开展的一项 PM_{10} 日均浓度与医疗保险者（年龄＞65 岁）因充血性心力衰竭急诊住院率之间关联的时间分层病例交叉研究结果表明，在 lag0 时，PM_{10}的暴露浓度每增加 10 μg/m³，充血性心力衰竭入院率增加 0.72%（95%CI：0.35%~1.10%）[20]。2012 年对全球 35 项短期暴露于环境空气污染物与急性失代偿性心力衰竭（包括住院和心力衰竭死亡率）之间关系的研究进行了 meta 分析，结果表明，空气中颗粒物浓度的增加与心力衰竭导致的住院或死亡有关，在 lag0 时，PM_{10}的暴露浓度每增加 10 μg/m³，急性失代偿性心力衰竭（包括住院和心力衰竭死亡率）风险增加 1.63%（95%CI：1.20%~2.07%）[15]。2008~2016 年在韩国大城市中老年人群中开展了一项关于空气污染浓度与心力衰竭住院率之间关联的时间序列研究，结果表明，短期暴露于 PM_{10}与因心力衰竭住院率增加相关，在 lag0 时，PM_{10}暴露浓度每升高 10 μg/m³ 因心力衰竭住院率增加 0.55%（95%CI：0.31%~0.80%）[17]。

3.1.4 大气颗粒物短期暴露对脑卒中的影响

国内外流行病学研究表明，短期暴露于 PM_1、$PM_{2.5}$和 PM_{10}是引起脑卒中死亡和发病的危险因素。

我国流行病学研究已证实，暴露于 PM_1 中与脑卒中住院风险升高存在显著关联。在分析 2013 年 11 月至 2015 年 10 月我国 5 家医院每日缺血性脑卒中住院情况与 PM_1短期暴露关系时发现，在 lag01 时，PM_1暴露浓度每增加 10 μg/m³，缺血性脑卒中住院人数增加 1.4%（95%CI：0.5%~2.3%）[21]。

目前国外关于 $PM_{2.5}$暴露与中风死亡率关系的流行病学研究以美国为主。对美国 1997~2002 年 27 个社区 130 多万例死亡病例数据进行分析时发现，$PM_{2.5}$与中风死亡率相关，在 lag01 时，$PM_{2.5}$暴露浓度每增加 10 μg/m³，中风死亡率增加 1.03%（95%CI：0.02%~2.04%）[22]。在分析美国 112 个城市平均 $PM_{2.5}$浓度与每日死亡率的关系时发现，在 lag02 时，$PM_{2.5}$暴露浓度每升高 10 μg/m³，中风死亡率增加 1.78%（95%CI：0.96%~2.62%）[7]。另一项通过分析 2000~2006 年美国 75 个城市 450 万人的死因数据的研究发现，在 lag02 时，$PM_{2.5}$暴露浓度每增加 10 μg/m³，中风死亡率增加 1.76%（95%CI：1.01%~2.52%）[8]。在我国，$PM_{2.5}$短期暴露对脑卒中死亡的影响是通过分析 2013~2015 年我国 272 个城市大气污染和逐日死因数据发现的，在 lag01 时，$PM_{2.5}$暴露浓度每增加 10 μg/m³，中风死亡风险增加 0.23%（95%PI：0.13%~0.34%）[23]。并且，在分析我国 48 个城市人群 $PM_{2.5}$短期暴露与相关寿命损失年（years of life lost，YLL）关系时发现，在 lag01 时，$PM_{2.5}$ 暴露浓度每增加 10 μg/m³，脑卒中、出血性脑卒中和缺血性脑卒中的 YLL 分别增加 0.26%（95%CI：0.16%~0.36%）、0.23%（95%CI：0.09%~0.36%）和 0.31%（95%CI：0.15%~0.46%）[24]。

除美国外，其他国家的流行病学研究也证实了 $PM_{2.5}$ 短期暴露对脑卒中存在影响，对日本多中心医院 6885 名缺血性中风患者的登记数据进行分析发现，在 lag01 时，$PM_{2.5}$ 暴露浓度每增加 10 μg/m³，缺血性卒中发生的风险为 1.02（95%CI：1.00~1.05）[25]。在国内，运用时间分层病例交叉研究的方法对我国 10 个区县 $PM_{2.5}$ 短期暴露浓度与脑卒中发病数据进行分析发现，在 lag0 时，$PM_{2.5}$ 浓度每增加 10 μg/m³，脑卒中急性发病风险增加 0.37%（95%CI：0.15%~0.60%），其中缺血性脑卒中急性发病风险增加 0.46%（95%CI：0.21%~0.72%）[26]。在对我国 184 个城市 $PM_{2.5}$ 与心血管疾病住院情况进行分析时发现，在 lag0 时，$PM_{2.5}$ 暴露浓度每升高 10 μg/m³，心血管疾病入院风险增加 0.26%（95%CI：0.17%~0.35%），缺血性脑卒中入院风险增加 0.29%（95%CI：0.18%~0.40%）[19]。通过对中国 248 个城市 $PM_{2.5}$ 与脑卒中和短暂性脑缺血发作（transient ischemic attack，TIA）住院进行关联性分析发现，在 lag0 时，$PM_{2.5}$ 浓度每增加 10 μg/m³，脑血管病、缺血性脑卒中和 TIA 入院率分别增加 0.19%（95%CI：0.13%~0.25%）、0.26%（95%CI：0.17%~0.35%）和 0.26%（95%CI：0.13%~0.38%）[27]。此外，我国还有针对于短期 $PM_{2.5}$ 对脑卒中滑动滞后影响的研究，在分析 2013 年 11 月至 2015 年 10 月我国 5 家医院每日缺血性脑卒住院情况与 PM_1、$PM_{2.5}$ 和 PM_{10} 短期暴露关系时发现，在 lag01 时，$PM_{2.5}$ 暴露浓度每增加 10 μg/m³，缺血性中风住院人数增加 0.7%（95%CI：0~1.4%）[21]。中国动脉粥样硬化性心血管病风险预测队列研究（Prediction for ASCVD Risk in China，China-PAR）在全国 15 个省、自治区、直辖市开展，纳入了约 12 万成年人，其研究结果表明 $PM_{2.5}$ 年平均浓度每升高 10 μg/m³，发生卒中、缺血性卒中和出血性卒中的风险分别为 1.13（95%CI：1.09~1.17）、1.20（95%CI：1.15~1.25）和 1.12（95%CI：1.05~1.20）[28]。

我国既往研究表明，PM_{10} 短期暴露与脑卒中住院风险也呈现相关关系。在分析 2013 年 11 月至 2015 年 10 月我国 5 家医院每日缺血性脑卒住院情况与 PM_1、$PM_{2.5}$ 和 PM_{10} 短期暴露关系时发现，在 lag01 时，PM_{10} 暴露浓度每增加 10 μg/m³，缺血性中风住院人数增加 0.5%（0.1%~0.9%）[21]。

3.1.5　大气颗粒物短期暴露对总心血管疾病的影响

现有流行病学研究表明，短期暴露于 PM_1、$PM_{2.5}$ 和 PM_{10} 是诱发心血管事件发生和导致心血管疾病患者死亡的危险因素。

一项在西班牙巴塞罗那开展的分析大气颗粒物与特定病例每日死亡率关系的研究发现，在 lag01 时，PM_1 暴露浓度每增加 10 μg/m³，CVD 风险增加 1.028（95%CI：1.000~1.058）[29]。而我国则运用时间序列模型分析 2009~2011 年广州的空气颗粒物对 CVD 发生的影响发现，在 lag03 时，PM_1 暴露浓度每增加 1 个 IQR（28.8 μg/m^3），CVD 超额死亡率增加 6.48%（95%CI：2.10%~11.06%）[30]。

一项关于韩国、日本、中国三个国家 11 个城市 $PM_{2.5}$ 和 $PM_{10\sim2.5}$ 与死亡率之间的关系的研究发现，在 lag01 时，$PM_{2.5}$ 暴露浓度每增加 10 μg/m^3，CVD 死亡率增加 0.96%（95%CI：0.46%~1.46%）[31]。在美国开展的多项流行病学研究均表明，短期暴露于 $PM_{2.5}$ 会导致 CVD 的死亡率增加。运用分层分析方法对美国 25 个社区 $PM_{2.5}$ 成分与每日死亡率之间的关联进行分析时发现，在 lag02 时，$PM_{2.5}$ 暴露浓度每增加 10 μg/m^3，CVD 死亡风险增加 0.47%（95%CI：0.02%~0.92%）[32]。同时，在分析美国 112 个城市 PM 平均值与每日死亡率的关系时发现，在 lag02 时，$PM_{2.5}$ 暴露浓度每增加 10 μg/m^3，CVD 死亡率增加 0.85%（95%CI：0.46%~1.24%）[7]。此外，通过分析全球 24 个国家 652 个城市和地区空气污染与每日死亡率的关系发现，在 lag02 时，$PM_{2.5}$ 暴露浓度每增加 10 μg/m^3，每日 CVD 死亡率增加 0.55%（95%CI：0.45%~0.66%）[33]。我国也有多项流行病学证据证明短期暴露于 $PM_{2.5}$ 与 CVD 的发生和死亡相关。运用时间序列模型分析 2009~2011 年广州的大气颗粒物对 CVD 发生的影响时发现，在 lag03 时，$PM_{2.5}$ 暴露浓度每增加一个 IQR（31.5 μg/m^3），CVD 超额死亡率增加 6.11%（95%CI：1.76%~10.64%），并且，在 lag03 时，$PM_{2.5}$ 成分中的有机碳、元素碳、硫酸盐、硝酸盐和铵暴露浓度每增加一个 IQR（6.9 μg/m^3、4.1 μg/m^3、14.6 μg/m^3、6.8 μg/m^3 和 5.1 μg/m^3），CVD 超额死亡率分别增加 1.13%（95%CI：0.10%~2.17%）、2.77%（95%CI：0.72%~4.86%）、2.21%（95%CI：1.05%~3.38%）、1.98%（95%CI：0.54%~3.44%）和 3.38%（95%CI：1.56%~5.23%）[30]。基于我国高质量死因监测数据，分析中国 74 个主要城市大气 $PM_{2.5}$ 暴露对死亡率的影响，研究发现，2013 年约有 32%的死亡报告与短期暴露于 $PM_{2.5}$ 有关，其中与 $PM_{2.5}$ 暴露相关的 CVD 死亡占 47% [34]。而一项基于中国 161 个区县 2011~2013 年 $PM_{2.5}$ 暴露和逐日死亡数据的时间序列研究发现，在 lag03 时，有机碳、元素碳、硫酸盐、硝酸盐以及铵盐暴露浓度每增加 1 个 IQR（2.5 μg/m^3、5.1 μg/m^3、8.9 μg/m^3、12.6 μg/m^3 和 6.8 μg/m^3），CVD 死亡风险分别增加 0.45%（95%CI：0.21%~0.69%）、1.43%（95%CI：0.97%~1.89%），0.71%（95%CI：0.28%~1.15%）、0.70%（95%CI：0.10%~1.30%）和 0.95%（95%CI：0.39%~1.51%）[35]。对我国 272 个城市 2013~2015 年大气污染和逐日死因数据进行分析发现，在 lag01 时，$PM_{2.5}$ 日均暴露浓度每增加 10 μg/m^3，CVD 死亡风险增加 0.27%（95%CI：0.18%~0.36%）[23]。在分析中国 48 个城市 $PM_{2.5}$ 短期暴露与 YLL 的关系时发现，在 lag01 时，$PM_{2.5}$ 暴露浓度每增加 10 μg/m^3，CVD 的 YLL 增加 0.22%（95%CI：0.15%~0.29%）[24]。除以上证据外，也有多项流行病学证据证实 $PM_{2.5}$ 暴露与心血管疾病住院风险相关。在分析我国 184 个城市 $PM_{2.5}$ 暴露与 CVD 住院情况的

关系时发现，在 lag0 时，$PM_{2.5}$ 暴露浓度每升高 10 μg/m³，CVD 入院风险增加 0.26%（95%CI：0.17%~0.35%）[19]。运用时间序列分析的方法对 2013~2017 年我国 252 个城市室外大气污染与特定原因入院的关系进行分析发现，短期暴露于 $PM_{2.5}$ 会增加 CVD 的入院风险，在 lag0 时，$PM_{2.5}$ 暴露浓度每增加 10 μg/m³，人群 CVD 入院风险增加 0.25%（95%CI：0.20%~0.30%）[36]。China-PAR 在我国 15 个省、自治区、直辖市开展，纳入了约 12 万成年人中，研究结果表明 $PM_{2.5}$ 年平均浓度每升高 10 μg/m³，CVD 发病风险增加 1.251 倍（95%CI：1.220~1.283）。暴露于重度 $PM_{2.5}$ 污染三天或以上，CVD 住院风险增加 1.085 倍（95%CI：1.077~1.093），暴露于极重 $PM_{2.5}$ 污染事件一天或一天以上与每年 CVD 住院人数和住院天数相关，$PM_{2.5}$ 暴露浓度每升高 10 μg/m³，每年 CVD 住院人数和住院天数分别增加 3311（95%CI：2969~3655）和 37020（95%CI：33196~40866）[37]。

国内外现均有流行病学证据表明，PM_{10} 暴露会增加 CVD 的死亡风险。一项涉及全球 24 个国家 652 个城市和地区关于空气污染与每日死亡率的关系的研究发现，在 lag02 时，PM_{10} 暴露浓度每增加 10 μg/m³，每日 CVD 死亡风险增加 0.36%（95%CI：0.30%~0.43%）[33]。国内则运用时间序列模型对 2009~2011 年广州的大气颗粒物对 CVD 发生的影响进行分析发现，在 lag03 时，PM_{10} 暴露浓度每增加 1 个 IQR（45.4 μg/m³），CVD 超额死亡风险增加 6.10%（95%CI：1.76%~10.64%）[30]。

3.1.6　大气颗粒物短期暴露对其他心脑血管疾病的影响

1. 大气颗粒物短期暴露与静脉血栓栓塞症的关联

Signorelli 等对 4 篇来自加拿大、荷兰、德国四个国家 12~57 名研究对象的综述指出，大气细颗粒物和超细颗粒物（如 PM_1，$PM_{2.5}$，PM_{10} 等）暴露均是静脉血栓栓塞症的危险因素[38]。

一项针对短期 $PM_{2.5}$ 暴露与美国东北部老年人的深静脉血栓和肺栓塞入院关系的研究发现，在 lag01 时，$PM_{2.5}$ 暴露浓度每升高 10 μg/m³，深静脉血栓入院率增加 0.63%（95%CI：0.03%~1.25%）[39]。此外，一项在智利的一般人群中开展的探索空气污染与静脉血栓栓塞性疾病之间关联的研究发现，日平均 $PM_{2.5}$ 暴露浓度每升高 20.02 μg/m³，静脉血栓栓塞性疾病的入院风险增加 4.6%（95%CI：2.9%~6.3%）[40]。除此之外，在 2008 年 3 月 20 日至 2018 年 3 月 21 日（10 年），对伊朗某医院因深静脉血栓入院的数据与 $PM_{2.5}$ 暴露的关系进行研究发现，在 lag0 时，$PM_{2.5}$ 暴露浓度每升高 10 μg/m³，女性和≤60 岁的人群中深静脉血栓的住院风险分别增加 0.4%（95%CI：0.1%~0.8%）和 0.5%（95%CI：0.2%~0.9%）[41]。但仍存在部分研究结果与上述研究存在差异，一项对 $PM_{2.5}$ 暴露与接受激素治疗的美国绝经妇女发生静脉血栓栓塞性疾病之间关系的研究发现，在 lag01 时，

$PM_{2.5}$ 浓度每升高 10 μg/m^3，静脉血栓栓塞性疾病的发病风险增加 1.04 倍（95%CI：0.89~1.22）[42]。另一项针对短期 $PM_{2.5}$ 暴露与意大利人群深静脉血栓和肺栓塞入院关系的研究发现，在 lag01 时，$PM_{2.5}$ 暴露浓度每升高 10 μg/m^3，深静脉血栓的住院风险增加 1.21%（95%CI：−3.23%~5.85%）[43]。

一项在智利的一般人群中开展的探索空气污染与静脉血栓栓塞性疾病之间关联的研究发现，日平均 PM_{10} 暴露浓度每升高 1 个 IQR（37.63 μg/m^3），静脉血栓栓塞性疾病的入院风险增加 4.4%（95%CI：3.2%~5.4%）[40]。此外，另一项在伊朗开展的有关短期空气污染暴露与深静脉血栓形成的关联的研究发现，在 lag01 和 lag07 时，PM_{10} 暴露浓度每升高 10 μg/m^3，男性和≤60 岁人群中深静脉血栓的住院风险分别增加 0.3%（95%CI：0.1%~0.6%）和 0.5%（95%CI：0.2%~0.7%）[41]。但有些研究的结果与上述并不一致，一项对 PM_{10} 暴露与接受激素治疗的美国绝经妇女发生静脉血栓栓塞性疾病之间关系的研究发现，在 lag01 时，PM_{10} 暴露浓度每升高 10 μg/m^3 时，静脉血栓栓塞性疾病的发病风险增加 0.98 倍（95%CI：0.88~1.10）[42]。

2. 大气颗粒物短期暴露与动脉粥样硬化的关联

研究表明，当人群所处环境中的 $PM_{2.5}$ 浓度升高，则其颈动脉内中膜厚度增加，经肱动脉血流介导的血管舒张功能降低，提示 $PM_{2.5}$ 暴露与早期动脉粥样硬化的标志物密切相关[44]。

国外一些流行病学显示，短期暴露于 $PM_{2.5}$ 中与颈动脉内中膜厚度增加以及经肱动脉血流介导的血管舒张功能降低呈现不显著的相关性。一项研究基于正在进行的四个欧洲队列的数据，分析了长期暴露于空气污染与颈总动脉内膜-中层厚度之间的横断面关系，结果表明，$PM_{2.5}$ 暴露浓度每升高 5 μg/m^3，颈总动脉的内膜-中膜厚度增加 0.72%（95%CI：−0.65%~2.10%）[45]。此外，一项对美国 6 个社区的 6814 名白人、非裔美国人、西班牙裔和华裔参与者的前瞻性研究发现，在 lag01 时，$PM_{2.5}$ 暴露浓度的每升高 1 个 IQR（12 μg/m^3），肱动脉血流介导的扩张和基线动脉内径分别变化−0.1%（95%CI：−0.2%~0.04%）和−0.01 mm（95%CI：−0.05~0.01 mm）[46]。在 2014~2016 年，对北京市 73 名健康成年人进行的随访研究发现，短期暴露于 $PM_{2.5}$ 可能导致高密度脂蛋白胆固醇功能障碍、氧化低密度脂蛋白胆固醇增多，并提高动脉粥样硬化斑块破裂分子标志物水平[47,48]。

3. 大气颗粒物短期暴露与心房颤动的关联

现有多项流行病学研究发现，气态或颗粒污染物在空气中的暴露是房颤的危险因素[49]。

一项对 2007~2015 年间居住在首尔，且无房颤病史的年龄≥30 岁的人群房颤发生与短期空气污染暴露的关系的研究发现，在 lag03 时，$PM_{2.5}$ 暴露浓度每升高 10 μg/m^3，房颤的发病风险增加 4.5%（95%CI：0.2%~8.9%）[50]。另一项对意大利东北部 145 名植入型心律转复除颤器（implantable cardioverter defibrillator，ICD）、心脏再同步治疗除颤器（implantable cardioverter defibrillator-cardiac resynchronization therapy，ICD-CRT）或起搏器的患者的多中心前瞻性研究发现，$PM_{2.5}$暴露浓度高于世界卫生组织阈值 50 μg/m^3时，房颤的发病风险增加 1.8 倍（95%CI：1.34~2.40）[51]。此外，一项对罗马空气污染水平与房颤急诊科入院人数之间关系的研究发现，在 lag01 时，$PM_{2.5}$暴露浓度每升高 10 μg/m^3时，房颤的入院风险增加 2.95%（95%CI：1.35%~4.67%）[52]。我国的相关研究与上述国外研究结果类似，一项对短期空气污染暴露与北京协和医院患者发生房颤的关系的研究发现，日平均 $PM_{2.5}$ 暴露浓度每升高 10μg/m^3 时，房颤的发病风险增加 3.8%（95%CI：1.4%~6.2%）[53]。另一项对台湾地区 607 例首次住院的患者的病例交叉研究发现，短期 $PM_{2.5}$暴露与房颤发生相关，在 lag0 时，$PM_{2.5}$暴露浓度每升高 1 个 IQR（26.2 μg/m^3），房颤的发病风险增加 22%（95%CI：3%~44%）；在 lag01 时，$PM_{2.5}$暴露浓度每升高 1 个 IQR（26.2 μg/m^3），房颤的发病风险增加 19%（95%CI：0~40%）[54]。此外，一项对 2015 年 5 月至 2020 年 5 月我国盐城两家医院的每日房颤住院数据进行时间序列分析，发现短期空气污染暴露与房颤住院相关，在 lag04 时，$PM_{2.5}$暴露浓度每升高 10 μg/m^3时，房颤的住院率增加 2.81%（95%CI：1.44%~4.20%）[55]。

一项对意大利东北部 145 名 ICD、ICD-CRT 或起搏器的患者的多中心前瞻性研究发现，PM_{10} 暴露浓度高于世界卫生组织阈值 50 μg/m^3 时，房颤发生的风险增加 2.48 倍（95%CI：1.44~4.28）[50]。另一项对斯德哥尔摩的 8899 名 75 岁的老人进行房颤筛查的研究发现，心电图记录前 12~24 小时，PM_{10} 暴露浓度每变化 7.8 μg/m^3，房颤的发病风险增加 10%（95%CI：1%~19%）[56]。此外，暴露于 PM_{10} 中还与房颤入院风险呈显著正相关。一项对罗马空气污染水平与房颤急诊科入院人数之间关系的研究发现，在 lag01 时，PM_{10} 暴露浓度每升高 10 μg/m^3 时，房颤的入院风险增加 1.44%（95%CI：0.65%~2.26%）[52]。我国的相关研究与上述国外研究结果类似，一项对短期空气污染暴露与北京协和医院患者发生房颤的关系的研究发现，日平均 PM_{10} 暴露浓度每升高 10 μg/m^3 时，房颤的发病风险增加 2.7%（95%CI：0.6%~4.8%）[53]。另一项在中国盐城开展的时间序列研究发现，短期空气污染暴露与房颤住院相关，在 lag04 时，PM_{10}暴露浓度每升高 10 μg/m^3时，房颤的住院率增加 1.67%（95%CI：0.77%~2.59%）[55]。

3.2 大气颗粒物长期暴露对心脑血管系统的影响

大气颗粒物主要包括 PM_1、$PM_{2.5}$和 PM_{10}等。近年来，长期暴露于大气颗粒物所引起的心脑血管系统健康效应备受关注。全球疾病负担研究结果显示[57]，2015 年全球约 420 万人因暴露于室外 $PM_{2.5}$ 而过早死亡，其中归因于室外 $PM_{2.5}$ 暴露引起的心脑血管疾病死亡人数约 240 万人，占总死亡人数的 57.14%。由于暴露于不同粒径大气颗粒物所引起的心脑血管系统健康效应不尽相同，因此，本节将逐一介绍不同粒径大气颗粒物长期暴露对心脑血管系统疾病的影响。

3.2.1 大气颗粒物长期暴露对高血压的影响

1. PM_1 长期暴露与高血压的关联

PM_1 是一种存在于大气中的空气动力学直径≤1 μm 的颗粒物，由于其粒径较小且在大气中停留时间较长，对人体健康影响较 $PM_{2.5}$ 和 PM_{10} 更为显著，故 PM_1 长期暴露所引起的健康效应近年逐渐受到关注。目前在全球范围内关于 PM_1 长期暴露对高血压影响的研究仍十分有限，且主要集中在中国。我国一项包含 33 个社区的研究发现，在调整年龄、性别、家庭收入、吸烟状况以及体力活动等协变量后，PM_1 每增加 10 μg/m³，高血压患病风险升高 5%（比值比：1.05，95%CI：1.01~1.10）[58]。我国河南省针对农村成年人群所开展的河南农村队列研究亦显示，长期暴露于 PM_1 时，其浓度每增加 1 μg/m³，高血压的患病风险升高 4.3%（95%CI：1.033~1.053）；收缩压、舒张压、平均动脉压和脉压差分别增加 0.401 mmHg（95%CI：0.335~0.467）、0.328 mmHg（95%CI：0.288~0.369）、0.353 mmHg（95%CI：0.307~0.399）和 0.073 mmHg（95%CI：0.030~0.116）[59]。此外，Wu 等研究发现，PM_1 长期暴露所造成的不良影响在儿童和青少年中更为显著，PM_1 每增加 10 μg/m³，高血压患病风险升高 61%（比值比：1.61，95%CI：1.18~2.18）[60]。然而，Qin 等[61]于 2021 年发表的一篇关于室外空气污染长期暴露与高血压关联的 meta 分析并未发现长期暴露于高浓度 PM_1 可增加高血压的患病风险，但作者认为这一结论可能与纳入的原始研究数量较少（n=2）有

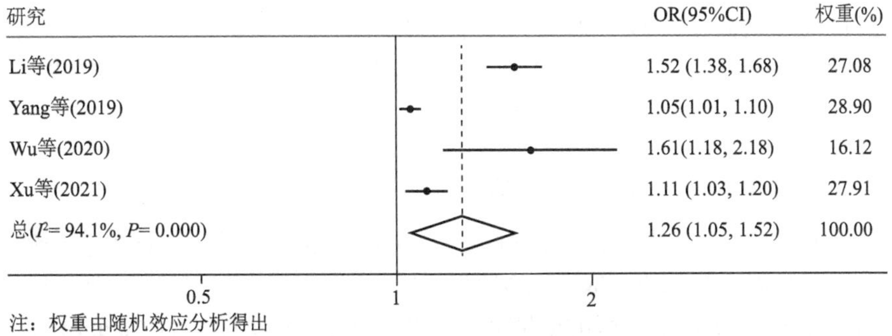

图 3-1 PM_1 长期暴露浓度每增加 10 μg/m³ 与高血压患病风险的 meta 分析

关。因此，本章作者在既往研究基础上，对 PM_1 长期暴露与高血压关联进行 meta 分析，共纳入 4 项原始研究[58-60,62]。结果显示，PM_1 长期暴露浓度每增加 10 μg/m^3，高血压患病风险升高 26%（比值比：1.26，95%CI：1.05~1.52），详见图 3-1。

2. $PM_{2.5}$ 长期暴露与高血压的关联

现有关于 $PM_{2.5}$ 长期暴露对高血压影响的研究大多数来自于欧美国家。早在 2009 年，美国的一项研究就已发现，$PM_{2.5}$ 浓度每增加 10 μg/m^3，高血压患病风险随之增加 5%（比值比：1.05，95%CI：1.00~1.10）[63]。我国于 2013 年建成 $PM_{2.5}$ 监测网络，$PM_{2.5}$ 长期健康效应的相关研究较欧美国家起步晚，且多为横断面研究设计。在我国上海市和广东、湖北、吉林、陕西、山东、云南以及浙江七省实施的一项横断面研究发现 11.75%的高血压病例可归因于室外 $PM_{2.5}$ 长期暴露，室外 $PM_{2.5}$ 浓度每增加 10μg/m^3，高血压的患病风险将升高 14%（比值比：1.14，95%CI：1.07~1.22）。此外，该研究还发现超重和肥胖会增强室外 $PM_{2.5}$ 长期暴露相关的高血压患病风险，而充足的水果摄入则会降低相应风险[64]。近年，中国动脉粥样硬化性心血管病风险预测研究（prediction for atherosclerotic cardiovascular disease risk in China，China-PAR）发现，$PM_{2.5}$ 浓度每增加 10 μg/m^3，高血压发病风险升高 11%（风险比：1.11，95%CI：1.05~1.17）；将 $PM_{2.5}$ 按四分位数分组后发现，与最低四分位数组相比，最高四分位数组的高血压发病风险升高 77%（95%CI：1.56~2.00）[65]。我国台湾地区一项大型队列研究亦表明，在成年人群中 $PM_{2.5}$ 浓度每增加 10 μg/m^3，高血压的发病风险增加 3%（风险比：1.03，95%CI：1.01~1.05）[66]。此外，针对河南省农村成年人群开展的一项横断面研究发现长期暴露于 $PM_{2.5}$ 及其化学组分（BC、OM 和 SOIL）与血压指标和高血压患病率呈正相关，且这一关联可能在年龄≥60 岁、男性、个人平均月收入水平较低和受教育程度较低的人群中更为显著[67]。然而，我国台北市一项针对 65 岁以上老年居民的横断面研究未发现 $PM_{2.5}$ 长期暴露与高血压、收缩压和舒张压的关联[68]。尽管既往多篇研究已报道了 $PM_{2.5}$ 长期暴露与高血压的关系，但目前结论尚不一致。因此，本章作者对既往研究进行文献综述，共纳入 38 项研究（图 3-2）[58,62-66,68-99]。Meta 分析结果显示，$PM_{2.5}$ 长期暴露浓度每增加 10 μg/m^3，高血压患病风险升高 15%（比值比：1.15，95%CI：1.10~1.20）。

3. PM_{10} 长期暴露与高血压的关联

目前关于 PM_{10} 长期暴露与高血压关联的研究较为广泛。国内外大多数研究表明，长期暴露于高浓度 PM_{10} 可增加高血压的患病或发病风险[61,68,100,101]。早在 2008 年，我国一项基于社区的研究就已发现，PM_{10} 浓度每增加 10 μg/m^3，高血压患病风险随之升高 10%（比值比：1.10，95%CI，1.06~1.15）[102]。一项覆盖我

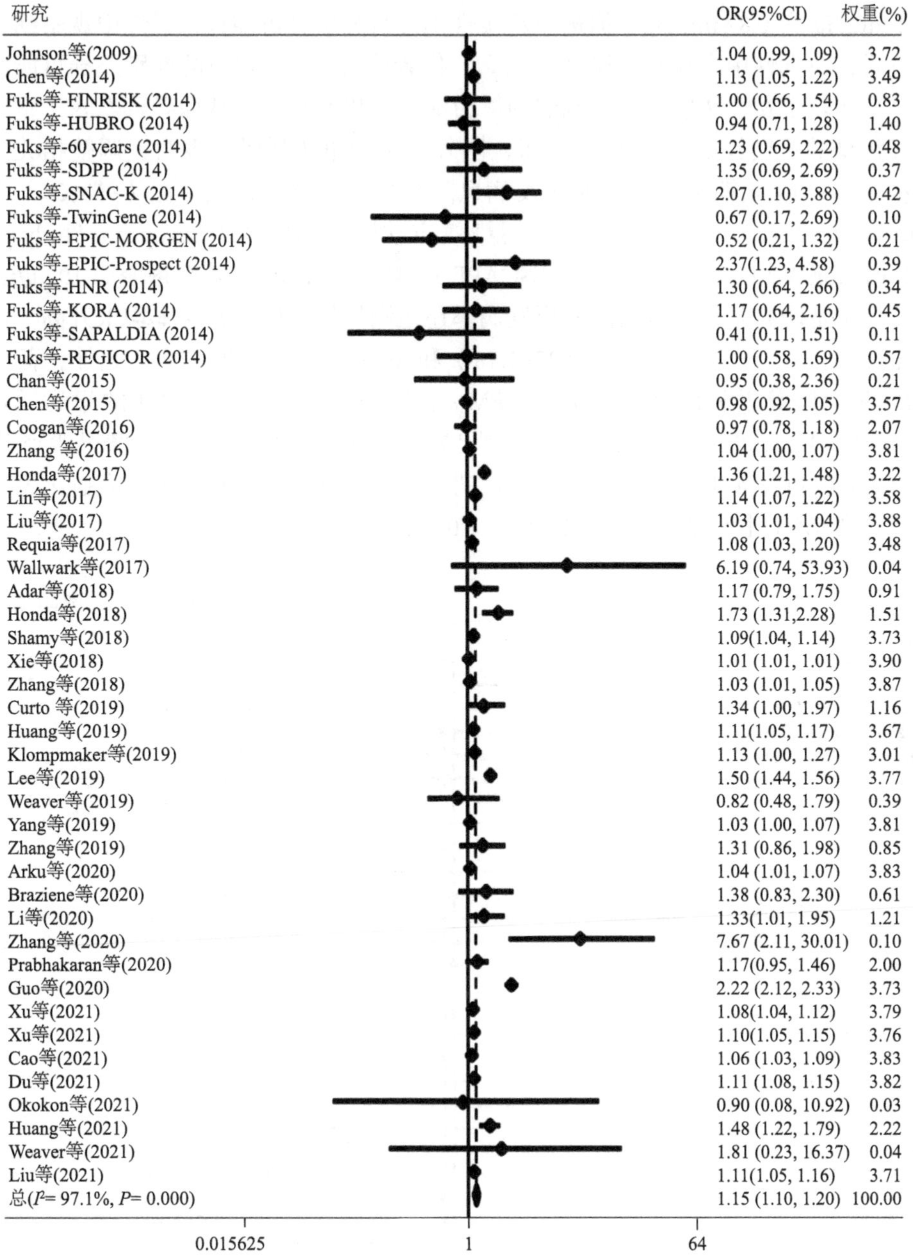

注：权重由随机效应分析得出

图 3-2　$PM_{2.5}$ 长期暴露浓度每增加 10 μg/m³ 与高血压患病风险的 meta 分析

国东北部 3 个城市的研究表明，PM_{10} 浓度每增加 19 μg/m³，高血压患病风险随之升高 12%（比值比：1.12，95%CI：1.08~1.16），收缩压和舒张压分别升高

0.32 mmHg 和 0.87 mmHg；但进一步按性别进行分层分析却只在男性中观察到这种关联，在女性中未观察到统计学意义，作者认为 PM_{10} 效应的性别差异可能由于男性相较于女性从事频繁或剧烈的体力活动的概率较高，从而导致暴露于室外空气污染的机会较多造成[100]。然而，国外护士健康队列研究表明，调整相关协变量后，PM_{10} 长期暴露对高血压发病风险存在边缘效应，风险比（95%CI）为 1.02（1.00~1.04）[99]。多中心空气污染效应欧洲队列研究（European Study of Cohorts for Air Pollution Effects，ESCAPE）结果表明，PM_{10} 浓度每增加 10 μg/m³ 时，无论是研究对象自报的高血压发病率还是测量的高血压发病率均未升高，比值比（95%CI）分别为 1.07（0.97~1.18）和 0.99（0.87~1.12）[103]。此外，荷兰 2012 年全国健康调查数据也发现，PM_{10} 长期暴露并未增加高血压的患病风险（比值比：1.00，95%CI：0.99~1.01）[84]。对既往相关文献[68,71,72,81,84,86,100,101,104-106]进行 meta 分析发现（图 3-3），PM_{10} 长期暴露浓度每增加 10 μg/m³，高血压患病风险升高 5%（比值比：1.05，95%CI：1.03~1.07）。

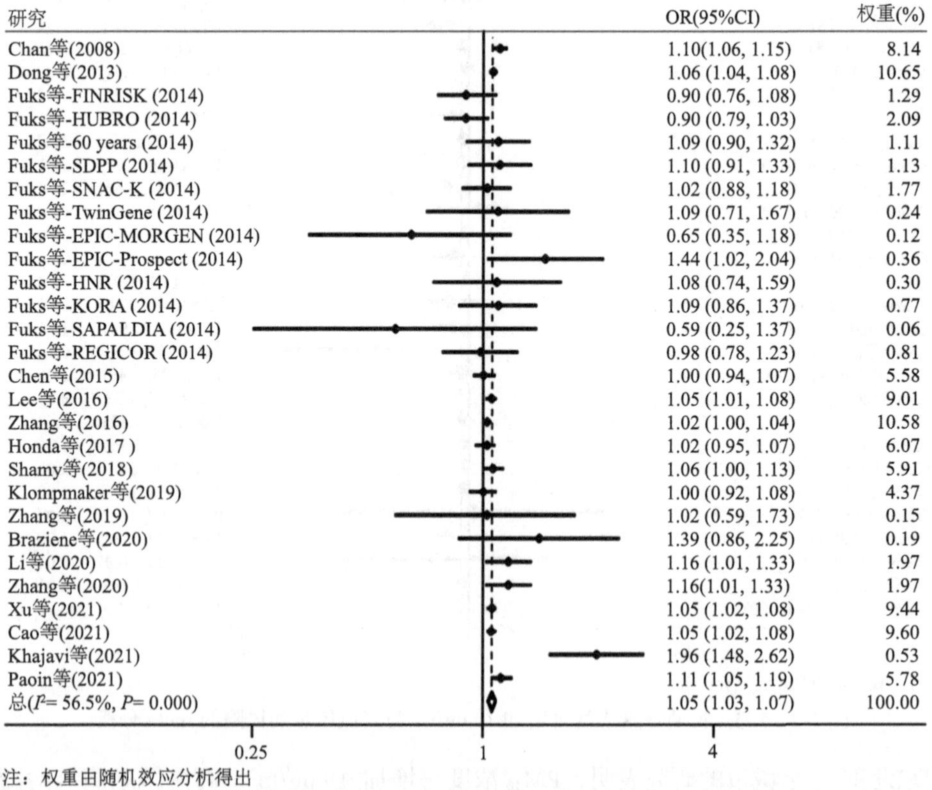

注：权重由随机效应分析得出

图 3-3　PM_{10} 长期暴露浓度每增加 10 μg/m³ 与高血压患病风险的 meta 分析

3.2.2 大气颗粒物长期暴露对心肌梗死的影响

1. PM_1 长期暴露与心肌梗死的关联

既往研究表明，空气污染在心血管疾病的发生发展过程中起重要作用[107-109]，心肌梗死是心血管疾病的重要病种，其与大气颗粒物长期暴露之间的关联日益受到重视。目前国内外关于空气污染与心肌梗死发生风险之间关联的研究主要集中在 $PM_{2.5}$、PM_{10} 和交通污染如氮氧化物等污染物上[110-112]。目前暂未发现一般人群关于 PM_1 长期暴露与心肌梗死发生风险的研究，仅瑞典的一项针对职业人群的研究表明，PM_1 长期暴露可使急性心肌梗死发生风险升高 21%（风险比：1.21，95%CI：1.11~1.31）[113]。

2. $PM_{2.5}$ 长期暴露与心肌梗死的关联

美国的一项包含 6575 名研究对象的前瞻性队列研究发现，调整年龄、性别、受教育程度以及吸烟状况等协变量后，$PM_{2.5}$ 浓度每增加 1 μg/m³，心肌梗死发病风险升高 14%（风险比：1.14，95%CI：1.01~1.28）[114]。加拿大一项包含约 514 万研究对象的队列研究表明，调整年龄、性别以及地区等协变量后，$PM_{2.5}$ 浓度每增加一个四分位数间距，心肌梗死发病风险升高 5%（风险比：1.05，95%CI：1.04~1.05）[115]。一项覆盖全球 21 个低等收入、中等收入和高等收入国家，包含 157436 名研究对象的队列研究表明，$PM_{2.5}$ 浓度每增加 10 μg/m³ 时，心肌梗死发病率升高 11%（风险比：1.11，95%CI：1.02~1.21）；以世界卫生组织（World Health Organization，WHO）数据作为参照，心肌梗死发病的 $PM_{2.5}$ 人群归因危险度百分比为 8.4%（95%CI：0~15.4%）[116]。我国一项大型队列研究表明，$PM_{2.5}$ 浓度每增加 10 μg/m³ 可导致心肌梗死发病风险升高 28%（风险比：1.28，95%CI：1.19~1.39）[117]。加拿大的一项队列研究发现，$PM_{2.5}$ 浓度每增加 10 μg/m³，心肌梗死的死亡风险升高 64%（风险比：1.64，95%CI：1.13~2.40）[118]。然而，另外一些研究未发现 $PM_{2.5}$ 长期暴露与心肌梗死发病或死亡之间的关联[111,119,120]。2021 年发表的一篇关于 $PM_{2.5}$ 长期暴露与心肌梗死关联的 meta 分析表明，$PM_{2.5}$ 浓度每增加 10 μg/m³，心肌梗死的发病和死亡风险分别升高 10%（合并风险比：1.10，95%CI：1.02~1.18）和 7%（风险比：1.07，95%CI：1.04~1.09）[121]。对既往评价 $PM_{2.5}$ 长期暴露与心肌梗死发病及死亡风险的文献进行汇总，其中以心肌梗死发病为结局 17 项[110,114-117,119,120,122-131]，以心肌梗死死亡为结局 7 项[118,122,132-136]。结果表明，$PM_{2.5}$ 长期暴露浓度每增加 10 μg/m³，心肌梗死发病风险和死亡风险分别升高 13%（风险比：1.13，95%CI：1.06~1.20）和

32%（风险比：1.32，95%CI：1.07~1.62）（图 3-4 和图 3-5）。

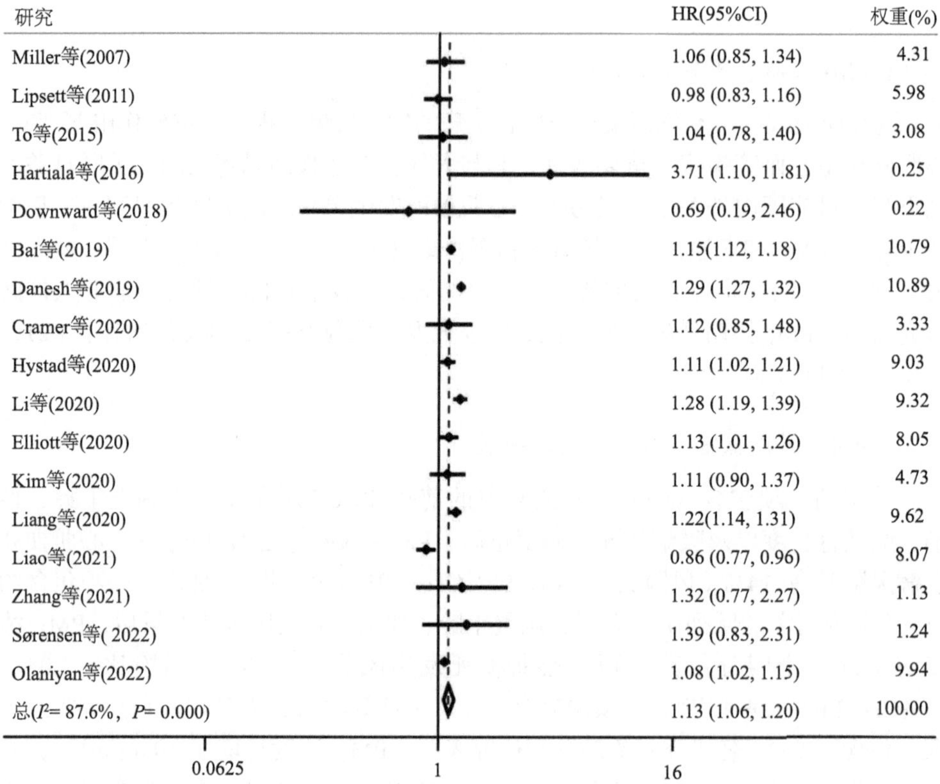

注：权重由随机效应分析得出

图 3-4　$PM_{2.5}$长期暴露浓度每增加 10 μg/m³ 与心肌梗死发病风险的 meta 分析

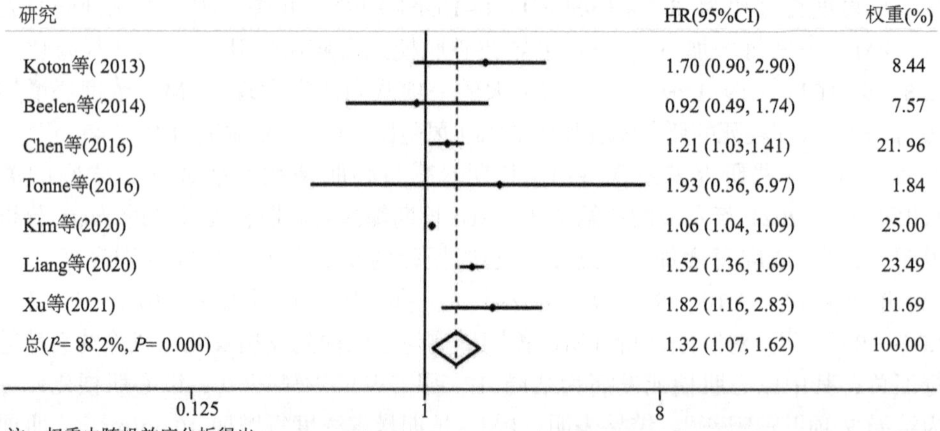

注：权重由随机效应分析得出

图 3-5　$PM_{2.5}$长期暴露浓度每增加 10 μg/m³ 与心肌梗死死亡风险的 meta 分析

3. PM_{10} 长期暴露与心肌梗死的关联

在瑞典首都斯德哥尔摩进行的一项病例对照研究（包含 24347 名病例和 276926 名对照）表明，PM_{10} 浓度每增加 5 μg/m³，总心肌梗死的患病风险升高 11%（比值比：1.11，95%CI：1.02~1.21），而致命性心肌梗死的患病风险将升高 56%（比值比：1.56，95%CI：1.28~1.91）[137]。一项包含 22882 名研究对象的丹麦护士队列研究表明，1 年平均 PM_{10} 长期暴露时，PM_{10} 浓度每增加一个 IQR 可导致致命性心肌梗死的发病风险升高 45%（风险比：1.45，95%CI：1.14~1.84）[110]。但英国的一项队列研究未观察到 PM_{10} 长期暴露与心肌梗死发病风险之间的统计学关联（风险比：0.98，95%CI：0.94~1.01）[138]。一项包含欧洲 22 个队列的研究也未发现 PM_{10} 长期暴露与心肌梗死死亡率之间的统计学关联（风险比：0.94，95%CI：0.81~1.09）[133]。2021 年发表的一篇 meta 分析共计纳入了 14 篇在北美、欧洲以及亚洲等地区开展的关于 PM_{10} 长期暴露与心肌梗死患病之间关联的研究，该研究发现长期暴露于高浓度 PM_{10} 可增加心肌梗死的患病风险（比值比：1.03，95%CI：1.00~1.05）[139]。对既往评价 PM_{10} 长期暴露与心肌梗死发病及死亡风险的文献进行汇总，其中以心肌梗死发病为结局 5 项[110,120,123,128,138]，以心肌梗死死亡为结局 2 项[133,140]。因以心肌梗死死亡为结局的研究较少，故仅对 PM_{10} 长期暴露与心肌梗死发病风险进行 meta 分析。结果并未发现 PM_{10} 长期暴露可增加心肌梗死的发病风险（风险比：0.97，95%CI：0.92~1.03）（图 3-6）。

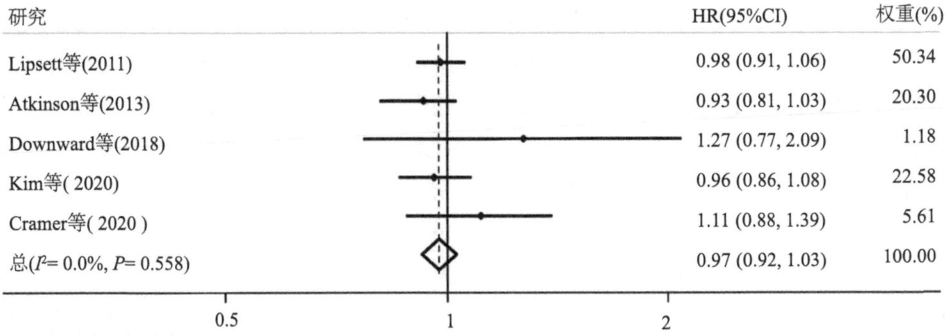

注：权重由随机效应分析得出

图 3-6　PM_{10} 长期暴露浓度每增加 10 μg/m³ 与心肌梗死发病风险的 meta 分析

3.2.3　大气颗粒物长期暴露对脑卒中的影响

1. PM_1 长期暴露与脑卒中的关联

脑卒中是一种常见的脑血管疾病，主要包括缺血性脑卒中和出血性脑卒中。

既往研究显示，长期暴露于高浓度大气颗粒物是脑卒中发生发展的重要影响因素。但目前全球关于 PM_1 长期暴露对脑卒中影响的研究仍十分有限。Chen 等[141]曾探讨 PM_1 长期暴露与脑卒中不良健康效应的关联，该研究主要利用卫星遥感技术结合其他预测因子估算了研究对象确诊脑卒中前三年的 PM_1 暴露水平，调整协变量后，PM_1 浓度每增加 10 μg/m³，缺血性脑卒中的死亡风险升高 5%（风险比：1.05，95%CI：1.02~1.09）。

2. $PM_{2.5}$ 长期暴露与脑卒中的关联

$PM_{2.5}$ 的来源特征、粒径大小及其成分组成均十分复杂，长期暴露于高浓度 $PM_{2.5}$ 所引起的健康危害和疾病负担更为严重。相关研究显示，2015 年我国约 40.3%的脑卒中死亡人数可归因于 $PM_{2.5}$ 暴露[142]。但目前国内外关于 $PM_{2.5}$ 长期暴露与脑卒中健康关联的研究尚无一致结论。一项包含欧洲 ESCAPE 研究中 11 个队列的调查表明，年平均 $PM_{2.5}$ 浓度每增加 5 μg/m³，脑卒中发病风险增加 19%（风险比：1.19，95%CI：0.98~1.62），但未观察到统计学意义。然而进一步按年龄进行分层分析发现，在年龄≥60 岁的老年人群中，长期暴露于高浓度 $PM_{2.5}$ 可增加 40%的脑卒中发病风险（风险比：1.40，95%CI：1.05~1.87）。该研究仍进一步探讨了 $PM_{2.5}$ 年平均暴露在欧盟空气质量标准（25 μg/m³）以下的研究对象脑卒中的发病风险，发现即使 $PM_{2.5}$ 长期暴露浓度在该阈值以下，脑卒中的发病风险仍升高 33%（95%CI：1.01~1.77）[143]。一项针对 6 个低收入和中等收入国家（中国、加纳、印度、墨西哥、俄罗斯和南非）的前瞻性队列研究显示，$PM_{2.5}$ 浓度每增加 10 μg/m³，脑卒中的患病风险升高 13%（风险比：1.13，95%CI：1.04~1.22）[144]。在我国自然人群中实施的 China-PAR 大型前瞻性队列研究表明，$PM_{2.5}$浓度每增加 10 μg/m³，脑卒中、缺血性脑卒中和出血性脑卒中的发病风险分别升高 13%（风险比：1.13，95%CI：1.09~1.17）、20%（风险比：1.20，95%CI：1.15~1.25）和 12%（风险比：1.12，95%CI：1.15~1.25）[28]。另一项覆盖我国北方四个城市（天津、沈阳、太原和日照）的研究表明，调整相关协变量后，$PM_{2.5}$ 年平均浓度每增加 10 μg/m³，脑卒中的死亡风险升高 31%（风险比：1.31，95%CI：1.04~1.65）[145]。一项针对我国香港地区 65 岁及以上人群的队列研究发现，在全调整模型中，$PM_{2.5}$ 每增加 10 μg/m³，脑卒中以及缺血性脑卒中的发病风险分别升高 14%（风险比：1.14，95%CI：1.02~1.27）和 21%（风险比：1.21，95%CI：1.04~1.41），但未发现 $PM_{2.5}$ 长期暴露与出血性脑卒中之间的统计学关联[146]。美国的护士健康队列研究在 1989~2006 年以及 2000~2006 年间均却未观察到 $PM_{2.5}$ 长期暴露与脑卒中发病率之间的统计学关联，HR（95%CI）分别为 1.03（0.92~1.15）和 1.18（0.96~1.45）[147]。对既往评价 $PM_{2.5}$ 长期暴露与脑卒中发病及死亡风险的文献进行汇总，其中以脑卒中发病为结局 28 项[28,116,119,122-130,138,143,144,146-158]，以脑卒中死亡为结局 10 项[122,129,132,141,145,154,159-162]。结果显示，$PM_{2.5}$ 长期暴露浓度每增加 10 μg/m³，脑卒中发病风险和死亡风险分别升高 17%（风险比：1.17，95%CI：1.10~1.24）和 10%（风险比：1.10，95%CI：1.01~1.20）（图 3-7 和图 3-8）。

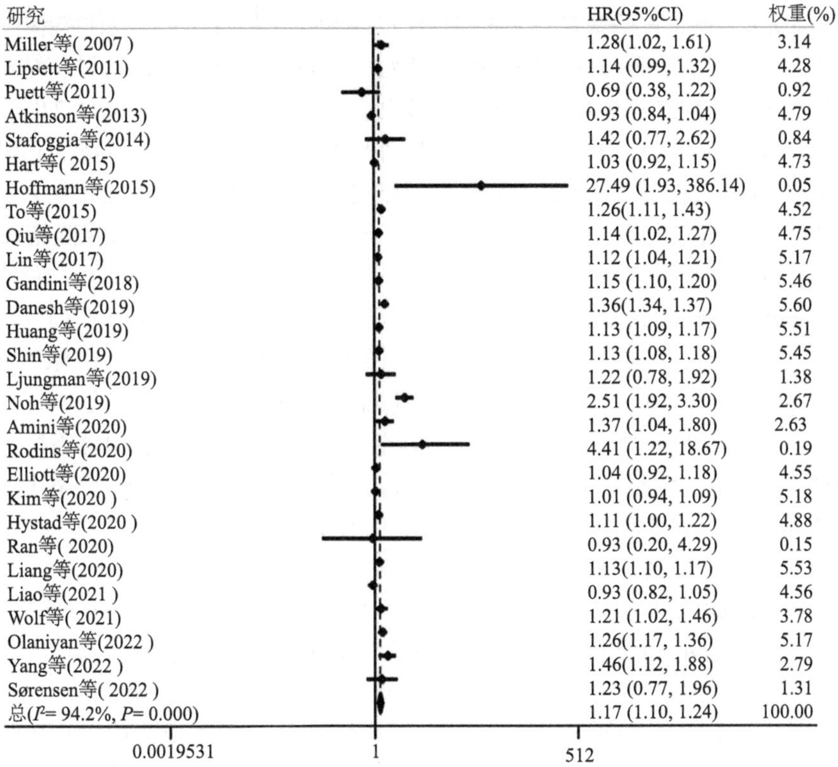

注：权重由随机效应分析得出

图 3-7 $PM_{2.5}$ 长期暴露浓度每增加 10 μg/m³ 与脑卒中发病风险的 meta 分析

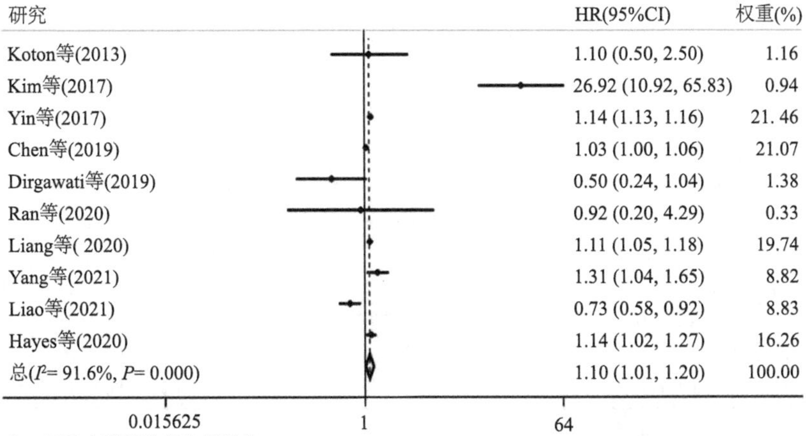

注：权重由随机效应分析得出

图 3-8 $PM_{2.5}$ 长期暴露浓度每增加 10 μg/m³ 与脑卒中死亡风险的 meta 分析

3. PM_{10} 长期暴露与脑卒中的关联

多项研究表明，短期暴露于 PM_{10} 会增加人群脑卒中的发病率以及住院率[163-165]，但关于 PM_{10} 长期暴露与脑卒中发病以及死亡风险的研究较少，且目前结论不一致。在我国东北地区三个城市（沈阳、鞍山、锦州）实施的一项包含 24845 名成年人群的研究表明，调整年龄、种族、教育程度、收入、吸烟、饮酒、运动、饮食、血糖、心血管疾病家族史、脑卒中家族史以及地区因素后，在超重人群中，PM_{10} 年平均暴露浓度每增加一个 IQR（19 μg/m^3），脑卒中的患病风险增加 35%（比值比：1.35，95%CI：1.12~1.61），进一步按性别进行分层分析时，身体质量指数（body mass index，BMI）和 PM_{10} 升高脑卒中发病风险的交互作用仅在女性中存在[166]。德国的一项包含 4433 名研究对象的队列研究显示，PM_{10} 浓度从第 5 百分位数增至第 95 百分位数时，研究对象脑卒中的发病风险升高 2.61%（95%CI：1.13~6.00）[150]。美国加州的一项针对 124614 名在职和退休教师的前瞻性队列研究显示，调整相关协变量后，PM_{10} 浓度每增加 10 μg/m^3，脑卒中发病风险呈边缘升高（风险比：1.06，95%CI：1.00~1.13）。然而，另一项纳入 ESCAPE 研究中 11 个队列，包含约 10 万人的荟萃分析却未观察到 PM_{10} 长期暴露与脑卒中发病风险之间的关联（风险比：1.11，95%CI：0.90~1.36）[143]。对既往探讨 PM_{10} 长期暴露与脑卒中发病及死亡风险的文献进行汇总，其中以脑卒中发病为结局 10 项[123,128,138,143,147,150,155,167-169]，以脑卒中死亡为结局 3 项[140,141,170]。因以脑卒中死亡为结局的研究较少，故仅对 PM_{10} 长期暴露与脑卒中发病风险进行 meta 分析（图 3-9）。结果显示，PM_{10} 长期暴露与脑卒中发病风险之间的关联无统计学意义（风险比：1.05，95%CI：1.00~1.11，P=0.068）。

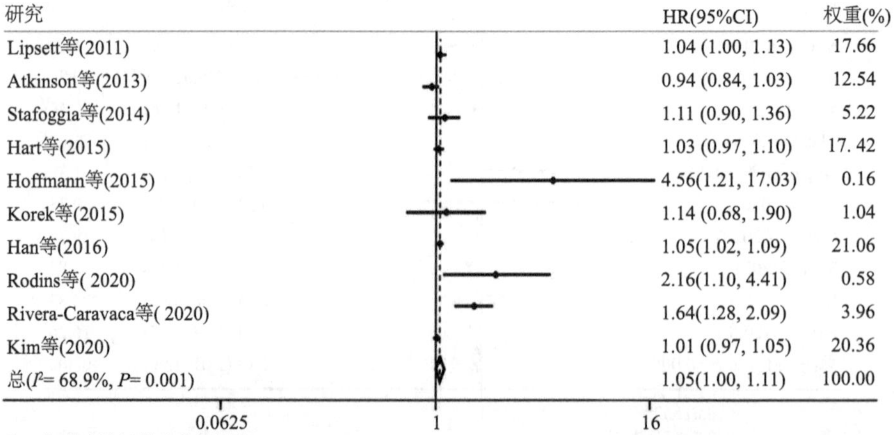

注：权重由随机效应分析得出

图 3-9　PM_{10} 长期暴露浓度每增加 10 μg/m^3 与脑卒中发病风险的 meta 分析

3.2.4　大气颗粒物长期暴露对总心血管疾病的影响

1. PM_1 长期暴露与 CVD 的关联

浙江省一项研究表明，在 2013~2017 年间，有 2.86%（95%CI：0.85%~4.81%）的心血管疾病死亡人数归因于 PM_1 暴露[171]，但目前全球关于 PM_1 长期暴露与总心血管疾病（cardiovascular disease，CVD）关联的研究仍十分有限[172]。目前仅发现我国辽宁省 33 个社区进行的一项包含 28830 名成年人群的大型研究探讨了 PM_1 长期暴露与 CVD 患病率之间的关联。该研究发现，PM_1 浓度每增加 10 μg/m^3，CVD 患病风险随之升高 10%（比值比：1.10，95%CI：1.02~1.20）。进一步按心血管代谢危险因素（高血压、2 型糖尿病、超重/肥胖、高甘油三酯血症以及高脂蛋白血症）分层分析发现，患有高血压、2 型糖尿病、高甘油三酯血症以及高脂蛋白血症的研究对象 PM_1 长期暴露相关的 CVD 患病风险更高[172]。

2. $PM_{2.5}$ 长期暴露与 CVD 的关联

与 PM_1 长期暴露和 CVD 患病风险关联的结果相似，在我国辽宁省 33 个社区进行的研究还发现，$PM_{2.5}$ 浓度每增加 10 μg/m^3，CVD 患病风险随之升高 7%（比值比：1.07，95%CI：1.01~1.14）。而在患有高血压、2 型糖尿病、高甘油三酯血症以及高脂蛋白血症的研究对象中，$PM_{2.5}$ 长期暴露相关的 CVD 患病风险更高[172]。China-PAR 研究表明，$PM_{2.5}$ 浓度每增加 10 μg/m^3 可导致 CVD 发病率和死亡率分别升高 25.1%（风险比：1.251，95%CI：1.220~1.283）和 16.4%（风险比：1.164，95%CI：1.117~1.213），且 $PM_{2.5}$ 长期暴露的效应在老年人群（年龄≥65 岁）、农村人群以及从不吸烟者中更为显著[122]。一项覆盖全球 21 个低等收入、中等收入和高等收入国家，包含约 16 万人的大型队列研究表明，$PM_{2.5}$ 浓度每增加 10 μg/m^3 时，心血管疾病发病和死亡风险升高 5%（风险比：1.05，95%CI：1.03~1.07）和 3%（风险比：1.03，95%CI：1.00~1.06）；以 WHO 数据作为参照，心血管疾病发病和死亡的 $PM_{2.5}$ 人群归因危险度百分比分别为 13.9%（95%CI：8%~18.6%）和 8.3%（95%CI：0%~15.2%）[116]。但一项包含欧洲 22 个队列的 meta 分析未观察到 $PM_{2.5}$ 长期暴露与 CVD 死亡率之间的统计学关联（风险比：0.99，95%CI：0.91~1.08）[133]。与此相似，一项包含欧洲 19 个队列的荟萃分析亦未发现 $PM_{2.5}$ 组分（铜、铁、钾、镍、硫、硅、钒和锌）与 CVD 死亡率之间存在统计学关联[173]。对过去五年内评价 $PM_{2.5}$ 长期暴露与 CVD 发病及死亡风险的文献进行汇总，其中以 CVD 发病为结局 7 项[88,116,120,122,128,149,174]，以 CVD 死亡为结局 26 项[116,122,129,131,135,136,154,161,162,175-191]。结果显示，$PM_{2.5}$ 长期暴露浓度每增加 10 μg/m³，CVD 发病风险和死亡风险分别升高 11%（风险比：1.11，95%CI：1.01~1.21）和 21%（风险比：1.21，95%CI：1.14~1.28）。

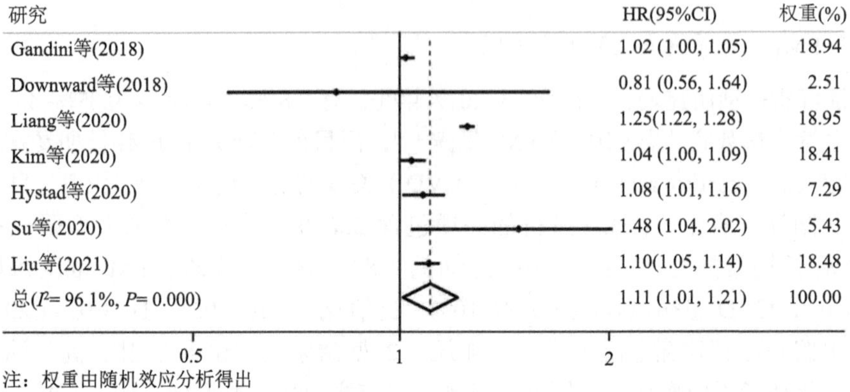

注：权重由随机效应分析得出

图 3-10　$PM_{2.5}$长期暴露浓度每增加 10 μg/m³与 CVD 发病风险的 meta 分析

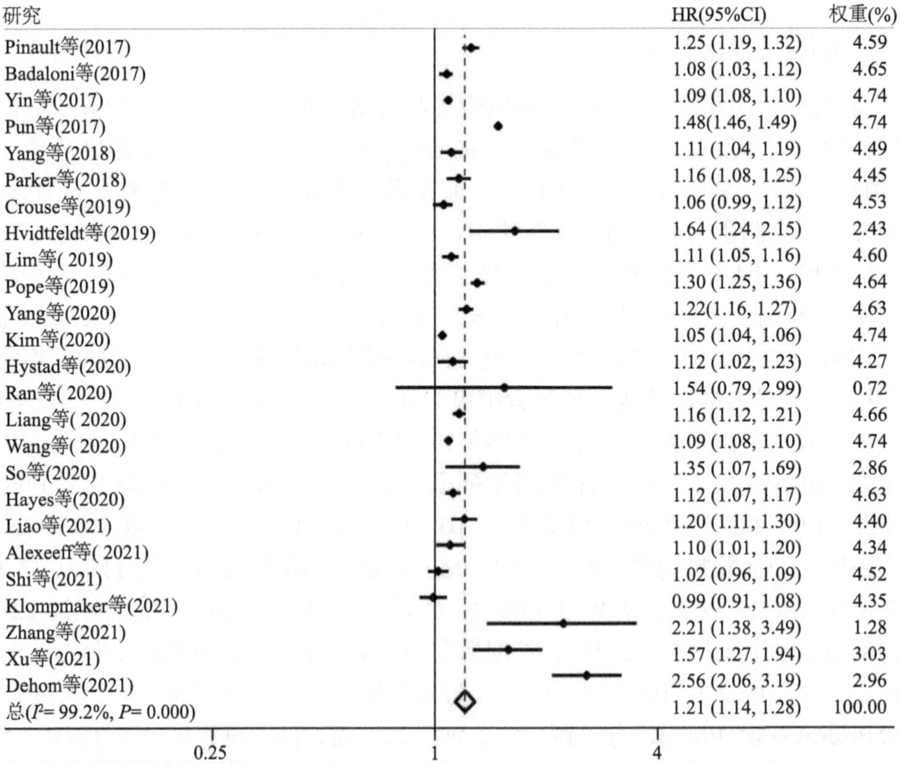

注：权重由随机效应分析得出

图 3-11　$PM_{2.5}$长期暴露浓度每增加 10 μg/m³与 CVD 死亡风险的 meta 分析

3. PM_{10} 长期暴露与 CVD 的关联

Yang 等在我国辽宁省 33 个社区进行的研究中未发现 PM_{10} 长期暴露与总人群 CVD 患病率之间的关联（比值比：1.03，95%CI：0.97~1.10），但进一步分层分析发现，在高脂蛋白血症的研究对象中，PM_{10} 长期暴露与 CVD 患病风险升高相关[172]。一项包含了英国三项大型横断面调查（分别为 1994 年、1998 年和 2003 年）的 meta 分析结果显示，无论是在男性还是女性中，在 1994 年和 1998 年的调查中均未发现 PM_{10} 长期暴露与 CVD 患病率之间的关联，而在 2003 年的调查中发现 PM_{10} 每增加 10 μg/m^3，CVD 患病风险在男性和女性中分别升高 9.22%（95%CI：1.72%~17.26%）和 8.63%（95%CI：0.58%~17.32%），合并 OR（95%CI）值在男性和女性中分别为 2.88%（95%CI：−0.64%~6.51%）和 1.61%（95%CI：−2.10%~5.45%）[192]。

相关研究显示，PM_{10} 暴露可导致每年约 3499 名（95%CI：1408~5528）心血管疾病患者超额死亡（归因危险度百分比：3.54%，95%CI：1.42~5.59）[171]。我国沈阳的一项回顾性队列研究表明，在调整协变量如年龄、性别、文化程度、家庭、吸烟状况、个人收入、职业暴露、身体质量指数以及体力活动后，PM_{10} 每增加 10 μg/m^3，CVD 患者死亡风险升高 55%（比值比：1.55，95%CI：1.51~1.60）[193]。一项覆盖我国北方四个城市（天津、沈阳、太原和日照）的队列研究表明，PM_{10} 浓度每增加 10 μg/m^3，总心血管疾病的死亡风险升高 23%（风险比：1.23，95%CI：1.19~1.26）。该研究还发现在男性、吸烟者以及社会经济地位较高者中 PM_{10} 长期暴露相关的 CVD 死亡风险明显升高[194]。而一项包含欧洲 22 个队列的荟萃分析却未观察到 PM_{10} 长期暴露与 CVD 死亡率之间的统计学关联（风险比：1.02，95%CI：0.92~1.14）[133]。另一项包含欧洲 19 个队列的 meta 分析也未发现 PM_{10} 的化学组分与 CVD 死亡率之间存在统计学关联[173]。对过去五年内评价 PM_{10} 长期暴露与 CVD 发病及死亡风险的文献进行汇总，其中以 CVD 发病为结局 2 项[120,128]，以 CVD 死亡为结局 5 项[176,187,188,195,196]。Meta 分析结果显示，PM_{10} 长期暴露与 CVD 死亡风险之间的关联无统计学意义（风险比：1.04，95%CI：0.99~1.08）（图 3-12）。

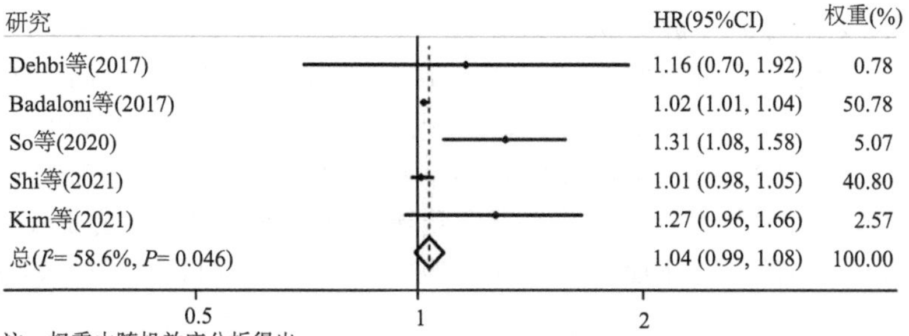

注：权重由随机效应分析得出

图 3-12 PM_{10} 长期暴露浓度每增加 10 μg/m^3 与 CVD 死亡风险的 meta 分析

3.2.5　大气颗粒物长期暴露对其他心脑血管疾病的影响

1. 大气颗粒物长期暴露与动脉粥样硬化的关联

在美国六个地区进行的一项前瞻性队列研究表明，$PM_{2.5}$ 浓度每增加 5 μg/m^3 与每年冠状动脉钙化积分增加 4.1 个单位相关（95%CI：1.4~6.8）[197]。2015~2017 年我国北京阜外医院进行的一项研究发现，在调整协变量后，$PM_{2.5}$ 每增加 30 μg/m^3，冠状动脉钙化积分增加 27.2%（95%CI：10.8%~46.1%）；效应在男性（比值比：1.422，95%CI：1.243~1.627）、老年人群（比值比：1.501，95%CI：1.288~1.750）以及糖尿病患者（比值比：1.622，95%CI：1.309~2.010）中更为显著[198]。此外，针对我国河南省农村成年人群实施的研究发现，大气污染物 PM_1、$PM_{2.5}$、PM_{10} 和 O_3 长期暴露浓度每增加 1 μg/m^3，10 年动脉粥样硬化性心血管疾病风险分别升高 4.4%（比值比：1.044，95%CI：1.034~1.056）、9.1%（比值比：1.091，95%CI：1.079~1.104）、4.6%（比值比：1.046，95%CI：1.040~1.051）和 16%（比值比：1.16，95%CI：1.08~1.25）[199,200]。该河南农村队列的另一项研究进一步发现大气污染物长期混合暴露与社会经济地位指标存在交互作用：在受教育程度和人均月收入较低的群体中，大气污染物长期混合暴露与更高的 10 年动脉粥样硬化性心血管疾病风险相关[201]。

2. 大气颗粒物长期暴露与静脉血栓栓塞症的关联

静脉血栓栓塞症（venous thromboembolism，VTE）是一类常见的心血管疾病，主要包括肺栓塞（pulmonary embolism，PE）和深静脉血栓形成（deep vein thrombosis，DVT）两种类型。而其中肺栓塞往往起病急，危害重，是心脑血管疾病中仅次于脑卒中和急性心肌梗死的第三顺位致死原因。意大利一项病例对照研究表明，在调整临床和环境因素等协变量后，PM_{10} 浓度每增加 10 μg/m^3，DVT 患病风险增加 70%（95%CI：1.30~2.23）[202]。此外，包含 115745 名女性的护士健康队列研究表明，调整协变量后，年平均 $PM_{2.5}$、$PM_{2.5\sim10}$ 和 PM_{10} 浓度每增加 10 μg/m^3，肺栓塞的发病风险分别升高 24%（比值比：1.24，95%CI：1.00~1.54）、19%（比值比：1.19，95%CI：1.00~1.42）和 15%（比值比：1.15，95%CI：1.02~1.30）[203]。但近年发表的一篇关于空气污染与肺栓塞关联的荟萃分析却并未观察到暴露于高浓度 $PM_{2.5}$ 或 PM_{10} 会增加肺栓塞的发病风险[204]。因此，大气颗粒物长期暴露与 VTE 之间的关联仍有待研究。

3. 大气颗粒物长期暴露与心房颤动的关联

一项包含约 500 万名加拿大居民的大型回顾性队列研究发现，在调整年龄、性别、收入、教育程度以及地区等因素后，$PM_{2.5}$ 5 年平均暴露浓度每增加一个 IQR，心房颤动的发病风险升高 3%（风险比：1.03，95%CI：1.01~1.04），而且这种效应在较低收入的人群中更为显著（风险比：1.06，95%CI：1.04~1.08）[156]。韩国的一项全国性队列研究表明，$PM_{2.5}$ 和 PM_{10} 年平均暴露浓度每增加 10 μg/m³，心房颤动的发病风险分别升高 17.9%（风险比：1.179，95%CI：1.176~1.183）和 3.4%（风险比：1.034，95%CI：1.033~1.036）[205]。近年发表的一项包含 18 项研究的荟萃分析显示，长期暴露于大气颗粒物时，$PM_{2.5}$ 和 PM_{10} 浓度每增加 10 μg/m³，心房颤动的患病风险分别增加 7%（合并 OR 值：1.07，95%CI：1.04~1.10）和 3%（合并 OR 值：1.03，95%CI：1.03~1.04）[206]。

3.3 案 例 分 析

3.3.1 $PM_{2.5}$ 成分与死亡率：中国北京的时间序列研究

1. 研究背景

流行病学研究证实，短期暴露于 $PM_{2.5}$ 会增加人类死亡的风险[207-210]。也有证据表明，$PM_{2.5}$ 相关死亡率的机制可能与氧化应激和炎症反应有关，但不能确定 $PM_{2.5}$ 的哪些成分对人体健康最有害[207,211,212]。中国现在经历着全国性的空气污染，$PM_{2.5}$ 已成为影响人口健康的主要风险因素。近年来，随着全国范围内 $PM_{2.5}$ 成分监测数据的日益普及，一些全国性的多中心研究报告指出，硫酸盐、硝酸盐、元素碳和有机碳与死亡和住院风险呈正相关，而包括锌、镍、铬和铁在内的过渡金属也在 $PM_{2.5}$ 对人类健康的危害中发挥作用[8,213-216]。然而，由于缺乏化学成分及其分布时空变化的可用数据，目前的证据不允许直接将特定成分的流行病学影响与死亡率联系起来[217,218]。大量研究证实了 $PM_{2.5}$ 在中国对健康的急性影响，并发现其影响程度远低于在美国和欧洲进行的类似研究中报告的影响[219-222]。造成这种差异可能的原因是过度风险因成分而异，它们在 $PM_{2.5}$ 中的不同比例可能会导致更大或更小的 $PM_{2.5}$ 健康影响。有关这些成分如何导致中国死亡率的信息可以为维护人类健康提供流行病学证据，也可以为发达国家和中国观察到的 $PM_{2.5}$ 对健康影响的差异提供证据。为此，中国疾病预防控制中心环境与健康相关产品安全所风险评估室李湉湉课题组利用 2013~2015 年北京市空气污染数据及逐日死亡数据开展的时间序列分析定量评估了细颗粒物成分与死亡率之间的关系[220]。

2. 研究方法

本案例在北京市开展，利用时间序列设计来估计短期暴露于 $PM_{2.5}$ 不同化学成分对北京市民死亡风险的影响，调查每种成分与死亡率之间关联的季节性模式，此外，根据性别和年龄将研究人群分为几个亚组，探讨哪组人群最容易受到短期接触化学成分的影响。研究人群包括在北京东城、丰台、通州、门头沟、昌平、延庆和密云七个区连续居住至少 6 个月的个人，共 661 万。每日死亡率计数来自中国疾病预防控制中心的疾病监测点系统（DSPS），排除外部死亡后按原因将死亡分为三类——全因（不包括外部）死亡率（ICD-10：A00-R99）、心血管疾病（ICD-10：I00-I99）和呼吸系统疾病（ICD-10：J00-J99），并按性别（男性和女性）和年龄（＜65 岁、65~74 岁和＞74 岁）将数据分为不同年龄亚组。空气污染数据是从北京市环境监测中心（http://zx.bjmemc.com.cn/）获得的 $PM_{2.5}$ 数据，通过对朝阳区三个固定监测站的数据进行平均来计算 $PM_{2.5}$ 质量浓度。从朝阳区的颗粒物成分监测站获得了有关 $PM_{2.5}$ 成分的信息，包括有机碳（OC）、元素碳（EC）、钠（Na^+）、铵（NH_4^+）、钾（K^+）、镁（Mg^{2+}）、钙（Ca^{2+}）、氯化物（Cl^-）、硫酸盐（SO_4^{2-}）和硝酸盐（NO_3^-）的 24 h 平均值。使用在线监测仪器（MaRGA ADI 2080、Metrohm 和 AppLikon）测量了 $PM_{2.5}$ 中的离子浓度，并使用实时 ECOC 分析仪测量了有机碳（OC）和元素碳（EC）的浓度。气象数据是从中国气象局中国气象资料网获得的 54511 号北京站的 24 h 平均温度和相对湿度数据。

采用时间序列分析方法，构建广义线性模型并应用准泊松回归来分析在整个研究期间，每种死因和每个亚组的每日死亡率和 $PM_{2.5}$ 成分之间的关联。

$$\log E(Y_t)=\text{intercept}+\text{ns}(\text{time, df})+\text{ns}(\text{temperature, df})+\text{ns}(\text{humidity, df})+\text{dow}+\beta Zt$$

在基本模型中，使用自由度（df）=5 的自然三次回归样条控制季节性和长期趋势，使用自由度（df）=3 的自然三次回归样条控制当天的日均温度和日相对湿度，还包括了指标变量，以允许基线死亡率在一周中的每一天发生变化。

分层分析：按暖季（5~10 月）和冷季（11 月至次年 4 月）对 3 年时间序列数据进行分层，以探索潜在的季节性影响。在季节性分层模型中，使用自由度（df）=3 的自然三次回归样条控制季节性和长期趋势，使用自由度（df）=2 的自然三次回归样条控制当天的日均温度和日相对湿度，还包括了指标变量，以允许基线死亡率在一周中的每一天发生变化。

滞后分析：分别将当天、滞后 1 天、滞后 2 天、滞后 3 天（lag0、lag1、lag2 和 lag3）$PM_{2.5}$ 成分暴露纳入基本模型，以评估死亡率效应[223,224]。

敏感性分析：在全因死亡率的模型中，使用自由度（df）=6 的自然三次回归样条控制季节性和长期趋势，使用自由度（df）=5 的自然三次回归样条控制当天的日均温度和日相对湿度和使用自由度（df）=7 的自然三次回归样条控制季节性和长期趋势，使用自由度（df）=5 的自然三次回归样条控制当天的日均温度和日相对湿度分别分析，以评估模型的稳定性。

Meta 回归：为了检验异常值和极值的作用，从三年的数据中减去第 99 百分位以上的值，并使用该数据集进行回归分析。

3. 研究结果

$PM_{2.5}$ 质量和化学成分暴露浓度每增加一个 IQR 的全年和季节性分层的估计死亡率风险见图 3-13 和图 3-14。在全年回归模型中，大多数点估计值除 Na^+和 Cl^-外，其他成分与死亡率之间均呈正相关。OC、K^+、Ca^{2+}和 Mg^{2+}浓度每增加一个 IQR 与呼吸系统死亡率和 SO_4^{2-}浓度每增加一个 IQR 与心血管死亡率呈正相关关系（$P<0.05$）。

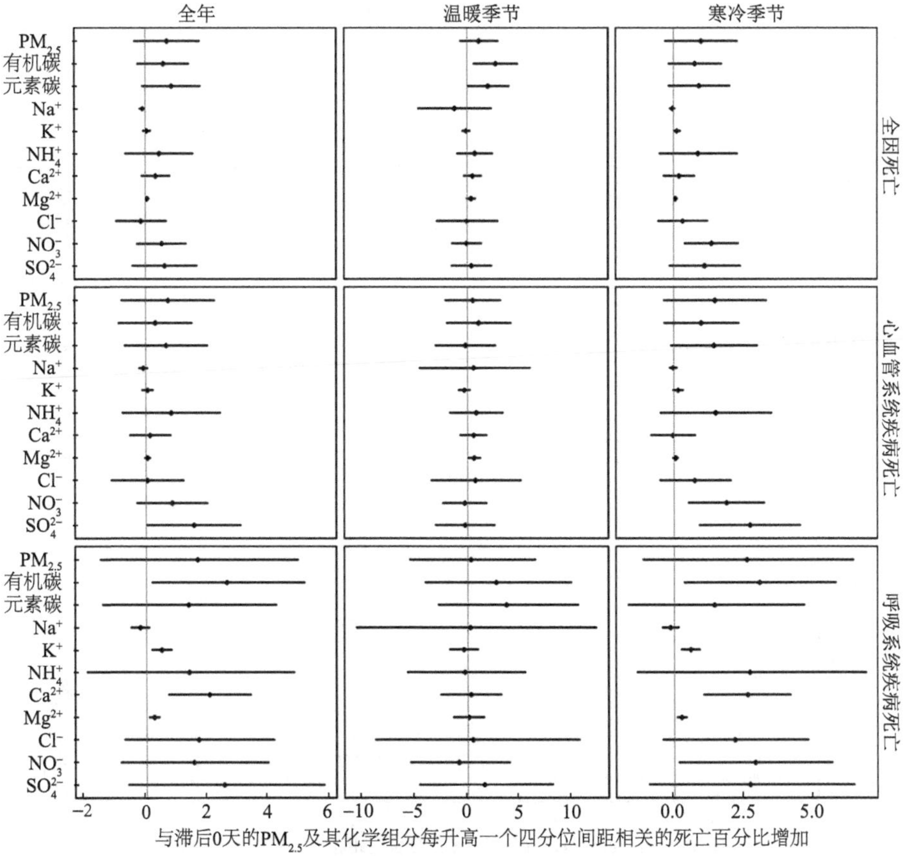

图 3-13　$PM_{2.5}$ 质量和化学成分的 0~3 天滞后的估计影响

就季节分层分析的结果而言，暖季 lag0 的 OC 和 EC 暴露浓度与全因死亡率相关：分别为 2.74%（95%CI：0.60%~4.91%）和 2.02%（95%CI：0.00~4.08%）。在寒冷季节观察到更强的关联：NO_3^-浓度每增加一个 IQR 与全因死亡率增加 1.33%（95%CI：0.38%~2.29%）相关，NO_3^-和 SO_4^{2-}浓度每增加一个 IQR 与心血管死亡率增加 1.86%（95%CI：0.51%~3.23%）和 2.69%（95%CI：0.90%~4.51%）相关，OC、K^+、Ca^{2+}、Mg^{2+}和 NO_3^-浓度每增加一个 IQR 与呼吸系统死亡率增加 3.04%（95%CI：0.36%~5.79%），0.59%（95%CI：0.24%~0.94%），2.60%（95%CI：1.05%~4.17%），0.27%（95%CI：0.08%~0.46%）和 2.87%（95%CI：0.16%~5.66%）相关。

2013~2015 年由滞后模型计算出的 $PM_{2.5}$ 成分暴露浓度每增加一个 IQR 与死亡率的估计风险，与其他滞后日相比，在全年回归模型中，lag0 或 lag1 的估计值最高。

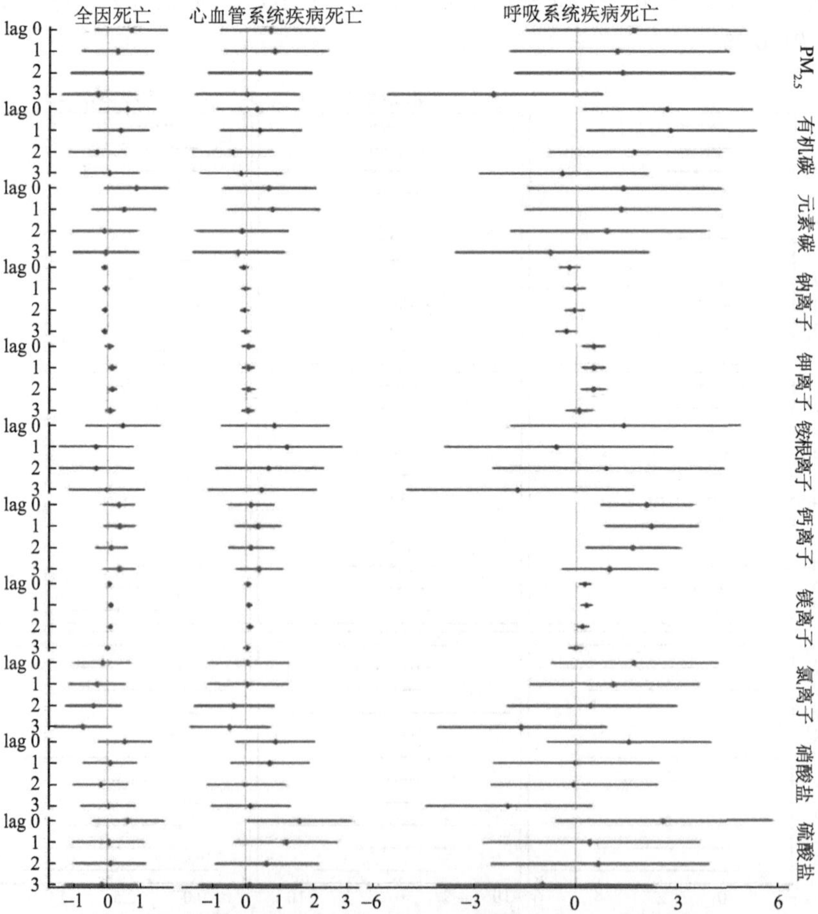

图 3-14　$PM_{2.5}$ 化学成分每升高一个 IQR 与按年龄和性别分组的全因死亡率之间的关联

短期暴露于该物质的估计风险与男性和女性之间的成分之间没有统计学差异（表 3-1）。在 65~74 岁年龄组中，四种成分导致更大的风险：IQR 增加了 EC、NH_4^+、NO_3^-和 SO_4^{2-}的浓度每增加一个 IQR，全因死亡率增加了 2.68%（95%CI：0.44%~4.96%）、2.71%（95% CI：0.08%~5.4%）、2.28%（95%CI：0.38%~4.22%）和 2.51%（95%CI：0.01%~5.07%）。

表 3-1 $PM_{2.5}$ 化学成分与按年龄和性别分组的全因死亡率之间的关联

$PM_{2.5}$ 成分	性别		年龄（岁）		
	男性	女性	＜65	65~74	＞74
$PM_{2.5}$	0.86 (−0.63, 2.36)	0.53 (−0.97, 2.05)	−0.22(−0.27, 4.81)	2.24(−0.27, 4.81)	0.59 (−0.76, 1.96)
有机碳	0.71 (−0.45, 1.89)	0.53 (−0.67, 1.74)	0.49 (−1.22, 2.23)	1.51 (−0.48, 3.54)	0.40 (−0.67, 1.48)
元素碳	1.06 (−0.23, 2.38)	0.64 (−0.71, 2.01)	0.32 (−1.59, 2.26)	2.68 (0.44, 4.96)	0.53 (−0.67, 1.74)
Na^+	−0.20 (−0.34, −0.05)	0.03 (−0.11, 0.18)	−0.02 (−0.22, 0.19)	−0.16 (−0.41, 0.10)	−0.10 (−0.24, 0.03)
K^+	0.01 (−0.17, 0.19)	0.10 (−0.10, 0.29)	0.05 (−0.22, 0.32)	0.20 (−0.11, 0.50)	0.01 (−0.16, 0.17)
NH_4^+	0.69 (−0.84, 2.24)	0.20 (−1.37, 1.79)	−0.92 (−3.12, 1.32)	2.71 (0.08, 5.40)	0.34 (−1.07, 1.76)
Ca^{2+}	0.41 (−0.23, 1.06)	0.19 (−0.48, 0.86)	0.36 (−0.38, 1.31)	−0.21 (−1.31, 0.91)	0.43 (−0.17, 1.02)
Mg^{2+}	0.02 (−0.08, 0.12)	0.09 (−0.01, 0.20)	0.03 (−0.12, 0.19)	0.14 (−0.12, 0.31)	0.03 (−0.06, 0.13)
Cl^-	−0.16 (−1.30, 1.00)	−0.10 (−1.26, 1.08)	−0.42 (−2.08, 1.27)	1.28 (−0.66, 3.26)	−0.44 (−1.48, 0.61)
NO_3^-	0.55 (−0.57, 1.67)	0.52 (−0.62, 1.68)	−0.44 (−2.05, 1.20)	2.28 (0.38, 4.22)	0.40 (−0.62, 1.43)
SO_4^{2-}	0.24 (−1.02, 1.70)	1.04 (−0.48, 2.58)	−0.83 (−2.93, 1.32)	2.52 (0.01, 5.07)	0.64 (−0.70, 2.00)

4. 研究结论

本案例通过采用时间序列分析方法，构建广义线性模型分析短期暴露于 $PM_{2.5}$ 及其特定成分对人群健康的影响。研究结果表明，不同季节、不同成分的不利影响不同，某些成分可能对老年人的危害更大。该结果提供了支持该研究假设的证据，即 $PM_{2.5}$ 的特定化学成分在 $PM_{2.5}$ 相关的死亡风险中发挥了作用。因此，针对 $PM_{2.5}$ 以及其中特定的、更有毒的成分的大量排放进行严格的规定，将是保护公众健康的一种更有效的方式。

3.3.2 中国人群 $PM_{2.5}$ 长期暴露与心血管疾病的关联

1. 研究背景

CVD 作为死亡的主要原因，在 2016 年造成全球 1760 万人死亡，约占全因死亡的 32.3%[223]。在我国，CVD 死亡数于 1990 年至 2016 年增加了 58.5%，这一迅速攀升给我国造成了沉重的疾病负担[224]。因此针对 CVD 相关的危险因素开展研究十分必要。$PM_{2.5}$是由空气动力学直径≤2.5 μm 的悬浮颗粒组成。2015 年，室外 $PM_{2.5}$暴露在导致全球死亡的所有风险因素中排名第五[225]。随着过去几十年能源消耗的增加，我国 $PM_{2.5}$ 污染的高暴露对公共健康的影响日益加重。欧美等国家虽曾报道过长期暴露于 $PM_{2.5}$和 CVD 风险之间的关联[119,132]，并探讨过其剂量-反应关系[226,227]。然而，很少有研究在中国等大气污染严重的国家探讨二者的关联。因此，中国医学科学院阜外医院顾东风院士课题组开展的 China-PAR 研究在整合了 4 个子队列且覆盖全国 15 个省份约 11.7 万名中国成年居民中探索 $PM_{2.5}$长期暴露与 CVD 发病和死亡风险之间的关联[121]。

2. *研究方法*

本研究共计 116972 名研究对象纳入最终分析，对每位研究对象进行问卷调查（人口统计学特征、生活方式以及心血管疾病相关疾病史信息等）、体格检查（身高、体重以及血压等）以及血液样本采集。采用基于卫星遥感的时空统计模型估算每位研究对象 2000~2015 年的年均 $PM_{2.5}$ 暴露水平。使用随时间变化的 Cox 比例风险回归模型探索年平均 $PM_{2.5}$ 浓度与 CVD 发病或死亡风险之间的关联，利用限制性立方样条进一步研究他们之间的暴露-反应关系。此外，研究按年龄、性别、BMI、总胆固醇水平、吸烟状况、饮酒状况、高血压、糖尿病以及地区等变量分层进行亚组分析，探讨潜在的效应修饰因素。

3. *研究结果*

研究结果显示，校正年龄、性别、教育程度、生活行为方式以及相关疾病史等因素后，$PM_{2.5}$ 年平均浓度增加会导致 CVD 发病和死亡风险升高。在将 $PM_{2.5}$浓度按照四分位数分为 Q1（最低）、Q2、Q3 以及 Q4（最高）组后发现，与 Q1 组研究对象相比，Q4 组即暴露于最高 $PM_{2.5}$ 浓度的研究对象心血管疾病及其亚型（急性冠脉综合征、急性心肌梗死以及脑卒中）的发病风险及死亡风险均有所升高，HR 在 1.447 至 4.599 之间（表 3-2）。

表 3-2　$PM_{2.5}$ 长期暴露与 CVD 发病率和死亡率的关联

疾病	计数	每 10 μg/m³ 的增加		Q2*		Q3*		Q4*	
		HR	95%CI	HR	95%CI	HR	95%CI	HR	95%CI
CVD 发病率									
心血管疾病	5760	1.251	1.220~1.283	0.999	0.859~1.161	1.081	0.925~1.263	1.913	1.622~2.257
急性冠脉综合征	1398	1.382	1.312~1.458	1.246	0.915~1.697	1.075	0.779~1.483	2.813	2.011~3.935
急性心肌梗死	879	1.222	1.141~1.309	1.096	0.750~1.600	1.073	0.720~1.599	1.770	1.163~2.692
脑卒中	3540	1.132	1.096~1.169	0.953	0.785~1.156	1.181	0.967~1.443	1.447	1.170~1.791

续表

疾病	计数	每 10 μg/m³ 的增加		Q2*		Q3*		Q4*	
		HR	95%CI	HR	95%CI	HR	95%CI	HR	95%CI
CVD 死亡率									
心血管疾病	2359	1.164	1.117~1.213	1.168	0.916~1.488	1.225	0.952~1.578	1.803	1.379~2.358
缺血性心脏病	609	1.391	1.276~1.517	1.285	0.709~2.328	1.422	0.772~2.619	2.998	1.594~5.639
急性心肌梗死	399	1.515	1.360~1.687	1.647	0.825~3.291	1.737	0.840~3.589	4.599	2.169~9.749
脑卒中	1162	1.110	1.047~1.177	1.298	0.907~1.859	1.384	0.953~2.009	1.770	1.195~2.623

注：校正了年龄、性别、教育程度、与工作相关体力活动、吸烟状况、饮酒状况、身体质量指数、总胆固醇、高血压、糖尿病、地理区域、城市/农村以及队列来源

* 第一分位数（Q1）组作为参照

此外，$PM_{2.5}$ 长期暴露与 CVD 发病和死亡风险的剂量-反应关系（图 3-15）显示，$PM_{2.5}$ 长期暴露与 CVD 发病和死亡风险之间的关联均呈非线性上升趋势（$P<0.001$），且在较高的 $PM_{2.5}$ 暴露水平（高于 60 μg/m³）下，CVD 发病风险和死亡风险均有所升高。

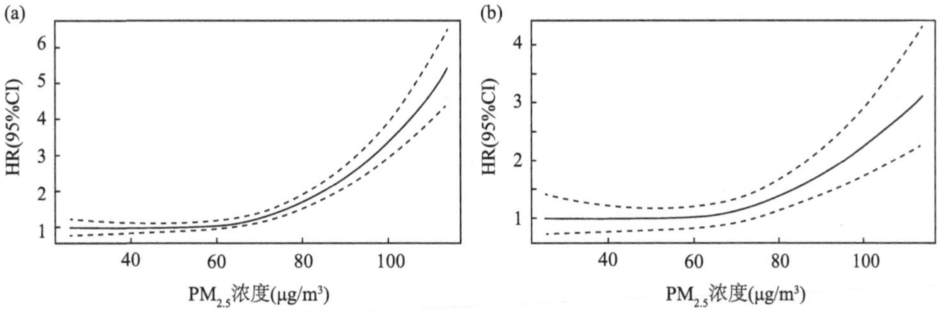

图 3-15 $PM_{2.5}$ 长期暴露与 CVD 发病率（a）和死亡率（b）的剂量-反应关系

进一步按年龄、性别、BMI、总胆固醇水平、吸烟状况、饮酒状况、高血压、糖尿病以及地区分层进行的亚组分析（图 3-16）表明，在不同亚组中，$PM_{2.5}$ 暴露对 CVD 发病率和死亡率的长期健康影响基本上均具有统计学意义（$P<0.05$），且与年龄<65 岁、城市居民和吸烟者相比，年龄≥65 岁、农村居民和从不吸烟者长期暴露于 $PM_{2.5}$ 所导致的 CVD 发病风险更高，而在 $PM_{2.5}$ 长期暴露与 CVD 死亡风险的关联之间未观察具有统计学意义的效应修饰因素。

本研究在上述分析基础上，进一步探讨了控制 $PM_{2.5}$ 长期暴露浓度可获得的收益（表 3-3）。结果显示，$PM_{2.5}$ 长期暴露浓度每降低 10 μg/m³，每年可减少 155.7（95%CI：136.5~175.6）万名成年人 CVD 发病事件和 43.3 万人（95%CI：30.9~56.3）CVD 死亡事件。$PM_{2.5}$ 空气质量改善 10 μg/m³，可使所有 CVD 发病率减少约 20%，所有 CVD 死亡率减少约 14%。

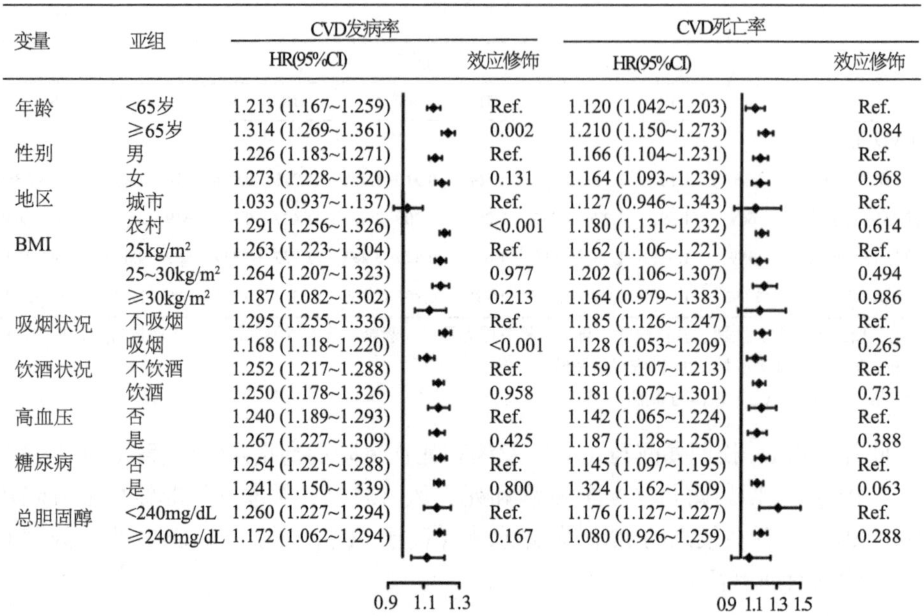

变量	亚组	CVD发病率		CVD死亡率	
		HR(95%CI)	效应修饰	HR(95%CI)	效应修饰
年龄	<65岁	1.213 (1.167~1.259)	Ref.	1.120 (1.042~1.203)	Ref.
	≥65岁	1.314 (1.269~1.361)	0.002	1.210 (1.150~1.273)	0.084
性别	男	1.226 (1.183~1.271)	Ref.	1.166 (1.104~1.231)	Ref.
	女	1.273 (1.228~1.320)	0.131	1.164 (1.093~1.239)	0.968
地区	城市	1.033 (0.937~1.137)	Ref.	1.127 (0.946~1.343)	Ref.
	农村	1.291 (1.256~1.326)	<0.001	1.180 (1.131~1.232)	0.614
BMI	25kg/m²	1.263 (1.223~1.304)	Ref.	1.162 (1.106~1.221)	Ref.
	25~30kg/m²	1.264 (1.207~1.323)	0.977	1.202 (1.106~1.307)	0.494
	≥30kg/m²	1.187 (1.082~1.302)	0.213	1.164 (0.979~1.383)	0.986
吸烟状况	不吸烟	1.295 (1.255~1.336)	Ref.	1.185 (1.126~1.247)	Ref.
	吸烟	1.168 (1.118~1.220)	<0.001	1.128 (1.053~1.209)	0.265
饮酒状况	不饮酒	1.252 (1.217~1.288)	Ref.	1.159 (1.107~1.213)	Ref.
	饮酒	1.250 (1.178~1.326)	0.958	1.181 (1.072~1.301)	0.731
高血压	否	1.240 (1.189~1.293)	Ref.	1.142 (1.065~1.224)	Ref.
	是	1.267 (1.227~1.309)	0.425	1.187 (1.128~1.250)	0.388
糖尿病	否	1.254 (1.221~1.288)	Ref.	1.145 (1.097~1.195)	Ref.
	是	1.241 (1.150~1.339)	0.800	1.324 (1.162~1.509)	0.063
总胆固醇	<240mg/dL	1.260 (1.227~1.294)	Ref.	1.176 (1.127~1.227)	Ref.
	≥240mg/dL	1.172 (1.062~1.294)	0.167	1.080 (0.926~1.259)	0.288

图 3-16 $PM_{2.5}$长期暴露与 CVD 发病和死亡风险的亚组分析

表 3-3 $PM_{2.5}$长期暴露浓度每减少 10 μg/m³ 每年可避免的 CVD 发病和死亡人数

疾病	可避免的事件（千）*	
	数量	95%CI
CVD 发病率		
心血管疾病	1557	1365~1756
急性冠脉综合征	529	431~633
急性心肌梗死	189	120~262
脑卒中	439	319~562
CVD 死亡率		
心血管疾病	433	309~563
缺血性心脏病	161	114~213
急性心肌梗死	125	87~167
脑卒中	144	62~232

* 可避免条件：使用《全球疾病负担》中的方法计算出的 $PM_{2.5}$每下降 10 μg/m³，每年可避免的 CVD 发病和死亡人数。公式：$\Delta M=(HR_{10}-1)\times Pop\times \hat{I}$，$\hat{I}=I/\overline{HR}$ 。式中，ΔM 为 $PM_{2.5}$每增加 10 μg/m³所导致的 CVD 事件发生数量；$\overline{HR}_{10}$ 为 $PM_{2.5}$每增加 10 μg/m³的估计危险比；Pop 为 2010 年中国成年人（>18 岁）的数量；$\hat{I}$ 为 $PM_{2.5}$浓度降低至最低风险水平时 CVD 的发病率/死亡率；I 为中国心血管疾病风险项目预测 CVD 的发病率/死亡率；$\overline{HR}$ 为中国平均人口加权的 CVD 危险比

4. 研究结论

研究结果表明，在中国地区，长期暴露于高浓度 $PM_{2.5}$ 可增加 CVD 的发病风险和死亡风险，且在 $PM_{2.5}$ 高暴露人群中，这种影响更加明显。本研究为中国地区长期暴露于 $PM_{2.5}$ 是心血管疾病发病和死亡的重要危险因素提供了重要证据。这些发现极大地扩展了目前对中、高污染环境中空气污染的慢性健康效应认识，这对于在中国和世界其他高污染国家制定改善空气质量和降低心血管疾病流行的政策至关重要。

（王重建① 李恬恬②）

参 考 文 献

[1] Cai Y, Zhang B, Ke W, et al. Associations of short-term and long-term exposure to ambient air pollutants with hypertension: A systematic review and meta-analysis[J]. Hypertension, 2016, 68 (1): 62-70.

[2] Van Nunen E, Hoek G, Tsai M-Y, et al. Short-term personal and outdoor exposure to ultrafine and fine particulate air pollution in association with blood pressure and lung function in healthy adults[J]. Environmental Research, 2021: 194.

[3] Lin Z, Wang X, Liu F, et al. Impacts of short-term fine particulate matter exposure on blood pressure were modified by control status and treatment in hypertensive patients[J]. Hypertension, 2021, 78 (1): 174-183.

[4] Du X, Zhang Y, Liu C, et al. Fine particulate matter constituents and sub-clinical outcomes of cardiovascular diseases: A multi-center study in China[J]. Science of the Total Environment, 2021, 759: 143555.

[5] Zhang H, Chen G, Zhang Y, et al. Potential hypoglycemic, hypolipidemic, and anti-inflammatory bioactive components in Nelumbo nucifera leaves explored by bioaffinity ultrafiltration with multiple targets[J]. Food Chemistry, 2022, 375: 131856.

[6] Song J, Lu M, Lu J, et al. Acute effect of ambient air pollution on hospitalization in patients with hypertension: A time-series study in Shijiazhuang, China[J]. Ecotoxicology and Environmental Safety, 2019, 170: 286-292.

[7] Zanobetti A, Schwartz J. The effect of fine and coarse particulate air pollution on mortality: A national analysis[J]. Environmental Health Perspectives, 2009, 117 (6): 898-903.

[8] Dai L, Zanobetti A, Koutrakis P, et al. Associations of fine particulate matter species with mortality in the United States: A multicity time-series analysis[J]. Environmental Health Perspectives, 2014, 122 (8): 837-842.

[9] Cai X, Li Z, Scott E M, et al. Short-term effects of atmospheric particulate matter on myocardial infarction: A cumulative meta-analysis[J]. Environmental Science and Pollution Research International, 2016, 23 (7): 6139-6148.

[10] Liu Y, Pan J, Fan C, et al. Short-term exposure to ambient air pollution and mortality from myocardial infarction[J]. Journal of the American College of Cardiology, 2021, 77 (3): 271-281.

[11] Shin J, Oh J, Kang I S, et al. Effect of short-term exposure to fine particulate matter and temperature on acute myocardial infarction in the Republic of Korea[J]. International Journal of Environmental Research and

---

① 郑州大学

② 中国疾病预防控制中心

Public Health, 2021, 18(9): 4822.

[12] Luo C, Zhu X, Yao C, et al. Short-term exposure to particulate air pollution and risk of myocardial infarction: A systematic review and meta-analysis[J]. Environmental Science and Pollution Research International, 2015, 22(19): 14651-14662.

[13] Wu Y, Li M, Tina Y, et al. Short-term effects of ambient fine particulate air pollution on inpatient visits for myocardial infarction in Beijing, China[J]. Environmental Science and Pollution Research International, 2019, 26(14): 14178-14183.

[14] Liu H, Tina Y, Xiang X, et al. Air pollution and hospitalization for acute myocardial infarction in China[J]. The American Journal of Cardiology, 2017, 120(5): 753-758.

[15] Shah A S, Langrish J P, Nair H, et al. Global association of air pollution and heart failure: A systematic review and meta-analysis[J]. Lancet (London, England), 2013, 382(9897): 1039-1048.

[16] Dominici F, Peng R D, Bell M L, et al. Fine particulate air pollution and hospital admission for cardiovascular and respiratory diseases[J]. JAMA, 2006, 295(10): 1127-1134.

[17] Lee D W, Han C W, Hong Y C, et al. Short-term exposure to air pollution and hospital admission for heart failure among older adults in metropolitan cities: A time-series study[J]. International Archives of Occupational and Environmental Health, 2021, 94(7): 1605-1615.

[18] Liu H, Tina Y, Song J, et al. Effect of ambient air pollution on hospitalization for heart failure in 26 of China's largest cities[J]. The American Journal of Cardiology, 2018, 121(5): 628-633.

[19] Tina Y, Liu H, Wu Y, et al. Association between ambient fine particulate pollution and hospital admissions for cause specific cardiovascular disease: Time series study in 184 major Chinese cities[J]. BMJ (Clinical Research ed), 2019, 367: 16572.

[20] Wellenius G A, Schwartz J, Mittleman M A. Particulate air pollution and hospital admissions for congestive heart failure in seven United States cities[J]. The American Journal of Cardiology, 2006, 97(3): 404-408.

[21] Chen L, Zhang Y, Zhang W, et al. Short-term effect of PM_1 on hospital admission for ischemic stroke: A multi-city case-crossover study in China[J]. Environmental Pollution, 2020, 260: 113776.

[22] Remigio R V, He H, Raimann J G, et al. Combined effects of air pollution and extreme heat events among ESKD patients within the Northeastern United States[J]. Science of the Total Environment, 2022, 812: 152481.

[23] Chen R, Yin P, Meng X, et al. Fine particulate air pollution and daily mortality. A nationwide analysis in 272 Chinese cities[J]. American Journal of Respiratory and Critical Care Medicine, 2017, 196(1): 73-81.

[24] Li J, Zhang X, Yin P, et al. Ambient fine particulate matter pollution and years of life lost from cardiovascular diseases in 48 large Chinese cities: Association, effect modification, and additional life gain[J]. Science of the Total Environment, 2020, 735: 139413.

[25] Matsuo R, Michikawa T, UedaK, et al. Short-term exposure to fine particulate matter and risk of ischemic stroke[J]. Stroke, 2016, 47(12): 3032-3034.

[26] Ban J, Wang Q, Ma R, et al. Associations between short-term exposure to $PM_{2.5}$ and stroke incidence and mortality in China: A case-crossover study and estimation of the burden[J]. Environmental Pollution, 2021, 268(Pt A): 115743.

[27] Gu J, Shi Y, Chen N, et al. Ambient fine particulate matter and hospital admissions for ischemic and hemorrhagic strokes and transient ischemic attack in 248 Chinese cities[J]. Science of the Total Environment, 2020, 715: 136896.

[28] Huang K, Liang F, Yang X, et al. Long term exposure to ambient fine particulate matter and incidence of stroke: Prospective cohort study from the China-PAR project[J]. BMJ, 2019, 367: 16720.

[29] Perez L, Medina-Ram N MK, Nlzi N, et al. Size fractionate particulate matter, vehicle traffic, and case-specific daily mortality in Barcelona, Spain[J]. Environmental Science & Technology, 2009, 43(13): 4707-4714.

[30] Lin H, Tao J, Du Y, et al. Particle size and chemical constituents of ambient particulate pollution associated with cardiovascular mortality in Guangzhou, China[J]. Environmental Pollution, 2016, 208(Pt B): 758-766.

[31] Lee H, Honda Y, Hashizume M, et al. Short-term exposure to fine and coarse particles and mortality: A multicity time-series study in East Asia[J]. Environmental Pollution, 2015, 207: 43-51.

[32] Franklin M, Koutrakis P, Schwartz P. The role of particle composition on the association between $PM_{2.5}$ and mortality[J]. Epidemiology, 2008, 19 (5) : 680-689.

[33] Liu C, Chen R, Sera F, et al. Ambient particulate air pollution and daily mortality in 652 cities[J]. The New England Journal of Medicine, 2019, 381 (8) : 705-715.

[34] Fang D, Wang Q, Li H, et al. mortality effects assessment of ambient $PM_{2.5}$ pollution in the 74 leading cities of China[J]. Science of the Total Environment, 2016, 569-570: 1545-1552.

[35] Yang J, Zhou M, Li M, et al. Fine particulate matter constituents and cause-specific mortality in China: A nationwide modelling study[J]. Environment International, 2020, 143: 105927.

[36] Gu J, Shi Y, Zhu Y, et al. Ambient air pollution and cause-specific risk of hospital admission in China: A nationwide time-series study[J]. Public Library of Science medicine, 2020, 17 (8) : e1003188.

[37] Liang F, Liu F, Huang K, et al. Long-term exposure to fine particulate matter and cardiovascular disease in China[J]. Journal of the American College of Cardiology, 2020, 75 (7) : 707-717.

[38] Signorelli S S, Ferrante M, Gaudio A, et al. Deep vein thrombosis related to environment[J]. Molecular Medicine Reports, 2017, 15 (5) : 3445-3448.

[39] Kloog I, Zanobetti A, Nordio F, et al. Effects of airborne fine particles（$PM_{2.5}$）on deep vein thrombosis admissions in the northeastern United States[J]. The Journal of Thrombosis and Haemostasis, 2015, 13 (5) : 768-774.

[40] Dales R E, Cakmak S, Vidal C B. Air pollution and hospitalization for venous thromboembolic disease in Chile[J]. The Journal of Thrombosis and Haemostasis, 2010, 8 (4) : 669-674.

[41] Borsi S H, Khanjani N, Nejad H Y, et al. Air pollution and hospital admissions due to deep vein thrombosis（DVT）in Ahvaz, Iran[J]. Heliyon, 2020, 6 (8) : e04814.

[42] Shih R A, Griffin B A, Salkowski N, et al. Ambient particulate matter air pollution and venous thromboembolism in the Women's Health Initiative Hormone Therapy trials[J]. Environmental Health Perspectives, 2011, 119 (3) : 326-331.

[43] Di Blasi C, Renzi M, Michelozzi P, et al. Association between air temperature, air pollution and hospital admissions for pulmonary embolism and venous thrombosis in Italy[J]. European Journal of Internal Medicine, 2022, 96: 74-80.

[44] Woo K S, Chook P, Hu YJ, et al. The impact of particulate matter air pollution（$PM_{2.5}$）on atherosclerosis in modernizing China: A report from the CATHAY study[J]. International Journal of Epidemiology, 2021, 50 (2) : 578-588.

[45] Perez L, Wolf K, Hennig F, et al. Air pollution and atherosclerosis: A cross-sectional analysis of four European cohort studies in the ESCAPE study[J]. Environmental Health Perspectives, 2015, 123 (6) : 597-605.

[46] Krishnan R M, Adar S D, Szpiro A A, et al. Vascular responses to long- and short-term exposure to fine particulate matter: MESA Air（Multi-Ethnic Study of Atherosclerosis and Air Pollution）[J]. Journal of the American College of Cardiology, 2012, 60 (21) : 2158-2166.

[47] Xu H, Wang T, Liu S, et al. Extreme levels of air pollution associated with changes in biomarkers of atherosclerotic plaque vulnerability and thrombogenicity in healthy adults[J]. Circulation Research, 2019, 124 (5) : e30-e43.

[48] Li J, Zhou C, Xu H, et al. Ambient air pollution is associated with HDL（High-Density Lipoprotein）dysfunction in healthy adults[J]. Arteriosclerosis, Thrombosis, and Vascular Biology, 2019, 39 (3) : 513-522.

[49] Shao Q, Liu T, Korantzopoulos P, et al. Association between air pollution and development of atrial fibrillation: A meta-analysis of observational studies[J]. Heart & Lung : The Journal of Critical Care, 2016, 45 (6) : 557-562.

[50] Gallo E, Folino F, Buja G, et al. Daily exposure to air pollution particulate matter is associated with atrial fibrillation in high-risk patients[J]. International Journal of Environmental Research and Public Health, 2020,

17(17): 6017.
[51] Kwan O K, Kim S H, Kang S H, et al. Association of short- and long-term exposure to air pollution with atrial fibrillation[J]. European Journal of Preventive Cardiology, 2019, 26(11): 1208-1216.
[52] Solimini A G, Renzi M. Association between air pollution and emergency room visits for atrial fibrillation[J]. International Journal of Environmental Research and Public Health, 2017, 14(6).
[53] Liu X, Kong D, Liu Y, et al. Effects of the short-term exposure to ambient air pollution on atrial fibrillation[J]. Pacing and Clinical Electrophysiology: PACE, 2018, 41(11): 1441-1446.
[54] Lee H H, Pan S C, Chen B Y, et al. Atrial fibrillation hospitalization is associated with exposure to fine particulate air pollutants[J]. Environmental Health : A Global Access Science Source, 2019, 18(1): 117.
[55] Fang Y, Cheng H, Li X, et al. Short-term exposure to ambient air pollution and atrial fibrillation hospitalization: A time-series study in Yancheng, China[J]. Ecotoxicology and Environmental Safety, 2021, 228: 112961.
[56] Dahlquist M, Frykman V, Kemp-Gudmunsdottir K, et al. Short-term associations between ambient air pollution and acute atrial fibrillation episodes[J]. Environment International, 2020, 141: 105765.
[57] Collaborators GBDRF. Global. regional. and national comparative risk assessment of 79 behavioural. environmental and occupational. and metabolic risks or clusters of risks, 1990-2015: A systematic analysis for the Global Burden of Disease Study 2015[J]. Lancet, 2016, 388(10053): 1659-1724.
[58] Yang B Y, Guo Y, Bloom M S, et al. Ambient PM_1 air pollution, blood pressure, and hypertension: Insights from the 33 Communities Chinese Health Study[J]. Environmental Research, 2019, 170: 252-259.
[59] Li N, Chen G, Liu F, et al. Associations of long-term exposure to ambient PM_1 with hypertension and blood pressure in rural Chinese population: The Henan rural cohort study[J]. Environment International, 2019, 128: 95-102.
[60] Wu Q Z, Li S, Yang B Y, et al. Ambient airborne particulates of diameter ≤1 mum, a leading contributor to the association between ambient airborne particulates of diameter ≤2.5 mum and Children's blood pressure[J]. Hypertension, 2020, 75(2): 347-355.
[61] Qin P, Luo X, Zeng Y, et al. Long-term association of ambient air pollution and hypertension in adults and in children: A systematic review and meta-analysis[J]. Science of the Total Environment, 2021, 796: 148620.
[62] Xu H, Guo B, Qian W, et al. Dietary pattern and long-term effects of particulate matter on blood pressure: A large cross-sectional study in Chinese adults[J]. Hypertension, 2021, 78(1): 184-194.
[63] Johnson D, Parker J D. Air pollution exposure and self-reported cardiovascular disease[J]. Environmental Research, 2009, 109(5): 582-589.
[64] Lin H, Guo Y, Zheng Y, et al. Long-term effects of ambient $PM_{2.5}$ on hypertension and blood pressure and attributable risk among older Chinese adults[J]. Hypertension, 2017, 69(5): 806-812.
[65] Huang K, Yang X, Liang F, et al. Long-term exposure to fine particulate matter and hypertension incidence in China[J]. Hypertension, 2019, 73(6): 1195-1201.
[66] Zhang Z, Guo C, Lau A K H, et al. Long-term exposure to fine particulate matter, blood pressure, and incident hypertension in Taiwan[J]. Environmental Health Perspectives, 2018, 126(1): 017008.
[67] Chen S Y, Wu C F, Lee J H, et al. Associations between long-term air pollutant exposures and blood pressure in elderly residents of Taipei City: A cross-sectional study[J]. Environmental Health Perspectives, 2015, 123(8): 779-784.
[68] Adar S D, Chen Y H, D'souza J C, et al. Longitudinal analysis of long-term air pollution levels and blood pressure: A cautionary tale from the multi-ethnic study of atherosclerosis[J]. Environmental Health Perspectives, 2018, 126(10): 107003.
[69] Arku R E, Brauer M, Ahmed S H, et al. Long-term exposure to outdoor and Household air pollution and blood pressure in the Prospective Urban and Rural Epidemiological (PURE) study[J]. Environmental Pollution, 2020, 262: 114197.

[70] Braziene A, Tamsiunas A, Luksiene D, et al. Association between the living environment and the risk of arterial hypertension and other components of metabolic syndrome[J]. Journal of Public Health, 2020, 42 (2): e142-e149.

[71] Cao H, Li B, Liu K, et al. Association of long-term exposure to ambient particulate pollution with stage 1 hypertension defined by the 2017 ACC/AHA Hypertension GuideLine and cardiovascular disease: The CHCN-BTH cohort study[J]. Environmental Research, 2021, 199: 111356.

[72] Chan S H, Van Hee V C, Bergen S, et al. Long-term air pollution exposure and blood pressure in the sister study[J]. Environmental Health Perspectives, 2015, 123 (10): 951-958.

[73] Chen H, Burnett R T, Kwong J C, et al. Spatial association between ambient fine particulate matter and incident hypertension[J]. Circulation, 2014, 129 (5): 562-569.

[74] Coogan P F, White L F, Yu J, et al. $PM_{2.5}$ and diabetes and hypertension incidence in the Black women's health study[J]. Epidemiology, 2016, 27 (2): 202-210.

[75] Curto A, Wellenius G A, Mila C, et al. Ambient particulate air pollution and blood pressure in Peri-urban India[J]. Epidemiology, 2019, 30 (4): 492-500.

[76] Du J, Shao B, Gao Y, et al. Associations of long-term exposure to air pollution with blood pressure and homocysteine among adults in Beijing, China: A cross-sectional study[J]. Environmental Research, 2021, 197: 111202.

[77] Weaver A M, Mcguinn L, Neas L, et al. Neighborhood sociodemographic effects on the associations between long-term $PM_{2.5}$ exposure and cardiovascular outcomes and diabetes[J]. Environmental Epidemiology, 2019, 3 (1): e038.

[78] Fuks K B, Weinmayr G, Foraster M, et al. Arterial blood pressure and long-term exposure to traffic-related air pollution: an analysis in the European Study of Cohorts for Air Pollution Effects (ESCAPE) [J]. Environmental Health Perspectives, 2014, 122 (9): 896-905.

[79] Guo C, Zeng Y, Chang L Y, et al. Independent and opposing associations of habitual exercise and chronic $PM_{2.5}$ exposures on hypertension incidence[J]. Circulation, 2020, 142 (7): 645-656.

[80] Honda T, Eliot M N, Eaton C B, et al. Long-term exposure to residential ambient fine and coarse particulate matter and incident hypertension in post-menopausal women[J]. Environment International, 2017, 105: 79-85.

[81] Honda T, Pun V C, Manjourides J, et al. Associations of long-term fine particulate matter exposure with prevalent hypertension and increased blood pressure in older Americans[J]. Environmental Research, 2018, 164: 1-8.

[82] Huang B, Xiao T, Grekousis G, et al. Greenness-air pollution-physical activity-hypertension association among middle-aged and older adults: Evidence from urban and rural China[J]. Environmental Research, 2021, 195: 110836.

[83] Klompmaker J O, Janssen N A H, Bloemsma L D, et al. Associations of combined exposures to surrounding green, air pollution, and road traffic noise with cardiometabolic diseases[J]. Environmental Health Perspectives, 2019, 127 (8): 87003.

[84] Lee S, Park H, Kim S, et al. Fine particulate matter and incidence of metabolic syndrome in non-CVD patients: A nationwide population-based cohort study[J]. International Journal of Hygiene and Environmental Health, 2019, 222 (3): 533-540.

[85] Li N, Chen G, Liu F, et al. Associations between long-term exposure to air pollution and blood pressure and effect modifications by behavioral factors[J]. Environmental Research, 2020, 182: 109109.

[86] Liu C, Chen R, Zhao Y, et al. Associations between ambient fine particulate air pollution and hypertension: A nationwide cross-sectional study in China[J]. Science of the Total Environment, 2017, 584-585: 869-874.

[87] Liu L, Zhang Y, Yang Z, et al. Long-term exposure to fine particulate constituents and cardiovascular diseases in Chinese adults[J]. Journal of Hazardous Materials, 2021, 416: 126051.

[88] Okokon E O, Yli-Tuomi T, Siponen T, et al. Heterogeneous urban exposures and prevalent hypertension in the Helsinki Capital Region, Finland[J]. International Journal of Environmental Research and Public Health, 2021, 18(3): 1196.

[89] Prabhakaran D, Mandal S, Krishna B, et al. Exposure to particulate matter is associated with elevated blood pressure and incident hypertension in urban India[J]. Hypertension, 2020, 76(4): 1289-1998.

[90] Requia W J, Adams M D, Koutrakis P. Association of $PM_{2.5}$ with diabetes, asthma, and high blood pressure incidence in Canada: A spatiotemporal analysis of the impacts of the energy generation and fuel sales[J]. Science of the Total Environment, 2017, 584-585: 1077-1083.

[91] Shamy M, Alghamdi M, Khoder M I, et al. Association between exposure to ambient air particulates and metabolic syndrome components in a Saudi Arabian population[J]. International Journal of Environmental Research and Public Health, 2017, 15(1): 27.

[92] Wallwork R S, Colicino E, Zhong J, et al. Ambient fine particulate matter, outdoor temperature, and risk of metabolic syndrome[J]. American Journal of Epidemiology, 2017, 185(1): 30-39.

[93] Weaver A M, Wang Y, Wellenius G A, et al. Long-term air pollution and blood pressure in an African American Cohort: the Jackson Heart Study[J]. American Journal of Preventive Medicine, 2021, 60(3): 397-405.

[94] Xie X, Wang Y, Yang Y, et al. Long-term effects of ambient particulate matter (with an aerodynamic diameter ≤2. 5 mum) on hypertension and blood pressure and attributable risk among reproductive-age adults in China[J]. Journal of the American Heart Association, 2018, 7(9): e008553.

[95] Xu J, Zhang Y, Yao M, et al. Long-term effects of ambient $PM_{2.5}$ on hypertension in multi-ethnic population from Sichuan province, China: A study based on 2013 and 2018 health service surveys[J]. Environmental Science and Pollution Research, 2021, 28(5): 5991-6004.

[96] Zhang J, Cai L, Gui Z, et al. Air pollution-associated blood pressure may be modified by diet among children in Guangzhou, China[J]. Journal of Hypertension, 2020, 38(11): 2215-2222.

[97] Zhang Z, Dong B, Li S, et al. Exposure to ambient particulate matter air pollution, blood pressure and hypertension in children and adolescents: A national cross-sectional study in China[J]. Environment International, 2019, 128: 103-108.

[98] Zhang Z, Laden F, Forman J P, et al. Long-term exposure to particulate matter and self-reported hypertension: A prospective analysis in the Nurses' Health Study[J]. Environmental Health Perspectives, 2016, 124(9): 1414-1420.

[99] Dong G H, Qian Z M, Xaverius P K, et al. Association between long-term air pollution and increased blood pressure and hypertension in China[J]. Hypertension, 2013, 61(3): 578-584.

[100] Lee W H, Choo J Y, Son J Y, et al. Association between long-term exposure to air pollutants and prevalence of cardiovascular disease in 108 South Korean communities in 2008—2010: A cross-sectional study[J]. Science of the Total Environment, 2016, 565: 271-278.

[101] Chan C, Yang H, Lin R. A community-based study on the association between hypertension and air pollution[J]. Epidemiology, 2008, 19(6): S286.

[102] Fuks K B, Weinmayr G, Basagana X, et al. Long-term exposure to ambient air pollution and traffic noise and incident hypertension in seven cohorts of the European study of cohorts for air pollution effects (ESCAPE)[J]. European Heart Journal, 2017, 38(13): 983-990.

[103] Khajavia T, Zadeh S S, Azizi F, et al. Impact of short- and long-term exposure to air pollution on blood pressure: A two-decade population-based study in Tehran[J]. International Journal of Hygiene and Environmental Health, 2021, 234: 113719.

[104] Paoin K, UedaK, Ingviya T, et al. Long-term air pollution exposure and self-reported morbidity: A longitudinal analysis from the Thai cohort study (TCS)[J]. Environmental Research, 2021, 192: 110330.

[105] Wang X, Ding H, Ryan L, et al. Association between air pollution and low birth weight: A community-based

study[J]. Environmental Health Perspectives, 1997, 105 (5): 514-520.

[106] Al-Kindi SG, Brook R D, Biswal S, et al. Environmental determinants of cardiovascular disease: Lessons learned from air pollution[J]. Nature Reviews Cardiology, 2020, 17 (10): 656-672.

[107] Bai N, Khazaei M, Van Eeden S F, et al. The pharmacology of particulate matter air pollution-induced cardiovascular dysfunction[J]. Pharmacology & Therapeutics, 2007, 113 (1): 16-29.

[108] Mliier M R. Oxidative stress and the cardiovascular effects of air pollution[J]. Free Radical Biology and Medicine, 2020, 151: 69-87.

[109] Cramer J, Jorgensen J T, Hoffmann B, et al. Long-term exposure to air pollution and incidence of myocardial infarction: A Danish Nurse Cohort Study[J]. Environmental Health Perspectives, 2020, 128 (5): 57003.

[110] Heritier H, Vienneau D, Foraster M, et al. A systematic analysis of mutual effects of transportation noise and air pollution exposure on myocardial infarction mortality: A nationwide cohort study in Switzerland[J]. European Heart Journal, 2019, 40 (7): 598-603.

[111] Roswall N, Raaschou-Nielsen O, Ketzel M, et al. Long-term residential road traffic noise and NO_2 exposure in relation to risk of incident myocardial infarction — A Danish cohort study[J]. Environmental Research, 2017, 156: 80-86.

[112] Wiebert P, Lonn M, Fremling K, et al. Occupational exposure to particles and incidence of acute myocardial infarction and other ischaemic heart disease[J]. Journal of Occupational and Environmental Medicine, 2012, 69 (9): 651-657.

[113] Hartiala J, Breton C V, Tang W H, et al. Ambient air pollution is associated with the severity of coronary atherosclerosis and incident myocardial infarction in patients undergoing elective cardiac evaluation[J]. Journal of the American Heart Association, 2016, 5 (8): e003947.

[114] Bai L, Shin S, Burnett R T, et al. Exposure to ambient air pollution and the incidence of congestive heart failure and acute myocardial infarction: A population-based study of 5.1 million Canadian adults living in Ontario[J]. Environment International, 2019, 132: 105004.

[115] Hystad P, Larkin A, Rangarajan S, et al. Associations of outdoor fine particulate air pollution and cardiovascular disease in 157 436 individuals from 21 high-income, middle-income, and low-income countries (PURE): A prospective cohort study[J]. Lancet Planet Health, 2020, 4 (6): e235-e245.

[116] Li J, Liu F, Liang F, et al. Long-term effects of high exposure to ambient fine particulate matter on coronary heart disease incidence: A population-based chinese cohort study[J]. Environmental Science & Technology, 2020, 54 (11): 6812-6821.

[117] Chen H, Burnett R T, Copes R, et al. Ambient fine particulate matter and mortality among survivors of myocardial infarction: Population-based cohort study[J]. Environmental Health Perspectives, 2016, 124 (9): 1421-1428.

[118] Mliier K A, Siscovick D S, Sherppard L, et al. Long-term exposure to air pollution and incidence of cardiovascular events in women[J]. The New England Journal of Medicine, 2007, 356 (5): 447-458.

[119] Downward G S, Van Nunen E, Kerckhoffs J, et al. Long-term exposure to ultrafine particles and incidence of cardiovascular and cerebrovascular disease in a prospective study of a Dutch cohort[J]. Environmental Health Perspectives, 2018, 126 (12): 127007.

[120] Zhu W, Cai J, Hu Y, et al. Long-term exposure to fine particulate matter relates with incident myocardial infarction (MI) risks and post-MI mortality: A meta-analysis[J]. Chemosphere, 2021, 267: 128903.

[121] Liang F, Liu F, Huang K, et al. Long-term exposure to fine particulate matter and cardiovascular disease in China[J]. Journal of the American College of Cardiology, 2020, 75 (7): 707-717.

[122] Lipsett M J, Ostro B D, Reynolds P, et al. Long-term exposure to air pollution and cardiorespiratory disease in the California teachers study cohort[J]. American Journal of Respiratory and Critical Care Medicine, 2011, 184 (7): 828-835.

[123] To T, Zhu J, Villeneuve P J, et al. Chronic disease prevalence in women and air pollution-A 30-year

longitudinal cohort study[J]. Environment International, 2015, 80: 26-32.

[124] Danesh Yazdi M, Wang Y, Di Q, et al. Long-term exposure to $PM_{2.5}$ and ozone and hospital admissions of Medicare participants in the Southeast USA[J]. Environment International, 2019, 130: 104879.

[125] Olaniyan T, Pianult L, Li C, et al. Ambient air pollution and the risk of acute myocardial infarction and stroke: A national cohort study[J]. Environmental Research, 2022, 204 (Pt A) : 111975.

[126] Elliott E G, Laden F, James P, et al. Interaction between long-term exposure to fine particulate matter and physical activity, and risk of cardiovascular disease and overall mortality in U. S. women[J]. Environmental Health Perspectives, 2020, 128 (12) : 127012.

[127] Kim O J, Lee S H, Kang S H, et al. Incident cardiovascular disease and particulate matter air pollution in the Republic of Korea using a population-based and nationwide cohort of 0. 2 million adults[J]. Environmental Health, 2020, 19 (1) : 113.

[128] Liao N S, Sidney S, Deosaransingh K, et al. Particulate air pollution and risk of cardiovascular events among adults with a history of stroke or acute myocardial infarction[J]. Journal of the American Heart Association, 2021, 10 (10) : e019758.

[129] Sorensen M, Hvidtfeldt U A, Poulsen A H, et al. The effect of adjustment to register-based and questionnaire-based covariates on the association between air pollution and cardiometabolic disease[J]. Environmental Research, 2022, 203: 111886.

[130] Zhang Z, Weichenthal S, Kwong J C, et al. Long-term exposure to iron and copper in fine particulate air pollution and their combined impact on reactive oxygen species concentration in lung fluid: A population-based cohort study of cardiovascular disease incidence and mortality in Toronto, Canada[J]. International Journal of Epidemiology, 2021, 50 (2) : 589-601.

[131] Koton S, Molshatzki N, Yuval. et al. Cumulative exposure to particulate matter air pollution and long-term post-myocardial infarction outcomes[J]. Preventive Medicine, 2013, 57 (4) : 339-344.

[132] Beelen R, Stefoggia M, Raaschou-Nielsen O, et al. Long-term exposure to air pollution and cardiovascular mortality: An analysis of 22 European cohorts[J]. Epidemiology, 2014, 25 (3) : 368-378.

[133] Tonne C, Halonen J I, Beevers S D, et al. Long-term traffic air and noise pollution in relation to mortality and hospital readmission among myocardial infarction survivors[J]. International Journal of Hygiene and Environmental Health, 2016, 219 (1) : 72-78.

[134] Kim I S, Yang P S, Lee J, et al. Long-term fine particulate matter exposure and cardiovascular mortality in the general population: a nationwide cohort study[J]. Journal of the American College of Cardiology, 2020, 75 (5) : 549-558.

[135] Xu D, Zhang Y, Sun Q, et al. Long-term $PM_{2.5}$ exposure and survival among cardiovascular disease patients in Beijing, China[J]. Environmental Science and Pollution Research, 2021, 28 (34) : 47367-47374.

[136] Rosenlund M, Bellander T, Nordquist T, et al. Traffic-generated air pollution and myocardial infarction[J]. Epidemiology, 2009, 20 (2) : 265-271.

[137] Atkinson R W, Carey I M, Kent A J, et al. Long-term exposure to outdoor air pollution and incidence of cardiovascular diseases[J]. Epidemiology, 2013, 24 (1) : 44-53.

[138] Zou L, Zong Q, Fu W, et al. Long-term exposure to ambient air pollution and myocardial infarction: A systematic review and meta-analysis[J]. Frontiers in Medicine (Lausanne) , 2021, 8: 616355.

[139] Huss A, Spoerri A, Egger M, et al. Aircraft noise, air pollution, and mortality from myocardial infarction[J]. Epidemiology, 2010, 21 (6) : 829-836.

[140] Chen G, Wang A, Li S, et al. Long-term exposure to air pollution and survival after ischemic stroke[J]. Stroke, 2019, 50 (3) : 563-570.

[141] Song C, He J, Wu L, et al. Health burden attributable to ambient $PM_{2.5}$ in China[J]. Environmental Pollution, 2017, 223: 575-586.

[142] Stafoggia M, Cesaroni G, Peters A, et al. Long-term exposure to ambient air pollution and incidence of

cerebrovascular events: Results from 11 European cohorts within the ESCAPE project[J]. Environmental Health Perspectives, 2014, 122 (9) : 919-925.

[143] Lin H, Guo Y, Di Q, et al. Ambient $PM_{2.5}$ and stroke: Effect modifiers and population attributable risk in six low- and middle-income countries[J]. Stroke, 2017, 48 (5) : 1191-1197.

[144] Yang X, Zhang L, Chen X, et al. Long-term exposure to ambient $PM_{2.5}$ and stroke mortality among urban residents in northern China[J]. Ecotoxicology and Environmental Safety, 2021, 213: 112063.

[145] Qiu H, Sun S, Tsang H, et al. Fine particulate matter exposure and incidence of stroke: A cohort study in Hong Kong[J]. Neurology, 2017, 88 (18) : 1709-1717.

[146] Hart J E, Puett R C, Rexrode K M, et al. Effect modification of long-term air pollution exposures and the risk of incident cardiovascular disease in US women[J]. Journal of the American Heart Association, 2015, 4 (12) .

[147] Amini H, Dehlendorff C, LimY H, et al. Long-term exposure to air pollution and stroke incidence: A Danish Nurse cohort study[J]. Environment International, 2020, 142: 105891.

[148] Gandini M, Scarinzi C, Bande S, et al. Long term effect of air pollution on incident hospital admissions: Results from the Italian Longitudinal Study within Life MED HISS project[J]. Environment International, 2018, 121 (Pt 2) : 1087-1097.

[149] Hoffmann B, Weinmayr G, Hennig F, et al. Air quality, stroke, and coronary events: Results of the Heinz Nixdorf Recall Study from the Ruhr Region[J]. Deutsches Arzteblatt International, 2015, 112 (12) : 195-201.

[150] Ljungman P L S, Andersson N, Stockfelt L, et al. Long-term exposure to particulate air pollution, black carbon, and their source components in relation to ischemic heart disease and stroke[J]. Environmental Health Perspectives, 2019, 127 (10) : 107012.

[151] Noh J, Sohn J, Han M, et al. Long-term effects of cumulative average $PM_{2.5}$ exposure on the risk of hemorrhagic stroke[J]. Epidemiology, 2019, 30 Suppl 1 (S90-S98) .

[152] Puett R C, Hart J E, Suh H, et al. Particulate matter exposures, mortality, and cardiovascular disease in the health professionals follow-up study[J]. Environmental Health Perspectives, 2011, 119 (8) : 1130-1135.

[153] Ran J, Sun S, Han L, et al. Fine particulate matter and cause-specific mortality in the Hong Kong elder patients with chronic kidney disease[J]. Chemosphere, 2020, 247: 125913.

[154] Rodins V, Lucht S, Ohlwein S, et al. Long-term exposure to ambient source-specific particulate matter and its components and incidence of cardiovascular events—The Heinz Nixdorf Recall study[J]. Environment International, 2020, 142: 105854.

[155] Shin S, Burnett R T, Kwong J C, et al. Ambient air pollution and the risk of atrial fibrillation and stroke: A population-based cohort study[J]. Environmental Health Perspectives, 2019, 127 (8) : 87009.

[156] Yang Z, Wu M, Lu J, et al. Interaction between walkability and fine particulate matter on risk of ischemic stroke: A prospective cohort study in China[J]. Environmental Pollution, 2022, 292 (Pt B) : 118482.

[157] Wolf K, Hoffmann B, Andersen Z J, et al. Long-term exposure to low-level ambient air pollution and incidence of stroke and coronary heart disease: A pooled analysis of six European cohorts within the ELAPSE project[J]. Lancet Planet Health, 2021, 5 (9) : e620-e632.

[158] Kim H, Kim J, Kim S, et al. Cardiovascular effects of long-term exposure to air pollution: A population-based study with 900 845 person-years of follow-up[J]. Journal of the American Heart Association, 2017, 6 (11) : e007170.

[159] Dirgawati M, Hinwood A, Nedkoff L, et al. Long-term exposure to low air pollutant concentrations and the relationship with all-cause mortality and stroke in older men[J]. Epidemiology, 2019, 30 Suppl 1: S82-S89.

[160] Yin P, Brauer M, Cohen A, et al. Long-term fine particulate matter exposure and nonaccidental and cause-specific mortality in a large national cohort of chinese men[J]. Environmental Health Perspectives, 2017, 125 (11) : 117002.

[161] Hayes R B, Lim C, Zhang Y, et al. $PM_{2.5}$ air pollution and cause-specific cardiovascular disease mortality[J]. International Journal of Epidemiology, 2020, 49 (1) : 25-35.

[162] Chen L, Zhang Y, Zhang W, et al. Short-term effect of PM_1 on hospital admission for ischemic stroke: A multi-city case-crossover study in China[J]. Environmental Pollution, 2020, 260: 113776.

[163] Wang Z, Peng J, Liu P, et al. Association between short-term exposure to air pollution and ischemic stroke onset: A time-stratified case-crossover analysis using a distributed lag nonlinear model in Shenzhen, China[J]. Environmental Health, 2020, 19 (1): 1.

[164] Liu H, Tina Y, Xu Y, et al. Ambient particulate matter concentrations and hospitalization for stroke in 26 Chinese cities: A case-crossover study[J]. Stroke, 2017, 48 (8): 2052-2059.

[165] Qin X D, Qian Z, Vaughn M G, et al. Gender-specific differences of interaction between obesity and air pollution on stroke and cardiovascular diseases in Chinese adults from a high pollution range area: A large population based cross sectional study[J]. Science of the Total Environment, 2015, 529: 243-248.

[166] Han M H, Yi H J, Ko Y, et al. Association between hemorrhagic stroke occurrence and meteorological factors and pollutants[J]. BMC Neurology, 2016, 16: 59.

[167] Korek M J, Bellander T D, Lind T, et al. Traffic-related air pollution exposure and incidence of stroke in four cohorts from Stockholm[J]. Journal of Exposure Science and Environmental Epidemiology, 2015, 25 (5): 517-523.

[168] Rivera-Caravaca J M, Roldan V, Vicente V, et al. Particulate matter and temperature: Increased risk of adverse clinical outcomes in patients with atrial fibrillation[J]. Mayo Clinic Proceedings, 2020, 95 (11): 2360-2369.

[169] Nishiwaki Y, Michikaw T, Takebayashi T, et al. Long-term exposure to particulate matter in relation to mortality and incidence of cardiovascular disease: the JPHC Study[J]. Journal of Atherosclerosis and Thrombosis, 2013, 20 (3): 296-309.

[170] Hu K, Guo Y, Hu D, et al. Mortality burden attributable to PM_1 in Zhejiang province, China[J]. Environment International, 2018, 121 (Pt 1): 515-522.

[171] Yang B Y, Guo Y, Morawska L, et al. Ambient PM_1 air pollution and cardiovascular disease prevalence: Insights from the 33 Communities Chinese Health Study[J]. Environment International, 2019, 123: 310-317.

[172] Wang M, Beelen R, Stefoggia M, et al. Long-term exposure to elemental constituents of particulate matter and cardiovascular mortality in 19 European cohorts: Results from the ESCAPE and TRANSPHORM projects[J]. Environment International, 2014, 66: 97-106.

[173] Su P F, Sie F C, Yang C T, et al. Association of ambient air pollution with cardiovascular disease risks in people with type 2 diabetes: A Bayesian spatial survival analysis[J]. Environmental Health, 2020, 19 (1): 110.

[174] Alexeeff S E, Deosaransingh K, Liao N S, et al. Particulate matter and cardiovascular risk in adults with chronic obstructive pulmonary disease[J]. American Journal of Respiratory and Critical Care Medicine, 2021, 204 (2): 159-167.

[175] Badaloni C, Cesaroni G, Cerza F, et al. Effects of long-term exposure to particulate matter and metal components on mortality in the Rome longitudinal study[J]. Environment International, 2017, 109: 146-154.

[176] Crouse D L, Pianult L, Balram A, et al. Complex relationships between greenness, air pollution, and mortality in a population-based Canadian cohort[J]. Environment International, 2019, 128: 292-300.

[177] Dehom S, Knutsen S, Bahjri K, et al. Racial difference in the association of long-term exposure to fine particulate matter ($PM_{2.5}$) and cardiovascular disease mortality among renal transplant recipients[J]. International Journal of Environmental Research and Public Health, 2021, 18 (8): 4297.

[178] Hvidtfeldt U A, Geels C, Sorensen M, et al. Long-term residential exposure to $PM_{2.5}$ constituents and mortality in a Danish cohort[J]. Environment International, 2019, 133 (Pt B): 105268.

[179] Klompmaker J O, Janssen N, Andersen Z J, et al. Comparison of associations between mortality and air pollution exposure estimated with a hybrid, a land-use regression and a dispersion model[J]. Environment International, 2021, 146: 106306.

[180] Lim C C, Hayes R B, Ahn J, et al. Mediterranean diet and the association between air pollution and

cardiovascular disease mortality risk[J]. Circulation, 2019, 139(15): 1766-1775.

[181] Parker J D, Kravets N, Vaidyanat H A. Particulate matter air pollution exposure and heart disease mortality risks by race and ethnicity in the United States: 1997 to 2009 National Health Interview Survey With mortality Follow-Up Through 2011[J]. Circulation, 2018, 137(16): 1688-1697.

[182] Pianult L L, Weichenthal S, Crouse D L, et al. Associations between fine particulate matter and mortality in the 2001 Canadian Census Health and Environment Cohort[J]. Environmental Research, 2017, 159: 406-415.

[183] Pope C A, Lefler J S, Ezzati M, et al. Mortality risk and fine particulate air pollution in a large, representative cohort of U. S. adults[J]. Environmental Health Perspectives, 2019, 127(7): 77007.

[184] Pun V C, Kazemiparkouhi F, Manjourides J, et al. Long-term $PM_{2.5}$ exposure and respiratory, cancer, and cardiovascular mortality in older US adults[J]. American Journal of Epidemiology, 2017, 186(8): 961-969.

[185] Sanyal S, Rochereau T, Maesano C N, et al. Long-term effect of outdoor air pollution on mortality and morbidity: A 12-year follow-up study for Metropolitan France[J]. International Journal of Environmental Research and Public Health, 2018, 15(11): 2487.

[186] Shi Y, Zhang L, Li W, et al. Association between long-term exposure to ambient air pollution and clinical outcomes among patients with heart failure: Findings from the China PEACE Prospective Heart Failure Study[J]. Ecotoxicology and Environmental Safety, 2021, 222: 112517.

[187] So R, Jorgensen J T, LimY H, et al. Long-term exposure to low levels of air pollution and mortality adjusting for road traffic noise: A Danish Nurse Cohort study[J]. Environment International, 2020, 143: 105983.

[188] Wang B, Eum K D, Kazemiparkouhi F, et al. The impact of long-term $PM_{2.5}$ exposure on specific causes of death: exposure-response curves and effect modification among 53 million U. S. Medicare beneficiaries[J]. Environmental Health, 2020, 19(1): 20.

[189] Yang X, Liang F, Li J, et al. Associations of long-term exposure to ambient $PM_{2.5}$ with mortality in Chinese adults: A pooled analysis of cohorts in the China-PAR project[J]. Environment International, 2020, 138: 105589.

[190] Yang Y, Tang R, Qiu H, et al. Long term exposure to air pollution and mortality in an elderly cohort in Hong Kong[J]. Environment International, 2018, 117: 99-106.

[191] Forbes L J, Patel M D, Rudnicka A R, et al. Chronic exposure to outdoor air pollution and diagnosed cardiovascular disease: meta-analysis of three large cross-sectional surveys[J]. Environmental Health, 2009, 8: 30.

[192] Zhang P, Dong G, Sun B, et al. Long-term exposure to ambient air pollution and mortality due to cardiovascular disease and cerebrovascular disease in Shenyang, China[J]. Public Library of Science ONE, 2011, 6(6): e20827.

[193] Zhang L W, Chen X, Xue X D, et al. Long-term exposure to high particulate matter pollution and cardiovascular mortality: A 12-year cohort study in four cities in northern China[J]. Environment International, 2014, 62: 41-47.

[194] Dehbi H M, Blangiard M, Gulliver J, et al. Air pollution and cardiovascular mortality with over 25years follow-up: A combined analysis of two British cohorts[J]. Environment International, 2017, 99: 275-281.

[195] Kim H, Byun G, Choi Y, et al. Effects of long-term exposure to air pollution on all-cause mortality and cause-specific mortality in seven major cities of the Republic of Korea: Korean national health and nutritional examination surveys with mortality follow-up[J]. Environmental Research, 2021, 192: 110290.

[196] Kaufman J D, Adar S D, Barr R G, et al. Association between air pollution and coronary artery calcification within six metropolitan areas in the USA (the Multi-Ethnic Study of Atherosclerosis and Air Pollution): A longitudinal cohort study[J]. Lancet, 2016, 388(10045): 696-704.

[197] Wang M, Hou Z H, Xu H, et al. Association of estimated long-term exposure to air pollution and traffic proximity with a marker for coronary atherosclerosis in a nationwide study in China[J]. JAMA Network Open, 2019, 2(6): e196553.

[198] Tu R, Hou J, Liu X, et al. Physical activity attenuated association of air pollution with estimated 10-year atherosclerotic cardiovascular disease risk in a large rural Chinese adult population: A cross-sectional study[J]. Environment International, 2020, 140: 105819.

[199] Li R, Hou J, Tu R, et al. Associations of mixture of air pollutants with estimated 10-year atherosclerotic cardiovascular disease risk modified by socio-economic status: The Henan Rural Cohort Study[J]. Science of the Total Environment, 2021, 793: 148542.

[200] Baccarelli A, Martinelli I, Zanobetti A, et al. Exposure to particulate air pollution and risk of deep vein thrombosis[J]. Archives of Internal Medicine, 2008, 168 (9) : 920-927.

[201] Pun V C, Hart J E, Kabrhrl C, et al. Prospective study of ambient particulate matter exposure and risk of pulmonary embolism in the Nurses' Health Study Cohort[J]. Environmental Health Perspectives, 2015, 123 (12) : 1265-1270.

[202] Miao H, Li X, Wang X, et al. Air pollution increases the risk of pulmonary embolism: A meta-analysis[J]. Rev Environmental Health, 2022, 37 (2) : 259-266.

[203] Kim I S, Yang P S, Lee J, et al. Long-term exposure of fine particulate matter air pollution and incident atrial fibrillation in the general population: A nationwide cohort study[J]. Journal of the American College of Cardiology, 2019, 283: 178-183.

[204] Yue C, Yang F, Li F, et al. Association between air pollutants and atrial fibrillation in general population: A systematic review and meta-analysis[J]. Ecotoxicology and Environmental Safety, 2021, 208: 111508.

[205] Brook R D, Rajagopalan S, Pope C A, et al. Particulate matter air pollution and cardiovascular disease: An update to the scientific statement from the American Heart Association[J]. Circulation, 2010, 121 (21) : 2331-2378.

[206] Atkinson R W, Kang S, Anderson H R, et al. Epidemiological time series studies of $PM_{2.5}$ and daily mortality and hospital admissions: A systematic review and meta-analysis[J]. Thorax, 2014, 69 (7) : 660-665.

[207] Apte J S, Marshall J D, Cohen A J, et al. Addressing global mortality from ambient $PM_{2.5}$[J]. Environmental Science & Technology, 2015, 49 (13) : 8057-8066.

[208] Collaborators G B O D S. Global, regional, and national incidence, prevalence, and years lived with disability for 301 acute and chronic diseases and injuries in 188 countries, 1990—2013: A systematic analysis for the Global Burden of Disease Study 2013[J]. Lancet, 2015, 386 (9995) : 743-800.

[209] Xing Y F, Xu Y H, Shi M H, et al. The impact of $PM_{2.5}$ on the human respiratory system[J]. Journal of Thoracic Disease, 2016, 8 (1) : e69-e74.

[210] Mills N L, Donaldson K, Hadoke P W, et al. Adverse cardiovascular effects of air pollution[J]. Nature Clinical Practice Cardiovascular Medicine, 2009, 6 (1) : 36-44.

[211] Bell M L, Ebisu K, Peng R D, et al. Hospital admissions and chemical composition of fine particle air pollution[J]. American Journal of Respiratory and Critical Care Medicine, 2009, 179 (12) : 1115-1120.

[212] Lecy J I, Diez D, Dou Y, et al. A meta-analysis and multisite time-series analysis of the differential toxicity of major fine particulate matter constituents[J]. American Journal of Epidemiology, 2012, 175 (11) : 1091-1099.

[213] Krall J R, Anderson G B, Dominici F, et al. Short-term exposure to particulate matter constituents and mortality in a national study of U. S. urban communities[J]. Environmental Health Perspectives, 2013, 121 (10) : 1148-1153.

[214] Basaga A X, Jacquemin B, Karansiou A, et al. Short-term effects of particulate matter constituents on daily hospitalizations and mortality in five South-European cities: Results from the MED-PARTICLES project[J]. Environment International, 2015, 75: 151-158.

[215] Wyzga R E, Rohr A C. Long-term particulate matter exposure: Attributing health effects to individual PM components[J]. Journal of the Air & Waste Management Association, 2015, 65 (5) : 523-543.

[216] Atkinson R W, Mills I C, Walton H A, et al. Fine particle components and health: A systematic review and meta-analysis of epidemiological time series studies of daily mortality and hospital admissions[J]. Journal of

Exposure Science and Environmental Epidemiology, 2015, 25 (2) : 208-214.

[217] Lu F, Xu D, Cheng Y, et al. Systematic review and meta-analysis of the adverse health effects of ambient $PM_{2.5}$ and PM_{10} pollution in the Chinese population[J]. Environmental Research, 2015, 136: 196-204.

[218] Chen G, Zhao S, Chen N, et al. Molecular mechanism responsible for the hyperexpression of baculovirus polyhedrin[J]. Gene, 2022, 814: 146129.

[219] Chen C, Zhu P, Lan L, et al. Short-term exposures to $PM_{2.5}$ and cause-specific mortality of cardiovascular health in China[J]. Environmental Research, 2018, 161: 188-194.

[220] Chen C, Xu D, He MZ, et al. Fine particle constituents and mortality: A time-series study in Beijing, China[J]. Environmental Science & Technology, 2018, 52 (19) : 11378-11386.

[221] Ostro B, Feng W Y, Broadwin R, et al. The effects of components of fine particulate air pollution on mortality in California: results from CALFINE[J]. Environmental Health Perspectives, 2007, 115 (1) : 13-19.

[222] Ito K, Mathes R, Ross Z, et al. Fine particulate matter constituents associated with cardiovascular hospitalizations and mortality in New York City[J]. Environmental Health Perspectives, 2011, 119 (4) : 467-473.

[223] Collaborators G B D C O D. Global. regional. and national age-sex specific mortality for 264 causes of death, 1980-2016: a systematic analysis for the Global Burden of Disease Study 2016[J]. Lancet, 2017, 390 (10100) : 1151-1210.

[224] Liu S, Li Y, Zeng X, et al. Burden of cardiovascular diseases in China, 1990—2016: Findings from the 2016 Global Burden of Disease Study[J]. JAMA Cardiology, 2019, 4 (4) : 342-352.

[225] Cohen A J, Brauer M, Burnett R, et al. Estimates and 25-year trends of the global burden of disease attributable to ambient air pollution: An analysis of data from the Global Burden of Diseases Study 2015[J]. Lancet, 2017, 389 (10082) : 1907-1918.

[226] Burnett R, Chen H, Szy Szkowicz M, et al. Global estimates of mortality associated with long-term exposure to outdoor fine particulate matter[J]. Proceedings of the National Academy of Sciences of the United States of America, 2018, 115 (38) : 9592-9597.

[227] Pope C A 3rd, Burnett R T, Krewski D, et al. Cardiovascular mortality and exposure to airborne fine particulate matter and cigarette smoke: Shape of the exposure-response relationship[J]. Circulation, 2009, 120 (11) : 941-948.

第 4 章　大气颗粒物对人群呼吸系统的影响

呼吸系统是人体与外界环境进行气体交换的通道和场所。通常来说，成年人平均每天吸入空气约 10~15 m^3，约占体内外物质交换质量总量的 80%。呼吸是人体暴露于大气污染物的主要途径。2019 年全球疾病、伤害和风险因素负担研究估计了 204 个国家在 1990~2019 年期间由 87 个危险因素引起的疾病负担，确定了长期空气污染暴露是造成疾病负担的主要原因，特别是在中低收入国家[1]。

大气颗粒物的来源广泛，是主要的大气污染物。目前最常监测的大气颗粒物包括总悬浮颗粒物（total suspended particular，TSP）、可吸入颗粒物（particulate matter with an aerodynamic diameter of ＜ 10 μm，PM_{10}）和细颗粒物（particulate matter with an aerodynamic diameter of ＜ 2.5 μm，$PM_{2.5}$），我国城市大气颗粒物污染水平目前远高于欧美发达国家现有水平和 WHO 制定的《全球空气质量标准》（AQG2021）[2]。例如，对于 PM_{10} 来说，WHO 推荐的空气质量标准为年均值 15 μg/m^3，日均值 45 μg/m^3；$PM_{2.5}$ 的标准为年均值 5 μg/m^3，日均值 15 μg/m^3。在中国，83%的人口生活在 $PM_{2.5}$ 浓度超过中国环境空气质量标准（35 μg/m^3）的地区。据估计，中国 190 个城市 2014~2015 年 $PM_{2.5}$ 和 PM_{10} 的年平均浓度分别为（57±18）μg/m^3 和（97.7±34.2）μg/m^3，造成相关的伤残调整寿命年（disability adjusted life years，DALYs）分别为 720 万人年和 2066 万人年[3]。

大气颗粒物粒径微小，可通过吸入进入呼吸道深部，直接损伤呼吸系统。同时，作为一种复合物，大气颗粒物表面附着的如重金属、多环芳烃和病原微生物等已被证实具有明显的细胞毒性甚至致癌作用。短期和长期暴露可引起肺部炎性反应、氧化应激和免疫抑制，使肺部细胞受损和呼吸屏障功能降低，从而诱发呼吸系统疾病。大量的流行病学研究表明，大气污染暴露与慢性阻塞性肺疾病（chronic obstructive pulmonary disease，COPD）、肺炎、哮喘等呼吸系统疾病的发生和发展息息相关。因此，全面了解大气颗粒物暴露与人群呼吸系统健康之间的关联具有重大公共卫生学意义。

4.1　大气颗粒物短期暴露对呼吸系统的影响

4.1.1　大气颗粒物短期暴露对肺功能的影响

肺功能通常指肺的呼吸功能，是临床上用于早期呼吸系统疾病诊断、病情严重程度判断、用药效果评价以及疾病预后推断的重要指标。常用的肺功能指标包括用力肺活量（forced vital capacity，FVC）、第 1 秒用力呼气容积（forced expiratory volume within 1 second，FEV_1）、呼气流量峰值（peak expiratory flow，PEF）、最大呼气中段流速（maximum mid expiratory flow rate，MMEF）、用力呼气流量（forced expiratory flow，FEF）、潮气量（tidal volume，TV）等。

大气颗粒物等进入呼吸道后，部分可通过定向摆动的纤毛排出体外或被肺泡巨噬细胞吞噬清除，而残留于体内的污染物则会刺激气道平滑肌收缩，增加气道阻力，引起呼吸功能障碍。Dauchet 等对法国北部两个城市地区不吸烟的健康成年人开展了研究，评估了每位参与者在研究检查当天和检查前一天 PM_{10} 的平均水平，以及肺活量数据和炎症标志物水平之间的关系[4]。PM_{10} 水平每升高 10 μg/m³，与 FEF_{75} 降低（−1.41 [95%CI：−2.79，−0.01]）相关，表明可能存在小气道阻塞。Strassmann 等在 36085 名瑞士成年人中开展了 $PM_{2.5}$ 短期暴露对肺功能影响研究，发现在肺功能检测当天，$PM_{2.5}$ 浓度每增加 10 μg/m³，FEV_1 和 FVC 分别下降了 15.3 mL（95%CI：−21.9，−8.7）和 18.5 mL（95%CI：−26.5，−10.5）[5]。一篇系统综述将 14 项研究纳入荟萃分析，发现大气环境 $PM_{2.5}$ 每增加 10 μg/m³，FEV_1 减少 7.63 mL（95%CI：−10.62，−4.63），职业环境 $PM_{2.5}$ 每增加 10 μg/m³ 时，FVC 减少 10.0 mL（95%CI：−18.62，−1.37），结果表明短期接触环境中的 $PM_{2.5}$ 与健康成人的 FEV_1 和 FVC 降低都有关[6]。Zhou 等研究 PM_{10} 和 $PM_{2.5}$ 暴露对中国武汉和珠海的 1694 名女性非吸烟者肺功能的影响，发现在高污染城市（武汉），PM_{10}、$PM_{2.5}$ 暴露的移动平均值与 FVC 和 FEV_1 的降低均显著相关；在低污染城市（珠海），PM_{10}（Lag03~Lag05）与 FVC 降低显著相关，而 PM_{10}（Lag03~Lag05）和 $PM_{2.5}$（Lag04~Lag06）暴露与 FEV_1 降低显著相关。研究结果表明，室外空气污染与不吸烟女性的肺功能不良影响有关[7]。

大气颗粒物对特殊人群的影响更为显著。Xu 等对来自浙江省的 848 名学龄期儿童进行前瞻性研究，发现 $PM_{2.5}$ 的 1 天移动平均值对肺功能的影响最大[8]。$PM_{2.5}$ 暴露的 1 天移动平均值浓度每增加 10 μg/m³，儿童的 FVC 减少 33.74 mL（95%CI：22.52，44.96），FEV_1 减少 32.56 mL（95%CI：21.41，43.70），PEF 减少了 67.45 mL/s（95%CI：45.64，89.25）。Sun 以中国新乡 32 名退休健康成年人为研究对象，评估短期 $PM_{2.5}$ 暴露与呼吸系统结局的关联[9]。发现 $PM_{2.5}$ 每增加 10 μg/m³，FVC 减少 0.52 L（95%CI：−1.04，−0.002），FEV_1 减少 0.64 L（95%CI：−1.13，−0.16），FEV_1/FVC 减少 0.10（95%CI：−0.23，0.04）、PEF 减少 2.87 L/s（95%CI：−5.09，−0.64）。Ma 等在中国三个城市进行了一项定群研究[10]，对中高危心血管疾病人群进行了 3 次重复测量，应用线性混合效应模型分析 $PM_{2.5}$ 浓度与肺功能指标的关联，发现短期 $PM_{2.5}$ 暴露与肺功能下降显著相关，即 $PM_{2.5}$ 浓度每增加 10 μg/m³，12~24 小时内 PEF 下降 41.7 mL/s（95%CI：7.7，75.7）、FEV_1/FVC 下降 0.35%（95%CI：0.01%，0.69%）、MMEF 下降 20.9 mL/s（95%CI：0.5，41.3）。Muttoo 等以南非的 165 名婴儿为研究对象，发现 PM_{10} 每增加 1 μg/m³，年龄在 6 周、6 个月、12 个月的婴儿的潮气量分别下降 0.4 mL（95%CI：−0.9，0.0）、0.5 mL（95%CI：−1.0，0.0）、0.3 mL（95%CI：−0.7，0.0）[11]。

4.1.2　大气颗粒物短期暴露对呼吸系统疾病的急性影响

目前，国内外学者已经开展了大量针对大气颗粒物与呼吸系统疾病发病率、入院率和死亡率的研究。目前研究大多采用时间序列和病例交叉等设计来分析 PM_{10} 和 $PM_{2.5}$ 对呼吸系统的影响。大部分研究均显示大气颗粒物暴露对呼吸系统健康有较大影响，包括哮喘、COPD、肺炎等疾病的发生发展。

1. 总呼吸系统疾病

1）总呼吸系统疾病发病率和入院率

Atkinson 等检索了 2011 年 5 月前全球期刊发表的关于 $PM_{2.5}$ 与总呼吸系统疾病入院率和死亡率的研究，采用随机效应模型的 meta 分析方法，虽然未发现短期暴露 $PM_{2.5}$ 与人群呼吸系统疾病入院率之间的关联，但分层分析结果却提示西太平洋地区（如中国、日本和韩国等）$PM_{2.5}$ 浓度每升高 10 μg/m³，呼吸系统疾病的入院率增加 2.38%（95%CI：1.04，3.73）[12]。在我国北京、东莞、合肥和武汉等多个城市的研究中也呈现类似结果，如在 2013 年 Xu 等通过收集北京市 10 家综合医院的每日急诊就诊数据，纳入 92464 例呼吸系统急诊病例[13]，发现暴露当天 $PM_{2.5}$ 浓度每升高 10 μg/m³，呼吸系统疾病急诊就诊率增加 0.23%（95%CI：0.11，0.34）。Zhao 等采用时间序列研究分析了广东省东莞市 $PM_{2.5}$ 对总呼吸系统疾病发病率的影响，发现在累积 4 天平均暴露的 $PM_{2.5}$ 每上升一个 IQR 浓度（33.61 μg/m³），呼吸系统疾病门诊就诊率升高 5.41%（95%CI：10.99，20.01）[14]。同样采用时间序列研究的一项基于合肥市大气污染和呼吸系统疾病入院数据研究显示，PM_{10}和$PM_{2.5}$的最大效应估计值分别出现在滞后的第 10 天和 12 天，PM_{10}和 $PM_{2.5}$ 浓度每升高 10 μg/m³，呼吸系统疾病入院的相对危险度分别为 1.031（1.002，1.060）和 1.068（95%CI：1.017，1.121）[15]。在武汉市，Ren 等于 2016 年 10 月至 2018 年 12 月进行了针对大气 $PM_{2.5}$与呼吸系统疾病入院关联的研究，纳入了 159365 例呼吸系统疾病入院病例，运用时间分层病例交叉方法，发现大气 $PM_{2.5}$浓度每上升 10 μg/m³，居民呼吸系统疾病入院风险增加 1.23%（95%CI：1.01，1.45），且存在明显滞后效应[16]。以上多个城市的研究结果均表明，大气 $PM_{2.5}$ 暴露会提高一般人群呼吸系统疾病就诊率及入院率，且存在较明显的滞后效应，一般滞后期为 3~6 天，最长可达 10~12 天。

对于正处于生长发育重要时期的儿童，其自身对外界有害因素的抵抗能力有限，环境中的有害因素如大气污染等很容易对他们身体，特别是对呼吸系统造成不良影响。小龄儿童肺功能尚未发育成熟，呼吸频率高于成人，且户外活动的时间可能更多，从而吸入更高剂量的大气污染物。很多流行病学研究显示，儿童已经成为大气污染的易感人群之一。对中国香港地区 1994~1995 年儿童因呼吸系统疾病入院的记录进行统计分析发现，在累积 4 天暴露后，PM_{10}与 0~4 岁儿童呼吸系统疾病入院率显著相关。PM_{10}每升高 10 μg/m³，呼吸系统疾病入院的相对危险度为 1.019（95%CI：1.011，1.028）[17]。一项 2011~2015 年间在济南市开展的纳入 40172 名 0~17 岁儿童和青少年的回顾性研究，使用广义相加模型分析了大气 $PM_{2.5}$与呼吸系统疾病入院的关联。结果发现 $PM_{2.5}$每上升 10 μg/m³，呼吸系统疾病入院率升高 0.23%（95%CI：0.02，0.45），且男性儿童对空气污染更易感[18]。研究还探讨了 $PM_{2.5}$对不同年龄段（<1 岁，1~5 岁，6~17 岁）儿童的影响，仅发现 $PM_{2.5}$对 6~17 岁儿童存在较显著影响。一项中国多城市（北京、广州、上海、武汉、西宁）的时间序列研究探讨了大气污染与 0~14 岁儿童呼吸系统疾病入院率之间的关联，结果提示 $PM_{2.5}$和 PM_{10}的效应在 Lag07 时最大，大气 $PM_{2.5}$和 PM_{10} 浓度每升高 10 μg/m³，呼吸系统疾病入院率则分别相应地增加 1.39%（95%CI：0.38，2.40）和 1.10%（95%CI：0.38，1.83）[19]。

老年人也是大气颗粒物暴露的易感人群之一。Atkinson 等在欧洲 8 个主要国家和城市（巴塞罗那、伯明翰、伦敦、米兰、荷兰、巴黎、罗马和斯德哥尔摩）中调查了大气污染短期暴露对呼吸系统疾病入院率的影响，发现 PM_{10} 每上升 10 μg/m³，≥65 岁的老年人呼吸系疾病入院率增加 1.0%（95%CI：0.4，1.5）[20]。Wong 等研究发现在老年人（年龄≥65 岁）中，PM_{10}每上升 10 μg/m³，呼吸系统疾病入院的相对危险度为 1.018（95%CI：1.010，1.026）[17]。Son 等在韩国八个城市进行了一项大型回顾性研究，发现 PM_{10} 暴露与老年人呼吸系统疾病入院显著相关，且观察到随着年龄的增长，呼吸系统疾病入院风险也随之增加[21]。Andersen 等也发现了 PM_{10}每上升 10 μg/m³，≥65 岁的老年人因呼吸系统疾病入院的相对危险度为 1.037（95%CI：1.014，1.060），但并未观察到 $PM_{2.5}$ 的影响[22]。Chen 等在加拿大温哥华地区进行了一项时间序列研究，发现老年人暴露 PM_{10} 浓度每上升一个 IQR（7.9 μg/m³），呼吸系统疾病入院发生的相对危险度为 1.05（95%CI：1.01，1.10），但同样也没有观察到 $PM_{2.5}$ 的显著关联[23]。Ren 等在中国武汉发现，与青壮年人群相比，在中老年人群中 $PM_{2.5}$ 与呼吸系统疾病入院率的增加显著相关，特别是年龄＞74 岁者，$PM_{2.5}$ 每上升 10 μg/m³，呼吸疾病入院风险为 1.022（95%CI：1.017, 1.028）[16]。

2）总呼吸系统疾病死亡率

2019 年全球疾病负担研究数据显示，中国排名前五的死亡原因分别为脑卒中、缺血性心脏病、COPD、肺癌和胃癌，呼吸系统疾病给人类带来了沉重的疾病负担[24]。大量的流行病学研究也表明了大气颗粒物与因呼吸系统疾病死亡之间的关联[25]。

Yang 等在北京市 2009~2010 年开展了一项探讨大气污染与呼吸系统疾病死亡率关联性的时间序列研究，广义相加模型结果显示 PM_{10}（Lag01）每上升一个 IQR（46.6 μg/m³），呼吸系统疾病的死亡风险增加 0.99%（95%CI：0.30，1.67）[26]。Mo 等研究在浙江省杭州市及舟山市发现 $PM_{2.5}$ 每上升 10 μg/m³，呼吸系统疾病死亡的超额风险为 0.985（95%CI：0.034，1.945）[27]。Hu 等在中国浙江省进行的研究表明，PM_{10}、$PM_{2.5}$ 和超细颗粒物（particulate matter with an aerodynamic diameter of ＜ 10 μm，PM_1）浓度每上升 10 μg/m³，呼吸系统疾病死亡发生的相对危险度分别为 1.005（95%CI：1.0012，1.0087）、1.0052（95%CI：1.0001，1.0103）和 1.0055（95%CI：1.0000，1.0111）[28]。一项在深圳市开展的研究显示，$PM_{2.5}$ 浓度每上升 10 μg/m³，居民因呼吸系统疾病死亡的风险将增加 3.04%（95%CI：0.60，5.55）[29]。Xu 等 2020 年在北京市采用病例交叉方法探讨了 2012~2013 年期间 $PM_{2.5}$ 对死亡率的影响，发现 $PM_{2.5}$ 每上升 10 μg/m³，呼吸系统疾病死亡率增加 0.81%（95%CI：0.39，1.23），且 65 岁以上的老年人在同等暴露条件下有更高的死亡风险[30]。一项在安徽省开展的时间序列研究，综合省内 9 个地区的数据发现，PM_{10}、$PM_{2.5}$ 与呼吸系统疾病死亡的关联均在滞后 7 天时观察到效应的最高值，且老年人因呼吸系统疾病死亡的风险更高[31]。

Chang 等筛选了并纳入了全球已发表的 14 篇时间序列研究和病例交叉研究，对大气 $PM_{2.5}$ 短期暴露与呼吸系统疾病死亡的关联进行了 meta 分析[32]。结果表明，$PM_{2.5}$ 每上升 10 μg/m³，发生呼吸系统疾病死亡的风险增加 1.32%（95%CI：0.95，1.68）。在 2017 年，Chen 等在中国开展了一项包含 272 个城市的大型时间序列研究，通过贝叶斯分层模型量化了 2013~2015 年大气 $PM_{2.5}$ 暴露与每日死亡之间的关联[33]。研究结果表明，$PM_{2.5}$ 每升高 10 μg/m³，呼吸系统疾病的死亡风险增加 0.29%，尤其是老年群体增加的风险更高。2019 年，同一研究团队启动了另一项覆盖了全球 24 个国家 652 个城市的时间序列分析，Liu 等对大气颗粒物污染与死亡率影响开展了相关的调查，扩展了研究期限（1986~2015 年），研究结果显示，大气 PM_{10} 和 $PM_{2.5}$ 的 2 天移动平均浓度每升高 10 μg/m³，呼吸系统疾病死亡风险分别升高 0.47%（95%CI：0.35，0.58）和 0.74%（95%CI：0.53，0.95）[34]。一项巴西的研究探讨了短期暴露 $PM_{2.5}$ 对呼吸系统疾病死亡率的影响，通过化学迁移模型分离与野火相关的 $PM_{2.5}$，发现 $PM_{2.5}$ 每升高 10 μg/m³，因呼吸系统疾病死亡的风险增加 7.7%（Lag 0~14），女性和≥60 岁成年人之间存在更强的关联，并且在死亡风险和疾病负担方面存在显著的地理差异[35]。另一项针对老年人群（≥80 岁）的全国性研究的结果表明，环境 $PM_{2.5}$（升高 10 μg/m³）与呼吸系统疾病死亡相关（1.65%，1.33~1.91）[36]。

以上不同城市及地区的研究表明，大气 $PM_{2.5}$ 和 PM_{10} 总体上会增加呼吸系统疾病死亡风险且有较强的滞后效应。此外，相较于年轻人（<65 岁），老年人（≥65 岁）对大气颗粒物的易感性更高，这可能是由于老年人身体功能退化，呼吸道清除能力降低，机体免疫力下降，颗粒物的损害作用累积导致疾病的加重甚至死亡。采取长期有效的大气污染控制措施以降低大气 $PM_{2.5}$ 浓度，可以有效减轻呼吸系统相关的疾病负担。

2. COPD

COPD 是一种常见的以持续气流受限为特征的疾病，是中老年人群最为常见的慢性呼吸道疾病之一。COPD 的发病原因十分复杂，至今未有确切病因，大气污染物被视作可能导致其发生的病因之一[37]。据估计，COPD 所致的 DALYs 有 40%可归因于空气污染[38]。近年来，大气污染也作为一个重要的危险因素越来越受到人们的重视，目前研究主要针对 PM_{10} 和 $PM_{2.5}$ 开展。

1）COPD 发病率和入院率

早在 1994 年，Schwartz 等就在美国不同地区开展了针对大气颗粒物污染与老年人群入院率的研究，大气 PM_{10} 日均浓度每上升 10 μg/m³，在阿拉巴马州、密歇根州和明尼苏达州呼吸系统疾病入院的相对危险度分别为 1.27（1.08，1.50）、1.02（1.01，1.03）和 1.57（1.20，2.06）[39-41]。近年来，众多国内学者也开展了很多相同主题的调查。Tao 等研究发现 2001~2005 年间兰州市 PM_{10} 每上升一个 IQR（139.0 μg/m³），因 COPD 入院的风险增加 2.8%（0.0，5.6），且在≥65 岁人群和女性人群中风险更高[42]。Tina 等研究发现短期暴露 $PM_{2.5}$ 与 COPD 患者卫生服务使用增加相关，$PM_{2.5}$ 每上升一个 IQR（90.8 μg/m³），COPD 患者门诊就诊和住院的风险将增加 2.38%（95%CI：2.22，2.53）和 6.03（95%CI：5.19，

6.87）[43]。Hwang 等在中国台湾西南部地区纳入了 38715 条就诊记录，通过广义相加模型发现了 $PM_{2.5}$ 与慢性阻塞性肺疾病急性加重（acute exacerbation of chronic obstructive pulmonary diseases，AECOPD）入院率显著相关，$PM_{2.5}$ 每上升 10 μg/m³，COPD 患者加重入院的相对危险度为 1.02（95%CI：1.011，1.035），滞后期长达 5 天，尤其是在冷季和老年人群中效应值更高[44]。一项在山东省 17 个城市 207 家医院开展的研究提取了 2015~2016 年期间共 216159 个入院记录，探讨了大气污染短期暴露与 COPD 入院之间的关联，多个城市的结果均表明短期暴露于 $PM_{2.5}$ 和 PM_{10} 可能导致 COPD 入院率升高，而且发现女性和≥65 岁的人群中因 COPD 的入院风险更高[45]。Chen 等在沈阳市 2014~2017 年开展的时间序列研究发现 $PM_{2.5}$ 和 PM_{10} 暴露与 COPD 入院增加的相对危险度为 1.008（95%CI：1.003，1.013）和 1.008（95%CI：1.004，1.012），并发现老年人入院的风险更高[46]。一项从广州市 110 家医院中提取了 2014~2015 年 40002 个 COPD 入院病例的时间分层病例交叉研究，利用卫星监测数据和患者家庭住址获得了病例的个体暴露，通过条件 logistic 回归模型分析发现，$PM_{2.5}$（Lag05）每上升 10 μg/m³，COPD 入院风险增加 1.6%（95%CI：0.6，2.7）[47]。

Liang 等在 2013~2017 年《大气污染防治行动计划》施行期间，采用时间序列分析探讨了北京市短期暴露于大气污染物对 AECOPD 入院的影响，结果提示即使研究期间大气污染物的浓度在不断下降，但 $PM_{2.5}$ 和 PM_{10} 的暴露仍然与 AECOPD 的入院显著相关，$PM_{2.5}$ 和 PM_{10} 每上升一个 IQR （72 μg/m³ 和 86 μg/m³），患者因 AECOPD 入院发生的相对危险度为 1.028 （95%CI：1.021，1.034）和 1.029（95%CI：1.023，1.035）[48]。Qu 等研究发现，以累计 8 天平均暴露（Lag07）计算，大气 $PM_{2.5}$ 与 PM_{10} 每上升 10 μg/m³，AECOPD 入院的风险增加 13%和 9.4%，且女性和退休的老年人群更易感[49]。Sun 等在盐城市开展的一项采用广义线性模型的时间序列研究发现大气 $PM_{2.5}$ 与 AECOPD 入院显著相关，$PM_{2.5}$ 每上升 10 μg/m³，AECOPD 入院率增加 1.05%（95%CI：0.14，1.96），女性、老年人和冷季的效应更高[50]。一项在广东省开展的大型时间序列研究，探讨了空气质量改变对 AECOPD 入院的影响，研究发现尽管 2013~2017 年《大气污染物防治行动计划》实施期间 $PM_{2.5}$ 和 PM_{10} 下降了 30%和 26%，但是 $PM_{2.5}$ 和 PM_{10} 每上升一个 IQR（23.9 μg/m³ 和 31.6 μg/m³），AECOPD 入院的相对危险度分别为 1.093（95%CI：1.06，1.13）和 1.091（95%CI：1.05，1.14），大气颗粒物对男性和≥65 岁老年人危害更严重[51]。一项在加拿大成人中开展的流行病学研究探讨了短期空气污染暴露与轻、中度 COPD 患者恶化事件的关联。研究表明，寒冷季节的环境 $PM_{2.5}$ 与 COPD 症状加重显著相关（1.11，1.03~1.20）[52]。

以上不同城市的研究表明，大气颗粒物会明显加重 COPD 和 AECOPD 的发病和入院风险，尤其是在年龄≥65 岁的人群。值得注意的是，部分研究显示大气颗粒物的效应在暖季要比冷季要高。这与颗粒物在冷季浓度较高这一时间分布特点不相符合，这可能与不同季节人群的不同活动模式有关。对于大气颗粒物的季节效应需要更多研究去探讨。此外，在《大气污染防治行动计划》实施期间，多项研究观察到大气颗粒物的环境浓度明显下降，虽然与 COPD 发病或急性加重存在显著关联，但长期的空气质量控制措施仍是降低 COPD 发病或急性加重发生风险的有效途径。

2）COPD 死亡率

COPD 是一种致死率非常高的疾病，COPD 急性加重最常见的诱因就是外界环境因素导致的感染。感染诱发患者咳嗽咳痰、胸闷气促，控制不当时进一步发展为呼吸困难，甚至呼吸衰竭从而导致死亡。大气污染物携带的有毒有害物质以及导致呼吸道环境的改变，是 COPD 患者感染的重要因素之一。

Zhu 等搜索了 6 个常用文献电子数据库中，并从中分别筛选了 31 篇（2000~2011 年）和 18 篇（2010~2018 年）关于调查大气 PM_{10} 和 $PM_{2.5}$ 与 COPD 入院和死亡关联的文献，通过 meta 分析发现 PM_{10} 和 $PM_{2.5}$ 每上升 10 μg/m³，因 COPD 发生死亡的合并相对危险度分别为 1.5%（95%CI：0.9，2.2）和 1.1%（95%CI：0.8，1.4）[53]。Chen 等在四川省成都市开展了一项时间序列研究来探讨短期暴露于大气污染物与老年人群中因 COPD 死亡的关联，在控制环境温度及湿度等混杂因素后，$PM_{2.5}$ 每上升一个 IQR（43 μg/m³），COPD 死亡率增加 2.7%（95%CI：1.0，4.4）[54]。Huang 等针对中国台湾地区非吸烟人群进行 $PM_{2.5}$ 与 COPD 死亡率的研究发现，与最小的四分位区间（P_0~P_{25}）相比，最高的四分位区间（P_{75}~P_{100}）的 $PM_{2.5}$ 暴露与 COPD 死亡显著相关[55]。Li 等在广州市通过分布滞后非线性模型量化了大气污染物与 COPD 死亡之间的关联，结果表明 PM_{10} 每上升 10 μg/m³，COPD 死亡风险增加 1.58%（95%CI：0.12，3.06）[56]。Chen 等在浙江省六个城市分析了大气颗粒物与 COPD 死亡的关联，结果表明每日暴露于 $PM_{2.5}$ 和 PM_{10} 与 COPD 死亡增加有关，$PM_{2.5}$ 和 PM_{10} 每上升 10 μg/m³，因 COPD 导致死亡发生的超额风险分别为 1.85（95%CI：0.90，2.82）和 1.22（95%CI：0.56，1.89），粗颗粒物（coarse particulate matter，PM_c）和 COPD 死亡之间的关联很小[57]。Peng 等探讨了不同粒径大小的颗粒物对 COPD 死亡的影响，发现颗粒物污染对 COPD 死亡影响最大的可能是直径＜0.5 μm 的颗粒物，粒径越小，效应值越大，且在寒冷季节，COPD 患者，尤其是男性患者更容易受到大气颗粒物污染的影响[58]。一项 2013~2017 年采用广义相加模型的时间序列研究分析了来自全国 96 个城市的人群死亡数据，并对比了 $PM_{2.5}$ 和 PM_{10} 效应的差异。结果显示，$PM_{2.5}$ 每上升 10 μg/m³，人群因 COPD 死亡风险增加 0.19%（95%CI：0.09，0.29）。虽然在 PM_c 和 PM_{10} 中也观察到了对 COPD 死亡的显著效应，但

是其影响程度低于 $PM_{2.5}$[59]。

3. 哮喘

世界卫生组织数据显示，哮喘影响着全球约 3 亿人，是最常见的非传染性呼吸疾病之一。这种慢性炎症与呼吸道的高反应性有关，以反复发作的喘息、气促等为主要临床症状。过敏性体质个体和外界环境中的变应原是导致疾病发生的危险因素。过去几十年里，哮喘的发病率在东亚地区不断上升[60]。越来越多的流行病学研究表明空气污染短期暴露可能是哮喘发展和恶化的危险因素，这主要表现为住院或就诊次数的增加。

1）哮喘发病率和入院率

Zhang 等在 2016 年采用 meta 分析方法对过往研究进行总结，分析了东亚地区大气污染对哮喘发病的影响，共纳入了 2014 年之前所发表的与大气污染和哮喘发病相关的 26 篇文献，研究范围覆盖了中、日、韩三国，这些文献主要采用时间序列和病例交叉的方法[61]。该 meta 分析研究结果发现暴露于大气污染物与全年龄段人群的哮喘入院风险增加显著相关，当 PM_{10} 的环境浓度每上升 10 μg/m³，人群每日因哮喘入院的相对危险度为 1.013，未发现 $PM_{2.5}$ 与哮喘住院之间的显著关联，但当研究仅纳入以急诊方式入院的人群时，可以观察到 $PM_{2.5}$ 与哮喘入院之间呈正向关联。Tina 等在北京市进行的一项时间序列研究提示，短期暴露于大气 $PM_{2.5}$ 将显著增加居民哮喘入院风险，北京市 PM_{10} 浓度每升高 10 μg/m³，人群当天因哮喘入院的人数将增加 0.67%（95%CI：0.53，0.81）[62]。Zhang 等运用病例交叉方法，分析了 2015~2016 年深圳市大气颗粒物对呼吸系统疾病入院率的影响，发现大气 PM_1 和 $PM_{2.5}$ 对居民哮喘入院无明显影响[63]。在 2020 年，中国一项多城市时间分层比例交叉设计研究估计了 2013~2015 年期间大气污染物短期暴露与哮喘门诊就诊数的关系[64]。单污染物模型结果显示，以就诊当天及前五天（Lag05）的 $PM_{2.5}$ 和 PM_{10} 每上升 10 μg/m³，哮喘门诊就诊的相对危险度为 1.004（95%CI：1.000，1.008）和 1.005（95%CI：1.002，1.008）。以上不同地区间的研究表明，总的来说，大气颗粒物会提高人群哮喘的发病和入院风险，且存在明显的滞后效应。

值得注意的是，哮喘是最常见的儿童疾病之一，患病率正逐年上升[65]。Lim 等汇总了 1999~2016 年期间发表的关于 $PM_{2.5}$ 与儿童哮喘急诊就诊和入院之间关联的研究，通过使用随机效应模型的 meta 分析方法发现 $PM_{2.5}$ 每升高 10 μg/m³，儿童急诊就诊和入院的相对危险度为 1.05（95%CI：1.03，1.07），且按年龄分层分析发现，5 岁以下儿童比 5~18 岁儿童急诊就诊和入院风险更高（1.044 *vs.* 1.027）[66]。另外一篇关于哮喘的全人群 meta 分析纳入了 2015 年前发表的相关研究，通过分层分析发现 PM_{10} 和 $PM_{2.5}$ 每升高 10 μg/m³，儿童的急诊就诊和入院的相对危险度分别为 1.013（95%CI：1.008，1.018）和 1.025（95%CI：1.013，1.037）[67]。

2）哮喘死亡率

相较于 COPD 和肺炎，哮喘是一种死亡率不高的呼吸系统疾病。哮喘可通过坚持长期规范化治疗来控制哮喘症状的发生，以达到减少复发甚至不再发作的目标。哮喘急性发作的常见诱因多为大气污染、吸烟、病原体感染、非特异性刺激等环境因素。虽然急性症状可通过使用应急药物 β_2 受体激动剂来缓解，但控制环境因素暴露对哮喘的防治同样必不可少。然而，目前针对大气颗粒物与哮喘死亡发生的研究结论尚不一致。Liu 等研究发现了 $PM_{2.5}$ 每升高一个 IQR（47.1 μg/m³），湖北省居民哮喘死亡发生的相对危险度为 1.07（95%CI：1.01，1.12），但未观察到 PM_{10} 与哮喘死亡的关联[68]。Zhu 等采用时间序列方法的广义相加模型探讨了 2014~2017 年间深圳市大气颗粒物与呼吸系统疾病死亡之间的关联，结果并未发现 $PM_{2.5}$ 和 PM_1 与哮喘死亡率之间明显的相关性[69]。大气颗粒物与哮喘死亡之间的关联尚待更多的研究去证实。

4. 肺炎

肺炎是由细菌、病毒和真菌感染引起的肺叶或整个肺的炎症，是最常见的传染病之一，也是全世界人口死亡的主要原因之一。肺炎有着较高的发病率和死亡率，它影响全球约 4.5 亿人，每年导致约 400 万人死亡，占世界总死亡人数的 7%，老年人群每年的肺炎发病率是年轻人群的四倍[70]。随着世界范围老龄化的加速，肺炎正成为全球重大公共卫生问题。现有文献表明，大气颗粒物短期暴露与肺炎之间存在关联，空气污染已被确定为肺炎的重要危险因素。Zhang 等收集深圳市 2015~2016 年呼吸系统疾病每日入院记录和空气污染及天气状况的站测数据，采用时间分层病例交叉设计和条件 logistic 回归模型估计与短期暴露于 PM_1 和 $PM_{2.5}$ 相关的住院风险[63]。发现 PM_1 和 $PM_{2.5}$ 与肺炎的住院人数增加都有很强的相关性，PM_1 和 $PM_{2.5}$ 暴露每增加 10 μg/m³，肺炎住院风险分别为 1.12（95%CI：1.02，1.22）和 1.07（95%CI：1.01，1.13）。Qiu 等通过从 2011 年 1 月至 2012 年 12 月香港 10 个空气监测站获取数据，评估 PM_c 对肺炎急诊入院率的影响[71]。研究发现滞后 4 天 PM_c 每增加 10 μg/m³，肺炎急诊住院率增加 3.33%（95%CI：1.54，5.15），结果表明 PM_c 与急诊肺炎住院治疗显著相关。

Wang 等通过对 2016~2018 年合肥市 0~17 岁儿童因肺炎住院的病例、大气颗粒物（PM_1、$PM_{2.5}$、PM_{10}）和气象因素等数据，利用准泊松广义相加模型比较了 PM_1、$PM_{2.5}$ 和 PM_{10} 对儿童肺炎的短期影响[72]。结果发现 PM_1、$PM_{2.5}$ 和 PM_{10} 浓度每增加 10 μg/m^3，肺炎住院风险分别增加 10.28%（95%CI：5.88，14.87）、1.21%（95%CI：0.34，2.09）和 1.10%（95%CI：0.44，1.76）。研究中还发现，暴露于 PM_1，男孩和女孩都有受到影响的风险，但是暴露于 $PM_{2.5}$ 和 PM_{10} 时，只对男孩有不利影响。暴露于 PM_1 时，≤12 个月和 1~4 岁儿童更容易受影响，而暴露于 $PM_{2.5}$ 和 PM_{10}，仅 1~4 岁儿童受影响。此外，PM_1 效应在秋季和冬季更明显，而 $PM_{2.5}$ 和 PM_{10} 效应仅在秋季更明显。Nhung 等对短期暴露大气污染物与儿童肺炎住院之间的相关性进行了系统回顾和 meta 分析。该分析显示，$PM_{2.5}$ 和 PM_{10} 每增加 10 μg/m^3，肺炎住院治疗的额外危险度分别增加 1.8%（95%CI：0.5，3.1）和 1.5%（95%CI：0.6，2.4）[73]。Song 等以济南老年人（≥65 岁）为研究对象，使用针对气象因素和人口动态调整的广义相加泊松模型来探讨大气颗粒物 $PM_{2.5}$ 与肺炎患者死亡之间的关联，结果发现 $PM_{2.5}$（滞后 1 天）与各种肺炎（除了间质性肺炎）死亡有关，$PM_{2.5}$ 每增加 10 μg/m^3，肺炎死亡风险上升 0.672%（95%CI：0.049，1.298）[74]。儿童正处于肺功能发育期，单位体重吸入的空气比成年人多，尤其容易受到大气颗粒物污染的影响，是大气颗粒物污染致病敏感人群之一。老年人由于其肺功能脆弱，对颗粒物也十分敏感。大气颗粒物短期暴露不仅与儿童、老年人等敏感人群肺炎有关，也与普通人群肺炎住院呈正相关。

5. 肺癌

肺癌是最常见的癌症类型之一，也是导致死亡的主要原因。Wang 等收集了 2013~2015 年中国三个城市（北京、重庆和广州）的 $PM_{2.5}$ 和 PM_{10} 环境数据，以及因肺癌死亡人群数据后，分析发现，重庆和广州的 $PM_{2.5}$、PM_{10} 浓度与肺癌死亡风险呈正相关。$PM_{2.5}$ 和 PM_{10} 每增加 10 μg/m^3，死亡风险为 0.72%（95%CI：0.27，1.17）和 6.06%（95%CI：0.76，11.64）[75]。Xue 等采用病例交叉设计评估大气污染对沈阳居民肺癌的影响，发现 $PM_{2.5}$ 暴露每增加 10 μg/m^3，肺癌死亡风险增加 6.5%（95%CI：1.2，12.0），男性更容易受到 $PM_{2.5}$ 的影响[76]。卫斐然等收集了南京市 2013~2017 年每日因肺癌死亡人数、气象及空气污染数据，利用广义相加模型及分布滞后非线性模型探讨短期暴露 PM_{10} 对每日肺癌死亡风险的影响[77]。结果发现在单日滞后效应中，PM_{10} 在滞后 3 天时对肺癌死亡危险影响最大，日均浓度每增加 10 μg/m^3，超额危险度为 1.0043（95%CI：1.0010，1.0077）；累积 6 天的 PM_{10} 暴露对肺癌死亡影响最大，超额危险度为 1.0080（95%CI：1.0025，1.0135）。Ma 等采用广义线性模型来评估空气污染物与肺癌死亡率之间的关联，发现 $PM_{2.5}$ 每增加一个 IQR，肺癌死亡风险增加 2.65%（95%CI：0.96，4.37）[78]。Zhu 等评估了 2009~2015 年合肥市大气污染对肺癌死亡率的短期影响，认为肺癌死亡率与大气颗粒物水平没有显著关联[79]。现有的关于大气颗粒物短期暴露与肺癌关联的研究较少，两者之间的关联还有待进一步发掘。

4.1.3 大气颗粒物短期暴露对呼吸系统疾病急性影响的案例分析

1. 研究背景

COPD 是一种具有气道气流受限特征的慢性支气管炎和（或）肺气肿，是导致全球疾病负担的主要疾病之一。《中国肺健康》调查显示，2012~2015 年，全国 40 岁及以上人群中 COPD 患病率估计为 13.7%，比 2002~2004 年的调查增加了 5.5%，并表明快速城市化所带来的大气污染可能是 COPD 患病率逐年上升的原因。目前，大气污染对 COPD 患者的不良影响也已经被广泛报道。然而，并非所有的研究都重点关注 AECOPD。2015 年发表的一项 AECOPD 的系统综述表明，在现有研究中很少包括来自严重大气污染区域的流行病学研究。因此，极高浓度的大气污染与 AECOPD 住院风险之间的暴露反应关系仍未被阐明。

2013 年，国务院颁布了一项针对全国地级以上城市大气 $PM_{2.5}$ 和 PM_{10} 的空气污染控制措施——《大气污染防治行动计划》。由于沙尘暴天气以及北方地区供暖等原因，北京市也是大气污染严重的城市之一。2013 年北京市全年发生重度污染 58 天，空气质量达标天数 176 天。行动计划实施期间，空气质量达标天数不断增加，重污染天数不断下降。至 2017 年行动计划结束为止，重度污染天数为 23 天，空气质量达标天数为 226 天，空气质量明显改善。虽然多种常见大气污染物环境监测浓度显著下降，但仍超过国家环境空气质量标准，说明空气质量的有效改善需要长期的空气污染控制措施。

在《大气污染防治行动计划》施行的背景下，Liang 等学者在北京市开展了一项大型的时间序列研究，调查了大气污染物日均浓度与 AECOPD 每日住院量之间的关系[80]。根据观察到的效应估计值，研究中还计算了每年因空气污染而导致 AECOPD 的入院病例数，以评估《大气污染防治行动计划》所带来的空气质量改善对公众健康的潜在影响。

2. 研究方法

研究中从北京市内 35 个空气质量固定监测站点提取了城市水平的大气污染物（包括 $PM_{2.5}$ 和 PM_{10}）浓度，环境保护局的空气质量报告平台根据所有监测站点的日均数据，得出全市各类污染物的日平均浓度。每日的气象数据则从北京市气象局网站收集。对于 AECOPD 的每日入院数据，研究者从北京市公共卫生信息中心的医院出院信息数据库中获取。这个数据库覆盖了全市二甲及以上的公、私立医院，可获取研究对象年龄、性别、家庭住址、入院日期、出院诊断对应的疾病编码以及健康护理费用等相关信息。研究采用广义相加模型，以最长滞后 4 天计算，分析了短期暴露于大气污染物与 AECOPD 入院的线性关系，通过引入光滑函数检验其非线性关系，并使用双污染物模型验证结果的稳定性和对年龄、性别和入院季节分层来发现潜在的易感人群。通过计算人群归因分数和归因于大气污染的 AECOPD 入院人数来估计空气污染带来的疾病负担。此外，该研究对每年的入院病例单独分析来探讨空气质量控制措施所带来的健康效应。

3. 研究结果

研究结果首先发现，$PM_{2.5}$ 和 PM_{10} 的浓度在五年研究期间有明显的下降，尤其是 $PM_{2.5}$ 下降了 33%（图 4-1）。在校正了温度、相对湿度等气象因素以后，短期大气 $PM_{2.5}$ 和 PM_{10} 暴露与 AECOPD 住院之间存在显著关联（图 4-2），$PM_{2.5}$ 和 PM_{10} 浓度每增加一个 IQR（72 μg/m^3 和 88 μg/m^3），Lag0 的相对危险度分别为 1.028（95%CI：1.021，1.034）和 1.029（95%CI：1.023，1.035），关联强度随着滞后天数的增加而减弱。$PM_{2.5}$ 和 PM_{10} 移动平均暴露（Lag02 和 Lag04）的估计值在统计学上显著，且与在 Lag0 中观察到的相似。研究还发现女性和 65 岁及以上的老年患者为潜在的易感人群。

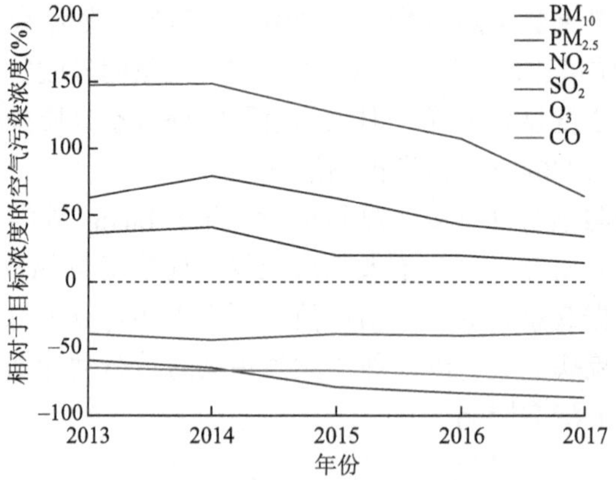

图 4-1　2013~2017 年北京市六种主要大气污染物年均浓度变化

虚线表示中国二级目标年浓度；数值为各浓度相对于目标浓度的增减百分比

研究还以中国大气污染物标准和 WHO 空气质量标准为参照，对比了每年因 $PM_{2.5}$ 所导致的超额入院数以及医疗保健费用（表 4-1）。结果发现以 WHO 标准为参照时，2013 年与 2017 年两个节点对比，AECOPD 的超额入院数下降了约 42%，在医疗保健费用中也发现了相似的结果。

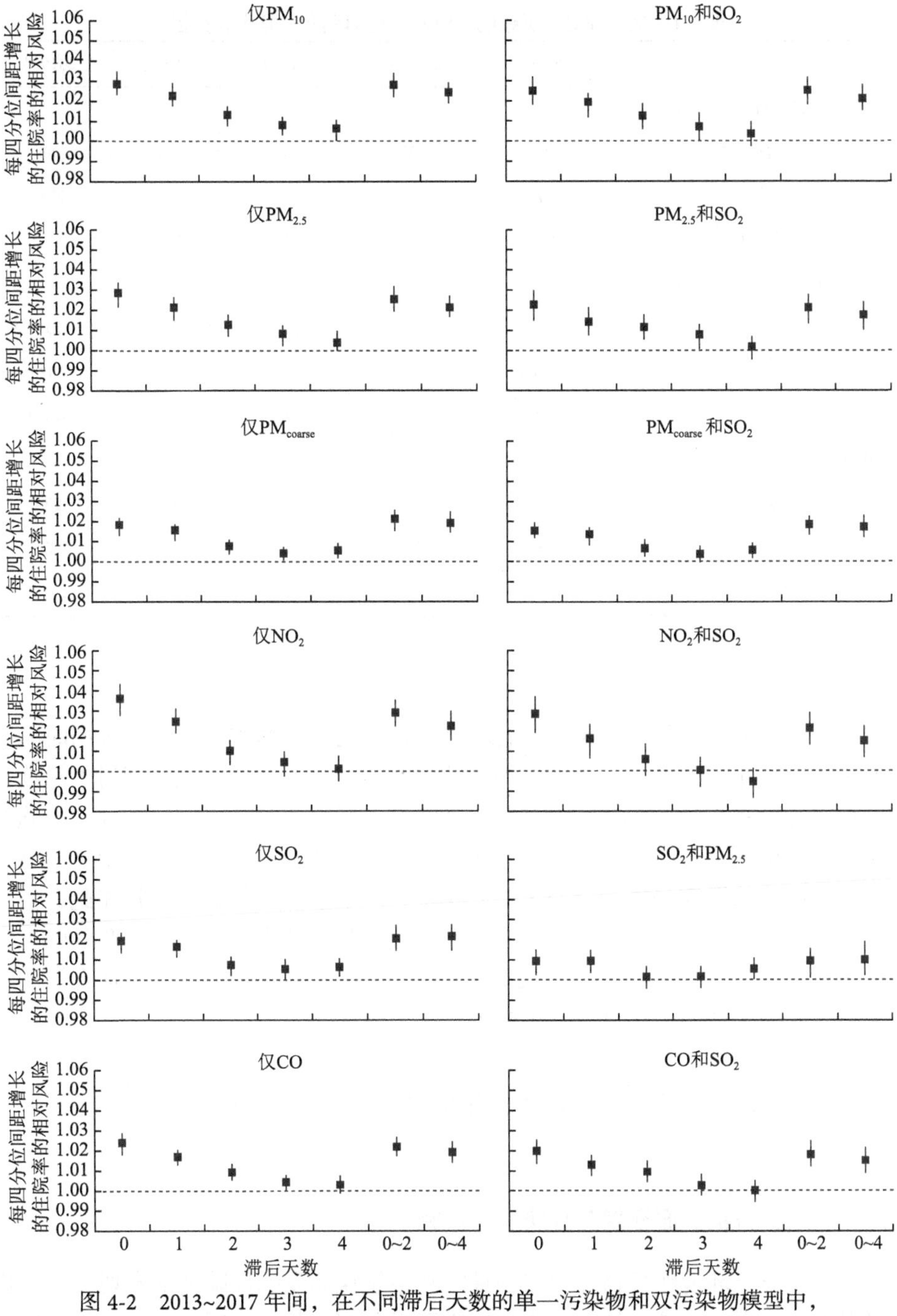

图 4-2 2013~2017 年间，在不同滞后天数的单一污染物和双污染物模型中，慢性阻塞性肺病急性加重的住院率与污染物相关性

表 4-1 大气 $PM_{2.5}$ 所致的 AECOPD 入院的人群疾病负担

	2013 年	2014 年	2015 年	2016 年	2019 年
中国 24 h 二级标准（75 μg/m³）					
未达标天数	153	163	142	132	85
病例数	6095	4269	5042	1851	2714
卫生成本（百万元）	108.4	76.6	93.2	34.5	48.2
中国 24 h 一级标准（35 μg/m³）					
未达标天数	275	270	255	240	212
病例数	11030	7487	8876	3524	6020
卫生成本（百万元）	196.2	134.4	164.1	65.6	107.0
WHO 24 h 标准（25 μg/m³）					
未达标天数	298	301	287	281	256
病例数	12679	8529	10237	4122	7377
卫生成本（百万元）	225.5	153.1	189.3	76.7	131.1

4. 研究结论

Liang 等利用北京市人群入院记录数据和大气污染物监测数据，采用时间序列方法和广义相加模型，以《大气污染防治行动计划》为切入点，探讨了短期暴露于大气污染物与 AECOPD 入院风险之间的关联。研究指出，行动计划的施行令大气中污染物浓度明显下降，但是污染物仍旧处于较高水平，研究中仍观察到了大气颗粒物的短期暴露与 AECOPD 入院之间呈显著正相关。尽管如此，值得注意的是，这一项长期的空气污染控制措施确实降低两者之间正向关联的强度，提示长期严格的空气污染控制政策对于降低 COPD 的发病率是重要且有效的，这为大气污染相关的公共卫生政策提供了坚实的基础。

4.2 大气颗粒物长期暴露对呼吸系统的影响

4.2.1 大气颗粒物长期暴露对肺功能的影响

长期暴露于环境颗粒物不仅与各种呼吸系统疾病发病风险增加密切相关，也会损害肺功能损害。越来越多的流行病学证据表明，长期暴露于 $PM_{2.5}$ 与较低的 FVC 和 FEV_1 有关。中国的大气颗粒物暴露水平远高于世界卫生组织标准，目前针对大气颗粒物长期高浓度暴露对中国成人肺功能的评估多为横断面研究。

一项包括 50991 名参与者的全国性横断面研究结果显示，高浓度 $PM_{2.5}$ 暴露水平（平均 53 μg/m^3）与多项肺功能参数（如 FEV_1、FVC、PEF 和 MMEF）呈负相关，$PM_{2.5}$ 每增加一个四分位数，FEV_1 下降 19.82 mL，FVC 下降 17.45 mL，PEF 下降 86.64 mL/s[81]。Hou 等采用横断面研究评估了 $PM_{2.5}$ 长期高浓度暴露（52.24 μg/m^3 ± 2.97 μg/m^3）与上海市成人肺功能的关联，发现较高浓度的 $PM_{2.5}$ 长期暴露与较低的 FVC、吸气肺活量（inspiratory vital capacity, IVC）和肺活量（vital capacity, VC）显著相关，其中年均 $PM_{2.5}$ 暴露每增加 10 μg/m^3，FVC 下降 45.83mL，IVC 下降 121.98 mL，VC 下降 89.12 mL，提示 $PM_{2.5}$ 长期暴露与限制性通气功能障碍有关[82]。Zhou 等采用线性混合模型来确定肺功能变化与 $PM_{2.5}$ 水平长期暴露之间的关联，研究发现与持续低水平接触 $PM_{2.5}$ 的受试者相比，持续高水平接触 $PM_{2.5}$ 的受试者三年内 FEV1/FVC 下降了 3.63%，六年内下降了 7.15%[83]。另外，研究发现女性肺功能更容易受到空气污染的影响。我国台湾地区的一项纵向队列（2001~2004 年）结果显示 $PM_{2.5}$ 长期暴露与肺功能下降显著相关，$PM_{2.5}$ 每升高 5 μg/m^3，FVC 下降 1.8%，FEV_1 下降 1.46%，MMEF 下降 1.65%，FEV_1 与 FVC 的比值下降 0.21%，且下降速度越来越快[84]。我国台湾地区的另一项研究探讨了 2000~2014 年 24544 名 6~24 岁的参与者长期暴露于环境 $PM_{2.5}$ 与肺功能的关系。结果显示 2 年平均 $PM_{2.5}$ 浓度每升高 10 μg/m^3，FVC、FEV_1 和 MMEF 分别下降 2.22%、2.94%和 2.79%[85]。2021 年的一项研究评估了 2013 年后政策驱动的 $PM_{2.5}$ 浓度降低是否与中国成年人肺功能的改善有关，结果显示在中国成年人中，$PM_{2.5}$ 的减少和 PEF 的增加之间存在密切关联。与 2011 年相比，2013 年和 2015 年 PEF 分别升高 9.19 L/min 和 36.64 L/min，且 $PM_{2.5}$ 每下降 10 μg/m^3，PEF 升高 14.95 L/min[86]。

空气颗粒物长期暴露与肥胖、其他污染物和农药等之间存在联合和交互作用。一项 2012~2013 年在东北 7 个城市中进行的长期空气暴露对肺功能损害关联的研究显示，长期暴露于空气污染与肺功能损害相关，且与 BMI 存在显著交互作用。与正常体重参与者相比，肥胖和超重参与者之间的相关性更强[87]。一项在美国进行的研究显示，空气污染物（O_3、NO_2、$PM_{2.5}$、PM_{10}）和农药（有机磷、氨基甲酸酯和甲基溴）联合暴露 3 个月后，当所有环境污染物都高于第 60 百分位数时，其联合暴露水平与 FEV_1 和 FVC 下降呈正相关[88]，需要更多的前瞻性队列研究来进一步区分和证实各种 $PM_{2.5}$ 组分对肺功能的长期影响。

4.2.2 大气颗粒物长期暴露对呼吸系统疾病的慢性影响

1. 总呼吸系统疾病死亡

由于 $PM_{2.5}$ 等进入人体后无法排出，其在人体内存在一个缓慢累积的过程，所以长期高浓度的暴露会对健康产生更大的有害效应[89]。多项国内外研究证实，与短期暴露研究相比，暴露于空气污染对健康的危害的长期研究对公共健康的指导意义更大[88]。如一项 120 万人的前瞻性队列研究结果显示，$PM_{2.5}$ 长期暴露每升高 10 μg/m^3，全因死亡、心肺疾病死亡和肺癌死亡风险分别增加约 4%、6%和 8%[90]。另外一项北京城区成年人 $PM_{2.5}$ 短期暴露和长期暴露对死亡率影响的研究显示，长期 $PM_{2.5}$ 暴露每增加 10 μg/m^3，呼吸系统疾病死亡风险相应增加 44%，研究人员同时发现长期暴露于 $PM_{2.5}$ 对死亡的危害高于短期暴露[91]。一项针对中国沈阳 9941 名 35 岁及以上居民进行的 12 年回顾性队列研究显示，长期暴露于环境空气污染与呼吸系统疾病死亡风险升高之间存在关联。研究期间沈阳 PM_{10} 的平均浓度为 154 μg/m^3，PM_{10} 每增加 10 μg/m^3，呼吸系统死亡的相对风险为 1.67[92]。一项 2015 年的系统综述结果显示，就短期影响而言，PM_{10} 每增加 10 μg/m^3，非意外死亡率、心血管疾病死亡率和呼吸系统疾病死亡的超额危险度分别为 0.36%、0.36%和 0.42%。而就长期影响而言，PM_{10} 每增加 10 μg/m^3，总死亡风险就增加 23%~67%[93]。一项 65 岁及以上香港人群长期接触 $PM_{2.5}$ 与死亡关系的队列研究显示，在 10~13 年的观察窗口中，$PM_{2.5}$ 每升高 10 μg/m^3，呼吸系统疾病死亡风险为 1.05[94]。2015 年西南地区 $PM_{2.5}$ 污染超额死亡总人数为 13.76 万人，约占三种疾病（局部缺血性心脏病、COPD 和肺癌）人群总死亡人数的 26.30%（13.76 万人）[89]。另一项在济南的研究发现，2011~2015 年间，济南市 $PM_{2.5}$ 浓度每增加 10 μg/m^3，呼吸系统疾病死亡风险增加 1.02%，2016 年济南市 $PM_{2.5}$ 造成呼吸系统疾病的超额死亡风险为 228 人[95]。

2. COPD

现阶段我国已开展一系列大气颗粒物对 COPD 影响的研究，但大多数研究致力于评估空气污染短期暴露对 COPD 的影响，包括症状的改变以及急性作用。由于缺少历史暴露数据以及队列研究数据等原因，我国大气颗粒物长期暴露对 COPD 影响的研究较少，且研究结果与国外研究报道的效应存在差异。美国胸科协会（American Thoracic Society，ATS）发表声明，空气污染长期暴露与 COPD 之间关联的证据有限，例如 $PM_{2.5}$ 浓度每增加 10 μg/m^3，增加的 COPD 死亡相对危险度为 1.05[96]。PM_{10} 暴露与 COPD 的患病风险呈正相关。一项针对 55 岁女性的横断面研究，发现长期暴露于工业源和交通的空气污染对肺功能、COPD 的影响很大：五年 PM_{10} 均值每增加 7 μg/m^3，COPD 的 OR 值为 1.33（95%CI：1.03，1.72）。PM_{10} 和 NO_2 浓度下降后，COPD 的发病风险也会降低[97]。

3. 肺炎

大气颗粒物具有复杂的组分和独特的理化性质，已有实验研究证明大气颗粒物暴露可诱发肺部炎性反应。除直接破坏肺部结构外，还可降低免疫能力从而导致人体对病原微生物易感。

与 COPD 相同，现有关于空气污染长期暴露与肺炎关联的研究大多来自国外人群，且较多集中在 $PM_{2.5}$。日本国家癌症研究中心的一项纳入了 63520 名参与者的前瞻性队列，共观察到 512 例因肺炎死亡的患者，分析发现 $PM_{2.5}$ 长期暴露浓度每增加 10 μg/m^3，肺炎相关 HR 值为 1.17[98]。加拿大麦克马斯特大学曾在安大略省开展一项病例对照研究认为长期暴露于较高水平的环境空气污染会使个体更易患肺炎，其中 $PM_{2.5}$ 浓度每增加 3.12 μg/m^3，肺炎患病风险增加 1.25 倍[99]。

近两年有部分研究涉及空气污染对新冠病毒感染的影响。哈佛大学公共卫生学院的研究团队发现长期暴露于空气污染物中的人群死于 COVID-19 的风险更高[100]。埃默里大学的梁东海团队分析了 2020 年 1~7 月美国 3000 多个县/区主要城市空气污染物发现，长期暴露于 $PM_{2.5}$ 也与 COVID-19 的病死率显著相关[101]。另一项在意大利的研究发现，长期暴露于空气污染是解释意大利地区 COVID-19 死亡率和阳性率差异的重要因素，与 COVID-19 死亡率和阳性率之间存在很强的关联。如果空气质量指数在意大利全国范围内总体增加 5%~10%，在意大利未来的流行病死亡人数上，将会有 21%~32%的新增病例，其拭子检测阳性将增加 19%~28%，死亡人数将增加 4%~14%[102]。

4. 哮喘

哮喘是一种与基因和环境相关的复杂过敏性疾病，目前全球有多达 3.58 亿人受到哮喘的影响，发展中国家的患病率正在迅速上升[103]。我国哮喘人数已经达到 3000 万，给个人、家庭和国家带来了沉重的社会和经济负担。哮喘通常由吸入大气中的空气变应原引发，导致慢性肺部炎症、可逆性支气管收缩、气道高反应性和黏液分泌增加。中国以往的横断面研究表明环境空气污染物是主要的吸入空气变应原，在哮喘发作中发挥重要作用，导致急诊就诊和住院人数增加。

针对我国人群空气颗粒物长期暴露与哮喘关联的研究较少，且大多数是横断面研究和回顾性队列研究。Zhao 等对 2015 年全国 12 个省、自治区、直辖市的 14176 份样本进行了空气污染物与哮喘的回顾性队列研究，发现 PM_c（$PM_{10\sim2.5}$）与我国哮喘患病率显著相关（$P<0.05$），并通过拟合广义相加模型，建立了 PM_c 浓度与全国哮喘患病率之间的非线性 C-R 曲线，发现当 PM_c 年平均浓度超过约 40 μg/m^3 时，患哮喘的风险显著增加[104]。另外一项长沙市研究发现，研究期间（2013~2017 年）$PM_{2.5}$ 年平均浓度分别降低至 10 μg/m^3 和 35 μg/m^3 时，哮喘发病人数均显著下降[105]。

目前针对大气颗粒物长期暴露对中国一般人群哮喘发作影响的前瞻性队列研究较少。另外因儿童哮喘对大气污染物更加敏感，且儿童（2~18 岁）因哮喘急诊就诊与大气颗粒物水平之间的相关性比成人更强，因此大多数研究者主要关注的是儿童。国外已有的前瞻性队列研究证明了成人哮喘发病风险与大气颗粒物长期暴露有关。例如，一项对来自欧洲 8 个国家中 6 个前瞻性队列的 23704 名成年人进行长达 10 年随访研究，评估了长期暴露在环境空气污染中与成年后哮喘发病风险之间的关系，结果提示哮喘发病风险与大气颗粒物暴露指标呈不显著的正相关，其中 PM_{10} 每升高 10 μg/m³、$PM_{2.5}$ 每升高 5 μg/m³，哮喘发病风险分别为 1.04 和 1.04[106]。

5. 肺癌

有证据表明长期接触空气颗粒物与肺癌之间存在显著关联。例如，一项美国六个城市的研究中，$PM_{2.5}$ 浓度平均每升高 10 μg/m³，肺癌死亡率增加约 8%[90]。在中国，长期暴露于环境空气污染与死亡之间的关系于 20 世纪 90 年代末被首次报道，越来越多的研究发现长期暴露于高浓度的总悬浮颗粒物（total suspended particular, TSP）、$PM_{2.5}$ 和 PM_{10} 与肺癌密切相关，均会增加呼吸系统疾病和肺癌的死亡率。

一项 1991~2000 年在中国 16 个省 31 个城市 70947 人开展的队列研究表明，TSP 每增加 10 μg/m³，中国肺癌死亡风险就会增加 1.1%[107]。中国北方四个城市的队列研究显示，肺癌死亡率和 PM_{10} 之间的相关性显著，RR 为 1.65，具有统计学意义，且 NO_2 和 PM_{10} 的联合作用导致肺癌死亡风险显著增加，但在中国中年男性进行的研究中未发现显著关联[108]。在中国，有 27.9%的肺癌死亡归因于室外 $PM_{2.5}$ 暴露[109]。一项在香港的研究调查了 $PM_{2.5}$ 与肺癌死亡风险之间的关系，在男性中观察到显著的相关性（RR=1.36），吸烟者和不吸烟者之间没有显著差异[110]。Guo 等发现，两年内平均 $PM_{2.5}$ 每增加 10 μg/m³，男性患肺癌的风险为 1.055，女性为 1.149，$PM_{2.5}$ 与城市和农村肺癌发病率均有关，其中每升高 10 μg/m³，城市人群的发病风险为 1.060，农村人群的发病风险为 1.037，30~65 岁的患病风险为 1.074[111]。2020 年一项针对中国 295 个县（市）的全国性研究发现，$PM_{2.5}$ 升高 10 μg/m³，则男性和女性肺癌的发病风险分别升高 4.20%和 2.48%[112]。一项对中国 45 个地区的 189793 名 40 岁以上的男性进行的前瞻性队列研究显示，$PM_{2.5}$ 每增加 10 μg/m³，肺癌死亡 HR 为 1.12[113]。不同研究之间的差异可能是不同研究地区之间环境、气候特征以及颗粒的化学成分的差异造成的。

6. 其他疾病

空气颗粒物暴露除与 COPD、肺炎、哮喘、肺功能低下、肺癌等常见呼吸系统疾病相关外，还会导致多种呼吸道疾病和症状。一项基于中国内陆的研究显示，长期 PM_{10} 暴露每升高 10 μg/m³，慢性呼吸道症状和疾病流行风险升高

0.31%[114]。在北京开展的评估短期和长期暴露于空气污染对健康影响的流行病学研究综述显示，空气污染长期暴露与肺功能下降显著相关，而且提示成人长期暴露于空气污染会增加呼吸道症状（包括咳嗽、咳痰、喘息等）和支气管炎[115]。已经有研究发现 $PM_{2.5}$ 长期暴露会加剧急性鼻咽炎发作[116]。此外，由于颗粒物暴露的长期存在，其反复和长期的刺激也会导致喉炎、咽炎和气管炎等疾病。对于下呼吸道疾病，大气污染长期暴露不仅与肺炎和 COPD 密切相关，还跟其他疾病如支气管扩张[117]、支气管炎、肺气肿[118]、特发性肺纤维化[119]等相关，但研究结论不一。除此之外，越来越多的研究报道了空气颗粒物暴露与肺癌的关系，长期暴露于高浓度的总悬浮颗粒物、$PM_{2.5}$ 和 PM_{10} 均会增加呼吸系统疾病和肺癌的死亡风险[120]。

目前我国关于大气颗粒物长期暴露对肺部疾病影响的研究大多为横断面研究和回顾性队列研究。虽然国外已经有关于空气污染与 COPD、肺炎、哮喘、肺功能低下等的大样本前瞻性队列研究，但空气污染物与疾病的暴露-反应关系可能不适用于中国人群，因为国内外在社区环境、污染物组成、时间-微环境活动模式、文化、生活方式、遗传易感性等方面存在差异。我国大气颗粒物的暴露水平较高，饱和机制可能降低暴露-反应梯度。另外，我国目前开展的队列研究中，基于短期暴露或空气颗粒物来源不足，或利用横断面数据进行分析，不能反映空气颗粒物的动态特征和空间相关性特征。因此我国亟须更多相关的前瞻性研究以评估大气污染长期暴露对中国人群健康的影响，为颗粒物导致呼吸系统健康危害提供更充分的证据，为中国制定符合本土需求的空气质量标准与空气-气候-健康多目标协同发展路径提出政策建议。

4.2.3　大气颗粒物长期暴露对呼吸系统疾病慢性影响的案例分析

环境空气污染与呼吸健康间关系的综述结论存在争议[121-126]，有包括横断面研究和纵向研究的综述支持空气污染和呼吸健康之间存在正相关联，但某些完全基于纵向研究的综述并没有显示出这种关联。有研究将此归因于空气污染物组分和浓度的区域差异。现存的大部分研究均在暴露量相对较低的欧洲和北美地区开展，因此有必要在高暴露环境下（如亚洲）研究空气污染和呼吸健康之间的关系。中国有着较高的人口增长率、工业和城市化速度，大量的煤烟和机动车尾气排放引起了人们对空气质量的广泛关注。

虽然 $PM_{2.5}$ 对哮喘和过敏的影响已被广泛研究[127-130]，但很少有研究阐明体积更小、潜在毒性更大的 PM_1 对呼吸健康的影响。$PM_{2.5}$ 可穿透下呼吸道的小气道和肺泡，造成更显著的不良健康影响[131,132]。而 PM_1 颗粒更小，具有更高的比表面积，更有可能导致呼吸危害，有更高的不良健康结局风险。然而，PM_1 在大多数国家不作为空气质量标准中的常规检测内容，因此其暴露数据是有限的。

在系统搜索中，研究者只检索到 6 项探究 PM_1 暴露对人类健康影响的研究[131,133-136]，但这些研究未着眼于呼吸系统结局。在这 6 项研究中，2 项为同组研究，3 项基于中国的疾病监测数据。只有之前 33 个社区的中国健康研究（33CCHS）进行了大型的一般人群调查，以评估 PM_1 与糖尿病和代谢综合征间的相关性[137]。为了解决环境 PM_1 和儿童呼吸健康间关联证据缺乏的问题，研究者使用了东北七个城市研究（SNEC）的数据评估了 $PM_{2.5}$ 和 PM_1 对 2~17 岁儿童哮喘、哮喘相关症状和过敏性鼻炎的影响，并探讨这些关联是否受性别和过敏易感性的影响。

1. *材料和方法*

1）研究人群

SNEC 是一项基于大型人群的研究，旨在检验居住在中国东北高度工业化的辽宁省儿童环境颗粒物暴露与健康结局的相关性。为了更好地对比环境 PM 浓度的健康影响，在 2012 年 4 月，研究者根据 2009~2012 年的平均空气污染水平，选择了 7 个城市的 27 个辖区作为研究地点。研究地点共包括沈阳市 6 个区、大连市 5 个区、抚顺市 4 个区、鞍山市 3 个区、本溪市 3 个区、丹东市 3 个区和辽阳市 3 个区，每个区仅有一个中心大气监测站。在每个区随机选择幼儿园、小学和中学各 1~2 所，与本区域内空气监测站距离≤2.4 km。最终共选择了 94 所幼儿园/学校的学生，纳入标准为在当前地址居住 2 年及以上。研究者获得了各学校校长的批准，并向选定的学校教师分发研究说明、知情同意书和问卷，以便转交给学生家长。同时邀请家长参加信息交流会，家长们在会上或家里填写问卷。该研究从 2012 年 4 月持续至 2013 年 1 月。

在被邀请参加的 68647 名学生的父母中，共 63910 名（男孩 32395 名，女孩 31515 名）返回了研究问卷，问卷回收率为 93.10%（男孩 92.05%，女孩 94.19%）。本研究根据世界医学协会赫尔辛基人体医学研究伦理原则宣言进行，中山大学人类研究委员会批准了本研究方案。在开始收集数据之前，已获得每个参与者和家长的书面知情同意。

2）研究问卷

本研究收集了每个参与者的居住地址信息，并使用已被广泛验证的美国胸科学会流行病学标准化问卷项调查项目（ATS-DLD-78-A）呼吸健康的相关问题部分。中文版 ATS 问卷已用于一些中国城市的流行病学调查。根据以往数据，本研究收集了呼吸系统疾病和症状的详细信息，包括医生诊断为哮喘、喘息、现患

喘息、现患哮喘、持续咳痰、持续咳嗽和过敏性鼻炎。

过敏家族史的定义是有曾被诊断为花粉热或过敏（包括过敏性性皮炎、过敏性结膜炎和湿疹）的亲生父母或祖父母。哮喘家族史的定义是有曾被诊断为哮喘或支气管哮喘的亲生父母或祖父母。如果参与者对过敏家族史或哮喘家族史的回答为“是”，则被定义为有过敏家族史。

3）环境颗粒物暴露评估

采用机器学习方法拟合中国大陆 2009~2012 年每日 PM_1 和 $PM_{2.5}$ 浓度（0.1°×0.1°空间分辨率）。10 倍交叉验证结果显示，日均、月均 PM_1 预测值的 R^2和 RMSE 分别为 71%和 13.0 μg/m³、59%和 22.5 μg/m³，均日、月均 $PM_{2.5}$ 预测值的 R^2和 RMSE 分别为 75%和 15.1 μg/m³、83%和 18. 1 μg/m³。参与者的家庭住址被地理编码为经纬度，以计算 2009~2012 年间 PM_1 和 $PM_{2.5}$ 的个体每日浓度的平均暴露。

4）统计分析

使用以区域为随机截距的两水平混合模型来评估个体关联，PM_1 和 $PM_{2.5}$ 作为独立连续或分类（四分位数）的预测变量，哮喘和哮喘相关症状作为因变量。模型调整依据年龄、性别、父母受教育程度、体重指数（BMI）、母乳喂养状况、低出生体重、早产、剖宫产、平均家庭收入、环境烟草暴露、每周锻炼时间、人均居住面积、哮喘家族史、平均环境温度和所处地区。如果在被纳入基础模型后，所估计的回归效应变化超过 10%，则该协变量被纳入最终模型。

此外，在联合回归模型中加入交互项，以校正性别或过敏易感性效应。最后，使用两水平 logistic 回归模型来估计 PM 四分位数与呼吸系统疾病的关联，以下四分位数为参考，根据上述协变量进行调整。效应以环境空气颗粒浓度每升高 10 μg/m³的 ORs 表示。进行敏感性分析以评估模型稳健性，包括按儿童的年龄进行分层，并排除患有感冒或其他感染的参与者。回归分析使用 SAS9.4 中的 grigmix 进行。所有统计检验均为双侧检验。$P<0.05$ 则认为具有统计学意义。

2. 结果

1）人群特征

在 63910 名参与者中，4156 名学生（6.50%）因居住在当前地址小于 2 年而被排除。最终，样本共 59754 人，平均年龄为 10.31 岁，50.64%为男孩。如表 4-2 所示，医生诊断的哮喘（9.51% *vs.* 6.07%）、现患哮喘（3.50% *vs.* 1.98%）、现患喘息（4.61% *vs.* 3.31%）、喘息（12.79% *vs.* 10.07%）、持续咳痰（3.43% *vs.* 2.80%）、持续咳嗽（7.17% *vs.* 6.21%）和过敏性鼻炎（11.25% *vs.* 7.67%）的总体

患病率，男孩显著高于女孩（$P<0.05$）。

表 4-2 SNEC 研究对象的基线特征

变量	男（n = 30260）	女（n = 29494）	总计（n = 59754）
年龄（岁），均值（SD）	10.28（3.61）	10.34（3.58）	10.31（3.60）
身高（cm），均值（SD）	145.15（22.74）	142.74（20.58）	143.96（21.73）
体重（kg），均值（SD）	41.78（17.36）	38.21（14.70）	40.02（16.20）
每周运动时间（h），均值（SD）	6.81（8.13）	6.32（7.80）	6.56（7.97）
人均居住面积（m^2），均值（SD）	23.70（12.52）	23.51（12.35）	23.60（12.44）
从家到学校步行时间（min），均值（SD）	11.68（6.59）	11.52（6.50）	11.60（6.54）
母乳喂养	19403（64.12）	20353（69.01）	39756（66.53）
低出生体重	1032（3.14）	1155（3.92）	2187（3.66）
早产	1753（5.79）	1464（4.96）	3217（5.38）
剖宫产	15129（50.00）	13748（46.61）	28877（48.33）
父母受教育水平＜高中	8157（26.96）	7811（26.48）	15968（26.72）
家庭年收入	10.28（3.61）	10.34（3.58）	10.31（3.60）
≤9999 元人民币	6291（20.79）	6168（20.91）	12459（20.85）
10000~29999 元人民币	11329（37.44）	10841（36.76）	22170（37.10）
30000~100000 元人民币	10531（34.80）	10467（35.49）	20998（35.14）
＞100000 元人民币	2109（6.97）	2018（6.84）	4127（6.91）
环境中卷烟暴露	14153（46.77）	13669（46.35）	27822（46.56）
家庭哮喘史	2114（6.99）	1999（6.78）	4113（6.88）
过敏易感性	6676（22.06）	6512（22.08）	13188（22.07）
确诊哮喘	2879（9.51）	1790（6.07）	4669（7.81）
现患哮喘	1059（3.50）	584（1.98）	1643（2.75）
现患喘息	1394（4.61）	975（3.31）	2369（3.96）
喘息	3869（12.79）	2969（10.07）	6838（11.44）
持续有痰	1039（3.43）	826（2.80）	1865（3.12）
持续咳嗽	2171（7.17）	1833（6.21）	4004（6.70）
过敏性鼻炎	3403（11.25）	2263（7.67）	5666（9.48）

2）环境空气颗粒物

表 4-3 为 2009~2012 年平均空气颗粒物污染物浓度的分布情况。PM_1 预测浓度的中位数（四分位数间距）为 46.57（6.05）μg/m³，$PM_{2.5}$ 为 54.47（6.59）μg/m³。94 所学校的 PM_1：$PM_{2.5}$ 的比值为 0.79~0.89，而大多数学校（79 所）的 PM_1：$PM_{2.5}$ 的比值超过 0.85。PM_1 和 $PM_{2.5}$ 之间存在显著的强正相关（$\gamma_{spearman\ 相关系数}=0.936$）。

表 4-3 研究期间大气颗粒物 PM_1 与 $PM_{2.5}$ 的浓度分布

	PM_1	$PM_{2.5}$	温度（℃）
均值（SD）	46.57（6.05）	54.47（6.59）	14.19（6.13）
中位值	44.92	52.01	15.25
第 25 分位数	41.05	48.76	9.00
第 75 分位数	52.69	60.39	19.00
最小值	38.15	46.04	1.50
最大值	56.20	65.58	24.00

3）PM 与哮喘及相关结局间关系

总的来说，无论是否存在协变量，研究发现在男孩、女孩和所有参与者中 PM_1 和 $PM_{2.5}$ 与哮喘和哮喘相关症状之间存在正相关（表 4-4）。PM 与医生诊断的哮喘间关联最强。此外，PM_1 的显著性和正相关强度与 $PM_{2.5}$ 相似。例如，PM_1 和 $PM_{2.5}$ 中每增加 10 μg/m³，医生诊断为哮喘的调整 ORs 分别为 1.56（95%CI：1.46~1.66）和 1.50（95%CI：1.41~1.59）。男孩的相关性始终强于女孩。对 PM 四分位数的分析显示出显著的趋势，调整 ORs 随着污染物水平的增加而增加（图 4-3）。

表 4-4 在不同性别和总人群中，大气颗粒物 PM_1 和 $PM_{2.5}$ 与哮喘和哮喘相关症状出现之间的关联

	男（$n=30260$）		女（$n=29494$）		总计（$n=59754$）		$P_{交互作用}$
	OR	95%CI	OR	95%CI	OR	95%CI	
确诊哮喘							
PM_1	1.62	1.51~1.72	1.47	1.38~1.58	1.56	1.46~1.66	< 0.001
$PM_{2.5}$	1.55	1.46~1.64	1.43	1.35~1.52	1.50	1.41~1.59	< 0.001

续表

	男（$n=30260$）		女（$n=29494$）		总计（$n=59754$）		$P_{交互作用}$
	OR	95%CI	OR	95%CI	OR	95%CI	
现患哮喘							
PM_1	1.50	1.34~1.68	1.34	1.19~1.51	1.44	1.28~1.61	< 0.001
$PM_{2.5}$	1.48	1.34~1.65	1.35	1.21~1.50	1.43	1.29~1.59	< 0.001
现患喘息							
PM_1	1.25	1.13~1.38	1.17	1.06~1.29	1.22	1.10~1.34	< 0.001
$PM_{2.5}$	1.24	1.13~1.36	1.17	1.07~1.28	1.21	1.11~1.33	< 0.001
喘息							
PM_1	1.20	1.13~1.27	1.14	1.07~1.21	1.17	1.11~1.24	< 0.001
$PM_{2.5}$	1.19	1.13~1.25	1.14	1.08~1.20	1.16	1.11~1.23	< 0.001
持续有痰							
PM_1	1.24	1.13~1.37	1.20	1.09~1.33	1.22	1.11~1.35	< 0.001
$PM_{2.5}$	1.22	1.11~1.33	1.18	1.08~1.30	1.20	1.10~1.32	< 0.001
持续咳嗽							
PM_1	1.24	1.16~1.34	1.22	1.13~1.31	1.23	1.15~1.32	< 0.001
$PM_{2.5}$	1.22	1.14~1.30	1.19	1.12~1.28	1.21	1.13~1.29	< 0.001
过敏性鼻炎							
PM_1	1.32	1.24~1.40	1.21	1.14~1.29	1.27	1.19~1.35	< 0.001
$PM_{2.5}$	1.27	1.20~1.35	1.18	1.11~1.25	1.23	1.16~1.31	< 0.001

表 4-5　在不同性别和总人群中，大气颗粒物 PM_1 和 $PM_{2.5}$ 与哮喘和哮喘相关症状出现之间的关联（按是否具有过敏易感性分层）

	男		女		总计	
	过敏易感性（$n=6676$）	非过敏易感性（$n=23584$）	过敏易感性（$n=6512$）	非过敏易感性（$n=22982$）	过敏易感性（$n=13188$）	非过敏易感性（$n=46566$）
确认哮喘						
PM_1	1.69（1.56~1.84）	1.45（1.33~1.57）*	1.73（1.56~1.91）	1.47（1.33~1.62）*	1.71（1.60~1.83）	1.46（1.37~1.56）*
$PM_{2.5}$	1.61（1.49~1.73）	1.40（1.30~1.51）*	1.64（1.49~1.79）	1.42（1.30~1.56）*	1.62（1.53~1.73）	1.42（1.33~1.51）*

续表

	男		女		总计	
	过敏易感性（n = 6676）	非过敏易感性（n = 23584）	过敏易感性（n = 6512）	非过敏易感性（n = 22982）	过敏易感性（n = 13188）	非过敏易感性（n = 46566）
现患哮喘						
PM_1	1.59（1.38~1.82）	1.31（1.14~1.50）*	1.51（1.26~1.79）	1.23（1.03~1.47）*	1.57（1.40~1.76）	1.29（1.15~1.45）*
$PM_{2.5}$	1.55（1.37~1.76）	1.32（1.16~1.49）*	1.46（1.25~1.71）	1.23（1.05~1.44）*	1.54（1.39~1.71）	1.30（1.17~1.44）*
现患喘息						
PM_1	1.30（1.15~1.47）	1.12（0.99~1.27）	1.25（1.08~1.45）	1.09（0.94~1.26）*	1.31（1.19~1.45）	1.13（1.03~1.25）*
$PM_{2.5}$	1.28（1.14~1.43）	1.12（1.01~1.26）*	1.23（1.08~1.41）	1.09（0.95~1.25）*	1.29（1.18~1.41）	1.14（1.04~1.24）*
喘息						
PM_1	1.25（1.16~1.35）	1.10（1.02~1.19）	1.27（1.16~1.38）	1.10（1.01~1.19）*	1.14（1.04~1.24）*	1.11（1.04~1.17）*
$PM_{2.5}$	1.23（1.15~1.32）	1.10（1.03~1.18）*	1.24（1.15~1.34）	1.10（1.02~1.19）*	1.24（1.18~1.31）	1.11（1.05~1.17）*
持续有痰						
PM_1	1.22（1.07~1.39）	1.12（0.98~1.28）*	1.38（1.20~1.60）	1.22（1.06~1.41）*	1.30（1.18~1.44）	1.18（1.07~1.30）*
$PM_{2.5}$	1.20（1.06~1.35）	1.11（0.99~1.25）*	1.33（1.17~1.52）	1.20（1.05~1.37）*	1.27（1.16~1.39）	1.16（1.06~1.27）*
持续咳嗽						
PM_1	1.24（1.13~1.36）	1.12（1.02~1.23）*	1.40（1.26~1.56）	1.26（1.13~1.39）*	1.31（1.22~1.41）	1.18（1.10~1.27）*
$PM_{2.5}$	1.21（1.11~1.32）	1.11（1.02~1.21）*	1.35（1.22~1.48）	1.23（1.11~1.35）*	1.28（1.19~1.36）	1.17（1.09~1.24）*
过敏性鼻炎						
PM_1	1.43（1.32~1.55）	1.17（1.08~1.28）*	1.42（1.29~1.56）	1.14（1.03~1.26）*	1.43（1.34~1.53）	1.17（1.09~1.24）*
$PM_{2.5}$	1.36（1.10~1.15）	1.15（1.00~1.04）*	1.34（1.23~1.47）	1.11（1.02~1.22）*	1.36（1.28~1.44）	1.14（1.07~1.21）*

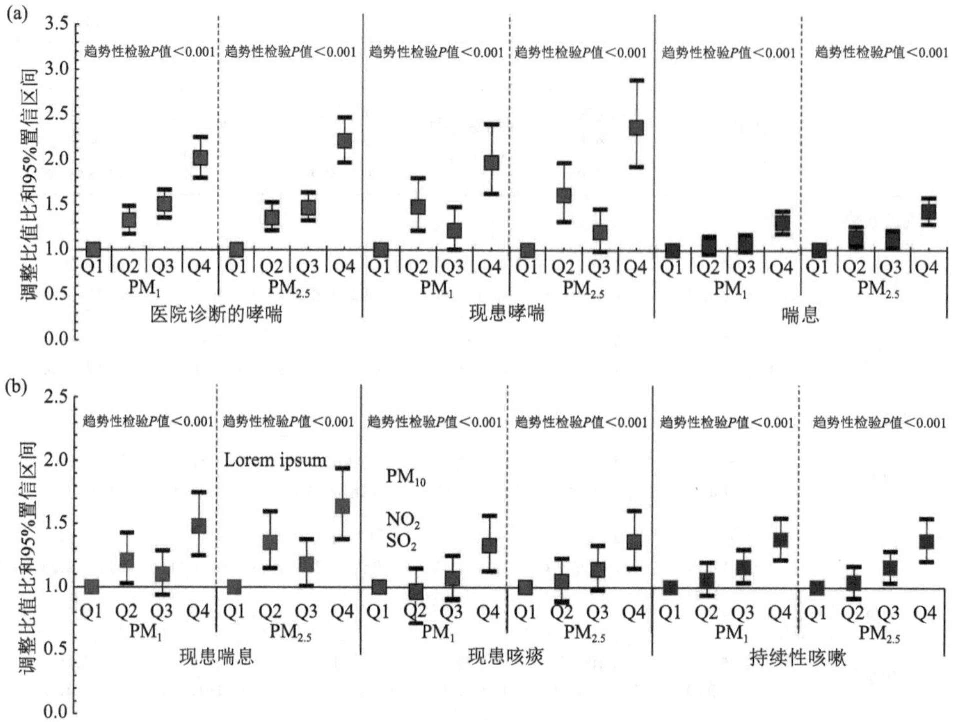

图 4-3　大气颗粒物 PM_1 和 $PM_{2.5}$ 与哮喘和哮喘相关症状出现之间的关联（按四分位数间距分层）

当使用过敏易感性进一步对性别特异性关联进行分层时，PM 暴露在有过敏易感者中的相关性强于无过敏易感者，过敏易感性与 PM 之间的交互作用具有统计学意义（表 4-5）。例如，在过敏易感者中，PM_1 每增加 10 μg/m³，医生诊断为哮喘的调整 ORs 为 1.76（95%CI：1.60~1.83），远高于同龄人（1.46；95%CI：1.37~1.56）（$P_{交互作用}$＜0.05）。

4）敏感性分析

敏感性分析中，在排除感冒或感染的参与者后，结果相同（图 4-4）。PM_1 增加 10 μg/m³对无感冒/感染的气喘调整 ORs（95%CI）为 1.14（0.99~1.33），无感冒/感染的现患喘息的调整 ORs（95%CI）为 1.29（1.07~1.55）。此外，分层分析显示，此关联在男孩和过敏易感者中更强（图 4-4）。当按年龄（＜6 岁、6~10 岁和＞10 岁）进行分层分析时，效应估计值也相似。

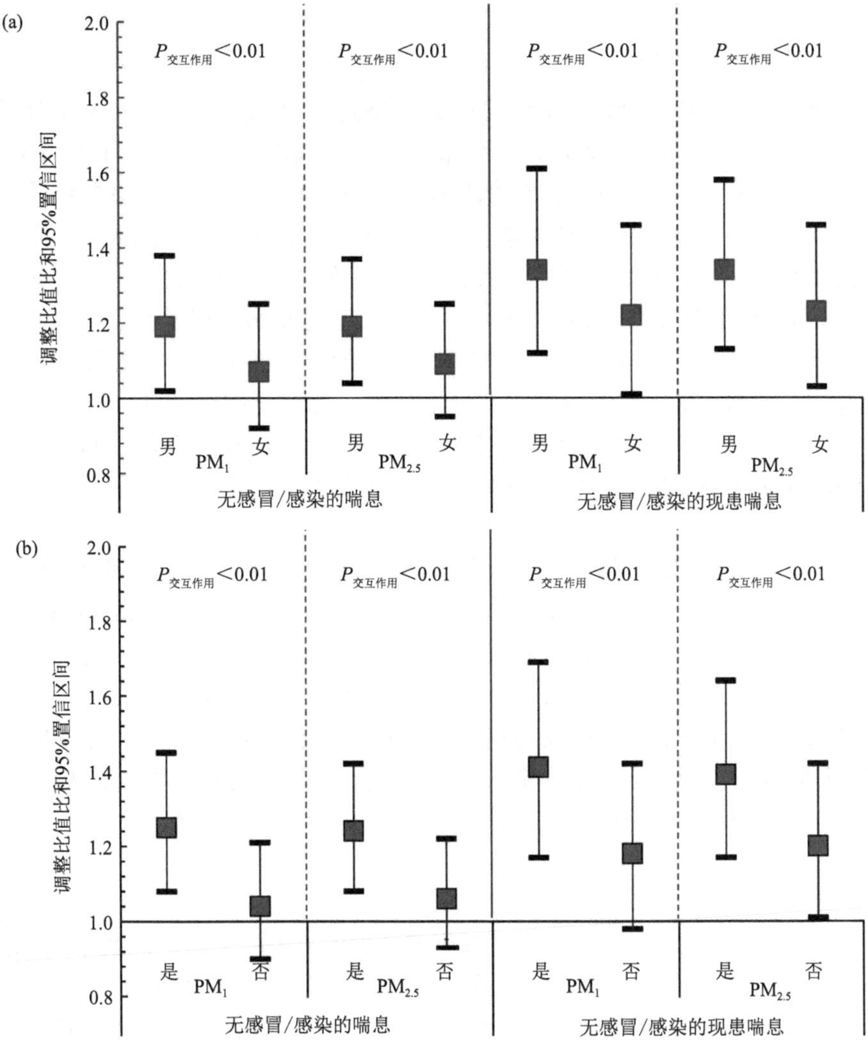

图 4-4　在不同性别和总人群中，大气颗粒物 PM_1 和 $PM_{2.5}$ 与出现哮喘和哮喘相关症状之间的关联（排除感冒或感染的参与者）

3. 讨论

本研究基于中国东北的大型人群，探究了更高浓度 PM_1 和 $PM_{2.5}$ 与临床哮喘诊断和自我报告哮喘相关症状之间的关联。关联强度均为男孩高于女孩、过敏易感者高于无过敏易感者。

1）PM_1 和呼吸健康

本研究中，PM_1 与呼吸健康的相关性略强于 $PM_{2.5}$，但差异无统计学意义。研究结果与之前 33CCHS 的结果一致[130]。在本研究中，环境 PM_1 在 $PM_{2.5}$ 中占 85%，PM_1 与 $PM_{2.5}$ 比值范围为 0.79~0.89，这说明更小颗粒的 PM_1 是空气颗粒物污染的关键驱动因素。本研究中所得出的 PM_1 与 $PM_{2.5}$ 比值与中国之前的研究结果一致，但高于其他国家。陈功博等的研究显示，在中国 PM_1 与 $PM_{2.5}$ 比值为 0.67~0.97，在大多数地区超过 0.80。在米兰、印度杜格和希腊雅典所进行的研究表明，PM_1 与 $PM_{2.5}$ 比值为 0.48~0.75。根据以上研究，研究者可以推断 $PM_{2.5}$ 在中国的大部分不良反应可能归因于 PM_1，这可能在很大程度上可以解释研究者研究中的 PM_1 和 $PM_{2.5}$ 暴露的相似关联。目前还需要更多的研究来比较 PM_1 和 $PM_{2.5}$ 的作用，以阐明不同的颗粒大小和成分如何影响人类健康。

虽然哮喘-PM_1 暴露关联的生物学机制尚不完全清楚，但实验研究表明，炎症和氧化应激反应可能发挥了重要作用。与 $PM_{2.5}$ 和 PM_{10} 相比，PM_1 的分子直径要小得多，因此能够进入更深的呼吸道并吸附到细胞表面，在被呼吸道上皮细胞内化后，可引起氧化应激，导致继发性炎症反应。一些研究报告了炎症因子如 IL-8、IL-6 和 TNF α 的升高以及细胞因子网络的功能障碍，说明空气中 PM 对肺功能的影响非常显著，且主要依赖于促炎反应。此外，也有一些研究表明，PM 暴露与异常的 DNA 甲基化及与肺免疫功能相关的特定基因相关。

2）PM_1、性别和过敏易感性

研究者发现男孩的呼吸系统比女孩更容易受到 PM 的影响，且 PM 在过敏易感者中比无过敏易感者表现出更强的相关性。一项美国南加州的研究评估了 3676 名儿童中环境空气污染与哮喘和哮喘相关症状之间的关系，发现仅在男孩中呈现显著正相关。Lavigne 等探讨了围产期空气污染暴露与加拿大安大略省 761172 名儿童哮喘发展之间的关联[130]，发现婴儿性别对哮喘的影响有统计学意义，当母亲在妊娠前 2 个月暴露于高 $PM_{2.5}$ 时，男孩患哮喘的风险更高。据报道，人类胎儿肺的发育具有性别差异，女孩的肺表面活性物质比男孩发育更早，男孩的肺体积比女孩大，但相对于体积的气道直径却更小，会导致 PM 沉积、气体吸附及气血屏障的通透性的性别差异。此外，其他与性别相关的特征如激素、体型等，都会影响环境化学物质的生物传输，可能导致性别差异。此外，在本研究中，男孩花在户外锻炼的时间比女孩更多，这可能导致男生吸入的 PM 剂量高于女孩，而对男孩造成更明显的影响。

对于过敏易感者所表现出更强的 PM 效应，可能是因为 PM 水平的增加会增强过敏性炎症反应，导致从鼻甲到小气道的嗜酸性炎症和黏液样增生。PM 还吸收花粉颗粒释放的空气过敏原，可增强免疫球蛋白 E（IgE）抗体介导的免疫应答，增加过敏原存在时间。

3）优点和局限性

本研究的优点是样本量大，覆盖了中国东北 27 个区的 94 所幼儿园和学校。样本共包含 59754 名儿童和青少年，是迄今为止发表的评估儿童呼吸健康与环境空气污染之间关系的最大研究之一。此外，在中国，小学根据地域划定招生界线，阻止孩子们跨区上学。研究对象从家到学校的平均步行时间为 11.6 分钟，这表明儿童的 PM 暴露评估可能同时代表了学校和家庭的暴露水平。因此，本研究可能比仅估算家庭暴露的空气污染对健康的影响的研究提供更可靠的结论。虽然本研究在地理背景、样本量和暴露评估方面存在创新性，但仍存在一定的局限性，因此在解释研究结果时需谨慎。本研究 PM 暴露评估基于卫星的综合模型将暴露根据儿童的家庭地址分配，会存在部分错误分配。然而，错误分配不太可能因研究结果的不同而产生对零假设的偏差。同时，在许多地区，PM 包含来自城市或工业污染排放的各种化学物质、金属和离子，而 PM 的不同成分可能与呼吸道疾病产生不同的关联。同时，本研究中无法测量 PM 组分，所以无法确定不同城市的 PM 成分的各种影响。其次，本研究为横断面研究，无法建立 PM 暴露与哮喘或哮喘相关症状出现之前的时间关联。因此，“反向因果关系”是可能存在的，尽管研究者认为在本研究中空气污染暴露的客观评估来看可能性较低。再次，问卷数据通过父母的自我回顾获取。此方法可能存在回忆偏倚，在这种偏倚中，父母错误地报告了孩子的症状和诊断而低估这些关联。然而，在大型流行病学研究中，收集哮喘近期症状史和医生诊断的自我报告信息是一种常见的程序：自我报告是实用的、有效的，且重复性较好。此外，研究者无法获取其他潜在的环境混杂因素的数据，如研究对象的时间-活动模式，因此可能还存在其他的混杂因素。尽管存在以上局限性，但本研究包含了大量的儿童和青少年样本，足以进行性别分层的稳健性分析，并检测 PM 与哮喘和哮喘相关症状的关联，同时有用于调整的协变量组。

总体来说，本研究结果表明环境 PM_1 空气污染与儿童和青少年的哮喘和哮喘相关症状存在关联。PM_1 的影响略强于 $PM_{2.5}$，但差异不显著。男孩似乎比女孩对 PM 更敏感，有过敏易感性的儿童和青少年也比没有过敏倾向的更加敏感，是潜在的易感亚群。研究者的研究结果进一步支持了之前的研究结果，证明了较高浓度的环境空气污染与儿童和青少年呼吸疾病的风险的关联。本研究成果有望为中国和全球儿童健康保护和弱势群体健康法规的实施提供参考，也将对未来世界卫生组织或其他政府机构制定 PM_1 监管政策和标准起到关键作用。

（周 芸[①] 赵 琦[②]）

参 考 文 献

[1] GBD 2019 Risk Factors Collaborators. Global burden of 87 risk factors in 204 countries and territories, 1990-2019: A systematic analysis for the Global Burden of Disease Study 2019[J]. Lancet, 2020, 396(10258): 1223-1249.

[2] World Health Organization. WHO global air quality guidelines: Particulate matter ($PM_{2.5}$ and PM_{10}), ozone, nitrogen dioxide, sulfur dioxide and carbon monoxide[R]. 2021.

[3] Maji K J, Arora M, Dikshit A K. Burden of disease attributed to ambient $PM_{2.5}$ and PM_{10} exposure in 190 cities in China[J]. Environmental Science and Pollution Research, 2017, 24(12): 11559-11572.

[4] Dauchet L, Hulo S, Cherot-Kornobis N, et al. Short-term exposure to air pollution: associations with lung function and inflammatory markers in non-smoking, healthy adults[J]. Environment International, 2018, 121(Pt 1): 610-619.

[5] Strassmann A, de Hoogh K, RöösLi M, et al. NO_2 and $PM_{2.5}$ exposures and lung function in Swiss adults: Estimated effects of short-term exposures and long-term exposures with and without adjustment for short-term deviations[J]. Environmental Health Perspectives, 2021, 129(1): 17009.

[6] Da Silveira Fleck A, Sadoine M L, Buteau S, et al. Environmental and occupational short-term exposure to airborne particles and FEV_1 and FVC in healthy adults: A systematic review and meta-analysis[J]. International Journal of Environmental Research and Public Health, 2021, 18(20): 10571.

[7] Zhou Y, Liu Y, Song Y, et al. Short-term effects of outdoor air pollution on lung function among female non-smokers in China[J]. Scientific Reports, 2016, 6(1): 34947.

[8] Xu D, Chen Y, Wu L, et al. Acute effects of ambient $PM_{2.5}$ on lung function among schoolchildren[J]. Scientific Reports, 2020, 10(1): 4061.

[9] Sun B, Song J, Wang Y, et al. Associations of short-term $PM_{2.5}$ exposures with nasal oxidative stress, inflammation and lung function impairment and modification by GSTT1-null genotype: A panel study of the retired adults[J]. Environmental Pollution, 2021, 285(1): 117215.

[10] Ma H, Liu F, Yang X, et al. Association of short-term fine particulate matter exposure with pulmonary function in populations at intermediate to high-risk of cardiovascular disease: A panel study in three Chinese cities[J]. Ecotoxicology and Environmental Safety, 2021, 220(1): 112397.

[11] Muttoo S, Jeena P M, Röösli M, et al. Effect of short-term exposure to ambient nitrogen dioxide and particulate matter on repeated lung function measures in infancy: A South African birth cohort[J]. Environmental Research, 2022, 213: 113645.

[12] Atkinson R W, Kang S, Anderson H R, et al. Epidemiological time series studies of $PM_{2.5}$ and daily mortality and hospital admissions: A systematic review and meta-analysis[J]. Thorax, 2014, 69(7): 660-665.

[13] Xu Q, Li X, Wang S, et al. Fine particulate air pollution and hospital emergency room visits for respiratory disease in urban areas in Beijing, China, in 2013[J]. Public Library of Science ONE, 2016, 11(4): e0153099.

---

① 广州医科大学

② 山东大学

[14] Zhao Y, Wang S, Lang L, et al. Ambient fine and coarse particulate matter pollution and respiratory morbidity in Dongguan, China[J]. Environmental Pollution, 2017, 222 (1): 126-131.

[15] Xie J, Teng J, Fan Y, et al. The short-term effects of air pollutants on hospitalizations for respiratory disease in Hefei, China[J]. International Journal of Biometeorology, 2019, 63 (3): 315-326.

[16] Ren Z, Liu X, Liu T, et al. Effect of ambient fine particulates ($PM_{2.5}$) on hospital admissions for respiratory and cardiovascular diseases in Wuhan, China[J]. Respiratory Research, 2021, 22 (1): 128.

[17] Wong T W, Lau T S, Yu T S, et al. Air pollution and hospital admissions for respiratory and cardiovascular diseases in Hong Kong[J]. Journal of Occupational and Environmental Medicine, 1999, 56 (10): 679-683.

[18] Liu J, Li Y, Li J, et al. Association between ambient $PM_{2.5}$ and children's hospital admissions for respiratory diseases in Jinan, China[J]. Environmental Science and Pollution Research, 2019, 26 (23): 24112-24120.

[19] Yang H, Yan C, Li M, et al. Short term effects of air pollutants on hospital admissions for respiratory diseases among children: A multi-city time-series study in China[J]. International Journal of Hygiene and Environmental Health, 2021, 231 (1): 113638.

[20] Atkinson R W, Anderson H R, Sunyer J, et al. Acute effects of particulate air pollution on respiratory admissions: Results from APHEA 2 project (Air Pollution and Health: A European Approach) [J]. American Journal of Respiratory and Critical Care Medicine, 2001, 164 (10 Pt 1): 1860-1866.

[21] Son J Y, Lee J T, Park Y H, et al. Short-term effects of air pollution on hospital admissions in Korea[J]. Epidemiology, 2013, 24 (4): 545-554.

[22] Andersen Z J, Wahlin P, Raaschou-Nielsen O, et al. Size distribution and total number concentration of ultrafine and accumulation mode particles and hospital admissions in children and the elderly in Copenhagen, Denmark[J]. Journal of Occupational and Environmental Medicine, 2008, 65 (7): 458-466.

[23] Chen Y, Yang Q, Krewski D, et al. The effect of coarse ambient particulate matter on first, second, and overall hospital admissions for respiratory disease among the elderly[J]. Inhalation Toxicology, 2005, 17 (12): 649-655.

[24] Institute for Health Metrics and Evaluation (University of Washington). Global Burden of Diseases Compare[M]. 2019.

[25] Wu Y, Song P, Lin S, et al. Global burden of respiratory diseases attributable to ambient particulate matter pollution: findings from the Global Burden of Disease Study 2019[J]. Front Public Health, 2021, 9 (1): 740800.

[26] Yang Y, Cao Y, Li W, et al. Multi-site time series analysis of acute effects of multiple air pollutants on respiratory mortality: a population-based study in Beijing, China[J]. Science of the Total Environment, 2015, 508 (1): 178-187.

[27] Mo Z, Fu Q, Zhang L, Lyu D, et al. Acute effects of air pollution on respiratory disease mortalities and outpatients in Southeastern China[J]. Scientific Reports, 2018, 8 (1): 3461.

[28] Hu K, Guo Y, Hu D, et al. Mortality burden attributable to PM_1 in Zhejiang province, China[J]. Environment International, 2018, 121 (Pt 1): 515-522.

[29] Cai J, Peng C, Yu S, et al. Association between $PM_{2.5}$ exposure and all-cause, non-accidental. accidental. different respiratory diseases, sex and age mortality in Shenzhen, China[J]. International Journal of Environmental Research and Public Health, 2019, 16 (3): 401.

[30] Xu M, Sbihi H, Pan X, et al. Modifiers of the effect of short-term variation in $PM_{2.5}$ on mortality in Beijing, China[J]. Environmental Research, 2020, 183 (1): 109066.

[31] Li G, Wu H, Zhong Q, et al. Six air pollutants and cause-specific mortality: A multi-area study in nine counties or districts of Anhui Province, China[J]. Environmental Science and Pollution Research, 2021, (1): 468-482.

[32] Chang X, Zhou L, Tang M, et al. Association of fine particles with respiratory disease mortality: A meta-analysis[J]. Archives of Environmental & Occupational Health, 2015, 70 (2): 98-101.

[33] Chen R, Yin P, Meng X, et al. Fine particulate air pollution and daily mortality. A nationwide analysis in 272 Chinesecities[J]. American Journal of Respiratory and Critical Care Medicine, 2017, 196 (1): 73-81.

[34] Liu C, Chen R, Sera F, et al. Ambient particulate air pollution and daily mortality in 652 cities[J]. The New England Journal of Medicine, 2019, 381 (8): 705-715.

[35] Ye T, Xu R, Yue X, et al. Short-term exposure to wildfire-related $PM_{2.5}$ increases mortality risks and burdens in Brazil[J]. Nature communications, 2022, 13 (1): 7651.

[36] Wu C, He G, Wu W, et al. Ambient $PM_{2.5}$ and cardiopulmonary mortality in the oldest-old people in China: A national time-stratified case-crossover study[J]. Med, 2024, 5 (1): 62-72.e3.

[37] Hwang S L, Guo S E, Chi M C, et al. Association between atmospheric fine particulate matter and hospital admissions for chronic obstructive pulmonary disease in southwestern Taiwan: A population-based study[J]. International Journal of Environmental Research and Public Health, 2016, 13 (4): 366.

[38] Yin P, Brauer M, Cohen AJ, et al. The effect of air pollution on deaths, disease burden, and life expectancy across China and its provinces, 1990-2017: An analysis for the Global Burden of Disease Study 2017[J]. Lancet Planet Health, 2020, 4 (9): e386-e398.

[39] Schwartz J. Air pollution and hospital admissions for the elderly in Birmingham, Alabama[J]. American Journal of Epidemiology, 1994, 139 (6): 589-598.

[40] Schwartz J. PM_{10}, ozone, and hospital admissions for the elderly in Minneapolis-St. Paul, Minnesota[J]. Archives of Environmental & Occupational Health, 1994, 49 (5): 366-374.

[41] Schwartz J. Air pollution and hospital admissions for the elderly in Detroit, Michigan[J]. American Journal of Respiratory and Critical Care Medicine, 1994, 150 (3): 648-655.

[42] Tao Y, Mi S, Zhou S, et al. Air pollution and hospital admissions for respiratory diseases in Lanzhou, China[J]. Environmental Pollution, 2014, 185 (1): 196-201.

[43] Tina Y, Xiang X, Juan J, et al. Short-term effects of ambient fine particulate matter pollution on hospital visits for chronic obstructive pulmonary disease in Beijing, China[J]. Environmental Health, 2018, 17 (1): 21.

[44] Hwang S L, Lin Y C, Guo S E, et al. Fine particulate matter on hospital admissions for acute exacerbation of chronic obstructive pulmonary disease in southwestern Taiwan during 2006-2012[J]. International Journal of Environmental Health Research, 2017, 27 (2): 95-105.

[45] Liu Y, Sun J, Gou Y, et al. A multicity analysis of the short-term effects of air pollution on the chronic obstructive pulmonary disease hospital admissions in Shandong, China[J]. International Journal of Environmental Research and Public Health, 2018, 15 (4): 774.

[46] Chen C, Liu X, Wang X, et al. Effect of air pollution on hospitalization for acute exacerbation of chronic obstructive pulmonary disease, stroke, and myocardial infarction[J]. Environmental Science and Pollution Research, 2020, 27 (3): 3384-3400.

[47] Jin J Q, Han D, Tina Q, et al. Individual exposure to ambient $PM_{2.5}$ and hospital admissions for COPD in 110 hospitals: A case-crossover study in Guangzhou, China[J]. Environmental Science and Pollution Research, 2021, (8): 11699-11706.

[48] Liang L, Cai Y, Barratt B, et al. Associations between daily air quality and hospitalisations for acute exacerbation of chronic obstructive pulmonary disease in Beijing, 2013-17: An ecological analysis[J]. Lancet Planet Health, 2019, 3 (6): e270-e279.

[49] Qu F, Liu F, Zhang H, et al. The hospitalization attributable burden of acute exacerbations of chronic obstructive pulmonary disease due to ambient air pollution in Shijiazhuang, China[J]. Environmental Science and Pollution Research, 2019, 26 (30): 30866-30875.

[50] Sun Q, Liu C, Chen R, et al. Association of fine particulate matter on acute exacerbation of chronic obstructive pulmonary disease in Yancheng, China[J]. Science of the Total Environment, 2019, 650 (Pt 2): 1665-1670.

[51] Wang Z, Zhou Y, Zhang Y, et al. Association of change in air quality with hospital admission for acute exacerbation of chronic obstructive pulmonary disease in Guangdong, China: A province-wide ecological study[J]. Ecotoxicology and Environmental Safety, 2021, 208 (1): 111590.

[52] Wooding D J, Ryu M H, Li H, et al. Acute air pollution exposure alters neutrophils in never-smokers and at-risk humans[J]. The European Respiratory Journal, 2020, 55 (4) : 1901495.

[53] Zhu R X, Nie X H, Chen Y H, et al. Relationship between particulate matter ($PM_{2.5}$) and hospitalizations and mortality of chronic obstructive pulmonary disease patients: a meta-analysis[J]. American Journal of the Medical Sciences, 2020, 359 (6) : 354-364.

[54] Chen J, Shi C, Li Y, et al. Effects of short-term exposure to ambient airborne pollutants on COPD-related mortality among the elderly residents of Chengdu city in Southwest China[J]. Environmental Health, Preventive Medicine, 2021, 26 (1) : 7.

[55] Huang H C, Lin F C, Wu M F, et al. Association between chronic obstructive pulmonary disease and $PM_{2.5}$ in nonsmokers[J]. International Journal of Hygiene and Environmental Health, 2019, 222 (5) : 884-888.

[56] Li L, Yang J, Song Y F, et al. The burden of COPD mortality due to ambient air pollution in Guangzhou, China[J].Scientific Reports, 2016, 6 (1) : 25900.

[57] Chen Z, Fu Q, Mao G, et al. Increasing mortality caused by chronic obstructive pulmonary disease (COPD) in relation with exposure to ambient fine particulate matters: An analysis in Southeastern China[J]. Environmental Science and Pollution Research, 2021, 28 (38) : 53605-53613.

[58] Peng L, Xiao S, Gao W, et al. Short-term associations between size-fractionated particulate air pollution and COPD mortality in Shanghai, China[J]. Environmental Pollution, 2020, 257 (1) : 113483.

[59] Tina F, Qi J, Wang L, et al. Differentiating the effects of ambient fine and coarse particles on mortality from cardiopulmonary diseases: A nationwide multicity study[J]. Environment International, 2020, 145 (1) : 106096.

[60] Wong G W K, Leung T F, Ko F W S. Changing prevalence of allergic diseases in the Asia-pacific region[J]. Allergy Asthma Immun, 2013, 5 (5) : 251-257.

[61] Zhang S, Li G, Tina L, et al. Short-term exposure to air pollution and morbidity of COPD and asthma in East Asian area: A systematic review and meta-analysis[J]. Environmental Research, 2016, 148 (1) : 15-23.

[62] Tina Y, Xiang X, Juan J, et al. Fine particulate air pollution and hospital visits for asthma in Beijing, China[J]. Environmental Pollution, 2017, 230 (1) : 227-233.

[63] Zhang Y, Ding Z, Xiang Q, et al. Short-term effects of ambient PM_1 and $PM_{2.5}$ air pollution on hospital admission for respiratory diseases: Case-crossover evidence from Shenzhen, China[J]. International Journal of Hygiene and Environmental Health, 2020, 224 (1) : 113418.

[64] Lu P, Zhang Y, Lin J, et al. Multi-city study on air pollution and hospital outpatient visits for asthma in China[J]. Environmental Pollution, 2020, 257 (1) : 113638.

[65] Pearce N, Aït-Khaled N, Beasley R, et al. Worldwide trends in the prevalence of asthma symptoms: Phase III of the International Study of Asthma and Allergies in Childhood (ISAAC) [J]. Thorax, 2007, 62 (9) : 758-766.

[66] Lim H, Kwon H J, Lim J A, et al. Short-term effect of fine particulate matter on children's hospital admissions and emergency department visits for asthma: A systematic review and meta-analysis[J]. Journal of Preventive Medicine and Public Health, 2016, 49 (4) : 205-219.

[67] Zheng X Y, Ding H, Jiang L N, et al. Association between air pollutants and asthma emergency room visits and hospital admissions in time series studies: A systematic review and meta-analysis[J]. Public Library of Science ONE, 2015, 10 (9) : e0138146.

[68] Liu Y, Pan J, Zhang H, et al. Short-term exposure to ambient air pollution and asthma mortality[J]. American Journal of Respiratory and Critical Care Medicine, 2019, 200 (1) : 24-32.

[69] Zhu F, Chen L, Qian ZM, et al. Acute effects of particulate matter with different sizes on respiratory mortality in Shenzhen, China[J]. Environmental Science and Pollution Research, 2021, 28 (28) : 37195-37203.

[70] Morimoto K, Suzuki M, Ishifuji T, et al. The burden and etiology of community-onset pneumonia in the aging Japanese population: A multicenter prospective study[J]. Public Library of Science ONE, 2015, 10 (3) : e0122247.

[71] Qiu H, Tina L W, Pun V C, et al. Coarse particulate matter associated with increased risk of emergency

hospital admissions for pneumonia in Hong Kong[J]. Thorax, 2014, 69(11): 1027-1033.

[72] Wang X, Xu Z, Su H, et al. Ambient particulate matter (PM_1, $PM_{2.5}$, PM_{10}) and childhood pneumonia: The smaller particle, the greater short-term impact?[J]. Science of the Total Environment, 2021, 772(1): 145509.

[73] Nhung N T T, Amini H, Schindler C, et al. Short-term association between ambient air pollution and pneumonia in children: A systematic review and meta-analysis of time-series and case-crossover studies[J]. Environmental Pollution, 2017, 230(1): 1000-1008.

[74] Song W M, Liu Y, Liu J Y, et al. The burden of air pollution and weather condition on daily respiratory deaths among older adults in China, Jinan from 2011 to 2017[J]. Medicine, 2019, 98(10): e14694.

[75] Wang N, Mengersen K, Tong S, et al. Short-term association between ambient air pollution and lung cancer mortality[J]. Environmental Research, 2019, 179(Pt A): 108748.

[76] Xue X, Chen J, Sun B, et al. Temporal trends in respiratory mortality and short-term effects of air pollutants in Shenyang, China[J]. Environmental Science and Pollution Research, 2018, 25(12): 11468-11479.

[77] 卫斐然, 熊丽林, 洪忻, 等. 南京市 PM_{10} 短期暴露与肺癌死亡风险相关性[J]. 中华疾病控制杂志, 2020, 24(7): 801-807+834.

[78] Lin H, Wang X, Liu T, et al. Air pollution and mortality in China[J]. Advances in Experimental Medicine and Biology, 2017, 1017: 103-121.

[79] Zhu F, Ding R, Lei R, et al. The short-term effects of air pollution on respiratory diseases and lung cancer mortality in Hefei: A time-series analysis[J]. Respiratory Medicine and Research, 2019, 146(1): 57-65.

[80] Liang L, Cai Y, Barratt B, et al. Associations between daily air quality and hospitalisations for acute exacerbation of chronic obstructive pulmonary disease in Beijing, 2013-17: An ecological analysis[J]. Lancet Planet Health, 2019, 3(6): e270-e279.

[81] Yang T, Chen R, Gu X, et al. Association of fine particulate matter air pollution and its constituents with lung function: the China Pulmonary Health study[J]. Environment International, 2021, 156: 106707.

[82] Hou D, Ge Y, Chen C, et al. Associations of long-term exposure to ambient fine particulate matter and nitrogen dioxide with lung function: A cross-sectional study in China[J]. Environment International, 2020, 144: 105977.

[83] Zhou Y, Ma J, Wang B, et al. Long-term effect of personal $PM_{2.5}$ exposure on lung function: A panel study in China[J]. Journal of Hazardous Materials, 2020, 393: 122457.

[84] Guo C, Zhang Z, Lau A K H, et al. Effect of long-term exposure to fine particulate matter on lung function decline and risk of chronic obstructive pulmonary disease in Taiwan: A longitudinal. cohort study[J]. Lancet Planet Health, 2018, 2(3): e114-e125.

[85] Guo C, Hoek G, Chang L Y, et al. Long-term exposure to ambient fine particulate matter ($PM_{2.5}$) and lung function in children, adolescents, and young adults: A longitudinal cohort study[J]. Environmental Health Perspectives, 2019, 127(12): 127008.

[86] Xue T, Han Y, Fan Y, et al. Association between a rapid reduction in air particle pollution and improved lung function in adults[J]. Annals of the American Thoracic Society, 2021, 18(2): 247-256.

[87] Xing X, Hu L, Guo Y, et al. Interactions between ambient air pollution and obesity on lung function in children: The Seven Northeastern Chinese Cities (SNEC) Study[J]. Science of the Total Environment, 2020, 699: 134397.

[88] Benka-Coker W, Hoskovec L, Severson R, et al. The joint effect of ambient air pollution and agricultural pesticide exposures on lung function among children with asthma[J]. Environmental Research, 2020, 190: 109903.

[89] 张昱勤, 吴文静, 姚明宏, 等. 2015 年中国西南地区 $PM_{2.5}$ 长期暴露所致超额死亡人数评估[J]. 现代预防医学, 2020, 47(7): 1153-1157.

[90] Pope C A 3rd, Burnett R T, Thun M J, et al. Lung cancer, cardiopulmonary mortality, and long-term exposure to fine particulate air pollution[J]. JAMA, 2002, 287(9): 1132-1141.

[91] Shen M, Xing J, Ji Q, et al. Declining pulmonary function in populations with long-term exposure to polycyclic aromatic hydrocarbons-enriched $PM_{2.5}$[J]. Environmental Science & Technology, 2018, 52(11): 6610-6616.

[92] Dong G H, Zhang P, Sun B, et al. Long-term exposure to ambient air pollution and respiratory disease mortality in Shenyang, China: A 12-year population-based retrospective cohort study[J]. Respiration, 2012, 84(5): 360-368.

[93] Lu F, Xu D, Cheng Y, et al. Systematic review and meta-analysis of the adverse health effects of ambient $PM_{2.5}$ and PM_{10} pollution in the Chinese population[J]. Environmental Research, 2015, 136: 196-204.

[94] Wong C M, Lai H K, Tsang H, et al. Satellite-based estimates of long-term exposure to fine particles and association with mortality in elderly Hong Kong residents[J]. Environmental Health Perspectives, 2015, 123(11): 1167-1172.

[95] 杨柳, 张军, 王莹, 等. 2016 年济南市大气 $PM_{2.5}$ 对人群超额死亡风险评估[J]. 环境卫生学杂志, 2018, 8(3): 178-183.

[96] Eisner M D, Anthonisen N, Coultas D, et al. An official American Thoracic Society public policy statement: Novel risk factors and the global burden of chronic obstructive pulmonary disease[J]. American Journal of Respiratory and Critical Care Medicine, 2010, 182(5): 693-718.

[97] Schikowski T, Sugiri D, Ranft U, et al. Long-term air pollution exposure and living close to busy roads are associated with COPD in women[J]. Respiratory Research, 2005, 6(1): 152.

[98] Katanoda K, Sobue T, Satoh H, et al. An association between long-term exposure to ambient air pollution and mortality from lung cancer and respiratory diseases in Japan[J]. Journal of Epidemiology, 2011, 21(2): 132-143.

[99] Neupane B, Jerrett M, Burnett R T, et al. Long-term exposure to ambient air pollution and risk of hospitalization with community-acquired pneumonia in older adults[J]. American Journal of Respiratory and Critical Care Medicine, 2010, 181(1): 47-53.

[100] Wu X, Nethery R C, Sabath M B, et al. Air pollution and COVID-19 mortality in the United States: Strengths and limitations of an ecological regression analysis[J]. Science Advances, 2020, 6(45): 4049.

[101] Liang D, Shi L, Zhao J, et al. Urban air pollution may enhance COVID-19 case-fatality and mortality rates in the United States[J]. medRxiv, 2020.05.04.20090746.

[102] Cazzolla Gatti R, Velichevskaya A, Tateo A, et al. Machine learning reveals that prolonged exposure to air pollution is associated with SARS-CoV-2 mortality and infectivity in Italy[J]. Environmental Pollution, 2020, 267: 115471.

[103] Anenberg S C, Henze D K, Tinney V, et al. Estimates of the global burden of ambient[Formula: see text], ozone, and[Formula: see text] on asthma incidence and emergency room visits[J]. Environmental Health Perspectives, 2018, 126(10): 107004.

[104] Zhao S, Liu S L, Hou X Y, et al. Evidence of provincial variability in air pollutants-asthma relations in China[J]. Journal of Cleaner Production, 2020: 242.

[105] Yu G, Wang F, Hu J, et al. Value assessment of health losses caused by $PM_{2.5}$ in Changsha city, China[J]. International Journal of Environmental Research and Public Health, 2019, 16(11): 2063.

[106] Jacquemin B, Siroux V, Sanchez M, et al. Ambient air pollution and adult asthma incidence in six European cohorts (ESCAPE) [J]. Environmental Health Perspectives, 2015, 123(6): 613-621.

[107] Cao J J, Lee S C, Ho K F, et al. Characteristics of carbonaceous aerosol in Pearl River Delta Region, China during 2001 winter period[J]. Atmospheric Environment, 2003, 37(11): 1451-1460.

[108] Zhou M, Liu Y, Wang L, et al. Particulate air pollution and mortality in a cohort of Chinese men[J]. Environmental Pollution, 2014, 186: 1-6.

[109] Liu M, Huang Y, Ma Z, et al. Spatial and temporal trends in the mortality burden of air pollution in China: 2004-2012[J]. Environment International, 2017, 98: 75-81.

[110] Wong C M, Tsang H, Lai H K, et al. Cancer mortality risks from long-term exposure to ambient fine

particle[J]. Cancer Epidemiology Biomarkers & Prevention, 2016, 25 (5): 839-845.
[111] Guo Y, Zeng H, Zheng R, et al. The association between lung cancer incidence and ambient air pollution in China: A spatiotemporal analysis[J]. Environmental Research, 2016, 144 (Pt A): 60-65.
[112] Guo H, Li W, Wu J. Ambient $PM_{2.5}$ and annual lung cancer incidence: A nationwide study in 295 Chinese counties[J]. International Journal of Environmental Research and Public Health, 2020, 17 (5): 1481.
[113] Yin P, Brauer M, Cohen A, et al. Long-term fine particulate matter exposure and nonaccidental and cause-specific mortality in a large national cohort of Chinese men[J]. Environmental Health Perspectives, 2017, 125 (11): 117002.
[114] Aunan K, Pan X C. Exposure-response functions for health effects of ambient air pollution applicable for China—A meta-analysis[J]. Science of the Total Environment, 2004, 329 (1-3): 3-16.
[115] Xu X P, Wang L H, Niu T H. Air pollution and its health effects in Beijing[J]. Ecosystem Health, 1998, 4 (4): 199-209.
[116] Zhang L, Yang Y, Li Y, et al. Short-term and long-term effects of $PM_{2.5}$ on acute nasopharyngitis in 10 communities of Guangdong, China[J]. Science of the Total Environment, 2019, 688: 136-142.
[117] Goeminne P C, Cox B, Finch S, et al. The impact of acute air pollution fluctuations on bronchiectasis pulmonary exacerbation: a case-crossover analysis[J]. European Respiratory Journal. 2018, 52 (1): 1702557.
[118] Ko F W, Lai C K, Woo J, et al. 12-year change in prevalence of respiratory symptoms in elderly Chinese living in Hong Kong[J]. Respiratory Medicine and Research, 2006, 100 (9): 1598-1607.
[119] Wang M, Aaron C P, Madrigano J, et al. Association between long-term exposure to ambient air pollution and change in quantitatively assessed emphysema and lung function[J]. JAMA, 2019, 322 (6): 546-556.
[120] Sesé L, Nunes H, Cottin V, et al. Role of atmospheric pollution on the natural history of idiopathic pulmonary fibrosis[J]. Thorax, 2018, 73 (2): 145-150.
[121] Anderson H R, Favarato G, Atkinson R W. Long-term exposure to air pollution and the incidence of asthma: Meta-analysis of cohort studies[J]. Air Quality Atmosphere and Health, 2013, 6 (1): 47-56.
[122] Bowatte G, Lodge C, Lowe A J, et al. The influence of childhood traffic-related air pollution exposure on asthma, allergy and sensitization: a systematic review and a meta-analysis of birth cohort studies[J]. Allergy, 2015, 70 (3): 245-256.
[123] Gowers A M, CulLinan P, Ayres J G, et al. Does outdoor air pollution induce new cases of asthma? Biological plausibility and evidence, a review[J]. Respirology, 2012, 17 (6): 887-898.
[124] Fuertes E, Heinrich J. The influence of childhood traffic-related air pollution exposure on asthma, allergy and sensitization[J]. Allergy, 2015, 70 (10): 1350-1351.
[125] Guarnieri M, Balmes J R. Outdoor air pollution and asthma[J]. Lancet, 2014, 383 (9928): 1581-1592.
[126] Chen X, Zhang L W, Huang J J, et al. Long-term exposure to urban air pollution and lung cancer mortality: A 12-year cohort study in Northern China[J]. Science of the Total Environment, 2016, 571: 855-861.
[127] Khreis H, Kelly C, Tate J, et al. Exposure to traffic-related air pollution and risk of development of childhood asthma: A systematic review and meta-analysis[J]. Environment International, 2017, 100: 1-31.
[128] Bose S, Romero K, Psoter K J, et al. Association of traffic air pollution and rhinitis quality of life in Peruvian children with asthma[J]. Public Library of Science ONE, 2018, 13 (3): e0193910.
[129] Khalili R, Bartell S M, Hu X, et al. Early-life exposure to $PM_{2.5}$ and risk of acute asthma clinical encounters among children in Massachusetts: A case-crossover analysis[J]. Environmental Health, 2018, 17 (1): 20.
[130] Lavigne É, Bélair M, Rodriguez D D, et al. Effect modification of perinatal exposure to air pollution and childhood asthma incidence[J]. European Respiratory Journal. 2018, 51 (3): 1701884.
[131] Pennington A F, Strickland M J, Klein M, et al. Exposure to mobile source air pollution in early-life and childhood asthma incidence: The Kaiser air pollution and pediatric asthma study[J]. Epidemiology, 2018, 29 (1): 22-30.
[132] Chen G, Li S, Zhang Y, et al. Effects of ambient PM_1 air pollution on daily emergency hospital visits in China:

An epidemiological study[J]. Lancet Planet Health, 2017, 1(6): e221-e229.

[133] Mei M, Song H, Chen L, et al. Early-life exposure to three size-fractionated ultrafine and fine atmospheric particulates in Beijing exacerbates asthma development in mature mice[J].Particle and Fibre Toxicology, 2018, 15(1): 13.

[134] Hassanvand M S, Naddafi K, Kashani H, et al. Short-term effects of particle size fractions on circulating biomarkers of inflammation in a panel of elderly subjects and healthy young adults[J]. Environmental Pollution, 2017, 223: 695-704.

[135] Chen R, Zhao Z, Sun Q, et al. Size-fractionated particulate air pollution and circulating biomarkers of inflammation, coagulation, and vasoconstriction in a panel of young adults[J]. Epidemiology, 2015, 26(3): 328-336.

[136] Yang B Y, Qian Z M, Li S, et al. Ambient air pollution in relation to diabetes and glucose-homoeostasis markers in China: A cross-sectional study with findings from the 33 Communities Chinese Health Study[J]. Lancet Planet Health, 2018, 2(2): e64-e73.

[137] Yang B Y, Qian Z M, Li S, et al. Long-term exposure to ambient air pollution (including PM_1) and metabolic syndrome: The 33 Communities Chinese Health Study (33CCHS) [J]. Environmental Research, 2018, 164: 204-211.

第 5 章　大气颗粒物对人群生殖健康的影响

5.1　大气颗粒物暴露对男性生殖健康的影响

生育问题是全球性的公共卫生问题。受生活压力、不安全饮食、环境污染等因素的影响，全球已婚夫妇不孕不育的发生率越来越高，其中由于男性因素导致的不孕不育约占 50%。男性不育的病因复杂，生殖系统疾病、内分泌异常均可导致男性不育。目前仅 40%~60%的患者可通过医疗诊断确定病因，其中精子质量下降是男性不育的最主要原因之一。在过去的 70 余年中，男性群体普遍观察到精液质量下降，包括精子总数和精液量的减少，尽管其生物学机制尚未完全阐明，但环境化学物暴露（比如空气污染）被视为导致精液质量下降的潜在因素之一。动物实验证实，暴露于大气颗粒物对精子具有毒性作用，且大气颗粒物暴露所引起的氧化应激和系统性炎症反应会干扰精子发育。流行病学研究指出，大气颗粒物暴露与男性劳动者的生殖健康呈负相关，会引起雄性激素分泌异常、精子活力下降。

大气细颗粒物（$PM_{2.5}$）污染是颇受关注的全球性问题。$PM_{2.5}$ 暴露会导致心肺功能紊乱及多种脏器损伤，还可能导致人类的不良生殖结局和生育障碍。$PM_{2.5}$ 是大气污染的一种主要污染物，也是检测污染的重要指标。近年来，多项研究表明 $PM_{2.5}$ 对男性生殖系统有损害作用，尤其与男性精子 DNA 损伤、精子形态异常和精子性能下降有关。少数流行病学研究探讨了大气污染中 $PM_{2.5}$ 暴露与男性生殖系统异常之间的关联，并表明不同污染水平对精子形态、精子数量、精子活力和睾酮水平等均有一定的影响。尽管一些研究支持环境 $PM_{2.5}$ 对精子质量的有害影响，但也有一些流行病学研究显示这种影响并不明显或完全相反。例如，多项研究表明空气污染可影响精子浓度和精子总数，而精液质量的其他参数并未显示出显著减少，有些甚至表现为升高。大气颗粒物对男性精子质量影响的研究结果并不一致，本节在综合已有证据基础上，定量评估了大气颗粒物（$PM_{2.5}$和 PM_{10}）对精液质量参数的影响。

5.1.1　文献资料检索与方法

在 PubMed、Embase、Web of Science、Scopus、Cochrane、中国知网、万

方、维普等中英文数据库中进行文献检索。检索关键词包括“fine particulate matter” “$PM_{2.5}$” “air pollution” “semen quality” “sperm quality” “精子质量” “精液质量” “空气污染物” “空气污染” “细颗粒物” 等。研究设计不设置限制，检索文献时间范围为数据库建立日起至 2024 年 1 月 31 日。

文献纳入标准：量化评价了大气颗粒物暴露和男性精子参数之间关联，并提供了暴露和结局详细信息（如均值和标准差等）的流行病学研究。排除标准：①未调查大气颗粒物与精液质量之间关联的研究；②集中于动物实验或机制研究的文章；③文章类型为综述、报告或评论。

最终纳入 24 篇文献（表 5-1），研究的精液质量参数包括精液量、精液浓度、精子总数以及精子前向运动等。①最早的一项研究开展于 2000 年，最晚则截至 2024 年，时间跨度长达 24 年，污染物浓度及组成都有较大变化；②各研究所在地区、纳入人群的种族、纳入人群是否有影响生育的既往病史各不相同；③颗粒物暴露评估方法多样，是否对个体暴露进行评估亦不一致；④颗粒物暴露浓度、颗粒物中所携带其他成分差异也较大；⑤精液质量检测标准不一，涉及世界卫生组织（World Health Organization, WHO）第一到第五版五种不同的精液参数标准。

表 5-1 纳入 meta 分析的 PM 暴露与精子质量关联的流行病学研究特征

编号	文献	发表年份	国家	研究方法	研究年份	样本量	年龄	暴露	结局指标
1	Selevan et al., 2000[1]	2000	捷克	横断面	1993~1994	272	18	PM_{10}	精液量、精液浓度、精子总数、精子前向运动、精子活力、精子形态
2	Rubes et al., 2005[2]	2005	捷克	队列	1995~1997	252	19~25	PM_{10}	精液量、精子总数、精子活力、精子形态
3	Hansen et al., 2010[3]	2010	美国	横断面	2002~2004	225	18~40	$PM_{2.5}$	精液浓度、精子形态
4	Rubes et al., 2010[4]	2010	捷克	横断面	2007	47	33.6±5.3	$PM_{2.5}$	精子前向运动、精子形态
5	Zhou et al., 2014[5]	2014	中国	横断面	2007	1346	20~40	PM_{10}	精液量、精液浓度、精子总数、精子前向运动、精子活力、精子形态
6	Wu et al., 2017[6]	2017	中国	横断面	2012~2015	2184	34.4±5.4	$PM_{2.5}$/PM_{10}	精液浓度、精子活力
7	Lao et al., 2018[7]	2018	中国	横断面	2001~2014	6475	31.9±4.3	$PM_{2.5}$	精液浓度、精子前向运动、精子活力、精子形态
8	Nobles et al., 2018[8]	2018	美国	队列	2005~2009	839	31.8±4.8	$PM_{2.5}$/PM_{10}	精液量、精子总数

续表

编号	文献	发表年份	国家	研究方法	研究年份	样本量	年龄	暴露	结局指标
9	Zhou et al., 2018[9]	2018	中国	队列	2013~2015	796	20±1	$PM_{2.5}$/ PM_{10}	精液量、精液浓度、精子总数、精子前向运动、精子形态
10	Zhang et al., 2019[10]	2019	中国	纵向分析	2015~2018	8945	26.8±5.5	$PM_{2.5}$/ PM_{10}	精液浓度、精子前向运动
11	Huang et al., 2019[11]	2019	中国	横断面	2014~2015	1278	34.7±5.5	$PM_{2.5}$	精液浓度、精子活力
12	Guan et al., 2020[12]	2020	中国	队列	2015~2017	2073	28.9±5.4	$PM_{2.5}$/ PM_{10}	精液量、精子总数、精子前向运动、精子活力
13	Qiu et al., 2020[13]	2020	中国	队列	2013~2018	4841	27.78±5.35	$PM_{2.5}$/ PM_{10}	精液量、精液浓度、精子总数、精子前向运动
14	Huang et al., 2020[14]	2020	中国	横断面	2018~2019	3797	26±5.9	$PM_{2.5}$/ PM_{10}	精子前向运动、精子活力
15	Sun et al., 2020[15]	2020	中国	横断面	2011~2013	1061	32.5±5.2	PM_{10}	精液浓度、精子总数、精子前向运动、精子活力
16	Rubes et al., 2021[16]	2021	捷克	队列	2019	108	40.4±9.4	$PM_{2.5}$/ PM_{10}	精液量、精子总数、精子前向运动、精子活力、精子形态
17	Cheng et al., 2022[17]	2022	中国	横断面	2014~2016	1554	30.9±4.2	$PM_{2.5}$/ PM_{10}	精液量、精液浓度、精子总数、精子前向运动、精子活力
18	Ma et al., 2022[18]	2022	中国	队列	2015~2020	15112	31.9±5.6	$PM_{2.5}$/ PM_{10}	精液浓度、精子总数、精子前向运动、精子活力
19	Zhao et al., 2022[19]	2022	中国	队列	2013~2019	33876	34.1±5.7	$PM_{2.5}$/ PM_{10}	精子总数、精液浓度、精子前向运动、精子活力
20	Yu et al., 2022[20]	2022	中国	纵向分析	2019	4912	＞18	$PM_{2.5}$/ PM_{10}	精液浓度、精子总数、精子前向运动、精子活力
21	Zhang et al., 2023[21]	2023	中国	横断面	2014~2020	27824	＞18	$PM_{2.5}$	精子总数、精液浓度、精子前向运动、精子活力
22	Wang et al., 2023[22]	2023	中国	纵向分析	2014~2020	78952	＞18	$PM_{2.5}$	精液浓度、精子总数、精子前向运动、精子活力
23	Ma et al., 2024[23]	2024	中国	纵向分析	2015~2020	9013	32.4±5.4	$PM_{2.5}$	精液浓度、精子总数、精子前向运动、精子活力
24	Cheng et al., 2024[24]	2024	中国	队列	2014~2016	1225	30.8±4.1	$PM_{2.5}$/ PM_{10}	精液浓度、精子总数、精子前向运动、精子活力

5.1.2 结果

1. 精液量

精液是在射精过程中储存在双侧附睾内的高度浓缩精子悬液与附性腺分泌液混合和稀释形成的。一项通过比较输精管切除术前后精液体积的研究显示，约90%的精液量是由附性腺的分泌液组成[1]，主要来源于前列腺和精囊腺，少量来源于尿道球腺和附睾。射精时，射出的初始部分精液主要是富含精子的前列腺液，而后面部分的精液则主要是精囊液[2]。在精液采集过程中要保证样本采集完整，以便为后续分析提供可靠的证据。如果射精时丢失了富含精子的初始部分，将会导致精液检测时精子浓度大大降低。同时精液量还会影响其他精液参数，比如精子总数，而射出的精子总数（精子浓度×精液量）是衡量睾丸精子产出量的直接指标。随着年龄的增加，男性精液量和精子总产出量会明显降低[3]。年轻人和老年人精液的精子浓度可能相同，但精子总数差异较大。

关于 PM_{10} 暴露与精液量的关联，6 篇文献分高低暴露组进行分析，合并的标准化均数差（standardized mean difference, SMD）为−0.02（95%CI：−0.10，0.06）（图 5-1）。6 篇文献探讨了 PM_{10} 暴露与精液量之间的回归关系，研究之间存在高度异质性（I^2= 90%, P <0.01），基于随机效应模型的 meta 分析显示，精液生成前 90 天 PM_{10} 暴露每增加 10 μg/m³ 会导致单次射精精液量平均下降 1%（β = −0.01，95%CI：−0.03，0.01），但关联无统计学差异（图 5-2）。

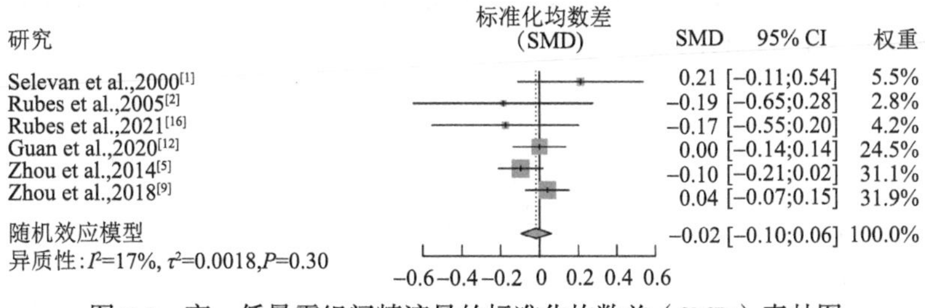

图 5-1 高、低暴露组间精液量的标准化均数差（SMD）森林图

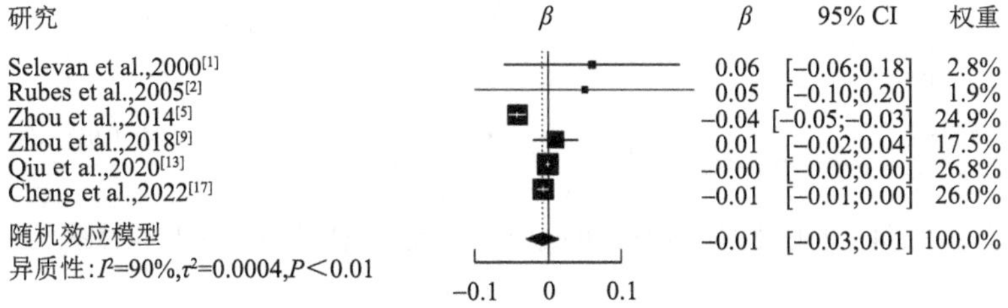

图 5-2 PM_{10} 暴露（增加 10 μg/m³）与精液量的关联分析森林图

2. 精子密度

精子密度是反映男性精液质量的重要参数，其正常参考值为≥1.5×10⁸/mL。在纳入的 24 项研究中，6 篇文献将参与者分为不同的暴露水平，将各研究中最高和最低暴露组分别作为高、低暴露组。meta 分析结果（图 5-3）显示，低暴露组与高暴露组的精子密度并无统计学差异（SMD = −0.14，95%CI：−0.36，0.08）。

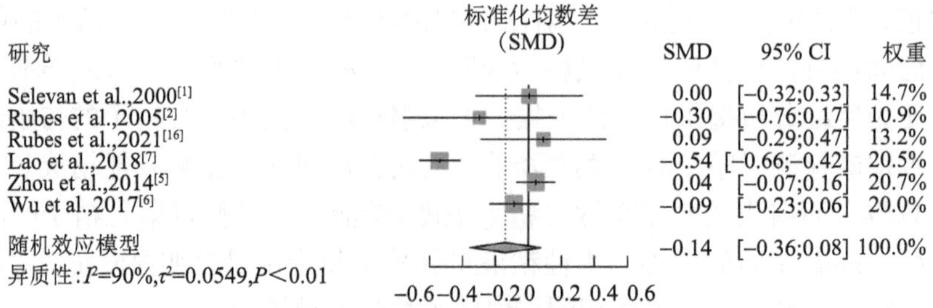

图 5-3　高、低暴露组间精子密度的 SMD 森林图

在纳入的文献中有 18 项研究同时探讨了 $PM_{2.5}$、PM_{10} 暴露与精子密度的关联。Wu、Zhou 和 Yu 等[6,9,20]发现这两种颗粒物暴露均与精子密度下降有关。Huang 和 Hansen 等[3,11]仅在 $PM_{2.5}$ 中发现类似关联。但 Zhang 等[21]发现精子密度与精液检查前 0~90 天的 $PM_{2.5}$ 和 PM_{10} 暴露呈正相关。Lao 等[7]在中国台湾开展的一项横断面研究发现精液检查前 3 个月内 $PM_{2.5}$ 暴露浓度每增加 5 μg/m³，精子密度增加 1.03×10⁶/mL（P <0.001）；Zhou 等[5]观察到暴露于 PM_{10} 与精子密度呈正相关（$\beta = 0.75, P = 0.031$）。

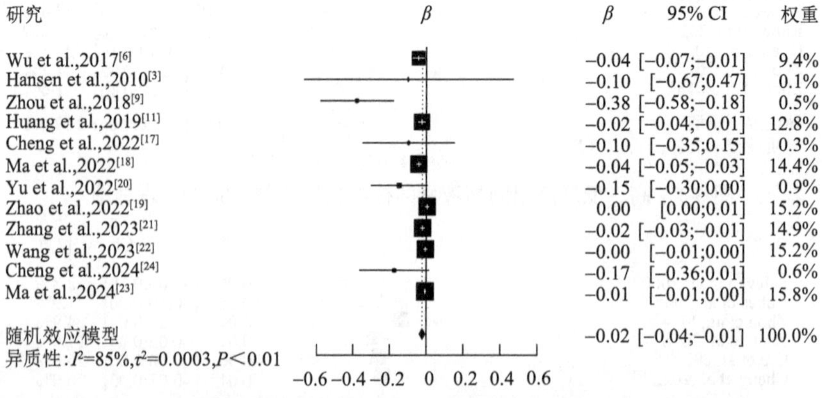

图 5-4　$PM_{2.5}$ 暴露（增加 10 μg/m³）与精子密度的关联分析森林图

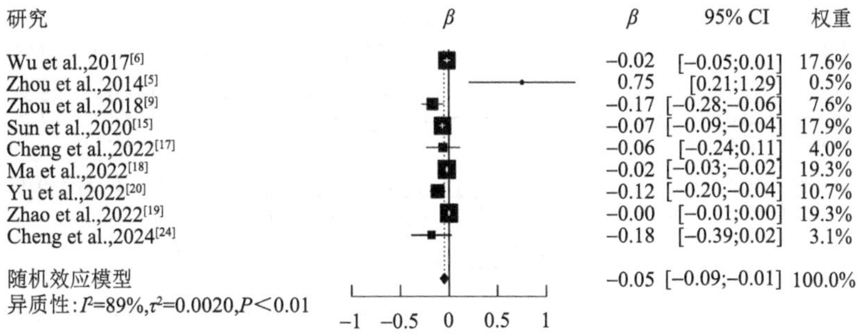

图 5-5　PM_{10}暴露（增加 10 μg/m³）与精子密度的关联分析森林图

选取其中 12 项研究对细颗粒物暴露与精子密度之间的关联进行 meta 分析，结果显示 $PM_{2.5}$暴露浓度增加将导致精子密度下降 2%（$\beta = -0.02$，95%CI：−0.04，−0.01）（图 5-4）；类似地，9 项研究 meta 分析结果显示，PM_{10}暴露浓度增加也会导致精子密度降低 5%（$\beta = -0.05$，95%CI：−0.09，−0.01）（图 5-5）。系统综述显示，大气颗粒物可能与精液浓度降低密切相关，但各研究间存在较大异质性，未来的研究应使用统一标准化的空气污染和精液质量评估方法，以得出更可靠的结论。

3. 精子总数

根据 WHO 第五版的精液参数标准值，精子总数正常参考值为≥3.9×10^8/一次射精。在纳入的 24 篇文献中共有 17 项研究探讨了颗粒物暴露与精子总数的关联，其中中国 13 项，捷克 3 项，美国 1 项。发表年份从 2000 年到 2024 年，近三分之二的研究于 2020 年以后发表（表 5-1）；其中 9 项为队列研究，超过半数研究同时探讨了 $PM_{2.5}$和 PM_{10}暴露对精子总数的影响。在探究 $PM_{2.5}$暴露对精子总数影响的 12 项研究中，除 Hansen 和 Zhao 等外，其他 10 项研究均发现暴露于 $PM_{2.5}$与精子总数的降低相关。此外，在 9 项探索 PM_{10}与精子总数关联的研究中，有 8 项研究发现 PM_{10}暴露会使精子总数降低。

所纳入的 17 项研究共包含 184056 名参与者，年龄均在 18 岁以上，各研究人群的单次射精平均精子总数从 102.6×10^6至 362×10^6不等。所有的研究均对精子总数做了对数转换后进行分析。如图 5-6 所示，3 项按高、低污染组进行比较的研究间异质性较低，使用固定效应模型进行分析。结果显示，高、低污染组的精子总数无统计学差异，SMD 为 0.02（95%CI：−0.11，0.15）。12 项研究报告了 $PM_{2.5}$暴露浓度与精子总数的关联（图 5-7），研究间异质性很高（I^2为 92%，$P<0.01$），使用随机效应模型进行合并。$PM_{2.5}$暴露浓度每增加 10 μg/m³，精子总数下降 8%（$\beta = -0.08$，95%CI：−0.13，−0.03）。9 项研究报告了 PM_{10}暴露浓度与精子总数的关联（图 5-8），PM_{10}暴露浓度每增加 10 μg/m³，精子数量下降 8%（$\beta = -0.08$，95%CI：−0.13，−0.03）。

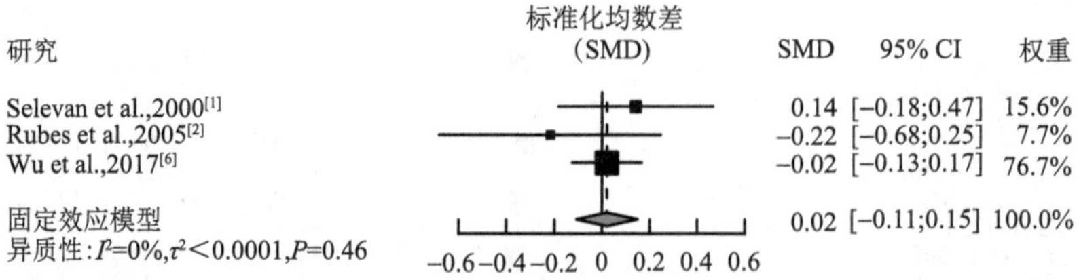

图 5-6 高、低暴露组间精子总数的 SMD 森林图

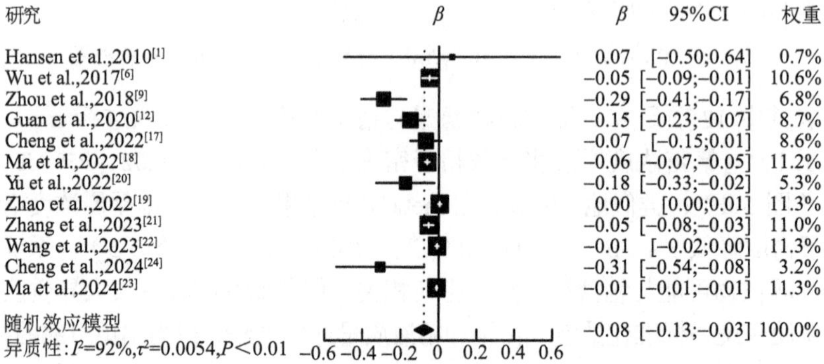

图 5-7 $PM_{2.5}$ 暴露（增加 10 μg/m³）与精子总数的关联分析森林图

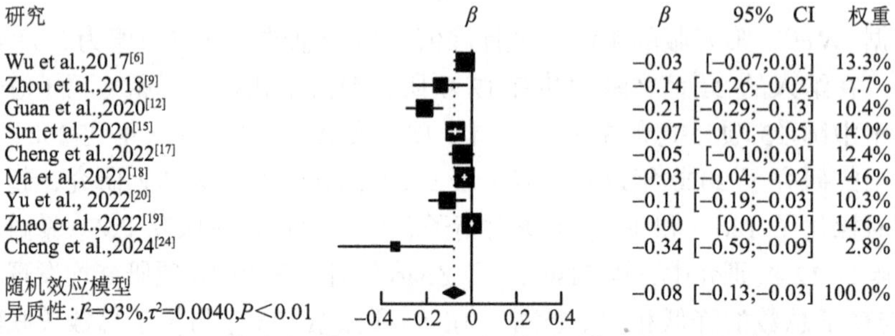

图 5-8 PM_{10} 暴露（增加 10 μg/m³）与精子总数的关联分析森林图

4. 精子前向运动

精子前向运动是反映精子活力的重要参数，其正常比例应占总精子数量的 40%及以上。现有关于颗粒物暴露对精子活力影响的研究结果尚未达成一致。例如，最近一项来自捷克共和国奥斯特拉瓦的横断面研究以季节划分高暴露组（冬季）和低暴露组（夏季），发现 54 名警察的精子活力（包括总运动和前向运动）百分比在不同月份间存在显著统计学差异，即观察到精子活力在冬季过后的 3 月份（49.7%）显著高于夏季的 9 月（45.6%）[1]。但中国北京的一项回顾性队列研究[10]在比较了污染控制期间（低暴露组）2497 个精液样本和 999 个非污染控制期间（高暴露组）精液样本后发现控制期的精子前向运动百分率（59.7%）

显著低于非控制期（64.3%），大气颗粒物暴露与精子前向运动呈正相关，精液收集前 90 天的平均 $PM_{2.5}$ 暴露每增加 10 μg/m³，导致精子前向运动百分率增加 61%（$\beta = 0.61$，95%CI：0.43，0.79）。其余六篇分析的研究结果则报道颗粒物暴露与精子前向运动之间呈负相关。

本研究用 meta 分析的方法来综合评价环境颗粒物暴露对精子前向运动的影响。在纳入的 19 项研究中（表 5-1），有 8 项为横断面研究，另外 11 项为纵向研究；有 3 篇文献的研究人群主要集中于白种人，其余 16 篇关注亚洲人群。本研究根据空气污染的暴露程度将 9 项研究分为高暴露组和低暴露组，采用 SMD 的随机效应模型来评估不同程度的室外颗粒物污染对精子前向运动的影响（图 5-9）。有 9 项研究探讨了颗粒物空气污染对精子活力的影响，meta 分析结果表明，颗粒物暴露可能与精子前向运动百分比降低有关（SMD：0.03，95%CI：−0.14，0.20）。此外，提取其中 16 篇研究中的 $PM_{2.5}$（14 篇）和 PM_{10}（12 篇）暴露与精子前向运动百分率的回归系数 β 值进行 meta 分析（图 5-10 和图 5-11），结果均显示无统计学关联。总体而言，目前尚无充分的流行病学证据提示大气颗粒物暴露会降低精子前向运动。

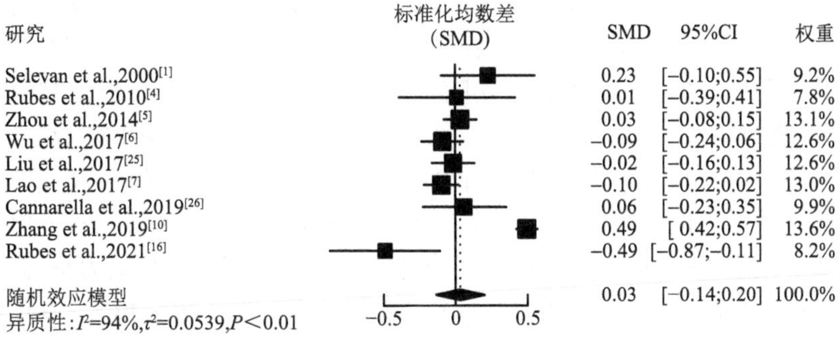

图 5-9　高、低暴露组间精子前向运动的 SMD 森林图

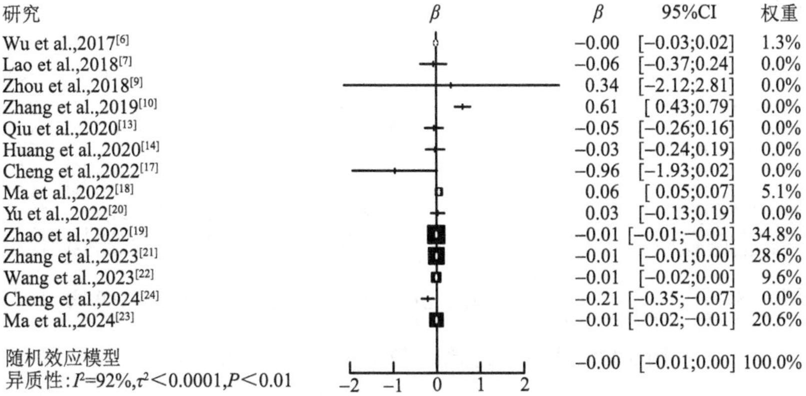

图 5-10　$PM_{2.5}$ 暴露（增加 10 μg/m³）与精子前向运动的关联分析森林图

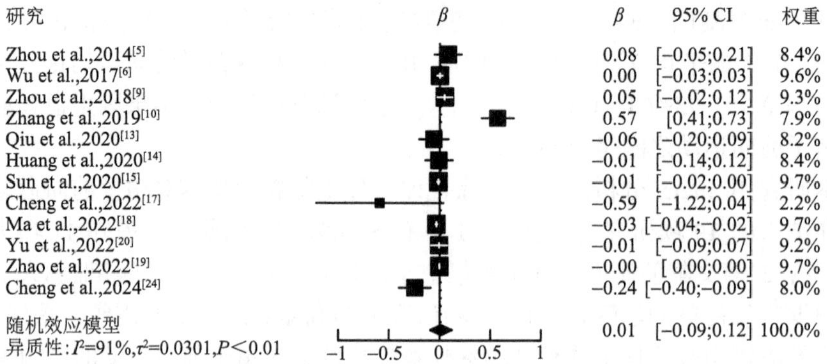

图 5-11　PM_{10} 暴露（增加 10 μg/m³）与精子前向运动的关联分析森林图

5. 精子活力

精子活力是反映精子运动能力的重要指标，指精液中表现为前进运动的精子占全部精子的百分率，其正常参考值为≥40%。纳入的文献中有 18 项研究探讨了颗粒物暴露与精子活力之间的关联。其中，仅探讨 $PM_{2.5}$ 暴露的研究 5 篇，仅探讨 PM_{10} 暴露 4 篇，同时包含 $PM_{2.5}$ 和 PM_{10} 暴露的 9 篇。有 8 篇文献通过将细颗粒物浓度进行高低分组评价其与精子活力之间的关系，鉴于研究间存在较大异质性（I^2 = 66%，P <0.01），采用随机效应模型进行 meta 分析。结果显示，SMD 合并值为−0.03（95%CI：−0.14，0.08）（图 5-12），表明 $PM_{2.5}$ 高、低暴露组的精子总活力之间的差异没有统计学意义。13 项研究定量探讨大气细颗粒物暴露与精子总活力的关联，研究间亦存在高度异质性（I^2 = 94%，P<0.01），采用随机效应模型进行 meta 分析：$PM_{2.5}$ 每增加 10 μg/m³，精子总活力平均下降 4%（β = −0.04，95%CI：−0.08，0.00），关联无统计学意义（图 5-13）。9 项研究的荟萃分析显示，PM_{10} 每增加 10 μg/m³，精子总活力平均下降 6%（β = −0.06，95%CI：−0.12，0.00）（图 5-14）。

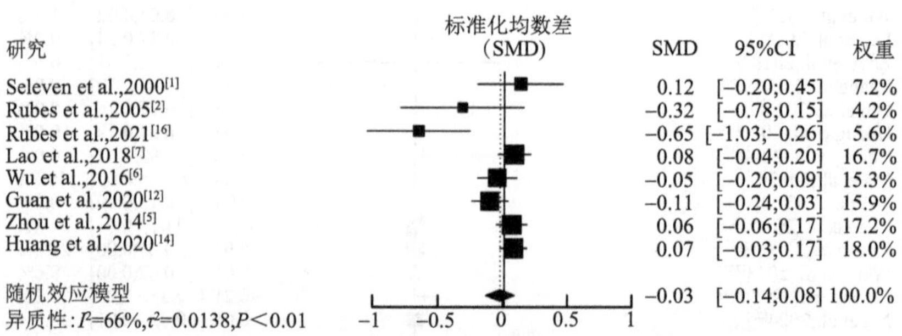

图 5-12　高、低暴露组间精子总活力的 SMD 森林图

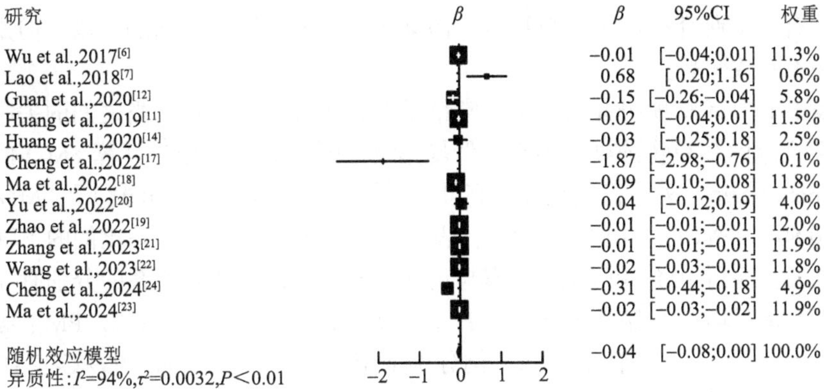

图 5-13　$PM_{2.5}$ 暴露（增加 10 μg/m³）与精子总活力的关联分析森林图

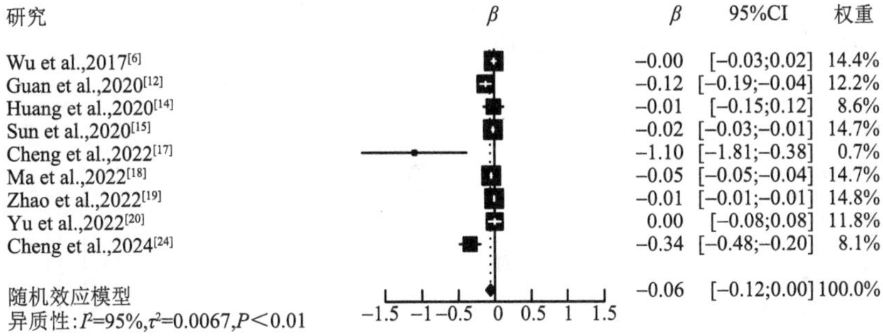

图 5-14　PM_{10} 暴露（增加 10 μg/m³）与精子总活力的关联分析森林图

总体而言，关于大气颗粒污染物暴露与精子总活力这一指标的关系，尚无法得出一致性的结论。虽然多项研究提示二者之间呈负相关，但大部分结果均无统计学意义。这可能与研究设计、研究人群和精液样本量等有关，同时也可能受大气颗粒污染物的组分或其他空气污染物的混杂影响。例如，Huang 等[14]关于 $PM_{2.5}$ 组分与精液质量的研究显示，精子总活力下降与细颗粒物中的锰元素有显著关联性；一项针对汽车尾气与精子质量的研究[11]提示，氮氧化物和二氧化硫对精子的总活力有损害作用。

6. 精子形态

精子形态包括头、颈、中段和尾部。1986 年，Kruger 等首次定义了“正常精子”的概念：使用 Tygerberg 严格标准对每个细胞进行评分，四部分都正常的精子称为正常精子[27]，并将精子分为：正常、大头、小头、锥形头、多头、无定形和精子头部正常但伴有颈部和（或）中段和（或）尾部和（或）胞浆小滴缺陷型。精子形态与精子活力和活率有密切关系，可反映精液质量。正常形态精子比例和正常头部形态比例与受孕有直接关系，被认为是衡量男性生育中较好的指标。有多项研究报道了颗粒物空气污染与精子形态比例之间的关系，但是研究结果并不一致[28-30]。

表 5-1 中有 9 项研究探讨了正常精子形态比例和颗粒物暴露之间的关联。其中 7 篇文献的颗粒物浓度分为高、低暴露组（图 5-15），通过计算 SMD 的方式进行 meta 分析。这 7 篇文献存在高度异质性（I^2 = 94%，P<0.01），SMD 合并值为−0.80（95%CI：−1.83，0.22），表明高暴露组正常精子形态比例的下降无统计学意义。探讨 PM_{10} 和 $PM_{2.5}$ 暴露与正常精子形态比例回归关系的分别有 4 篇和 3 篇，研究间均存在显著异质性（I^2 >60%，P<0.05）。$PM_{2.5}$ 和 PM_{10} 暴露每增加 10 μg/m³，正常精子形态比例分别下降 5%（β = −0.05，95%CI：−0.21，0.10）和 2%（β = −0.02，95%CI：−0.03，−0.01）（图 5-16 和图 5-17）。上述分析结果提示，细颗粒物暴露与正常精子形态比例的减少无显著关联。由于纳入的研究较少、异质性大，这一发现仍应谨慎解释。

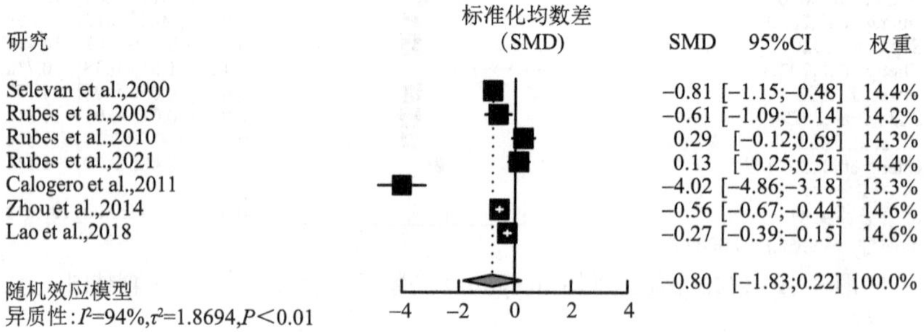

图 5-15　高、低暴露组间正常精子形态比例的 SMD 森林图

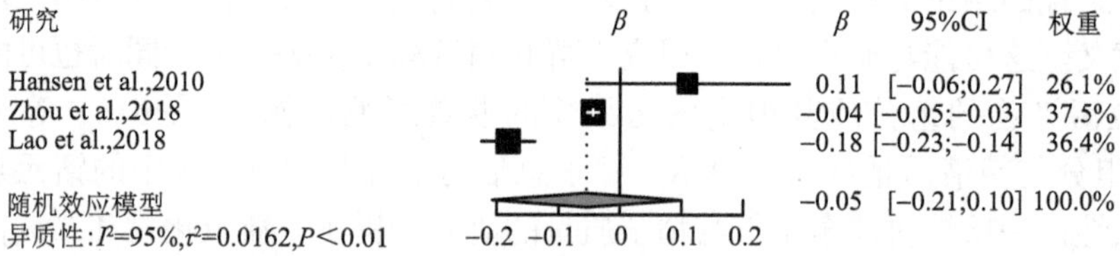

图 5-16　$PM_{2.5}$ 暴露（增加 10 μg/m³）与正常精子形态比例的关联分析森林图

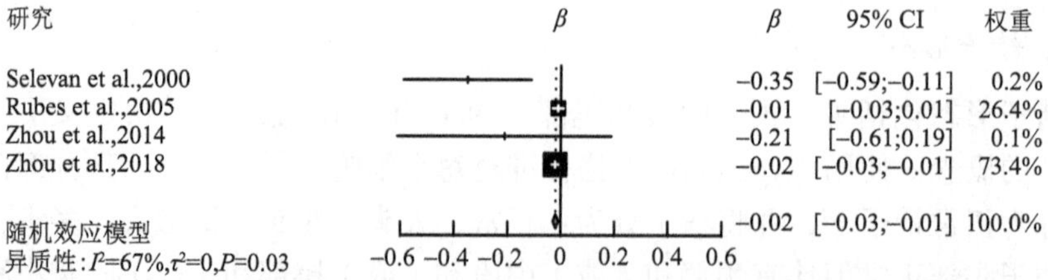

图 5-17　PM_{10} 暴露（增加 10 μg/m³）与正常精子形态比例的关联分析森林图

7. 雄性激素

$PM_{2.5}$ 可吸附多种金属及多环芳烃，多环芳烃会对内分泌起干扰作用，从而影响性腺轴及睾丸组织精子的发生[29]。动物实验表明颗粒物暴露可干扰生殖相关激素代谢和基因表达，但现有关于颗粒物暴露与雄性激素的人群流行病学证据十分有限。Radwan 等通过对波兰 327 例男性精液样本的检测发现，包括 $PM_{2.5}$ 在内的各类空气污染物的暴露与睾丸激素水平降低有关[30]。王晓飞等将成年雄性大鼠用气管滴注法暴露于 $PM_{2.5}$ 悬混液，并利用基于液相色谱/质谱的代谢组学技术进行分析，结果表明 $PM_{2.5}$ 暴露对大鼠睾丸的整体代谢网络产生了显著影响，引起大鼠睾丸的类固醇激素代谢失衡、氨基酸和核苷酸代谢紊乱以及脂类代谢的异常[31]。李怀康等[32]使用气管滴注法给 SD 雄鼠进行 $PM_{2.5}$ 染毒，通过检测黄体生成素、血清睾酮、卵泡刺激素的水平，观察发现高剂量 $PM_{2.5}$ 暴露的雄鼠血清卵泡刺激素和黄体生成素浓度升高、血清睾酮的浓度下降。Qiu 等的小鼠实验也显示，浓缩的环境 $PM_{2.5}$（concentrated ambient $PM_{2.5}$，CAP）暴露对于降低睾丸睾酮和促卵泡刺激素靶基因 SHBG、循环睾酮和卵泡刺激素、17βHSD 和 StAR 的 mRNA 表达、促黄体生成素靶基因 $P450_{scc}$ 有显著影响[33]。

5.1.3 结论

综上所述，尽管现有研究间存在较大异质性，但仍有较强人群流行病学证据提示大气颗粒物暴露对于男性精子质量的损害作用。近些年来，全球尤其是中国的空气污染治理取得阶段性成绩，但仍是威胁我国人群健康的重要环境问题。$PM_{2.5}$ 作为主要的空气污染物，可能是致使男性精液质量下降的重要危险因素。目前对 $PM_{2.5}$ 暴露导致男性生殖系统损害的机制仍不够深入，同时人群研究证据异质性较强，需要开展更大规模的人群调查与严谨的实验研究来进一步明确 $PM_{2.5}$ 造成男性生殖系统损伤的机制。

5.2 大气颗粒物暴露对女性生殖健康的影响

女性生殖健康是指女性整个生命周期不同阶段生殖系统、生殖功能和生殖过程所涉及的一切身体、精神和社会适应性等方面的健康状态，而不仅仅是没有疾病和功能失调[34]。女性生殖健康受损可导致各种妇科疾病，比如子宫肌瘤、子宫内膜异位、宫颈炎等。母婴安全也是女性生殖健康的重要内容，育龄女性的生殖健康问题与不良妊娠结局和出生缺陷密切相关，包括妊娠糖尿病、妊娠高血压疾病、不孕症、异位妊娠、出生缺陷和智力缺陷等，这不仅危害女性自身健康，还是影响人口质量的重要因素。

环境因素是影响女性生殖健康的重要原因，越来越多的证据显示 $PM_{2.5}$ 暴露不仅损害呼吸系统[35]、循环系统[36]和中枢神经系统[37]，还会对女性生殖系统产生不良影响[38]，增加女性患某些妊娠并发症、不孕不育、妇科疾病的风险。通过文献检索、整理和归纳总结，目前关于 $PM_{2.5}$ 暴露与妊娠期糖尿病和妊娠高血压疾病的流行病学研究较多，因此本节通过文献检索、整理和归纳总结，对 $PM_{2.5}$ 妊娠期暴露与妊娠期糖尿病和妊娠高血压疾病关联的流行病学研究进行 meta 分析，评估妊娠期 $PM_{2.5}$ 暴露与妊娠期糖尿病和妊娠期高血压疾病发生风险的关系。此外，本节对 $PM_{2.5}$ 暴露与其他女性生殖健康问题，如胎膜早破、不孕症和妇科疾病，进行了综述。

5.2.1　妊娠糖尿病和妊娠高血压疾病

妊娠糖尿病和妊娠高血压疾病是常见的妊娠期并发症。其中妊娠期糖尿病指育龄期女性妊娠前糖代谢异常或存在潜在的糖耐量异常，直至妊娠期才出现的一种代谢性疾病。目前，全球妊娠期糖尿病患病率呈逐年上升趋势，我国发病率也超过 10%。妊娠期糖尿病可对产妇及儿童健康造成危害，不仅能导致子痫前期、肾盂肾炎和剖宫产等的妊娠并发症，还会增加产后患 2 型糖尿病、心血管疾病和冠状动脉疾病的风险，妊娠期糖尿病还可引起巨大儿、肩难产、新生儿低血糖等。妊娠高血压疾病，简称妊高症，是妊娠期合并高血压的一组疾病，包括有妊娠期高血压、子痫前期、子痫、妊娠合并慢性高血压和慢性高血压伴发子痫前期，其中又以前两者最为常见。全球妊娠期高血压发病率达 2.5%~10%，最近文献报道我国妊娠高血压疾病发病率在 9.4%左右[39]，子痫前期的发病率为 2%~6%[40]。妊娠期高血压可导致胎盘早剥、宫内发育迟缓、早产，严重时还会导致孕妇心脑血管事件、器官衰竭和弥散性血管内凝血等，甚至引起母胎死亡。研究导致妊娠期糖尿病和妊娠期高血压的环境危险因素，能够更好地从源头上预防疾病，促进妊娠产妇和胎儿健康，具有重要的公共卫生学意义。

近年来，人群流行病学研究提示空气污染物 $PM_{2.5}$ 暴露可能是诱发妊娠期糖尿病和妊娠期高血压的危险因素。通过归纳总结有关 $PM_{2.5}$ 妊娠期暴露与妊娠期糖尿病和妊娠期高血压关联的流行病学研究进行 meta 分析，研究妊娠期 $PM_{2.5}$ 暴露浓度与妊娠期糖尿病和妊娠期高血压发生风险的暴露-效应关系，并按暴露评估的妊娠不同时期、地域进行了亚组分析。

1. *文献资料检索与方法*

在 PubMed、Embase、Web of Science、Scopus、Cochrane、中国知网、万

方、维普等相关文献数据库中进行搜索。英文搜索关键词包括 $PM_{2.5}$、fine particulate matter、gestational diabetes mellitus 、HDP、GH、PE、preeclampsia、eclampsia 、pre-eclampsia 、gestational hypertension 、hypertensive disorders of pregnancy，中文搜索关键词包括空气污染物、空气污染、颗粒物、 妊娠期糖尿病、糖尿病、妊娠糖尿病、 妊娠高血压疾病、妊娠期高血压、子痫前期、子痫等。研究设计不受限制。检索文献时间范围为数据库建立日起至 2021 年 9 月 27 日。

首先通过阅读标题和摘要来筛选文献，再对文献进行全文阅读，由两名研究者分别对纳入和排除条件进行判定。纳入 meta 分析研究的条件如下：①通过同行评审后发表的英文文章或中文文章；②人群研究；③明确所研究结局（妊娠糖尿病与妊娠高血压疾病）的定义和诊断标准；④报道了 $PM_{2.5}$ 暴露与妊娠糖尿病或妊娠高血压疾病之间的关系，并进行了效应量估计；⑤明确了监测室外空气 $PM_{2.5}$ 污染水平的方法。排除条件包括：①会议摘要、社论、系统综述；②体外或动物研究；③低质量研究。

$PM_{2.5}$ 与妊娠糖尿病的研究经初步检索出文献 607 篇，包括英文文献 558 篇，中文文献 49 篇；首先排除不相关、重复文献 237 篇，再排除非目标研究对象和结局的英文文献 332 篇和中文文献 18 篇及英文 meta 分析 11 篇，最终纳入 9 篇英文文献。$PM_{2.5}$ 与妊娠高血压疾病的研究经初步检索出文献 1975 篇，包括英文文献 1887 篇，中文文献 88 篇；首先排除不相关、重复文献 1895 篇，再排除非目标研究对象和结局的英文文献 41 篇和中文文献 17 篇、英文 meta 分析 11 篇和中文 meta 分析 8 篇，最终纳入 12 篇文献，包括英文文献 11 篇及中文文献 1 篇。采用改良版纽卡斯尔-渥太华量表（NOS）来评估纳入研究的质量，经评估显示本研究纳入的文献质量良好。

分别对 $PM_{2.5}$ 与妊娠糖尿病、$PM_{2.5}$ 与妊娠高血压疾病的纳入研究的文献进行信息提取（见表 5-2 与表 5-3），提取的信息内容包括：研究文献 ID（第一作者姓名、发表年份）、地区、研究时间、研究设计、样本量及病例数量、暴露测量方法、暴露时间和数据类型。

表 5-2　纳入 meta 分析的妊娠期 $PM_{2.5}$ 暴露与妊娠糖尿病关联的流行病学研究特征

编号	文献	研究地区	研究类型	队列总人数	妊娠糖尿病人数	暴露评估时期	GMD 诊断时间	暴露评估方法	暴露数据类型
1	Fleisch, Kloog et al., 2016[41]	美国	队列研究	159373	5381	妊娠早、中期	妊娠 24~28 周	混合时空模型	$PM_{2.5}$ 浓度四分位间距（μg/m³）
2	Zhang, Dong et al., 2020[42]	中国	队列研究	5165	604	妊娠早、中期	妊娠 24~28 周	混合时空模型	$PM_{2.5}$ 浓度均数、标准差（μg/m³）

续表

编号	文献	研究地区	研究类型	队列总人数	妊娠糖尿病人数	暴露评估时期	GMD 诊断时间	暴露评估方法	暴露数据类型
3	Lin, Zhang et al., 2020[43]	中国	队列研究	12842	3055	妊娠早、中期	妊娠 24~28 周	混合时空模型	$PM_{2.5}$ 浓度均数、标准差（μg/m³）
4	Ye, Zhong et al., 2020[44]	中国	队列研究	3967	332	妊娠早、中期	妊娠 24~28 周	混合时空模型	$PM_{2.5}$ 浓度均数、标准差（μg/m³）
5	Kang, Liao et al., 2020[45]	中国	队列研究	4783	394	妊娠早、中期、整个妊娠期	妊娠 24~28 周	混合时空模型	$PM_{2.5}$ 浓度均数、标准差（μg/m³）
6	Jo, Eckel et al., 2019[46]	美国	队列研究	239574	18244	妊娠早、中期	妊娠 24~28 周	时空土地利用回归模型	$PM_{2.5}$ 浓度均数、标准差（μg/m³）
7	Hu, Ha et al., 2015[47]	美国	队列研究	410267	14032	妊娠早、中期、整个妊娠期	妊娠 24~28 周	反距离加权	$PM_{2.5}$ 浓度均数、标准差（μg/m³）
8	Rammah, Whitworth et al., 2020[48]	美国	队列研究	354328	17197	妊娠早、中期	妊娠 24~28 周	混合时空模型	$PM_{2.5}$ 浓度均数、标准差（μg/m³）
9	Choe, Kauderer et al., 2018[49]	美国	队列研究	61640	4884	妊娠早、中期	妊娠 24~28 周	混合时空模型	$PM_{2.5}$ 浓度均数、标准差（μg/m³）

表 5-3　纳入 meta 分析的妊娠期 $PM_{2.5}$ 暴露与妊娠高血压疾病关联的流行病学研究特征

编号	研究名称	发表时间	研究年份	研究地点	研究类型	研究人数	暴露评估方法	暴露时期	研究结局	NOS 评分
1	Su, et al., 2020[50]	2020 年	2014~2015 年	中国上海市	队列研究	8776 例	土地回归模型	妊娠早、中期	妊娠高血压疾病	9
2	曹蕾等, 2021[51]	2021 年	2018~2020 年	中国河北邯郸市	队列研究	9820 例	近邻模型	妊娠前三月 妊娠早、中期	妊娠高血压	8
3	Yang, et al., 2019[52]	2019 年	2013~2014 年	中国湖北武汉市	队列研究	38115 例	反距离权重插值法	妊娠全程	妊娠高血压	8
4	Zhang, et al., 2021[53]	2021 年	2012~2015 年	中国湖北武汉市	队列研究	7658 例	土地回归模型	妊娠早、中期	妊娠高血压疾病	8

续表

编号	研究名称	发表时间	研究年份	研究地点	研究类型	研究人数	暴露评估方法	暴露时期	研究结局	NOS评分
5	Choe, et al., 2018[49]	2018 年	2002~2012 年	美国罗得岛州	队列研究	61640 例	土地回归模型	妊娠全程	妊娠高血压、子痫前期	9
6	Savitz, et al., 2015[54]	2015 年	2008~2010 年	美国纽约	队列研究	348585 例	土地回归模型	妊娠早、中期	妊娠高血压疾病 妊娠高血压、子痫前期	8
7	Dadvand, et al., 2013[55]	2013 年	2000~2005 年	西班牙巴塞罗那	队列研究	8398 例	土地使用回归模型	妊娠全程	子痫前期	9
8	Lee, et al., 2013[56]	2013 年	1997~2002 年	美国宾夕法尼亚州匹兹堡	队列研究	34705 例	反距离权重插值法	妊娠早期	子痫前期、妊娠高血压	9
9	Wu, et al., 2009[57]	2009 年	1997~2006 年	美国加利福尼亚州	队列研究	81186 例	弥散模型	妊娠全程	子痫前期	9
10	Rudra, et al., 2011[58]	2011 年	1996~2006 年	美国华盛顿	队列研究	3509 例	弥散模型	妊娠全程	子痫前期	9
11	Zhu, et al., 2017[59]	2017 年	2002~2008 年	美国佛罗里达州	队列研究	188658 例	反距离权重插值法	妊娠前三月，妊娠早、中期	妊娠高血压	8
12	Weber, et al., 2019[60]	2019 年	2000~2006 年	美国加利福尼亚州圣华金谷	队列研究	252205 例	反距离权重插值法	妊娠全程	妊娠高血压	8

进行 meta 分析时，将 $PM_{2.5}$ 作为连续性变量，分别分析与妊娠期糖尿病及妊娠期高血压风险的关联，将效应估计值标准化为每 10 μg/m³ 的效应估计，转换公式为：

$$OR_{标准} = OR_{原始}^{(每增加10\mu g/m^3)/每增加原始的浓度}$$

式中，$OR_{标准}$指转换后的标准值；$OR_{原始}$指文献中 OR 值。

例如，原始文献中，$PM_{2.5}$ 每增加 2 μg/m³，风险增加 20%（$OR_{原始}= 1.2$），则标准化后的 $OR_{标准} = 1.2^{10/2}= 2.49$。

首先，对纳入的所有妊娠期 $PM_{2.5}$ 暴露浓度水平与妊娠糖尿病和妊娠高血压疾病结局的关联效应估计值进行汇总；由于大部分研究都对不同妊娠期的 $PM_{2.5}$ 暴露与妊娠糖尿病和妊娠高血压疾病结局的关联进行了分析，为探讨暴露窗口期，本研究按不同的暴露评估时期（妊娠早期、妊娠中期、妊娠全程）的效应量估计值进行合并。其次，对报道有妊娠高血压疾病的不同分型（妊娠高血压、子痫前期等）进行分析。最后，基于不同地域的研究，将我国和美国的数据分别进行亚组分析。

数据分析使用 Stata15.0。由于所有研究使用优势比（OR）作为其效应估计，合并效应估计以其 95%置信区间（CI）的 OR 值。采用定性的 Cochran's Q 统计量（$P<0.10$ 表示显著异质性）和定量的 I^2 指数（$I^2<25\%$，低异质性；$I^2=25\%\sim50\%$，中异质性；$I^2>75\%$，高异质性）评价不同研究之间的异质性大小。若 $P>0.10$ 且 $I^2\leqslant50\%$，采用固定效应模型进行 meta 分析；若 $P\leqslant0.10$ 且 $I^2>50\%$，采用随机效应模型进行 meta 分析。采用依次剔除一项研究进行敏感性分析，验证结果的稳定性。通过 Egger's test 评估发表偏倚。

2. 结果和讨论

1）$PM_{2.5}$ 暴露与妊娠糖尿病关联

图 5-18 所示为 $PM_{2.5}$ 暴露与妊娠糖尿病关联的森林图。合并所有纳入的研究显示妊娠期 $PM_{2.5}$ 暴露浓度每增加 10 μg/m³，孕妇患妊娠糖尿病的 OR 值为 1.15（95%CI：1.07，1.23）。进一步按暴露评估时期分期分析 $PM_{2.5}$ 与妊娠糖尿病的关联，妊娠早期、妊娠中期 $PM_{2.5}$ 暴露浓度每增加 10 μg/m³，患妊娠糖尿病的风险分别增加 13%（OR=1.13，95%CI：1.03，1.25）和 15%（OR=1.15，95%CI：1.02，1.29）。由于两项报道了整个妊娠期暴露 $PM_{2.5}$ 与妊娠期糖尿病关联的研究异质性较大（$P\leqslant0.10$ 且 $I^2>50\%$），采用随机效应模型得到整个妊娠期暴露 $PM_{2.5}$ 与妊娠期糖尿病统计学关联（OR=1.55，95%CI：0.72，3.36）。采用 Egger's 检验所有纳入研究的发表偏倚，结果显示存在发表偏倚（$P<0.05$）。进一步依次剔除一项研究进行敏感性分析，结果显示稳定。

图 5-19 所示为基于地域分析的 $PM_{2.5}$ 暴露与妊娠期糖尿病的关联森林图。结果显示，我国和美国的数据均显示妊娠期 $PM_{2.5}$ 暴露均是妊娠糖尿病的危险因素，妊娠期 $PM_{2.5}$ 暴露每增加 10 μg/m³ 患妊娠糖尿病的风险分别增加 8%（OR=1.08，95%CI：1.05，1.11）和 22%（OR=1.22，95%CI：1.06，1.40）。

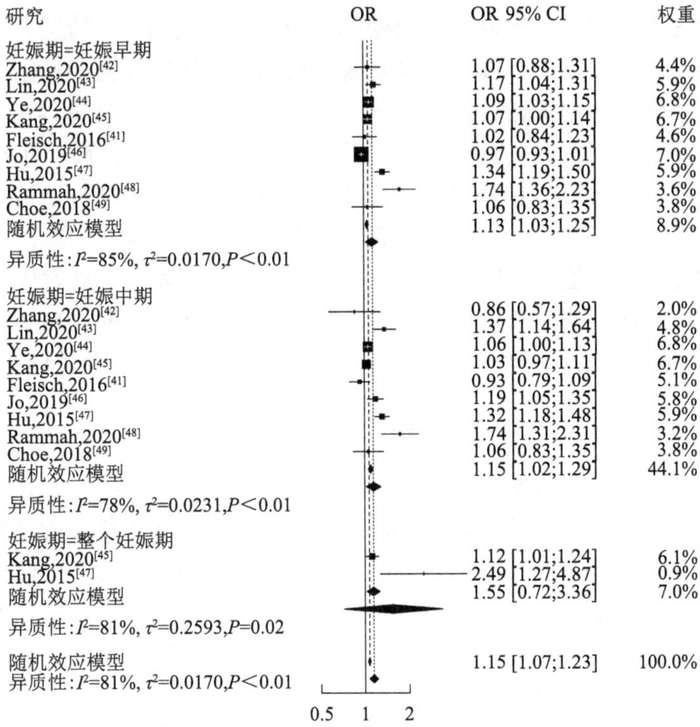

图 5-18　妊娠期 $PM_{2.5}$ 暴露浓度每增加 10 μg/m³ 与妊娠糖尿病的关联分析森林图

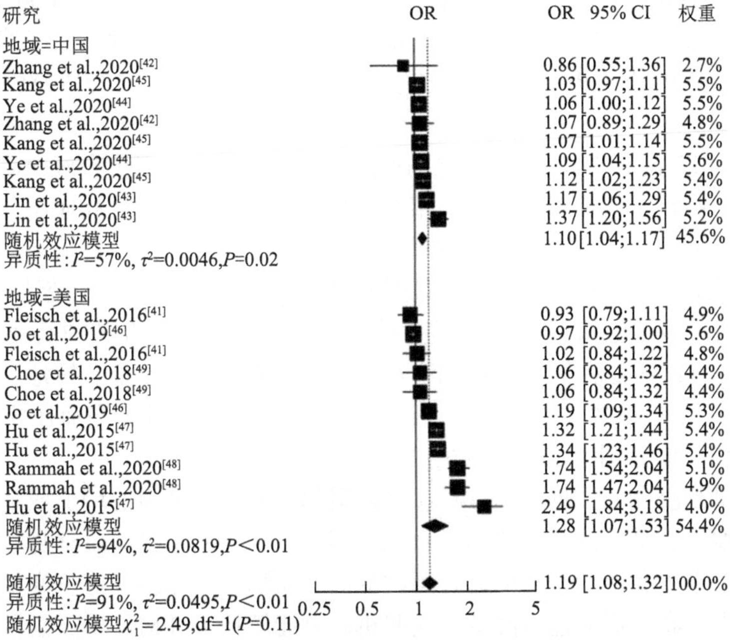

图 5-19　基于地域分析 $PM_{2.5}$ 暴露与妊娠糖尿病关联的森林图

尽管空气颗粒物暴露导致妊娠期糖尿病的生物学机制尚不清楚，但最近的流行病学和实验研究证据为空气颗粒物暴露导致胰岛素抵抗和葡萄糖耐受不良发展的机制提供了解释。据报道，人群暴露空气颗粒物与内皮功能障碍相关的炎症介质水平升高存在关联，包括肿瘤坏死因子（TNF α）、前列腺素（PGE2）、C反应蛋白、白细胞介素–1β 和内皮素–1，这些炎症因子水平的增加已被证实可以中断和抑制胰岛素信号。此外，实验研究发现空气颗粒物暴露与内质网应激有关，内质膜应激使非折叠蛋白反应，通过调控炎症、脂质积累、胰岛素生物合成和 β 细胞凋亡，从而促进胰岛素抵抗的发展。综上所述，在妊娠期 $PM_{2.5}$ 的暴露可能增加妊娠糖尿病的风险，积极控制 $PM_{2.5}$ 可对妊娠期健康产生促进作用。

2）$PM_{2.5}$ 暴露与妊娠高血压疾病关联

图 5-20 所示为 $PM_{2.5}$ 暴露与妊娠高血压疾病关联的森林图。合并所有纳入的研究显示妊娠期 $PM_{2.5}$ 暴露浓度每增加 10 μg/m³，孕妇患妊娠高血压疾病的 OR 值为 1.07（95%CI：1.01，1.13）。同时对 $PM_{2.5}$ 的不同暴露时期分期进行亚组分析，结果显示在妊娠前三月、妊娠早期及妊娠全程 $PM_{2.5}$ 暴露与孕妇罹患妊娠期高血压疾病存在统计学意义，妊娠前三月、妊娠早期、妊娠全程 $PM_{2.5}$ 暴露每增加 10 μg/m³ 患妊娠期高血压疾病的 OR 分别为 1.02（95%CI：1.00，1.03）、1.01（95%CI：1.00，1.02）、1.07（95%CI：1.01，1.13），妊娠中期、妊娠晚期 $PM_{2.5}$ 暴露与妊娠期高血压疾病的发生不具有统计学意义，OR 分别为 1.06（95%CI：0.95, 1.19）和 0.89（95%CI：0.77，1.02）。采用 Egger's 检验评估发表偏倚，提示可能存在发表偏倚（$P<0.05$）。进一步依次剔除一项研究进行敏感性分析，结果显示稳定。

纳入的 12 篇 $PM_{2.5}$ 暴露与妊娠高血压关联的文献中，报道有妊娠高血压的文献有 7 篇，报道子痫前期有关的文献有 6 篇。进一步按妊娠期高血压分型进行亚组分析，结果显示妊娠期 $PM_{2.5}$ 暴露浓度每增加 10 μg/m³，妊娠高血压的 OR（95%CI）值为 1.11（1.02，1.20），妊娠期 $PM_{2.5}$ 暴露与子痫前期无统计学关联，结果见图 5-21。不同妊娠时期文献较少，故不再考虑对不同妊娠时期进行亚组分析。

纳入的 12 篇文献中，欧美地区文献 9 篇，国内文献 4 篇。按地域进行亚组分析，结果见图 5-22，中国和欧美地区的 $PM_{2.5}$ 暴露与妊娠高血压疾病的合并 OR（95%CI）值分别为 1.01（1.00，1.02）和 1.12（1.03，1.21）。

以往机制研究的文献指出 $PM_{2.5}$ 暴露引起交感神经张力的增加或基础系统血管张力的增加，可导致血管收缩、血压升高；以及 $PM_{2.5}$ 暴露后全身炎症和氧化应激将触发内皮和血管功能障碍，可改变血液凝固、全血黏度等流变学因素，造成血管阻力升高、血流速度降低。这些机制可能解释了 $PM_{2.5}$ 暴露是导致妊娠期高血压疾病发生的原因。妊娠期 $PM_{2.5}$ 的暴露可能增加孕妇罹患妊娠高血压疾病的风险，$PM_{2.5}$暴露与妊娠高血压、子痫前期存在关联，控制 $PM_{2.5}$的暴露可以在一定程度上减少罹患妊娠高血压疾病的风险。

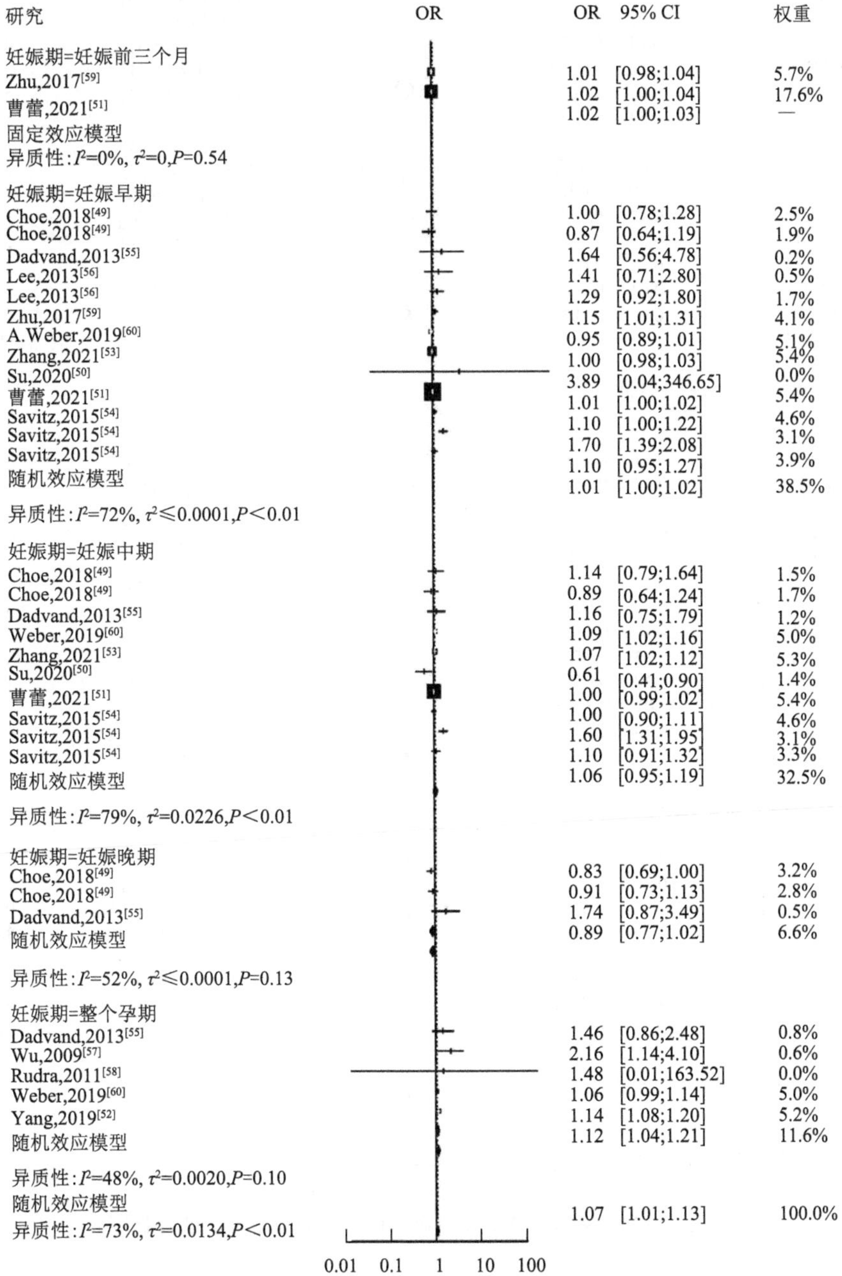

图 5-20　$PM_{2.5}$暴露与妊娠高血压疾病关联的森林图

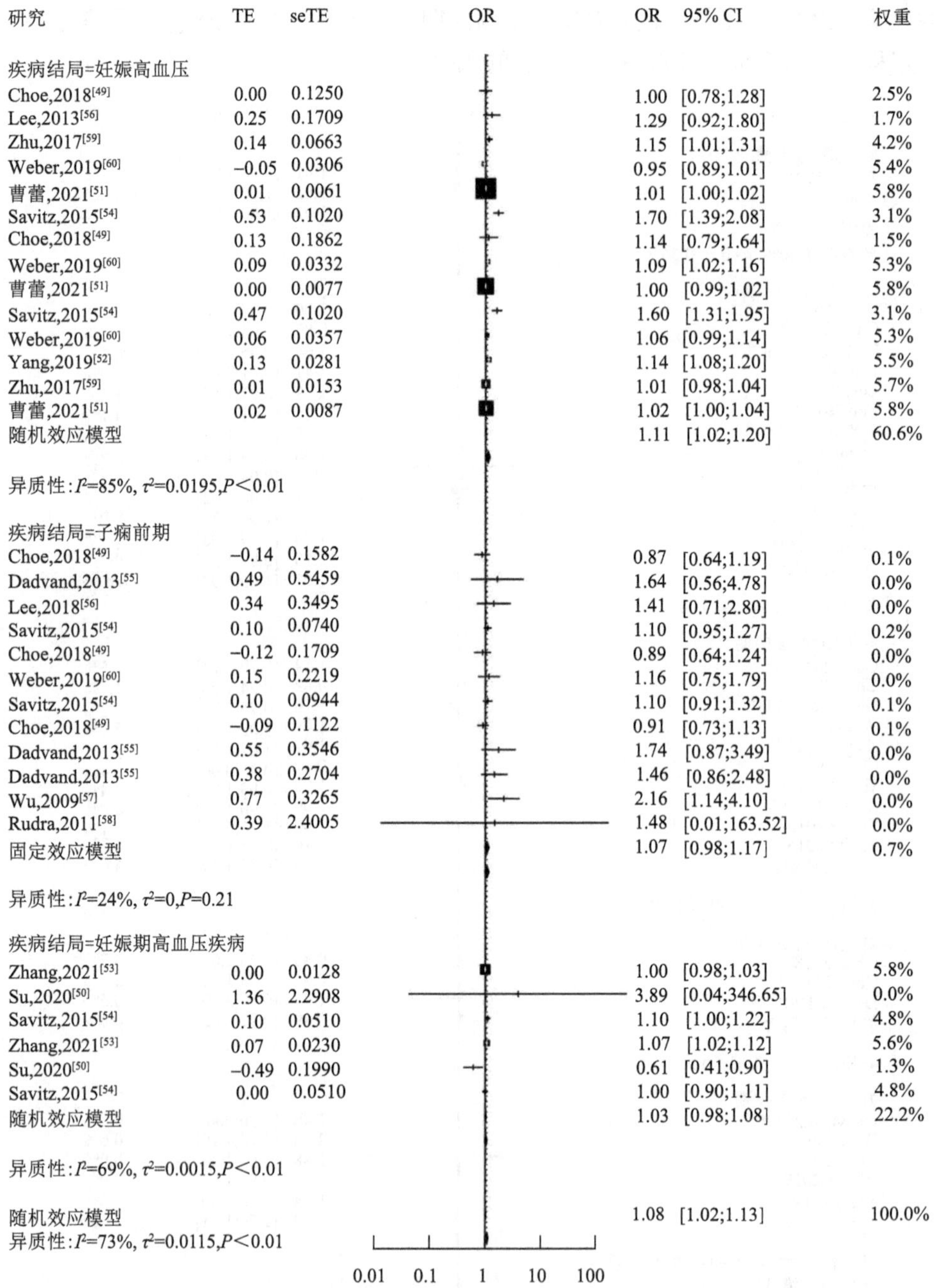

图 5-21 $PM_{2.5}$暴露与妊娠期高血压疾病不同类型关联的森林图

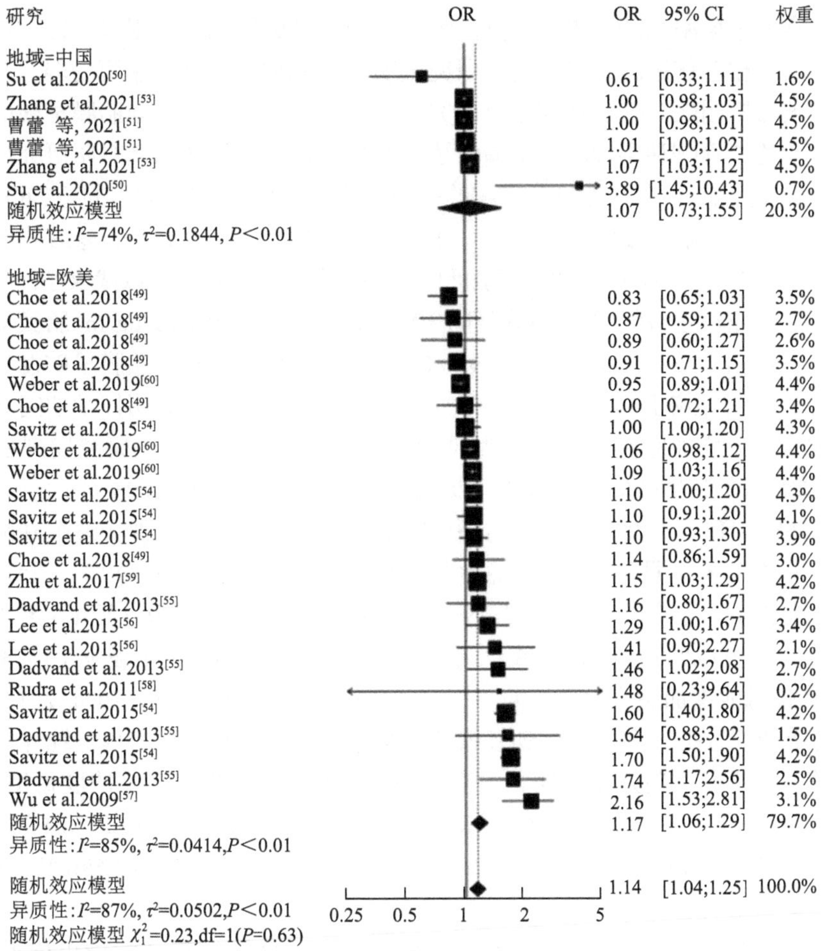

图 5-22　基于地域分析 $PM_{2.5}$ 暴露与妊娠高血压疾病关联的森林图

在本次纳入分析的研究中存在一定的异质性，这可能由于不同研究在对妊娠期 $PM_{2.5}$ 暴露的估计、测量检测方法、环境 $PM_{2.5}$ 浓度水平有关；同时纳入的文献调整的混杂因素也不尽相同，包括妊娠年龄、妊娠期前 BMI、受教育程度、居住环境、家庭收入等。但经敏感性分析及不同亚组分析，提示妊娠期 $PM_{2.5}$ 的暴露可能增加妊娠妇女罹患妊娠期糖尿病和妊娠高血压疾病的风险。综上所述，控制 $PM_{2.5}$ 的暴露水平对于促进妊娠产妇和胎儿健康，具有重要的意义。

5.2.2　其他妊娠并发症

胎膜早破也是一种妊娠并发症，是指临产前发生胎膜破裂。据报道，国外发生率为 5%~15%，国内为 2.7%~7%。胎膜早破可导致早产率升高，围生儿病死率增加，宫内感染率及产褥感染率升高[61]。胎膜早破的发病因素很多，往往被认为是多种因素相互作用的结果，目前研究表明凝血酶增加会导致胎膜变弱，是导致胎膜早破的机制之一[62]。近年来有研究显示妊娠期 $PM_{2.5}$ 暴露与胎膜早破的发生有关。李楚红等[63]利用 2014 年福州孕产妇病例资料开展的病例对照研究显示，胎膜早破发生前 3 个月 $PM_{2.5}$ 暴露的平均浓度每增加一个四分位浓度（IQR），胎膜早破危险性增高 1.72 倍（OR = 1.72，95%CI：1.33，2.12），这表明胎膜早破发生前 3 个月 $PM_{2.5}$ 暴露可能增加胎膜早破风险。Wang 等[64]以武汉孕产妇为研究对象的队列研究显示，整个妊娠期间 $PM_{2.5}$ 暴露浓度每增加 10 μg/m³ 胎膜早破风险增加 1.35 倍（校正 OR = 1.35，95%CI：1.12，1.63），早产胎膜早破发生的危险增加 1.53 倍（校正 OR = 1.53，95%CI：1.03，2.27），这表明怀孕期间暴露于环境 $PM_{2.5}$ 会增加胎膜早破的发生风险。另外，国外也有相关研究发现妊娠期 $PM_{2.5}$ 暴露与胎膜早破的发生有关。Dadvand 等[65]通过 2002~2005 年西班牙巴塞罗那 5555 例独生子女数据开展的一项匹配病例对照研究，发现在整个妊娠期间和胎膜早破前 3 个月的 $PM_{2.5}$ 暴露水平增加 1 个四分位浓度（IQR），胎膜早破发生率增加 47%（校正 OR = 1.47，95%CI：1.08，2.00）及缩短妊娠 1.3 天（校正 OR = −1.3，95%CI：−1.9，−0.6），这提示整个妊娠期和胎膜早破发生前 3 个月 $PM_{2.5}$ 暴露可能增加胎膜早破风险。但是，Pereira 等[66]通过分析 2004~2012 年美国纽约孕产妇数据，并未观察到妊娠期 $PM_{2.5}$ 暴露与胎膜早破间具有统计学意义的关联，该研究发现妊娠早期、中期、晚期和整个妊娠期 $PM_{2.5}$ 浓度每增加 10 μg/m³，胎膜早破的校正优势比 OR 分别为 1.00（95%CI：0.97，1.04）、0.99（95%CI：0.96，1.02）、0.99（95%CI：0.96，1.03）和 0.99（95%CI：0.94，1.04）。

其他不良妊娠结局还包括异位妊娠、前置胎盘等。空气污染可引起全身炎症[67]，机理上与这些不良妊娠结局的发生有关，但人群流行病学研究还比较缺乏。Wu 等[68]利用 2014~2018 年中国北方不孕症女性患者资料，开展了一项多中心回顾性队列研究空气污染物与异位妊娠发病风险的关联，结果显示 CO 和 NO_2 的暴露增加与异位妊娠发病风险升高有关，但并未发现 $PM_{2.5}$ 暴露增加与异位妊娠发病间的显著关联。Michikawa 等[69]收集了 2005~2010 年日本西部孕产妇的资料进行队列研究，结果发现暴露于空气污染物（悬浮颗粒物、O_3、NO_2 和 SO_2）与前置胎盘发生风险呈正相关，但并未发现 $PM_{2.5}$ 与前置胎盘发生风险显著关联。这意味着还有待进一步研究来证实 $PM_{2.5}$ 暴露与这些不良妊娠结局的关联。

5.2.3　不孕不育

不孕症指尝试怀孕 1 年而未成功，或者如果年龄在 35 岁或以上，尝试怀孕

6 个月或以上而未成功[70]。数据表明世界范围内不孕症的发病率约为 10%。不孕症不仅给患者造成巨大的经济和心理压力，还给社会和医疗系统增加额外的负担。不孕症病因复杂，包括女性因素（输卵管、宫颈、子宫、卵巢等功能异常和激素紊乱）、男性因素（精液参数等）以及其他不明原因。除了已有研究比较明确 $PM_{2.5}$ 暴露能影响男性精液质量外，最近也有研究发现空气颗粒物暴露也会增加女性不育症的风险。

Xue 等[71]分析 2009~2010 年期间中国各地 $PM_{2.5}$ 的浓度与县级生育率（定义为每 1000 名 15~44 岁妇女的新生儿数）的关联，发现每增加 10 μg/m^3 的 $PM_{2.5}$，生育率显著降低 2.0%（95%CI：1.8%，2.1%），且该效应存在区域差异，华南地区为 0.19%（0.46%，0.07%）而华中地区为 3.2%（3.0%，3.4%）。国外也有类似研究，Nieuwenhuijsen 等[72]的一项横断面研究发现空气污染与人类生育率有关，他们评估了西班牙巴塞罗那 2011~2012 年交通相关的空气污染物和人类生育率（即每 1000 名 15~44 岁妇女的活产数量）之间的关系，发现随着与交通有关的空气污染颗粒物 $PM_{2.5}$ 每四分位间距（IQR）增加，生育率降低 13%（95%CI：6%，18%）。Slama 等[73]的一项研究对捷克共和国 1994~1999 年间的出生队列数据进行计算分析，用妊娠时间（即计划怀孕到生产的时间）来衡量生育能力，发现 $PM_{2.5}$ 水平每增加 10 μg/m^3，生育能力降低 22%（95%CI：6%，35%）。以上研究都增加了关于 $PM_{2.5}$ 对生育率不利影响的证据，提示 $PM_{2.5}$ 暴露增加与女性不孕症发病率增加有关。

卵巢功能异常、卵巢储备不足是女性不孕症的重要病因之一。动物实验表明，$PM_{2.5}$ 暴露可能会通过加速卵巢衰老而损害女性的生殖潜力[74]。Gaskins 等[75]于 2004~2015 年的一项针对美国不孕症女性的前瞻性队列研究发现，在对年龄、体重指数、吸烟状况、计数年份和季节调整后，发现 $PM_{2.5}$ 暴露量每增加 2 μg/m^3，窦状卵泡计数（窦状卵泡计数是公认的卵巢储备指标）降低 7.2%（95%CI：−10.4%，−3.8%），这提示 $PM_{2.5}$ 暴露可能会通过加速卵巢老化而降低女性生育能力，继而造成不孕症。

辅助生殖技术是治疗不孕不育患者的重要手段之一，但空气污染可能对体外受精结果产生不利影响。Gaskins 等[76]对美国不孕症女性患者的一项前瞻性队列研究分析了 2004~2015 年的数据，发现在整个体外受精周期内 $PM_{2.5}$ 每增加一个四分位间距（IQR），活产前体外受精失败的概率增加 6%（OR=1.06，95%CI：0.88，1.28），这提示暴露于较高水平空气污染物 $PM_{2.5}$ 的女性有较高的体外受精失败率。但 Shi 等[77]对 2016~2019 年中国上海的 2766 例不孕症女性患者进行回顾性队列研究未观察到空气污染物 $PM_{2.5}$ 与体外受精结果之间存在显著关联，却发现环境 NO_2 和 PM_{10} 暴露分别与妊娠率和活产率下降相关。

5.2.4 妇科疾病

许多妇科疾病会对女性生殖健康产生不利影响。子宫肌瘤是一种常见的妇科疾病，数据表明，白人女性的终生发病率在 35 岁时为 40%，在 50 岁时超过 70%[78]，中国女性的总体患病率为 11.21%[79]，其临床表现包括严重的月经出血、贫血、骨盆疼痛和妊娠并发症[80]。影响子宫肌瘤发病的危险因素包括生活方式、饮食、遗传和激素等，最近的一些研究表明子宫肌瘤的发生可能和空气污染有关。Lin 等[81]的一项基于队列的病例对照研究收集分析了 2001~2012 年 55140 名中国台湾女性的数据，发现 $PM_{2.5}$ 每增加 10 μg/m³，子宫肌瘤的发病率增加 1.105（95%CI：1.069，1.141），Mahalingaiah 等[82]的一项队列研究收集了 1989~2007 年 85251 名年龄在 25~42 岁之间的美国女性数据，研究发现 2 年平均、4 年平均或累积平均 $PM_{2.5}$ 暴露浓度每增加 10 μg/m³，子宫肌瘤发病的风险分别为 1.08（95%CI：1.00，1.17）、1.09（95%CI：0.99，1.19）和 1.11（95%CI：1.03，1.19）。然而 Wesselink 等[83]的一项以黑人女性为研究对象的前瞻性队列研究，却并未发现 $PM_{2.5}$ 与子宫肌瘤发病风险相关。

此外，还有少量流行病学研究报道了 $PM_{2.5}$ 暴露与痛经、经期前综合征等妇科疾病的关联[84]。Lin 等[85]的一项队列研究通过分析 2000~2013 年中国台湾女性数据，将 $PM_{2.5}$ 暴露水平按四分位数分层，发现处于最高分位数（Q4）$PM_{2.5}$ 暴露水平的女性痛经的可能性是处于最低分位数（Q1）暴露水平的女性的 27.6 倍（95%CI：23.1，29.1）。Lin 等[86]也以台湾女性为研究对象，开展了病例对照研究，收集分析了 2000~2012 年的数据，观察到与 $PM_{2.5}$ 暴露 Q1 水平的女性相比，$PM_{2.5}$ 暴露 Q4 水平的女性患经期前综合征的风险高 3.41 倍（95%CI：2.88，4.04）。由于相关流行病学研究较少，空气污染物暴露与女性这些妇科疾病的关联还有待研究证实。

5.3 细颗粒物暴露对早产的影响

5.3.1 研究背景

根据世界卫生组织（World Health Organization，WHO）的定义，早产（preterm birth，PTB）是指妊娠不满 37 孕周而分娩的活产[87,88]。早产根据原因又可分为自发性早产（spontaneous preterm birth）和医疗性早产（medically indicated/iatrogenic birth）。自发性早产是指妊娠未满 37 孕周自发性出现先兆早产、早产临产，继而发生早产分娩，包括未足月分娩发作和未足月胎膜早破；医疗性早产是指因妊娠并发症或合并症，为母婴安全需要而在妊娠满 37 周前终止妊娠者[89]。由于各国定义的差异，早产发生率的统计存在不同，美国的早产发生率在 11%~13%[90]，欧洲则在 5%~9%[87]。我国的早产发生率尚缺乏全国的数据，2005 年中华医学会儿科学分会新生儿学组进行的多中心大样本调查显示，我国早产发生率为 7.8%[88,91]。根据世界卫生组织的测算，在 2010 年，全球约有 1500 万早产儿出生，每 10 个新生儿中就有一个是早产儿，中国每年约有 117 万早产儿出生，早产数仅次于印度，居于世界第二位[92]。近年来，全球的早产发生率呈现出上升趋势。尽管越来越多的流行病学研究以及实验研究试图研究早产的危险因素，但是，目前为止仍有接近一半的自发性早产无法找到明确的诱因[93]。随着社会经济的繁荣以及人们生活方式的改变，有研究提示诸如气候变化、空气污染等日益严峻的环境问题也可能和早产之间存在关联[93]，目前仍需要更加广泛的研究来进一步确定其关联。近些年陆续有一些研究提示大气颗粒物可能对正常的妊娠过程产生影响[92]，妊娠过程中暴露于高浓度的 $PM_{2.5}$ 可能是早产的诱因之一[94]。本节通过归纳总结有关 $PM_{2.5}$ 妊娠期暴露与早产关联的流行病学研究，进行 meta 分析，评估妊娠期暴露 $PM_{2.5}$ 浓度与早产发生风险的暴露-效应关系。

1）文献资料检索与方法

在 PubMed、Embase、Web of Science、Scopus、Cochrane 等相关文献数据库中进行搜索。搜索关键词包括“preterm birth”“$PM_{2.5}$”“fine particulate matter”“Premature Birth[Mesh]”“Particulate matter[Mesh]”等。研究设计不受限制。检索文献时间范围为数据库建立日起至 2021 年 6 月 1 日。

2）文献筛选与数据提取

首先通过阅读标题和摘要来筛选文献，再对文献进行全文阅读，由两名研究者分别对纳入和排除条件进行判定。纳入 meta 分析研究的条件如下：①通过同行评审后发表的文章；②人群研究；③明确早产的定义；④报道了妊娠期 $PM_{2.5}$ 暴露与早产之间的关系，并进行了效应量估计；⑤明确了监测室外空气 $PM_{2.5}$ 污染水平的方法。排除条件包括：①会议摘要、社论；②体外或动物研究；③低质量研究。采用改良版纽卡斯尔-渥太华量表（NOS）来评估纳入研究的质量，经评估显示本研究纳入的文献质量良好。文献的筛选流程见图 5-23。对纳入研究的文献进行信息提取，提取的信息内容包括：研究 ID（第一作者姓名、发表年份）、地区、研究时间、研究设计、样本量及早产病例数量、暴露测量方法、暴露时间、数据类型。

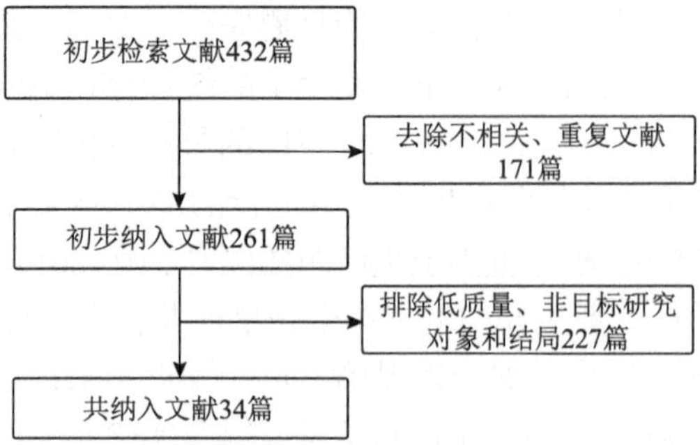

图 5-23　文献筛选流程

3）统计分析

本 meta 分析了 $PM_{2.5}$ 作为连续性变量与早产风险的关联，将效应估计值标准化为每 10 μg/m^3 的效应估计，转换公式为见 5.2.1 小节。数据分析使用 R 软件（3.4.0 版本）

5.3.2　结果

1. 纳入文献的研究特征

研究组共检索到 432 篇相关文献，根据题名和摘要去除不相关及重复文献 171 篇后，初步纳入 261 篇文献；阅读全文并排除低质量、非目标研究对象和结局的 227 篇文献后，共纳入 34 篇文献进行 meta 分析。

纳入文献的基本情况如表 5-4 所示，纳入的 34 篇文献中，其中 10 篇文献来自我国、15 篇文献来自美国。纳入的文献全为队列研究，其中 31 项为回顾性，3 项为前瞻性。17 项研究采用了土地利用回归、贝叶斯或时空模型来反演评估各研究对象的 $PM_{2.5}$ 暴露水平，其余 17 项研究基于固定监测站估计各研究对象的 $PM_{2.5}$ 暴露水平。所有研究均报道了妊娠全程 $PM_{2.5}$ 浓度平均暴露水平与早产关系的 OR 值，有 19 篇研究报道了妊娠期 $PM_{2.5}$ 浓度平均暴露水平每增加一个 IQR 与早产关系 OR 值，其余研究计算了妊娠期 $PM_{2.5}$ 浓度平均暴露水平每增加 1 μg/m^3、5 μg/m^3、10 μg/m^3 时与早产关系 OR 值。

表 5-4　纳入 meta 分析的 PM 暴露与早产关联的流行病学研究特征

文献	研究地区	研究类型	病例数	暴露评估	暴露变化单位
Cassidy-Bushrow et al.，2020[95]	美国	回顾队列	891（11.2%）	时空模型	5（μg/m^3）
Hyder et al.，2014[96]	美国	回顾队列	41868（6.3%）	时空模型	IQR（μg/m^3）
Chu et al.，2021[97]	中国	回顾队列	443（7.4%）	时空模型	10（μg/m^3）

续表

文献	研究地区	研究类型	病例数	暴露评估	暴露变化单位
Stieb et al.，2016[98]	加拿大	回顾队列	184765（6.2%）	LUR 模型	10（μg/m³）
Defranco et al.，2016[99]	美国	回顾队列	19027（8.5%）	地面监测站	IQR（μg/m³）
Lavigne et al.，2018[100]	加拿大	回顾队列	15378（7.8%）	地面监测站	IQR（μg/m³）
Chen et al.，2017[101]	澳大利亚	回顾队列	13394（7.7%）	地面监测站	IQR（μg/m³）
Chang et al.，2015[102]	美国	回顾队列	18644（10.6%）	地面监测站	IQR（μg/m³）
Hao et al.，2016[103]	美国	回顾队列	47321（9.3%）	地面监测站	IQR（μg/m³）
Kloog et al.，2012[104]	美国	回顾队列	61972（9.8%）	时空模型	IQR（μg/m³）
Wu et al.，2009[105]	美国	回顾队列	6738（8.3%）	地面监测站	IQR（μg/m³）
Hannam et al.，2014[106]	英国	回顾队列	17291（6.5%）	时空模型	IQR（μg/m³）
Yuan et al.，2020[107]	中国	前瞻队列	168（4.6%）	时空模型	10（μg/m³）
Ye et al.，2018[108]	中国	回顾队列	1501（6.2%）	地面监测站	IQR（μg/m³）
Allemand et al.，2017[109]	欧洲	回顾队列	3533（4.9%）	地面监测站	10（μg/m³）
Ottone et al.，2020[110]	意大利	回顾队列	1311（5.5%）	地面监测站	1（μg/m³）
Abdo et al.，2019[111]	美国	回顾队列	62436（14.0%）	时空模型	1（μg/m³）
Sheridan et al.，2019[112]	美国	回顾队列	188044（8.2%）	地面监测站	10（μg/m³）
Mendola et al.，2016[113]	美国	回顾队列	2614（11.7%）	时空模型	IQR（μg/m³）
Chen et al.，2021[114]	中国	回顾队列	1246（9.5%）	地面监测站	10（μg/m³）
Li et al.，2018[115]	中国	回顾队列	100433（8.9%）	时空模型	10（μg/m³）
Wang et al.，2018[116]	中国	回顾队列	25879（5.5%）	地面监测站	IQR（μg/m³）
Basu et al.，2017[117]	美国	回顾队列	23265（10.0%）	地面监测站	IQR（μg/m³）
Kingsley et al.，2017[118]	美国	回顾队列	5007（8.1%）	LUR	IQR（μg/m³）
Ha et al.，2014[119]	美国	回顾队列	39028（9.4%）	贝叶斯模型	IQR（μg/m³）
Melody et al.，2020[120]	澳大利亚	回顾队列	8558（3.0%）	LUR	IQR（μg/m³）
Gray et al.，2014[121]	美国	回顾队列	40746（8.9%）	贝叶斯模型	IQR（μg/m³）
Guo et al.，2018[122]	中国	回顾队列	35261（8.3%）	地面监测站	10（μg/m³）
Gehring et al.，2011[123]	加拿大	回顾队列	3889（5.7%）	LUR	IQR（μg/m³）
Tapia et al.，2020[124]	秘鲁	回顾队列	8897（7.2%）	时空模型	IQR（μg/m³）
Mekonnen et al.，2021[125]	美国	回顾队列	87495（9.2%）	地面监测站	1（μg/m³）
Qian et al.，2016[126]	中国	前瞻队列	4308（4.5%）	地面监测站	5（μg/m³）
Sun et al.，2019[127]	中国	前瞻队列	372（5.9%）	LUR	10（μg/m³）
Liang et al.，2019[128]	中国	回顾队列	29849（4.8%）	地面监测站	10（μg/m³）

2. 妊娠期 $PM_{2.5}$ 浓度每增加 10 μg/m³ 与早产的关联分析

图 5-24 所示为 $PM_{2.5}$ 暴露与早产关联的森林图。多数研究报道了妊娠期 $PM_{2.5}$ 暴露与早产发生风险之间存在关联，但对所有 34 项研究进行异质性检验时，卡方值为 2407，自由度为 33，$P<0.001$，$I^2 = 99\%$，不同研究间异质性较强。采用随机效应模型，合并所有纳入的研究进行 meta 分析后结果显示妊娠期 $PM_{2.5}$ 暴露水平每增加 10 μg/m³，研究对象发生早产的风险为 1.08（95%CI：1.04，1.11），关联有明确的统计学意义。

研究	log[OR]	SE	权重	OR IV，随机，95% CI
Jun Wu (2009)[105]	0.219136	0.091464	2.0%	1.25[1.04,1.49]
Ulrike Gehring(2011)[123]	0.432432	0.429304	0.2%	1.54 [0.66,3.57]
Itai Kloog(2012)[104]	0.058269	0.02864	4.2%	1.06[1.00,1.12]
Ayaz Hyder(2014)[96]	−0.041864	0.085566	2.2%	0.96[0.81,1.13]
Kimberly Hannam(2014)[106]	−0.043952	0.153039	1.0%	0.96[0.71,1.29]
Sandie Ha(2014)[119]	0.258511	0.03262	4.1%	1.30 [1.21,1.38]
Simone C Gray (2014)[121]	0.043059	0.033197	4.1%	1.04[0.98,1.11]
Howardh Chang (2015)[102]	0.063913	0.024314	4.4%	1.07[1.02,1.12]
David M. Stieb(2016)[98]	−0.040822	0.01861	4.5%	0.96[0.93,1.00]
Emily Defranco(2016)[99]	−0.087739	0.045391	3.6%	0.92[0.84,1.00]
Hua Hao(2016)[103]	0.113329	0.038545	3.9%	1.12[1.04, 1.21]
Pauline Mendola(2016)[113]	0.020783	0.02148	4.4%	1.02[0.98,1.06]
Zhengmin Qian(2016)[126]	0.059212	0.015004	4.6%	1.06 [1.03,1.09]
Gongbo Chen(2017)[101]	0.369492	0.110367	1.6%	1.45[1.17,1.80]
Lise Giorgis-Allemand(2017)[109]	−0.08121	0.091125	2.1%	0.92[0.77,1.10]
Rupa Basu(2017)[117]	0.218332	0.018845	4.5%	1.24[1.20,1.29]
Samamtha L. Kingsley(2017)[118]	−0.603306	0.259036	0.4%	0.55[0.33,0.91]
Qin Li (2018)[115]	0.058269	0.002418	4.8%	1.06 [1.05,1.07]
Qiong Wang(2018)[116]	−0.001001	0.107189	1.7%	1.00[0.81,1.23]
Tongjun Guo(2018)[122]	0.058269	0.002418	4.8%	1.06[1.05,1.07]
Eric Lavigne(2018)[100]	−0.238257	0.209797	0.6%	0.79[0.52,1.19]
Lin Ye (2018)[108]	0.069526	0.026778	4.3%	1.07 [1.02,1.13]
Paige Sheridan(2019)[112]	0.113329	0.011442	4.7%	1.12[1.10,1.15]
Mona Abdo (2019)[111]	0.732368	0.291547	0.3%	2.08[1.17,3.68]
Zhe Sun (2019)[127]	0.122218	0.049385	3.4%	1.13[1.03,1.24]
Zhijiang Liang(2019)[128]	−0.020203	0.023565	4.4%	0.98[0.94,1.03]
Lei Yuan(2020)[107]	−0.083382	0.217967	0.6%	0.92[0.60, 1.41]
Andrea E.Cassidy-Bushrow(2020)[95]	−0.301105	0.337189	0.2%	0.74[0.38,1.43]
Marta Ottone(2020)[110]	0.29565	0.138728	1.2%	1.34 [1.02,1.76]
Shannon Melody(2020)[120]	0.301585	0.11317	1.6%	1.35[1.08,1.69]
V.L.Tapia(2020)[124]	−0.022246	0.019713	4.5%	0.98[0.94,1.02]
Chen Chu(2021)[97]	0.232698	0.076132	2.5%	1.26[1.09,1.47]
Zesemayat K Mekonnen(2021)[125]	0.19803	0.002513	4.8%	1.22[1.21,1.23]
Qihao Chen(2021)[114]	−0.020203	0.031277	4.1%	0.98[0.92, 1.04]
总计(95% CI)			100.0%	1.08[1.04, 1.11]

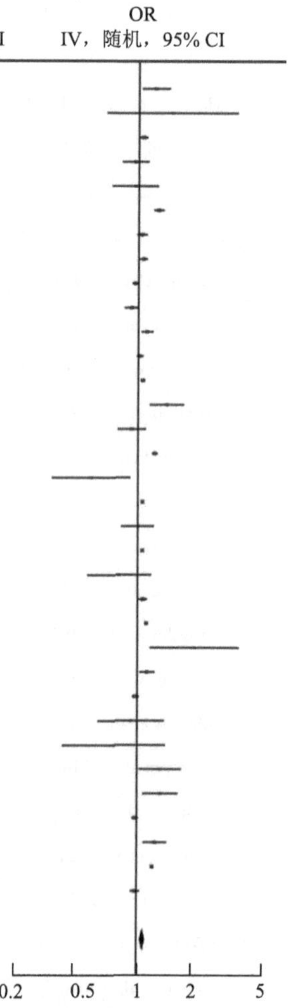

异质性: Tau²=0.01; Chi²=2407.00, df=33($P<0.00001$); I^2=99%
合并效应检验: Z=4.30($P<0.0001$)
亚组分析检验：无趋势

图 5-24　妊娠期 $PM_{2.5}$ 暴露浓度每增加 10 μg/m³ 与早产的关联分析森林图

5.3.3 讨论

21 新世纪以来，越来越多的研究开始关注细颗粒物对早产的影响。早期的研究主要基于某地区的官方出生记录资料和研究区域内为数不多的环境监测站提供的 $PM_{2.5}$ 浓度资料进行研究。例如，Ritz 等[129]在 2002 年将美国加利福尼亚州 111 个地区的出生记录数据与距离最近的监测站的污染物数据进行匹配，构建了约 6600 人的巢式病例对照研究。在 Logistic 回归模型中校正了产妇年龄、种族、教育程度和分娩季节后，发现孕早期暴露于高浓度 $PM_{2.5}$（平均浓度大于 21.4 μg/m³）的产妇相对于低浓度组（平均浓度小于 18.6 μg/m³）早产风险增加 1.10 倍（95%CI：1.01，1.20）。

基于监测站记录的大气颗粒物浓度资料进行暴露评估时，污染物的空间分辨率相对较低，研究区域也被限制在监测站附近。2010 年后一些研究开始采用卫星遥感观测的大气气溶胶光学厚度（aerosol optical depth，AOD）数据反演高空间分辨率的大气颗粒物浓度，并据此进行暴露评估。例如，Kloog 等[130]将美国马萨诸塞州 2001~2008 年共 57 万新生儿的出生记录数据和基于 AOD 反演的高分辨率 $PM_{2.5}$ 数据（分辨率达 10 km×10 km）进行匹配，在 Logistic 回归模型中调整了产妇年龄、性别和当地社会经济水平后，发现孕期暴露于高浓度的 $PM_{2.5}$ 与早产存在关联。孕期平均 $PM_{2.5}$ 暴露水平每增加 10 μg/m³ 可使早产的发生风险提高至 1.06 倍（95%CI：1.01，1.13）。该研究率先采用基于 AOD 反演的高分辨率 $PM_{2.5}$ 数据代替固定监测站的数据作为暴露进行研究，研究范围覆盖美国马萨诸塞州，一定程度上改善了既往基于地面监测数据进行研究的暴露评价的局限。

另一方面，既往关于妊娠期 $PM_{2.5}$ 暴露水平与早产之间关联的研究绝大多数在美国、加拿大、澳大利亚等发达国家或地区开展，这些地区的大气颗粒物浓度相对较低（大多低于世界卫生组织发布的空气质量准则中的过渡时期目标值-3），浓度范围变异不大，导致其在估计 $PM_{2.5}$ 与早产之间关联时的统计功效可能不足，研究结果的稳定性也因此受到影响[131-134]。另一方面，既往许多研究基于官方出生记录资料以及固定监测站的 $PM_{2.5}$ 浓度进行分析，由于资料本身的限制，往往难以对孕产妇既往早产史、吸烟饮酒行为、社会经济水平等重要的混杂因素进行校正。在本次分析中发现，纳入的研究 I^2 值较大，提示异质性较高，说明不同文献间的差异性较大，这可能由于不同研究在研究设计、研究人群、暴露评价和统计方法存在差异。

目前很少有研究报道 $PM_{2.5}$ 暴露所引发早产的生物学机制，但也有少数研究指出 $PM_{2.5}$ 侵入呼吸道后可以引发活性氧类的释放，导致炎性反应和氧化应激反应，体内过多的活性氧类还可以造成 DNA 损伤、细胞损伤、不可逆的蛋白质修饰等病理过程，影响细胞的信号转导[135]。由于胎盘连接着母体和胎儿，其免疫功能处于较为微妙的调节状态中，母体的这些变化可能会对胎盘的正常发育产生影响[136]，进而可能导致分娩过程的提前发动。另一方面，既往一些研究发现妊娠早期的 $PM_{2.5}$ 暴露可以明显地改变胎盘组织中的 DNA 甲基化水平[137]，作为表观遗传的重要修饰过程，DNA 甲基化水平的改变可能会对正常的胎盘功能产生影响，进而影响胎儿在宫内的生长发育过程，诱发早产。

尽管相关作用机制还没有完全明确，但早产流行率高，疾病负担重，而包括本节 meta 分析在内的越来越多的研究均证实妊娠期暴露于 $PM_{2.5}$ 可能是早产的危险因素。因此，相关环境减排和公共卫生政策应当进一步关注细颗粒物污染对孕产妇的影响，妊娠妇女也应该进一步通过使用空气净化器、科学佩戴口罩等方式尽量减少 $PM_{2.5}$ 暴露。

5.4 案例分析

5.4.1 研究背景

明火包括几种不同的类型，包括野火、山火和煤矿火灾等，其来源与人类活动直接相关或与气候变化间接相关。明火主要通过增加人类环境中危险化学物质接触而危害人类健康。生物质燃烧会释放出大量的有毒污染物，如颗粒物、多环芳烃和挥发性有机化合物。全球估计表明，每年有 339 000 例过早死亡可归因于接触明火烟雾，从而增加心肺疾病的风险[138]。由于全球变暖，极端高温事件频繁，此类事件的数量预计会增加，了解明火对健康的影响机制对于预防相关疾病负担至关重要。

孕妇及胎儿比一般成年人更容易受到环境危害的影响。最近对早产和低出生体重婴儿的流行病学研究[139,140]显示，妊娠期暴露于明火会限制胎儿生长，在严重情况下，会增加终止妊娠的风险，也称为妊娠失败（流产或死产）。妊娠失败，是一种研究不足的疾病负担。低纬度国家（如南亚和非洲国家）具有较低的收入水平和高生育率，同时由于气候特征明火多发，妊娠失败的基线风险最高。鉴于这一模式，研究低纬度国家明火暴露和妊娠失败之间的流行病学联系具有重要的意义。

北京大学研究团队为检验明火暴露会增加妊娠失败风险的假设，在印度、巴基斯坦和孟加拉国三个国家进行流行病学研究（全球妊娠失败率最高的三个国家）[141]。使用明火的三个替代指标进行暴露评估，并应用自对照设计（self-comparison case-control design），验证了明火暴露会增加妊娠失败风险的假设。

5.4.2　研究方法

1. 研究人群

研究人群来自人口与健康调查（Demographic and Health Surveys，DHS）。该调查收集了 2000~2014 年印度、巴基斯坦和孟加拉国所有可获得的妇女（15~49 岁）个人记录，如终止妊娠的发生情况、终止妊娠的时间和持续时间、正常分娩的次数、出生日期和生存状况等相关变量。

DHS 是由美国国际发展署（USAID）、联合国儿童基金会（UNICEF）和 WHO 等组织资助的项目，旨在为发展中国家提供有关人口、健康和营养等方面数据，通常每 5 年调查一次，覆盖了超过 90 个中低收入国家，最近几次的调查还包含了地理数据（即由全球定位系统设备记录的每个被调查村庄或居民区的经纬度），因此可以将调查记录与空气污染物等环境变量联系起来。

2. 暴露评估

该研究使用了三种不同的指标来评估孕妇明火暴露：基于卫星遥感的、基于火灾排放的和基于化学传输模型（chemical transport modeling，CTM）的明火指标，并使用基于 CTM 的指标作为主要衡量标准。

1）卫星遥感

卫星遥感可以测量地球表面反射的电磁信号，因此可以捕捉到大多数明火（特别是大规模的明火）。通过计算燃烧面积（%），将卫星数据整合成空间分辨率为 $0.1° \times 0.1°$的网格数据。再根据每个参与者的 GPS 位置匹配到燃烧区域的逐月时间序列。

2）火灾排放

基于卫星的指标可能会错过一些小型火灾，如农业废物燃烧。从最新版本的全球火灾排放数据库（global fire emission database，GFED）获得了 2000~2014 年的每月 GFED 数据，将卫星燃烧区域数据与小型火灾相结合，并在分辨率为 $0.25° \times 0.25°$的全球网格中得出干物质的排放量。直接使用参与者地理位置对应栅格中的排放数据作为明火暴露。

3）归因于明火的 $PM_{2.5}$ 浓度

使用全球化学运输模型——GEOS-Chem，估计了由明火排放导致的 $PM_{2.5}$ 浓度。进行了两种 GEOS-Chem 模拟场景，一种有火灾排放，另一种没有火灾排放，计算由火灾引起的 $PM_{2.5}$ 分数。使用反距离加权将 GEOS-Chem 的分辨率缩小到 0.1°×0.1°，以使它们与基于卫星的 $PM_{2.5}$ 估计值相匹配。

通过将 DHS 地理编码的居住地址与 $PM_{2.5}$ 栅格数据中的相应网格进行空间匹配，将明火 $PM_{2.5}$ 浓度和非火灾 $PM_{2.5}$ 浓度的月度时间序列分配给每个参与者。为便于比较，替代暴露指标（即火灾排放和卫星图像）的处理方式与 $PM_{2.5}$ 相同。

3. 统计分析

应用自身对照的病例对照设计，评估孕妇在妊娠期间明火暴露与妊娠失败概率之间的关系。从原始数据库中，配对同一母亲的妊娠失败和成功分娩以控制混杂因素的影响。通过从受孕到终止妊娠的月平均环境暴露（即明火 $PM_{2.5}$，非明火 $PM_{2.5}$，温度和湿度）来计算孕期暴露；对于匹配的对照组，计算了相同长度的妊娠期的平均暴露。

基于此设计，选择了报告一例妊娠失败和至少一次成功分娩的母亲作为研究对象。最终研究纳入 24876 名母亲，包括最近一次的妊娠失败和每名母亲的所有可用对照共计 75262 例。

使用条件 Logistic 回归量化明火指标和妊娠失败之间的关联。协变量包括温度、湿度、母亲年龄、受孕月份以及受孕年份。由于产妇年龄与妊娠失败风险的增加呈非线性关系，将其定义为分类变量纳入模型（即＜20 岁、20~24 岁、25~29 岁、30~34 岁、35~39 岁或≥40 岁）。

考虑到某些潜在的、无法观测的干扰项造成结果的偏误估计、因果推断不稳定，需要设置工具变量（instrumental variable，IV），以校准 GEOS-Chem 指标结果（有火灾排放指标 $PM_{2.5,m,y}^{wfire}$ 和无火灾排放指标 $PM_{2.5,m,y}^{nofire}$），提高估计的准确性。卫星观测得到的 $PM_{2.5}$ 估计值 $PM_{2.5,y}^{satellite}$ 不会受到经济发展等因素的影响，但与空气污染息息相关，因此可以作为工具变量校准 GEOS-Chem 指标的结果。具体公式如下：

校准率（η_y）：

$$\eta_y = \frac{PM_{2.5,y}^{satellite}}{\frac{1}{12} \times \sum_{m}^{p} PM_{2.5,m,y}^{wfire}} \tag{5-1}$$

$PM_{2.5}$ 月均暴露量：

$$[TotalPM_{2.5}]_{m,y} = \eta_y \times PM_{2.5,m,y}^{wfire} \tag{5-2}$$

$$[\mathrm{FirePM}_{2.5}]_{\mathrm{m,y}} = \eta_{\mathrm{y}} \times \rho_{\mathrm{m,y}} \times \mathrm{PM}_{2.5,\mathrm{m,y}}^{\mathrm{wfire}} \tag{5-3}$$

$$[\mathrm{NonfirePM}_{2.5}]_{\mathrm{m,y}} = \eta_{\mathrm{y}} \times (1-\rho_{\mathrm{m,y}}) \times \mathrm{PM}_{2.5,\mathrm{m,y}}^{\mathrm{wfire}} \tag{5-4}$$

$$\rho_{\mathrm{m,y}} = (\mathrm{PM}_{2.5,\mathrm{m,y}}^{\mathrm{wfire}} - \mathrm{PM}_{2.5,\mathrm{m,y}}^{\mathrm{nofire}}) / \mathrm{PM}_{2.5,\mathrm{m,y}}^{\mathrm{nofire}} \tag{5-5}$$

式中，下标 m 和 y 分别表示月份和年份。

校准后，根据比较监测数据和所有的统计指标，GEOS-Chem 模拟的性能得到了改善。使用反距离加权将 GEOS-Chem 的结果缩小到 0.1°×0.1°网格大小，使它们与基于卫星的 $PM_{2.5}$ 估计值相匹配。关联结果表示为每单位暴露增量的 OR 值和 95%置信区间。并根据样本的平均暴露水平、理论最低风险暴露水平和相应的回归系数计算了归因分值。

4. 敏感性分析

（1）亚组分析：年龄、贫血症、BMI、受教育程度、工作状况、是否买保险、居住地和吸烟与否。

（2）根据妊娠年限（流产：妊娠<5 个月；死产：妊娠≥5 个月）将病例分为流产和死产，构建两个相应的子集。将对照组限制为单胎出生或存活超过 12 个月的健康新生儿，也构建两个子集。在以胎次定义的子集中，排除了胎次不匹配的病例-对照配对，评估效应。

（3）由于在自身对照病例对照设计中缺乏对纵向混杂因素的控制，估计的相关性可能会受到基线妊娠失败风险长期趋势的影响。将病例与妊娠失败前后的对照进行配对，即双向对照（bidirectional control），减少这种偏倚。

（4）由于明火可能通过环境暴露以外的途径损害产妇健康，为了检验空气中的烟雾是否是解释明火和妊娠失败之间关系的主要变量，通过限制卫星监测燃烧区域等于零的样本来定义明火 $PM_{2.5}$ 扩散的暴露。

（5）估计可能存在回忆偏差，选择了回忆周期少于 n 年的病例和对照（n=3/4/5/6），重新估计了相关性。

（6）用样条平滑项代替线性项，探索了妊娠失败与明火 $PM_{2.5}$ 之间的非线性联系。

（7）估计了特定类型森林火灾的排放与妊娠失败之间的联系。

5.4.3 研究结果

1. 基本特征

如图 5-25 和表 5-5 所示，在所有妊娠失败事件中，妊娠期明火 $PM_{2.5}$ 平均暴露量为 1.3 μg/m³，高于对照组（1.14 μg/m³）。卫星数据和 GFED 干物质排放也显示出类似的结果。三个暴露指标均表明，妊娠失败与高水平的产前 $PM_{2.5}$ 暴露呈正相关。

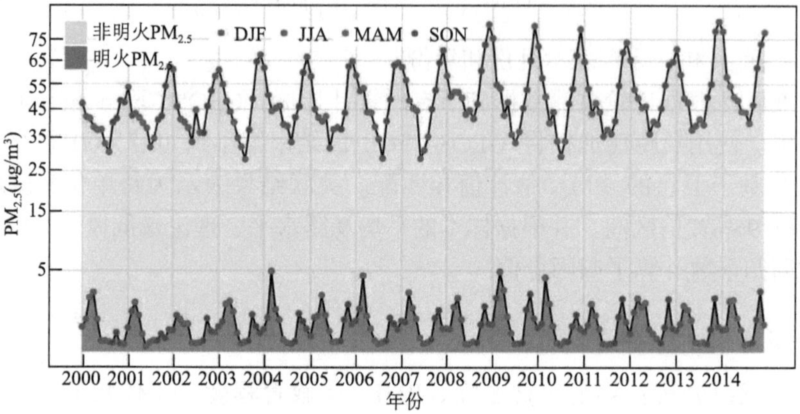

图 5-25　$PM_{2.5}$时空分布

2. 主要结果

表 5-5 显示了不同回归模型估计的明火 $PM_{2.5}$ 和妊娠失败的关联。根据完全调整模型，$PM_{2.5}$ 浓度每增加 1 μg/m³，妊娠失败风险增加 5.1%（95%CI：3.5%，6.7%）。此外，使用不同的暴露指标，明火暴露和妊娠失败之间关联的方向没有改变。

表 5-5　妊娠失败与明火暴露三个指标之间的关联

调整协变量*	$PM_{2.5}$ 相互调整†‡	每增量的比值比		
		1μg/m³ 明火 $PM_{2.5}$†	1%卫星燃烧面积	10g/（m³·月）干物质排放量
否	否	1.064（1.051, 1.076）	1.013（1.003, 1.024）	1.064（1.030, 1.099）
	是	1.039（1.027, 1.051）	1.015（1.005, 1.025）	1.056（1.023, 1.089）
是	否	1.068（1.052, 1.084）	1.011（0.999, 1.024）	1.044（1.003, 1.087）
	是	1.051（1.035, 1.067）	1.013（1.000, 1.025）	1.037（0.996, 1.079）

* 调整后协变量包括产妇年龄、温度、湿度和时间

† 通过 CTM 模拟估算明火 $PM_{2.5}$ 和非明火 $PM_{2.5}$

‡ 明火 $PM_{2.5}$ 和非明火 $PM_{2.5}$ 同时纳入回归模型

亚组分析结果显示，明火 $PM_{2.5}$ 暴露与妊娠失败的关联受母亲年龄的作用修饰，其中年龄较大的孕妇更容易受到 $PM_{2.5}$ 的不良影响（图 5-26）。

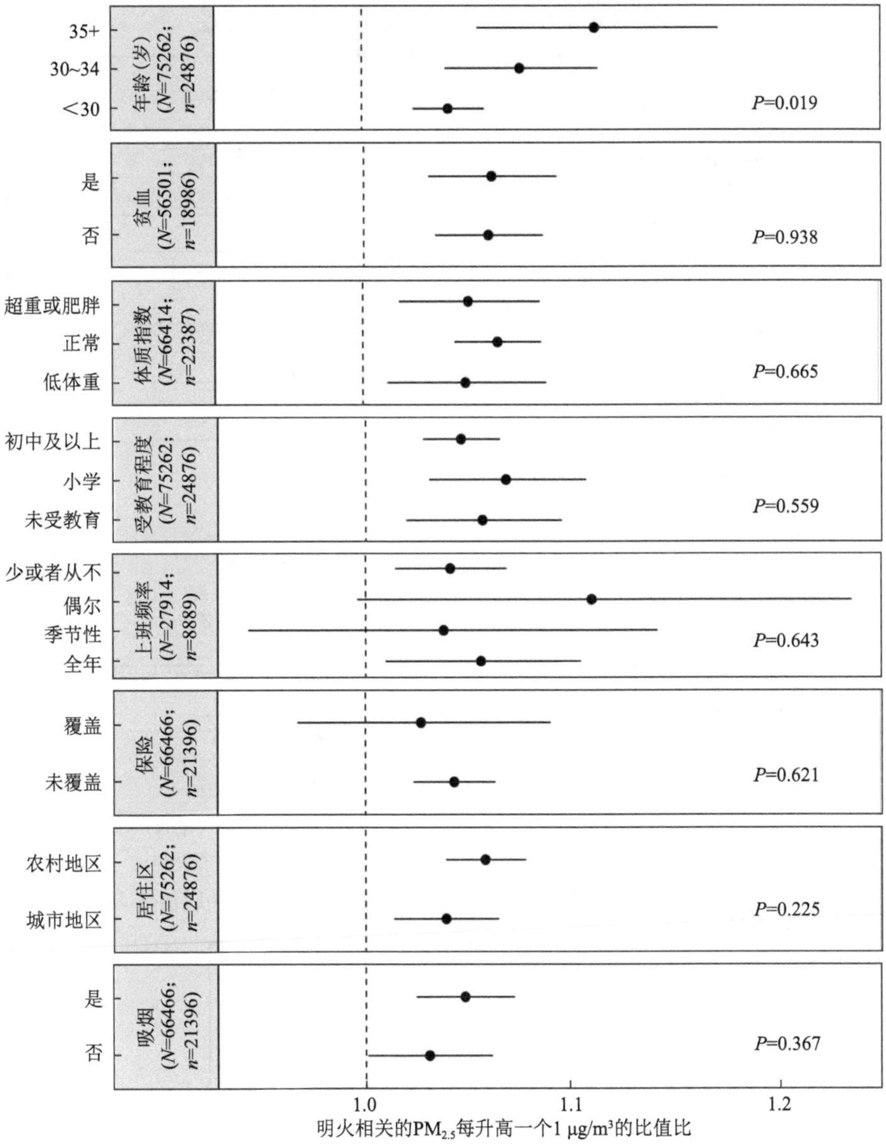

图 5-26　明火 $PM_{2.5}$ 暴露与妊娠失败关联的亚组估计

当采用不同的纳入标准时，未发现明火 $PM_{2.5}$ 暴露和妊娠失败之间的关联方向发生改变。除了死产及其对照，所有的估计都有正向统计学关联（图 5-27）。

似然比检验结果为非线性关联（$P<0.001$）。暴露-反应关系显示，高浓度明火暴露的风险更大（图 5-28）。

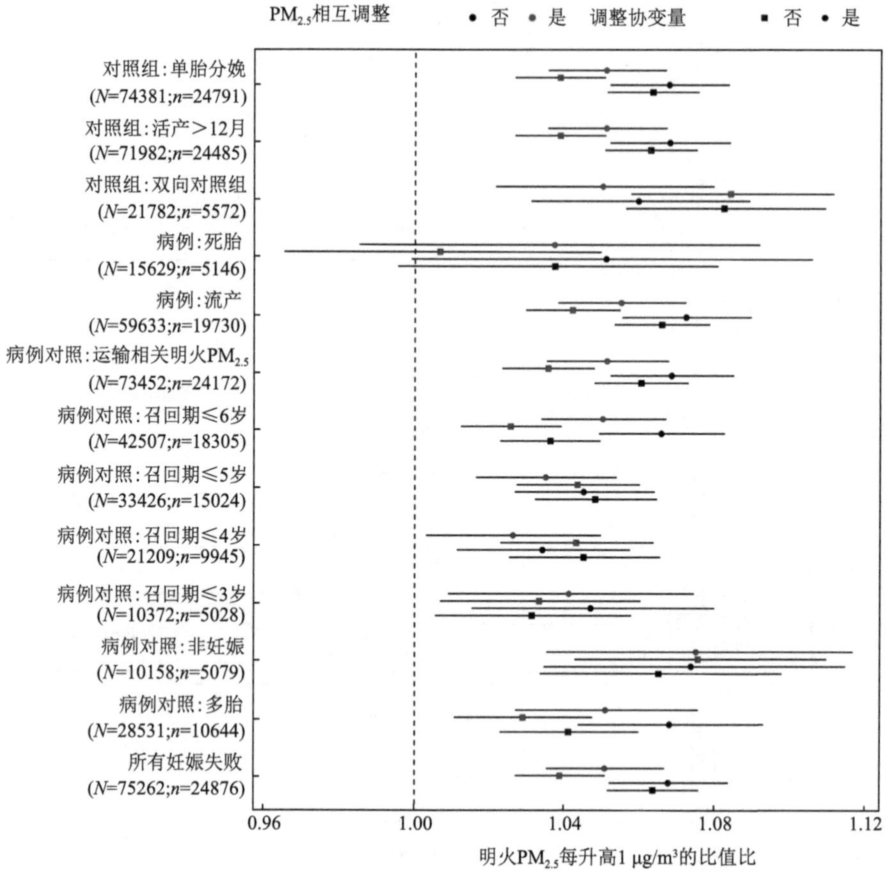

图 5-27　对于选定子集明火 $PM_{2.5}$ 与妊娠失败之间的关联估计

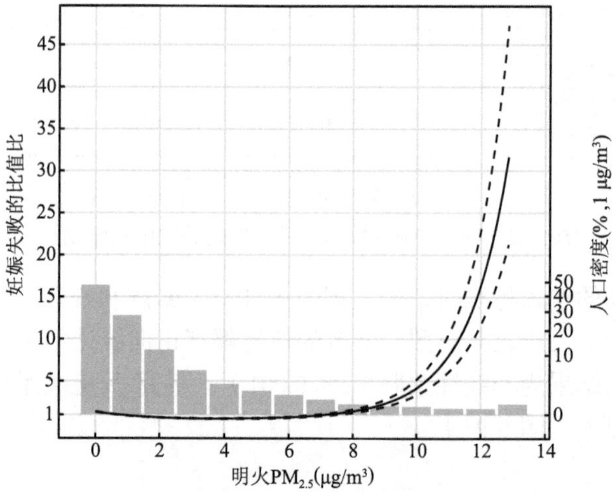

图 5-28　明火 $PM_{2.5}$ 暴露与妊娠失败风险的非线性关联估计

尽管高浓度明火 $PM_{2.5}$ 暴露只占总 $PM_{2.5}$ 暴露的 2%，但却贡献了 13%与 $PM_{2.5}$ 相关的妊娠失败（图 5-29）。

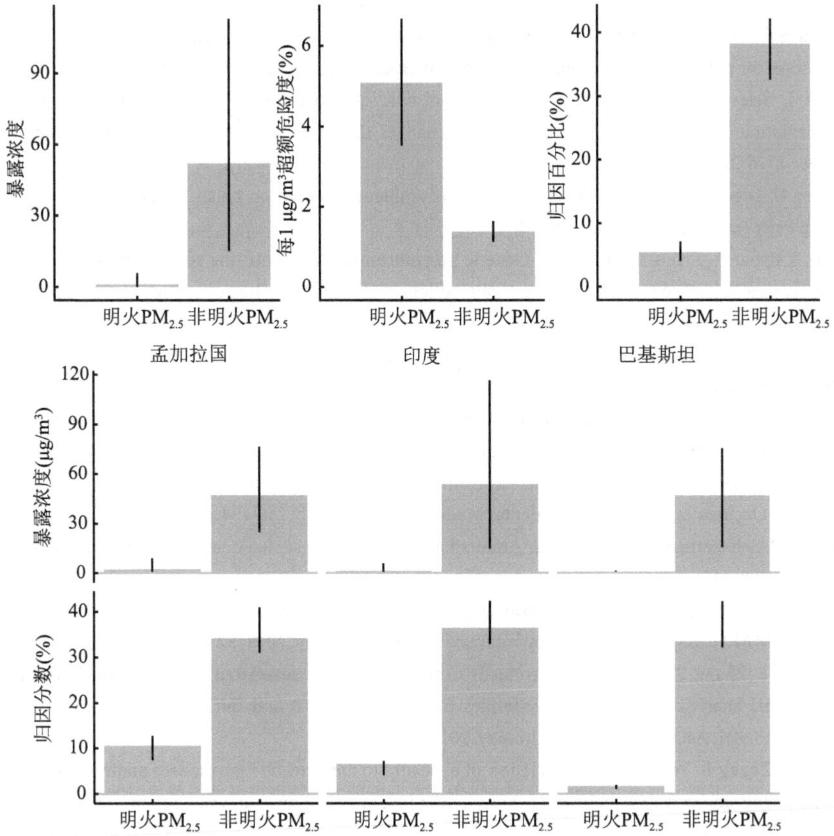

图 5-29　明火和非明火来源 $PM_{2.5}$ 影响对比

5.4.4　研究结论

这项自对照研究发现，次大陆明火 $PM_{2.5}$ 暴露会显著增加妊娠失败风险、损害孕产妇健康，且这种关联不随协变量调整、对照的纳入标准、大多数亚群因素的分层而改变。

（夏　玮[1]　李　钦[2]　张云权[3]）

① 华中科技大学
② 北京大学第三医院
③ 武汉科技大学

参 考 文 献

[1] Selevan S G, Borkovec L, Slott V L, et al. Semen quality and reproductive health of young Czech men exposed to seasonal air pollution[J]. Environmental Health Perspectives, 2000, 108 (9): 887-894.

[2] Rubes J, Selevan S G, Evenson D P, et al. Episodic air pollution is associated with increased DNA fragmentation in human sperm without other changes in semen quality[J]. Human Reproduction, 2005, 20 (10): 2776-2783.

[3] Hansen C, Luben T J, Sacks J D, et al. The effect of ambient air pollution on sperm quality[J]. Environmental Health Perspectives, 2010, 118 (2): 203-209.

[4] Rubes J, Rybar R, Prinosilova P, et al. Genetic polymorphisms influence the susceptibility of men to sperm DNA damage associated with exposure to air pollution[J]. Mutation Research/Fundamental and Molecular Mechanisms of Mutagenesis, 2010, 683 (1-2): 9-15.

[5] Zhou N, Cui Z, Yang S, et al. Air pollution and decreased semen quality: A comparative study of Chongqing urban and rural areas[J]. Environmental Pollution, 2014, 187: 145-152.

[6] Wu L, Jin L, Shi T, et al. Association between ambient particulate matter exposure and semen quality in Wuhan, China[J]. Environment International, 2017, 98: 219-228.

[7] Lao X Q, Zhang Z, Lau A K H, et al. Exposure to ambient fine particulate matter and semen quality in Taiwan[J]. Occupational and Environmental Medicine, 2018, 75 (2): 148-154.

[8] Nobles C J, Schisterman E F, Ha S, et al. Ambient air pollution and semen quality[J]. Environmental Research, 2018, 163: 228-236.

[9] Zhou N, Jiang C, Chen Q, et al. Exposures to atmospheric PM_{10} and $PM_{10-2.5}$ affect male semen quality: Results of MARHCS study[J]. Environmental Science & Technology, 2018, 52 (3): 1571-1581.

[10] Zhang H T, Zhang Z, Cao J, et al. Ambient ozone pollution is associated with decreased semen quality: Longitudinal analysis of 8945 semen samples from 2015 to 2018 and during pollution-control period in Beijing, China[J]. Asian Journal of Andrology, 2019, 21 (5): 501.

[11] Huang X, Zhang B, Wu L, et al. Association of exposure to ambient fine particulate matter constituents with semen quality among men attending a fertility center in China[J]. Environmental Science & Technology, 2019, 53 (10): 5957-5965.

[12] Guan Q, Chen S, Wang B, et al. Effects of particulate matter exposure on semen quality: A retrospective cohort study[J]. Ecotoxicology and Environmental Safety, 2020, 193: 110319.

[13] Qiu Y, Yang T, Seyler B C, et al. Ambient air pollution and male fecundity: A retrospective analysis of longitudinal data from a Chinese human sperm bank (2013–2018) [J]. Environmental Research, 2020, 186: 109528.

[14] Huang G, Zhang Q, Wu H, et.al. Sperm quality and ambient air pollution exposure: A retrospective, cohort study in a Southern province of China[J]. Environmental Research, 2020, 188: 109756.

[15] Sun S, Zhao J, Cao W, et al. Identifying critical exposure windows for ambient air pollution and semen quality in Chinese men[J]. Environ Res, 2020,189:109894.

[16] Rubes J, Sipek J, Kopecka V, et al. Semen quality and sperm DNA integrity in city policemen exposed to polluted air in an urban industrial agglomeration[J]. Int J Hyg Environ Health, 2021,237:113835.

[17] Cheng Y, Tang Q, Lu Y, et al. Semen quality and sperm DNA methylation in relation to long-term exposure to air pollution in fertile men: A cross-sectional study[J]. Environ Pollut, 2022, 300:118994.

[18] Ma Y, Zhang J, Cai G, et al. Inverse association between ambient particulate matter and semen quality in Central China: Evidence from a prospective cohort study of 15,112 participants[J]. Sci Total Environ, 2022,833:155252.

[19] Zhao Y, Zhu Q, Lin J, et al. Association of exposure to particulate matter air pollution with semen quality

among men in China[J]. JAMA Netw Open, 2022, 5(2):e2148684.
[20] Yu X, Wang Q, Wei J, et al. Impacts of traffic-related particulate matter pollution on semen quality: A retrospective cohort study relying on the random forest model in a megacity of South China[J]. Sci Total Environ, 2022, 851(2):158387.
[21] Zhang Y, Wei J, Zhao S, et al. Ambient fine particulate matter constituents and semen quality among adult men in China[J]. J Hazard Mater, 2024, 465:133313.
[22] Wang L, Xu T, Wang Q, et al. Exposure to fine particulate matter constituents and human semen quality decline: A multicenter study[J]. Environ Sci Technol, 2023, 57(35):13025-13035.
[23] Ma Y, Hu C, Cai G, et al. Associations of exposure to ambient fine particulate matter constituents from different pollution sources with semen quality: Evidence from a prospective cohort[J]. Environ Pollut, 2024, 343:123200.
[24] Cheng Y, Zhu J, Tang Q, et al. Exposure to particulate matter may affect semen quality via trace metals: Evidence from a retrospective cohort study on fertile males[J]. Chemosphere, 2024,346:140582.
[25] Liu X, Jin X, Su R, et al. The reproductive toxicology of male SD rats after $PM_{2.5}$ exposure mediated by the stimulation of endoplasmic reticulum stress[J]. Chemosphere, 2017,189:547-555.
[26] Cannarella R, Liuzzo C, Mongioì LM, et al. Decreased total sperm counts in habitants of highly polluted areas of Eastern Sicily, Italy[J]. Environ Sci Pollut Res Int, 2019,26(30):31368-31373.
[27] 陆金春，黄宇烽，吕年青.《世界卫生组织人类精液分析实验室技术手册》与我国男科实验室现状[J]. 中华男科学杂志, 2010, 16(10): 867-871.
[28] Coetzee K, Kruger T F, Lombard C J, et al. Assessment of interlaboratory and intralaboratory sperm morphology readings with the use of a Hamilton Thorne Research integrated visual optical system semen analyzer[J]. Fertility and Sterility, 1999, 71(1): 80-84.
[29] Jeng H A, Yu L. Alteration of sperm quality and hormone levels by polycyclic aromatic hydrocarbons on airborne particulate particles[J]. Journal of Environmental Science and Health, Part A, 2008, 43(7): 675-681.
[30] Radwan M, Jurewicz J, Polańska K, et al. Exposure to ambient air pollution-does it affect semen quality and the level of reproductive hormones?[J]. Annals of Human Biology, 2016, 43(1): 50-56.
[31] 王晓飞，蒋守芳，张维冰，等. 利用代谢组学研究大气细颗粒物的生殖毒性效应[J]. 分析化学，2017, 45(5): 8.
[32] 李怀康，侯海燕，张寓鑫，等. 天津地区大气细颗粒物暴露对 SD 雄鼠生殖能力的损害[J]. 武警后勤学院学报(医学版), 2017, 26(5): 408-412.
[33] Qiu L, Chen M, Wang X, et al. Exposure to concentrated ambient $PM_{2.5}$ compromises spermatogenesis in a mouse model: Role of suppression of hypothalamus-pituitary-gonads axis[J]. Toxicological Sciences, 2018, 162(1): 318-326.
[34] 牟燕琳，李涛. 少数民族地区妇女生殖健康研究进展[J]. 保健医学研究与实践, 2021, 18(3): 137-140.
[35] Karottki D G, Spilak M, Frederiksen M, et al. An indoor air filtration study in homes of elderly: Cardiovascular and respiratory effects of exposure to particulate matter[J]. Environmental Health, 2013, 12: 116.
[36] Sicard P, Khaniabadi Y O, Perez S, et al. Effect of O_3, PM_{10} and $PM_{2.5}$ on cardiovascular and respiratory diseases in cities of France, Iran and Italy[J]. Environmental Science and Pollution Research, 2019, 26(31): 32645-32665.
[37] Sram R J, Veleminsky M J, Veleminsky M S, et al. The impact of air pollution to central nervous system in children and adults[J]. Neuro Enocrinology Letters, 2017, 38(6): 389-396.
[38] Zhang J, Liu J, Ren L, et al. $PM_{2.5}$ induces male reproductive toxicity via mitochondrial dysfunction, DNA damage and RIPK1 mediated apoptotic signaling pathway[J]. Science of the Total Environment, 2018, 634: 1435-1444.
[39] 李迎春，郭遂群，张易，等. 妊娠期高血压疾病的病因分析[J]. 实用医学杂志, 2014, 30(12): 1853-1855.
[40] 乔宠，杨小梅，林其德. 子痫前期的流行病学研究进展[J]. 中国计划生育和妇产科, 2013, 5(6): 5-8.

[41] Fleisch A F, Kloog I, Luttmann-Gibson H, et al. Air pollution exposure and gestational diabetes mellitus among pregnant women in Massachusetts: A cohort study[J]. Environmental Health, 2016, 15: 40.

[42] Zhang H, Dong H, Ren M, et al. Ambient air pollution exposure and gestational diabetes mellitus in Guangzhou, China: A prospective cohort study[J]. Science of the Total Environment, 2020, 699: 134390.

[43] Lin Q, Zhang S, Liang Y, et al. Ambient air pollution exposure associated with glucose homeostasis during pregnancy and gestational diabetes mellitus[J]. Environmental Research, 2020, 190: 109990.

[44] Ye B, Zhong C, Li Q, et al. The associations of ambient fine particulate matter exposure during pregnancy with blood glucose levels and gestational diabetes mellitus risk: A prospective cohort study in Wuhan, China[J]. American Journal of Epidemiology, 2020, 189 (11): 1306-1315.

[45] Kang J, Liao J, Xu S, et al. Associations of exposure to fine particulate matter during pregnancy with maternal blood glucose levels and gestational diabetes mellitus: Potential effect modification by ABO blood group[J]. Ecotoxicology and Environmental Safety, 2020, 198: 110673.

[46] Jo H, Eckel S P, Chen J C, et al. Associations of gestational diabetes mellitus with residential air pollution exposure in a large Southern California pregnancy cohort[J]. Environment International, 2019, 130: 104933.

[47] Hu H, Ha S, Henderson B H, et al. Association of atmospheric particulate matter and ozone with gestational diabetes mellitus[J]. Environmental Health Perspectives, 2015, 123 (9): 853-859.

[48] Rammah A, Whitworth K W, Symanski E. Particle air pollution and gestational diabetes mellitus in Houston, Texas[J]. Environmental Research, 2020, 190: 109988.

[49] Choe S A, Kauderer S, Eliot M N, et al. Air pollution, land use, and complications of pregnancy[J]. Science of the Total Environment, 2018, 645: 1057-1064.

[50] Su X, Zhao Y, Yang Y, et al. Correlation between exposure to fine particulate matter and hypertensive disorders of pregnancy in Shanghai, China[J]. Environmental Health, 2020, 19 (1): 101.

[51] 曹蕾, 王婷, 王丽君, 等. 邯郸市妇女空气污染暴露对妊娠期高血压的影响[J]. 中国环境科学, 2022, 42 (1): 444-455.

[52] Yang R, Luo D, Zhang Y M, et al. Adverse effects of exposure to fine particulate matters and ozone on gestational hypertension[J]. Current Medical Science, 2019, 39 (6): 1019-1028.

[53] Zhang Y, Li J, Liao J, et al. Impacts of ambient fine particulate matter on blood pressure pattern and hypertensive disorders of pregnancy: Evidence from the Wuhan cohort study[J]. Hypertension, 2021, 77 (4): 1133-1140.

[54] Savitz D A, Elston B, Bobb J F, et al. Ambient fine particulate matter, nitrogen dioxide, and hypertensive disorders of pregnancy in New York city[J]. Epidemiology, 2015, 26 (5): 748-757.

[55] Dadvand P, Figueras F, Basagana X, et al. Ambient air pollution and preeclampsia: A spatiotemporal analysis[J]. Environmental Health Perspectives, 2013, 121 (11-12): 1365-1371.

[56] Lee P C, Roberts J M, Catov J M, et al. First trimester exposure to ambient air pollution, pregnancy complications and adverse birth outcomes in Allegheny County, PA[J]. Maternal and Child Health Journal. 2013, 17 (3): 545-555.

[57] Wu J, Ren C, Delfino R J, et al. Association between local traffic-generated air pollution and preeclampsia and preterm delivery in the south coast air basin of California[J]. Environmental Health Perspectives, 2009, 117 (11): 1773-1779.

[58] Rudra C B, Williams M A, Sheppard L, et al. Ambient carbon monoxide and fine particulate matter in relation to preeclampsia and preterm delivery in western Washington State[J]. Environmental Health Perspectives, 2011, 119 (6): 886-892.

[59] Zhu Y, Zhang C, Liu D, et al. Ambient air pollution and risk of gestational hypertension[J]. American Journal of Epidemiology, 2017, 186 (3): 334-343e062.

[60] Weber K A, Yang W, Lurmann F, et al. Air pollution, maternal hypertensive disorders, and Preterm Birth[J]. Environmental Epidemiology, 2019, 3 (5): e062.

[61] Merenstein G B, Weisman L E. Premature rupture of the membranes: Neonatal consequences[J]. Semin Perinatol, 1996, 20(5): 375-380.

[62] Feng L, Allen T K, Marinello W P, et al. Infection-induced thrombin production: A potential novel mechanism for preterm premature rupture of membranes (PPROM) [J]. American Journal of Obstetrics and Gynaecology, 2018, 219(1): 101.

[63] 李楚红. 大气细颗粒物暴露与胎膜早破的关系[D]. 厦门: 福建医科大学, 2016.

[64] Wang K, Tina Y, Zheng H, et al. Maternal exposure to ambient fine particulate matter and risk of premature rupture of membranes in Wuhan, Central China: A cohort study[J]. Environmental Health, 2019, 18(1): 96.

[65] Dadvand P, Basagana X, Figueras F, et al. Air pollution and preterm premature rupture of membranes: A spatiotemporal analysis[J]. American Journal of Epidemiology, 2014, 179(2): 200-207.

[66] Pereira G, Evans K A, Rich D Q, et al. Fine particulates, preterm birth, and membrane rupture in Rochester, NY[J]. Epidemiology, 2016, 27(1): 66-73.

[67] Slama R, Darrow L, Parker J, et al. Meeting report: Atmospheric pollution and human reproduction[J]. Environmental Health Perspectives, 2008, 116(6): 791-798.

[68] Wu S, Zhang Y, Wu X, et al. Association between exposure to ambient air pollutants and the outcomes of *in vitro* fertilization treatment: A multicenter retrospective study[J]. Environment International, 2021, 153: 106544.

[69] Michikawa T, Morokuma S, Yamazaki S, et al. Exposure to air pollutants during the early weeks of pregnancy, and placenta praevia and placenta accreta in the western part of Japan[J]. Environment International, 2016, 92-93: 464-470.

[70] Practice Committee of the American Society for Reproductive Medicine. Definitions of infertility and recurrent pregnancy loss[J]. Fertility and Sterility, 2008, 89(6): 1603.

[71] Xue T, Zhang Q. Associating ambient exposure to fine particles and human fertility rates in China[J]. Environmental Pollution, 2018, 235: 497-504.

[72] Nieuwenhuijsen M J, Basagana X, Dadvand P, et al. Air pollution and human fertility rates[J]. Environment International, 2014, 70: 9-14.

[73] Slama R, Bottagisi S, Solansky I, et al. Short-term impact of atmospheric pollution on fecundability[J]. Epidemiology, 2013, 24(6): 871-879.

[74] Gai H F, An J X, Qian X Y, et al. Ovarian damages produced by aerosolized fine particulate matter ($PM_{2.5}$) pollution in mice: Possible protective medications and mechanisms[J]. The Chinese Medical Journal (English), 2017, 130(12): 1400-1410.

[75] Gaskins A J, Minguez-Alarcon L, Fong K C, et al. Exposure to fine particulate matter and ovarian reserve among women from a fertility clinic[J]. Epidemiology, 2019, 30(4): 486-491.

[76] Gaskins A J, Fong K C, Abu A Y, et al. Time-varying exposure to air pollution and outcomes of in vitro fertilization among couples from a fertility clinic[J]. Environmental Health Perspectives, 2019, 127(7): 77002.

[77] Shi W, Sun C, Chen Q, et al. Association between ambient air pollution and pregnancy outcomes in patients undergoing *in vitro* fertilization in Shanghai, China: A retrospective cohort study[J]. Environment International, 2021, 148: 106377.

[78] Baird D D, Dunson D B, Hill M C, et al. High cumulative incidence of uterine leiomyoma in black and white women: Ultrasound evidence[J]. American Journal of Obstetrics and Gynaecology, 2003, 188(1): 100-107.

[79] 刘丽, 许艳瑾, 尹伶. 我国子宫肌瘤的流行病学特征[J]. 现代预防医学, 2014, 41(2): 204-207.

[80] Catherino W H, Parrott E, Segars J. Proceedings from the National Institute of Child Health and Human Development conference on the Uterine Fibroid Research Update Workshop[J]. Fertility and Sterility, 2011, 95(1): 9-12.

[81] Lin C Y, Wang C M, Chen M L, et al. The effects of exposure to air pollution on the development of uterine fibroids[J]. International Journal of Hygiene and Environmental Health, 2019, 222(3): 549-555.

[82] Mahalingaiah S, Hart J E, Laden F, et al. Air pollution and risk of uterine leiomyomata[J]. Epidemiology, 2014, 25(5): 682-688.

[83] Wesselink A K, Rosenberg L, Wise L A, et al. A prospective cohort study of ambient air pollution exposure and risk of uterine leiomyomata[J]. Human Reproduction, 2021, 36(8): 2321-2330.

[84] 袁金娣. 妇科痛经的危害和治疗分析[J]. 医学信息(中旬刊), 2011, 24(9): 4593.

[85] Lin S Y, Yang Y C, Lin C C, et al. Increased incidence of dysmenorrhea in women exposed to higher concentrations of NO, NO_2, NO_x, CO, and $PM_{2.5}$: A nationwide population-based study[J]. Front Public Health, 2021, 9: 682341.

[86] Lin S Y, Yang Y C, Chang C Y, et al. Association of fine-particulate and acidic-gas air pollution with premenstrual syndrome risk[J]. International Journal Of Medicine, 2020, 113(9): 643-650.

[87] Blencown H, Cousens S, Oestergaard M Z, et al. National. regional. and worldwide estimates of preterm birth rates in the year 2010 with time trends since 1990 for selected countries: A systematic analysis and implications[J]. Lancet, 2012, 379(9832): 2162-2172.

[88] 石琪, 漆洪波. 早产的定义、分类及诊断[J]. 实用妇产科杂志, 2012, 28(10): 801-803.

[89] Goldenberg R L, Gravett M G, Iams J, et al. The preterm birth syndrome: Issues to consider in creating a classification system[J]. American Journal of Obstetrics and Gynaecology, 2012, 206(2): 113-118.

[90] Shapiro-Mendoza C K, Barfield W D, Henderson Z, et al. CDC grand rounds: Public health strategies to prevent preterm birth[J]. MMWR Morbidity and Mortality Weekly Report, 2016, 65(32): 826-830.

[91] 中华医学会儿科学分会新生儿学组. 中国城市早产儿流行病学初步调查报告[J]. 中国当代儿科杂志, 2006, 7(1): 25-28.

[92] Kim K H, Kabir E, Kabir S. A review on the human health impact of airborne particulate matter[J]. Environment International, 2015, 74: 136-143.

[93] March of Dimes, Pmnch, Save the Children, et al. Born Too Soon: The Global Action Report on Preterm Birth[M]. Geneva: World Health Organization, 2012.

[94] Li X, Huang S, Jiao A, et al. Association between ambient fine particulate matter and preterm birth or term low birth weight: An updated systematic review and meta-analysis[J]. Environmental Pollution. 2017, 227: 596-605.

[95] Cassidy-Bushrow A E, Burmeister C, Lamerato L, et al. Prenatal airshed pollutants and preterm birth in an observational birth cohort study in Detroit, Michigan, USA[J]. Environ Res, 2020, 189:109845.

[96] Hyder A, Lee H J, Ebisu K, et al. $PM_{2.5}$ exposure and birth outcomes: Use of satellite- and monitor-based data[J]. Epidemiology, 2014, 25(1):58-67.

[97] Chu C, Zhu Y, Liu C, et al. Ambient fine particulate matter air pollution and the risk of preterm birth: A multicenter birth cohort study in China[J]. Environ Pollut, 2021,287:117629.

[98] Stieb D M, Chen L, Beckerman B S, et al. Associations of pregnancy outcomes and $PM_{2.5}$ in a national Canadian study[J]. Environ Health Perspect, 2016, 124(2):243-249.

[99] DeFranco E, Moravec W, Xu F, et al. Exposure to airborne particulate matter during pregnancy is associated with preterm birth: A population-based cohort study[J]. Environ Health, 2016,15:6.

[100] Lavigne É, Burnett R T, Stieb D M, et al. Fine particulate air pollution and adverse birth outcomes: Effect modification by regional nonvolatile oxidative potential[J]. Environ Health Perspect, 2018,126(7):077012.

[101] Chen G, Guo Y, Abramson M J, et al. Exposure to low concentrations of air pollutants and adverse birth outcomes in Brisbane, Australia, 2003—2013[J]. Sci Total Environ, 2018, 622-623:721-726.

[102] Chang H H, Warren J L, Darrow L A, et al. Assessment of critical exposure and outcome windows in time-to-event analysis with application to air pollution and preterm birth study[J]. Biostatistics, 2015, 16(3):509-521.

[103] Hao H, Chang H H, Holmes H A, et al. Air pollution and preterm birth in the U.S. State of Georgia (2002—2006): Associations with concentrations of 11 ambient air pollutants estimated by combining community multiscale air quality model (CMAQ) simulations with stationary monitor measurements[J]. Environ Health

Perspect, 2016, 124(6):875-880.

[104] Kloog I, Melly S J, Ridgway W L, et al. Using new satellite based exposure methods to study the association between pregnancy $PM_{2.5}$ exposure, premature birth and birth weight in Massachusetts[J]. Environ Health, 2012,11:40.

[105] Wu J, Ren C, Delfino R J, et al . Association between local traffic-generated air pollution and preeclampsia and preterm delivery in the south coast air basin of California[J]. Environ Health Perspect, 2009,117(11):1773-1779.

[106] Hannam K, McNamee R, Baker P, et al. Air pollution exposure and adverse pregnancy outcomes in a large UK birth cohort: Use of a novel spatio-temporal modelling technique[J]. Scand J Work Environ Health, 2014,40(5):518-530.

[107] Yuan L, Zhang Y, Wang W, et al. Critical windows for maternal fine particulate matter exposure and adverse birth outcomes: The Shanghai birth cohort study[J]. Chemosphere, 2020,240:124904.

[108] Ye L, Ji Y, Lv W, et al. Associations between maternal exposure to air pollution and birth outcomes: A retrospective cohort study in Taizhou, China[J]. Environ Sci Pollut Res Int, 2018,25(22):21927-21936.

[109] Giorgis-Allemand L, Pedersen M, Bernard C, et al. The influence of meteorological factors and atmospheric pollutants on the risk of preterm birth[J]. Am J Epidemiol, 2017, 185(4):247-258.

[110] Ottone M, Broccoli S, Parmagnani F, et al. Source-related components of fine particulate matter and risk of adverse birth outcomes in Northern Italy[J]. Environ Res, 2020,186:109564.

[111] Abdo M, Ward I, O'Dell K, et al. Impact of wildfire smoke on adverse pregnancy outcomes in Colorado, 2007—2015[J]. Int J Environ Res Public Health, 2019,16(19):3720.

[112] Sheridan P, Ilango S, Bruckner T A, et al. Ambient fine particulate matter and preterm birth in California: Identification of critical exposure windows[J]. Am J Epidemiol, 2019,188(9):1608-1615.

[113] Mendola P, Wallace M, Hwang B S, et al. Preterm birth and air pollution: Critical windows of exposure for women with asthma[J]. J Allergy Clin Immunol, 2016,138(2):432-440.e5.

[114] Chen Q, Ren Z, Liu Y, et al. The association between preterm birth and ambient air pollution exposure in Shiyan, China, 2015—2017[J]. Int J Environ Res Public Health, 2021,18(8):4326.

[115] Li Q, Wang Y Y, Guo Y, et al. Effect of airborne particulate matter of 2.5 μm or less on preterm birth: A national birth cohort study in China[J]. Environ Int, 2018,121(2):1128-1136.

[116] Wang Q, Benmarhnia T, Zhang H, et al. Identifying windows of susceptibility for maternal exposure to ambient air pollution and preterm birth[J]. Environ Int, 2018,121(1):317-324.

[117] Basu R, Pearson D, Ebisu K, et al. Association between $PM_{2.5}$ and $PM_{2.5}$ constituents and preterm delivery in California, 2000—2006[J]. Paediatr Perinat Epidemiol, 2017,31(5):424-434.

[118] Kingsley S L, Eliot M N, Glazer K, et al. Maternal ambient air pollution, preterm birth and markers of fetal growth in Rhode Island: Results of a hospital-based linkage study[J]. J Epidemiol Community Health, 2017,71(12):1131-1136.

[119] Ha S, Hu H, Roussos-Ross D, et al. The effects of air pollution on adverse birth outcomes[J]. Environ Res, 2014,134:198-204.

[120] Melody S, Wills K, Knibbs L D, et al. Adverse birth outcomes in Victoria, Australia in association with maternal exposure to low levels of ambient air pollution[J]. Environ Res, 2020,188:109784.

[121] Gray S C, Edwards S E, Schultz B D, et al. Assessing the impact of race, social factors and air pollution on birth outcomes: A population-based study[J]. Environ Health, 2014,13(1):4.

[122] Guo T, Wang Y, Zhang H, et al. The association between ambient $PM_{2.5}$ exposure and the risk of preterm birth in China: A retrospective cohort study[J]. Sci Total Environ, 2018,633:1453-1459.

[123] Gehring U, Wijga A H, Fischer P, et al. Traffic-related air pollution, preterm birth and term birth weight in the PIAMA birth cohort study[J]. Environ Res, 2011,111(1):125-135.

[124] Tapia V L, Vasquez B V, Vu B, et al. Association between maternal exposure to particulate matter ($PM_{2.5}$) and

adverse pregnancy outcomes in Lima, Peru[J]. J Expo Sci Environ Epidemiol, 2020,30(4):689-697.

[125] Mekonnen Z K, Oehlert J W, Eskenazi B, et al The relationship between air pollutants and maternal socioeconomic factors on preterm birth in California urban counties[J]. J Expo Sci Environ Epidemiol, 2021,31(3):503-513.

[126] Qian Z, Liang S, Yang S, et al. Ambient air pollution and preterm birth: A prospective birth cohort study in Wuhan, China[J]. Int J Hyg Environ Health, 2016,219(2):195-203.

[127] Sun Z, Yang L, Bai X, et al. Maternal ambient air pollution exposure with spatial-temporal variations and preterm birth risk assessment during 2013—2017 in Zhejiang Province, China[J]. Environ Int, 2019,133(Pt B):105242.

[128] Liang Z, Yang Y, Li J, et al. Migrant population is more vulnerable to the effect of air pollution on preterm birth: Results from a birth cohort study in seven Chinese cities[J]. Int J Hyg Environ Health, 2019,222(7):1047-1053.

[129] Ritz B, Yu F, Fruin S, et al. Ambient air pollution and risk of birth defects in Southern California[J]. American Journal of Epidemiology, 2002, 155(1): 17-25.

[130] Kloog I, Melly S J, Ridgway W L, et al. Using new satellite based exposure methods to study the association between pregnancy $PM_{2.5}$ exposure, premature birth and birth weight in Massachusetts[J]. Environmental Health, 2012, 18(11): 40.

[131] Stieb D M, Chen L, Beckerman B S, et al. Associations of pregnancy outcomes and $PM_{2.5}$ in a national Canadian study[J]. Environmental Health Perspectives, 2016, 124(2): 243-249.

[132] Johnson S, Bobb J F, Ito K, et al. Ambient fine particulate matter, nitrogen dioxide, and preterm birth in New York City[J]. Environmental Health Perspectives. 2016, 124(8): 1283-1290.

[133] Hao H, Chang H H, Holmes H A, et al. Air pollution and preterm birth in the U.S. State of Georgia (2002—2006): Associations with concentrations of 11 ambient air pollutants estimated by combining community multiscale air quality model (CMAQ) simulations with stationary monitor measurements[J]. Environmental Health Perspectives, 2016, 124(6): 875-880.

[134] Brauer M, Lencar C, Tamburic L, et al. A cohort study of traffic-related air pollution impacts on birth outcomes[J]. Environmental Health Perspectives, 2008, 116(5): 680-686.

[135] Backes C H, Nelin T, Gorr M W, et al. Early life exposure to air pollution: How bad is it?[J]. Toxicology Letters, 2013, 216(1): 47-53.

[136] Wu J, Ren C, Delfino R J, et al. Association between local traffic-generated air pollution and preeclampsia and preterm delivery in the south coast air basin of California[J]. Environmental Health Perspectives, 2009, 117(11): 1773-1779.

[137] Janssen B G, Godderis L, Pieters N, et al. Placental DNA hypomethylation in association with particulate air pollution in early life[J]. Particle and Fibre Toxicology, 2013, 10: 22.

[138] Johnston F H, Henderson S B, Chen Y, et al. Estimated global mortality attributable to smoke from landscape fires[J]. Environmental Health Perspectives, 2012, 120(5): 695-701.

[139] Holstius D M, Reid C E, Jesdale B M, et al. Birth weight following pregnancy during the 2003 Southern California wildfires[J]. Environmental Health Perspectives, 2012, 120(9): 1340-1345.

[140] Abdo M, Ward I, O'Dell K, et al. Impact of wildfire smoke on adverse pregnancy outcomes in Colorado, 2007–2015[J]. International Journal of Environmental Research and Public Health, 2019, 16(19): 3720.

[141] Xue T, Geng G, Han Y, et al. Open fire exposure increases the risk of pregnancy loss in South Asia[J]. Nature Communications, 2021, 12(1): 1-10.

第 6 章　大气颗粒物对人群传染病的影响

6.1　大气颗粒物对呼吸道传染性疾病的影响

6.1.1　呼吸道合胞病毒（RSV）简介

呼吸道合胞病毒（respiratory syncytial virus，RSV）是世界范围内引起 5 岁以下儿童急性下呼吸道感染（acute lower respiratory tract infections，ALRTI）最重要的病毒病原，是造成婴幼儿病毒性鼻炎、感冒等上呼吸道感染住院的首要因素，严重危害儿童健康。

RSV 属于副黏病毒科的肺病毒属（*Pneumovirus*），只有一个血清型。病毒形态为球形，直径为 120~200 nm，有包膜，基因组为非分节段的单负链 RNA。该病毒可在多种培养细胞中缓慢增殖，约 2~3 周出现细胞病变。病变特点是感染的上皮细胞融合形成多核巨细胞，胞质内有嗜酸性包涵体。病毒对外界环境的抵抗力较强，对热、酸及胆汁以及低温较为敏感。

在流行病学特征方面，RSV 传染性较强，其造成的疾病好发于冬季和早春，主要通过飞沫传播，或经污染的手和物体表面传播（RSV 可在手和污染物上存活数小时）。感染后的潜伏期为 4~5 天，可持续 1~5 周内释放病毒。

其致病机制一般为，先在鼻咽上皮细胞中增殖，随后扩散至下呼吸道，引起轻微的呼吸道纤毛上皮细胞损伤，但在不满一岁的婴幼儿感染中，这可能会引起细支气管炎和肺炎等严重呼吸道疾病。其发生机制除病毒感染直接作用外，还可能与婴幼儿呼吸道组织学特性、免疫功能发育未完善及免疫病理损伤有关。严重 RSV 疾病免疫病理损伤主要是机体产生特异性 IgE 抗体与 RSV 相互作用引起 I 型超敏反应的结果[1]。

RSV 所致疾病在临床上与其他病毒或细菌所致类似疾病难以区别，因此需要进行病毒分离和抗体检查。常用免疫荧光试验等直接检查咽部脱落上皮细胞内的 RSV 抗原，以及 RT-PCR 检测病毒核酸等进行辅助诊断。

目前国内尚无 RSV 疫苗或用于其治疗的有效的抗病毒药物，其治疗以支持和对症疗法为主，常规抗病毒药物有一定效果。其预防传播措施包括：注意日常卫生、保持清洁干净，勤洗手；注意营养，防寒保暖，避免去人口拥挤的公共场所活动；注意休息，避免引起身体疲劳。

6.1.2 大气污染颗粒物与 RSV 的关联研究

大气颗粒物是悬浮颗粒的混合物，根据其空气动力学直径，可分为不同的类型，如直径小于等于 10 μm 的颗粒物（PM_{10}）、直径小于等于 2.5 μm 的颗粒物（$PM_{2.5}$）、直径小于等于 1 μm 的颗粒物（PM_1）以及直径小于等于 0.1 μm 的颗粒物（$PM_{0.1}$）或者超细颗粒物。不同粒径的颗粒物会进入呼吸道的不同部位并引发不同的影响，一般来说颗粒物粒径越小，进入呼吸道的位置越深，PM_{10} 可能会沉积在人体的上呼吸道，而 $PM_{2.5}$ 可能更多地沉积在下呼吸道，$PM_{0.1}$ 或者超细颗粒物则有可能沉积在深部的肺泡组织中去，并引起深层次的呼吸道疾病。大气颗粒物主要是通过矿物燃料燃烧、道路交通以及发电厂和农业工厂排放的颗粒物的组合而产生的。这些颗粒的急性效应主要为炎症和细胞毒性，而慢性效应与 DNA 损伤、肺实质破坏、肺纤维化或肉芽肿形成有关。当颗粒物进入呼吸道时，可能会影响肺部的炎症反应以及干扰肺部的免疫屏障。因此，大气颗粒物与呼吸道病毒感染的联系值得关注。

总的来说，在既往国内外研究当中，关于大气污染颗粒物与 RSV 感染的关系的研究结果基本一致：短期大气颗粒物暴露与因 RSV 导致呼吸道疾病住院率、RSV 门诊检出率及阳性病例数呈正相关，会提高相应风险，且可能均存在剂量、累积和滞后效应。

1. PM_{10}

1）流行病学证据

尽管 PM_{10} 的粒径相对较大，但它在被机体清除前，仍可以在呼吸道中停留较长一段时间，并对上皮细胞产生影响。PM_{10} 暴露与活性氧（reactive oxygen species，ROS）生成、细胞毒性、炎症和 DNA 损伤相关，并可能导致中性粒细胞募集和内皮通透性改变。PM_{10} 还调节先天免疫系统和一些与代谢途径相关的基因，这些共同作用使机体更容易受到各种病原体的攻击，并促进其传染性和复制。国内外多项流行病学研究表明，PM_{10} 浓度的升高与急性呼吸道感染住院患者数增加显著相关。国内不同地区的研究都有报道 PM_{10} 暴露与当地 RSV 病毒的检出率高度正相关，如衡水市的调查发现 RSV 抗体阳性患儿人数与 PM_{10} 的相关系数 r 为 0.949[2]，苏州地区也发现了 PM_{10} 与当地 RSV 病毒的检出率相关[3]。

同时，PM_{10} 对 RSV 感染的影响可能具有滞后效用，意大利伦巴第地区的一项研究表明[4]，PM_{10} 短期暴露与婴儿 RSV 毛细支气管炎住院风险增加之间存在明显正向关联，并存在一定的易感窗口期，具体为，在住院前一周（滞后 1 周），PM_{10} 浓度每升高 10 μg/m³，因 RSV 毛细支气管炎住院风险增加了 6%（95%CI：1.01~1.12），在住院前二周（滞后 2 周），PM_{10}浓度每升高 10 μg/m³，风险增加 7%（95%CI：1.02~1.13）。另外，有研究也称 PM_{10} 没有显著的累积效应，大多数研究在滞后 1 周发现风险增加，风险估计值在滞后 0~11 天和 0~13 天之间达到峰值，其 PM_{10} 浓度每增加 10 μg/m³ 的发病率比（IRR）为：1.15（95%CI：1.08~1.23），并在滞后 0~30 天达到初始值 1.08。类似研究也发现，当滞后 0~4 时，PM_{10} 每增加 10 μg/m³，就诊次数增加 4%（95%CI：1.02~1.07）。同时在巴黎冬季进行的研究称，经季节、假日、工作日和气象因素调整后的广义相加模型显示，PM_{10} 与毛细支气管炎婴儿的就诊数和住院数均呈正相关。我国的研究也发现[5]，PM_{10}浓度升高不会立即对儿童 RSV 感染造成影响，但在滞后 3 天后，风险值显著上升。因此，总体来说，PM_{10} 的危害更倾向于短期逐渐积累、增加，中期到达顶点的模式。

2）潜在机制

关于大气颗粒物对 RSV 感染影响的具体机制至今仍未明确，但可根据颗粒物对机体影响的相关文章，推测 PM_{10} 影响 RSV 感染的机制，大致有如下几点：①暴露于 PM_{10} 可降低 RNA 病毒感染时机体的天然免疫应答能力，同时增强 RNA 病毒复制，从而促进其感染，导致呼吸系统疾病加重[6]。②当 PM_{10} 和病毒的混合物与上皮细胞接触时，与单独使用相同剂量的病毒相比，它们增加了促炎介质如 IL-6 和 IL-8 的分泌[7]。③PM_{10} 和温度这两种因素在儿童呼吸道中有协同作用，能导致流感病毒感染易感性增加[8]。④PM_{10} 可使促炎细胞因子（如 IL-1β）分泌，这可能会增加对后续病毒感染的免疫反应，从而影响呼吸道疾病的发展。⑤PM_{10} 可能携带着病毒颗粒，促进 RSV 的传播[9]。⑥PM_{10} 导致活性氧增加，促进氧化应激，促进 RSV 的感染[5]。⑦暴露于 PM_{10} 可降低巨噬细胞的吞噬能力，提高了 RSV 在机体内的存活能力[5]。⑧表面活性剂蛋白（如 SP-A 和 D）在呼吸道病毒的先天免疫防御中发挥重要作用，暴露于 PM_{10} 会降低它们的表达并改变其功能[5]。⑨PM_{10} 能增加支气管肺泡灌洗（BAL）总蛋白和病毒相关趋化因子（包括单核细胞趋化蛋白-1、巨噬细胞炎症蛋白-1a）[9]。⑩暴露于 PM_{10} 后，肺中抗氧化/Ⅱ期解毒酶 mRNA 水平降低，并影响吞噬细胞中 RSV 的复制，促使 RSV 在机体内繁殖[5]。

2. $PM_{2.5}$

1）流行病学证据

相较于 PM_{10}，$PM_{2.5}$ 由于粒径更小，在气道的滞留时间更长，使 RSV 感染后的危害更严重。$PM_{2.5}$ 与其他污染颗粒物相比，与门诊 RSV 感染检出例数、检出率相关性更强。国内不同地区的研究指出，儿童 $PM_{2.5}$ 暴露与 RSV 病毒检出率呈正相关，相关系数 r 在 0.7 以上，比 PM_{10} 的相关系数更大[2,3,10]。$PM_{2.5}$ 与住院病例数相关性最强，浓度每增加 10 μg/m³，RSV 病毒检出例数增加 59 例，检出率增加 11%。类似报道为，$PM_{2.5}$ 短期水平每增加 10 μg/m³，能够导致呼吸道感染住院率增加 0.92%，使流感病毒和呼吸道合胞病毒感染引发的下呼吸道感染风险增加 15%~23%。在国外，如智利和波罗尼亚的研究发现[11,12]，$PM_{2.5}$ 上升 10 μg/m³ 后，儿童呼吸道感染住院人数增加了 2%~5%。同样，美国也发现慢性暴露于车辆交通颗粒物导致毛细支气管炎风险增加[13]。

此外，国内的研究还发现 $PM_{2.5}$ 对 RSV 感染率的影响有阈值效应[5]。来自杭州的研究通过收集当地医院门诊儿童 RSV 感染率数据以及当地空气污染数据，利用广义相加模型，发现了短期 $PM_{2.5}$ 暴露与 RSV 感染率的非线性关系，当 $PM_{2.5}$ 浓度超过阈值 150 μg/m³ 时，暴露开始影响 RSV 感染率。这表明 $PM_{2.5}$ 对 RSV 感染率的影响可能具有剂量效应。

与 PM_{10} 类似，已有的研究除了关注 $PM_{2.5}$ 短期影响，还关注了其对机体的损害和促进 RSV 感染的滞后作用和积累作用。有研究表明，其暴露效应估计值在 7 天、30 天、60 天的暴露窗口期中增加，较长的暴露窗口期比较短暴露窗口期产生更高的风险估计（每增加 10 μg/m³ $PM_{2.5}$ 的 OR 为 1.14，95%CI 为 0.88~1.46）。但也有国内研究发现 $PM_{2.5}$ 所造成的相对危险度在一周的窗口期内随滞后日增加逐渐减小，这可能是由于研究的设计、分析方法以及研究地区的不同造成的。

2）潜在机制

同样地，关于 $PM_{2.5}$ 对 RSV 感染影响的直接机制研究证据不足，推测有以下机制：①$PM_{2.5}$ 颗粒粒径小，沉降缓慢，可在空气中长期停留，随风远距离飘散，并能够吸附环境中大量的病原微生物（如 RSV），最后经呼吸道吸入肺中沉积，同时将病原微生物带入人体，引起呼吸道感染[9]。②$PM_{2.5}$ 可通过 microRNA155（miR155）的过表达诱发细胞周期异常。通常 miR155 可诱导 SOCS1/STAT3 信号通路的表观遗传调节，导致肺内稳态失衡，稳态失衡与炎症和癌症相关，这可能会增加对 RSV 的易感性[14]。③$PM_{2.5}$ 可诱导体内促炎介质如 IL-6 和 IL-8 的分泌，加剧 RSV 感染所带来的炎症反应[9]。④$PM_{2.5}$ 可诱导体内炎症细胞（主要是巨噬细胞和中性粒细胞）激活，引起细胞外基质破坏，导致肺泡毛细血管屏障受损和血管通透性增加，促进 RSV 的感染[15]。⑤相关毒理学研究称，长期吸入 $PM_{2.5}$ 会降低肺巨噬细胞分泌 IL-6 和 IFN-β 的能力，导致肺部天然防御系统紊乱。⑥$PM_{2.5}$ 中可含有氧化物质，进入机体后诱导氧化应激，加剧 RSV 的感染造成的呼吸道疾病[5]。⑦$PM_{2.5}$ 中的自由基的会增加机体内的调节性 T 细胞和 IL-10，这将会抑制了 CD8+和 CD4+T 淋巴细胞的产生，而这两类淋巴细胞对清除病毒至关重要[16]。⑧$PM_{2.5}$ 可能会调节宿主的抗病毒防御，降低巨噬细胞的吞噬能力[5]。⑨$PM_{2.5}$ 会降低呼吸道表面活性剂蛋白表达，减低呼吸道病毒的先天免疫防御的能力[5]。⑩暴露于 $PM_{2.5}$ 后，肺中抗氧化/Ⅱ期解毒酶 mRNA 水平降低，促使 RSV 在机体内繁殖[5]。

3. $PM_{0.1}$ 或超细颗粒物

1）研究概况

作为超细颗粒，$PM_{0.1}$ 具有更大的改变肺功能的能力，因为其体积小，可以深入并长时间留在气道中，具有更显著的炎症、氧化和细胞毒性潜力，并引起肺通透性的变化。但目前关于其对于呼吸道病毒感染的影响的研究十分有限。有国外的实验表明，支气管上皮细胞暴露于环境纳米颗粒后增加了病毒的易感性，RSV 感染后，病毒复制效率增加[17]。此外，在小鼠中已经发现超细颗粒物与 RSV 感染有协同作用，表现为气道高反应性恶化、中性粒细胞和淋巴细胞的浸润以及趋化因子增加[18]。美国的实验发现二氧化钛纳米颗粒会增强 RSV 诱导的气道上皮细胞屏障功能障碍[19]。关于 $PM_{0.1}$ 或超细颗粒物影响 RSV 感染的流行病学文章较为缺乏。

2）潜在机制

根据已有研究，推测 $PM_{0.1}$ 或超细颗粒物对 RSV 感染的影响可能有以下几个机制：①$PM_{0.1}$ 或超细颗粒物可能诱导的上皮细胞的自噬或线粒体代谢紊乱，这可能会增加 RSV 的可接受性，从而促进病毒复制和感染的快速传播[19]。②$PM_{0.1}$ 或超细颗粒物可导致前炎性细胞活素增加（如 GM-CSF、MIP-1α）和趋化因子减少（如 CXCL10）[19]。③超细颗粒物可能会破坏气道屏障（TJ proteins），促进了病毒的传播[19]。④超细颗粒物导致活性氧增加，促进氧化应激，影响正常的气道上皮功能，促进 RSV 的感染。⑤树突状细胞暴露于 $PM_{0.1}$ 时，CD83 和 CCR7 表达增加，增强 CD8+T 淋巴细胞的增殖和 IFN-γ、TNF-α、IL-13 和颗粒酶的产生。这种增强的细胞毒性反应与病毒感染期间的病理信息传递有关，并增加气道损伤[20]。

6.1.3 展望

国内外的研究揭示了大气颗粒物可对呼吸道合胞病毒感染有正向作用，这表明空气污染对传染性疾病的传播以及传染性疾病的病重程度也有重要影响。因此，保护大气环境，制定相关政策，合理控制工业废气和汽车尾气排放有了更多重要意义。目前国内外的研究集中于一般的大气颗粒物（如 $PM_{2.5}$ 和 PM_{10}）对于 RSV 感染的影响，对于粒径更小的大气颗粒物（如 PM_1 和 $PM_{0.1}$），研究较少。与此同时，已有的研究主要考虑污染物的短期效应，对大气颗粒物对 RSV 感染的长期效应（如住院前 2~3 年的颗粒物暴露）评估较少。此外，虽然前人的文章讨论或者探索了多条大气颗粒物影响 RSV 感染的机制，但具体的机制目前尚不明确。未来应展开更多的相关研究来探索超细颗粒物与 RSV 感染的关系，例如：①由于不同地区的人群易感性以及空气污染的程度有所不同，可以纳入更多人群以及地区开展相关流行病学研究。②将人群研究和实验研究相结合，揭露大气颗粒物对 RSV 感染的具体机制，尤其是具体的分子通路，或者是大气环境中颗粒物与 RSV 之间的相互作用。③当前，我国关于 PM_1 以及超细颗粒物的标准以及控制措施比较有限，且 PM_1 以及超细颗粒物对 RSV 感染的联系还不明确，因此可以开展更多关于 PM_1 以及超细颗粒物对 RSV 感染影响的研究，并利用适当模型评估这些颗粒物的阈值效应以及滞后效应，这有利于我国完善大气颗粒物的标准，有利于制定相关措施控制空气污染以及 RSV 感染。④未来的研究可以考虑评估大气颗粒物对 RSV 感染的长期效应。

6.1.4 案例讨论

1. 研究背景

呼吸道合胞病毒感染引起的毛细支气管炎是一种儿童常见疾病，RSV 在全球 5 岁以下儿童急性下呼吸道感染的病毒原因中排名第一。此外，在西方国家的住院婴儿中由于呼吸道合胞病毒感染的占 25%，在发展中国家 5 岁以下死亡儿童中由于呼吸道合胞病毒感染的占 20%以上，其流行病学与呼吸道病毒的季节性变化有关，通常流行于冬春季节。因此，气候因素、空气污染与儿童呼吸道疾病发病率和死亡率之间的联系值得被关注。根据以往的研究报道，空气污染可能会影响儿童免疫系统，并影响 RSV 致病的风险，但以往的结果缺乏一致性，且没有明确的易感窗口期。

因此，Michele Carugno 为代表的米兰大学医学院团队，针对伦巴第地区（意大利西北部）的住院病例开展了一项时间序列研究，以验证短期 PM_{10} 暴露与 RSV 细支气管炎所致住院的关联，并确定相关窗口期，揭示了短期空气污染暴露（PM_{10}）影响呼吸道合胞病毒感染的可能性[4]。

2. 研究方法

研究从意大利国立医院数据库选择了意大利伦巴第两年（2012~2013 年）流行季节出生的小于 1 岁的婴儿，选择标准为：①原发或继发诊断编码为“呼吸道合胞病毒（RSV）急性毛细支气管炎”（ICD-9-CM 编码：466.11）；②年龄组为小于 1 岁；即当毛细支气管炎是住院的主要原因时；③在急性毛细支气管炎住院发生在流行季节，即从 1 月 1 日至 3 月 31 日以及 11 月 1 日至 12 月 31 日。并从数据库当中获取 RSV 急性毛细支气管炎住院信息。

根据婴儿的居住地址，从伦巴第地区环境保护局的官方网站收集婴儿每日平均 PM_{10} 暴露水平，官方网站的空气污染数据是通过化学传输模型模拟得到的。研究考虑了不同的暴露窗口期：住院前 0~30 天以及住院前四周，并使用负二项回归模型评估 PM_{10} 暴露和 RSV 急性毛细支气管炎住院率的关系，模型校正了温度、季节变量对关系的潜在影响结果以发病率比（IRR）和相应的 95%置信区间表示。不同区域的数据通过随机效应的 meta 分析合并。

3. 研究结果

研究发现，在住院前 0 天，每 10 μg/m³ PM_{10} 暴露将增加住院风险 6%（95%CI：1.03~1.10），而在住院前 1 天，住院风险增加了几乎 7%。在住院前 2 天和 11 天之间的 PM_{10} 暴露下，IRR 的范围从 1.03 到 1.05 不等（图 6-1）。

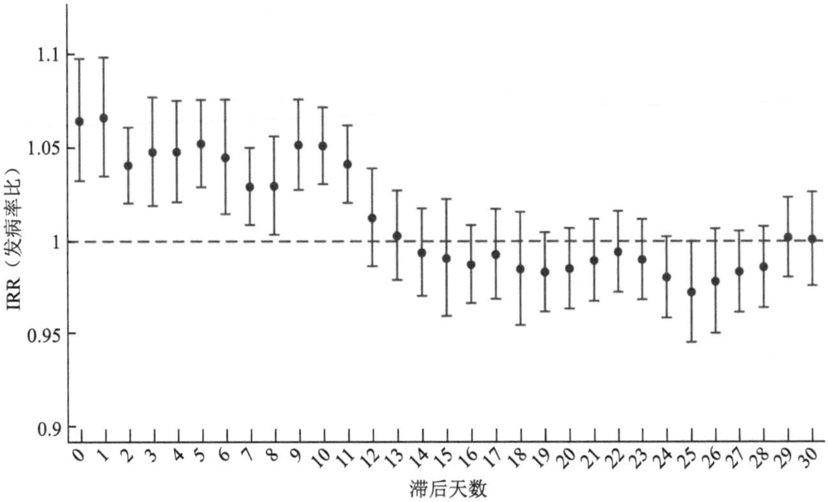

图 6-1　PM_{10} 暴露与 RSV 细支气管炎住院风险的相关性（不同日滞后量的 meta 分析结果）

对每周滞后的分析显示，第 1 周 PM_{10} 暴露，RSV 急性毛细支气管炎住院风险增加了 6%（95%CI：1.01~1.12），第 2 周风险增加了 7%（95%CI：

1.02~1.13）。（图 6-2）

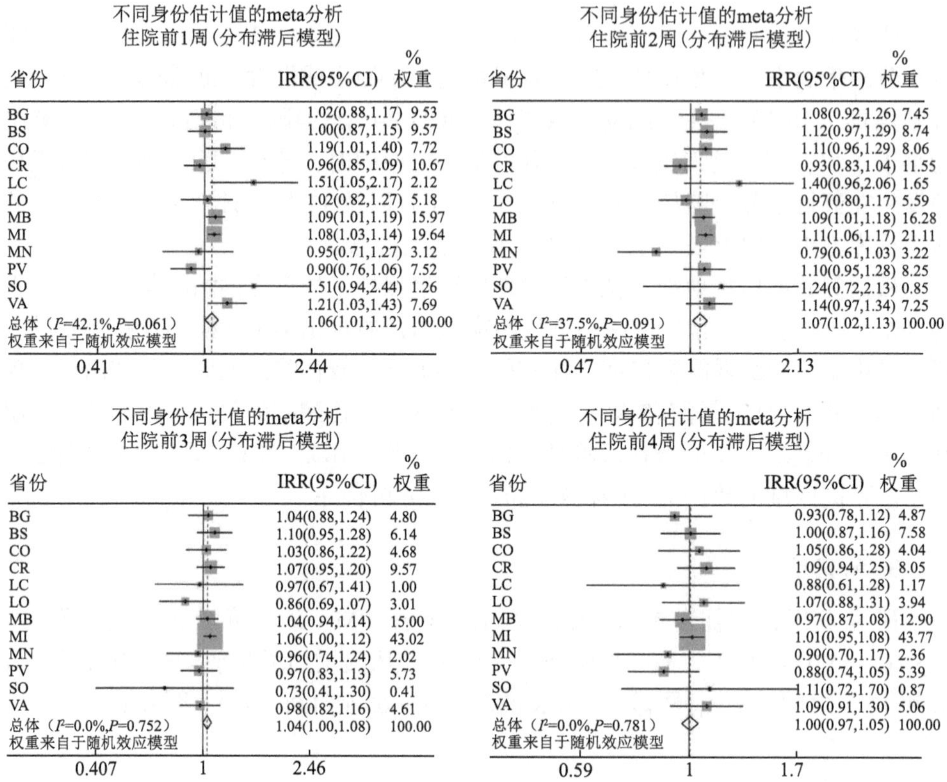

图 6-2　住院前第 1~4 周下不同省份发病率比（IRR）和相应的 95%置信区间（95%CI）meta 分析结果的森林图（来自非限制分布滞后模型）

4. 研究结论

通过比较住院前不同日滞后量以及周滞后量，研究发现短期 PM_{10} 暴露（尤其是入院前两周内）与婴儿因 RSV 急性毛细支气管炎住院的风险之间存在明确关联。研究结果为空气污染影响易感人群（如儿童）健康的证据提供了支持，并为确定感染的关键窗口期提供了新的见解。

6.1.5　流行性感冒

流行性感冒（influenza），简称“流感”，是一种由流感病毒引起的、具有代表性的呼吸道传染病。世界卫生组织称流感是人类健康最严重的威胁之一，并表示流感具有大流行的潜力，事实上在过去的 100 年中，共发生了四次人类流感大流行。1960 年以来，各国已开发出多种抗流感病毒药物，但流感病毒仍继续在人类中传播，导致全球每年 300 万~500 万严重的流感病例和 29 万~65 万人死亡[21,22]。中国的情况同样严峻，流感每年产生大量发病病例，造成重大的公共卫生负担和经济成本[23,24]。据统计 2006~2019 年间，中国平均每年流感样病例超额门急诊就诊例数约为 300 万，流感造成的总经济负担超过 263 亿元[25]。流感已被中国传染病报告系统列为 C 类法定报告疾病。哨点医院需要采集确诊病例的鼻咽拭子，然后送到指定的实验室进行病毒分离和进一步鉴定，并在 24 小时内在线提交结果[26]。此外，中国建立了法定传染病的网络通报管理系统，实现与乡、县（区）、市、省、国家五级的卫生行政数据集、疾病预防与控制机构、医疗卫生机构的互联互通[27]。

流感病毒属于 RNA 病毒，包括甲型流感病毒（A 型）、乙型流感病毒（B 型）、丙型流感病毒（C 型）、丁型流感病毒（D 型）四种类型。在人类感染病例中，甲型和乙型流感病毒构成主要毒株，而丙型流感病毒很少见，尚未发现丁型流感病毒。根据病毒的抗体反应，甲型流感病毒可以细分为一些血清型病毒，人类身上证实的血清型包括 H1N1、H2N2、H3N2、H5N1、H7N7、H1N2、H9N2、H7N2、H7N3、H10N7、H7N9 和 H6N1。流感通过直接接触流感患者的分泌物或大飞沫（通过咳嗽和打喷嚏）以及通过空气传播（通过吸入悬浮在空气中的含有病毒的小气溶胶飞沫）在个体之间传播[28]，禽流感病毒则通过粪便-粪便、粪便-口腔或粪便-呼吸途径在动物间传播，此外人类也可通过气溶胶吸入禽流感病毒感染流感[29]。流感病变主要发生在气管、支气管、肺和胸腔，其患者具有急性症状，包括咳嗽、气喘、喉咙痛、气闷、呼吸困难、体温升高、流鼻涕和疲劳。可吸入的大气颗粒物通过呼吸道可直接触及流感的病变部位，可能影响流感病毒的传播强度、流感发病率和死亡率。

大气颗粒物或可能改变流感的传播方式，或损害宿主抗流感的免疫能力，从而影响流感的发病率和严重程度。大气颗粒物可作为流感病原体运输的载体在空气中长时间悬浮或移动[30]，沉降附着于物体表面导致手接触传播，或直接经呼吸道深入肺部促使流感病毒的传播[31]。研究发现流感病例以自然呼吸、说话、咳嗽和打喷嚏等方式呼出的气体中都存在流感病毒[32]，其可附着于空气中颗粒物表面进行传播。因此，流感病毒借助大气颗粒物的空气传播不容忽视[33]。值得注意的是，在沙尘暴等特定天气条件下，附着病毒的大气细颗粒可以被运输数百公里完成远距离传播，产生广泛的影响[30,34]。例如，2015 年美国暴发前所未有的高致病性禽流感（HPAI）H5N2，在不到 7 个月的时间里，15 个州、232 个农场、超过 5000 万只鸡受到影响，经济损失总额达 33 亿美元。有研究模拟了空气运动轨迹和禽流感病毒浓度，评估艾奥瓦州 77 例 HPAI 病例的空气传播风险，结果表明艾奥瓦州的大多数阳性病例感染了来自州内和邻近州受感染农场的大气细颗粒物携带的病毒[35]。虽然州内接收点的空气病毒浓度从未超过家禽的最小感染剂量，但是持续暴露可能会增加空气传播感染的风险。此外，高湿度对于大气颗粒物中禽流感病毒的生存能力至关重要[36]。

现有分析大气颗粒物与流感病例关联性的研究，大多数关注具有临床特征的流感样病例，少数关注实验室确诊的流感病例。中国的流感监测网络由实验室确诊的流感病例和流感样病例的临床监测组成，根据中国卫生部发布的流感防控技术指南，流感样病例定义为突发发热≥38℃，咳嗽或喉咙痛，且没有其他诊断。大多数研究表明，大气颗粒物与流感风险存在相关性，可能具有滞后效应和交互效应。昆士兰大学公共卫生学院郭玉明课题组在中国开展了多城市的生态学研究，探索大气细颗粒与流感传播的关联，及其与气象因素的交互作用。该研究收集了中国 47 个城市空气动力学直径<2.5 μm 颗粒物（$PM_{2.5}$）浓度和流感发病率的每日数据，并采用两阶段的分析方法估计国家层面的 $PM_{2.5}$ 与流感的相关关系。研究结果显示，在控制了长期趋势、季节性、星期效应、每日平均气温、相对湿度、气压、风速和日照时长以后，$PM_{2.5}$ 对流感发病率的最大影响出现在滞后第 2 天。$PM_{2.5}$ 每增加 10 μg/m^3，随后的 2~3 天内流感发病率增加为 1.020 倍（95%CI：1.006~1.034）。同时报告了，2013~2014 年间，中国 10.7%的流感样病例可能是由暴露于 $PM_{2.5}$ 引起的。该研究表明，暴露于 $PM_{2.5}$ 可能会增加中国流感的风险，尤其是在气温较低的季节。降低 $PM_{2.5}$ 浓度的控制措施也可能有利于降低中国暴露和随后传播流感的风险[37]。基于济南[38]、台湾[39]、南京[40]、北京[41]、合肥[42]流感样病例的时间序列数据，有研究分别采用小波相干分析和广义泊松加性回归模型、改进的格兰杰因果检验、逆高斯广义加法模型进行分析，均表明 $PM_{2.5}$ 暴露与流感风险的增加存在关联，而 PM_{10} 暴露与流感发病率的结论不一致，包括正相关[20]和负相关[42]。上海的一项研究收集了 2017~2019 年在儿童医学中心诊断为甲型流感或乙型流感的 0~18 岁患者资料，分别采用 Pearson 相关系数和时间序列的泊松回归模型分析流感风险与环境因素的相关性，结果显示周平均 PM_1 与甲型流感和乙型流感的门诊患者数均存在相关性，当 PM_1 浓度超过 23 ppm 后对甲型流感和乙型流感造成不利的健康影响，PM_1 第 95 分位数及以上的暴露水平将分别增加甲型流感和乙型流感的发病风险为 1.64 倍和 14.55 倍[43]。

研究大气颗粒物对流感发病率的滞后影响，有助于更好地理解关联背后的机制。基于每日时间序列数据的短期效应研究表明，$PM_{2.5}$ 对流感样病例的影响有 0~4 天的滞后期[37,40,41]，这与流感病毒的潜伏期基本一致[44]。基于 2013~2019 年的每周流感发病率，波兰的一项研究采用分布滞后非线性模型探索 $PM_{2.5}$ 对流感发病率的非线性效应和滞后效应，结果表明 $PM_{2.5}$ 对流感的影响在第一周最大，而且在随后四周内仍会增加流感的发病风险[45]。此外，美国西部山区的一项时间序列分析研究，研究人员使用具有广义估计方程的季节性准泊松模型首次探索了

野火季节 $PM_{2.5}$ 暴露与数月后流感之间的关联性，发现野火季节（7~9 月）期间日均 $PM_{2.5}$ 浓度较高与接下来的冬季流感季节的流感增加呈正相关，夏季日均 $PM_{2.5}$ 每增加 1 μg/m^3 将增加 16%的流感发病率[46]。

识别大气颗粒物与流感发病率关联的脆弱人群，有助于制定具有针对性的政策措施。基于时间序列分析的生态学研究表明 $PM_{2.5}$ 将增加所有年龄段的流感发病风险，这一效应在 25~59 岁成年人中最为明显，其次是 15~24 岁年轻人[41]；南京的研究表明 $PM_{2.5}$ 和 PM_{10} 将增加 0~24 岁人群的流感发病风险，该效应在 15~24 岁的人群最为显著[40]；济南的研究表明 $PM_{2.5}$ 和 PM_{10} 显著增加 25~59、5~14、0~4 岁人群的流感发病风险，尤其是 25~59 岁人群[38]；上海的研究表明 $PM_{2.5}$ 和 PM_{10} 暴露增加流感发病风险，而且 0~14 岁人群对更容易受到影响[47]。此外，基于因果关系检验的台湾研究表明，北部和西南部城市的 25~64 岁成年人和大于 65 岁老年人群受到 $PM_{2.5}$ 的强烈影响，而且所有市县的老年人群都受到显著影响[39]。大气颗粒物对 15~64 岁成年人群的流感发病风险影响更大，可能是因为该人群是社会劳动的主要人群会更多地暴露于室外的大气颗粒物。普遍身体状态较差且患有各种基础疾病的老年人群和没有接触过流感病毒没有免疫力的儿童也容易受到大气颗粒物的影响。为了更好识别脆弱人群，有待进一步探讨效应修正因子。

现有研究表明 $PM_{2.5}$ 对流感发病风险的效应具有空间异质性。中国 47 个城市的研究表明不同城市 $PM_{2.5}$ 的效应量不同，在中国西南部和中部的城市观察到更强烈的效应，如桂林、昆明和广州，而在东北和华南地区的城市的效应较弱[37]。由于 $PM_{2.5}$ 和流感发病风险存在空间异质性，香港大学张蓉和她的同事在广州开展了相关研究，探索 $PM_{2.5}$ 与流感发病在社区层面上的关联。该研究收集了 2013~2019 年广州全市儿童新发流感病例的数据，使用随机森林模型产生全市范围内每日 $PM_{2.5}$ 暴露水平的 200 m 辨识度的网格数据，构建了时空贝叶斯分层模型来分析 $PM_{2.5}$ 与流感之间的社区层面关联，调整气象因素和社会经济变量并考虑空间自相关。结果显示社区层面 $PM_{2.5}$ 每增加 10 μg/m^3 分别增加在病例确认当天和滞后 0~5 天的流感发病风险至 1.05 倍（95%CI：1.05~1.06）和 1.15 倍（95%CI：1.14~1.16）。还报告了 8.10%（95%CI：7.23%~8.57%）和 20.11%（95%CI：17.64%~21.48%）的流感病例分别归因于超过中国Ⅰ级（35 μg/m^3）和 WHO 限值（25 μg/m^3）的每日 $PM_{2.5}$ 暴露量[48]。此外，2009 年，全球暴发了人类感染甲型流感病毒 H1N1 的疫情，流感死亡率存在显著的地区差异。为了研究流感病死率的空间差异，一项研究通过文献检索确定甲型流感 H1N1 死亡率的风险因素，然后通过数据模拟和回归模型来确定可以解释流感死亡率差异的因素，结果显示年龄结构、纬度和 PM_{10} 分别可以解释国家间差异平均值的 40%、8%和 4%，研究表明年轻人比例高的国家流感大流行死亡率较高，大流行期间流感病毒的共同传播、前一季流感病毒的传播和大气颗粒物水平也与大流行死亡率相关[49]。

关于大气颗粒物和流感的研究主要关注流感样病例，但是流感患者可能没有表现出流感样的临床症状[50]，而且流感样症状可能是由其他细菌引起的。因此，流感样病例不是反映流感感染的权威指标[51]。为了探索大气颗粒物对流感病毒活动和流感样病例影响的异同，中国合肥的一项研究收集了 2013~2015 年的相关数据，使用广义泊松加性回归模型进行分析，结果发现 $PM_{2.5}$ 和 PM_{10} 对流感样病例和流感发病率有相似的影响[42]。此外，上海的研究发现 $PM_{2.5}$ 和 PM_{10} 均增加流感实验室确诊病例的发生风险[47]。2010~2019 年在中国呼伦贝尔开展的一项流感调查，发现 $PM_{2.5}$ 对确诊流感病例增加存在正相关，尤其是在滞后第 4 天[52]。

大气颗粒物对流感发病影响的生物机制认识并不清楚有待进一步研究，有可能通过如下生物机制和途径进行影响。第一，大气颗粒物通过引起肺气管纤毛和肺泡巨噬细胞功能障碍，增加人体对流感病毒的易感性[53]。第二，含有环境持久性自由基的大气颗粒物会导致肺氧化应激和抑制局部免疫，从而加重流感[54,55]。第三，实验研究发现 $PM_{2.5}$ 暴露抑制了 NLRP3 炎症小体激活和 AHR-TIPARP 信号通路，从而损害了抗流感免疫，增加了 H1N1 流感病毒的易感性[56]。第四，PM_{10} 通过损伤细胞增强脆弱性，并调节 H5N1 病毒感染性以增强肺细胞中的整体病原体负担[57]。第五，小鼠实验研究表明地源性 PM_{10} 暴露会诱导肺部炎症损害肺功能，并增加病毒载量，从而加剧感染流感的风险[58]。

目前为止，大气颗粒物与流感健康风险的证据仍然不够全面，需要未来更多研究深入研究。第一，现有研究基于流感样病例数据居多，基于实验室确诊流感病例数据的研究较少，而且甲型流感病毒的亚型和乙型流感病毒的病例数据研究匮乏。第二，波兰的一项研究发现 $PM_{2.5}$ 累积暴露与流感发病风险呈指数关系[45]，而目前同时考虑大气颗粒物对流感发病的非线性影响和滞后影响的研究较少。第三，空气中可吸入颗粒物的尺寸限制在空气动力学直径小于或等于 10 μm（PM_{10}），由细粒和粗粒两种粒度组成，它们既有不同的生理特性，又有不同的来源特征。较小的颗粒更可能未经过滤渗透到肺部深处和血液[59]。而且有研究指出 $PM_{2.5}$ 与 PM_{10} 相比沉积较慢可在空中传播得更远，但是一个 $PM_{2.5}$ 粒子的病毒携带能力只有一个 PM_{10} 的 1.6%[35]。PM_1、$PM_{2.5}$ 与 PM_{10} 对流感发病风险的影响没有明确的大小关系，尤其是 PM_1 的证据匮乏，而且不同大气颗粒物大小、来源和组分对流感风险影响的证据仍有限。最后，气温和湿度等气象因素分别与流感发病和大气颗粒物水平相关，但是大气颗粒物与气象因素对流感发病风险的交互作用尚缺乏足够的证据。

6.1.6 结核病

结核病是全球范围内第十三大死亡原因，也是单一传染源的主要死亡原因。2020 年，全球估计有 1000 万人患有结核病，其中 560 万男性、330 万女性和 110 万儿童。结核病存在于所有国家和所有年龄段，但结核病是可以治愈和预防的。然而，2020 年共有 150 万人死于结核病（病死率为 15%），是继 2019 年新型冠状病毒之后的第二大传染性杀手。到 2022 年，每年需要 130 亿美元用于结核病的预防、诊断、治疗和护理。八个国家的结核病患者数量占全球总数的三分之二，印度以 259 万发病数领先，其次是中国、印度尼西亚和菲律宾等，其中我国 2020 年估算的结核病新发患者数为 84.2 万，估算结核病发病率为 59/10 万[60]。尽管在诊断和治疗方面取得了进展，结核病仍是全球公共卫生问题。近年来，耐药结核病已成为结核病研究的主要焦点，多重耐药结核病（即对异烟肼和利福平的耐药性）每年增加 20%以上[61]。2018 年大约有 50 万利福平耐药结核病的新病例，其中 14%在中国[62]。然而到 2020 年，只有约三分之一的耐药结核病患者获得治疗，WHO 报告显示 2018 年全球耐多药或耐利福平结核病患者的治疗成功率仅为 59%[60]。

结核病是由结核分枝杆菌引起的一种慢性传染性疾病，可侵及多种脏器，以肺部结核感染最为常见，称为肺结核病。其中，肺结核病属于慢性呼吸道传染病，是我国《传染病防治法》中乙类法定报告传染病，是全球和我国各级政府控制的重大传染病之一。哨点医院需要采集确诊病例的鼻咽拭子，然后送到指定的实验室进行病毒分离和鉴定，并在 24 小时内在线提交结果。此外，中国建立了法定传染病的网络通报管理系统，实现与乡、县（区）、市、省、国家五级的卫生行政数据集、疾病预防与控制机构、医疗卫生机构的互联互通[63]。

大气颗粒物不仅在结核病的传播过程中起着重要作用，而且会损害宿主的免疫能力，从而增加结核病的发病率和严重程度。有传染性的肺结核患者是主要的传染源，咳嗽、打喷嚏和说话时排出结核杆菌悬浮在飞沫核中播散，或带菌痰液干燥后随尘埃飞扬飘浮于空气中。大气颗粒物可作为结核分枝杆菌运输的载体在空气中长时间悬浮或移动，通过沉降附着于物体表面导致手接触或污染食物引起结核病的消化道传播，或直接经呼吸道深入肺部促使结核病的呼吸道传播。呼吸道传染是结核病传播的主要途径，健康人吸入空气中可致感染的结核杆菌引发结核病。有研究表明大气颗粒物包含微生物在内的复杂成分[64]，大气颗粒物影响空气中细菌组成和增加细菌的丰度。因此，高浓度大气颗粒物为病原体的传播提供了重要途径[65]。

虽然大气颗粒物是全球疾病的主要环境风险因素，会增加呼吸道感染的风险，但是环境大气颗粒物对结核病的影响尚不清楚。2019 年，昆士兰大学公共卫生学院发表了一篇系统综述，回顾和批判性评价了现有室外空气污染（包括大气颗粒物 $PM_{2.5}$ 和 PM_{10}）对结核病结局（发病率、住院和死亡）影响的流行病学研究。该研究按照 PRISMa 指南搜索了 PubMed、Web of Science、Google Scholar 和 Scopus 数据库的相关研究，收集了在亚洲、欧洲和北美进行的 11 项流行病学研究（合并样本量：215337 人）。研究结果显示，11 项研究中有 6 项评估了 $PM_{2.5}$，4 项发现了 $PM_{2.5}$ 和结核病存在显著性关联。同时，有证据表明 PM_{10} 与结核病结局也存在显著性关联，但是该结果存在争议。虽然 11 项流行病学研究的结果存在争议，但是目前的研究表明暴露于 $PM_{2.5}$ 可能会抑制重要的免疫防御机制，增加个体活动性结核病的发病和死亡的易感性[66]。而在 2021 年发表的一篇文章对现有的环境空气污染与结核病风险的关联的证据进行了 meta 分析，该研究以 PECO 框架作为纳入标准，共收集了 17 篇文献。结果表明长期暴露于 PM_{10} 与结核病发病率增加有关，PM_{10} 每增加 10 μg/m³ 会导致结核病发病风险增加 1.058 倍（95%CI：1.021~1.095）。但该项 meta 分析并未发现 $PM_{2.5}$ 与结核病存在关联[67]。现有的关于大气颗粒物对结核病结局的影响的流行病学证据有限且结果不一致，需要未来更多研究进一步证实当前文献的结果。

基于 2005~2012 年社区筛查服务的 106678 名参与者，中国台湾开展了一项队列研究，采用最近空气质量监测站的数据和 500 m 缓冲区内道路密度来估计 $PM_{2.5}$ 的个人暴露情况，从结核病登记处收集了结核病的发病率数据。研究发现随访 6.7 年后，发生了 418 例结核病。$PM_{2.5}$ 浓度可能与结核病发病风险的增加有关。调整人口学特征、生活习惯、社会经济状态和家族史的 11 个因素后，$PM_{2.5}$ 每增加 10 μg/m³ 导致结核病发病风险增加为 1.39 倍（95%CI：0.95~2.03）[68]。另一项来自中国武汉的研究也对短期暴露于大气颗粒物与结核病发病率的关系进行了探讨，研究应用了广义加法模型来获取大气颗粒物（$PM_{2.5}$ 和 PM_{10}）与结核病的短期关联。研究人员从湖北省疾病预防控制中心获取 2015 年~2016 年期间每日结核病病例，使用单污染物和多污染物模型对大气颗粒物（$PM_{2.5}$ 和 PM_{10}）与结核病之间的关联。通过将全年数据分为温暖（5 月至 10 月）和寒冷（11 月至 4 月）季节来评估季节变化。在滞后为 7 的单一污染物模型中，$PM_{2.5}$ 和 PM_{10} 每增加 10 μg/m³ 结核病发病风险分别增加 17.03%（95%CI：6.39~28.74）、11.08%（95%CI：6.39~28.74），在包含了二氧化硫、二氧化氮、一氧化碳和地面臭氧的多污染物模型中，$PM_{2.5}$ 对结核病的影响仍然具有统计学意义，而 PM_{10} 对结核病的影响则减弱了。为了探索中长期暴露于大气细颗粒 $PM_{2.5}$ 与结核病死亡率之间的关联，上海开展的一项队列研究，基于 2013 年全球疾病负担估计的数据评估参与者家庭住址的 $PM_{2.5}$ 年平均浓度，使用 Cox 回归模型对结核病死亡率进行分析，计算其调整风险比和 95%CI。该研究共纳入 4444 名符合条件的受试者，其中 891 名死亡，中位随访时间为 2464 天。研究结果显示，长期暴露于 $PM_{2.5}$ 会增加患者死于结核病的风险。在调整性别、年龄、吸烟状况、职业、结核病治疗史、痰培养结果、肺空化、患者管理模式和臭氧暴露浓度后，$PM_{2.5}$ 每增加 2.06 μg/m³（四分位距）导致结核病死亡率增加至 1.46 倍（95%CI：1.15~1.85）。这表明长期暴露于 $PM_{2.5}$ 增加结核病患者死于结核病的风险，控制环境空气污染可能有助于降低结核病引起的死亡率[69]。另一项来自中国京津冀地区的研究采用 Poisson 广义线性回归-分布滞后非线性组合模型，对京津冀地区 2005~2017 年长期接触大气颗粒物与肺结核发病风险之间的关系进行分析，研究共纳入了 653373 例结核病病例。结果显示浓度每增加 10 μg/m³，$PM_{2.5}$ 的最大滞后特定风险和累积相对风险分别为 1.011（95%CI：1.009~1.012，滞后 3 个月）和 1.042（1.036~1.048，滞后 5 个月）[70]。另一项研究对江苏省连云港市的 $PM_{2.5}$ 和 PM_{10} 长期暴露与活动性肺结核病风险的关联进行了研究，2014~2017 年期间，该地区共报告了 7282 例结核病例，单污染物模型显示，浓度每增加 10 μg/m³，$PM_{2.5}$ 的累积相对危险度为 1.12（滞后 0~24 周，95%CI：1.03~1.22）；PM_{10} 的累积相对危险度为 1.11（滞后 0~21 周，95%CI：1.06~1.17）。在同时考虑 NO_2 的多污染物模型中，这种关联仍然显著。研究结果揭示了长期暴露于 $PM_{2.5}$ 和 PM_{10} 增加了结核病发病风险[71]。中国台湾的一项病例对照研究探索了大气颗粒物与结核病患者的痰培养转化的关联。2010~2012 年间，该研究从一家医院招募了 389 名受试者，其中 144 名非结核病相关肺病患者（痰培养阴性）和 245 名结核病患者（痰培养阳性）。研究结果显示，PM_{10} 浓度年平均值每增加 1 μg/m³ 导致结核病发病风险增加至 1.04 倍（95%CI：1.01~1.08）。结核病患者胸部 X 光片分级与 PM_{10} 水平相关。在结核病的痰培养阳性受试者中，长期暴露于 PM_{10} 浓度年平均值大于 50 μg/m³ 可能会延长结核病患者的痰培养从阳性转为阴性所需的时间（HR=1.28，95%CI：1.07~1.84）[72]。在美国北卡罗来纳州开展的研究使用了泊松回归模型来检验 1993~2007 年期间北卡罗来纳州居民室外空气污染物 PM_{10} 和 $PM_{2.5}$ 与肺结核发生率的关系，研究发现尽管在空气污染水平相对较低的地区长期暴露于大气颗粒物（PM_{10} 和 $PM_{2.5}$）对肺结核发病率仍存在不利影响[73]。此外，大气颗粒物浓度可能受到交通道路密度的影响。一项研究发现住宅邻近道路的交通密度与正在接受活动性肺结核治疗的患者死亡率增加相关[74]，意味着大气颗粒物可能与肺结核患者预后相关。

为了探索大气细颗粒物 $PM_{2.5}$ 与结核病季节性的关系，一项生态学研究收集了北京（2012~2014 年）和香港（2012~2015 年）的每月结核病通报数据和 $PM_{2.5}$ 浓度数据，采用泊松回归分析。研究结果显示，冬季 $PM_{2.5}$ 浓度月平均值增加 10 μg/m³ 将导致第二年春天或夏天的结核病例数量增加 3%（即北京和香港分别为 18 和 14 例），这一效应的滞后期为 3~6 个月。不同地方的滞后期有所不同，北京和香港的滞后期分别为 3~4 个月和 5~6 个月[75]。该项生态学研究支持了 $PM_{2.5}$ 增加暴露通过损害或改变人类呼吸系统的免疫学，增加宿主对结核病的易感性这一潜在机制。为了评估大气颗粒物对结核病的短期效应，在成都开展了一项生态学研究，收集了 2010~2015 年 36108 例新诊断的活动性结核病病例资料，采用分布滞后非线性模型对时间序列数据进行分析。研究结果显示，PM_{10} 浓度与滞后 0~2 天内结核病发病风险的增加相关。在调整长期趋势、季节性、星期效应、气象因素、社会经济因素、NO_2 或 SO_2 后，PM_{10} 浓度日均值高于阈值 70 μg/m³ 后每增加 10 μg/m³ 在滞后 0~2 天内增加结核病发病风险为 1.06 倍（95%CI：1.03~1.09）[76]。此外，为了探讨大气颗粒物对耐药性结核病风险的影响，在典型的空气污染城市济南开展了一项研究，收集了 2014~2015 年结核病防治机构报告的新发培养确诊结核病病例 752 例，使用患者家庭地址最邻近的监测站测量值估计 5 个不同暴露窗口的平均个体大气颗粒物暴露浓度，采用 logistic 回归模型调整潜在混杂因素后，分别评估不同的暴露窗口的大气颗粒物与耐药性结核病风险的相关性。研究结果显示，在单污染物和多污染物回归模型中，环境 $PM_{2.5}$ 和 PM_{10} 暴露显著增加了单药耐药和多药耐药结核病的发病风险。在暴露窗为 540 天时，观察到 $PM_{2.5}$ 的显著不利影响，而暴露窗为 90~540 天都观察到 PM_{10} 的不利影响[77]。此项研究提供了大气颗粒物与单药、多药和多药耐药性之间关联的流行病学证据。

大气颗粒物导致结核病风险增加的潜在生物机制和途径可能是多方面的。第一，大气细颗粒物 $PM_{2.5}$ 会通过诱导氧化应激削弱呼吸系统的免疫力，增加宿主的易感性[78]。第二，罗格斯大学的一项关于城市大气颗粒物对结核分枝杆菌特异性人类 T 细胞功能影响的机制研究，探讨了 $PM_{2.5}$ 对人外周血单核细胞（PBMC）中结核杆菌特异性细胞功能的影响。研究结果显示，$PM_{2.5}$ 暴露降低了控制结核分枝杆菌生长和结核分枝杆菌诱导的 CD69 表达的能力，CD69 是一种在 $CD3^+$T 细胞上表达的早期表面活化标志物。$PM_{2.5}$ 暴露还降低了 $CD3^+$ 中 IFN-γ、$CD3^+$ 和 $CD14^+$ 结核杆菌感染的 PBMC 中 TNF-α 的产生，以及结核杆菌诱导的 T-box 转录因子 TBX21（T-bet）。相比之下，$PM_{2.5}$ 暴露增加了 $CD3^+$ 和 $CD14^+$ 中抗炎细胞因子 IL-10 的表达。总之，在感染结核分枝杆菌之前接触 $PM_{2.5}$ 的 PBMC 会损害关键的抗分枝杆菌 T 细胞免疫功能，增加结核病的感染和恶化的风险[79]。第三，墨西哥一项研究探讨了城市室外大气细颗粒物 $PM_{2.5}$ 改变人类宿主免疫细胞对结核分枝杆菌的反应。研究结果表明，吸入大气细颗粒物 $PM_{2.5}$ 会损害针对结核分枝杆菌的人体肺部和全身免疫反应的重要组成部分[80]。此外，一项研究发现暴露于不同季节的 $PM_{2.5}$ 和 PM_{10} 会不同程度地损害结核病分枝杆菌诱导的人类宿主免疫。与 $PM_{2.5}$ 相比，暴露于 PM_{10} 导致结核病分枝杆菌的生长更难以控制。因此，暴露于大气颗粒物可能影响结核分枝杆菌感染和结核病治疗[81]。

目前，大气颗粒物与结核病结局关联性的证据仍然不够全面，需要未来更多的研究深入探讨。第一，现有研究主要关注 $PM_{2.5}$ 和 PM_{10} 对结核病的影响，但是关于 PM_{10} 的研究结果不一致，关于 PM_1 的研究尚未见报道。然而，空气中可吸入颗粒物由细粒和粗粒两种粒度组成，它们既有不同的生理特性，又有不同的来源特征。第二，大气颗粒物与其他因素（气象因素或社会经济因素等）对结核病交互作用的证据不充分。例如，空间分析发现秘鲁利马 $PM_{2.5}$ 浓度升高、贫困指数高和结核病发病率高的共同发生现象，表明社会经济和大气颗粒物在推动结核病发病率方面可能存在相互作用[82]；可改善空气质量的降水和相对湿度的增加对北京结核病的发生具有显著的抑制作用[83]。第三，两项研究对使用固体生物燃料的家庭进行大气颗粒物纵向监测，发现冈比亚家庭的儿童 48 小时内 $PM_{2.5}$ 暴露平均水平为 219 $\mu g/m^3$，母亲暴露水平高达 275 $\mu g/m^3$[84]，而孟加拉国家庭 24 小时内 PM_{10} 暴露平均水平高达 253 $\mu g/m^3$[85]，远高于室外大气颗粒物浓度。除了使用固体燃料，吸烟也可能增加室内的颗粒物浓度。然而，大多数研究关注室内空气污染与结核病的关联，但是具体起作用的成分未知，可进一步探讨大气颗粒物对室内聚集场所的结核病结局的影响。最后，地面监测站的大气颗粒物水平代表目标区域人群的平均暴露量，而不是个人暴露水平，存在测量误差。使用个人可穿戴设备收集的大气颗粒物数据、或使用多个暴露评估模型提高大气颗粒物的估计的时空分辨率会是更好的选择。

6.2 大气颗粒物暴露对新冠病毒感染的影响

6.2.1 新冠病毒感染简介

新型冠状病毒感染（Coronavirus Disease 2019，COVID-19），又名“2019 冠状病毒病”，是指由 2019 新型冠状病毒（新冠病毒，SARS-CoV-2）感染人体导致的急性呼吸道传染病，以肺部感染为主[86]。2020 年 2 月 11 日，世界卫生组织（World Health Organization，WHO）宣布将新型冠状病毒感染的肺炎命名为“COVID-19”；3 月 11 日，WHO 认为当前新冠肺炎疫情可被称为全球大流行[87]。其致病性、致死性、快速传播、意想不到的后遗症（如嗅觉功能下降和神经元损伤），以及更多致死性和高传染性变异群的不断出现。自 2019 年 12 月以来，全球已登记超过 7.6 亿例病例和 690 万例死亡。我国在 2023 年 1 月将新冠纳入法定传染病乙类乙管，世界卫生组织在 2023 年 5 月宣布新冠病毒感染不再构成全球关注的公共卫生事件，意味着终止大流行响应。

新冠肺炎的主要临床表现有：发热或发冷、咳嗽、呼吸急促或呼吸困难、疲劳、肌肉或身体疼痛、头痛、味觉或嗅觉丧失、咽喉痛、鼻塞或流鼻涕、恶心或呕吐、腹泻等。病情严重的患者迅速进展出现急性呼吸窘迫综合征（acute respiratory distress syndrome，ARDS）、脓毒症、肾功能衰竭、难以纠正的代谢性酸中毒和出血凝血障碍。新冠肺炎的传染源主要是新冠病毒感染者，在潜伏期即有传染性，发病后 5 天内传染性较强，主要传播途径有：近距离（2m 之内）经呼吸道飞沫和密切接触传播、在相对封闭的环境中经气溶胶传播、接触被病毒污染的物品后感染[88]。

6.2.2 大气颗粒物与新冠病毒感染的关联研究

新冠病毒主要通过飞沫和气溶胶传播，而大气颗粒物暴露（室外空气、室内场所等）已被证实与多种呼吸道传染病有关，由此合理推测大气颗粒物可能在新冠病毒感染的传播与流行中发挥重要作用。同时，由于新冠疫情对整个社会造成的影响和冲击，例如对交通运输、工业生产和人群活动的影响，进而有可能影响颗粒物的排放和空气质量，最终可能影响整个自然环境和人群健康。新冠疫情暴发以来，中国各地实施了最高级别的应急响应，以加强遏制。干预措施包括关闭娱乐场所、暂停市内公共交通以及禁止往返中国其他城市。在此期间这些严格的干预措施显著降低了每个城市的空气污染水平。因此，从人群和机制方面研究大气颗粒物对新冠疫情的影响以及二者之间的关联，对新冠疫情防控和环境治理具有十分重要的意义。

较大尺度环境下室外颗粒物暴露与新冠病毒感染相关的证据已有报道。例如，国内一项研究采用广义相加模型分析全国 120 个城市的数据显示，新冠疫情初期，$PM_{2.5}$、PM_{10} 每增加 10 μg/m^3，每日新冠发病数分别增加 2.24%（95%CI：1.02，3.46）和 1.76%（95%CI：0.89，2.63），并存在 2 周的滞后效应[90]。加拿大一项覆盖该国 2 个省的病例交叉研究显示，$PM_{2.5}$ 浓度的累积环境暴露量与新冠肺炎急诊就诊相关（OR：1.010，95%CI：1.004~1.015，每增加 6.2 μg/m^3），并呈现 0~3 天的滞后效应；而在住院患者中，$PM_{2.5}$ 与新冠病毒感染关联（OR：1.023，95%CI：1.015，1.031），更强于非住院患者（OR：0.992；95%CI：0.980，1.004）[91]。同时，中国东部最近一项生态学研究显示，新冠病毒发生变异后（Delta 毒株），PM_{10} 及 $PM_{2.5}$ 对新冠病毒感染相关性仍很显著，尤其是 0~7 天的滞后期内[92]，可能的解释为大气颗粒物对人体免疫系统的损害，导致新冠病毒感染和急性呼吸道综合征发生。在人群水平，瑞典的一项 425 名年轻的新冠病毒感染患者参加的时间分层病例交叉研究表明，短期滞后 2 天的 $PM_{2.5}$ 和 PM_{10} 暴露浓度每升高一个四分位间距，新冠病毒的聚合酶链反应（polymerase chain reaction，PCR）检测阳性率分别增加 6.8%（95%CI，2.1%，11.8%）和 6.9%（95%CI, 2.0%，12.1%）[91]。在智利圣地亚哥的时间序列分析中，每日 $PM_{2.5}$ 暴露浓度每升高一个四分位间距，COVID-19 病例的死亡率增加 5.8%（95%CI：3.4%，8.2%）[100]。最近的一项系统综述发现，PM_{10} 与新冠病毒感染流行相关程度低于 $PM_{2.5}$，可能是大于 5 μm 的颗粒物无法到达Ⅱ型肺泡细胞[新冠病毒进入受体（ACE2）]所致。同时，颗粒物与新冠病毒感染流行的相关程度在不同国家（地区）之间的差异，可能与各国（地区）采取不同的封锁限制措施、感染阶段、地形、社会人口和社会经济特征、空气污染水平和气象因素等有关[92]。

除了短期效应，一些研究也发现，大气颗粒物浓度与特定人群中新冠病毒感染风险、病死率呈现长期滞后效应。国内一项研究探究了历史空气污染与新冠病毒感染的关联，结果显示长期 $PM_{2.5}$ 和 PM_{10} 的暴露浓度均与新冠病毒感染确诊患者和严重感染者数量存在正相关。$PM_{2.5}$ 和 PM_{10} 的暴露浓度增加 10 μg/m³，新冠病毒感染的确诊病例数量分别增加 32.3%（95%CI：22.5%，42.4%）和 14.2%（95%CI：7.9%，20.5%），新冠病毒严重感染者的数量分别增加 15.7%（95%CI：6.3%，25.2%）和 6.43%（95%CI：0.6%，12.2%）[101]。另一项在我国 14 个城市开展的生态学研究发现，长期 $PM_{2.5}$ 暴露与新冠病毒感染病死率存在正相关关系，$PM_{2.5}$ 暴露浓度高的地区新冠病毒感染的病死率也高于一般地区[102]。美国一项研究使用纽约市 2020 年 3~12 月纽约市的产科数据（分娩时接受筛查），结合经济社会数据和 2018~2019 年 $PM_{2.5}$ 浓度数据，发现经济社会地位较低与感染新冠病毒的概率呈正相关（OR=1.6，95%CI：1.0-2.5，每增加 1 μg/m³）。研究中虽然只有 22%的检测呈阳性的人出现症状，但 69%的有症状的人使用了医疗补助（显示为低收入人群）[103]。另一项研究分析了 2020 年 2 月至 2021 年 2 月美国加利福尼亚州的 310 万例新冠病毒感染病例和 49691 例新冠病毒感染死亡病例，以评估与 $PM_{2.5}$ 的社区浓度相关风险的长期效应。研究基于新冠病毒感染和死亡的个人地址数据以及 2000~2018 年 1 km-1 km 网格状 $PM_{2.5}$ 数据，按照人口普查区块分组，并考虑了年、性别、种族/民族、空气流域、经济社会指数等人口普查区块数据，基于泊松分布的广义线性混合模型分析。研究发现，与生活在 $PM_{2.5}$ 长期水平最低地区 1/5 的人相比，那些生活在 $PM_{2.5}$ 长期暴露水平最高地区的 1/5 的人（多为西班牙裔）感染新冠病毒的风险高出 20%，死亡风险高出 51%[93]。可见，大气颗粒物与新冠病毒感染发病及死亡关联在弱势人群（如孕妇、低收入群体等）中更加明显。最近发表的一项 meta 分析汇总了 2020~2021 年已发表的 35 多篇关注于空气颗粒物与新冠病毒感染的研究，其中 15 项研究来自中低收入国家，包括 10 项来自中国，有 3 项（8.6%，3/35）队列研究、17 项（48.6%）生态研究和 15 项（42.9%）时间序列研究，共有 10 项和 15 项研究分别报告了长期和短期接触空气污染物与 COVID-19 发病率之间的关联。此外，12 项研究和 2 项研究分别报告了长期和短期暴露于空气污染物与 COVID-19 死亡率之间的关联。研究发现短期和长期的 $PM_{2.5}$ 和 PM_{10} 的暴露是新冠病毒感染发病和死亡的危险因素[104]。空气颗粒物暴露与新冠病毒感染关联的机制可能是颗粒物空气污染可能会损害人体呼吸屏障并沉积在呼吸道和肺部，从而促进病毒附着。该途径可以通过上调对病毒进入至关重要的蛋白质、免疫系统抑制、肺泡上皮损伤和引起肺部炎症。另一方面，接触大气颗粒物可能会增加患心肺疾病的风险和损害免疫反应，提高宿主对新型冠状病毒感染和疾病严重程度的易感性，以及提高合并症的风险。如在一项动物实验中，新生小鼠（＜7 日龄）连续 7 天暴露于 DCB230（燃烧衍生 PM 与化学吸附 EPFR）、DCB50（非 EPFR PM 样品）或空气中 30 分钟/天，研究发现暴露于含有环境持久性自由基（EPFRs）的 PM 会引起肺部氧化损伤（如 PM 诱导 8-IP 水平增加或免疫抑制性 T 细胞群-Tregs 数量增加所证明）和氧化还原失衡[55]。

上述研究发现，在人群水平，大气颗粒物暴露与新冠病毒感染发病及死亡的关联呈现短期和长期效应。然而，这些研究多为基于监测数据开展的生态学研究和病例-对照研究，仅能观察到大气颗粒物暴露与新冠病毒感染流行的相关，且多使用室外大气颗粒物数据，难以在大气颗粒物暴露与新冠病毒感染流行之间建立因果关联，且难以评估室内空气中颗粒物对新冠病毒传播的影响。因此，需要选择一定的研究人群和场所，更精准地评估大气颗粒物暴露对新冠病毒传播的影响程度，并阐释机理。

室内颗粒物对新冠病毒传播的影响不容忽视，在密闭环境（如医院等）下，新冠病毒可以通过气溶胶方式传播。由于人们大部分时间在室内度过，因此人群接触室内气溶胶的概率高于室外，从而有利于新冠病毒的空气传播。同时，吸烟、烹饪、吸尘、激光打印、燃烧蜡烛、蚊香和熏香会产生大量室内颗粒物（大部分属于 100 nm 以下级别），这些颗粒物停留在空气中，沉积在人体呼吸道的较深区域，很难被呼吸系统清除。因此，吸入的气溶胶颗粒会通过氧化应激和炎症引起不良反应。一项综述回顾了室内源排放的气溶胶颗粒的特征，以及接触颗粒如何影响人类呼吸道感染和空气传播病原体的传播。研究发现，早期的流行病学证据和动物研究揭示了颗粒暴露对呼吸道感染的不利影响，尤其是对人体呼吸系统和免疫功能的损害，并诱导血管紧张素转换酶 2 的上调，从而导致更高的 COVID-19 感染易感性。此外，由 COVID-19 感染和颗粒暴露共同产生的炎症介质会放大细胞因子风暴并加重患者的症状，且室内气溶胶颗粒可作为病毒载体传播[94]。早在武汉发生新冠疫情时，有学者测量了 2020 年 2~3 月疫情期间当地两家医院不同区域气溶胶中的病毒 RNA 水平来研究新冠病毒的空气动力学特征。

研究发现，气溶胶中病毒 RNA 在隔离病房和通风的病房中浓度很低，但在患者使用的厕所区域中较高。在大多数公共区域检测不到空气传播的新冠病毒 RNA 水平，除了部分较为拥挤的区域，这可能是人群中新冠病毒感染者聚集所致。医务人员工作区域在实施严格的消毒程序后，该区域的病毒 RNA 可以降至无法检测到的水平[95]。该研究认为新冠病毒可能具有通过气溶胶传播的潜力，而室内通风、开放空间、防护服的消毒以及厕所区域的正确使用和消毒可以有效限制气溶胶中新冠病毒 RNA 浓度。另一项研究收集了新冠疫情初期广州市某公寓楼（全楼 83 套公寓）中 11 套公寓建筑物表面、公共区域和排水系统的 237 份表面和空气样本，以及释放到浴室中的示踪气体，作为排水系统中载有病毒的气溶胶的替代品，研究新冠病毒通过气溶胶传播的原理和可能性。该研究发现，该楼中有 3 户感染家庭共 9 名感染者，其中第一个家庭有武汉旅居史，而其他 2 个家庭没有旅行史且出现症状较晚，且没有发现病毒通过电梯或其他地方传播的证据；但这些家庭居住的 3 套公寓呈垂直排列，主浴室的排水管相互，而观察到的感染和阳性环境样本的位置都与载有病毒的气溶胶通过通风口垂直传播一致。该研究认为，根据间接证据，粪便气溶胶传播可能导致了该楼中的新冠疫情发生和传播[96]。

另一方面，由于新冠疫情导致的静态管理，居民长期在家，居家活动对室内颗粒物分布也会产生影响。同时，由于新冠疫情导致的生产活动和人群生活方式的改变，对室外大气颗粒物分布也产生了影响。一项来自中国杭州市的监测研究显示，在新冠疫情封控管理期间，机动车活动减少，大气 $PM_{2.5}$ 成分中铁元素含量相对于疫情之前大幅下降[97]。另一项来自苏州的研究测定了 2019 年 12 月 1 日至 2020 年 3 月 31 日大气颗粒物中 14 种金属元素小时浓度，发现新冠疫情企业停产期间，大气颗粒物中镉、锰、锌和铁元素浓度降幅最大，复工期间上述四类元素浓度升幅最大，而这些金属元素主要来源于工业冶炼和混合燃烧源、扬尘、机动车、燃煤等[98]。美国纽约的研究也表明，在 2020 年 3 月新冠疫情封控期间，纽约各区的大气 $PM_{2.5}$ 水平相对于 2018~2019 年同期均呈现不同程度的下降[99]。在全球大气污染较为严重的城市，新冠流行期间，$PM_{2.5}$ 等污染物浓度下降尤为明显。

由于新冠疫情已形成全球大流行，在流行的过程中，新冠病毒自身也在不断发生变异，表现出传播力增强的趋势。现有的颗粒物对新冠病毒感染流行影响的研究多针对于新冠疫情暴发初期和较早期（2019~2020 年），而针对新冠病毒变异后，尤其是 Omicron 毒株流行并持续变异的背景下，进一步深入研究大气颗粒物对新冠病毒变异毒株传播的影响，对新冠疫情常态化防控，具有重要意义。针对大气颗粒物暴露，平时做好个人防护，针对重点人群加强防控尤为重要。

6.2.3 案例

1. 研究背景

截至 2022 年 2 月，COVID-19 大流行已导致超过 4.1 亿例确诊病例，并在全球造成超过 580 万人死亡。由于长期以来人们都认为空气污染是流感、严重急性呼吸综合征和登革热等呼吸道传染病的潜在诱因，作为一种新型呼吸道传染病，人们非常关注环境空气污染是否会增加 SARS-CoV-2 感染的风险以及感染后疾病的严重程度。

越来越多的生态学研究将短期（每日变化）暴露于颗粒物和汇总的人口水平数据联系起来，表明大气颗粒物在 SARS-CoV-2 感染中具有重要作用。然而，既往的短期研究缺乏个体水平的暴露数据，存在生态谬误。从统计上看，当在群体层面而不是在个体层面评估关联时，暴露与结局的相关性往往被高估。最近的一项研究指出，生态学研究容易显示空气污染与 COVID-19 之间的虚假关联。此外，对于年轻人中短期暴露于空气污染与 COVID-19 之间的关联，我们知之甚少。尽管自 2020 年秋季以来年轻人一直被认为是该病毒的主要传播者，但尚未对该年龄组进行单一研究或亚组分析报告。

因此，瑞典的 BAMSE COVID-19 研究团队开展了一项病例交叉研究评估了在个人住宅水平估计的短期空气污染暴露与瑞典年轻人感染 SARS-CoV-2 的风险之间的关联。此外，还评估了这种关联是否因性别、超重、哮喘、吸烟状况、季节和自我报告的 COVID-19 相关呼吸道症状而异。

2. 研究方法

这项按时间分层的病例交叉研究将前瞻性 BAMSE（儿童、过敏环境、斯德哥尔摩、流行病学）出生队列与瑞典国家传染病登记处联系起来，以确定 2020 年 5 月 5 日至 2021 年 3 月 31 日期间进行 CoV-2 聚合酶链反应（PCR）检测的 SARS-阳性结果的病例。病例日定义为 PCR 检测日期，而同一日历月内一周中同一天的日期和年被选为对照日。

每日空气污染物水平（直径≤2.5 μm[$PM_{2.5}$]、直径≤10 μm[PM_{10}]、黑碳[BC]和氮氧化物[NO_x]）是使用具有高时空分辨率的分散法模型估算。研究使用分布滞后模型与条件逻辑回归模型相结合用于估计关联，调整的协变量包括来自 BAMSE 队列 24 年随访（大流行之前）收集的人口统计信息，如年龄、性别、教育水平（大学或小学和/或高中）、职业（学生、在职或其他）、当前吸烟（是或否）、体重指数类别（是否超重[计算为体重（kg）除以身高（m）的平方，其中超重定义为≥25）。哮喘的定义基于以下 3 项标准中的至少 2 项：①在问卷随访日期前的最后 12 个月内出现喘息症状；②曾被医师诊断为哮喘；③过去 12 个月内偶尔或经常使用的哮喘药物。该定义是由过敏症发展机制联盟内的专家小组制定的。

3. 研究结果

图 6-3 显示了 SARS-CoV-2 感染与短期暴露于空气污染之间的滞后特定关联。我们观察到滞后 2 天的 PM_{10} 和 $PM_{2.5}$ 与新冠病毒感染病例数存在正相关（RR，1.07 [95%CI，1.02~1.12]）。$PM_{2.5}$ 和 PM_{10} 暴露浓度每增加一个 IQR，新冠病毒感染风险增加 6.9%（95%CI，2.0%~12.1%）和 6.8%（95%CI，2.1%~11.8%）。使用累积暴露产生了类似的滞后反应，但效应量更大，95%CI 更宽。将最大滞后时间延长至 14 天并没有改变结果。样条回归表明，空气污染暴露增加与 SARS-CoV-2 感染风险增加有关，PM 水平较低时曲线更陡峭 $PM_{2.5}$、PM_{10}。对于 NO_x，由于在高 NO_x 暴露水平下的少量观察，增加趋势的信息量较少（图 6-4）

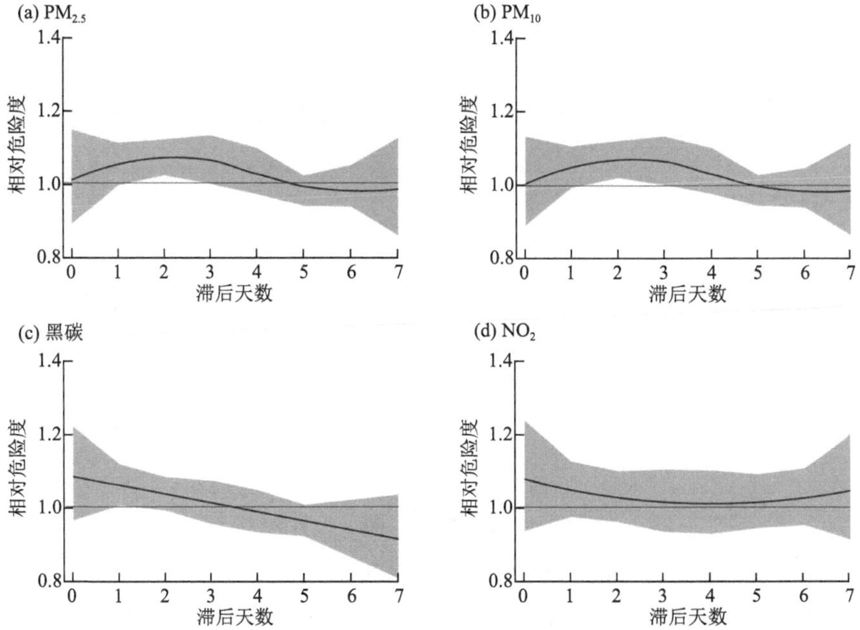

图 6-3　与空气污染暴露每增加一个 IQR 相关的 SARS-CoV-2 感染的滞后 0 天和滞后第 7、14、21 天特定相对风险（RR）

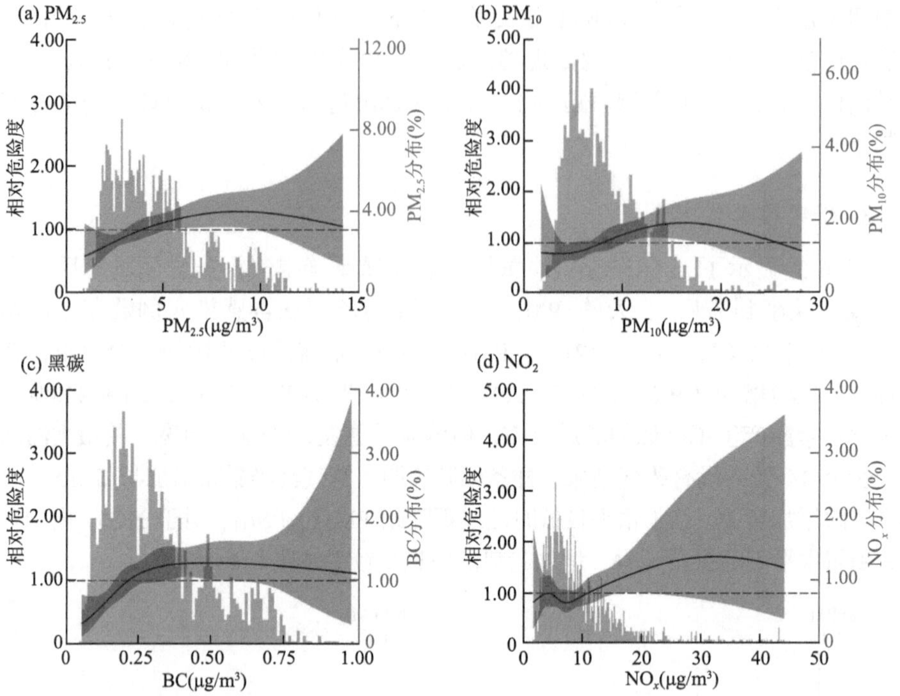

图 6-4　具有 3 个自由度的自然立方样条的短期空气污染暴露与新冠病毒感染的剂量-反应曲线

4. 研究结论

基于人群队列数据的病例交叉分析发现，每日 $PM_{2.5}$ 和 PM_{10} 暴露与阳性 PCR 检测结果（即感染）之间存在关联。对于 $PM_{2.5}$ 和 PM_{10} 每日浓度的每增加一个 IQR，风险显著增加约 6%~7%。

（康　敏①　齐　欣②　詹志颖③）

参 考 文 献

[1] 李凡, 徐志凯. 医学微生物学[M]. 9 版. 北京: 人民卫生出版社, 2018, 235: 2018.

[2] 刘娜. 衡水市大气污染物与儿童呼吸道感染疾病的相关性分析[D]. 石家庄: 河北医科大学; 2015.

[3] 支婉莹. 苏州地区不同亚型呼吸道合胞病毒(A 型、B 型)下呼吸道感染的临床流行病学及与气候环境因素相关研究[D]. 苏州: 苏州大学, 2019.

[4] Carugno M, Dentali F, Mathieu G, et al. PM_{10} exposure is associated with increased hospitalizations for

① 广东省疾病预防控制中心

② 西安交通大学

③ 福建医科大学

respiratory syncytial virus bronchiolitis among infants in Lombardy, Italy[J]. Environmental Research, 2018, 166: 452-457.

[5] Ye Q, Fu J F, Mao J H, et al. Haze is a risk factor contributing to the rapid spread of respiratory syncytial virus in children[J]. Environmental Science and Pollution Research, 2016, 23 (20) : 20178-20185.

[6] Mishra R, Krishnamoorthy P, Gangamma S, et al. Particulate matter (PM_{10}) enhances RNA virus infection through modulation of innate immune responses[J]. Environmental Pollution, 2020, 266 (Pt 1) : 115148.

[7] Cruz-Sanchez T M, Haddrell A E, Hackett T L, et al. Formation of a stable mimic of ambient particulate matter containing viable infectious respiratory syncytial virus and its dry-deposition directly onto cell cultures[J]. Analytical Chemistry, 2013, 85 (2) : 898-906.

[8] Xu Z, Hu W, Williams G, Clements A C, et al. Air pollution, temperature and pediatricinfluenza in Brisbane, Australia[J]. Environment International, 2013, 59: 384-388.

[9] Yitshak-Sade M, Yudovitch D, Novack V, et al. Air pollution and hospitalization for bronchiolitis among young children[J]. Annals of the American Thoracic Society, 2017, 14 (12) : 1796-1802.

[10] 林胜元, 吴振波. 江门市儿童急性呼吸道病毒感染与空气 $PM_{2.5}$ 相关性分析[J]. 中国医学工程, 2018, 26 (4) : 12-15.

[11] Matus C P, Oyarzún G M. Impact of particulate matter ($PM_{2.5}$) and children's hospitalizations for respiratory diseases. A case cross-over study[J]. Revista Chilena de Pediatria, 2019, 90 (2) : 166-174.

[12] Wrotek A, Badyda A, Czechowski P O, et al. Air pollutants' concentrations are associated with increased number of RSV hospitalizations in polish children[J]. Journal of Clinical Medicine, 2021, 10 (15) : 3224.

[13] Karr C J, Rudra C B, Mliier K A, et al. Infant exposure to fine particulate matter and traffic and risk of hospitalization for RSV bronchiolitis in a region with lower ambient air pollution[J]. Environmental Research, 2009, 109 (3) : 321-327.

[14] Xiao T, Ling M, Xu H, et al. NF-κB-regulation of miR-155, *via* SOCS1/STAT3, is involved in the $PM_{2.5}$-accelerated cell cycle and proliferation of human bronchial epithelial cells[J]. Toxicology and Applied Pharmacology, 2019, 377: 114616.

[15] Yang B, Guo J, Xiao C. Effect of $PM_{2.5}$ environmental pollution on rat lung[J]. Environmental Science and Pollution Research, 2018, 25 (36) : 36136-36146.

[16] Jaligama S, Saravia J, You D, et al. Regulatory T cells and IL10 suppress pulmonary host defense during early-life exposure to radical containing combustion derived ultrafine particulate matter[J]. Respiratory Research, 2017, 18 (1) : 15.

[17] Chakraborty S, Castranova V, Perez M K, et al. Nanoparticles increase human bronchial epithelial cell susceptibility to respiratory syncytial virus infection via nerve growth factor-induced autophagy[J]. Physiological Reports, 2017, 5 (13) : e13344.

[18] Lambert A L. Mangum J B, Delorme M P, et al. Ultrafine carbon black particles enhance respiratory syncytial virus-induced airway reactivity, pulmonary inflammation, and chemokine expression[J]. Toxicological Sciences, 2003, 72 (2) : 339-346.

[19] Smallcombe C C, Harford T J, Linfield D T, et al. Titanium dioxide nanoparticles exaggerate respiratory syncytial virus-induced airway epithelial barrier dysfunction[J]. American Journal of Physiology Lung Cellular and Molecular Physiology, 2020, 319 (3) : L481-L496.

[20] Chen Z H, Wu Y F, Wang P L, et al. Autophagy is essential for ultrafine particle-induced inflammation and mucus hyperproduction in airway epithelium[J]. Autophagy, 2016, 12 (2) : 297-311.

[21] World Health Organization. WHO public health research agenda for influenza: 2017 Update[R/OL]. Geneva: World Health Organization, 2017. https: //www.who.int/influenza/resources/research/pubLication_research_agenda_2017/en/.

[22] World Health Organization. Influenza (Seasonal). Revised November 2018[R/OL]. Geneva: World Health Organization, 2018, https: //www.who.int/.

[23] Chen T, Chen T, Liu R, et al. Transmissibility of the influenza virus during influenza outbreaks and related asymptomatic infection in Mainland of China, 2005—2013[J]. Public Library of Science ONE, 2016, 11 (11): e166180.

[24] Feng L, Feng S, Chen T, et al. Burden of influenza-associated outpatient influenza-like illness consultations in China, 2006—2015: A population-based study[J]. Influenza and Other Respiratory Viruses, 2020, 14 (2): 162-172.

[25] 龚慧，申鑫，严涵，等. 2006—2019 年中国季节性流感疾病负担估计[J]. 中华医学杂志，2021，101 (8): 560-567.

[26] Shu Y, Fang L, Vlas S, et al. Dual seasonal patterns for influenza, China[J]. Emerging Infectious Diseases, 2010, 16 (4): 725-726.

[27] Wang L P, Wang Y P, Jin S P, et al. Emergence and control of infectious diseases in China[J]. The Lancet (British edition), 2008, 372 (9649): 1598-1605.

[28] Shaman J, Kohn M. Absolute humidity modulates influenza survival. Transmission, and seasonality[J]. Proceedings of the National Academy of Sciences of the United States of America, 2009, 106 (9): 3243-3248.

[29] Krammer F, Smith G J D, Fouchier R A M, et al. Influenza[J]. Nature reviews. Disease Primers, 2018, 4 (1): 3.

[30] Chen P S, Tsaif T, Lin C K, et al. Ambient influenza and avian influenza virus during dust storm days and background days[J]. Environmental Health Perspectives, 2010, 118 (9): 1211-1216.

[31] Cowling B J, Ip D K M, Fang V J, et al. Aerosol transmission is an important mode of influenza a virus spread[J]. Nature Communications, 2013, 4 (1): 1935.

[32] Yan J, Grantham M, Pantelic J, et al. Infectious virus in exhaled breath of symptomatic seasonal influenza cases from a college community[J]. Proceedings of the National Academy of Sciences of the United States of America, 2018, 115 (5): 1081-1086.

[33] Asadi S, Gaaloul Ben Hnia N, Barre R S, et al. Znfluenza A virus is transmissible *via* aerosolized formites[J]. Nature Communications, 2020, 11 (1): 4062.

[34] Paton D J, Gubbins S, King D P. Understanding the transmission of foot-and-mouth disease virus at different scales[J]. Current Opinion in Virology, 2018, 28: 85-91.

[35] Zhao Y, Richardson B, Takle E, et al. Airborne transmission may have played a role in the spread of 2015 highly pathogenic avian influenza outbreaks in the United States[J]. Scientific Reports, 2019, 9 (1).

[36] Sedlmaler N, Hoppenheidt K, Krist H, et al. Generation of avian influenza virus (AIV) contaminated fecal fine particulate matter ($PM_{2.5}$): Genome and infectivity detection and calculation of immission[J]. Veterinary Microbiology, 2009, 139 (1-2): 156-164.

[37] Chen G, Zhang W, Li S, et al. The impact of ambient fine particles on influenza transmission and the modification effects of temperature in China: A multi-city study[J]. Environment International, 2017, 98: 82-88.

[38] Su W, Wu X, Gene X, et al. The short-term effects of air pollutants on influenza-like illness in Jinan, China[J]. BMC Public Health, 2019, 19 (1): 1319.

[39] Chen C, Hsieh Y H, Su H C, et al. Causality test of ambient fine particles and human influenza in Taiwan: Age group-specific disparity and geographic heterogeneity[J]. Environment International, 2018, 111: 354-361.

[40] Huang L, Zhou L, Chen J, et al. Acute effects of air pollution on influenza-like illness in Nanjing, China: A population-based study[J]. Chemosphere, 2016, 147: 180-187.

[41] Feng C, Li J, Sun W, et al. Impact of ambient fine particulate matter ($PM_{2.5}$) exposure on the risk of influenza-like-illness: A time-series analysis in Beijing, China[J]. Environmental Health, 2016, 15: 17.

[42] Liu X X, Li Y, Qin G, et al. Effects of air pollutants on occurrences of influenza-like illness and laboratory-confirmed influenza in Hefei, China[J]. International Journal of Biometeorology, 2019, 63 (1): 51-60.

[43] Li Y, Ye X, Zhou J, et al. The association between the seasonality of pediatric pandemic influenza virus outbreak and ambient meteorological factors in Shanghai[J]. Environmental Health, 2020, 19 (1): 71.

[44] Lessler J P, Peich N G B, Brookmeyer R P, et al. Incubation periods of acute respiratory viral infections: A systematic review[J]. The Lancet Infectious Diseases, 2009, 9(5): 291-300.

[45] Toczylowski K, Wietlicka-Piszcz M, Grabowska M, et al. Cumulative effects of particulate matter pollution and meteorological variables on the risk of influenza-like illness[J]. Viruses, 2021, 13(4): 556.

[46] Landguth E L, Holden Z A, Graham J, et al. The delayed effect of wildfire season particulate matter on subsequent influenza season in a mountain west region of the USA[J]. Environment International, 2020, 139: 105668.

[47] 陈诹, 王远萍, 刘丹, 等. 大气颗粒物与上海浦东新区流感确诊病例相关性的时间序列研究[J]. 公共卫生与预防医学, 2021, 32(1): 36-39+71.

[48] Zhang R, Lai K T, Liu W H, et al. Community-level ambient fine particulate matter and seasonal influenza among children in Guangzhou, China: A bayesian spatiotemporal analysis[J]. Science of the Total Environment, 2022, 826: 154135.

[49] Morales K F, Paget J, Spreeuwenberg P. Possible explanations for why some countries were harder hit by the pandemic influenza virus in 2009 - a global mortality impact modeling study[J]. BMC Infectious Diseases, 2017, 17(1): 642.

[50] Babcock H M, Merz L R, Fraser V J. Is influenza an influenza-like illness? Clinical presentation of influenza in hospitalized patients[J]. Infection Control & Hospital Epidemiology, 2006, 27(3): 266-270.

[51] Yang J H, Huang P Y, Shie S S, et al. Predictive symptoms and signs of laboratory-confirmed influenza: A prospective surveillance study of two metropolitan areas in Taiwan[J]. Medicine (Baltimore), 2015, 94(44): e1952.

[52] Lu B, Wang Y, Zhu Z, et al. Epidemiological and genetic characteristics of influenza virus and the effects of air pollution on laboratory-confirmed influenza cases in Hulunbuir, China, from 2010 to 2019[J]. Epidemiology and Infection, 2020, 148: e159.

[53] Xing Y F, Xu Y H, Shi M H, et al. The impact of $PM_{2.5}$ on the human respiratory system[J]. Journal of Tthoracic Disease, 2016, 8(1): e69-e74.

[54] Saravia J, You D, Thevenot P, et al. Early-life exposure to combustion-derived particulate matter causes pulmonary immunosuppression[J]. Mucosal immunology, 2014, 7(3): 694-704.

[55] Lee G I, Saravia J, You D, et al. Exposure to combustion generated environmentally persistent free radicals enhances severity of influenza virus infection[J]. Particle and Fibre Toxicology, 2014, 11: 57.

[56] Tao R, Cao W, Li M, et al. $PM_{2.5}$ compromises antiviral immunity in influenza infection by inhibiting activation of NLRP3 inflammasome and expression of interferon-β[J]. Molecular Immunology, 2020, 125: 178-186.

[57] Mishra R, Krishnamoorthy P, Gangamma S, et al. Particulate matter (PM_{10}) enhances RNA virus infection through modulation of innate immune responses[J]. Environmental Pollution (1987), 2020, 266(Pt 1): 115148.

[58] Clifford H D, Perks K L, Zosky G R. Geogenic PM_{10} exposure exacerbates responses to influenza infection[J]. Science of the Total Environment, 2015, 533: 275-282.

[59] Chan T L, Lippmann M. Experimental measurements and empirical modelling of the regional deposition of inhaled particles in humans[J]. American Industrial Hygiene Association Journal. 1980, 41(6): 399.

[60] World Health Organization. Tuberculosis[R/OL]. Geneva: World Health Organization, 2021, https://www.who.int/news-room/fact-sheets/detail/tuberculosis.

[61] Odone A, Calderon R, Becerra M C, et al. Acquired and transmitted multidrug resistant tuberculosis: The role of social determinants[J]. Public Library of Science ONE, 2016, 11(1): e146642.

[62] World Health Organization. Global tuberculosis Report 2019[R/OL]. Geneva: World Health Organization, 2019.

[63] Wang L P, Wang Y P, Jin S P, et al. Emergence and control of infectious diseases in China[J]. The Lancet

(British edition), 2008, 372 (9649): 1598-1605.

[64] Zhang R, Jing J, Tao J, et al. Chemical characterization and source apportionment of $PM_{2.5}$ in Beijing: Seasonal perspective[J]. Atmospheric Chemistry and Physics, 2013, 13 (14): 7053-7074.

[65] Atkinson R W, Mills I C, Walton H A, et al. Fine particle components and health-a systematic review and meta-analysis of epidemiological time series studies of daily mortality and hospital admissions[J]. Journal of Exposure Science and Environmental Epidemiology, 2015, 25 (2): 208-214.

[66] Popovic I, Soares M R, Ge E, et al. A systematic literature review and critical appraisal of epidemiological studies on outdoor air pollution and tuberculosis outcomes[J]. Environmental Research, 2019, 170: 33-45.

[67] Xiang K, Xu Z, Hu Y Q, et al. Association between ambient air pollution and tuberculosis risk: A systematic review and meta-analysis[J]. Chemosphere, 2021, 277: 130342.

[68] Lai T C, Chiang C Y, Wu C F, et al. Ambient air pollution and risk of tuberculosis: A cohort study[J]. Journal of Occupational and Environmental Medicine, 2016, 73 (1): 56-61.

[69] Peng Z, Liu C, Xu B, et al. Long-term exposure to ambient air pollution and mortality in a Chinese tuberculosis cohort[J]. Science of the Total Environment, 2017, 580: 1483-1488.

[70] Feng Y, Wei J, Hu M, et al. Lagged effects of exposure to air pollutants on the risk of pulmonary tuberculosis in a highly polluted region[J]. International Journal of Environmental Research and Public Health, 2022, 19 (9): 5752.

[71] Li Z, Mao X, Liu Q, et al. Long-term effect of exposure to ambient air pollution on the risk of active tuberculosis[J]. International Journal of Infectious Diseases, 2019, 87: 177-184.

[72] Chen K Y, Chuang K J, Liu H C, et al. Particulate matter is associated with sputum culture conversion in patients with culture-positive tuberculosis[J]. Therapeutics and Clinical Risk Management, 2016, 12: 41-46.

[73] Smith G S, Schoenbach V J, Richardson D B, et al. Particulate air pollution and susceptibility to the development of pulmonary tuberculosis disease in North Carolina: an ecological study[J]. International Journal of Environmental Health Research, 2014, 24 (2): 103-112.

[74] Blount R J, Pascopella L, Catanzaro D G, et al. Traffic-related air pollution and all-cause mortality during tuberculosis Treatment in California[J]. Environmental Health Perspectives, 2017, 125 (9): 97026.

[75] You S, Tong Y W, Neoh K G, et al. On the association between outdoor $PM_{2.5}$ concentration and the seasonality of tuberculosis for Beijing and Hong Kong[J]. Environmental Pollution, 2016, 218: 1170-1179.

[76] Zhu S, Xia L, Wu J, et al. Ambient air pollutants are associated with newly diagnosed tuberculosis: A time-series study in Chengdu, China[J]. Science of the Total Environment, 2018, 631-632: 47-55.

[77] Yao L, Liang L C, Yue L J, et al. Ambient air pollution exposures and risk of drug-resistant tuberculosis[J]. Environment International, 2019, 124: 161-169.

[78] Nel A. Atmosphere. Air pollution-related illness: Effects of particles[J]. Science, 2005, 308 (5723): 804-806.

[79] Ibironke O, Carranza C, Sarkar S, et al. Urban air pollution particulates suppress human T-cell responses to mycobacterium tuberculosis[J]. International Journal of Environmental Research and Public Health, 2019, 16 (21): 4112.

[80] Torres M, Carranza C, Sarkar S, et al. Urban airborne particle exposure impairs human lung and blood Mycobacterium tuberculosis immunity[J]. Thorax, 2019, 74 (7): 675-683.

[81] Sarkar S, Rivas-Santiago C E, Ibironke O A, et al. Season and size of urban particulate matter differentially affect cytotoxicity and human immune responses to Mycobacterium tuberculosis[J]. Public Library of Science ONE, 2019, 14 (7): 219122.

[82] Carrasco-Escobar G, Schwalb A, Tello-Lizarraga K, et al. Spatio-temporal co-occurrence of hotspots of tuberculosis, poverty and air pollution in Lima, Peru[J]. Infectious Diseases of Poverty, 2020, 9 (1): 32.

[83] Zhang C Y, Zhang A. Climate and air pollution alter incidence of tuberculosis in Beijing, China[J]. Annals of Epidemiology, 2019, 37: 71-76.

[84] Dionisio K L, Howie S R, Dominici F, et al. Household concentrations and exposure of children to particulate

matter from biomass fuels in the Gambia[J]. Environmental Science & Technology, 2012, 46 (6): 3519-3527.
[85] Dasgupta S, Huq M, Khaliquzzaman M, et al. Indoor air quality for poor families: New evidence from Bangladesh[J]. Indoor Air, 2006, 16 (6): 426-444.
[86] World Health Organization. 2019 冠状病毒病 (COVID-19) 疫情[R/OL]. Geneva: World Health Organization, https: //www.who.int/zh/emergencies/diseases/novel-coronavirus-2019.
[87] World Health Organization. 2019 冠状病毒病 (COVID-19) 疫情[R/OL]. Geneva: World Health Organization, https: //www.who.int/zh/news/item/29-06-2020-covidtimeline.
[88] 国家卫生健康委员会. 新型冠状病毒感染的肺炎诊疗方案(第九版) [Z].2022.
[89] Zhu Y, Xie J, Huang F, et al. Association between short-term exposure to air pollution and COVID-19 infection: Evidence from China[J]. Science of the Total Environment, 2020, 727: 138704.
[90] Li Z, Tao B, Hu Z, et al. Effects of short-term ambient particulate matter exposure on the risk of severe COVID-19[J]. Journal of Infection, 2022, S0163-4453 (22): 52-54.
[91] Lavigne E, Ryti N, Gasparrini A, et al. Short-term exposure to ambient air pollution and individual emergency department visits for COVID-19: A case-crossover study in Canada[J]. Thorax, 2022, thoraxjnl-2021-217602.
[92] Copat C, Cristaldi A, Fiore M, et al. The role of air pollution (PM and NO_2) in COVID-19 spread and lethality: A systematic review[J]. Environmental Research, 2020, 191: 110129.
[93] English P B, Von Behren J, Balmes J R, et al. Association between long-term exposure to particulate air pollution with SARS-CoV-2 infections and COVID-19 deaths in California, U.S.A[J]. Environmental Advances, 2022, 9: 100270.
[94] Chen B, Jia P, Han J. Role of indoor aerosols for COVID-19 viral transmission: A review[J]. Environmental Chemistry Letters, 2021, 19 (3): 1953-1970.
[95] Liu Y, Ning Z, Chen Y, et al. Aerodynamic analysis of SARS-CoV-2 in two Wuhan hospitals[J]. Nature, 2020, 582 (7813): 557-560.
[96] Kang M, Wei J, Yuan J, et al. Probable evidence of fecal arosol transmission of SARS-CoV-2 in a high-rise building[J]. Annals of Internal Medicine, 2020, 173 (12): 974-980.
[97] Liu L, Lin Q, Liang Z, et al. Variations in concentration and solubility of iron in atmospheric fine particles during the COVID-19 pandemic: An example from China[J]. Gondwana Research, 2021, 97: 138-144.
[98] 缪青, 杨倩, 吴也正, 等. COVID-19 管控期间苏州市 $PM_{2.5}$ 中金属元素浓度变化及来源解析[J]. 环境科学, 2022, 43 (6): 2851-2857.
[99] Shehzad K, Bilgili F, Koçak E, et al. COVID-19 outbreak, lockdown, and air quality: Fresh insights from New York City[J]. Environmental Science and Pollution Research, 2021, 28 (30): 41149-41161.
[100] Dales R, Blanco-Vidal C, Romero-Meza R, et al. The association between air pollution and COVID-19 related mortality in Santiago, Chile: A daily time series analysis[J]. Environmental Research, 2021, 198: 111284.
[101] Zheng P, Chen Z, Liu Y H, et al. Association between coronavirus disease 2019 (COVID-19) and long-term exposure to air pollution: Evidence from the first epidemic wave in China[J]. Environmental Pollution, 2021, 276: 116682.
[102] Hou C K, Qin Y F, Wang G, et al. Impact of a long-term air pollution exposure on the case fatality rate of COVID-19 patients—A multicity study[J]. Journal of Medical Virology, 2021, 93 (5): 2938-2946.
[103] Casey J A, Kioumourtzoglou M A, Ogburn EL, et al. Long-term fine particulate matter concentrations and prevalence of severe acute respiratory syndrome coronavirus 2: Differential relationships by socioeconomic status among pregnant individuals in New York City[J]. American Journal of Epidemiology, 2022, 191 (11): 1897-1905.
[104] Zang S T, Luan J, Li L, et al. Ambient air pollution and COVID-19 risk: Evidence from 35 observational studies[J]. Environmental Research, 2022, 204 (Pt B): 112065.

第 7 章　大气颗粒物健康效应的人群和区域性差异

7.1　大气颗粒物健康效应的人群差异

7.1.1　人群易感性

大气颗粒物暴露可引起不同程度的健康效应，不同人群对颗粒物暴露的反应存在差异。尽管多数人暴露于环境有害因素后仅出现生理负荷增加或生理性的变化，但仍有部分数人群可能发生机体功能严重失调、中毒，甚至死亡。通常把这类对环境有害因素反应更为敏感和强烈的人群称为易感人群。与普通人群相比，易感人群在更低的暴露剂量下即出现有害效应，或在相同环境因素变化条件下发生某种不良效应的反应率明显增高。因此，对于大气颗粒物暴露，易感性是指在相同暴露浓度下，该人群发生某一特定疾病亚临床变化或疾病终点或事件的风险比普通人群的风险更高。这些人群包括儿童、孕妇、老年人和患有心肺疾病的人群。同时，居住在较低社会经济水平地区的人群可能也更容易受到空气污染的影响，这是因为他们潜在的健康、营养不良与压力等问题，以及他们可能往往聚集在高污染水平的社区等因素，可能加剧了空气污染对这些人群的健康危害。

1. 老年人的易感性

近年来，我国人口老龄化日益加重，我国的老年人（60 岁以上）所占人口比例越来越高。2010~2012 年间，我国老年人人口比例已从 8.9%上升至 9.4%。截至 2021 年 5 月，我国 60 岁及以上的老年人达 2.64 亿，占总人口的 18.70%，预计到 2050 年，这一比例将增加到 4.87 亿[1]。人口老龄化和高龄化是我国当前和未来必须要长期应对的重大公共卫生和社会问题。

易感性在不同年龄段的人群中差异较大，其中老年人是空气污染的重要易感人群。首先，老年人随年龄的增加，其生理、生化及免疫功能等逐渐降低。老年人免疫系统的继发性变化由基础疾病和环境因素共同引起，这些变化可能使老年人出现自身免疫反应、对感染及其他疾病的易感性增加[2]。其次，人们对环境化学物质的敏感性会随着年龄发生变化，而这一变化主要是由毒代动力学（人体对化学物质的作用）或毒效动力学（化学物质对人体的作用）过程的改变引起[3]。对于老年人，他们对外界有害因素特别是外源性化学物质的代谢解毒能力减弱，从而导致其对颗粒物暴露更加易感。例如，美国环境保护局开展的颗粒物综合科学评价的剂量学研究显示，随着年龄的增长，成年人呼吸道所有区域的颗粒物清除率逐渐减少[4]。

既往大量研究表明，老年人暴露于大气颗粒物可导致其发生死亡的风险比年轻者更高。一项基于美国 20 个城市的病例交叉研究发现，PM_{10} 暴露浓度每升高 10 μg/m³，65 岁以下人群仅增加 0.25%（95%CI：0.01%~0.49%），而 75 岁以上老年人每日死亡率增加 0.64%（95%CI：0.44%~0.84%），而两者具有统计学显著性差异（$P<0.05$）[5]。而我国的一项于 16 个城市开展的 PM_{10} 暴露与每日死亡率的关联性研究中发现，虽然在 5~64 岁的居民中未观察到 PM_{10} 与死亡的显著相关性（0.16%，95%CI：−0.01~0.32），但在 65 岁及以上的老年人中其效应显著（0.5%，95%CI：0.22~0.78），约为 5~64 岁人群的 3 倍，且年龄差异具有统计学意义[6]。2017 年，另一项基于我国 272 城市的时间序列研究也发现，在大于 75 岁的亚组人群中，$PM_{2.5}$ 暴露水平与死亡率的关联显著强于年轻亚组（$P=0.02$）[7]。

2. 婴幼儿的易感性

年龄也是影响易感性的非遗传因素。对婴幼儿，由于其各大系统尚未发育成熟，比如免疫系统及解毒酶系统尚未发育成熟，血清免疫球蛋白水平低；其解剖生理上，外周气道比成人更容易发生炎性狭窄，因此对环境有害因素的作用往往有更高的易感性。在多起急性环境污染事件中，幼儿与普通人群相比更可能出现病理性改变、症状加重，甚至死亡。

3. 患病人群的易感性

流行病学研究表明罹患特定疾病（如呼吸系统疾病、心血管疾病等慢性疾病）的人群可能对颗粒物所致的危害更为易感。呼吸系统在人体的各种系统中与外环境接触最频繁，接触面积大，也是暴露于空气污染的第一道屏障。在中国，呼吸系统疾病是导致死亡的主要原因之一，其中慢性阻塞性肺疾病（chronic obstructive pulmonary disease，COPD）、肺癌和肺炎是最常见的病因[8]。其主要病变发生在气管、支气管、肺部及胸腔，病变轻者多咳嗽、胸痛、呼吸功能受影响，而重者则可发生呼吸困难、缺氧，甚至呼吸衰竭而死亡。呼吸系统疾病患者肺功能下降，气道存在高反应性、阻力增加，支气管组织肥大细胞、中性粒细胞及淋巴细胞计数增加。这些特殊生理病理特征使得呼吸系统疾病患者对颗粒物更加易感。已有研究结果显示，暴露于大气颗粒物后，患呼吸系统疾病的患者的循环系统与癌症死亡风险比普通人群更高。例如，De Leon 等在 75 岁及以上的纽约人群研究中发现，在 PM_{10} 暴露后呼吸道疾病的患者与非呼吸系统疾病患者相比有更高的循环系统疾病死亡和癌症死亡的相对风险，前者的循环系统疾病死亡与癌症死亡的相对危险度分别为 1.07（95%CI：1.03~1.11）和 1.13（95%CI：1.04~1.23），而后者的相对危险度相对较低，为 1.02（95%CI：1.00~1.04）和 1.03（95%CI：1.00~1.05）[9]。此外，同样暴露于大气颗粒物，急慢性呼吸系统疾病的患者发生心血管疾病入院的风险更高。Zanobetti 等在研究细颗粒物暴露的敏感亚组时发现，PM_{10} 每增加 10 μg/m³，患有呼吸系统疾病的患者入院人数增加 1.65%（95%CI：1.10%~2.20%），远高于未患呼吸系统疾病的患者（0.98%，95%CI：0.64%~1.33%）[10]。这些既往发现表明，大气颗粒物暴露可对呼吸系统疾病患者带来更高的健康风险。

心血管疾病死亡是我国居民死亡的首要原因[8]。心血管疾病，又称为循环系统疾病，是一系列涉及循环系统的疾病，循环系统指人体内运送血液的器官和组织，主要包括心脏、血管（动脉、静脉、微血管）。心血管疾病可以细分为急性和慢性，一般与动脉硬化有关。其患者多存在血管内皮细胞受损、血管炎症反应以及动脉管壁增厚、变硬和弹性减退等。大量流行病学证据表明，心血管疾病的患者是颗粒物污染的易感人群。Zanobetti 等的研究发现，心律失常或充血性心力衰竭的患者暴露于 PM_{10}，导致住院率上升 3.09%（95%CI：0.64%~5.60%）与 2.90%（95%CI：0.77%~5.08%），均高于对照组（1.43%，95%CI：0.33%~2.55%）、1.39%（95%CI：0.24%~2.55%）。另一项针对美国 20 个城市的病例交叉研究发现，PM_{10} 每增加 10 μg/m³ 可使中风患者每日死亡率升高 0.85%（95%CI：0.30%~1.40%），而无中风的人群仅增加 0.32%（95%CI：0.14%~0.50%），两者具有统计学显著性差异（$P<0.1$）[5]。

7.1.2 大气颗粒物对女性的健康效应

1. 大气颗粒物对女性心血管系统的影响

已有机制研究发现，吸入空气颗粒物可引发自主神经系统失调，并引起系统性炎症、血管内皮功能障碍和 DNA 甲基化中断等，进而诱发心血管系统的损伤。如今与空气颗粒物暴露相关的高血压已成为世界范围内最重要的公共卫生问题之一，针对该疾病的男女性别差异及敏感人群研究也逐渐受到重视。此外，现有的流行病学研究表明，空气颗粒物暴露相关的颈动脉内-中膜厚度增加以及缺血性心脏、中风、心力衰竭等患病风险在不同性别的人群中也存在差异（表 7-1）。

表 7-1　颗粒物暴露对女性心血管系统的影响

文献	研究区域	研究设计	研究时间	结局	研究对象	暴露时间	污染物（增量）
Yang et al（2018）[1]	多国	系统综述	2018	血压	—	长期、短期	$PM_{2.5}$（10 μg/m³）
Liang et al（2014）[11]	多国	系统综述	2014	血压	—	短期	$PM_{2.5}$（10 μg/m³）
Lenters et al（2018）[12]	荷兰	队列研究	1999~2000	CIMT	1970~1973 年间出生的人群	长期	$PM_{2.5}$（5 μg/m³）
Su et al（2014）[13]	中国	横断面研究	2009~2011	CIMT	台北中年人	长期	PM_{10}（27.34 μg/m³）
Adar et al（2006）[14]	美国	横断面研究	2000~2005	CIMT	美国六城市中老年人	短期	$PM_{2.5}$（2.5 μg/m³）
Bauer et al（2004）[15]	德国	队列研究	2000~2003	CIMT	德国三城市中老年人	长期	$PM_{2.5}$（4.2 μg/m³） PM_{10}（6.7 μg/m³）
Tonne al（2021）[16]	英国	队列研究	2003~2005	CIMT	Whitehall Ⅱ study 老年参与者	长期	PM_{10}（5.15 μg/m³）
To et al（2017）[17]	加拿大	队列研究	1980~2016	充血性心力衰竭、缺血性心脏病、中风	加拿大中年女性	长期	$PM_{2.5}$（10 μg/m³）
Chen et al（2001）[18]	美国	队列研究	1977~2001	冠心病	美国 25 岁以上常住居民	长期	$PM_{2.5}$（10 μg/m³） $PM_{10\sim2.5}$（10 μg/m³） PM_{10}（10 μg/m³）
Wong et al（2006）[19]	中国	队列研究	1998~2001	死亡率	香港 65 岁以上老年人	长期	$PM_{2.5}$（10 μg/m³）
Thurston et al（2015）[20]	美国	队列研究	1995~2014	心血管死亡率	美国六城市老年人	长期	PM_{10}（10 μg/m³）
Zhang et al（2014）[21]	中国	队列研究	1998~2009	缺血性心脏病、心血管死亡率	中国北部四城市中老年人	长期	PM_{10}（10 μg/m³）

注：CIMT 为颈动脉内-中膜厚度

1）亚临床和病理生理改变

暴露于空气颗粒物会增加高血压的患病风险，但由于男女性别之间的生物学差异和社会性差异，如肺的生长发育、气血屏障通透性、气道高反应性以及户外活动的时间等因素，这种效应在女性群体中较不明显。一项研究空气污染物与高血压关联的综述，纳入了 2004~2017 年间发表的 100 项相关研究，研究设计包括队列研究、横断面研究、病例交叉研究和定群研究，在汇总后进行分析，结果显示，在长期暴露的情况下，空气颗粒物对女性血压的改变并不显著，如 $PM_{2.5}$ 暴露浓度每增加 10 μg/m³ 对女性收缩压影响的效应值为−0.32 mmHg（95%CI：−1.66~1.02），对舒张压的效应值为 0.39 mmHg （95%CI：−0.11~0.88），相比之下，男性因空气颗粒物暴露而血压升高的效应较为显著，$PM_{2.5}$ 对收缩压的效应值为 4.34 mmHg（95%CI：0.60~8.09），舒张压则是 3.49 mmHg（95%CI：0.40~6.58）[1]。另一项纳入了 1998~2011 年间发表的 22 项横断面研究与定群研究的系统综述同样发现，血压与 $PM_{2.5}$ 暴露呈正相关，且这种关系存在性别差异，$PM_{2.5}$ 浓度每增加 10 μg/m³，在女性占研究人群比重较多的研究中，人群的收缩压和舒张压会分别升高 1.536 mmHg（95%CI：0.793~2.280）和 0.740 mmHg（95%CI：0.285~1.196），与男性占研究人群比重人数较多的研究相比，女性人数占比较多的研究中人群的舒张压受 $PM_{2.5}$ 影响较大，收缩压受 $PM_{2.5}$ 影响较小[11]。Lenters 等的队列研究在评估长期暴露于空气颗粒物与 750 名年轻成人的血管损伤之间的关系时发现，长期的 $PM_{2.5}$ 暴露可引起女性人群增强指数（augmentation index）增高，该指标的增高说明心室负荷增加和冠状动脉灌注受阻[12]。

2）女性心血管系统疾病患病和死亡

空气颗粒物暴露会使女性的颈动脉内-中膜厚度（carotid intima-media thickness, CIMT）增加，而 CMIT 的增加往往意味着中风、心脏病等心血管事件的发生率增高。一项 2009~2011 年间在中国台湾的台北开展的横断面研究收集了 689 位中年人的空气颗粒物暴露情况（年平均 $PM_{2.5}$ 暴露浓度为 27.34 μg/m³± 5.12 μg/m³）和 CIMT 数据，发现在女性人群中 CIMT 与一年中暴露于 $PM_{2.5}$ 浓度呈正相关（OR = 4.98，95%CI：0.20~9.76），而在男性中则无显著关联（OR = 1.05, 95%CI：−1.24~3.33）[13]。2000~2005 年间在美国六个城市开展的一项队列研究，利用特定区域的分层时空模型对 6814 名 45~84 岁的多种族（包括白种人、非裔、黑种人、拉丁裔、华裔）人群的个体空气颗粒物暴露浓度进行评估，结果也发现，$PM_{2.5}$ 暴露浓度每增加 2.5 μg/m³，在城市地区生活的女性 CIMT 平均每年增加大于 5 μm，而男性 CIMT 年平均增长则小于 5 μm[14]。Bauer 等在 2000~2003 年间收集了德国 4814 位中老年参与者的长期空气颗粒物暴露情况和 CIMT 改变情况，发现 $PM_{2.5}$ 暴露浓度每增加一个十分位浓度（4.2 μg/m³），女性人群的 CIMT（mm）会有 4.3%（95%CI：1.5~7.4）的增加，但并未发现男、女性别之间的显著差异[15]。然而 Tonne 等于 2003~2005 年在英国开展的人群队列研究纳入了 2348 名年龄均值为 61 岁的参与者，利用地理统计学时空模型测量参与者居住地

每周的 PM_{10} 暴露情况，研究认为 PM_{10} 暴露浓度每增加 5.15 μg/m^3 与男性人群 CIMT 增加存在显著关联，对女性 CIMT 增加则没有显著关联[16]。

同时，空气颗粒物暴露还会显著增加女性发生心血管事件的风险。一项在 1980~1985 年间在加拿大开展的 29549 名年龄在 40~59 岁的女性人群队列研究，通过基于卫星的 $PM_{2.5}$ 表面浓度监测人群的暴露情况，评估 $PM_{2.5}$ 暴露下各种慢性疾病患病率，结果显示，在女性人群中，$PM_{2.5}$ 浓度每增加 10 μg/m^3，充血性心力衰竭（PR = 1.31，95%CI：1.13, 1.51）、缺血性心脏病（PR = 1.22，95%CI：1.14，1.30）和中风（PR = 1.21，95%CI：1.09, 1.35）的患病风险均会显著增加[17]。于 1977 年开始的另一项纳入了 3239 位成年人的美国加利福尼亚州队列研究，对空气颗粒物与冠心病的相关关系分析结果发现，$PM_{2.5}$浓度每增加 10 μg/m^3，女性人群患冠心病的相对风险增加至 1.42 倍（95%CI：1.06~1.90），$PM_{10\sim2.5}$ 以及 PM_{10} 的浓度每增加 10 μg/m^3，患病风险则分别增加至 1.62 倍（95%CI：1.31~2.01）和 1.45 倍（95%CI：1.31~1.61），而在男性人群中，空气颗粒物暴露的效应则没有统计学意义[18]。

空气颗粒物暴露还会导致女性人群的心血管疾病死亡率增高。一项在中国香港地区开展的调查发现，$PM_{2.5}$ 浓度每增加 10 μg/m^3，女性人群的心血管疾病死亡率增加至 1.19 倍（95%CI：1.01~1.40），其中缺血性心脏病死亡率增高至 1.44 倍（95%CI：1.10~1.89），脑血管疾病死亡率增加至 1.21 倍（95%CI：0.92~1.58），但效应并不显著[19]。Thurston 等于 1995~2014 年在美国六个城市开展的队列研究纳入了 517041 名年龄在 65 岁左右的参与者，通过美国环境保护部的全国空气质量系统获取室外 PM_{10} 的浓度数据，分析空气颗粒物与人群各归因死亡率之间的关系，结果显示 PM_{10}暴露浓度每增加 10μg/m^3，女性人群的心血管疾病死亡率随之增加（HR = 1.10，95%CI：1.02~1.19），与男性人群心血管死亡率变化趋势相同（HR = 1.09，95%CI：1.04~1.15），性别差异不明显[20]。一项于 1998~2009 年间进行的中国北方四城市队列研究在天津、沈阳、太原、日照招募了 39054 名平均年龄为 44.29 岁的参与者，利用当地的气象监测站的监测数据评估 PM_{10} 暴露与人群心血管疾病死亡率的关联，结果显示 PM_{10} 暴露浓度每增加 10 μg/m^3 时，女性人群缺血性心脏病死亡率的相对危险度为 1.33（95%CI：1.17~1.51），心血管疾病死亡率的相对危险度为 1.13（95%CI：1.08~1.18），与男性人群的相对危险度 1.39（95%CI：1.29~1.50）、1.29（95%CI：1.24~1.34）较为接近，性别差异不明显[21]。

2. 大气颗粒物对女性呼吸系统的影响

空气颗粒物会对人群呼吸系统健康造成不良影响，诱发或加剧已有的呼吸系统疾病，有研究认为其机制为通过促进氧化应激引起炎症而提高气道高反应性，从而降低人群的免疫防御机制。已有流行病学证据表明空气颗粒物对女性人群的肺功能有显著的损伤效应，使慢性阻塞性肺疾病（chronic obstructive pulmonary disease，COPD）、肺癌的患病风险提高、肺炎住院率增高以及肺癌死亡率增高（表 7-2）。

表 7-2　颗粒物暴露对女性呼吸系统的影响

文献	研究区域	研究设计	研究时间	结局	研究对象	暴露时间	污染物（增量）
Doiron et al（2019）[22]	英国	横断面研究	2006~2010	FEV_1/FVC、COPD	英国 40~69 岁人群	长期	$PM_{2.5}$（5 μg/m³）
Wyatt et al（2020）[23]	美国	随机双盲交叉研究	2017	FEV_1/FVC	美国 18~35 岁健康成人	短期	$PM_{2.5}$（37.8 μg/m³）
Guo et al（2018）[24]	中国	队列研究	2001~2014	FEV_1/FVC、COPD	中国台湾 20 岁以上成人	长期	$PM_{2.5}$（5 μg/m³）
Lee et al（2020）[25]	韩国	队列研究	2002~2013	COPD	韩国健康保健服务人群	长期	PM_{10}（10 μg/m³）
Heinrich et al（2015）[26]	德国	队列研究	1980~2008	肺癌死亡率	德国 55 岁女性	长期	PM_{10}（7 μg/m³）
Katanoda et al（2011）[27]	日本	队列研究	1983~2005	肺癌患病率、呼吸系统疾病患病率	日本三城市 40 岁以上中老年人	长期	$PM_{2.5}$（10 μg/m³）
Naess et al（2006）[28]	挪威	多中心研究	1992~1995	肺癌死亡率	挪威 51~90 岁中老年人	长期	$PM_{2.5}$（15 μg/m³） PM_{10}（19 μg/m³）
Tina et al（2019）[29]	中国	时间序列研究	2014~2017	肺炎住院率	中国城市居民	长期	$PM_{2.5}$（10 μg/m³） PM_{10}（10 μg/m³）
Zhang et al（2019）[30]	中国	病例交叉研究	2015~2016	呼吸系统疾病住院率	中国深圳中年人群	短期	PM_1（10 μg/m³） $PM_{2.5}$（10 μg/m³）
Zanobetti et al（2000）[10]	美国	横断面研究	1998~2001	肺炎住院率	美国医疗保障人群	长期	PM_{10}（10 μg/m³）

1）亚临床和病理生理改变

空气颗粒物可影响女性人群的肺功能，但男女性别差异结论并不一致。一项从英国生物样本库收集了 2006~2010 年间 303887 名年龄在 40~69 岁之间人群肺功能指标的横断面研究，基于土地利用回归模型评估了 2010 年空气颗粒物浓度，分析了空气污染与人群肺功能之间的联系，结果发现 $PM_{2.5}$ 暴露浓度每增加 5 μg/m³，女性人群的肺功能指标显著下降（FEV_1：β = −68.14 mL, 95%CI：−78.68 ~ −57.59；FVC：β = −50.47 mL, 95%CI：−63.28~−37.67；FEV_1/FVC：β = −9.79 mL, 95%CI：−11.26~−8.32），但同样的效应在男性人群中更加显著（FEV_1：β = −102.32 mL, 95%CI：−118.16~−86.48；FVC：β =−78.48 mL, 95%CI：−97.42~ −59.54；FEV_1/FVC：β = −9.52 mL, 95%CI：−11.25~−7.80）[22]。另一项探究低浓度 $PM_{2.5}$ 与年轻成人心肺功能之间联系的双盲交叉研究也得出了类似的结果，$PM_{2.5}$ 浓度升高与人群肺活量下降和肺功能下降存在关联，其中男性人群在暴露一小时后 FEV_1/FVC 显著降低了 1.2%（95%CI：0.4~2.5），但在女性人群中该效应并不显著[23]。也有研究发现男性和女性的肺功能都受到空气颗粒物暴露影响，且两者效应不存在差异，如 2001~2014 年间 Guo 等在中国台湾开展的长期暴露于 $PM_{2.5}$ 对 285046 名 20 岁以上成年人肺功能影响的队列研究，在进行亚组分析后认为，$PM_{2.5}$ 长期暴露使女性人群 FEV_1/FVC 降低了 0.22%（95%CI：0.20~0.24），而男性则降低了 0.19%（95%CI：0.17~0.21）[24]。

2）女性呼吸系统疾病患病和死亡

空气颗粒物与人群 COPD 患病率之间存在关联，且对于女性的影响可能更大。一项在 2001~2014 年间于中国台湾进行的纵向队列研究纳入了 285046 名 20 岁及以上的成人，利用基于卫星监测的时空模型获得空气颗粒物暴露信息，分析 $PM_{2.5}$ 与 COPD 患病率之间的联系，结果显示，女性人群在长期暴露于 $PM_{2.5}$ 时患 COPD 的风险比为 1.07（95%CI：1.03~1.12），而男性人群的风险比则是 1.08（95%CI：1.03~1.12），稍高于女性，但两者差异并没有统计学意义[24]。而 2006~2010 年 Doiron 等在英国开展的研究纳入了 303887 名年龄在 40~69 岁之间的参与者，发现 $PM_{2.5}$ 暴露浓度升高导致 COPD 患病风险增加的效应在女性人群中更加显著（女性：OR=1.64，95%CI：1.49~1.81；男性：OR=1.40（95%CI：1.27~1.54），研究认为这种性别差异的原因虽然尚不明确，但可能与男女之间在不同生命阶段的特征、激素分泌、社会因素暴露等有关[22]。一项 2002~2013 年间在韩国进行的队列研究收集了 6313 名参与者的 COPD 患病情况，并根据 β 射线吸收法和 Kriging 模型测量了参与者的 PM_{10} 暴露情况，分析结果显示，在暴露于 PM_{10} 6 个月的情况下，女性群体患 COPD 的风险比为 1.221（95%CI：1.195~1.248），高于男性人群（HR = 1.161，95%CI：1.148~1.174）[25]。

空气颗粒物也是引起肺癌和使肺癌死亡率增高的重要危险因素之一。一项德国的前瞻性队列研究评估了长期暴露于 PM_{10} 对女性人群全因死亡率和各归因死亡率的影响，结果发现 PM_{10} 暴露浓度每升高 7 μg/m³，则女性人群的肺癌归因死亡率的风险比提高至 1.84（95%CI：1.23~2.74）[26]。Katanoda 等在日本开展的前瞻性队列研究于 1983 年和 1985 年共纳入了 63520 名参与者，在每个研究区域内或附近的空气监测站测量的年平均浓度被用作个人暴露水平的替代指标，评估了 $PM_{2.5}$ 暴露与人群肺癌死亡率以及呼吸系统疾病患病率之间的关联，研究结果表明，在从不吸烟的女性人群中，$PM_{2.5}$ 暴露浓度每增加 10 μg/m³，患肺癌的风险比提高至 1.35 倍（95%CI：1.02~1.33），而在所有女性人群中，$PM_{2.5}$ 暴露浓度增加则会使患呼吸系统疾病的风险比增高至 1.28 倍（95%CI：1.10~1.49），高于男性人群患病增高的风险比（HR=1.11，95%CI：1.00~1.22）[27]。一项在挪威开展的多中心研究探究了空气污染物暴露和各归因死亡率之间的联系，该研究在 1992~1995 年纳入了 143842 名 51~90 岁的参与者，分析发现在 51~70 岁的女性参与者中，$PM_{2.5}$ 和 PM_{10} 暴露浓度每升高一个四分位数（$PM_{2.5}$：Q1 = 6.56~11.45 μg/m³, Q2 = 11.46~14.25 μg/m³, Q3 = 14.26~18.43 μg/m³, Q4 = 18.44~22.34 μg/m³；PM_{10}：Q1 = 6.57~13.33 μg/m³, Q2 = 13.34~19.18 μg/m³, Q3 = 19.19~23.74 μg/m³，Q4 = 23.75~30.13 μg/m³），其肺癌死亡率的风险皆升高为 1.27 倍（95%CI：1.13~1.43），而年龄在 71~90 岁之间的女性参与者中，$PM_{2.5}$ 和 PM_{10} 暴露浓度每升高一个四分位数，其肺癌死亡率的风险比分别为 1.16（95%CI：1.02~1.32）和 1.18（95%CI：1.03~1.33）[28]。

肺炎住院率升高与空气颗粒物暴露之间存在关联。一项时间序列研究纳入了中国 184 个城市，收集了 2014~2017 年间居住在城区的成年人群数据，从国家空气污染监测系统中获得每小时空气中 $PM_{2.5}$ 和 PM_{10} 的浓度数据，进而分析空气颗粒物暴露与成人肺炎住院率之间的联系，结果表明在女性人群中，$PM_{2.5}$ 和 PM_{10} 暴露浓度每升高 10 μg/m³，其肺炎住院率则分别增长 0.33%（95%CI：0.13~0.53）和 0.15%（95%CI：0.05~0.25），在男性人群中则分别增长 0.31%（95%CI：0.12~0.49）和 0.20%（95%CI：0.13~0.28），性别差异并不明显[29]。一项 2015~2016 年间在中国深圳开展的横断面研究分析了 PM_1 和 $PM_{2.5}$ 暴露与平均年龄为 42.1 岁的人群呼吸系统疾病住院率之间的关系，结果发现肺炎住院率在总呼吸系统疾病住院率中占 27.3%，而亚组分析的结果显示 PM_1 和 $PM_{2.5}$ 暴露浓度每升高 10 μg/m³，女性人群呼吸系统疾病的住院率的 OR 为 1.10（95%CI：1.01~1.21）和 1.06（95%CI：1.01~1.13），男性人群的 OR 则分别为 1.09（95%CI：1.02~1.16）和 1.06（95%CI：1.00~1.11）[30]。一项在美国库克县开展的研究收集了 1985~1994 年间医院中享有医疗保障的老年人的健康数据和 PM_{10} 的环境监测数据，亚组分析的结果显示女性人群 PM_{10} 暴露浓度每升高 10 μg/m³，女性人群的肺炎住院率增高 1.91 倍（95%CI：1.11~2.72），男性人群则增高 2.65 倍（95%CI：1.81~3.50），效应高于女性[10]。

7.1.3　大气颗粒物对儿童的健康效应

1. 大气颗粒物暴露对儿童呼吸系统与哮喘的影响

Dominski 等[31]曾对 2020 年 6 月及之前 PubMed 等几个主要科学数据库中收录的空气污染影响健康的系统综述与荟萃分析文章进行了映射综述，指出在这一类研究中，儿童呼吸系统是最受关注的健康结局之一。如前文所述，由于儿童呼吸系统发育尚不成熟，鼻腔过滤效率低，因此暴露于大气颗粒物时更易受到健康损害（表 7-3）。

表 7-3　颗粒物暴露对儿童呼吸系统的影响

文献	研究区域	研究设计	研究时间	结局	研究对象	年龄（岁）	暴露时间	污染物（增量）
Hu et al.（2020）[33]	中国	PS	2016	FVC，FEV1，MMEF	57 名小学生	8~13	短期（0~2 d）	$PM_{2.5}$（19.1 μg/m³）
Wu et al.（2020）[34]	中国	PS	2018~2019	FVC，FEV1，TNF-α，FeNO，口腔黏膜菌群	62 名小学生	5~12	短期（0~2 d）	$PM_{2.5}$（25 μg/m³）
Wang et al.（2021）[36]	中国	TS	2016~2018	肺炎入院	中国合肥青少年儿童	0~17	短期（3 d）	PM1（10 μg/m³） $PM_{2.5}$（10 μg/m³） PM10（10 μg/m³）
Horne et al.（2018）[35]	美国	病例交叉	1999~2016	急性下呼吸道感染（ALRI）	美国犹他州瓦萨其前线居民因 ALRI 在山间保健医院就诊者	0~17	短期（0~27 d）	$PM_{2.5}$（10 μg/m³）
Li et al.（2021）[37]	中国	TS	2016~2018	呼吸道疾病急诊就诊	中国上海 66 家医院就诊记录	0~18	短期（0~3 d）	UFP（1800 particles/cm³）
Nhung et al.（2017）[38]	全球	meta 分析	1999~2016	肺炎就医	—	0~18	短期&长期	$PM_{2.5}$（10 μg/m³） PM_{10}（10 μg/m³）
Fan et al.（2016）[39]	全球	meta 分析	~2016	哮喘	—	0~18	短期	$PM_{2.5}$（10 μg/m³）
Zhang et al.（2016）[40]	东亚	meta 分析	~2016	哮喘就医	—	0~14	短期	$PM_{2.5}$（10 μg/m³）

续表

文献	研究区域	研究设计	研究时间	结局	研究对象	年龄（岁）	暴露时间	污染物（增量）
Yang et al.（2018）[41]	中国	横断面	2012~2013	哮喘	中国东北七城市研究参与者	2~17	长期	PM_1（10 μg/m³） $PM_{2.5}$（10 μg/m³）
Milanz et al.（2018）[42]	荷兰	CS&横断面	1996~2010	FEV_1，FVC	915（+721）	8~16	长期	$PM_{2.5}$（1.2 μg/m³） PM_{10}（0.9 μg/m³）
Guo et al.（2019）[24]	中国台湾	CS	2000~2014	FVC，FEV_1，MMEF	33506 名台湾居民	6~24	长期	$PM_{2.5}$（10 μg/m³）
Cai et al.（2020）[43]	英国西南部	CS	1990~2008	FEV_1，FVC，FEV_1/FVC	13963 名孕妇及其后代	0~15	长期	PM_{10}（1 μg/m³）
Gehring et al.（2013）[32]	欧洲	meta 分析	1994~2007	FEV_1，FVC，PEF	—	6~8	短期&长期	$PM_{2.5}$（5 μg/m³） $PM_{absorbance}$（1 unit）
Shi et al.（2021）[44]	中国	横断面	2005~2011	肺炎发病史	中国儿童，家庭，健康项目（CCHH）30315 人	3~7	长期	$PM_{2.5}$（10 μg/m³）

注：PS 为定组研究；CS 为队列研究；TS 为时间序列研究

1）肺功能

长期或短期大气颗粒物暴露均可导致儿童肺功能下降。Gehring 等[32]研究者整合了欧洲空气污染影响合作队列研究（ESCAPE）框架下的五项出生队列研究结果（瑞典 BAMSE，德国 GINIplus/LiSAplus，英国 MaAS，荷兰 PIAMa），采用土地利用回归模型，分别从出生地址与现居地址两个角度评估参与者的空气污染暴露水平，并控制了基本人口学特征、遗传因素、烟草暴露、母乳喂养、居住环境、宠物饲养等多个混杂因素进行合并分析。尽管研究者未发现颗粒物暴露与肺功能低下（第 1 秒用力呼气容积[FEV_1]低于 85%预测值）的关联，但观察到现居住地 $PM_{2.5}$ 浓度升高、$PM_{2.5}$ 吸收升高均与 FEV_1 指标下降相关（年均 $PM_{2.5}$ 浓度每升高 5 μg/m³，FEV1 改变−2.49%（95%CI：−4.57%~−0.36%）），在用力肺活量（FVC）、最大呼气流量（PEF）等指标中也出现类似的负向关联。

中国 Hu 等[33]开展的一项基于 8~13 岁小学儿童的定组研究揭示，短期 $PM_{2.5}$

每升高一个四分位（19.1 μg/m^3）可导致 FEV$_1$ 下降 28.00 mL（95%CI：12.83~43.16 mL），最大呼气中段流量（MMEF）下降 38.62 mL/s（95%CI：10.34~66.90mL/s）。Wu 等[34]开展的定组研究纳入了 62 名 5~12 岁儿童，该研究不仅发现 $PM_{2.5}$ 短期暴露与肺功能下降相关，还与气道炎症生物标志物 TNF-α 等升高、口腔黏膜菌群多样性下降相关。

2）呼吸道感染与肺炎

据 WHO 估计，急性下呼吸道感染是全球儿童死亡的主要原因之一，世界范围内 5 岁以下儿童死亡 16%归因于肺炎。大气颗粒物一方面可能作为致病性细菌、病毒或放线菌的载体直接引起呼吸道感染，另一方面也可能通过刺激免疫系统引发肺部炎症反应，进一步升高感染性肺炎发病概率。

短期颗粒物浓度升高可导致急性呼吸道感染与肺炎发病概率升高。Horne 等[35]收集了美国犹他州山间保健医院 1999~2016 年因急性下呼吸道感染（ALRI）就诊的十余万名患者的资料并以此展开病例交叉研究。数据表明七成以上的患者是 0~2 岁的婴幼儿。$PM_{2.5}$ 0~27 天滞后浓度每升高 10 μg/m^3，0~2 岁、3~17 岁与 18 岁以上人群 ALRI 入院风险分别升高 15%（95%CI：11%~19%）、32%（95%CI：20%~44%）与 19%（95%CI：9%~31%）。Wang 等[36]则追踪了我国合肥市 0~17 岁少年儿童在 2016~2018 三年间因肺炎入院的情况，发现 PM_1、$PM_{2.5}$ 与 PM_{10} 短期暴露（0~2 天滞后浓度每升高 10 μg/m^3）会使肺炎风险分别升高 10.28%（95%CI：5.88%~14.87%）、1.21%（95%CI：0.34%~2.09%）以及 1.10%（95%CI：0.44%~1.76%）。进一步的分析结果表明，男孩比女孩更易受影响，且寒冷季节时颗粒物的效应更加显著。Li 等[37]研究了同一时间段上海 66 家医院 0~18 岁人群呼吸道疾病就诊与 UFP 短期暴露的关联，结果显示 UFP 滞后 0~3 天浓度每升高 1800 个/cm^3，上呼吸道感染风险升高 14%（95%CI：2%~28%），支气管炎风险升高 17%（95%CI：4%~38%），肺炎风险升高 20%（95%CI：14%~59%），且 0~13 岁儿童的风险比 14~18 岁人群更高。研究者同时指出这种效应没有暴露阈值。

长期颗粒物暴露也与肺炎发病相关。Shi 等调查了中国儿童家庭健康计划（CCHH）纳入的 30315 名 3~7 岁儿童的肺炎发病史与过去 7 年间 $PM_{2.5}$ 及其五种主要化学成分（SO_4^{2-}、NO_3^-、NH_4^+、有机物、黑碳）暴露的关联。结果表明，儿童全生命期年均 $PM_{2.5}$ 浓度每升高 10 μg/m^3，肺炎患病风险升高 12%（95%CI：7%~18%）；除黑碳外，$PM_{2.5}$ 的几种主要化学成分均与儿童肺炎患病相关；城市地区、5 岁以下以及母乳喂养不足 6 个月的儿童风险相对更高。Nhung 等[38]综述了 1999~2016 年间发表的 17 篇空气污染与肺炎入院关联的研究，并得出结论认为日常 $PM_{2.5}$ 与 PM_{10} 浓度每升高 10 μg/m^3，儿童因肺炎就医的超限风险分别增加

1.5%（95%CI：0.6%~2.4%）和 1.8%（95%CI：0.5%~3.1%），且这种关联在不同年龄、地区收入水平和暴露时期亚组间均没有显著差异。

3）哮喘

哮喘是一种以慢性气道炎症为特征的异质性疾病，表现为可逆性呼气气流受限，导致反复发作的喘息、气促、咳嗽与胸闷等症状。世界范围内约有 3.4 亿人患有哮喘，在我国这一人数已突破三千万。大多数哮喘患者从儿童时期开始发病，而空气污染与哮喘发病密切相关。目前针对大气颗粒物与儿童哮喘的关联已有大量报道。

Fan 等[39]对 2015 年及之前全球范围内短期 $PM_{2.5}$ 暴露与哮喘急诊就诊关联的文献（16 篇，其中 13 篇为时间序列或病例交叉设计）进行了 meta 分析，结果显示短期 $PM_{2.5}$ 浓度每增加 10 μg/m³，全人群哮喘急诊就诊的风险增加 1.5%（95%CI：1.2%~1.7%），而其中 18 岁以下儿童风险增加 3.6%（95%CI：1.8%~5.3%），可见 18 岁以下青少年儿童是 $PM_{2.5}$ 暴露与哮喘关联的高危人群。Zhang 等[40]则针对东亚地区短期空气污染与哮喘的研究进行了系统性综述，一共纳入 30 项时间序列或病例交叉研究，随后又排除了 4 篇在不同季节开展的同类研究。校正发表偏倚后，研究者发现短期 PM_{10} 浓度每升高 10 μg/m³，0~14 岁儿童的哮喘综合就医 RR 为 1.021（95%CI：1.017~1.024）；$PM_{2.5}$ 浓度每升高 10 μg/m³，儿童哮喘综合就医率 RR 为 1.022（95%CI：1.019~1.026），且二者均高于全人群 RR。

Yang 等[41]在中国东北展开的横断面调查纳入了 59754 名 2~17 岁在校儿童，计算并匹配了过去四年里调查参与者居住地址附近的颗粒物日常浓度。结果显示，PM_1 与 $PM_{2.5}$ 浓度每升高 10 μg/m³，儿童哮喘 OR 分别为 1.56（95%CI：1.46~1.66）和 1.50（95%CI：1.41~1.59）。这表明长期颗粒物暴露也可能与儿童哮喘风险升高相关。

2. 大气颗粒物暴露与儿童血压

根据 2010 年全国学生体质调查报告，我国中小学生的高血压患病率为 14.5%。高血压是心脑血管发病与死亡最重要的独立危险因素，而儿童青少年时期出现高血压会增加成年后患高血压的风险。目前已有研究表明，除遗传、肥胖等个体危险因素外，大气颗粒物污染是儿童高血压的重要环境危险因素。

Yan 等[45]检索了 2014~2021 年 5 月发表的大气颗粒物与青少年儿童高血压关联的文献，最后纳入 15 项研究进行荟萃分析，结果表明长期 PM_{10} 暴露与儿童高血压正相关（PM_{10} 每升高 10 μg/m³，OR=1.17，95%CI：1.13~1.21），而短期 PM_{10}、长期 $PM_{2.5}$ 暴露与收缩压升高相关（相应浓度每升高 10 μg/m³，β 值分别为 0.26，95%CI：−0.00~0.53 与 0.50，95%CI：0.19~0.81）；短期 PM_{10} 暴露与长期 $PM_{2.5}$ 暴露与舒张压升高相关（相应浓度每升高 10 μg/m³，β 值分别为 0.32，95%CI：0.19~0.45 与 0.34，95%CI：0.11~0.57）。Qin 等则对 2020 年 8 月前发表的所有长期颗粒物暴露与血压关联的研究进行了汇总，其中大多数研究在成年人群中开展，仅有 4 篇来自中国的横断面调查研究对象为儿童[46]。与 Yan 等的结论类似，Qin 等发现长期 PM_{10} 暴露与儿童高血压存在正相关关系（浓度每升高 10μg/m³，合并 OR=1.15，95%CI：1.01~1.32），但仍需要更多队列研究来进一步确证这种关联[46]。

Liu 等[47]在中国两个城市分别开展了两个定组研究，评估 286 名 4~12 岁儿童的 72 小时 $PM_{2.5}$ 暴露在不同滞后时间与血压的关系，发现即使 $PM_{2.5}$ 水平低于中国环境空气质量标准（CAAQS）Ⅱ级限值，短期 $PM_{2.5}$ 暴露（滞后 2 天，以 10 μg/m³ 计算）依然与儿童血压升高、高血压前期（OR=1.09，95%CI：1.03~1.15）和高血压患病率（OR=1.06，95%CI：1.02~1.11）正相关，男孩、课外活动时间大于 1 小时时风险更高。在该研究中，研究者同时使用多路径粒子计量模型（MPPD）计算了 $PM_{2.5}$ 在头部、气管/支气管和肺泡三个呼吸系统区域的沉积分数，并发现与 $PM_{2.5}$ 类似的影响，其中气管/支气管和肺泡沉积对血压结果的影响更为明显。

3. 大气颗粒物对儿童的其他健康影响

1）过敏性疾病

大气颗粒物暴露是否会导致过敏性疾病目前尚无定论[48]。

Lin 等[49]涵盖了 8 个国家 21 篇研究的荟萃分析结果表明 $PM_{2.5}$ 与 PM_{10} 浓度每升高 10 μg/m³，儿童变应性鼻炎（AR）风险升高 9%（95%CI：1%~17%）与 6%（95%CI：2%~11%）。Li 等[37]最近发表的一篇同时包括成人与儿童的荟萃分析则进一步显示青少年儿童比成人对这一关联更加敏感。Wang 等[36]研究了广州市空气污染对变异性皮炎（AD）就医的影响，结果显示短期颗粒物浓度升高（$PM_{2.5}$ 与 PM_{10} 每升高 10 μg/m³）与 AD 风险正相关（ER=3.1%，95%CI：1.76%~4.49%；2.5%，95%CI：1.51%~3.44%）。

Bowatte 等[50]将注意力放在儿童时期交通源空气污染与过敏性疾病的关联上，并以此为主题筛选出 2015 年前发表的所有出生队列研究并进行荟萃分析。作者得出结论认为，$PM_{2.5}$ 暴露与哮喘、空气过敏原和食物过敏原的致敏相关，但与湿疹和花粉热的关联性不确定。$PM_{2.5}$ 暴露与室内过敏原致敏无关，而与室外过敏原致敏存在统计学关联，然而这种关联性还存在较大的异质性（I^2=73.7%）。

2）注意缺陷与多动障碍

注意缺陷与多动障碍（ADHD）是儿童时期最常见的神经发育障碍之一，患病儿童通常难以集中注意力，或无法控制自身冲动行为，表现得过度活跃，部分患儿同时伴有认知障碍或情绪行为障碍，给生活学习造成困难。这些症状有可能会一直持续到成年。

Aghaei 等[51]综述了 2018 年 4 月及之前环境空气污染与儿童 ADHD 的研究，其中涉及颗粒物暴露的研究共 20 篇，超过半数（61.2%）的研究结论指出颗粒物与 ADHD 患病风险相关，但考虑到发表偏倚的存在，作者认为该关联的证据仍然有限。此后陆续又有多篇相关文献报道：Markevych 等[52]对德国一家辐射当地半数人群的法定保险公司登记的 6.6 万余名新生儿进行了为期至少 10 年的追踪调查，发现调查期间 PM_{10} 人群加权年均浓度每升高 10 μg/m^3，ADHD 相对风险增加 97%（95%CI：35%~186%）。Park 等[53]则报道了短期 PM_{10} 浓度每增加一个四分位（26.5 μg/m^3），韩国 10~19 岁青少年儿童 ADHD 相关就医风险升高 17%（95%CI：7%~27%，滞后 2 天）。

而在另一项基于 80 余万名丹麦新生儿的全国前瞻性队列研究中[54]，尽管单污染模型结果显示 0~5 岁期间最高 $PM_{2.5}$ 分位暴露（14.62~26.36 μg/m^3）的儿童确诊 ADHD 的风险是最低 $PM_{2.5}$ 分位暴露（8.13~11.75 μg/m^3）儿童的 1.63（95%CI：1.52~1.76）倍，但双污染模型分析表明颗粒物的这种效应很可能受 NO_2 交互作用的影响，结果欠缺稳健性。Roberts 等[55]在包含 284 名伦敦儿童的环境风险（E-Risk）纵向双胞胎研究中，利用 KCL 城市模型评估参与者 12 岁时居住地附近高精度（20 m × 20 m）空气污染水平，并研究其与 12 岁与 18 岁时精神健康状况的相关性。研究者最后仅发现 $PM_{2.5}$ 与抑郁症状存在关联，而未发现与 ADHD、焦虑症或执行障碍的关联。

3）其他

颗粒物暴露也可能是婴幼儿死亡的风险因素。根据 Karimi 等[56]的报道，颗粒物浓度的增加与世界范围内婴儿和 5 岁以下儿童的死亡率有关（$PM_{2.5}$ 每增加 10 μg/m^3，3.4%（95%CI：1.7%~5.4%）；PM_{10} 每增加 10 μg/m^3，2.5%（95%CI：1.6%~4.3%）。

此外，PM_1、$PM_{2.5}$ 与 PM_{10} 暴露均可能影响儿童睡眠健康状况，引起多种呼吸性睡眠问题和其他睡眠障碍[57]。我国几项大型横断面研究结果显示，长期颗粒物暴露还可能与儿童普通肥胖与腹型肥胖（PM_1、$PM_{2.5}$ 与 PM_{10} 每增加 10 μg/m^3，BMI-z 评分升高 0.16，95%CI：0.11~0.21；0.15，95%CI：0.11~0.19；0.11，95%CI：0.07~0.14）、血糖水平升高（$PM_{2.5}$ 每增加 1 μg/m^3，快速空腹血糖值升高 0.34 mg/dL，95%CI：0.08~0.59 mg/dL）以及代谢综合征患病（$PM_{2.5}$ 与 PM_{10} 每增加 10 μg/m³，OR=1.31，95%CI：1.05~1.64；1.32，95%CI：1.08~1.62）相关[58-60]。Lee 等[61]则指出短期与长期 $PM_{2.5}$ 和 PM_{10} 暴露均与儿童中耳炎发病率增加正相关，且 $PM_{2.5}$ 比 PM_{10} 效应更显著。

7.1.4 大气颗粒物对老年人的健康效应

1. 大气颗粒物对老年人心脑血管系统的影响

大气颗粒物暴露可引起人体心脑血管系统复杂的生物学效应，具体可表现为心脏和血管的功能紊乱。而对于老年人群，颗粒物短期暴露引起的早期生化改变，可导致心律失常（arrhythmia）、传导阻滞（conduction block）、缺血性心脏病（ischemic cardiomyopathy）、心力衰竭（cardiac failure）、中风（stroke）等一系列功能和器质性改变，而颗粒物长期暴露可造成损伤的持续累积，并与心脑血管疾病发病与死亡存在密切关联（表 7-4）。

表 7-4 颗粒物暴露对老年人心脑血管系统的影响

文献	研究区域	研究设计	研究时间	结局	研究对象	年龄（岁）	暴露时间	污染物（增量）
Sinharay et al（2018）[57]	英国	RCT	2012~2014	呼吸与心血管	135 位（40 位健康，40 位患 COPD，39 位缺血性心脏病患者）	≥60	短期	$PM_{2.5}$（14.94 μg/m³） PM_{10}（14.47 μg/m³）
Mordukhovich et al（2015）[63]	美国	CS	2003~2011	HRV	the Normative Aging Study	≥65	长期	$PM_{2.5}$（1.36 μg/m³）
Lin et al（2017）[64]	中国	CS	2007~2010	血压	12665 名	≥50	长期	$PM_{2.5}$（10 μg/m³）
Kloog et al（2014）[65]	美国	CC	2000~2006	入院率	大西洋沿岸中部地区	≥65	短期	$PM_{2.5}$（10 μg/m³）
Dominici et al（2006）[66]	美国	TS	1999~2002	入院率	美国医疗保险人群	≥65	短期	$PM_{2.5}$（10 μg/m³）
Shah et al（2015）[67]	多国	meta 分析	2014	入院率、死亡率	—	≥65	短期	$PM_{2.5}$（10 μg/m³） PM_{10}（10 μg/m³）
Yazdi et al（2021）[70]	美国	cohort	2000~2016	入院率	美国医疗保险人群	≥65	长期	$PM_{2.5}$（1 μg/m³）
Pun et al（2017）[71]	美国	cohort	2000~2008	死亡率	美国医疗保险人群	≥65	长期	$PM_{2.5}$（10 μg/m³）

续表

文献	研究区域	研究设计	研究时间	结局	研究对象	年龄（岁）	暴露时间	污染物（增量）
Zhang et al（2014）[21]	中国	cohort	1998~2009	死亡率	中国南部 4 年随访的队列	≥60	长期	PM_{10}（10 μg/m³）
Zeka et al（2006）[68]	美国	CC	1989~2000	死亡率	20 个美国城市	≥75	短期	PM_{10}（10 μg/m³）
De Leon et al（2003）[9]	美国	cohort	1985~1994	死亡率	纽约居民	≥75	短期	PM_{10}（18.16 μg/m³）
Qu et al（2018）[72]	中国	TS	2014~2017	死亡率	长春老年人	≥65	短期	$PM_{2.5}$（10 μg/m³）

注：CC 为病例对照研究；TS 为时间序列研究；CS 为队列研究；RCT 为随机临床试验； HRV 为心率变异性

1）亚临床、病理生理指标改变

长期暴露于颗粒物污染可导致肺功能降低，特别是在老年人和 COPD 患者中，而在较高污染水平下的短期暴露可导致缺血性心脏病超额死亡和慢性阻塞性肺病加重。一项评估英国老年人在交通繁忙且具有高污染水平街道上行走与在无交通、污染水平较低的区域行走对呼吸和心血管反应影响的随机交叉研究发现，在缺血性心脏病老年患者中，$PM_{2.5}$ 与 PM_{10} 每增加四分位间距水平（IQR）（14.94 μg/m³ 和 14.47 μg/m³），脉搏波传导速度与脉搏增强系数均增大，其中按医嘱服用药物的患者增幅小于未服药患者[62]。而另一项基于美国退伍老兵队列的研究发现，在 65 岁及以上的老年人群中，年均 $PM_{2.5}$ 浓度水平每增加 1.36 μg/m³，心率的低频功率和心率低-高频功率的比值分别增高 23.6%（95%CI：6.0%~44.1%）和 21.0%（95%CI：8.6%~34.8%）[63]。Lin 等基于我国老年人群开展全国多中心研究发现，$PM_{2.5}$ 每增加 10 μg/m³，65 岁及以上的老年人群高血压 OR 值为 1.12（95%CI：1.02~1.23），且 10.63%（95%CI：1.98%~21.26%）和 386 例（95%CI：72~772 例）高血压疾病负担可归因于 $PM_{2.5}$ 暴露[64]。

2）疾病与死亡

$PM_{2.5}$ 的急性暴露会增加老年人心脑血管疾病住院的风险。美国的一项病例交叉研究[65]与全国性时间序列研究[66]均发现，$PM_{2.5}$ 日均暴露水平增加可显著增加老年人心脑血管疾病住院率。颗粒物急性暴露同样是老年人因中风入院或死亡的危险因素。一项关于颗粒物暴露与中风的系统综述和 meta 分析的结果显示，在 65 岁及以上的老年人中 $PM_{2.5}$ 和 PM_{10} 每增加 10 μg/m³ 的中风入院或死亡相对危险度（RR）分别为 1.013（95%CI：1.012~1.014）和 1.002（95%CI：

1.001~1.004）[67]。Zeka 等基于美国 20 个城市开展的病例交叉研究发现，PM_{10} 每增加 10 μg/m^3 可导致 75 岁以上老年人心脏病和中风的每日死亡率分别增加 0.88%（95%CI：0.17%~1.59%）和 0.6%（95%CI：0.30%~1.00%）[68]。Forastiere 等开展的病例交叉研究发现，超细颗粒物（ultra fine particle，粒径＜0.1 μm）和 PM_{10} 短期暴露会增加罗马 65 岁及以上人群的院外冠心病死亡风险。我国长春的一项时间序列研究发现，滞后 0~3 天（lag03）的 $PM_{2.5}$ 浓度每增加 10 μg/m^3，老年人循环系统疾病死亡的超额风险增加 0.44%（95%CI：0.04%~0.85%）[69]。

长期颗粒物暴露也会增加老年人因心脑血管系统疾病住院与死亡的风险。Yazdi 等开展了颗粒物长期暴露对入院率影响的研究发现，在 65 岁及以上的人群中，$PM_{2.5}$ 每增加 1 μg/m^3，因中风、心肌梗死、房颤和房扑入院的风险分别增加 0.0023%（95%CI：0.0018%~0.0030%）、0.0091%（95%CI：0.0086%~0.0097%）和 0.0057%（95%CI：0.0052%~0.0061%），相应的归因病例增加 2536 例（95%CI：2383~2691 例）、637 例（95%CI：483~814 例）和 1575 例（95%CI：1426~1691 例）[65]。Pun 等基于美国 Medicare 数据的研究发现，$PM_{2.5}$ 年均水平增加与所有心血管疾病、缺血性心脏病、脑血管疾病和充血性心力衰竭死亡相关，RR 分别为 1.50（95%CI：1.49~1.52）、1.64（95%CI：1.62~1.67）、1.72（95%CI：1.68~1.77）和 1.16（95%CI：1.11~1.21）[71]。一项基于我国 4 个城市的队列研究发现，在 60 岁及以上的人群中，PM_{10} 暴露与缺血性心脏病和心血管疾病死亡相关，调整相对危险度分别为 1.30（95%CI：1.21~1.41）和 1.18（95%CI：1.14~1.22）[21]。

2. 大气颗粒物对老年人呼吸系统的影响

大气中的颗粒物不仅可以对机体产生急性刺激作用，还可长期反复刺激产生慢性毒性作用。呼吸道炎症反复发作可以造成气道狭窄、阻力增加、肺功能不同程度下降，最终导致慢性阻塞性肺疾病（chronic obstructive pulmonary disease，COPD）。已有多项流行病学研究发现大气颗粒物污染与呼吸系统症状及慢性支气管炎、肺气肿等疾病发生有明显的相关关系（表 7-5）。

1）亚临床和病理生理改变

Sinharay 等的一项随机交叉研究揭示颗粒物短期暴露即可对老年人呼吸系统功能产生不利影响。$PM_{2.5}$ 与 PM_{10} 暴露水平增加可导致老年 COPD 患者第 1 秒用力呼气容积（FEV_1）与用力肺活量（FVC）均下降，气道总阻力与中心气道阻力之差（R5–R20）即周边气道阻力增加[62]。韩国首尔一项基于 61 岁及以上人群的固定群组研究发现，PM_{10} 与 $PM_{2.5}$ 每增加 10 μg/m^3，测得的最大呼气峰流速值（PEFR）分别降低 0.39 L/min（95%CI：0.14~0.63 L/min）和 0.54 L/min（95%CI：0.19~0.89 L/min）[73]。

2）疾病与死亡

颗粒物暴露是老年人呼吸系统疾病住院、加重和死亡的危险因素。Pirozzi 等的研究表明，$PM_{2.5}$平均暴露是 65 岁及以上人群肺炎住院（滞后 1 日调整比值比为 1.35，95%CI：1.16~1.57），肺炎加重（滞后第 1 天调整比值比为 1.38，95%CI：1.06~1.80）和住院肺炎患者死亡（滞后 5 天调整比值比为 1.50，95%CI：1.03~2.16）的危险因素[74]。美国一项病例交叉研究[23]与全国性时间序列研究[24]均发现在 65 岁以上的老年人中，$PM_{2.5}$暴露水平的增加显著升高了呼吸系统疾病、COPD 和呼吸道感染的住院率。而 Chen 等的一项时间序列研究发现，在温哥华 65 岁及以上的人群中，入院前 3 天 PM_{10}每增加 7.9 μg/m³、$PM_{2.5}$每增加 4.0 μg/m³ 的 COPD 住院调整相对危险度分别为 1.13（95%CI：1.05~1.21）和 1.08（95%CI：1.02~1.15）[75]。我国成都的一项对 60 岁及以上老年人进行的时间序列分析发现，$PM_{2.5}$每增加 IQR（43 μg/m³），与 COPD 相关的死亡率将增加 2.7%（95%CI：1.0%~4.4%）[44]。美国 Yazdi 等研究颗粒物长期暴露对入院率的影响发现，在 65 岁及以上的老年人中，$PM_{2.5}$每增加 1 μg/m³，因肺炎入院的风险增加 0.0091%（95%CI：0.0082%~0.010%），归因于肺炎的入院病例数增加 2489 例（95%CI：2245~2738 例）[70]。美国 Pun 等也发现 $PM_{2.5}$年均平均浓度增加与所有呼吸系统疾病、COPD、肺炎和肺癌死亡相关，RR 分别为 1.26（95%CI：1.24~1.29）、1.17（95%CI：1.14~1.20）、1.49（95%CI：1.44~1.54）和 1.15（95%CI：1.12~1.18）[71]。

3. 其他影响

颗粒物长期暴露是老年人癌症死亡的危险因素。Leon 等发现 PM_{10}暴露与老年人癌症死亡相关，RR 为 1.03（95%CI：1.01~1.04）[9]。Pun 等发现 12 个月 $PM_{2.5}$移动平均值每增加 10 μg/m³ 可导致老年人群全部癌症的死亡相对风险增加 12%（95%CI：10%~14%）[71]。老年人短期暴露于 $PM_{2.5}$可增加因糖尿病而入院的概率和患糖尿病的风险，这可能是中国老年人群糖尿病负担的主要环境危险因素。Yang 等基于我国 65 岁及以上人群的横断面研究发现，$PM_{2.5}$ 3 年平均浓度增加可显著升高糖尿病患病率，每升高 10 μg/m³ 调整比值比为 1.28，95%CI：1.12~1.46）；据估算，我国有 16.75% （95%CI：5.95%~35.81%）的糖尿病可归因于 $PM_{2.5}$暴露[76]。Zanobetti 等也发现 $PM_{2.5}$暴露可增加美国 65 岁及以上人群的糖尿病入院率；除此之外，$PM_{2.5}$暴露还可导致老年人帕金森入院率的增加[77]。不仅如此，Alvaer 等开展的奥斯陆健康研究（the Oslo Health Study，HUBRO）发现，在 75~76 岁人群中，$PM_{2.5}$与全身骨密度呈负相关，线性回归系数为−44（95%CI：−77~−11），而 $PM_{2.5}$每增加 2.6 μg/m³，该人群总骨密度降低（Z 分≤

–1 分）比值比（OR）为 1.31（95%CI：1.05~1.64）[78]。

表 7-5　颗粒物暴露对老年人呼吸系统的影响

文献	研究区域	研究设计	研究时间（年）	结局	研究对象	年龄（岁）	暴露时间	污染物（增量）
Sinharay et al（2018）[62]	英国	RCT	2012~2014	呼吸与心血管反应	135 位（40 位健康，40 位患 COPD，39 位缺血性心脏病患者）	≥60	短期	$PM_{2.5}$（14.94 μg/m³） PM_{10}（14.47 μg/m³）
Lee et al（2007）[73]	韩国	PS	2000~2001	呼吸功能	61~89 岁私立养老院老年人	≥61	长期	$PM_{2.5}$（10 μg/m³） PM_{10}（10 μg/m³）
Pirozzi et al（2018）[74]	美国	CC	2009~2010 2011~2012	入院率与死亡率	2 年以上在 7 个急诊科就诊的肺炎患者	≥65	短期	$PM_{2.5}$（10 μg/m³）
Kloog et al（2014）[65]	美国	CC	2000~2006	入院率	大西洋沿岸中部地区	≥65	短期	$PM_{2.5}$（10 μg/m³）
Dominici et al（2006）[66]	美国	TS	1999~2002	入院率	美国医疗保险人群	≥65	短期	$PM_{2.5}$（10 μg/m³）
Chen et al（2004）[75]	美国	TS	1995~1999	入院率	the BC linked Health Database	≥65	短期	$PM_{2.5}$（4.0 μg/m³） PM_{10}（7.9 μg/m³）
Yazdi et al（2021）[70]	美国	cohort	2000~2016	入院率	美国医疗保险人群	≥65	长期	$PM_{2.5}$（1 μg/m³）
Pun et al（2017）[71]	美国	cohort	2000~2008	死亡率	美国医疗保险人群	≥65	长期	$PM_{2.5}$（10 μg/m³）
Goldberg et al（2001）[79]	加拿大	TS	1984~1993	死亡率	Quebec Health Insurance Plan（QHIP）	≥65	短期	$PM_{2.5}$（12.51 μg/m³）
Zeka et al（2006）[68]	美国	CC	1989~2000	死亡率	20 个美国城市	≥75	短期	PM_{10}（10 μg/m³）
Chen et al（2021）[44]	中国	TS	2015~2018	死亡率	成都老年居民	≥60	短期	$PM_{2.5}$（43 μg/m³）

注：CC 为病例对照研究；TS 为时间序列研究；PS 为定组研究；RCT 为随机临床试验

7.1.5　大气颗粒物对患病人群的健康效应

1. 颗粒物暴露对心血管系统疾病患者的影响

心血管疾病患者在暴露于大气颗粒物后，可出现多系统的亚临床改变、疾病甚至死亡。表 7-6 总结了现有国内外颗粒物暴露对老年人心血管系统影响的研究。细颗粒物暴露是冠状动脉疾病患者 ST 段压低的危险因素。Chuang 等研究发现 $PM_{2.5}$ 12 小时暴露（每 6.93 μg/m³）即可以导致冠状动脉疾病患者 ST 段压低（0.026 mm，95%CI：0. 015~0.037 mm）[80]。Pekkanen 等研究发现在反复的轻度运动测试中，PM_1 与 $PM_{2.5}$ 滞后 2 天均值水平每增加 10 μg/m³，运动性 ST 段压低大于 0.1 mV 的 OR 值分别为 4.56（95%CI：1.73~12.03）与 2.84（95%CI：1.42~5.66）[81]。

表 7-6　颗粒物暴露对心血管系统疾病患者的影响

文献	研究区域	研究设计	研究时间（年）	结局	研究对象	年龄（岁）	暴露时间	污染物（增量）
Zeka et al（2006）[68]	美国	CC	1989~2000	死亡率	20 个美国城市	≥75	短期	PM_{10}（10 μg/m³）
Chuang et al（2008）[80]	美国	PS	NA	ST 段电平变化	对 48 例患者进行 5979 次观察	43~75	短期	$PM_{2.5}$（6.93 μg/m³,12h-mean） $PM_{2.5}$（7.00 μg/m³,24h-mean）
Pekkanen et al（2002）[81]	芬兰	PS	1998~1999	重复运动试验中 ST 段下降水平	the ULTRA study	>50	短期	$PM_{2.5}$（10 μg/m³） PM_1（10 μg/m³）
Park et al（2005）[82]	美国	cohort	2000~2003	HRV	the Normative Aging Study	21~81	长期	$PM_{2.5}$（8 μg/m³）
Zanobetti et al（2010）[83]	美国	PS	1999~2003	HRV	对 46 名患者的重复测量研究	43~75	短期	$PM_{2.5}$（10 μg/m³）
Samoli et al（2014）[42]	欧洲	MS	2001~2010	死亡率	MED-PARTICLES project	NA	短期	$PM_{2.5}$（10 μg/m³）
Klot et al（2005）[87]	欧洲	cohort	1992~2001	入院率	22006 位第一次心肌梗死的幸存者	≥35	长期	PM_{10}（10 μg/m³）
Berglind et al（2009）[88]	欧洲	MS	1992~2002	死亡率	25006 位心肌梗死的幸存者	35~74	长期	$PM_{2.5}$（10 μg/m³）
Zanobetti et al（2007）[89]	美国	cohort	1985~2000	死亡率	来自美国 21 个城市的 19.6 万人	≥65	长期	PM_{10}（10 μg/m³）
Chen et al（2016）[85]	加拿大	cohort	1999~2011	死亡率	8873 位 AMI 患者	≥35	长期	$PM_{2.5}$（10 μg/m³）

续表

文献	研究区域	研究设计	研究时间（年）	结局	研究对象	年龄（岁）	暴露时间	污染物（增量）
Tonne al（2013）[86]	英国与威尔士	cohort	2004~2007	死亡率	154204 位患者	>25	长期	$PM_{2.5}$（10 μg/m³）

注：CC 为病例对照研究；PS 为定组研究；MS 为多中心研究；NA 为未知；HRV 为心率变异性

在高血压、冠心病与缺血性心脏病患者中，暴露于 $PM_{2.5}$ 与心率变异性（HRV）降低有关。Park 等研究发现在高血压患者中，$PM_{2.5}$ 暴露（48 小时增加 8 μg/m³）与全部正常心跳间距标准差（SDNN）降低 8.1%（95%CI：0.3%~15.7%，$P<0.1$）、心率高频段功率（HF）降低 24.5 %（95%CI：4.5%~40.4%，$P<0.05$）、心率低、高频功率的比值（LF：HF）升高 18.6 %（95%CI：0.4%~40.0%，$P<0.05$）显著相关；在缺血性心脏病（IHD）患者中，LF：HF 升高 32.5%（95%CI：0.5%~74.7%，$P<0.1$）与 $PM_{2.5}$ 暴露（48 小时增加 8 μg/m³）显著相关[82]。Zanobetti 等对冠心病患者进行的固定群组研究发现 $PM_{2.5}$ 暴露与心率的差值均方的平方根（r-MSSD）与心率高频段功率（HF）降低相关，并随观察时间延长有下降趋势[83]。

$PM_{2.5}$ 短期暴露可能使心脏病患者急性心血管事件死亡率和呼吸系统疾病死亡率增加。在南欧进行的一项多城市中心研究发现，$PM_{2.5}$ 滞后 2~5 天时每增加 10 μg/m³，急性心血管事件死亡率增加 1.97%（95%CI：0.49%~3.48%）。也有研究发现短期 PM_{10} 暴露与心肌梗死幸存者再次入院的风险增加相关[42]。基于欧洲 5 个城市的队列研究结果表明当日 PM_{10} 浓度增加（每 10 μg/m³）与因心脏病再入院人数的增加（RR 为 1.02，95%CI：1.00~1.04）有关[42]。一项欧洲多中心研究[41]也发现交通相关空气污染与心肌梗死幸存者的每日死亡率相关。而 Zeka 等针对美国 20 个城市的一项病例交叉研究发现，PM_{10} 每增加 10 μg/m³，心衰患者的呼吸系统疾病死亡率增加 1.48%（95%CI：0.07%~2.89%）[68]。

颗粒物长期暴露对心血管急性事件幸存者的预后也存在不利影响。PM_{10} 长期暴露与急性心肌梗死（AMI）幸存者的不良预后之间存在显著关联。Zanobetti 等发现长期 PM_{10} 暴露存在分布滞后效应，PM_{10} 浓度每增加 10 μg/m³，急性心梗幸存者首次因充血性心力衰竭入院风险比为 1.4（95%CI：1.2~1.7），再次因心肌梗死入院风险比为 1.4（95%CI：1.1~1.8），死亡风险比为 1.3（95%CI：1.2~1.5）[84]。加拿大一项队列研究发现 $PM_{2.5}$ 每增加 10 μg/m³，在急性心梗（AMI）患者中非意外死亡率的调整危险比为 1.22（95%CI：1.03~1.45），且在心血管相关死亡中效应更强[81]。在英格兰和威尔士的一项队列研究中也发现在急性冠脉综合征（ACS）幸存者中，长期 $PM_{2.5}$ 暴露是全因死亡的危险因素[86]。

2. 颗粒物暴露对呼吸系统疾病患者的影响

国内外已有研究探究颗粒物暴露对患有呼吸系统疾病人群的影响，见表 7-7。

表 7-7　颗粒物暴露对呼吸系统疾病患者的影响

作者（发表时间）	研究区域	研究设计	研究时间（年-月）	结局	研究对象	年龄（岁）	暴露时间	污染物（增量）
Zera et al（2006）[68]	美国	CC	1989~2000	死亡率	20 个美国城市	≥75	短期	PM_{10}（10 μg/m³）
Lagorio et al（2006）[89]	罗马	PS	1999.5~1999.6 1999.11~1999.12	肺功能指标（FVC 和/或 FEV_1）	29 例慢性阻塞性肺病、哮喘或 IHD 患者	18~64	短期	$PM_{2.5}$（10 μg/m³） PM_{10}（10 μg/m³）
Peacock et al（2011）[90]	英国	PS	1995~1997	肺功能指标	125 位患者	NA	短期	PM_{10}（19 μg/m³）
Sun et al（2019）[91]	中国	TS	2015~2017	入院率	4761 位 AECOPD 住院患者	NA	短期	$PM_{2.5}$（10 μg/m³）
Sun et al（2018）[92]	中国	cohort	2010~2011	入院率	101 位 AECOPD 患者	NA	长期	$PM_{2.5}$（10 μg/m³）
Faustini et al（2012）[93]	罗马	cohort	2005~2009	死亡率	145681 位 COPD 患者	≥35	长期	$PM_{2.5}$（11 μg/m³） PM_{10}（16.3 μg/m³）
Alexeeff et al（2021）[94]	美国	cohort	2007~2016	死亡率	169714 COPD 患者	≥18	长期	$PM_{2.5}$（10 μg/m³）
Liu et al（2017）[43]	中国	cohort	2014.5~2014.7	血液炎症和凝血生物标志物	上海以社区为基础的慢性阻塞性肺病登记患者	NA	短期	$PM_{2.5}$（27.4 μg/m³）
Coleman et al（2021）[91]	美国	cohort	2000~2016	死亡率	主要队列有 5591168 名癌症患者，5 年幸存者队列有 2318068 名患者	0~85	长期	$PM_{2.5}$（10 μg/m³）
Leon et al（2003）[67]	USA	cohort	1985~1994	死亡率	纽约居民	≥75	短期	PM_{10}（18.16 μg/m³）
To et al（2016）[96]	Canada	cohort	1996~2014	死亡率	6040 名成人哮喘患者	≥18	短期	$PM_{2.5}$（10 μg/m³）

注：CC 为病例对照研究；TS 为时间序列研究；PS 为定组研究；NA 为未知

慢性阻塞性肺疾病（COPD）患者

颗粒物短期暴露对 COPD 患者的呼吸功能有不利影响。Lagorio 等的一项时间序列研究发现，在 COPD 患者中 $PM_{2.5}$ 和 PM_{10} 每增加 10 μg/m^3 与呼吸功能（FVC 和 FEV_1）呈负相关。$PM_{2.5}$ 和 PM_{10} 过去 1 天、2 天和 3 天平均浓度分别增加 10 μg/m^3，FVC 的回归系数分别为−0.80、−0.89、−1.10（P＜0.05）与−0.66、−0.75、−0.94（P＜0.05）；$PM_{2.5}$ 和 PM_{10} 2 天平均浓度分别增加 10 μg/m^3，FEV_1 的回归系数分别为−1.06（P＜0.05）与−0.87（P＜0.05）[89]。短期颗粒物暴露还可能引起慢性阻塞性肺疾病急性加重（AECOPD）。Peacock 等在伦敦 COPD 患者中进行的一项固定群组研究发现，PM_{10} 每增加 1 个 IQR（19.0 μg/m^3），该人群呼吸困难和呼吸困难伴随 PEF 下降发生的可能性分别增加 13%（95%CI：4%~23%）与 12%（95%CI：2%~25%）[90]。基于我国人群的一项时间序列研究发现在发生 AECOPD 当天（lag0）的 $PM_{2.5}$ 每增加 10 μg/m^3, AECOPD 日计数增加 1.05%（95%CI：0.14%~1.96%）[91]。相似地，Sun 等则发现上海地区连续高水平的 $PM_{2.5}$ 暴露会增加 AECOPD 的风险，且 $PM_{2.5}$ 暴露的累积效应在 AECOPD 发作前出现。其中，每月 AECOPD 发作次数与每月 $PM_{2.5}$ 浓度呈正相关（r=0.884，P=0.001），$PM_{2.5}$ 每增加 10 μg/m^3，AECOPD 发生频率增加 9%（OR 为 1.09，95%CI：1.07~1.11，P＜0.001）。该研究进一步对 $PM_{2.5}$ 的累积效应分析的结果表明，AECOPD 的相对风险在冷季滞后 0~3 天时最高（RR 为 1.65, 95%CI：1.45~1.85），在暖季滞后 0~7 天时最高（RR 为 1.30, 95%CI：1.05~1.55）[92]。

颗粒物长期暴露可增加呼吸系统疾病和心血管疾病发病与死亡的风险。罗马的一项队列研究发现 PM_{10} 与 $PM_{2.5}$ lag05 累积效应对 COPD 患者呼吸系统疾病死亡率有影响。在 COPD 患者中，$PM_{2.5}$ 每变化 1-IQR（11 μg/m^3），呼吸系统疾病死亡率增加 11.6%（95%CI：2.0%~22.2%），PM_{10} 浓度增加 16.3 μg/m^3 呼吸系统死亡率增加 10.0%（95%CI：1.2%~19.4%）。同时患有心脏传导障碍或脑血管疾病的 COPD 患者死亡风险也更大[93]。Alexeeff 等的一项队列研究发现，长期暴露于细颗粒物与加利福尼亚 COPD 成年患者心血管疾病死亡相关。在患有 COPD 的成年人中，$PM_{2.5}$ 年平均暴露量每增加 10 μg/m^3，心血管疾病死亡风险比为 1.10（95%CI：1.01~1.20），$PM_{2.5}$＜12 μg/m^3 的低浓度暴露的效应更强（风险比为 1.88，95%CI：1.56~2.27）[94]。我国上海一项基于社区登记 COPD 患者的纵向研究发现，$PM_{2.5}$ 特定成分的短期暴露与全身炎症和高凝有关联，而全身炎症和高凝是 $PM_{2.5}$ 对心血管系统产生不利影响的两个常见的生物学途径。$PM_{2.5}$ 暴露水平增加（每 IQR：27.4 μg/m^3）与血清纤维蛋白原（上升 22%）、CRP（14%）、MCP-1（6.6%）、TNF-α（4.5%）、ICAM-1（12%）、p-选择素（16%）、VCAM-1（12%）、PAI-1（8.7%）和 sCD40L（27%）增加显著相关。且除 K^+和 Mg^{2+}外，所有 $PM_{2.5}$ 成分都与至少一种细胞因子变化呈显著正相关[43]。

3. 颗粒物暴露对其他疾病患者的影响

大气颗粒物暴露除了对呼吸系统与心血管系统疾病患者的健康带来不利影响，也在其他疾病患者中观察到多种健康危害。在糖尿病患者中，短期颗粒物暴露与内皮功能障碍和血管反应性受损有关，也与糖尿病视网膜病变有关。O'Neill 等发现在糖尿病患者中，$PM_{2.5}$ 6 天浓度平均值增加与血管反应性降低（7.6%，95%CI：2.1%~12.8%）有关，其中对 2 型糖尿病患者中血管反应性降低高达 8.5%（95%CI：2.5%~14.1%）[97]。一项针对中国农村糖尿病患者的横断面研究发现长期暴露于 $PM_{2.5}$ 是发生糖尿病视网膜病变的危险因素，$PM_{2.5}$ 每增加 10 μg/m³，糖尿病视网膜病变的调整比值比为 1.46（95%CI：1.27~1.68），而且在共患冠脉疾病的糖尿病患者中 $PM_{2.5}$ 暴露引起 ST 段压低的效应大于无糖尿病的冠脉疾病患者[98]。Chuang 等研究也发现 $PM_{2.5}$ 24 小时均值每增加 IQR（7.00 μg/m³），有糖尿病的冠状动脉疾病患者 ST 段压低 0.118 mm（95%CI：0.091~0.144 mm），大于无糖尿病的患者 ST 段压低值（0.013 mm，95%CI：0.002~0.024 mm），且两者之间存在统计学显著性差异（$P<0.001$）[80]。

在老年慢性肾病（CKD）患者中，长期暴露于 $PM_{2.5}$ 是缺血性心脏病、合并高血压及合并糖尿病的 CKD 患者死亡的危险因素。中国香港的一项前瞻性队列研究发现，$PM_{2.5}$ 每增加 IQR（4.0 μg/m³），在老年（≥65 岁）慢性肾病（CKD）患者中缺血性心脏病死亡风险比为 1.97（95%CI：1.34~2.91），合并高血压的 CKD 患者全因死亡风险比为 1.22（95%CI：1.03~1.45），合并高血压的 CKD 患者肾衰死亡风险比为 1.42（95%CI：1.05~1.93），合并糖尿病 CKD 患者缺血性心脏病死亡风险比为 2.69（95%CI：1.43~5.09）[99]。

7.2 大气颗粒物健康效应的区域性差异

大气颗粒物对人群健康的影响在地理分布上是不均匀的。根据世界卫生组织的估计，不同区域间空气污染物暴露的差距在不断增大。特别是低收入与中等收入国家，由于快速的城市化和经济发展对化石燃料燃烧的依赖，空气污染水平正日益升高[100]。

环境空气污染暴露的全球评估表明其造成的疾病负担主要集中在低收入和中等收入国家。空气污染物的暴露水平在很大程度上取决于其环境浓度。然而，世界各区域内及区域之间 $PM_{2.5}$ 环境浓度差别很大。2019 年，年度人口 $PM_{2.5}$ 加权浓度最高的区域是世界卫生组织东南亚区域，其次是东地中海区域。一些西非国家、中东、北非和戈壁滩沙漠等干旱地区也因为受到沙漠沙尘的影响而出现 10 μm 以上的颗粒物浓度升高的情况。相反，美洲区域和欧洲区域的国家暴露的 $PM_{2.5}$ 水平最低。

大气颗粒物健康效应的区域性差异主要由以下几方面原因造成。

（1）颗粒物污染水平的差异：我国大气颗粒物浓度总体高于西方国家，且我国城市大气颗粒物的浓度总体高于其他区域。目前研究发现颗粒物的暴露-反应关系基本不存在阈值，且可能出现非线性关系[93,101]。

（2）颗粒物组成的差异：大气颗粒物组分包含成千上万种有机物、无机物及微生物，且不同颗粒物组分的健康影响效应不同。由于颗粒物的污染来源和二次转化过程的不同，我国颗粒物组分在不同地区有很大差异，且与其他国家及地区的颗粒物化学组成明显不同[102,103]。

（3）人群易感性的差异：不同的人群的基因遗传因素、生活行为方式、年龄、性别、健康状况、医疗卫生资源分配不均等导致不同人群对大气颗粒物的健康危害性的敏感度不同[104,105]。

（4）其他暴露因素的共存：大气颗粒物与其他因素，如气象、噪声、气态污染物等具有联合作用。颗粒物与各地区其他因素的共同暴露对人群健康影响的具有差异性。

本节将以大气颗粒物对心血管疾病和呼吸系统疾病为例，分别阐述大气颗粒物健康效应的地域差异、城乡差异和民族差异。

7.2.1 大气颗粒物健康效应的地域差异

中国国土面积大且人口众多。不同地区的地形地貌、气候条件与人们的生活习惯相差巨大。因此大气颗粒物的健康效应可能存在地域差异。由于中国对大气颗粒物的监测，特别是 $PM_{2.5}$ 起步较晚（于 2013 年开始长期监测），目前中国大部分的大气颗粒物健康效应研究主要集中于对短期效应的估计。同时，现有研究多为单地区研究，多中心研究或全国性研究与欧、美等国相比较少。

1. 大气颗粒物长期健康效应的地域差异

目前已有的中国全国性研究对大气颗粒物的长期健康效应进行了不同地域的分层研究，从而比较不同地区人群的易感性。表 7-8 总结了现有全国性研究的地域分层研究结果。

表 7-8　长期 $PM_{2.5}$ 暴露健康效应区域性差异的全国性研究

研究	研究人群	研究区域	流行病学方法	$PM_{2.5}$ 浓度单位	结局	北方	南方	东北	中部	东部	西部	西南	西北
Xie X et al.（2018）[109]	39348119 名 20~49 岁男性和女性	中国 31 省的 2790 个区县	横断面研究	第 95 百分位 $PM_{2.5}$ 浓度相对于阈值浓度（东: 56.5 μg/m³，北: 41.2 μg/m³，中: 18.1 μg/m³，南: 52.9 μg/m³，西南: 33.3 μg/m³，西北: 33.4 μg/m³，东北: 48.2 μg/m³）	高血压患病率	1.224（1.131，1.325）	1.471（1.444，1.497）	1.355（1.337，1.374）	1.77（1.744，1.797）	1.182（1.170，1.194）		38.411（35.940，41.051）	3.337（3.209，3.471）
Du X et al.（2021）[110]	5852 名 40~89 岁的男性和女性	中国 15 个省市	横断面研究	四分位数间距（28.8 μg/m³）	SBP（mmHg）			−2.19（−5.19，0.81）	0.13（−0.23，1.23）	1.89（−0.76，4.53）	−1.27（−2.19，−0.35）		
					DBP（mmHg）			−0.55（−2.21，1.12）	0.9（−0.41，2.22）	2.71（1.14，4.28）	1.47（0.91，2.03）		
Zhang Y（2021）[108]	30946 名 16 岁及以上的男性和女性	中国 25 个省市	前瞻性队列研究	10μg/m³	全死因死亡	1.103（1.051~1.157）	1.03（0.968，1.095）						

Yin 等首次采用前瞻性队列设计的方法研究了中国大气细颗粒物（$PM_{2.5}$）长期暴露对不同病因死亡的影响[106]。该队列对中国 45 个区县在 1990~1991 年年龄为 40 周岁及以上的 224064 名男性进行随机采样并跟踪。该研究采用卫星遥感监测的气溶胶光学厚度与 GEOS-Chem 化学传输模型估计了 1990 年、1995 年、2000 年及 2005 年 $PM_{2.5}$ 在研究区域每 11 km×11 km 内的地面浓度。对纳入研究的 89793 名男性，Yin 等通过 Cox 比例风险模型，对婚姻状况、教育水平、吸烟相关的变量（二手烟，职业接触粉尘、石棉粉尘、煤尘或石尘，职业煤焦油或柴油机尾气暴露）、饮酒及每周饮酒量（两/周）、体重指数、饮食（新鲜水果和蔬菜的摄取）、室内空气污染（家庭取暖或使用固体燃料做饭）等混杂因素进行调整，估计了 $PM_{2.5}$ 长期暴露对死亡的影响。该研究发现 45 个中国区县的 $PM_{2.5}$ 平均浓度自 1990 年（36.4 μg/m³±16.3 μg/m³）至 2005 年（46.4 μg/m³±20.2 μg/m³）上升了 10 μg/m³；且 $PM_{2.5}$ 每上升 10 μg/m³，非意外死亡的风险上升 9%（8%, 9%），心血管疾病死亡的风险 9%（8%, 10%），缺血性心脏病死亡的风险上升 9%（6%, 12%），脑卒中死亡的风险上升 14%（13%, 16%），慢性阻塞性肺病死亡的风险上升 12% （10%, 13%），肺癌死亡的风险上升 12%（7%, 14%）。在按地域的分层分析中，该研究发现北方地区 $PM_{2.5}$ 对非意外死亡、心血管疾病死亡、缺血性心脏病死亡和慢性阻塞性肺病死亡的影响普遍强于南方地区；但 $PM_{2.5}$ 对肺癌死亡的影响在南方地区为正相关，而在北方地区则呈负相关。

Li 等通过中国纵向健康长寿调查队列（Chinese Longitudinal Healthy Longevity Survey，CLHLS）研究了中国大气细颗粒物长期暴露对全病因死亡的影响[107]。该队列于 2008 年开始跟踪居住在中国 22 个省内的具有居住地址的 65 岁及以上人群，并通过卫星遥感监测的气溶胶光学厚度与 GEOS-Chem 化学传输模型估计了 1994~2014 年 $PM_{2.5}$ 在中国每 1 km×1 km 内的地面浓度。该研究发现中国 22 个省市的 $PM_{2.5}$ 暴露中位数为 50.7 μg/m³，且北方城市 $PM_{2.5}$ 平均浓度（59.3 μg/m³）高于南方（46.3 μg/m³）。利用 Cox 比例风险模型，并对年龄、性别、吸烟状况、饮酒状况、身体活动、身体质量指数、家庭收入、婚姻状况和受教育程度等混杂因素进行调整后，$PM_{2.5}$ 每上升 10 μg/m³，全病因死亡的风险上升 9%（6%~9%）。在对地域的分层分析中，该研究发现 $PM_{2.5}$ 与全病因死亡的关联在南方地区强于北方地区（南方：14%，95%CI：11%~17%；北方：6%，95%CI：3%~9%）。

Zhang 通过中国家庭追踪调查（China Family Panel Studies）同样研究了中国大气细颗粒物长期暴露对全病因死亡的影响[108]。该队列随机采样了中国 25 个省市内年满 16 岁的居民，通过卫星遥感监测的气溶胶光学厚度与 GEOS-Chem 化学传输模型估计了 2014~2018 年 $PM_{2.5}$ 在中国每 1 km×1 km 内的地面浓度。Zhang 运用 Cox 比例风险模型，并在调整了种族、受教育程度、体重指数、婚姻状况、就业状况、吸烟、饮酒、睡眠时间、体力活动、家庭收入、固体燃料造成的家庭空气污染、地理区域和城市化、慢性病患病率和抑郁状况以及环境温度后，在分层分析中发现 $PM_{2.5}$ 与全病因死亡的关联在北方地区强于南方地区。

除了疾病死亡率，Xie 等运用横断面研究的方法估计了 $PM_{2.5}$ 长期暴露对高血压患病率在不同地区的影响[109]。Xie 等通过全国免费孕前健康检查项目搜集了 39348119 名育龄（20~49 岁）男性和女性的血压信息，并通过卫星遥感监测的气溶胶光学厚度与混合效应模型分别预测了中国 1 km×1 km 网格内 $PM_{2.5}$ 2007~2015 年内的三年平均浓度。运用多变量逻辑回归模型，并调整性别、年龄、种族、吸烟状况、日历年、体重指数、饮酒量、教育水平和医生诊断的糖尿病等因素的混杂效应，Xie 等发现 $PM_{2.5}$ 与高血压患病率间的关联具有显著的差异（除东部与北部外），且该效应在西南地区最强。

除了对 $PM_{2.5}$ 暴露和死亡的关联研究，Du 等研究了大气细颗粒物及其组分暴露对心血管疾病亚临床结果（包括收缩压与舒张压）的影响[110]。该研究基于中国空气污染的亚临床结果队列（sub-clinical outcomes of polluted air in China，SCOPA-China cohort）中居住于中国 15 个省市的 5852 名中年（40~89 周岁）男性及女性的基线调查结果进行了横断面分析。与上述研究相同，该研究通过卫星遥感监测的气溶胶光学厚度与 GEOS-Chem 化学传输模型估计了 2014~2016 年 $PM_{2.5}$ 及其主要组分（有机物、黑碳、硫酸盐、硝酸盐及铵）在中国每 1 km×1 km 网格内的地面浓度。该研究发现 2013~2017 年间研究人群的平均 $PM_{2.5}$ 暴露浓度为 65.5 μg/m³，四分位数间距为 28.8 μg/m³。采用多元线性回归模型，并对年龄、性别、受教育水平、家庭收入、体重指数、吸烟状况、室内空气污染状况（用于取暖和做饭的能源）、既往疾病史（高血压、2 型糖尿病、冠心病、中风等）、季节（春季、秋季和冬季）和地区（东北、中部、东部和西部）等混在因素进行调整，该研究发现 $PM_{2.5}$ 每升高一个四分位数间距，收缩压升高 0.85 mmmHg（–0.09, 1.80），收缩压升高 0.87 mmHg（0.28, 1.47）。在分层分析中，舒张压与 $PM_{2.5}$ 的相关性在东部和西部地区强于东北及中部地区。

大气颗粒物健康效应的地域间差异在中国的研究，尤其是长期暴露研究数量尚少。Yin 等及 Li 等均比较了 $PM_{2.5}$ 长期暴露健康效应的南北差异[106,107]。Yin 等及 Zhang 的研究发现北方人群对 $PM_{2.5}$ 的长期暴露更敏感，而 Li 等却发现南方人群易感性更强。该三项研究结果的不一致可能和研究对象年龄结构不同有关[106-108]。Yin 等的研究中只纳入了 40 岁及以上的男性，Zhang 纳入了所有年满 16 岁的居民，而 Li 等的研究对象为老年（65 岁及以上）男性和女性。并且 Yin 等的研究未考虑家庭收入的混杂效应。不同于以上两项队列研究，Du 等以心血管疾病的亚临床指标（收缩压、舒张压）为健康结局，通过横断面研究比较了 $PM_{2.5}$ 长期暴露的地域差异[110]。Du 等的研究将不同地区划分为东部、西部、东北和中部，

发现 $PM_{2.5}$ 长期暴露与收缩压显著相关（$P<0.05$），且东部和西部人群对其易感性高于其他地区。尽管此项研究比较了西部地区人群的易感性，但纳入的西部地区有限（主要包括四川省 3 个区县），主要研究人群仍集中于东部。目前已有的全国性研究中对西部地区的研究明显不足，大部分研究对西部的研究仅限于四川盆地；对川西、云南、贵州、广西、西藏、青海、新疆等少数民族地区研究尤为缺乏。现有的三个全国性研究中仅 Yin 等在研究中纳入了云南两个区县、贵州两个区县和西藏一个区县的人群。由于西部地区在地形地貌、人口统计学特征、生活行为方式和医疗服务等方面与其他地区存在较多差异性，西部地区人群对大气颗粒物暴露的易感性值得探究。

我国大气颗粒物健康效应地域间差异形成的原因尚不明确。不同地区的 $PM_{2.5}$ 的污染来源和颗粒物吸附的不同组分可能会对健康产生不同的影响。例如，$PM_{2.5}$ 在某些地区可能以工业排放为主，而在其他地区，其来源是可能是生物燃料或者交通排放。中国南北地区在冬季的不同供暖政策也导致了大气颗粒物组分及其健康效应的差异。地区之间的健康差异也可能是由空气污染以外的因素引起的，例如医疗保健和医疗服务的可及性、社会经济状况、人口结构等方案的差异。

2. 大气颗粒物短期健康效应的地域差异

目前中国大气颗粒物的短期健康效应研究也以单地区研究为主。少量中国全国性研究对大气颗粒物的短期健康效应进行了不同地域的分层研究（表 7-9）。

Chen 等通过时间序列的流行病学方法探究了 $PM_{2.5}$ 和 $PM_{2.5\sim10}$ 对不同病因死亡的短期健康效应[6,7]。Chen 等通过中国疾病监测点系统（China's Disease Surveillance Points system，DSPS）收集了全国 31 个省市中 272 个城市的每日分病因死亡的信息，并通过全国城市空气质量实时发布平台计算了每个城市每日 $PM_{2.5}$ 和 $PM_{2.5\sim10}$ 的平均暴露浓度。通过时间序列分析，Chen 等发现 $PM_{2.5}$ 对不同疾病死亡（呼吸系统疾病除外）的影响在东北和西北地区微弱或不显著；$PM_{2.5}$ 对心血管疾病死亡的影响在西南、中南和东部地区强于其他地区，而 $PM_{2.5}$ 对呼吸系统疾病死亡的影响在西北、中南和北方地区更强。短期 $PM_{2.5\sim10}$ 暴露对不同病因死亡的影响在南方城市均强于北方城市。

Tina 等利用时间序列的分析方法首次研究了全国大气细颗粒物短期暴露对心血管疾病住院率的影响[111]。Tina 等通过城镇职工基本医疗保险搜集了全国 184 个城市居民每日心血管疾病住院人数的信息，并通过全国空气质量监测系统搜集了每个城市每日 $PM_{2.5}$ 暴露的平均浓度。利用准泊松回归，Tina 等发现 $PM_{2.5}$ 短期暴露对心血管疾病住院率的影响在中南、东部和北方城市强于西北和东北地区。

表 7-9　短期 $PM_{2.5}$ 暴露健康效应地域性差异的全国性研究

研究	研究区域	研究人群	流行病学方法	浓度单位	结局	北方	东北	南方	东部	中南	西北	西南	青海-西藏
Chen R et al.（2017）[7]	中国 31 省市的 272 个城市	约 3 亿人	时间序列分析（2013~2015 年）	$PM_{2.5}$: 10 μg/m³	全死因死亡	0.22%（0.05, 0.38）	−0.01%（−0.18, 0.16）		0.18%（0.10, 0.26）	0.32%（0.13, 0.51）	0.55%（−0.06, 1.15）	0.56%（0.16, 0.95）	
					心血管系统疾病死亡	0.19%（−0.01, 0.39）	0.06%（−0.22, 0.34）		0.30%（0.16, 0.43）	0.30%（0.07, 0.54）	0.59%（−0.21, 1.4）	0.58%（0.07, 1.10）	
					高血压死亡	0.56%（0.06, 1.06）	0.67%（−0.83, 2.17）		0.08%（−0.47, 0.63）	0.57%（−0.08, 1.23）	−0.23%（−0.99, 0.54）	1.24%（0.05, 2.43）	
					冠心病死亡	0.25%（−0.11, 0.62）	0.18%（−0.25, 0.61）		0.37%（0.16, 0.59）	0.37%（0.16, 0.58）	0.14%（−0.26, 0.53）	0.42%（−0.18, 1.02）	
					中风死亡	0.13%（−0.08, 0.34）	−0.07%（−0.4, 0.26）		0.33%（0.15, 0.51）	0.32%（0.05, 0.6）	0.48%（−0.63, 1.6）	0.46%（−0.09, 1.01）	
					呼吸系统疾病死亡	0.27%（−0.12, 0.65）	0.02%（−0.76, 0.79）		0.26%（0.04, 0.47）	0.38%（0.06, 0.71）	0.74%（0.06, 1.43）	0.28%（−0.37, 0.92）	
					慢性阻塞性肺病死亡	0.68%（0.13, 1.23）	0.01%（−0.88, 0.9）		0.24%（−0.01, 0.49）	0.49%（0.09, 0.89）	1.08%（0.17, 1.98）	0.46%（−0.28, 1.2）	

续表

研究	研究区域	研究人群	流行病学方法	浓度单位	结局	北方	东北	南方	东部	中南	西北	西南	青海-西藏
Chen R et al.（2019）[114]	中国 31 省市的 272 个城市	约 3 亿人	时间序列分析（2013~2015 年）	$PM_{2.5\sim10}$: 10 μg/m³	全死因死亡	0.05%（−0.05, 0.14）		0.55%（0.35, 0.75）					
					心血管疾病死亡	0.13%（0.00, 0.25）		0.55%（0.26, 0.83）					
					冠心病死亡	0.12%（−0.05, 0.30）		0.43%（0.11, 0.75）					
					中风死亡	0.12%（−0.04, 0.28）		0.44%（0.14, 0.74）					
					呼吸系统疾病死亡	0.17%（−0.07, 0.42）		0.41%（0.09, 0.73）					
					慢性阻塞性肺病死亡	0.20%（−0.09, 0.49）		0.56%（0.20, 0.93）					
Tina Y et al.（2019）[111]	中国 184 个城市	8834533 条住院记录	时间序列分析（2014~2017 年）	$PM_{2.5}$: 10 μg/m³	心血管系统疾病住院	0.13%（0.01, 0.26）	0.16%（−0.13, 0.45）		0.40%（0.29, 0.51）	0.51%（0.23, 0.78）	0.09%（−0.08, 0.26）	−0.06%（−0.65, 0.52）	

续表

研究	研究区域	研究人群	流行病学方法	浓度单位	结局	北方	东北	南方	东部	中南	西北	西南	青海-西藏
Dong Z et al.（2020）[112]	中国 31 省市的 267 个城市	约 3 亿人	时间序列分析（2013~2017 年）	$PM_{2.5}$: 10 μg/m³	全死因死亡	0.56%（0.42, 0.70）		0.27%（0.12, 0.43）			0.66%（0.04, 1.30）		0.14%（−1.13, 1.42）
					心血管疾病死亡	0.70%（0.51, 0.90）		0.27%（0.11, 0.44）			0.59%（−0.15, 1.30）		0.06%（−1.84, 1.99）
					冠心病死亡	0.71%（0.45, 0.98）		0.28%（0.04, 0.53）			0.57%（−0.30, 1.45）		1.89%（−1.44, 5.33）
					中风死亡	0.73%（0.49, 0.98）		0.24%（0.01, 0.47）			0.60%（−0.66, 1.88）		−0.17%（−2.89, 2.63）
					呼吸系统疾病死亡	0.73%（0.49, 0.98）		0.39%（0.04, 0.74）			0.72%（−0.19, 1.64）		0.09%（−3.86, 4.20）
					慢性阻塞性肺病死亡	0.61%（0.29, 0.93）		0.82%（0.42, 1.21）			0.71%（−0.33, 1.76）		−0.74%（−3.52, 2.12）

续表

研究	研究区域	研究人群	流行病学方法	浓度单位	结局	北方	东北	南方	东部	中南	西北	西南	青海-西藏
Lei J et al.（2021）[113]	中国 19 个省市的 25 个城市	4992 名成年哮喘患者	定群研究	$PM_{2.5}$：四分位数间距（44 μg/m³）	FEV_1（mL）	−54.34（−86.01, −22.66）		−18.23（−35.03, −1.43）					
					FEV_1/FVC（%）	0.17（−0.52, 0.86）		−0.43（−0.80, −0.05）					
					PEF（mL/s）	−98.12（−190.08, −6.16）		−66.1（−116.01, −16.19）					
					FVC（mL）	−79.65（−128.29, −31.01）		−3.58（−29.72, 22.55）					
					$FEF_{25\%-75\%}$（mL/s）	−7.7（−61.51, 46.11）		−35.35（−60.37, −10.34）					

续表

研究	研究区域	研究人群	流行病学方法	浓度单位	结局	北方	东北	南方	东部	中南	西北	西南	青海-西藏
Lei J et al.（2021）[113]	中国19个省市的25个城市	4992名成年哮喘患者	定群研究	$PM_{2.5\sim10}$:四分位数间距（28 μg/m³）	FEV_1（mL）	−5.71（−74.36, 62.93）		−81.46（−119.93, −42.98）					
					FEV_1/FVC（%）	−0.78（−1.94, 0.38）		−1.16（−1.97, −0.34）					
					PEF（mL/s）	−5.7（−190.57, 179.18）		−263.98（−372.38, −155.59）					
					FVC（mL）	−1.07（−94.50, 92.37）		−62.67（−118.59, −6.75）					
					$FEF_{25\%\sim75\%}$（mL/s）	48.51（−49.68, 146.70）		−129.95（−195.41, −64.49）					

传统的空气污染的人群研究多以大气环境浓度为暴露指标，Dong 等首次将室内空气污染暴露和大气环境浓度相结合作，研究了时间加权的 $PM_{2.5}$ 短期暴露对不同疾病死亡的影响[112]。Dong 等首先通过对 36 个城市中不同室内环境进行 $PM_{2.5}$ 浓度监测采样，并运用机器学习模型预测了不同城市室内 $PM_{2.5}$ 暴露的平均浓度。通过计算各城市居民在不同季节的平均室内、室外时间，Dong 等对室内及大气 $PM_{2.5}$ 浓度进行时间加权，并分析了时间加权后 $PM_{2.5}$ 暴露和不同病因死亡的关联。该研究发现时间加权的 $PM_{2.5}$ 浓度与全死因死亡的关联在西北地区最强，而在青海-西藏地区（仅纳入了 3 个区县）该关联不显著；时间加权的 $PM_{2.5}$ 浓度与心血管疾病、冠心病、中风和呼吸系统疾病导致死亡的关联在北方城市强于其他地域，而与慢性阻塞性肺病导致死亡的关联在南方地区更强。

Lei 等通过定群研究的方法研究了 $PM_{2.5}$ 短期暴露对成年哮喘患者的肺功能影响[113]。该研究多次测量了居住于中国 25 个不同城市的近 5000 成年哮喘患者的肺功能，并通过空间距离最近的大气污染物监测站获得了不同受试者的每小时的大气 $PM_{2.5}$ 暴露浓度。运用混合效应模型，Lei 等发现 $PM_{2.5}$ 短期暴露与 FEV_1，PEF 及 FVC 的关联在居住于北方城市的哮喘患者中强于居住于南方的患者，而与 $FEF_{25\%\sim75\%}$ 及 FEV_1/FVC 的关联在南方哮喘患者中强于居住于北方的患者。但是南方城市哮喘患者的肺功能对 $PM_{2.5\sim10}$ 短期暴露较北方哮喘患者更敏感。

不同的全国性研究均发现大气颗粒物的短期健康效应具有地域差异性，但不同研究对地域的划分和研究的健康结局不同，且结果不一致。虽然以上全国性研究均发现北方地区的大气颗粒物浓度高于南方地区，目前两个探讨 $PM_{2.5\sim10}$ 短期健康效应的研究均发现南方城市居民对较北方城市居民更敏感。该地域差异可能与大气颗粒物排放源和成分在不同地区的差异有关。在中国北方，PM 主要来源于自然源（如土壤、沙子）和道路灰尘。但在南方地区，$PM_{2.5\sim10}$ 主要来源于工业排放和交通尾气，其表面附着的有毒物质或过敏原可能较多。但目前不同城市大气颗粒物的组成和来源及其相对毒性的数据不足，限制了我们进一步研究但其健康效应地域差异的根本原因。

其次，大气颗粒物短期健康效应的地域差异可能与不同地区间个人暴露模式的差异性有关。例如，Chen 等发现 $PM_{2.5}$ 对不同疾病死亡（呼吸系统疾病除外）的影响在东北和西北地区微弱或不显著，而 Dong 等对 $PM_{2.5}$ 浓度进行时间加权后发现 $PM_{2.5}$ 浓度与全死因死亡和心血管疾病、冠心病、中风和呼吸系统疾病导致死亡的关联在北方（含西北）地区强于其他地区[7,112]。由于不同地区人们在户外的时间不同（例如，北方居民冬季的户外时间较南方居民更短），建筑物的自然通风率的不同（例如，北方较冷地区建筑物密闭性更强以增强住房的节能性）等因素导致了大气颗粒物的短期健康效应的地域异质性。

另外，不同城市中气象因素的差异也可能是大气颗粒物健康效应地域差异的原因之一。气象因素（如气温、相对湿度、风向和风速）影响着空气污染物的排放、运输、稀释、化学转化和沉积。同时流行病学研究表明，环境温度与不同疾病的死亡或发病率之间存在关联。因此大气颗粒物和气象因素可能会协同影响人群健康。

7.2.2 大气颗粒物健康效应的城乡差异

与世界其他国家不同，中国实行户籍制度，将居民分为两类：非农业（城市）居民和农业（农村）居民。在计划经济时期（1949~1992 年），城镇居民主要从事工商业，用工资购买粮食、肉类、食糖、食用油等生活必需品。城镇居民优先享受住房、医疗、教育等社会福利。农村居民多以农田为生，通常自给自足且受教育程度相对较低。自 1993 年中国进入市场经济时代以来，农村居民开始获得医疗服务和教育等基本福利，但大部分卫生资源仍分配给城镇居民[114]。研究发现很多慢性非传染性疾病在中国农村地区的发病率高于城市地区[104]。然而由于中国大气环境监测站主要设立在城市地区，农村地区缺乏长期大气监测数据，目前大部分环境流行病学研究多集中于城市地区。

现有的全国性大气颗粒物健康效应研究中，部分研究通过建立大气颗粒物环境暴露时空模型估计了中国不同区域大气颗粒物长期暴露的平均水平，并纳入了城市和农村地区人群以研究大气颗粒物长期暴露健康效应的城乡差异（表 7-10）。但由于农村地区监测数据的不足，目前鲜有研究分析大气颗粒物短期暴露健康效应的城乡差异。

表 7-10　大气颗粒物长期健康效应的城乡差异

研究	研究人群	研究区域	流行病学方法	$PM_{2.5}$浓度单位	结局	城市	农村
Yin et al.（2017）[106]	89793 名 40 岁及以上的男性	中国 45 个区县	前瞻性队列研究	10 μg/m³	非意外死亡	1.11（1.09, 1.13）	1.08（1.07, 1.09）
					心血管系统疾病死亡	1.12（1.08, 1.15）	1.08（1.07, 1.09）
					缺血性心脏病死亡	1.2（1.13, 1.27）	1.06（1.03, 1.09）
					卒中死亡	1.13（1.09, 1.18）	1.14（1.13, 1,16）
					慢性阻塞性肺病死亡	1.05（1.01, 1.11）	1.13（1.12, 1.15）
					肺癌死亡	1.07（1.01, 1.14）	1.12（1.08, 1.16）

续表

研究	研究人群	研究区域	流行病学方法	$PM_{2.5}$浓度单位	结局	城市	农村
Liu et al.（2017）[115]	13975 名 35 岁及以上的男性和女性	中国 28 省的 150 个区县	横断面研究	四分位数间距（41.7 μg/m³）	高血压患病率	1.18（1.08,1.28）	1.05（0.98,1.13）
					收缩压	0.44（−0.5, 1.39）	0.76（0.06, 1.46）
					舒张压	0.03（−0.51, 0.56）	0.01（−0.39, 0.42）
Xie et al.（2018）[109]	39348119 名 20~49 岁男性和女性	中国 31 省的 2790 个区县	横断面研究	第 95 百分位 $PM_{2.5}$浓度相对于阈值浓度（农村：45.4 μg/m³, 城市：2.9 μg/m³）	高血压患病率	1.659（1.612,1.707）	1.114（1.108, 1.119）
Li et al.（2018）[107]	13344 名 65 岁及以上的男性和女性	中国 22 个省市	前瞻性队列研究	10 μg/m³	全死因死亡	1.05（1.02, 1.08）	1.1（1.07, 1.20）
Guo et al.（2019）[116]	约 1.9 亿名男性	中国 295 个区县	横断面研究	10 μg/m³	肺癌每年发病率	3.97%（2.18, 4.96）	参照组
Yang et al.（2020）[117]	116821 名 18 岁及以上的男性和女性	中国 15 个省市	前瞻性队列研究	10 μg/m³	非意外死亡	1.12（0.93, 1.34）	1.12（1.09, 1.16）
					心血管-代谢性疾病死亡	1.21（0.84, 1.74）	1.24（1.18, 1.30）
Zhang（2021）[108]	30946 名 16 岁及以上的男性和女性	中国 25 个省市	前瞻性队列研究	10 μg/m³	全死因死亡	1.068（1.016, 1.122）	1.041（1.000, 1.083）

Yin 等、Li 等和 Zhang 通过队列研究的方法在比较大气细颗粒物长期暴露的地域差异的同时（详见 7.2.1 小节），均比较了大气细颗粒物长期暴露的城乡差异[106-108]。这三项研究均通过卫星遥感监测的气溶胶光学厚度与 GEOS-Chem 化学传输模型分别估计了中国 11 km×11 km 和 1 km×1 km 内 $PM_{2.5}$的长期暴露平均浓度，并通过 Cox 比例风险模型比较了大气细颗粒物长期暴露与死亡间关联的城乡差异。Yin 等发现城市地区 $PM_{2.5}$对非意外死亡、心血管疾病死亡、缺血性

心脏病死亡的影响强于农村地区；但 $PM_{2.5}$ 对慢性阻塞性肺病死亡和肺癌死亡的影响在农村地区强于城市地区。Li 等在对 $PM_{2.5}$ 和全病因死亡的关联进行分层研究时发现农村地区的人们对 $PM_{2.5}$ 的敏感性高于城市地区；而 Zhang 发现 $PM_{2.5}$ 和全病因死亡的关联在城市地区强于农村地区。

Yang 等同样采用了前瞻性队列研究分析大气细颗粒物长期暴露与死亡的关联[117]。该研究纳入并跟踪了中国 15 个省市的约 11 万成年人，通过卫星遥感监测的气溶胶光学厚度和机器学习模型预测了 2000~2015 年 $PM_{2.5}$ 在研究对象家庭住址处的年平均浓度。在对年龄、性别、教育水平、体重指数、总胆固醇、高血压、糖尿病、吸烟、饮酒和与工作相关的体力活动等混杂因素进行调整后，Yang 等发现 $PM_{2.5}$ 长期暴露与非意外死亡的关联在城市和农村地区相似，$PM_{2.5}$ 长期暴露与心血管-代谢性疾病死亡的关联在农村地区略强于城市地区。

不同于以上对 $PM_{2.5}$ 长期暴露与死亡关联的研究，Liu 等与 Xie 等以横断面研究的流行病学方法分析了 $PM_{2.5}$ 长期暴露与血压之间关联的城乡差异[109,115]。Liu 等基于中国健康与退休队列研究（China Health and Retirement Longitudinal Study，CHARLS）的基线信息收集了超过 1 万名 35 岁及以上居民的问卷调查与血压测量信息。Xie 等则通过全国免费孕前健康检查项目搜集了 39348119 名育龄（20~49 岁）男性和女性的血压信息。这两项研究通过卫星遥感监测的气溶胶光学厚度与混合效应模型分别预测了中国 10 km×10 km 和 1 km×1 km 网格内 $PM_{2.5}$ 的长期暴露浓度。运用多变量逻辑回归模型，并调整相关人口统计学、社会经济和生活方式等因素的混杂效应后，Liu 等和 Xie 等均发现 $PM_{2.5}$ 长期暴露与高血压患病率的关联在城市地区强于农村地区。

Guo 等也通过横断面研究分析了 $PM_{2.5}$ 长期暴露与男性肺癌发病率之间的关联[116]。Guo 等搜集了全国 295 个区县的男性肺癌发病率数据，并同样运用过卫星遥感监测的气溶胶光学厚度与混合效应模型预测了中国自 1998~2016 年每 1 km×1 km 网格内 $PM_{2.5}$ 的年平均浓度。该研究发现，$PM_{2.5}$ 的年平均浓度每升高 10 μg/m³，城市地区男性肺癌的发病率比农村地区高 3.97%（95%CI：2.18%，4.96%）。

现有研究发现城市区域的 $PM_{2.5}$ 浓度高于农村区域。现有的横断面研究在对 $PM_{2.5}$ 长期暴露和疾病患病率（高血压和肺癌）的关联分析中均发现城市人群对 $PM_{2.5}$ 的长期健康效应更为敏感。但目前的全国性前瞻性队列研究在比较大气颗粒物长期效应的城乡差异时结果不一致。这可能与不同研究的研究对象年龄组成结构的不同有关。例如，Yin 等和 Guo 等的研究对象为男性，Li 等的研究对象为老年人群（65 岁及以上的男性和女性），Xie 等的研究对象为育龄男性和女性（20~49 岁），而 Zhang 和 Yang 等的研究对象则分别为 16 岁和 18 岁及以上的人群。其次，由于尚不清楚这些研究对农村和城市地区的定义，这些研究可能在对人群的居住区域划分时存在一定的错分与暴露偏倚。

大气颗粒物长期暴露的城乡差异可能与生活行为方式的差别及资源的分配不均有关。首先，城市地区与农村地区 $PM_{2.5}$ 暴露的组分具有差异性。由于城乡之间在清洁能源的可及性、工业化程度和人口密度上存在的不同，农村地区 $PM_{2.5}$ 主要来源于生物燃料的燃烧排放，而城市 $PM_{2.5}$ 则主要来源于化石燃料的燃烧。不同组分的大气颗粒物在环境毒性上可能存在差异。另外，大气颗粒物长期暴露的城乡差异可能与吸烟状况在城乡地区的差别有关。空气污染对吸烟者心肺疾病的影响较非吸烟者更大[118]，而在城市地区年轻男性吸烟的增长率高于农村地区[119]，且非吸烟者的被动吸烟也对人体健康具有不利影响[120]。因此，不同地区吸烟率的不同可能会进一步增加地区间非吸烟者健康负担的差异。其次，城市与农村居民可能在户外时间上存在明显差异，特别是在农作物成熟收获季节。同时，城市和农村在医疗服务可及性上的差异，也是城乡地区大气颗粒物健康效应呈现差异性的原因之一。另外，随着城市化进程的不断加快，农村劳动力不断向城市迁移，城市与农村地区在人口结构上也可能出现不同。例如，农村区域由于劳动力的外迁可能造成农村地区人口老龄化加剧，由此造成农村人群与城市人群对大气颗粒物健康效应的敏感性不同。

7.2.3　大气颗粒物健康效应的民族差异

大气颗粒物健康效应的区域性差异也与区域内不同种族/民族的组成结构相关。民族/种族是一个可以反映多种社会和健康相关因素的综合指标，并可被视为众多未测量的混杂因素的替代物，包括遗传的异质性和文化/宗教的差异等。而不同种族或民族的人群在基因遗传、生活行为方式、医疗服务分配等方面的差异可导致不同人群对大气颗粒物的健康危害性的敏感度不同。

目前对环境健康效应的种族/民族间差异的研究主要来自美国。绝大多数美国的研究证据表明，有色人种社区暴露于不成比例高的环境污染物和相关的健康风险[121]。例如美国的动脉粥样硬化的多种族研究（Multi-Ethnic Study of Atherosclerosis，MESA）通过前瞻性队列设计，集中研究了不同种族/民族（研究人群中约 38%为白人，28%为非裔美国人，22%为西班牙裔，12%为亚裔并以华裔为主）的亚临床心血管疾病风险，并在多项研究中发现非裔及西班牙裔美国人对大气颗粒物暴露最为敏感[122-125]。

目前，中国关于大气颗粒物健康效应民族间差异的研究较为缺乏，这可能与中国绝大多数居民为汉族有关。如表 7-11 所示，现有研究中有 3 项横断面研究（其中两项为全国性研究）探讨了 $PM_{2.5}$ 长期暴露的健康效应，1 项地方性的病例交叉研究估计了 $PM_{2.5}$ 短期暴露的健康效应。

表 7-11　大气颗粒物健康效应的民族差异

研究	研究人群	研究区域	流行病学方法	$PM_{2.5}$浓度单位	结局	汉族	少数民族	藏族	彝族	朝鲜族
长期健康效应研究										
Guo H et al.（2019）[116]	约 1.9 亿名男性	中国 295 个区县	横断面研究	10 μg/m³	肺癌每年发病率	参照组	−0.05%（−0.12, 0.02）			
Xie X et al.（2018）[108]	39348119 名 20~49 岁男性和女性	中国 31 省的 2790 个区县	横断面研究	第 95 百分位 $PM_{2.5}$浓度相对于阈值浓度（45.4 μg/m³）	高血压患病率	1.064（1.053~1.076）	1.394（1.362~1.427）			
Xu J et al.（2021）[125]	31462 名男性和女性	四川省 15 个区县	横断面研究	10 μg/m³	高血压患病率	1.08（1.04, 1.12）		0.03（0.00, 0.27）	1.75（1.28, 2.38）	
短期健康效应研究										
Zhang C et al.（2018）[126]	16365 例心脑血管疾病死亡病例	延边朝鲜族自治州	病例交叉研究	10 μg/m³	心脑血管疾病死亡	1.025（1.024, 1.027）				1.024（1.022, 1.025）
					心血管疾病死亡	1.027（1.025, 1.029）				1.026（1.023, 1.028）
					脑血管疾病死亡	1.026（1.024, 1.028）				1.023（1.021, 1.025）

Guo 等分析了 $PM_{2.5}$长期暴露与男性肺癌发病率之间关联的民族差异[116]。Guo 等搜集了全国 31 个省（自治区、直辖市）近 300 个区县的男性肺癌发病率数据，其中包括新疆 3 个区县，青海 3 个区县和西藏 2 个区县。同样运用过卫星遥感监测的气溶胶光学厚度与混合效应模型，Guo 等预测了中国自 1998~2016 年每 1 km×1 km 网格内 $PM_{2.5}$的年平均浓度，并发现 $PM_{2.5}$的年平均浓度每升高 10 μg/m³，少数民族男性肺癌的发病率比汉族低 0.05%（−0.12, 0.02），但该差异不显著。

Xie 等和 Xu 等则分析了 $PM_{2.5}$长期暴露与高血压患病率之间关联的民族差异[109,125]。Xie 等通过全国免费孕前健康检查项目搜集了 39348119 名育龄男性和女性的血压信息。Xu 等则通过 2013 年和 2018 年在四川省进行的第五次和第六次卫生服务调查搜集了四川省 15 个区县 31462 名居民的血压信息。这两项研究均通过卫星遥感监测的气溶胶光学厚度与混合效应模型研究区域每 1 km×1 km 网格内 $PM_{2.5}$ 的长期暴露浓度。运用多变量逻辑回归模型，并调整相关人口统计学、社会经济和生活方式等因素的混杂效应后，Xie 等发现 $PM_{2.5}$ 长期暴露与高血压患病率的关联在少数民族人群中强于汉族人群。Xu 则分别估计了 $PM_{2.5}$ 长期暴露对汉族、彝族和藏族人群中高血压患病率的影响，并发现彝族人群对 $PM_{2.5}$ 暴露最敏感。

Zhang 等则研究了 $PM_{2.5}$ 短期暴露对心脑血管疾病死亡的影响[127]。该研究收集了延边朝鲜族自治州环境监测中心 2015~2016 年常规监测数据中 $PM_{2.5}$ 每日平均浓度，和期间的 16365 例心脑血管疾病死亡病例信息（其中 9029 例为汉族死亡病例，7336 例为朝鲜族死亡病例）。通过病例交叉研究设计，Zhang 等发现 $PM_{2.5}$ 短期暴露对心脑血管疾病死亡的影响在汉族与朝鲜族人群中相似，仅 $PM_{2.5}$ 短期暴露对脑血管疾病死亡的影响在汉族人群中略强于朝鲜族。

中国现有的关于大气颗粒物暴露的健康效应在不同民族之间差异的研究得到的结论不一致。这可能与不同研究的设计方法、研究群体和关注的健康结局的不同有关。现有研究中部分研究针对不同的少数民族进行了健康效应估计；部分研究则将不同的少数民族进行了合并，并和汉族进行对比。但由于不同的民族有各自的风俗、文化、生活习惯和地理环境，把所有的少数民族合并在一起可能会导致研究结果的准确性降低。

与西方国家不同，中国少数民族普遍生活在 $PM_{2.5}$ 浓度较低的地区。这可能是某些研究发现大气颗粒物与不同健康效应的关联在少数民族中较汉族更弱的原因之一。但同时，不同少数民族的其他社会、经济、心理和生活行为特征等可能增强其对空气污染暴露的敏感性。Xu 等在对四川省少数民族中 $PM_{2.5}$ 长期暴露和高血压患病率进行分析时发现此关联的种族差异主要是由社会经济和环境因素造成的[126]。例如，彝族的受教育程度和收入水平低于汉族，彝族人更可能吸烟而不太可能每天进行体育活动和刷牙，大多数彝族人使用固体燃料进行烹饪从而造成严重的室内空气污染，且彝族地区在经济和医疗保健方面均不如汉族地区。这些可能是造成彝族人群对大气颗粒物长期暴露的健康影响较汉族更敏感的原因[126]。

7.2.4 总结与展望

环境负担在不同区域间分配不均的问题在全世界普遍存在。中国不同区域受到的不成比例的空气污染分布以及其相关的健康效应的不平等开始引起学术界的关注[128,129]。目前相关环境正义研究在美国开展较早、较多。美国环境保护局将环境正义定义为：无论种族、肤色、国籍或收入的差异，所有人都能被公平对待并有意义地参与开发、实施和执行环境法律、法规和政策。美国新时期的环境正义运动源起于 1982 年北卡罗来纳州 Warren Country 居民对在其社区附近建造多氯联苯废物填埋厂的抗议活动。在过去 30 年中，随着社会不平等的稳步增长，美国的不平等程度和增长率超过了其他国家。现在环境正义的关注范围已经明显扩大以解决来自环境和社会压力等多种风险的累积和协同作用，包括空气污染、气候变化、交通出行、社区发展和土地使用规划、食品安全以及公园、绿地和其他便利设施可及性中涉及的平等问题。

不同于美国，中国特有的城乡二元结构，以及地区发展不均等因素与环境问题交织，形成了中国特有的环境正义问题。但通过以上总结可以发现中国目前关于环境健康效应在不同区域间差异性的研究尚缺乏。在国内环境问题日益严重的情况下，中国还需要大量相关研究，通过自上而下的生态文明建设以及公众参与的自上而下的方式来研究中国特有的环境正义问题。

7.3　案 例 分 析

7.3.1　案例一

我国一项基于中国成人肺部健康的 10 个省市研究，分析了空气污染长期暴露对成年人肺功能的影响。肺功能检测前 1 年研究地区的暖季（5~10 月）臭氧平均浓度为 42.1 ppb（28.5~51.2 ppb），研究地区臭氧暖季平均浓度与年平均浓度之间具有较高的相关性。研究发现，臭氧暖季平均浓度与 FEV_1/FVC、FEF_{50}、FEF_{75} 和 $FEF_{25\sim75}$ 的下降显著相关。肺功能检测前 1 年的暖季臭氧平均浓度每增加 1 个标准差（4.9 ppb），FEV_1/FVC 下降 0.3%，FEF_{50} 下降 37.4 mL/s，FEF_{75} 下降 14.2 mL/s，$FEF_{25\sim75}$ 下降 29.5 mL/s。在亚组分析中，与未患慢性阻塞性肺病（COPD）人群相比，在患有 COPD 的人群中臭氧长期暴露对肺功能和 SAD 的影响更大。在非 COPD 人群中，肺功能检测前 1 年的暖季臭氧平均浓度每增加 1 个标准差（4.9 ppb），FEV_1/FVC 下降 0.1%，FEF_{50} 下降 23.7 mL/s，FEF_{75} 下降 10.0 mL/s，$FEF_{25\sim75}$ 下降 20.7 mL/s，SAD 患病风险升高 7%；而在 COPD 人群中，相应的变化幅度分别为−0.7%、−76.6 mL/s、−36.7 mL/s、−64.2 mL/s 和 61%[130]。

请根据本章讨论的空气污染对患病人群的健康危害，分析该研究发现的健康效应差异在 COPD 人群和非 COPD 人群可能的原因。

7.3.2　案例二

美国北卡罗来纳州一项研究分析了空气污染暴露对不同亚族人群死亡率的影

响。该研究收集了北卡罗来纳州 2002~2013 年分死因的个人死亡数据，包括个体死亡日期、居住地、性别、死亡年龄（<65 岁、≥65 岁）、种族/民族（非西班牙裔白人、非西班牙裔黑人、西班牙裔、非西班牙裔亚裔或非西班牙裔其他人）、受教育程度（<12 岁、高中毕业、1-4 年大学教育、≥5 年大学教育或未知）和婚姻状况（未婚、已婚、丧偶、离婚或未知）。该研究同时估计了所有死亡病例在 2002~2013 年间的每日 24 小时 $PM_{2.5}$ 和 8 小时最大 O_3 浓度。通过时间分层的病例交叉设计，该研究估计了空气污染与死亡率之间的关联，并发现 $PM_{2.5}$ 暴露与死亡间的关联在生活在低社会经济地位社区的非西班牙裔黑人中最为显著[131]。

请根据本章讨论的大气颗粒物健康效应的地域、城乡和民族三个方面分析该研究发现的健康效应差异可能的原因。

（蔡 婧① 柳逸思② 胡立文③）

参 考 文 献

[1] Seventh National Population Census Bulletin (No. 5)[EB/OL]. http: //www.stats.gov.cn/sj/pcsj/rkpc/7rp/zk/indexch.htm. Accessed 24 May 2023.

[2] Wick G, Grubeck-Loebenstein B. The aging immune system: Primary and secondary alterations of immune reactivity in the elderly[J]. Experimental Gerontology, 1997, 32(4-5): 401-413.

[3] Birnbaum L S. Pharmacokinetic basis of age-related changes in sensitivity to toxicants[J]. Annu Rev Pharmacol Toxicol, 1991, 31: 101-128.

[4] Integrated Science Assessment for Particulate Matter[Z]. In the Federal Register / FIND（Vol 85, Issue 17, p 4655）Federal Information & News Dispatch, LLC. 2020.

[5] Samoli E, Peng R, Ramsay T, et al. Acute effects of ambient particulate matter on mortality in Europe and North America: Results from the APHENA study[J]. Environmental Health Perspectives, 2008, 116: 1480-1486.

[6] Chen R, Kan H, Chen B, et al. Association of particulate air pollution with daily mortality: The China Air Pollution and Health Effects Study[J]. American Journal of Epidemiology, 2012, 175: 1173-1181.

[7] Chen R, Yin P, Meng X, et al. Fine particulate air pollution and daily mortality. A nationwide analysis in 272 Chinese Cities.[J]. American Journal of Respiratory and Critical Care Medicine, 2017, 196: 73-81.

[8] Zhou M, Wang H, Zeng X, et al. Mortality, morbidity, and risk factors in China and its provinces, 1990—2017: A systematic analysis for the Global Burden of Disease Study 2017[J]. Lancet, 2019, 394（10204）: 1145-1158.

[9] De Leon S F, Thurston G D, Ito K. Contribution of respiratory disease to nonrespiratory mortality associations with air pollution[J]. American Journal of Respiratory and Critical Care Medicine, 2003, 167: 1117-1123.

[10] Zanobetti A, Schwartz J, Gold D. Are there sensitive subgroups for the effects of airborne particles?[J].

---

① 复旦大学
② 华盛顿大学
③ 中山大学

Environmental Health Perspectives, 2000, 108: 841-845.

[11] Liang R, Zhang B, Zhao X, et al. Effect of exposure to $PM_{2.5}$ on blood pressure: A systematic review and meta-analysis[J]. Journal of Hypertension, 2014, 32 (11): 2130-2140.

[12] Lenters V, Uiterwaal C S, Beelen R, et al. Long-term exposure to air pollution and vascular damage in young adults[J]. Epidemiology, 2010, 21 (4): 512-520.

[13] Su T C, Hwang J J, Shen Y C, et al. Carotid intima-media thickness and long-term exposure to traffic-related air pollution in middle-aged residents of Taiwan: A Cross-Sectional study[J]. Environmental Health Perspectives, 2015, 123 (8): 773-778.

[14] Adar S D, Sherppard L, Vedal S, et al. Fine particulate air pollution and the progression of carotid intima-medial thickness: A prospective cohort study from the multi-ethnic study of atherosclerosis and air pollution[J]. Public Library of Science Medicine, 2013, 10 (4): e1001430.

[15] Bauer M, Moebus S, Möhlenkamp S, et al. Urban particulate matter air pollution is associated with subclinical atherosclerosis: results from the HNR (Heinz Nixdorf Recall) study[J]. Journal of the American College of Cardiology, 2010, 56 (22): 1803-1808.

[16] Tonne C, Yanosky J D, Beevers S, et al. PM mass concentration and PM oxidative potential in relation to carotid intima-media thickness[J]. Epidemiology, 2012, 23 (3): 486-494.

[17] To T, Zhu J, Villeneuve P J, et al. Chronic disease prevalence in women and air pollution—A 30-year longitudinal cohort study[J]. Environment International, 2015, 80: 26-32.

[18] Chen L H, Knutsen S F, Shavlik D, et al. The association between fatal coronary heart disease and ambient particulate air pollution: Are females at greater risk?[J]. Environmental Health Perspectives, 2005, 113 (12): 1723-1729.

[19] Wong C M, Lai H K, Tsang H, et al. Satellite-based estimates of long-term exposure to fine particles and association with mortality in elderly Hong Kong residents[J]. Environmental Health Perspectives, 2015, 123 (11): 1167-1172.

[20] Thurston G D, Ahn J, Cromar K R, et al. Ambient particulate matter air pollution exposure and mortality in the NIH-AARP Diet and Health Cohort[J]. Environmental Health Perspectives, 2016, 124 (4): 484-490.

[21] Zhang L W, Chen X, Xue X D, et al. Long-term exposure to high particulate matter pollution and cardiovascular mortality: A 12-year cohort study in four cities in northern China[J]. Environment International, 2014, 62: 41-47.

[22] Doiron D, De Hoogh K, Probst-Hensch N, et al. Air pollution, lung function and COPD: Results from the population-based UK Biobank study[J]. European Respiratory Journal, 2019, 54 (1): 1802140.

[23] Wyatt L H, Devlin R B, Rappold A G, et al. Low levels of fine particulate matter increase vascular damage and reduce pulmonary function in young healthy adults[J]. Particle and Fibre Toxicology, 2020, 17 (1): 58.

[24] Guo C, Zhang Z, Lau A K H, et al. Effect of long-term exposure to fine particulate matter on lung function decline and risk of chronic obstructive pulmonary disease in Taiwan: A longitudinal. cohort study[J]. Lancet Planet Health, 2018, 2 (3): e114-e125.

[25] Lee Y M, Lee J H, Kim H C, et al. Effects of PM_{10} on mortality in pure COPD and asthma-COPD overlap: Difference in exposure duration, gender, and smoking status[J]. Scientific Reports, 2020, 10 (1): 2402.

[26] Heinrich J, Thiering E, Rzehak P, et al. Long-term exposure to NO_2 and PM_{10} and all-cause and cause-specific mortality in a prospective cohort of women[J]. Journal of Occupational and Environmental Medicine, 2013, 70 (3): 179-186.

[27] Katanoda K, Sobue T, Satoh H, et al. An association between long-term exposure to ambient air pollution and mortality from lung cancer and respiratory diseases in Japan[J]. Epidemiology, 2011, 21 (2): 132-143.

[28] Naess Ø, Nafstad P, Aamodt G, et al. Relation between concentration of air pollution and cause-specific mortality: Four-year exposures to nitrogen dioxide and particulate matter pollutants in 470 neighborhoods in Oslo, Norway[J]. American Journal of Epidemiology, 2007, 165 (4): 435-443.

[29] Tina Y, Liu H, Wu Y, et al. Ambient particulate matter pollution and adult hospital admissions for pneumonia in urban China: A national time series analysis for 2014 through 2017[J]. Public Library of Science Medicine, 2019, 16(12): e1003010.

[30] Zhang Y, Ding Z, Xiang Q, et al. Short-term effects of ambient PM_1 and $PM_{2.5}$ air pollution on hospital admission for respiratory diseases: Case-crossover evidence from Shenzhen, China[J]. Int J Hyg Environmental Health, 2020, 224: 113418.

[31] Dominski F H, Lorenzetti Branco J H, Buonanno G, et al. Effects of air pollution on health: A mapping review of systematic reviews and meta-analyses[J]. Environmental Research, 2021, 201: 111487.

[32] Gehring U, Gruzieva O, Agius R M, et al. Air pollution exposure and lung function in children: The ESCAPE project[J]. Environmental Health Perspectives, 2013, 121(11-12): 1357-1364.

[33] Hu Q, Ma X, Yue D, et al. Linkage between particulate matter properties and lung function in school children: A panel study in Southern China[J]. Environmental Science & Technology, 2020, 54(15): 9464-9473.

[34] Wu Y, Li H, Xu D, et al. Associations of fine particulate matter and its constituents with airway inflammation, lung function, and buccal mucosa microbiota in children[J]. Science of the Total Environment, 2021, 773: 145619.

[35] Horne B D, Joy E A, Hofmann M G, et al. Short-term elevation of fine particulate matter air pollution and acute lower respiratory infection[J]. American Journal of Respiratory and Critical Care Medicine, 2018, 198(6): 759-766.

[36] Wang H L, Sun J, Qian Z M, et al. Association between air pollution and atopic dermatitis in Guangzhou, China: Modification by age and season[J]. British Journal of Dermatology, 2021, 184(6): 1068-1076.

[37] Li H, Li X, Zheng H, et al. Ultrafine particulate air pollution and pediatric emergency-department visits for main respiratory diseases in Shanghai, China[J]. Science of the Total Environment, 2021, 775: 145777.

[38] Nhung N T T, Amini H, Schindler C, et al. Short-term association between ambient air pollution and pneumonia in children: A systematic review and meta-analysis of time-series and case-crossover studies[J]. Environmental Pollution, 2017, 230: 1000-1008.

[39] Fan J, Li S, Fan C, et al. The impact of $PM_{2.5}$ on asthma emergency department visits: A systematic review and meta-analysis[J]. Environmental Science and Pollution Research, 2016, 23(1): 843-850.

[40] Zhang S, Li G, Tian L, et al. Short-term exposure to air pollution and morbidity of COPD and asthma in East Asian area: A systematic review and meta-analysis[J]. Environmental Research, 2016, 148: 15-23.

[41] Yang M, Chu C, Bloom M S, et al. Is smaller worse? New insights about associations of PM_1 and respiratory health in children and adolescents[J]. Environment International, 2018, 120: 516-524.

[42] Milauzi E B, Koppelman G H, Smit H A, et al. Air pollution exposure and lung function until age 16 years: The PIAMA birth cohort study [J]. European Respiratory Journal, 2018, 52(3): 1800218.

[43] Cai Y, Hansell A L, Granell R, et al. Prenatal, early-life, and childhood exposure to air pollution and lung function: The ALSPAC cohort [J]. American Journal of Respiratory and Critical Care Medicine, 2020, 202(1): 112-123.

[44] Shi W, Liu C, Annesi-Maesano I, et al. Ambient $PM_{2.5}$ and its chemical constituents on life-time ever pneumonia in Chinese children: A multi-center study [J]. Environment International, 2021, 146: 106176.

[45] Yan M, Xu J, Li C, et al. Associations between ambient air pollutants and blood pressure among children and adolescents: A systemic review and meta-analysis[J]. Science of the Total Environment, 2021, 785: 147279.

[46] Qin P, Luo X, Zeng Y, et al. Long-term association of ambient air pollution and hypertension in adults and in children: A systematic review and meta-analysis[J]. Science of the Total Environment, 2021, 796: 148620.

[47] Liu M, Guo W, Zhao L, et al. Association of personal fine particulate matter and its respiratory tract depositions with blood pressure in children: From two panel studies[J]. Journal of Hazardous Materials, 2021, 416: 126120.

[48] Melén E, Standl M, Gehring U, et al. Air pollution and IgE sensitization in 4 European birth cohorts-the

MEDALL project[J]. J Allergy Clin Immunol, 2021, 147(2): 713-722.

[49] Lin L, Li T, Sun M, et al. Effect of particulate matter exposure on the prevalence of allergic rhinitis in children: A systematic review and meta-analysis[J]. Chemosphere, 2021, 268: 128841.

[50] Bowatte G, Lodge C, Lowe J, et al. The influence of childhood traffic-related air pollution exposure on asthma, allergy and sensitization: A systematic review and a meta-analysis of birth cohort studies[J]. Allergy, 2015, 70(3): 245-256.

[51] Aghaei M, Janjani H, Yousefian F, et al. Association between ambient gaseous and particulate air pollutants and attention deficit hyperactivity disorder (ADHD) in children: A systematic review[J]. Environmental Research, 2019, 173: 135-156.

[52] Markevych I, Tesch F, Datzmann T, et al. Outdoor air pollution, greenspace, and incidence of ADHD: A semi-individual study[J]. Science of the Total Environment, 2018, 642: 1362-1368.

[53] Park J, Sohn J H, Cho S J, et al. Association between short-term air pollution exposure and attention-deficit/hyperactivity disorder-related hospital admissions among adolescents: A nationwide time-series study[J]. Environmental Pollution, 2020, 266(Pt 1): 115369.

[54] Thygesen M, Holst G J, Hansen B, et al. Exposure to air pollution in early childhood and the association with Attention-Deficit Hyperactivity Disorder[J]. Environmental Research, 2020, 183: 108930.

[55] Roberts S, Arseneault L, Barratt B, et al. Exploration of NO_2 and $PM_{2.5}$ air pollution and mental health problems using high-resolution data in London-based children from a UK longitudinal cohort study[J]. Psychiatry Research, 2019, 272: 8-17.

[56] Karimi B, Shokrinezhad B. Air pollution and mortality among infant and children under five years: A systematic review and meta-analysis[J]. Atmospheric Pollution Research, 2020, 11(6): 61-70.

[57] Liu J, Wu T, Liu Q, et al. Air pollution exposure and adverse sleep health across the Life course: A systematic review[J]. Environmental Pollution, 2020, 262: 114263.

[58] Zhang J S, Gui Z H, Zou Z Y, et al. Long-term exposure to ambient air pollution and metabolic syndrome in children and adolescents: A national cross-sectional study in China[J]. Environment International, 2021, 148: 106383.

[59] Zhang Z, Dong B, Chen G, et al. Ambient air pollution and obesity in school-aged children and adolescents: A multicenter study in China[J]. Science of the Total Environment, 2021, 771: 144583.

[60] Yu W, Sulistyoningrum D C, Gasevic D, et al. Long-term exposure to $PM_{2.5}$ and fasting plasma glucose in non-diabetic adolescents in Yogyakarta, Indonesia[J]. Environmental Pollution, 2020, 257: 113423.

[61] Lee S Y, Jang M J, Oh S H, et al. Associations between particulate matter and Otitis Media in Children: A meta-analysis[J]. International Journal of Environmental Research and Public Health, 2020, 17(12): 4604.

[62] Sinharay R, Gong J, Barratt B, et al. Respiratory and cardiovascular responses to walking down a traffic-polluted road compared with walking in a traffic-free area in participants aged 60 years and older with chronic lung or heart disease and age-matched healthy controls: A randomised, crossover study[J]. Lancet, 2018, 391(10118): 339-349.

[63] Mordukhovich I, Coull B, Kloog I, et al. Exposure to sub-chronic and long-term particulate air pollution and heart rate variability in an elderly cohort: The Normative Aging Study[J]. Environmental Health, 2015, 14: 87.

[64] Lin H, Guo Y, Zheng Y, et al. Long-term effects of ambient $PM_{2.5}$ on hypertension and blood pressure and attributable risk among older Chinese adults[J]. Hypertension, 2017, 69(5): 806-812.

[65] Kloog I, Nordio F, Zanobetti A, et al. Short term effects of particle exposure on hospital admissions in the Mid-Atlantic states: A population estimate[J]. Public Library of Science ONE, 2014, 9(2): e88578.

[66] Dominici F, Peng R D, Bell M L, et al. Fine particulate air pollution and hospital admission for cardiovascular and respiratory diseases[J]. JAMA, 2006, 295(10): 1127-1134.

[67] Shah A S, Lee K K, Mcallister D A, et al. Short term exposure to air pollution and stroke: Systematic review and meta-analysis[J]. BMJ, 2015, 350: h1295.

[68] Zeka A, Zanobetti A, Schwartz J. Individual-level modifiers of the effects of particulate matter on daily mortality[J]. American Journal of Epidemiology, 2006, 163 (9): 849-859.

[69] Forastiere F, Stefoggia M, Picciotto S, et al. A case-crossover analysis of out-of-hospital coronary deaths and air pollution in Rome, Italy[J]. American Journal of Respiratory and Critical Care Medicine, 2005, 172 (12): 1549-1555.

[70] Yazdi D M, Wang Y, Di Q, et al. Long-term association of air pollution and hospital admissions among medicare participants using a doubly robust additive model[J]. Circulation, 2021, 143 (16): 1584-1596.

[71] Pun V C, Kazemiparkouhi F, Manjourides J, et al. Long-term $PM_{2.5}$ exposure and respiratory, cancer, and cardiovascular mortality in older US adults[J]. American Journal of Epidemiology, 2017, 186 (8): 961-969.

[72] Qu Y, Pan Y, Niu H, et al. Short-term effects of fine particulate matter on non-accidental and circulatory diseases mortality: A time series study among the elder in Changchun[J]. Public Library of Science ONE, 2018, 13 (12): e0209793.

[73] Lee J T, Son J Y, Cho Y S. The adverse effects of fine particle air pollution on respiratory function in the elderly[J]. Science of the Total Environment, 2007, 385 (1-3): 28-36.

[74] Pirozzi C S, Jones B E, Vanderslice J A, et al. Short-term air pollution and incident pneumonia. A case-crossover study[J]. Annals of the American Thoracic Society, 2018, 15 (4): 449-459.

[75] Chen Y, Yang Q, Krewski D, et al. Influence of relatively low level of particulate ar pollution on hospitalization for COPD in elderly people[J]. Inhalation Toxicology, 2004, 16 (1): 21-25.

[76] Yang Y, Guo Y, Qian Z M, et al. Ambient fine particulate pollution associated with diabetes mellitus among the elderly aged 50 years and older in China[J]. Environmental Pollution, 2018, 243 (Pt B): 815-823.

[77] Zanobetti A, Dominici F, Wang Y, et al. A national case-crossover analysis of the short-term effect of $PM_{2.5}$ on hospitalizations and mortality in subjects with diabetes and neurological disorders[J]. Environmental Health, 2014, 13 (1): 38.

[78] Alvaer K, Meyer H E, Falch J A, et al. Outdoor air pollution and bone mineral density in elderly men - The Oslo Health Study[J]. Osteoporosis International. 2007, 18 (12): 1669-1674.

[79] Goldberg M S, Burnett R T, Bailar J C, et al. The association between daily mortality and ambient air particle pollution in Montreal. Quebec. 2. Cause-specific mortality[J]. Environmental Research, 2001, 86 (1): 26-36.

[80] Chuang K J, Coull B A, Zanobetti A, et al. Particulate air pollution as a risk factor for ST-segment depression in patients with coronary artery disease[J]. Circulation, 2008, 118 (13): 1314-1320.

[81] Pekkanen J, Peters A, Hoek G, et al. Particulate air pollution and risk of ST-segment depression during repeated submaximal exercise tests among subjects with coronary heart disease: the Exposure and Risk Assessment for Fine and Ultrafine Particles in Ambient Air (ULTRA) study[J]. Circulation, 2002, 106 (8): 933-938.

[82] Park S K, O'Neill M S, Vokonas P S, et al. Effects of air pollution on heart rate variability: The VA normative aging study[J]. Environmental Health Perspectives, 2005, 113 (3): 304-309.

[83] Zanobetti A, Gold D R, Stone P H, et al. Reduction in heart rate variability with traffic and air pollution in patients with coronary artery disease[J]. Environmental Health Perspectives, 2010, 118 (3): 324-330.

[84] Zanobetti A, Schwartz J. Particulate air pollution, progression, and survival after myocardial infarction[J]. Environmental Health Perspectives, 2007, 115 (5): 769-775.

[85] Chen H, Burnett R T, Copes R, et al. Ambient fine particulate matter and mortality among survivors of myocardial infarction: Population-Based Cohort Study[J]. Environmental Health Perspectives, 2016, 124 (9): 1421-1428.

[86] Tonne C, Wilkinson P. Long-term exposure to air pollution is associated with survival following acute coronary syndrome[J]. European Heart Journal, 2013, 34 (17): 1306-1311.

[87] Von Klot S, Peters A, Aalto P, et al. Ambient air pollution is associated with increased risk of hospital cardiac readmissions of myocardial infarction survivors in five European cities[J]. Circulation, 2005, 112 (20): 3073-

3079.
[88] Berglind N, Bellander T, Forastiere F, et al. Ambient air pollution and daily mortality among survivors of myocardial infarction[J]. Epidemiology, 2009, 20 (1) : 110-118.
[89] Lagorio S, Forastiere F, Pistelli R, et al. Air pollution and lung function among susceptible adult subjects: A panel study[J]. Environmental Health, 2006, 5: 11.
[90] Peacock J L, Anderson H R, Bremner S A, et al. Outdoor air pollution and respiratory health in patients with COPD[J]. Thorax, 2011, 66 (7) : 591-596.
[91] Sun Q, Liu C, Chen R, et al. Association of fine particulate matter on acute exacerbation of chronic obstructive pulmonary disease in Yancheng, China[J]. Science of the Total Environment, 2019, 650 (Pt 2) : 1665-1670.
[92] Sun X W, Chen P L, Ren L, et al. The cumulative effect of air pollutants on the acute exacerbation of COPD in Shanghai, China[J]. Science of the Total Environment, 2018, 622-623: 875-881.
[93] Faustini A, Stefoggia M, Cappai G, et al. Short-term effects of air pollution in a cohort of patients with chronic obstructive pulmonary disease[J]. Epidemiology, 2012, 23 (6) : 861-879.
[94] Alexeeff S E, Deosaransingh K, Liao N S, et al. Particulate matter and cardiovascular risk in adults with chronic obstructive pulmonary disease[J]. American Journal of Respiratory and Critical Care Medicine, 2021, 204 (2) : 159-167.
[95] Coleman N C, Ezzati M, Marshall J D, et al. Fine particulate matter air pollution and mortality risk among US cancer patients and survivors[J]. JNCI Cancer Spectr, 2021, 5 (1) : pkab001.
[96] To T, Zhu J, Larsen K, et al. Progression from asthma to chronic obstructive pulmonary disease. Is air pollution a risk factor?[J]. American Journal of Respiratory and Critical Care Medicine, 2016, 194 (4) : 429-438.
[97] O'Neill MS, Veves A, Zanobetti A, et al. Diabetes enhances vulnerability to particulate air pollution-associated impairment in vascular reactivity and endothelial function[J]. Circulation, 2005, 111 (22) : 2913-2920.
[98] Shan A, Chen X, Yang X, et al. Association between long-term exposure to fine particulate matter and diabetic retinopathy among diabetic patients: A national cross-sectional study in China[J]. Environment International, 2021, 154: 106568.
[99] Ran J, Sun S, Han L, et al. Fine particulate matter and cause-specific mortality in the Hong Kong elder patients with chronic kidney disease[J]. Chemosphere, 2020, 247: 125913.
[100] WHO. Global air quality guidelines: Particulate matter ($PM_{2.5}$ and PM_{10}), ozone, nitrogen dioxide, sulfur dioxide and carbon monoxide: Executive summary[Z]. 2021.
[101] Liu C, Chen R, Sera F, et al. Ambient particulate air pollution and daily mortality in 652 Cities[J]. The New England Journal of Medicine, 2019, 381 (8) : 705-715.
[102] Yang F, Tan J, Zhao Q, et al. Characteristics of $PM_{2.5}$ speciation in representative megacities and across China[J]. Atmospheric Chemistry and Physics, 2011, 11: 5207-5219.
[103] Zhu Y, Huang L, Li J, et al. Sources of particulate matter in China: Insights from source apportionment studies published in 1987—2017[J]. Environment International, 2018, 115: 343-357.
[104] Li X, Deng Y, Tang W, et al. Urban-rural disparity in cancer incidence, mortality, and survivals in Shanghai, China, during 2002 and 2015[J]. Frontiers in Oncology, 2018, 8: 579.
[105] Liu X, Li N, Liu C, et al. Urban-rural disparity in utilization of preventive care services in China[J]. Medicine (Baltimore), 2016, 95 (37) : e4783.
[106] Yin P, Brauer M, Cohen A, et al. Long-term fine particulate matter exposure and nonaccidental and cause-specific mortality in a large national cohort of Chinese men[J]. Environmental Health Perspectives, 2017, 125 (11) : 117002.
[107] Li T, Zhang Y, Wang J, et al. All-cause mortality risk associated with long-term exposure to ambient $PM_{2.5}$ in China: A cohort study[J]. Lancet Public Health, 2018, 3 (10) : e470-e477.

[108] Zhang Y. All-cause mortality risk and attributable deaths associated with long-term exposure to ambient $PM_{2.5}$ in Chinese adults[J]. Environmental Science & Technology, 2021, 55 (9) : 6116-6127.

[109] Xie X, Wang Y, Yang Y, et al. Long-term effects of ambient particulate matter (with an aerodynamic diameter ≤ 2.5μm) on hypertension and blood pressure and attributable risk among reproductive-age adults in China[J]. Journal of The American Heart Association, 2018, 7 (9) : e008553.

[110] Du X, Zhang Y, Liu C, et al. Fine particulate matter constituents and sub-clinical outcomes of cardiovascular diseases: A multi-center study in China[J]. Science of the Total Environment, 2021, 759: 143555.

[111] Tina Y, Liu H, Wu Y, et al. Association between ambient fine particulate pollution and hospital admissions for cause specific cardiovascular disease: Time series study in 184 major Chinese cities[J]. BMJ, 2019, 367: 16572.

[112] Dong Z, Wang H, Yin P, et al. Time-weighted average of fine particulate matter exposure and cause-specific mortality in China: a nationwide analysis[J]. Lancet Planet Health, 2020, 4 (8) : e343-e351.

[113] Lei J, Yang T, Huang S, et al. Hourly concentrations of fine and coarse particulate matter and dynamic pulmonary function measurements among 4992 adult asthmatic patients in 25 Chinese cities[J]. Environment International, 2022, 158: 106942.

[114] Chen R, Yin P, Meng X, et al. Associations between coarse particulate matter air pollution and cause-specific mortality: A nationwide analysis in 272 Chinese cities[J]. Environmental Health Perspectives, 2019, 127 (1) : 17008.

[115] Liu C, Chen R, Zhao Y, et al. Associations between ambient fine particulate air pollution and hypertension: A nationwide cross-sectional study in China[J]. Science of the Total Environment, 2017, 584-585: 869-874.

[116] Guo H, Chang Z, Wu J, et al. Air pollution and lung cancer incidence in China: Who are faced with a greater effect?[J]. Environment International, 2019, 132: 105077.

[117] Yang X, Liang F, Li J, et al. Associations of long-term exposure to ambient $PM_{2.5}$ with mortality in Chinese adults: A pooled analysis of cohorts in the China-PAR project[J]. Environment International, 2020, 138: 105589.

[118] Wong CM, Ou CQ, Lee NW, et al. Short-term effects of particulate air pollution on male smokers and never-smokers[J]. Epidemiology, 2007, 18 (5) : 593-598.

[119] Chen Z, Peto R, Zhou M, et al. Contrasting male and female trends in tobacco-attributed mortality in China: evidence from successive nationwide prospective cohort studies[J]. Lancet, 2015, 386 (10002) : 1447-1456.

[120] Eriksen M P, Lemaistre C A, Newell G R. Health hazards of passive smoking[J]. Annual Review of Public Health, 1988, 9: 47-70.

[121] Ringquist E. Assessing evidence of environmental inequities: A meta-analysis[J]. Journal of Policy Analysis and Management, 2005, 24: 223-247.

[122] Hicken M T, Adar S D, Diez Roux A V, et al. Do psychosocial stress and social disadvantage modify the association between air pollution and blood pressure? The multi-ethnic study of atherosclerosis[J]. American Journal of Epidemiology, 2013, 178 (10) : 1550-1562.

[123] Hicken M T, Adar S D, Hajat A, et al. Air pollution, cardiovascular outcomes, and social disadvantage: The multi-ethnic Study of Atherosclerosis[J]. Epidemiology, 2016, 27 (1) : 42-50.

[124] Aaron C P, Chervona Y, Kawut S M, et al. Particulate matter exposure and cardiopulmonary differences in the multi-ethnic study of atherosclerosis[J]. Environmental Health Perspectives, 2016, 124 (8) : 1166-1173.

[125] Jones M R, Diez-Roux A V, O'Neill M S, et al. Ambient air pollution and racial/ethnic differences in carotid intima-media thickness in the Multi-Ethnic Study of Atherosclerosis (MESA) [J]. Journal of Epidemiology and Community Health, 2015, 69 (12) : 1191-1198.

[126] Xu J, Zhang Y, Yao M, et al. Long-term effects of ambient $PM_{2.5}$ on hypertension in multi-ethnic population from Sichuan province, China: A study based on 2013 and 2018 health service surveys[J]. Environmental Science and Pollution Research, 2021, 28 (5) : 5991-6004.

[127] Zhang C, Quan Z, Wu Q, et al. Association between atmospheric particulate pollutants and mortality for Cardio-Cerebrovascular diseases in Chinese Korean population: A case-crossover study[J]. International Journal of Environmental Research and Public Health, 2018, 15 (12): 2835.

[128] Azimi M, Feng F, Zhou C. Air pollution inequality and health inequality in China: An empirical study[J]. Environmental Science and Pollution Research, 2019, 26 (12): 11962-11974.

[129] Zhao H, Gene G, Zhang Q, et al. Inequality of household consumption and air pollution-related deaths in China[J]. Nature Communications, 2019, 10 (1): 4337.

[130] Niu Y, Yang T, Gu X, et al. Long-term ozone exposure and small airway dysfunction: The China Pulmonary Health (CPH) Study[J]. American Journal of Respiratory and Critical Care Medicine, 2022, 205 (4): 450-458.

[131] Son J Y, Lane K J, Miranda M L, et al. Health disparities attributable to air pollutant exposure in North Carolina: Influence of residential environmental and social factors[J]. Health & Place, 2020, 62: 102287.

第 8 章　大气颗粒物的健康效应机制

8.1　大气颗粒物健康效应的一般毒性机制

了解大气颗粒物有害效应和潜在危害的毒作用机制具有重要意义。大气颗粒物对健康影响的作用机制尚未完全明确，目前研究发现其作用机制涉及氧化应激与氧化损伤、炎症反应、内质网应激、细胞自噬与凋亡、遗传毒性、表观调控、代谢功能紊乱等多个方面。

8.1.1　大气颗粒物进入人体的途径、在体内的分布及其毒效应影响因素

大气颗粒物主要通过呼吸道进入人体，小部分颗粒物也可以降落至食物、水体或土壤，通过进食或饮水，经过消化道进入人体；颗粒物还可以通过直接接触黏膜进入人体。颗粒物在体内的分布及其毒效应受颗粒物粒径及其附载成分的影响，同时也受机体防御系统的影响。

1. 颗粒物的粒径

颗粒物在大气中的沉降与其粒径有关。一般来说，粒径小的颗粒物沉降速度慢，易被吸入。

不同粒径的颗粒物在呼吸道的沉积部位不同，图 8-1 展示了颗粒物的粒径大小及其沉积部位。大于 5 μm 的颗粒物多沉积在上呼吸道，通过纤毛运动，这些颗粒物被推移至咽部，或被吞咽至胃，或随咳嗽和打喷嚏而排出体外。小于 5 μm 的颗粒物多沉积在细支气管和肺泡。2.5 μm 以下的颗粒物 75%在肺泡内沉积，但小于 0.4 μm 的颗粒物可以较为自由地出入肺泡并随呼吸排出体外，因此在呼吸道的沉积较少。有时颗粒物的大小在进入呼吸道的过程中会发生改变，吸水性物质可在深部呼吸道温暖、湿润的空气中吸收水分而变大。粒径小于 0.1 μm 的颗粒物又称为超细颗粒物（ultrafine particles，UFPs）。UFPs 可以穿透肺泡上皮屏障转移而进入血液循环，从而随血流分布到机体其他部位。近年来还有研究发现，更细的微米级和纳米级的颗粒物可穿过血脑屏障或通过鼻黏膜直接进入中枢神经系统。值得关注的是，来自体内动物暴露模型、离体人胎盘模型和人胎盘的检测结果均揭示 UFPs 可以通过胎盘屏障，从而对胎盘功能和子代健康产生直

接的影响。

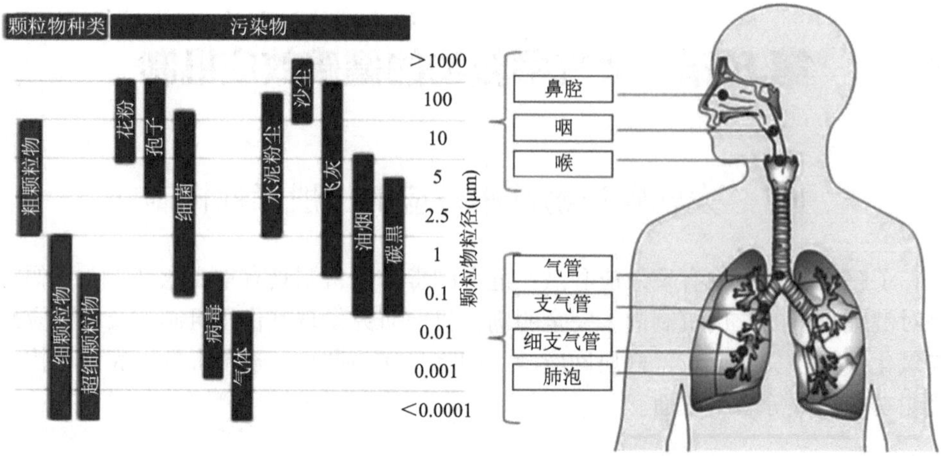

图 8-1　大气颗粒物粒径大小及其沉积部位

颗粒物的粒径不同，其负载的有害物质的种类和含量也有所不同。研究发现，60%~90%的有害物质存在于 PM_{10} 中。一些重金属元素如 Pb、Cd、Ni 以及多环芳烃等主要附着在 2 μm 以下的颗粒物上。颗粒物的粒径不同毒性也不同。暴露于 UFPs 会导致细胞内持续存在更为广泛的损伤，从而导致基因组稳定性的进一步紊乱。而 UFPs 的这种毒性可能归因于它们复杂的化学性质和小尺寸，使其具有相对较大的单位质量表面积、更高的有机分子吸附和细胞渗透能力。

2. 颗粒物的成分

颗粒物的理化特性及其生物学特性与其上所附载的成分密切相关。大气颗粒物上负载的化学成分可达数百种以上，分为有机和无机两大类。颗粒物还可以作为很多细菌、病毒等病原体的载体或传播媒介。

颗粒物的无机成分主要是指元素及其他无机化合物，如金属、金属氧化物、无机离子等。一般来说，自然来源的颗粒物所含无机成分较多。不同来源的颗粒物表面所含的元素不同。来自土壤的颗粒物主要含 Si、Al、Fe 等，燃煤颗粒物主要含 Si、Al、S、Se、F、As 等，燃油颗粒物主要含 Si、Pb、S、V、Ni 等，汽车尾气来源的颗粒物主要含 Pb、Br、Ba 等。

颗粒物的有机成分包括碳氢化合物、羟基化合物、含氮、含氧、含硫有机物、有机金属化合物、有机卤素等。来自煤和燃料燃烧以及焦化、石油等工业的颗粒物，其有机成分含量较高。除了传统的有机污染物，如多环芳烃、二噁英等，近年来颗粒物上附载的一些新型有机污染物及其对人体健康的影响也逐渐引起关注，比如全氟化合物、短链氯化石蜡、多溴二苯醚等。

颗粒物可作为其他污染物如 SO_2、NO_2、甲醛等的载体，这些有毒物质可以吸附在颗粒物上进入肺脏深部，加重对肺的损伤。颗粒物上的一些金属还有催化作用，可使大气中的其他污染物转化为毒性更大的二次污染物。其中一个典型的例子就是伦敦烟雾事件中颗粒物和 SO_2 的交互作用。在 20 世纪中叶发生的伦敦烟雾事件中，烟尘所含的三氧化二铁等金属氧化物，可催化 SO_2 氧化成硫酸雾，硫酸雾的刺激作用是 SO_2 的 10 倍左右。1962 年伦敦发生烟雾事件时的气象条件和 1952 年时相仿，大气中 SO_2 的浓度比 1952 年高，但由于烟尘浓度仅为 1952 年的一半，因而死亡人数（750 人）远少于 1952 年（4000 人）。此外，颗粒物上的多种化学成分还可能发生联合毒性作用。

3. 呼吸道对颗粒物的清除作用

清除进入呼吸道的颗粒物是呼吸系统防御功能的重要环节。呼吸道以喉头环状软骨为界分为上、下呼吸道。呼吸道不同部位的清除机制有所不同。鼻毛可阻留 10 μm 以上的颗粒物，阻留率达 95%。颗粒物可通过咳嗽或随鼻腔的分泌物排出体外，也可以被吞咽进入消化系统，或进入淋巴管和淋巴结以及肺部的血管后在体内进行再分布。气管支气管的黏膜表面被纤毛覆盖并分泌黏液，通过纤毛运动可将沉积于呼吸道的颗粒物以及充满颗粒物的巨噬细胞随同黏液由呼吸道的深部向呼吸道上部运转，并越过喉头的后缘向咽部移动，最终被咽下或随痰咳出。黏液-纤毛系统的清除过程较为迅速，沉积于下呼吸道的颗粒物在正常情况下 24~48 小时内可被清除掉。颗粒物可使呼吸道黏膜的分泌性和易感性增强，影响纤毛运动，导致黏液-纤毛清除机制受阻。肺泡对颗粒物的清除作用主要由肺泡巨噬细胞完成，巨噬细胞吞噬颗粒物后经黏液-纤毛系统排出或进入淋巴系统。一些细小的颗粒可直接穿过肺泡上皮进入肺组织间质，最后进入肺血液或淋巴系统。

8.1.2　大气颗粒物在体内的代谢活化

大气 $PM_{2.5}$ 进入靶细胞后，往往定位于层状细胞器（laminar organelles）中。附载在 $PM_{2.5}$ 上的有机物（如挥发性有机化合物多环芳烃类）的释放可激活细胞中的芳香烃受体（aryl hydrocarbon receptor，AhR），从而导致 AhR 调节基因的表达，包括 I 相外源性化合物代谢酶细胞色素 P450（如 CYP1A1、CYP1A2、CYP1B1、CYP2E1 和 CYP2F1 等）和 II 相代谢酶（如 NQO1、ALDH3A1、EPHX1、GST-pi1 和 GST-mu3）。随后，从 $PM_{2.5}$ 释放出来的有机化合物被这些代谢酶激活转化为活性亲电子代谢物（reactive electrophilic metabolites，REMs），从而对靶细胞产生各种毒性效应。

8.1.3 氧化应激与氧化损伤

自由基（free radicals）是独立游离存在的带有不成对电子的分子、原子或离子。毒理学意义上的自由基指的是以自由的非结合状态存在，并能与各种组织成分互相作用的自由基。在生物体内也存在一些笼蔽的自由基（caged radicals），如正常参与线粒体电子转运过程中的自由基，这类自由基是以一种稳定的完全不会与其他分子作用并攻击这些分子的状态存在的。自由基则具有很强的反应性，极易与组织细胞成分中的电子结合以达到更稳定的配对电子状态。自由基与非自由基物质反应可通过链式反应生成新的自由基，从而形成一系列扩展链，引起远离最初自由基产生的部位的生物学效应。在生物体中最常见的自由基是活性氧（reactive oxygen species, ROS）。ROS 是一类集合名词，不仅包括氧中心自由基如超氧阴离子和羟自由基，还包括某些氧的非自由基衍生物，如 H_2O_2、单线态氧和次氯酸，甚至还包括过氧化物、氢过氧化物和内源性脂质及外源性化合物的环氧代谢物，这些化合物都含有化学性质活泼的含氧功能基团或含氧的化学反应性物质。生物体内有五种基本的自由基反应（氢提取反应、电子转移反应、加成反应、终止反应和歧化反应），这些反应可以发生于所有的生物分子中包括 DNA、蛋白质、脂类和糖类。由于人类生活在有氧环境中，所以在机体内这些反应是持续不断地发生的。在生物学背景下，ROS 是氧正常代谢的天然副产物，并且在细胞信号传导和体内平衡中具有重要作用。然而当某些原因导致自由基过多时，则可能导致细胞损害。在生物进化过程中，机体逐渐形成一整套保护和修复这些生物分子氧化损害的防御体系。只有当自由基的产生超过体内防御系统的清除能力，或机体的防御体系受损而不能发挥正常功能时（即当体内“促氧化与抗氧化之间的平衡失调而倾向于前者”），自由基才会引起细胞特定的应激。由氧自由基引起的细胞应激反应称为氧化应激（oxidative stress）。外源性化合物可通过氧化还原循环、亲核外源性化合物的去电子氧化、共价键均裂等方式引起体内额外自由基的生成；或通过破坏抗氧化酶活性等方式损害机体的抗氧化体系，从而导致机体氧化还原失衡，引起氧化应激反应，导致多种生物大分子的氧化损伤（oxidative damage），特别是氧自由基引起的包括细胞膜的磷脂、蛋白质、酶以及 DNA 等的损伤。

虽然大气颗粒物对健康影响的作用机制尚未明确，但目前比较多的证据显示，大气颗粒物诱导的氧化应激和氧化损伤是颗粒物毒作用的一个非常重要的机制。

大量的研究发现，暴露于大气颗粒物可诱导人类或动物细胞出现系统性氧化应激和损伤。一方面，大气颗粒物暴露可增加细胞内自由基的水平。首先，大气颗粒物上吸附着环境持久性自由基，尤其是燃料燃烧来源的颗粒物；其次，附载在颗粒物上的有机化合物在细胞内可以代谢转化为 REMs，从而促使细胞内 ROS 生成或增加；最后，附载在颗粒物上的过渡金属，如 Fe、Cu、V 和 Mn，也可以通过芬顿反应（Fenton reaction）或者扰乱某些酶活性来诱导 ROS 的产生。另外，氧化应激还可以由颗粒物介导的炎性细胞激活引起，因为炎性细胞激活可生成 ROS 和活性氮（reactive nitrogen species, RNS）。

另一方面，大气颗粒物暴露可以损害细胞的抗氧化系统，使其抗氧化能力下降。核因子 E2 相关因子 2（nuclear factor erythroid-2-related factor 2, Nrf2）-胞质伴侣蛋白（Keap1）信号通路（Nrf2/Keap1）是细胞内抵抗氧化应激和保持氧化还原平衡的重要信号通路之一。Nrf2 是一种氧化应激表达的关键转录因子，存在于全身多个器官，它的缺失或激活障碍直接引起细胞对应激原的敏感性变化。Keap1 是 Nrf2 在细胞质中的富含半胱氨酸的结合蛋白，主要通过结合 Nrf2 使之无法进入细胞核，从而抑制 Nrf2 的活性，避免引起细胞对应激源的敏感性升高，如敲除 Keap1 的基因则导致 Nrf2 信号非常活跃。在无应激条件下，Nrf2 在细胞质中通过与 Keap1 结合被抑制，而当在氧化应激或过量 ROS 刺激时，半胱氨酸在 Keap1 中的残留量会增加，随后 Keap1 作为 E3 连接酶的活性变弱，Nrf2 和 Keap1 之间的连接被打乱，导致 Nrf2 泛化和衰退减少，细胞质中自由的 Nrf2 增多，使转移进细胞核的 Nrf2 增多，进入细胞核的 Nrf2 与小 Maf 蛋白形成异源二聚体，和抗氧化反应元件（antioxidant response element，ARE）连接在一起。随后，ARE 被激活并启动抗氧化基因的转录，从而使抗氧化基因得以表达。即细胞内存在 2 种 Nrf2，一种是游离 Nrf2（fNrf2），另一种是与 Keap1 结合的 Nrf2（kNrf2）。在无应激状态下，细胞质内绝大多数 Nrf2 处于与 Keap1 结合的状态，只有少量 fNrf2 进入细胞核以保持氧化还原平衡；在 ROS 过量时，Keap1 的自我泛素化使得 Keap1 与 Nrf2 的结合量达到饱和或减少，因此 fNrf2 的量增多，fNrf2 得以进入细胞核强化抗氧化基因的表达，从而发挥抗氧化作用。有研究发现，大气 $PM_{2.5}$ 诱导生成的 ROS 可以作为信号分子驱使 Nrf2 从细胞质转移进入细胞核中，从而导致一系列抗氧化酶的表达发生改变，活性下降，包括超氧化物歧化酶（super oxide dismutase, SOD）、过氧化氢酶（catalase, CAT）和谷胱甘肽过氧化物酶（glutathione peroxidase, GSH-Px）。敲除 Nrf2 基因或抑制其表达，可以使暴露于 $PM_{2.5}$ 的细胞生成更多的 ROS。最近有研究报道，大气颗粒物暴露通过 Nrf_2 介导的铁死亡通路影响神经系统功能。铁死亡是细胞死亡的一种形式，其特征是铁依赖性脂质过氧化和抗氧化功能的破坏。同时，$PM_{2.5}$ 还可以显著降低谷胱甘肽代谢酶的活性，比如谷胱甘肽还原酶（glutathione reductase, GR）、GPx 和蛋白酪氨酸磷酸酯酶（protein tyrosine phosphatase, PTPase），从而使生物系统中的总巯基基团减少。此外，$PM_{2.5}$ 暴露还与其他抗氧化酶的活性异常有关，比如对氧磷脂酶、髓过氧化物酶、血红蛋白氧合酶（hemeoxygenase, HO）等，与氧化应激的群体易感性关联尤为密切。由此可见，大气颗粒物可以通过多种机制损害抗氧化系统，降低抗氧化能力。

因大气颗粒物暴露而生成的 ROS 可以通过多种方式来损害细胞，比如和生物大分子脂类、蛋白质、DNA 等结合，破坏这些生物大分子的结构和功能，最终损伤靶细胞和组织。目前已有研究发现蛋白氧化标志物——血红蛋白中的 γ-谷氨酰半醛（gamma-glu-tamyl semialdehyde）和 2-氨基己二半醛（2-amino adipic semialdehyde），以及脂类氧化标志物——血浆中的丙二醛（malondialdehyde, MaD）的水平与 $PM_{2.5}$ 暴露水平相关。DNA 损伤的重要预测因子 7-羟-8-氧合-2-脱氧鸟苷（7-hydro-8-oxo-2′-deoxyguanosine，8-oxodG）的水平也与 $PM_{2.5}$ 的暴露水平呈正相关。

此外，通过破坏细胞内氧化还原平衡，ROS 可激活或抑制一些细胞信号传导通路或信号介导分子，如 NF-κB 信号通路、MaPK、激酶蛋白 mTOR（一个蛋白质合成的关键调控子）、蛋白激酶 C（PKC）、ASK1、JNK 和 p53，从而给细胞带来一系列不良影响。比如，当 $PM_{2.5}$ 达到一定浓度时，会显著提高人支气管上皮细胞 JAK2/STAT3 基因表达量和 p-JAK2/p-STAT3 蛋白水平，同时增加细胞内 ROS 水平，降低 GSH/GSSG 比值；随着 $PM_{2.5}$ 浓度的进一步升高，IL-6、IL-8 和 COX-2 水平显著增高。值得关注的是，这些不良影响可以被抗氧化剂抑制或缓解，提示可以通过抗氧化途径来预防或减轻大气颗粒物的不良影响。

过量 ROS 的产生还会降低线粒体膜电位水平，破坏线粒体膜完整性，通过氧依赖杀伤途径诱导线粒体氧化损伤，导致线粒体损伤和细胞凋亡。颗粒物诱导的细胞氧化应激和氧化损伤引发的细胞凋亡也是 $PM_{2.5}$ 诱导细胞毒性的主要机制之一，在后续部分将进一步探讨。

8.1.4 炎症反应和免疫紊乱

1. *炎症和炎症反应*

炎症（inflammation）是一个非常复杂而精细的适应过程。在各种有害因素的刺激下，液体、电解质、血浆蛋白和白细胞在血管外间隙渗出聚集。常见的致炎因子包括生物因子、物理因子和化学因子，它们通过复杂的细胞内信号通路和细胞间炎症介质共同引起炎症反应（inflammatory reaction）。

在大气颗粒物引起的健康危害效应中，有相当一部分都是和炎症有关的。比如在呼吸系统损害效应中，增强氧化应激和炎症反应，改变免疫应答能力是 $PM_{2.5}$ 引起气道损伤，降低肺功能的主要机制。在心血管系统中，$PM_{2.5}$ 暴露后引起的系统性炎症反应和氧化应激可促发内皮功能紊乱，导致血管收缩；通过增加黏附分子 E-selectin、P-selectin 和 ICAM-1 的表达和释放，导致单核细胞/巨噬细胞黏附。由此可见，炎症反应在 $PM_{2.5}$ 的健康危害效应中起着非常重要的作用。

在体外细胞实验中，$PM_{2.5}$ 暴露在多种人类和哺乳类动物细胞株中均可诱导炎症反应，并伴随呈剂量效应关系和时间效应关系的基因表达的增加、促炎介质（如 TNFα、IL-1β、IL-6、IL-8 和 MCP-1 等）的分泌增加。同时观察到 IL-1R1、IL-6R、IL-1 相关激酶-1（IL-1receptor associated kinase-1，IRAK）蛋白、磷酸化 STAT3 蛋白、IL-20 和Ⅰ类主要组织相容性复合物肽（MHCⅠ）增多，从而提示 $PM_{2.5}$ 能同时激活 IL-1R 和 IL-6R 介导的信号通路。最近的研究发现 $PM_{2.5}$ 可通过激活巨噬细胞中的 NLRP3 炎症小体而促进 IL-1β 的释放。此外，$PM_{2.5}$ 还可以增强双向调节因子（amphiregulin）、TGFα 和肝磷脂结合的 EGF 样生长因子 mRNA 的表达和蛋白分泌，EGFR 配体参与了气道上皮中的促炎反应和修复应答。

在体内实验中，$PM_{2.5}$ 暴露可导致局部或全身的炎症反应。过敏性哮喘儿童暴露于高水平的 $PM_{2.5}$，可出现鼻腔炎症伴随嗜酸性粒细胞和白蛋白百分比、尿素和 α1 抗胰蛋白酶浓度增高。暴露于 $PM_{2.5}$ 的人群和动物都呈现剂量依赖性增长的肺部炎症。在支气管肺泡灌洗液中，细胞数量、蛋白、唾液酸、促炎介质 TNF-α 和 IL-6 增多。同时，肺组织中的促炎细胞因子、转录因子 NF-κB 和炎症应答神经营养因子的表达上调。肺组织病理学证实，血液中趋化因子，如单核细胞/巨噬细胞趋化因子 ICAM-1 和 MCP-1 的释放可能促进炎症细胞渗入肺组织。在实验中，随着时间的推移，$PM_{2.5}$ 暴露的大鼠肺部的异物肉芽肿（由单核细胞/巨噬细胞形成）的数量增多。而 EGFR 配体的增加可能进一步促进支气管上皮细胞中粒细胞-巨噬细胞集落刺激因子的释放，从而引起和维持 $PM_{2.5}$ 诱导的气道促炎反应，促进支气管重塑。人体或动物暴露于 $PM_{2.5}$ 还可以引起全身炎性反应，血液中的炎症标志物 C-反应蛋白、氧化型低密度脂蛋白、IL-6、TNF-α 和血管内皮生长因子的水平升高。除此以外，$PM_{2.5}$ 还可以增加其他靶器官的炎症反应，比如下丘脑弓状核、肝脏、脾脏、心脏和肾脏。在实验动物的这些器官组织中检测到促炎基因的表达升高、NF-κB 通路激活和炎症细胞浸润。值得关注的是，在大鼠的 $PM_{2.5}$ 吸入性实验中，暴露可以引起巨噬细胞浸润，显著上调促炎介质 TNFα、MCP-1 和瘦蛋白的基因表达；而抗炎介质 IL-10 和脂肪细胞因子的基因在心外膜脂肪组织和肾周脂肪中的表达都是下降的。

2. 免疫功能紊乱

免疫是机体“识别自我、排除异己”维持内环境稳定和生理平衡的重要机制。免疫系统对外源性因素的应答有两种形式，即自然免疫（natural immunity）

或称先天性免疫（innate immunity）和获得性免疫（acquired immunity）或称特异性免疫（specific immunity）。自然免疫是与生俱来的，不针对特定抗原的免疫功能，非特异性地针对广泛外源性物质，即非特异性免疫。在暴露于这些物质之前很少被增强，其免疫作用提高是通过包括补体、自然杀伤性（NK）细胞、黏膜屏障以及多核和单核细胞的独特作用等在内的多种机制实现的。非特异性免疫与炎症反应中的吞噬作用有关。

与之相对地，获得性免疫是高度特异的并且随着外源性物质的不断暴露而增高，因而又称适应性免疫。引发这种特异性免疫反应的物质称为免疫原（immunogens），它们可以是外源性的或者是内源性的。获得性免疫反应有两种类型，即体液免疫和细胞（介导）免疫。体液免疫（humoral immunity）包括能与外源性物质结合的蛋白质的形成过程，这一特殊类型的蛋白质属于免疫球蛋白（immunoglobulins），蛋白质本身被称为抗体（antibody），而和抗体结合的物质称为抗原（antigen）。抗体结合可以中和毒素、引起细菌或微生物的凝集，从而导致可溶性外源性蛋白的沉淀，因此两者在宿主防御反应中都非常重要。在细胞免疫（cell-mediated immunity）中，则是特定的细胞，而不是抗体，与靶细胞的分解破坏有关。

免疫系统的一个重要功能是有效地分辨属于或不属于机体的大分子，这是一种既识别“自己”又排斥“异己”的过程。已知自体的识别部分是由主要组织相容性复合物（major histocompatibility complex，MHC）Ⅰ和Ⅱ分子的蛋白质遗传变异决定的。

环境中的许多理化因素都可以与免疫系统的各组分相互作用而引发免疫系统乃至机体的其他系统发生结构与功能的改变，造成严重的后果，而且免疫系统对外界的刺激非常敏感，在某些情况下，当其他器官系统还未观察到毒性作用时，免疫系统已经受到损害。

在很多大气颗粒物的研究中都观察到免疫功能的改变。$PM_{2.5}$吸入性暴露后，受试动物的支气管肺泡灌洗液和血液中的 TLR4 或 TLR2 阳性细胞减少，Th2 细胞因子 IL-4、IL-5、IL-10 和 IL-13 增多，即 $PM_{2.5}$ 暴露驱动了炎症小体相关的 Th2 优势型免疫反应。Balb/c 小鼠暴露于 $PM_{2.5}$ 后，$PM_{2.5}$ 可以协同激活碱性粒细胞，显著增加抗原特异性 IgE 水平，这一结果提示 $PM_{2.5}$ 可加重 IgE 介导的过敏性疾病。人群流行病学研究也验证了 $PM_{2.5}$ 对免疫功能的影响。暴露于 $PM_{2.5}$ 后人体外周血中的免疫学指标 IgA、IgG、IgM 和 IgE 以及淋巴细胞（CD4T、CD8T、CD4/CD8T）也发生了改变。而且，在暴露于 $PM_{2.5}$ 后的第二天和第四天进行检测，发现单核细胞内调节天然免疫和炎性反应的细胞表面共刺激分子 CD80、CD40、CD86、HLA-DR 和 CD23 的表达增加。此外，感染金黄色葡萄球菌后，$PM_{2.5}$ 还可以显著减少气道中募集的 NK 细胞（naive NK），减少肺泡巨噬细胞对金黄色葡萄球菌的吞噬作用。将初始 NK 细胞转移入用 $PM_{2.5}$ 处理过的大鼠的肺部，可以逆转 $PM_{2.5}$ 损害的抗菌宿主防御功能。在 BALB/c 小鼠中，$PM_{2.5}$ 暴露还可以上调脾脏和心脏中 IL-17A、穿孔素、TGFβ、孤独核受体（RORgamma）和基质金属蛋白酶-2 的表达，同时 CD4+和 IL-17 细胞增多。上述的研究结果提示 $PM_{2.5}$ 可导致免疫功能的改变，这些免疫功能的改变可能与多种不良健康效应，包括哮喘、肺部感染、心肌炎和糖尿病相关。

细胞转录因子 NF-κB 参与了 $PM_{2.5}$ 诱导的炎症反应。在人肺上皮细胞中，$PM_{2.5}$通过核 p65 和胞质 IKK-α 磷酸化激活 NF-κB 复合物，导致剂量和时间依赖性核 p65/p50DNA 结合。在体内实验中，在肺和其他器官组织中，$PM_{2.5}$ 也可以激活 NF-κB 途径，继而驱动炎症反应。值得关注的是，用抗氧化剂 *N*-乙酰半胱氨酸和二甲基硫脲或 iNOS 抑制剂 N^6-1-亚氨基乙基预处理细胞可以抑制 $PM_{2.5}$引起的 NF-κB 激活和后续的炎症反应。这意味着 $PM_{2.5}$ 诱导 NF-κB 活性涉及 ROS 和/或 RNS 生成通路。考虑到 NF-κB 也可以诱导生成 ROS 和 NO，它们可能生成阳性反馈环，从而放大下游的反应。

此外，在 THP-1 和 A549 细胞中，$PM_{2.5}$诱导的 IL-8 释放可以完全被选择性抑制剂 SB203580 阻断，这意味着在这个过程中 p38MaPK 激活起一定的作用。有研究还发现在暴露于 $PM_{2.5}$的 Jurkat T 细胞，Ca^{2+}-CaN-NFAT 信号通路参与了 IL-2 的调节。综上所述，多条信号通路参与了 $PM_{2.5}$ 诱导的炎症反应的调节。但目前还不清楚这些信号通路之间是如何相互协调，精准调控 $PM_{2.5}$ 诱导的炎症过程，下游的生物学效应的确切机制亦尚未阐明。

8.1.5　内质网应激、细胞凋亡和细胞自噬

1. 内质网应激

内质网（endoplasmic，ER）是真核细胞中蛋白质合成、折叠与分泌的重要细胞器，内质网内稳态失衡时，即发生内质网应激（endoplasmic reticulum stress，ERS）。ERS 是内质网功能紊乱时，蛋白质出现错误折叠或未折叠蛋白在腔内聚集以及钙离子平衡紊乱的状态。内质网中未折叠蛋白的累积可通过转录激活因子 6（activating transcription factor6, ATF6）、肌醇酶 1（inositol-requiring enzyme1, IRE1）和 PKR 样内质网蛋白激酶（PKR-like endoplasmic reticulum protein kinase, PERK）介导的信号通路启动未折叠蛋白反应（unfolded protein response，UPR），诱发内质网应激。外源性化合物可诱发内质网应激和 UPR，导致细胞产生不同结局（凋亡或自噬等）。

动物实验发现，$PM_{2.5}$ 暴露显著增加循环白细胞和肺部炎症，引起内质网应

激，其作用机制包括增加 NACHT、LRR 和含有 PYD 结构域的蛋白质 3（NALP3）炎性小体主要成分的表达；持续内质网应激还会导致 $PM_{2.5}$ 暴露下的肺损伤，通过 RNA 测序、RT-PCR、免疫组织化学等检测方法发现 Nrf2 在 $PM_{2.5}$ 暴露过程中促进了肺损伤，CYP2E1 代谢参与了其中内质网应激的过程。将健康斑马鱼胚胎暴露于 $PM_{2.5}$ 中发现，$PM_{2.5}$ 通过 IRE1-XBP1 和 ATF6 通路诱导炎症并促进内质网应激和自噬反应，同时内质网应激和自噬反应介导了 $PM_{2.5}$ 在斑马鱼胚胎中诱导的发育毒性。结合蛋白质组学分析表明，$PM_{2.5}$ 暴露可以增强 ERS 诱导的 Cav-1 降解，从而激活 TGF-β1/Smad3 轴，促进肺单核细胞凋亡和细胞外基质（ECM）的过量产生，最终加重肺纤维化。

2. 细胞凋亡和细胞自噬

当细胞受到外源性刺激或出现内环境改变时，可以通过细胞应激反应来自救，但当细胞损伤严重，应激反应不足以使细胞恢复稳态，则将启动细胞死亡程序以除去不能被修复的损伤细胞，如果应激原过于强烈，在细胞水平，毒性损害的最终后果是细胞死亡。细胞死亡命名委员会（Nomenclature Committee on Cell Death, NCCD）根据不同细胞死亡模式的病理形态学将细胞死亡分为三大类：细胞凋亡（apoptosis）、细胞自噬（autophagy）和细胞坏死（necrosis）。不同于坏死，细胞凋亡和细胞自噬在正常生理条件下均可发生，均属于程序性的细胞死亡，是机体维持细胞稳态所必需的，但也参与外源性刺激的毒作用过程。有些外源性化合物可引起有害的细胞凋亡或自噬，导致组织损伤和器官功能衰竭，有的化合物可抑制正常的细胞凋亡或自噬，从而成为肿瘤发生过程中的标志事件。本节主要探讨细胞凋亡和细胞自噬及其在大气颗粒物的健康危害效应中的作用。

1）细胞凋亡

细胞凋亡是多细胞生物维持细胞稳态、清除受损细胞的主动的信号依赖的程序性生化过程，可由多种因素诱导，如外源性毒物、放射性照射、组织缺氧缺血、病毒感染等。目前普遍认为细胞凋亡主要包括 3 种途径：死亡受体途径、线粒体途径和内质网途径。

死亡受体途径又称为外源性凋亡途径（extrinsic pathway），细胞膜表面存在着可引起细胞凋亡的死亡受体（death receptor，DR），死亡受体属于肿瘤坏死因子（tumor necrosis factor，TNF）家族的跨膜蛋白，目前已有 8 种死亡受体家族成员被发现，这些分子的共同结构特点是含有胞外氨基末端富含半胱氨酸的结构域（CRD），决定了其配体特异性；以及位于细胞内端的 80 个氨基酸组成的死亡区域（death domain，DD），这是诱导细胞凋亡所必需的。死亡配体结合相应的受体，以激活早期凋亡途径。线粒体凋亡途径又称为内源性凋亡途径

（intrinsic pathway）。近年来许多研究表明线粒体是调控细胞凋亡的中心，线粒体内、外膜间隙包含很多与细胞凋亡密切相关的分子，如线粒体促凋亡蛋白（second mitochondria derived activator of caspase, Smac）、细胞色素 C（cytochrome C，Cyt C）、凋亡诱导因子（apoptosis inducing factor, AIF）等，当细胞受到外源性因素引起的损伤时均可作用于线粒体，使其微环境发生变化，造成线粒体的膜电位丢失、ATP 合成受阻，线粒体通透性转变（mitochondrial permeability transition，MPT），多种凋亡蛋白从线粒体释放到细胞质中，进而诱导细胞凋亡；此外，当细胞的损伤超过修复能力时，内质网应激亦可引起细胞凋亡。内质网应激引发细胞凋亡的机制主要有以下 3 种：①特异性地激活 caspase-12，这是内质网特异的凋亡机制；②转录因子 GADD153/CHOP 的激活转录；③活化的 IRE-1 可活化 JNK 和 caspase-12，JNK 能对底物 c-JUN 等转录因子氨基末端进行磷酸化修饰、激活这些转录因子以调节下游基因的表达。简而言之，细胞凋亡可通过多个途径进行，是一个程序性的、复杂的细胞死亡调控过程，这些途径均涉及 caspase 活化。通常这三条途径之间存在密切联系和相互作用。

大气 $PM_{2.5}$ 诱导的细胞凋亡参与了多个器官系统的损伤过程。研究发现，$PM_{2.5}$ 可通过多种途径诱发心肌细胞和血管内皮细胞凋亡，包括：①使心肌细胞的 ADR B2 高度甲基化，激活 β2AR/PI3K/Akt 通路；②通过 JNK/p53 通路激活 caspase3；③激活血管内皮细胞的 COX-2/PGES/PGE2 炎症轴；④激活 p53-bax-caspase 通路；⑤激活 MaPKs 信号通路；⑥线粒体凋亡途径也是 $PM_{2.5}$ 诱导心肌细胞毒性的关键途径。$PM_{2.5}$ 通过诱导细胞凋亡引起呼吸系统损伤的实验证据非常丰富，包括：①通过下调 miR-194-3p，靶向调节 DAPK1，$PM_{2.5}$ 可以诱导支气管上皮细胞凋亡；②通过生成 ROS 导致线粒体结构受损，$PM_{2.5}$ 可以使支气管上皮细胞凋亡从而引起呼吸系统功能紊乱；③MaPK/NF-κB/STAT1 通路和 TNF-α 通路也参与了 $PM_{2.5}$ 诱导的呼吸系统细胞凋亡。ROS 诱导的细胞凋亡也是 $PM_{2.5}$ 的生殖发育毒性的机制之一。在人类胚胎干细胞中，$PM_{2.5}$ 通过抑制 ROS 介导的 Nrf2 通路活性而诱导细胞凋亡；通过 ROS-JNK/ERK 凋亡通路，$PM_{2.5}$ 可产生胚胎毒性，从而引起不良出生结局。在中枢神经系统方面，$PM_{2.5}$ 可以改变凋亡相关标志物（主要是 bax 和 bcl-2）的蛋白表达，激活 caspase-3，从而诱导神经元细胞凋亡和突触损伤。$PM_{2.5}$ 接触到皮肤表面还可引起皮肤损伤。在皮肤角质细胞内，$PM_{2.5}$ 通过诱导剂量依赖的 DNA 损伤和线粒体依赖型凋亡来产生皮肤刺激和损伤效应。

2）细胞自噬

自噬（autophagy）是广泛存在于真核细胞中的生命现象，它既是细胞的一种自我保护机制，同时也被认为是一种与凋亡并列的细胞程序性死亡机制。自噬是指细胞在缺乏营养和能量供应时，部分细胞质与细胞器被包裹进一种特别的双层膜或多层膜结构的自噬体中，形成的自噬体再与溶酶体结合，将其包裹的物质降解为核苷酸及氨基酸等。细胞内发生适当的自噬具有维持细胞自我稳态、促进细胞生存的作用，而过度的自噬会引起细胞死亡，称为自噬性死亡（autophagic cell death），也称为Ⅱ型程序性细胞死亡。从形态学上自噬性死亡被定义为：在细胞死亡过程中不发生染色质的凝聚，细胞内出较大量的自噬空泡（autophagic vacuolization，AV）。

自噬过程受自噬相关蛋白的调控，这些自噬相关蛋白由自噬相关基因（autophagy related gene，Atg）编码。这些自噬相关蛋白可根据其参与自噬发生的不同阶段分为 5 类：Atg1/ULK1 蛋白激酶复合体、Vps34-Atg6/Beclin1 复合体、Atg9/mAtg9 复合体、Atg5- Atg12 Atg16 连接系统和 Atg8/LC3 连接系统。精确的自噬信号调控对细胞应对不同的外界刺激至关重要。但参与自噬过程的信号通路非常复杂，目前尚未完全被了解。目前发现参与自噬调控的信号通路主要有 TOR（target of rapamycin）激酶、AMP 活化蛋白激酶（AMPK）、Ⅰ型磷脂酰肌醇-3-激酶/蛋白激酶 B（PI3K）途径等。

总的来说，在很多情况下，细胞死亡伴随出现自噬的活化，但自噬作用是通过什么机制在“促进生存”和“诱导死亡”间切换，目前尚不完全明了，且自噬是否是引起细胞死亡的直接原因仍存在争议。目前普遍认为，基础水平的自噬是维持细胞稳态所必需的，同时自噬参与抗衰老、分化及发育、免疫及清除微生物、肿瘤等疾病的病理生理过程。

$PM_{2.5}$ 诱导细胞自噬的研究证实多种途径、多条信号通路参与其中。$PM_{2.5}$ 可引起全身多器官多系统的细胞自噬，进而参与了许多疾病的发生和发展过程。呼吸系统首当其冲：$PM_{2.5}$ 可以激活人支气管上皮细胞的 NOS2 信号通路来诱导自噬介导的细胞死亡；通过诱导肺上皮细胞自噬，激活 NF-κB/NLRP3 信号通路，驱动肺纤维化；在肺癌细胞中 ROS 和 AMPK 参与了 $PM_{2.5}$ 诱导的细胞自噬；$PM_{2.5}$ 激活 BEAS-2B 细胞中的 ATR-CHEK1/CHK1 轴，进而激活 TP53-依赖性细胞自噬，生成 VEGFA。在生殖毒性方面，$PM_{2.5}$ 通过诱导细胞自噬破坏血液-睾丸屏障的完整性。在小鼠的 $PM_{2.5}$ 吸入性实验中，$PM_{2.5}$ 以 MyD88-介导的炎症通路依赖的方式诱导肝细胞自噬。在循环系统中，$PM_{2.5}$ 通过激活 NF-κB 通路来诱导大动脉内皮细胞自噬。除此之外，$PM_{2.5}$ 还可以引起人角膜上皮细胞自噬。由上可见，$PM_{2.5}$ 诱导的细胞自噬可以发生于全身各器官系统，大多数的自噬都与氧化应激和炎症信号通路有关，如 NOS2 信号通路、ROS 通路、MyD88 通路、AMPK 等。图 8-2 汇总了不同系统中 $PM_{2.5}$ 诱导的细胞凋亡和细胞自噬相关信号通路。

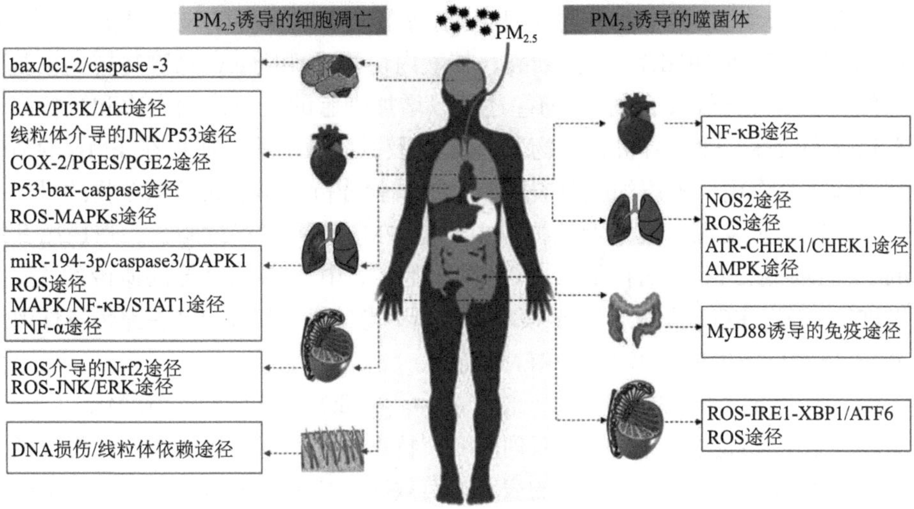

图 8-2　不同系统中 $PM_{2.5}$ 诱导的细胞凋亡和细胞自噬相关信号通路

8.1.6　致突变作用及遗传毒性

遗传结构本身的变化及引起的变异称为突变（mutation）。突变实际上是遗传物质的一种可遗传的变异，分为自发突变和诱发突变。自发突变的发生率极低，物种的进化与自发突变有密切关系。诱发突变是指人为地造成突变。突变会引起人类健康的危害。致突变作用（mutagenesis）是指外来因素引起生物体细胞遗传信息发生改变的作用。这种遗传信息或遗传物质的改变在细胞分裂繁殖过程中能够传递给子代细胞，使其具有新的遗传特性。具有这种致突变作用的物质，称为致突变物（或称诱变剂）。突变是致突变作用的后果，根据发生突变的部位可以分为基因突变（gene mutation）和染色体畸变（chromosome aberration）。基因突变是指基因中 DNA 序列的变化，包括碱基置换和移码突变。染色体畸变是指染色体的改变，包括结构畸变和数量畸变。遗传毒性（genotoxicity）是指环境中的理化因素作用于有机体，使其遗传物质在染色体水平、分子水平和碱基水平上受到各种损伤，从而造成的毒性作用。

用不同的鼠伤寒沙门氏杆菌株 *Salmonella typhimurium* 对 $PM_{2.5}$ 的有机提取物进行 Ames 试验，加入或不加入哺乳动物微粒体酶系统 S9 混合液，均出现致突变阳性结果，提示 $PM_{2.5}$ 的有机提取物具有致突变特性，同时存在直接致突变物和致突变物前体。多环芳烃类和/或硝基化合物（如羟胺类）是 $PM_{2.5}$ 附载的主要致癌物。而且在 Ames 试验中，$PM_{2.5}$ 和热解析的 $PM_{2.5}$ 都检测出呈剂量-反应关系的致突变作用，提示颗粒物具有致突变特性。

在人类和动物细胞实验中均发现 $PM_{2.5}$ 暴露可引起多种 DNA 损伤，包括 8-羟基-脱氧鸟苷（8-OHdG）、链断裂、核酸内切酶Ⅲ-和 fapy 鸟嘌呤转葡糖基酶敏感位点和多环芳烃加合物。$PM_{2.5}$ 还可以增加细胞的染色体畸变率和微核率，具有致畸变活性。除了有机化合物外，$PM_{2.5}$ 及其附载的重金属也在 $PM_{2.5}$ 的遗传毒性中起重要作用。采用细胞分裂阻断微核试验分析暴露于大气颗粒物的母体和脐带血淋巴细胞发现，大气颗粒物，主要是 $PM_{2.5}$，可以穿过胎盘，造成胎儿细胞的 DNA 损伤。值得关注的是，在体外细胞实验中，$PM_{2.5}$ 诱导的遗传毒性效应可以被抗氧剂、ROS 清除剂和 α-萘黄酮阻断，意味着 $PM_{2.5}$ 的这些遗传毒性效应与 P450 依赖反应生成的 ROS 和 REMs 有关。

$PM_{2.5}$ 引起的 DNA 损伤应答，比如 ATM、CHk2 和 H2AX 的磷酸化增强，可以引起细胞生化和生理过程的一系列改变，特别是基因表达谱的改变，将改变细胞的功能和/或命运。其中 $PM_{2.5}$ 的表观遗传效应，比如基因启动子区的甲基化的调节，对细胞基因表达的改变起重要作用。

8.1.7　表观遗传机制

在人类基因组中含有两类信息，一类是传统意义的遗传学（genetics）信息，提供合成生命所必需的所有蛋白质的模板；另一类是表观遗传学（epigenetics）信息，提供何时、何地和如何应用遗传学信息指令，以确保基因表达适当地开关。遗传学是基于基因序列的改变，而表观遗传学是基于非基因序列改变所致基因表达水平变化，这类改变也可以通过有丝分裂和减数分裂在细胞和世代间传递。表观遗传机制主要涉及 DNA 甲基化、组蛋白翻译后修饰、染色质重塑和 microRNA 等。基因组中表观遗传过程的精确性对于调控基因转录活性和染色体稳定性及人类正常发育是必需的。许多环境外源性因素可通过表观遗传机制改变基因的表达水平，从而导致多种人类疾病，比如肿瘤、免疫疾病、中枢神经系统发育紊乱等。

大气颗粒物暴露引起表观遗传学的改变贯穿人类的全生命周期，包括宫内暴露对胎儿生长发育的影响。大量的人群队列研究发现孕期 $PM_{2.5}$ 暴露通过特定的 DNA 化学修饰，主要是 DNA 甲基化和非编码 RNA，形成一个复杂的调控网络调节特定的基因表达，从而诱导产生一系列相互关联的病理过程，如全身性的氧化应激和分子细胞信号通路的改变。颗粒物宫内暴露诱导表观遗传改变的确切机制及其导致的子代健康效应还不是很清楚，有待进一步研究。本节主要讨论大气颗粒物在不同生命期暴露对 DNA 甲基化和非编码 RNA 的影响。

1. DNA 甲基化

DNA 甲基化是指在 DNA 甲基化转移酶（DNA methyltransferase，DNMT）的作用下，DNA 的某些碱基上增加甲基的过程。DNA 甲基化是哺乳动物细胞储存表观遗传学信息的主要形式，在哺乳动物中，几乎所有的甲基化都发生在 CPG 二联体上，成簇的 CPG 区域称为 CPG 岛，常见于基因的启动子区。DNA 甲基化参与胚胎发育、衰老、肿瘤等生理、病理过程，是基因表达调控和与环境因素相互作用的重要方式之一。

DNA 甲基化是研究最多的表观遗传修饰机制，是 $PM_{2.5}$ 宫内暴露引起子代健康损害的主要机制之一。已有的研究显示，孕期 $PM_{2.5}$ 暴露导致 DNA 甲基化的改变，包括胎盘组织的基因组低甲基化和特定基因的甲基化改变。遗传稳定性与 DNA 甲基化状态密切相关，全基因组 DNA 低甲基化可导致基因组不稳定性。来自比利时的 ENVIRONAGE 出生队列的研究结果揭示，孕早期暴露于 $PM_{2.5}$ 可以显著降低胎盘组织的全基因组 DNA 甲基化，并下调甲基化转移酶 DNT-1a 的表达，上调 *S*-腺苷甲硫氨酸（*S*-adenosylmethionine，SAM）的表达，后者是甲基基团转移的关键底物。胎盘瘦素基因启动子区甲基化也与母体 $PM_{2.5}$ 暴露相关，这一基因是一种能量调节激素，参与胎儿的生长发育。还有学者研究发现 $PM_{2.5}$ 的宫内暴露与新生儿血液中一些基因启动子区的甲基化相关，而这些基因，如 TM9SF2、COLEC11、UBE2S、TDRD6 等，与儿童期的哮喘、颈动脉内膜中膜增厚（carotid intima-media thickness，CIMT）、高血压等不良健康结局相关。此外，孕期 $PM_{2.5}$ 暴露还可以增加 Alu 位点的突变率（提示胎盘 DNA 突变率升高），改变 DNA 修复基因和肿瘤抑制基因，包括 APEX1、ERCC4、DAPK 和 PARP1 的启动子区的 DNA 甲基化。这些结果提示，胎儿期和新生儿期的 DNA 修复能力改变在之后的生命期的肿瘤风险中起重要作用。$PM_{2.5}$ 暴露还与胎盘线粒体 DNA（mtDNA）的表遗传修饰相关。mtDNA 的表遗传修饰与线粒体损伤和功能紊乱相关，并且被确认为是多种疾病，包括糖尿病、肥胖、心血管疾病和肿瘤的关键致病因素。现已发现 $PM_{2.5}$ 宫内暴露导致 MT-RNR1 区甲基化修饰和 mtDNA 含量减少。

儿童期由于其生理特点、行为习惯特征等对大气颗粒物的影响更为敏感，DNA 甲基化是其中最为关键的毒作用机制之一。来自美国一个 188 名平均年龄为 14.7 岁的为期 5 年的儿童队列研究发现，暴露于 $PM_{2.5}$ 90 天后，外周血单核细胞（peripheral blood mononuclear cells PBMCs）中的 FOXP3（对调节性 T 细胞的功能调控至关重要）平均甲基化水平与 $PM_{2.5}$ 暴露水平呈负相关，同时还观察到调节性 T 细胞激活。另外一个在纽约 9~14 岁儿童中开展的研究揭示，在哮喘儿童中，暴露于黑碳（black carbon，BC）5 天可导致哮喘促炎基因 IL4 和 NOS2A

启动子区 CpG 岛低甲基化，这可能与哮喘儿童的气道炎症相关。

来自成人颗粒物暴露与 DNA 甲基化关联的研究极为丰富。有研究识别出多个与神经系统疾病、心肺疾病、内分泌疾病等相关基因的颗粒物敏感 CPG 位点。研究者检测了人外周血淋巴细胞全基因组甲基化水平，识别出与颗粒物暴露相关的 3 个 CPG 位点的 DNA 甲基化水平。PM_{10} 暴露水平与 MaTN4 基因上的 cg19004594 甲基化水平呈正相关，该基因编码的 Martilin 4 蛋白参与了心肌重塑和造血细胞增殖过程。PM_{10} 和 $PM_{2.5\sim10}$ 暴露水平与 ARPP21 基因上的 cg24102420 甲基化水平呈正相关，该基因编码了参与钙调蛋白信号调节的 cAMP 调节磷蛋白 21。而 $PM_{2.5\sim10}$ 暴露水平与 CFTR 基因上的 cg12124767 甲基化水平呈负相关，该基因编码了囊性纤维化跨膜传导调节子，该调节子主要与囊性纤维化的发病相关。大气颗粒物暴露通过改变相关器官系统的 DNA 甲基化水平，对多种器官系统产生损害作用。比如在上海的一个随机双盲交叉实验中，36 名健康年轻人随机分成两组，一组宿舍中安装了真的空气颗粒物过滤器，一组宿舍中安装的是假的空气颗粒物过滤器，以模拟高低浓度的空气颗粒物暴露。暴露 9 天后对其外周血进行全基因组甲基化芯片检测，识别出 49 个甲基化水平显著改变的 CPG 位点，其中 31 个与胰岛素耐受、葡萄糖与脂肪代谢、炎症、氧化应激、血小板活化和细胞凋亡有关。因此提示，大气颗粒物可通过改变相关基因启动子区的 DNA 甲基化水平引起心血管和代谢疾病的发生。

动物实验和体外细胞实验也证实大气颗粒物可通过影响 DNA 甲基化水平造成机体损害。在小鼠实验中，$PM_{2.5}$ 暴露与 $CD4^{+}T$ 细胞中 IFN-γ 基因启动子的 DNA 甲基化增加相关，并增加了 $CD4^{+}T$ 细胞中 ERK-DNMT 通路的激活，导致小鼠出现更严重的过敏性鼻炎症状。PM_{10} 暴露与时钟基因甲基化存在显著相关性，$PM_{2.5}$ 与 PER2 基因甲基化负相关，与 CLOCK、CRY1、CRY2 和 PER3 基因甲基化正相关，并且，相对较低 BMI 值（BMI=25）的 DNA 甲基化显著增加，而在严重肥胖的参与者（BMI=51）中，DNA 甲基化下降。用 $PM_{2.5}$ 处理人心肌细胞 AC16 后，进行甲基化芯片检测。结果显示，$PM_{2.5}$ 暴露可引起心肌细胞全基因组 DNA 甲基化水平改变，特别是与细胞凋亡、细胞死亡、代谢通路、离子结合等相关的基因。

衰老的过程使老年人对环境中的健康威胁因素更加易感，包括短期和长期暴露于大气颗粒物。来自美国和德国的两个老年人队列对空气污染和 DNA 甲基化的关联进行了大量的研究，识别出 12 个 CPG 位点的 DNA 甲基化水平受大气颗粒物暴露的影响。随着 $PM_{2.5}$ 暴露水平的升高，其中的 9 个 CPG 位点 DNA 甲基化水平升高，另外 3 个下降。识别出来的这 12 个位点与多种生物学过程相关，包括肿瘤形成、基因调节、炎症刺激、肺功能紊乱和糖代谢等。

虽然从宫内到老年的全生命周期的大气颗粒物暴露都会导致 DNA 甲基化的

改变进而影响健康，但现有的研究揭示不同的生命周期 DNA 甲基化对颗粒物的易感性是不一样的，其中宫内生长、儿童期（尤其是生命早期）和老年期的 DNA 甲基化最容易受颗粒物的影响。

2. 非编码 RNA

非编码 RNA 是指不翻译为蛋白质的 RNA，包括 microRNA（miRNA）、piwi-相互作用 RNA（piwi-interacting RNA，piRNA）和长非编码 RNA（long noncoding RNA，lncRNA）。非编码 RNA 通过与转录因子、关键调控蛋白等相互作用，在基因组水平和染色体水平对基因表达进行调控，参与了多种生物学过程。其中 miRNA 是目前研究得最多的一种调节非编码 RNA。miRNA 是内源性单链小非编码 RNA，一般含有 22 个核苷酸，目前许多证据表明，miRNA 在生长发育、代谢、细胞分化、细胞增殖、细胞凋亡、肿瘤发生和发展中起重要作用。因其基因表达的调节功能，miRNA 被认为是连接环境暴露和健康结局的桥梁。

$PM_{2.5}$ 暴露 6 个月和 1 年，外周血中的 miR-126-3p、miR-19b-3p、miR-93-5p、miR-223-3p、miR-142-3p、miR-23a-3p、miR-150-5p、miR-15a-5p、miR-191-5p 和 let-7a-5p 的表达水平升高。这些发现揭示长期暴露于 $PM_{2.5}$ 可导致外周血中 miRNA 的表达改变，这就意味着外周血 miRNA 可以作为 $PM_{2.5}$ 引起不良健康结局的稳定的生物标志物。已有的研究为 $PM_{2.5}$ 暴露导致的 miRNA 调节参与了病理改变提供了证据。比如，有研究报道在 4 小时至 28 天的暴露窗口期，miR-1、miR-126、miR-135a、miR-146a、miR-155、miR-21、miR-222 和 miR-9 的表达均与 $PM_{2.5}$ 暴露呈负相关。这些 miRNA 中，miR-135a 和 miR-9 参与了 HMGB1/RAGE 信号通路，这是一条激活增强细胞因子和分子表达的转移因子的炎症通路。HMGB 可能是引起颗粒物介导的炎症、凝结和内皮功能紊乱的必要且充分的调节因素。在暴露于高浓度 $PM_{2.5}$ 后的第 3 天进行检测，COPD 相关的 miRNA——miRNA-194-3p 表达下降，与肺功能呈负相关，提示这个 miRNA 可能是 $PM_{2.5}$ 驱动的肺功能障碍的调节因素。此外，体外细胞实验还发现 $PM_{2.5}$ 可以调节在应激反应中起关键作用 miRNA。与对照组相比，用 $PM_{2.5}$ 处理的细胞有 12 个 miRNA 差异表达，其中 8 个上调，4 个下调。这些差异表达的 miRNA 大多数是主要富集在细胞吞噬作用、FoxO 和 PI3K-Akt 信号通路中，这些信号通路参与了 $PM_{2.5}$ 诱导的心脏毒性。在 $PM_{2.5}$ 暴露导致的 miRNA 表达改变影响其调控的通路方面，还包括由 miR-4301 调控的 Wnt 信号通路和由 miR-34c-5p 调控的 PTEN/PI3K/AKT 信号通路，这些都与 $PM_{2.5}$ 导致的肺部功能障碍有关。还有学者发现暴露于 $PM_{2.5}$ 后，人支气管上皮细胞的 miR-182 和 miR-185 的表达显著下调。这两个 miRNA 的表达抑制将导致它们的靶向肿瘤基因 SLC30A1、SERPINB2

和 AKR1C1 的表达上调，从而产生致癌作用。

在孕中期暴露于 $PM_{2.5}$，胎盘组织中的 miR-21、miR-146a 和 miR-222 的表达显著下降，而孕早期暴露则可增加 miR-20a 和 miR-21 的表达。Mir21 是血管细胞增殖和凋亡的重要调节子。胎盘昼夜节律通路甲基化与妊娠晚期 $PM_{2.5}$ 暴露显著正相关。单基因模型显示，妊娠晚期 $PM_{2.5}$ 暴露可引起胎盘 NPAS2 CRY1、PER2 和 PER3 的甲基化改变。这些在生命早期的大气颗粒物暴露导致的 miRNA 表达改变如何对稍后出现的健康效应产生影响，还有待进一步的研究。

8.1.8 致癌机制

2013 年国际癌症研究机构将大气颗粒物列为人类致癌物，认为有足够的证据表明大气颗粒物使肺癌风险增高。已有的研究发现大气颗粒物主要通过以下三种机制致癌：

1. 基因突变与 miRNA 介导的癌基因激活

如上所述，已有研究证明 $PM_{2.5}$ 可以引起基因突变。对 $PM_{2.5}$ 暴露处理的人支气管上皮细胞进行基因芯片检测，识别出 492 个差异表达的基因。进一步的小鼠吸入性实验发现，57 个基因差异表达，其中 14 个基因表达上调，43 个基因表达下调。生物学功能分析结果显示，这些差异表达的基因与外源性刺激应答、代谢和炎症免疫通路，尤其是与 MaPK 信号通路相关。

因此，如上所述，miRNA 参与转录后基因表达调控和 RNA 沉默，可能通过调控相关基因的表达参与 $PM_{2.5}$ 的致癌过程。体外细胞实验和动物实验均发现，$PM_{2.5}$ 暴露影响 miR-802/Rho 家族 GTPase 3（Rnd3）通路，从而导致肺癌的产生。但这一结果是否可以外推到人体，目前尚不清楚。还有研究对 $PM_{2.5}$ 诱导的 lncRNA 改变与肺癌的关系进行了研究，发现 $PM_{2.5}$ 可以通过 ROS 诱导 lncRNA loc146880，从而促进肺癌细胞的自噬和恶性化。

2. DNA 甲基化抑制抑癌基因的表达

p53 是一个非常重要的细胞增殖、凋亡和损伤修复的调节基因。*p53* 基因突变促进肺癌的病理过程。在体外细胞实验中，低浓度的 $PM_{2.5}$ 暴露 10 天可以通过增加 DNA(胞嘧啶-5-)甲基转移酶 3β（DNA(cytosine-5-)-methyltransferase 3β，DNMT3β）甲基化水平来使 *p53* 启动子甲基化，从而导致 *p53* 基因失活。这个实验还发现，ROS/Akt 信号通路参与了 DNMT3β 的甲基化。值得关注的是，在这个实验中，细胞是长时间暴露于“安全”水平的 $PM_{2.5}$（120 $\mu g/m^3$）中。但关于 $PM_{2.5}$ 通过 DNA 甲基化抑制其他抑癌基因表达的研究还需进一步开展。

3. 微环境改变

肿瘤微环境对肿瘤行为非常重要，尤其是肺癌。细胞因子、炎症细胞和新生血管对肿瘤转移和肿瘤细胞增殖很关键。大量的炎症细胞因子和转录因子在肺癌肿瘤微环境中起作用，包括 IL-1β、IL-6、TNF-α、NF-κB 和 STAT-3 等。$PM_{2.5}$暴露可以增加 A549 和 H1299 细胞的迁移和增殖，其中介因素可能是 IL-1β 和 MMP-1。肺泡巨噬细胞极化通过 IL-8 和 VEGF 在血管生成和肿瘤生长中起作用。有文献报道，$PM_{2.5}$ 可以诱导人支气管上皮细胞和巨噬细胞释放出多种促炎细胞因子，包括 IL-6、TNF-α 和粒细胞-巨噬细胞集落刺激因子（granulocyte-macrophage colony stimulating factor GM-CSF），从而导致炎症。因此，$PM_{2.5}$ 可能通过驱动血管生成和炎症反应来诱导肿瘤微环境改变启动肿瘤生长和转移。

8.1.9 代谢功能紊乱

代谢功能紊乱通常指机体代谢功能失调的现象。常见的有糖代谢障碍、脂质代谢障碍、生物合成或转化功能障碍等。

有研究表明，$PM_{2.5}$ 暴露可诱发外周胰岛素抵抗、昼夜节律功能障碍、糖代谢和棕色脂肪组织（BAT）功能障碍。健康小鼠暴露在一定浓度的 $PM_{2.5}$ 后，出现了肝损伤以及 BAT 脂质代谢紊乱；KKay 小鼠（2 型糖尿病模型小鼠）暴露于 $PM_{2.5}$ 后，出现了血糖和胰岛素异常。与低暴露组和对照组相比，$PM_{2.5}$ 高暴露组的 C57BL/6J 雄性小鼠葡萄糖和胰岛素耐受性受损、BAT 能量消耗和 18FDG PET 摄取减少。小鼠吸入性实验还揭示，$PM_{2.5}$ 暴露可促进染色质重塑，尤其是在启动子和增强子位点；新型染色质重塑因子 SMaRCA5（SWI/SNF 复合体）的表达也受到调节。停止暴露 8 周后，染色质可及性和转录起始位点附近核小体定位可以恢复、转录组包括 SWI/SNF 复合体的表达变化可逆转。SWI/SNF 复合物是一类重要的染色质重塑复合物，通过借助核心亚基 BRG1 水解 ATP 获取的能量来驱动核小体运动，实现染色质重塑，进而调控基因表达。因此，$PM_{2.5}$ 暴露导致代谢功能紊乱可能与表观遗传调控有关。此外，通过测量空气颗粒物水平和人类脐带血生物标志物，发现产前空气污染暴露可能通过全身炎症损害胎儿糖脂代谢功能。

针对大气颗粒物对代谢功能影响的研究有限，但现有相关研究的结果都指向了大气颗粒物会引起机体代谢功能异常。

8.2　大气颗粒物健康效应的系统毒性机制

空气污染是当今世界影响人类健康的主要环境风险。作为全球第四大死亡原因，空气污染造成了近 670 万人死亡，并波及全球 92%的人口。空气污染物成分包括气体和大气颗粒物。前者例如臭氧（O_3）、挥发性有机化合物（VOCs）、一氧化碳（CO）和氮氧化物（NO_x）等；而大气颗粒物本身可以根据颗粒大小分为不同种类，如 $PM_{2.5}$、PM_{10} 和 UFPs。颗粒物主要成分是无机离子，如 NO_3^-、SO_4^{2-}、NH_4^+、有机碳、黑碳、矿物粉尘和海盐。其他微量成分如重金属，虽浓度很低，但也可以在 PM 中被检测到。近几十年来，大气细颗粒物污染日益严重和突出，对人类健康造成多种短期和长期威胁，是人类健康的严重危害之一。随着工业和交通运输业的发展，大气颗粒物污染在世界各地引发了许多公共卫生事件，对居民健康造成了严重影响。据统计，2017 年我国由空气污染引起的整体健康负担所造成的经济损失为 20625.2 亿元，占全国 GDP 的 2.5%。$PM_{2.5}$ 因其粒径小，可长时间漂浮于空气中，极易随着呼吸进入肺泡内并沉积，沉积于肺泡的 $PM_{2.5}$ 能够透过气血屏障进入循环系统，进而对全身的各个器官和系统造成潜在的健康危害。大量研究表明，大气颗粒物污染可对呼吸系统、心血管系统、消化系统、神经系统、免疫系统和生殖系统等造成影响。本节系统综述了大气颗粒物及其化学组分对人体各系统的健康影响，并对其潜在的分子机制进行了探讨。

8.2.1　呼吸系统毒性机制

作为 $PM_{2.5}$ 沉积的初始部位，呼吸系统是其作用的首要靶点，越来越多的研究表明，$PM_{2.5}$ 会对呼吸系统造成损伤，导致肺功能下降，诱导哮喘、慢性阻塞性肺病（chronic obstructive pulmonary diseases，COPD）、肺纤维化等多种呼吸系统疾病。流行病学研究显示，$PM_{2.5}$ 暴露能够引起哮喘、支气管炎、慢性阻塞性肺疾病、肺炎和肺癌的发病率和死亡率上升。因此，深入了解 $PM_{2.5}$ 对呼吸系统的损伤及其机制的研究现状至关重要。

近年来，$PM_{2.5}$ 致呼吸系统损伤的可能机制得到了广泛的研究，主要包括代谢活化、炎症反应、氧化应激、免疫损伤、DNA 损伤、细胞凋亡、细胞自噬。$PM_{2.5}$ 作用于靶细胞后会进入细胞，进而，$PM_{2.5}$ 表面的有机化学物质（如挥发性有机化合物）可能会激活这些细胞中的芳烃受体（aryl hydrocarbon receptor，AhR），导致 AhR 的调节基因的过度表达，例如细胞色素 P450 酶（CYP1A1、CYP1A2、CYP1B1、CYP2E1、CYP2F1）。随后，$PM_{2.5}$ 表面的有机化学物会将被这些异生物质代谢酶系统代谢并激活形成反应性亲电代谢产物（reactive electrophilic metabolites，REMs），进而对靶细胞产生各种毒性作用。

目前的研究发现，在 $PM_{2.5}$ 引起的呼吸系统损伤过程中，炎性反应起着至关重要的作用。实验室研究发现，$PM_{2.5}$ 暴露可诱导大鼠和小鼠呼吸道中炎症细胞的浸润和聚集，并刺激炎性细胞释放炎性因子，产生肺部炎症应答和损伤。肺泡巨噬细胞和肺上皮细胞是 $PM_{2.5}$ 接触和作用的重要靶细胞，当肺泡巨噬细胞与 $PM_{2.5}$ 直接接触时，会将 $PM_{2.5}$ 吞噬包裹，$PM_{2.5}$ 表面的多种成分会导致其活性增强，诱导白细胞介素-6（interleukin-6，IL-6）、白细胞介素-8（interleukin-8，IL-8）和肿瘤坏死因子-α（tumor necrosis factor-α，TNF-α）的分泌，引起炎性反应。$PM_{2.5}$ 表面的水溶性物质和有机成分均能诱导 A549 和 BEAS-2B 细胞的 IL-6 的释放。此外，$PM_{2.5}$ 表面的金属成分可导致肺泡巨噬细胞、支气管上皮细胞中 miRNA 表达的异常，间接调控相关炎症基因 mRNA 的异常表达，从而导致呼吸系统损伤。

正常情况下，各组织器官处于氧化-抗氧化系统平衡的状态，而当机体遇到外界有害刺激时，会产生大量的氧自由基，造成该系统失衡，可直接或者间接诱导呼吸系统疾病的发生。研究发现，$PM_{2.5}$ 表面的多种有机化学物质均能够被代谢活化成为 REMs，这些 REMs 的增多可能会导致细胞内活性氧（reactive oxygen species，ROS）的增多。另外，$PM_{2.5}$ 表面的重金属及多环芳烃可刺激气道上皮细胞产生大量的 ROS，对组织产生氧化损伤。还有研究提出，$PM_{2.5}$ 表面携带的金属成分能够通过诱导羟自由基的生成，使细胞膜上的不饱和脂肪酸发生过氧化，降低细胞膜流动性，导致膜通透性改变，引起细胞膜损伤。此外有研究发现，去除颗粒物表面的金属离子后，与对照组相比 ROS 的产生量将减少 36%。

免疫系统是机体抵御外界致病因素的第一道防线。研究发现长期暴露于 $PM_{2.5}$ 会使肺巨噬细胞组蛋白去甲基化酶 Kdm6a 下调并介导 IL-6 启动子区域的组蛋白修饰，进而降低机体对流感病毒的抵抗力。动物研究表明，长期暴露于 $PM_{2.5}$ 会抑制肺炎球菌诱导的炎症细胞因子的产生，从而使肺炎球菌的感染风险增加。人群研究发现，长期暴露在汽车尾气 $PM_{2.5}$ 中能够导致血清中 C 反应蛋白（C-reactive protein，CRP）、免疫球蛋白 M（immunoglobulin M，IgM）、免疫球蛋白 G（immunoglobulin G，IgG）、免疫球蛋白 E（immunoglobulin E，IgE）表达的升高，以及免疫球蛋白 A（immunoglobulin A，IgA）、$CD8^+$表达的降低，提示 $PM_{2.5}$ 能够引起炎症反应和免疫损伤。

$PM_{2.5}$ 可通过诱导 DNA 损伤引起呼吸系统疾病的发生和发展。人支气管上皮细胞暴露于高浓度 $PM_{2.5}$ 中后，多种基因参与的通路激活会受到影响，其中上调基因大部分与炎症、免疫功能相关，而下调基因大部分与防御、吞噬和修复作用相关。有研究显示，$PM_{2.5}$ 暴露会诱导细胞产生大量的 ROS，进而诱发细胞内

DNA 融合、DNA 双链断裂、线粒体和纺锤体损害等有害作用的产生，导致有丝分裂阻滞和细胞死亡，引起遗传信息的改变。还有研究发现，$PM_{2.5}$ 的多环芳烃成分在人体内代谢后可与 DNA 亲核位点鸟嘌呤外环氨基端共价结合形成加合物，引起 DNA 损伤、基因突变和细胞癌变。此外，有研究检测了 $PM_{2.5}$ 表面所携带的金属矿物粉尘，发现这些金属粉尘能引起细胞形变、抑制细胞增殖抑和 DNA 损伤等，进而引起细胞周期阻滞或者细胞凋亡。

细胞凋亡是基因控制的渐进性死亡，对器官组织的生长发育、免疫、新陈代谢以及非正常细胞的清除具有重要意义。但是细胞凋亡过程紊乱可能与多种疾病的发生有直接或间接的联系。有研究发现，人支气管上皮细胞暴露于 $PM_{2.5}$（10 μg/cm²）24 h 后，细胞凋亡率从 3.8%增加到 66.7%，并且，$PM_{2.5}$ 的组分（重金属、微生物等）同样在诱导细胞凋亡过程中起着关键作用。此外，烹调油烟源的 $PM_{2.5}$ 处理原代胎儿肺泡Ⅱ型上皮细胞后发现，$PM_{2.5}$ 能够通过内质网途径诱导肺泡Ⅱ型上皮细胞过度凋亡。还有研究在蛋白质组学的层面上对 $PM_{2.5}$ 致 A549 的细胞毒性做了全面的探索，结果发现，氧化应激、代谢紊乱、信号转导失调、蛋白质合成和降解异常以及细胞骨架紊乱是 $PM_{2.5}$ 诱导的 A549 细胞毒性的主要因素，并进一步认为 $PM_{2.5}$ 通过 p53、c-Myc 和 p21 途径诱导 A549 细胞凋亡。

细胞自噬是细胞将生理或病理引起破损的细胞器及蛋白质等大分子包裹在特定的膜结构中，送入溶酶体中进行降解的过程。有研究发现，$PM_{2.5}$ 暴露会特异性地诱导人支气管上皮细胞内一氧化氮合酶 2（nitric oxide synthase 2，NOS2）的表达和 NO 的产生，导致细胞出现过度自噬，并且 NOS2 信号的阻断可以有效地抑制细胞的过度自噬和细胞死亡。另有研究用 $PM_{2.5}$ 干预人体外培养的 A549 细胞后，观察到细胞发生了自噬，随着 $PM_{2.5}$ 干预浓度和干预时间的增加，自噬相关的蛋白 LC3 的表达增强。BEAS-2B 细胞仅暴露于 $PM_{2.5}$ 的有机提取物 24 小时后，在 BEAS-2B 细胞中观察到 ATG5 和 Beclin1 表达的显著降低，这两种蛋白在自噬过程中至关重要，说明 $PM_{2.5}$ 的有机提取物影响细胞自噬。

综上所述，$PM_{2.5}$ 诱导呼吸系统损伤的发生和发展的机制较多且尚不完善，但对于 $PM_{2.5}$ 致病机制的研究已经获得一定结论，需要进一步探索有效防治 $PM_{2.5}$ 危害的方法和技术，从而预防和诊治 $PM_{2.5}$ 引起的呼吸系统损害，提高居民的健康水平。

8.2.2　心血管系统毒性机制

沉积于肺泡的 $PM_{2.5}$ 能够透过气血屏障直接进入循环系统，对心血管健康产生危害，造成血管及心脏严重损伤。流行病学与临床研究表明，暴露于颗粒物污染与心血管疾病的发病率和死亡率的增加之间存在相关性。暴露于大气颗粒物会诱发全身氧化应激和炎症、血栓形成和凝血以及血管功能障碍，从而导致一系列心血管疾病，如心肌梗死、心力衰竭、动脉粥样硬化、血栓形成、缺血性心脏病和冠状动脉疾病等。

$PM_{2.5}$ 能够通过多种机制导致心血管损伤，如氧化应激、炎症反应、凋亡、自噬、表观遗传修饰等。研究显示，$PM_{2.5}$ 能够诱导细胞内 ROS 产生，上调氧化应激相关基因，从而破坏氧化剂与抗氧化剂之间的平衡，引起包括超氧化物歧化酶活性降低、乳酸脱氢酶释放和细胞膜通透性增加等氧化应激反应的增强，进而激活其他途径，产生心脏纤维化、血管内皮通透性显著增加等心血管损伤，进而诱发心血管疾病。炎症反应在 $PM_{2.5}$ 所致的心血管毒性中发挥着重要的作用。研究发现，小鼠在暴露于 $PM_{2.5}$ 后显示出全身炎症，引起一系列促炎因子的分泌增加和血管内皮损伤[26]。另外有报道指出，$PM_{2.5}$ 能够显著降低血管内皮生长因子受体 2（vascular endotheLial growth factor receptor 2，VEGFR2）的表达，增加生长抑素（somatostatin，SST）及其受体的表达，从而引发内皮炎症，使内皮细胞的细胞活力和迁移受到显著抑制。

此外，$PM_{2.5}$ 可以通过抑制内皮细胞的增殖和迁移来降低血管内皮的修复能力。凋亡是 $PM_{2.5}$ 导致心血管毒性的一个重要机制。有研究表明，$PM_{2.5}$ 通过使 BcL-2/Bax 比率降低和细胞色素 C、Caspase-9 和 Caspase-3 表达升高，从而增加人主动脉内皮细胞（human aortic endotheLial cells，HAEC）的凋亡水平。$PM_{2.5}$ 还可以通过 miR-205 负调节 IRAK2/TRAF6/NF-κB 信号通路诱发心肌细胞 AC16 凋亡增加，导致间质水肿和心肌纤维破坏，从而引起心肌损伤。此外，研究表明 $PM_{2.5}$ 诱导的氧化应激和钙超载是内皮细胞内质网应激和线粒体功能障碍的原因，并进一步导致了内皮细胞凋亡，最终产生心血管毒性。近年来有研究发现，$PM_{2.5}$ 会导致自噬流的阻断（自噬体和溶酶体之间的融合失败），这不利于内皮细胞的存活。$PM_{2.5}$ 会破坏自噬溶酶体形成的正常途径，导致自噬缺陷，自噬通量的功能障碍会加重内皮细胞损伤。研究表明，$PM_{2.5}$ 暴露增加了线粒体氧化应激并激活线粒体自噬，引发线粒体动力学紊乱和线粒体功能障碍，导致血管平滑肌细胞（vascular smooth muscle cell，VSMC）表型转化并最终导致主动脉纤维化。此外，$PM_{2.5}$ 能够诱导与心血管系统发育、血管大小调节、脉管系统发育等途径相关基因的差异甲基化，与心脏相关疾病有关。研究表明，$PM_{2.5}$ 暴露可引起心肌 β2 肾上腺素能受体（β2-adrenergic receptor，ADRB2）高甲基化，激活 β2AR/PI3K/Akt 信号通路，导致 $PM_{2.5}$ 诱导的心肌细胞凋亡和心功能不全。

众所周知，$PM_{2.5}$ 的毒性可能取决于其化学成分。有研究表明，与 $PM_{2.5}$ 相比，某些 $PM_{2.5}$ 的金属与化学成分与内皮功能的循环生物标志物的相关性更加密切。一些 $PM_{2.5}$ 成分如元素碳（elemental carbon，EC）和几种金属（铁、铅、镍和锌）与缺血性心脏病（ischemic heart disease，IHD）之间存在显著的正相关。

一项针对 11 个欧洲队列的多中心研究指出，$PM_{2.5}$中的过渡金属成分如铁、镍、钒及其产生活性氧的潜力可能对氧化应激负担有很大作用，并观察到长期暴露于 $PM_{2.5}$ 成分（尤其是钾、硅和铁）会导致相关的冠状动脉事件风险升高。$PM_{2.5}$ 中铁和铜的长期暴露及其对 ROS 的综合影响始终与心血管疾病死亡增加相关。体外实验表明，含重金属的 $PM_{2.5}$ 通过 ROS 介导的炎症反应诱导大鼠心肌细胞 H9C2 的细胞凋亡，从而导致心脏毒性。长期暴露于环境颗粒物中的过渡金属与炎症性血液标志物高敏 C 反应蛋白（high sensitivity C-reactive protein，hsCRP）浓度增加和高纤维蛋白原水平有关，进而导致慢性全身炎症，增加心血管疾病的患病风险。进一步研究发现，$PM_{2.5}$中的过渡金属成分镍，与 $PM_{2.5}$协同作用加剧了血管甚至全身的氧化应激，加剧了 $PM_{2.5}$暴露相关的内皮功能障碍。

由于环境空气污染成分的复杂性，对 $PM_{2.5}$ 和其他环境污染物联合暴露的研究同样至关重要。研究发现，SO_2、NO_2和 $PM_{2.5}$共同暴露后，能够通过增加炎症反应诱发内皮功能障碍，导致小鼠血压降低和心率增加，从而对心血管系统造成损伤。此外，O_3 和 $PM_{2.5}$共同暴露会导致自主神经平衡改变，增加心律失常并导致机械衰减，使小鼠心脏功能受到损害。$PM_{2.5}$ 和丙烯醛共同暴露通过激活瞬态受体电位阳离子通道 A1（transient receptor potential A1，TRPA1）引起小鼠的心肌不同步，对心脏功能造成不良影响，增加心血管疾病的风险。

8.2.3　消化系统毒性机制

1. 大气颗粒物对消化管的毒性机制

近年来，有研究显示胃肠道可通过直接或间接途径暴露于大气颗粒物。颗粒物被吸入后，较大的颗粒被隔离在上呼吸道或传导到下呼吸道，而较小的颗粒，特别是 $PM_{2.5}$，可被细支气管和肺泡间隙的巨噬细胞吞噬。隔离在巨噬细胞中和下呼吸道黏液层中的颗粒物随后被运送回口咽部，并最终吞入胃肠道。大气颗粒物进入胃肠道的另一种途径是通过饮食直接摄入被城市和工业排放的大气颗粒物污染的食物和水。进入胃肠道后，颗粒物会改变胃肠道上皮形态功能和肠道微生物组成，继而对消化系统产生损害。因此，大气颗粒物对肠道健康的影响越来越受到关注。目前，关于动物暴露于大气颗粒物的相关研究已经确定了涉及肠道内稳态成分的机制。小鼠连续暴露于城市颗粒物后，结肠上皮出现病变。在此条件下还观察到炎症通路关键分子（Stat3 和 p65）上调和结肠炎性细胞浸润。有研究显示，D-4F 肽（载脂蛋白 A-I 的模拟肽）或 *N*-乙酰-l-半胱氨酸的抗氧化作用可以减轻 PM 介导的肠道损伤，且发现肠道内氧化还原失衡参与其中。大气颗粒物对肠道微生物群的有害影响也有相关报道。利用多功能气溶胶浓缩系统，使小鼠暴露于中国上海的高浓度 $PM_{2.5}$ 环境中，暴露时间为 12 个月，并对其粪便进行微生物群宏基因组学分析发现，与对照组动物相比，24 种细菌和 21 种真菌的丰度存在差异，这表明长期暴露于 $PM_{2.5}$ 会导致肠道生态失调。UFPs 暴露改变了整个胃肠道的微生物组成，且近端比远端表现出更明显的生态失调，进而引发黏液消耗和随后的结肠上皮损伤，以及炎性浸润。同时有研究发现，大气颗粒物暴露还会导致肠道结构的改变。低密度脂蛋白受体缺失小鼠暴露于超细颗粒物（ultrafine particles，UFPs）后小肠绒毛长度减少；高脂饮食喂养的载脂蛋白 E 基因敲除 $ApoE^{-/-}$ 小鼠暴露于木材烟雾或柴油和汽油混合尾气后，Muc2 和紧密连接蛋白表达降低。同样，在阿尔茨海默病小鼠模型中，$PM_{2.5}$ 暴露会加重肠道组织病理学损伤，并刺激促炎细胞因子的分泌。在分子机制上，Fgfr4 触发的 PI3K/AKT 通路激活在 PM 加速结直肠肿瘤形成的进程中发挥了关键作用。同时，在暴露于柴油机尾气微粒（diesel exhaust particulate，DEP）的小鼠的结肠中，一种参与大肠癌发展的糖蛋白碳酸酐酶 9 表达上调，提示对消化道存在不良健康效应。

2. 大气颗粒物对消化腺的毒性机制

有研究通过体外和体内实验，探讨了长期暴露于 $PM_{2.5}$ 引起的炎症在血脂异常相关的慢性肝损伤中的作用，发现肝组织中 IL-1β、IL-18、IL-6 和 TNF-α 的水平显著增加。此外，$PM_{2.5}$ 的不溶性颗粒成分可诱导肝脏炎症信号传导增强和细胞因子上调，并伴有炎症细胞和巨噬细胞浸润以及肝功能异常。此外，暴露于 $PM_{2.5}$ 可诱导细胞增殖上调、肝细胞增殖标志物升高、肝细胞球囊变性和核肿大信号。利用一种微流控肝肾微生理系统（LK-MPS）证实了 $PM_{2.5}$ 扰乱了经典的 IRS-1/AKT 信号通路（INSR、IRS-1、PI3K、AKT、GLUT2、GLUT4 和 FOXO1 下调）和胰岛素受体（InsuLin receptor, IR）相关代谢通路：UDP-己糖胺（UDP-GlcNAc）、糖异生（β-d-葡萄糖 6-磷酸）和脂质生物合成（神经酰胺和三酰甘油）途径，导致葡萄糖水平紊乱，加重肝脏胰岛素抵抗。相同地，暴露于 $PM_{2.5}$ 可导致 Bmal1，Cry1 和 Reverbα 在肝脏中表达增加。此外，$PM_{2.5}$ 暴露诱导的小鼠肝脏 pparα 表达增强导致其介导的脂肪酸转运和氧化基因表达上调。最后，$PM_{2.5}$ 暴露的小鼠肝脏中脂质合成限速酶的表达均显著增加，提示其可以导致肝脏脂质代谢异常。

8.2.4　神经系统毒性机制

近年来，越来越多流行病学研究报告了空气污染暴露与神经发育障碍和神经退行性疾病特征的关联。包括孤独症谱系障碍（autism spectrum disorder，

ASD）、注意缺陷多动障碍（attention deficit and hyperactivity disorder，ADHD）、儿童认知发展缓慢、精神分裂症和成人认知能力下降等。颗粒物作为最重要的空气污染物之一，可能会加速大脑老化增加患痴呆症的风险。大量的流行病学研究已经确定了 PM 对认知行为的不利影响，PM 能对中枢神经系统造成负面影响，造成神经或精神疾病。队列研究发现怀孕期间暴露于 PM 可以导致儿童在成长过程中精神运动发育迟缓。并且有研究表明，高水平的颗粒物暴露后，认知缺陷的儿童大脑中神经炎症标志物水平明显升高。宾夕法尼亚州、俄亥俄州、中国台湾、中国上海以及丹麦的人群研究都报告了 $PM_{2.5}$ 可以增加阿尔茨海默病的风险。动物研究表明，吸入 $PM_{2.5}$ 会导致与情景记忆过程基础相关的各种神经系统疾病，比如阿尔茨海默病和帕金森综合征。原因可能是大气颗粒物污染会加速体内淀粉样蛋白 β 的积累和神经原纤维缠结，但潜在机制尚不清楚。研究显示，生活在高速公路隧道中的老鼠，能呼吸到更多的交通相关的污染颗粒物，其大脑中的促炎细胞因子水平更高。α-突触核蛋白升高可能是衰老等风险因素增加对神经元退行性病变易感性的一种机制。使用过表达 α-突触核蛋白的转基因小鼠，已经观察到 PM 可以增加帕金森病的标记物 α-突触核蛋白的表达。另外也有有力的证据表明 $PM_{0.2}$ 与阿尔茨克海默病之间有关联。将孕鼠持续暴露于高速公路附近收集的 $PM_{0.2}$ 中 25 周，会导致子代雄性大鼠脑组织小胶质细胞激活、海马体受损、血脑屏障的结构功能改变，以及表现出抑郁的行为增加和情境记忆缺陷。另外有研究表明，孕期暴露于 $PM_{2.5}$ 可以导致后代小鼠大脑皮层结构改变，并改变其正常行为与大脑中的激素水平。而出生后接触 $PM_{2.5}$ 的大鼠也会出现神经疾病症状，比如沟通障碍、社交互动不佳和回避新事物，同时激活小胶质细胞和增加促炎细胞因子的分泌。虽然颗粒物导致神经毒性的确切机制仍然难以捉摸，目前明确的是颗粒物会导致小胶质细胞激活、氧化应激和神经炎症引起神经系统损害。$PM_{2.5}$ 暴露增加了小胶质细胞 c-Jun 氨基末端激酶（c-Jun N-terminal kinases，JNK）磷酸化并减少了 Akt 磷酸化，并且通过增加神经炎症、促炎 M1 的表达和疾病相关小胶质细胞表型重新形成小胶质细胞，导致神经毒性。$PM_{2.5}$ 可以增加神经元基因的整体 DNA 羟甲基化和基因特异性 DNA 羟甲基化，随后干扰了它们的 mRNA 表达，进一步导致神经突长度减少。使用抗氧化剂干预后的结果表明氧化应激介导的羟甲基化参与 $PM_{2.5}$ 诱导的轴突生长和突触形成缺陷。人类单核细胞中的基因分析报告表明颗粒物暴露后可以导致神经毒性。

大气颗粒物作为最危险的污染物之一，不仅仅是因为它极小的空气动力学直径，还因为它携带的很多毒性组分。颗粒物的空气动力学直径越小，越容易进入机体内部造成损伤，与此同时，更小的直径带来更大的表面积，可以吸附更多的有毒组分。$PM_{2.5}$ 包含很多有毒组分，其中水溶性提取物主要由高溶解度/生物利用度的金属和环数较少的多环芳烃构成（Se、Mo、K、Rb、Zn、Ca、Sr、Cs、

As 和 Cd；NAP、PYR、FLU 和 BaA），有机提取物主要由高氧化电位的多环芳烃构成（DBA、PHE、BPE、IPY、BaP、BbF、BkF 和 CHR），碳核成分主要由溶解度/生物利用度低的金属构成（Ti、Al、Fe、Pb、Cr、Ba、Cu、Na、Ni、V 和 Mn）。人群实验表明，虽然环境空气中 $PM_{2.5}$ 携带的锰金属暴露水平大大低于美国当前的职业暴露阈值，但是仍与神经毒性和脑损伤相关，主要表现为帕金森综合征。一项巴西的横断面研究发现，铅（Pb）和锰（Mn）联合暴露可以导致生活在工业区的儿童智力缺陷。钒作为一种过渡金属，主要是通过化石燃料燃烧排放到大气，然后通过吸附在 PM 表面，进入机体肺泡囊产生毒性。有研究表明，钒可以诱导中枢神经系统氧化应激并导致结构和功能改变，比如在嗅球中诱导神经元的凋亡和在颗粒细胞中诱导树突棘的减少。并引发脑室中室管膜上皮纤毛丢失，剩余纤毛被压实，导致连接处的细胞脱屑，最终使组织结构普遍瓦解。这些研究表明，钒可以损伤血脑屏障，并使神经系统更容易受到损害，并使大气颗粒物及其他组分对神经系统的危险性进一步加强。在暴露于细颗粒物的男性大脑中可观察到血清氧化型谷胱甘肽增加和伏隔核中神经元细胞死亡增加，同样地，暴露于富含铁和硫元素的细颗粒物后，雄性小鼠大脑中 Fe 和 S 的含量增加，导致铁死亡以及氧化应激等的发生。与洗脱的 UFPs 相比，总 PM 有着更多的多环芳烃（polycyclic aromatic hydrocarbons，PAH）和金属含量，可在小鼠大脑内引起更严重的 NF-κB 表达升高，并诱导 NF-κB/p65 发生核转移，引起更多的大脑炎症及抑郁变化。研究发现，$PM_{2.5}$ 及其提取物，包括水溶性提取物、有机提取物和碳核成分，可在神经元细胞中不同程度地引起细胞周期停滞、细胞凋亡和细胞增殖抑制等损伤。这说明吸附在颗粒上的有毒化合物可能会通过氧化损伤导致不同类型的脑损伤。其中，$PM_{2.5}$ 及其有机提取物可以增加神经元基因的整体 DNA 羟甲基化和基因特异性 DNA 羟甲基化，随后干扰了其 mRNA 的表达，导致神经元发育障碍，包括神经突长度减少，轴突生长和突触形成缺陷。不同成分的神经细胞毒性仍需要进一步评估。无论是大气颗粒物和重金属的共暴露，还是重金属与重金属之间的联合暴露，越来越多的证据表明颗粒物及其组分之间与记忆障碍、交流障碍和焦虑/抑郁有关。这些毒性成分的联合作用增加了神经退行性疾病、局部缺血和认知能力下降的风险。

除了颗粒物，空气污染中的其他组分，包括有毒气体、有机化合物和无机化合物也会导致神经毒性。尤其是它们之间会互相反应，表现出协同作用从而导致联合暴露毒性。空气污染作为神经发育（例如孤独症谱系障碍）和神经退行性（例如阿尔茨海默病）障碍的潜在病因，可能是通过氧化应激和神经炎症来造成损害。它们对人类和动物造成的最显著的损害是导致小胶质细胞激活、增加脂质过氧化和大脑中的神经炎症，特别是在海马体和嗅球。有横断面研究表明 $PM_{2.5}$ 与 O_3 和 NO_2 互相关联，对洛杉矶地区的中老年人造成认知能力的损害。暴露于

O_3、$PM_{2.5}$ 以及它们的混合物已在不同的动物模型中被证实具有神经毒性作用。有研究报道，在墨西哥城饲养的实验犬中发现了空气污染混合物加速大脑老化的神经毒性证据，其中主要影响了嗅觉和呼吸道鼻黏膜、嗅球和大脑皮层，对空气污染进行表征主要含有 O_3、醛类、UFPs 和其他成分的混合物。$PM_{2.5}$ 与 O_3 的联合暴露增强了其单独暴露所导致的大鼠炎症反应、内皮功能损伤等不良影响。使用颗粒物和金黄色葡萄球菌联合暴露会导致小鼠神经递质和胆碱能系统酶的异常代谢以及神经营养因子和促炎细胞因子的表达升高，从而进一步造成运动功能受损，学习和记忆能力受损等神经系统损伤。在啮齿动物脑神经元-胶质细胞培养物中，超细颗粒物和鱼藤酮可以分别使神经元以剂量依赖方式死亡。而当无毒性剂量的超细颗粒物和鱼藤酮联合暴露时，两者出现协同作用，诱导小胶质细胞中的还原型辅酶Ⅱ（nicotinamide adenine dinucleotide phosphate，NADPH）氧化酶激活，导致多巴胺神经元的氧化损伤。

8.2.5　免疫系统毒性机制

免疫系统在许多病理状况中起重要作用，且被认为是空气污染物最脆弱的目标。越来越多的数据提示，$PM_{2.5}$ 与免疫毒性有关，可以通过诱导免疫毒性对身体器官造成一些严重的损害。

研究表明，小鼠在连续 5 天气管滴注从环境中收集的 $PM_{2.5}$ 后表现出显著的炎症反应，肺组织和支气管肺泡灌洗液中单核细胞/巨噬细胞表现出瞬时反应，而中性粒细胞则表现出累积反应。此外，暴露 $PM_{2.5}$ 导致单核细胞趋化蛋白 1（monocyte chemoattractant protein 1，MCP-1）表达水平升高，MCP-1 是血液中的单核细胞/巨噬细胞诱导剂。这些结果表明，$PM_{2.5}$ 暴露可诱导巨噬细胞和中性粒细胞参与的炎症反应。$PM_{2.5}$ 通过上调 CHOP 和 Caspase-12 信号通路，引发 SD 大鼠脾脏内质网应激和氧化应激，导致细胞凋亡。具体表现为 $PM_{2.5}$ 显著增加 LC3 蛋白表达，降低 p62 表达水平，从而以浓度依赖的方式导致 SD 大鼠脾脏的自噬相关蛋白水平上升，最终诱导 SD 大鼠产生免疫毒性。另有研究指出，亲代 $PM_{2.5}$ 暴露介导辅助性 T 细胞 17（T helper cell 17，Th17）和调节性 T 细胞（regulatory cell，Treg）相关的免疫微环境变化，导致后代血压升高。另外，$PM_{2.5}$ 暴露可能通过 Th17 介导的病毒复制、穿孔素反应和 MMP-2/TIMP-1 失衡加剧病毒性心肌炎。在 Jurkat T 细胞中，$PM_{2.5}$ 将导致 Orai1 和 CaN-NFAT 基因表达升高，局部增加钙离子含量，同时 TNF-α 和 IL-2 浓度也受到影响。Th1/Th2 平衡在与空气污染相关的肺部和全身炎症中起重要作用。急性 $PM_{2.5}$ 暴露后驱动 Th1 偏向的免疫反应，且升高的 microRNAs 谱与 T 淋巴细胞免疫失衡相关。$PM_{2.5}$ 暴露可激活 A549 和 HEK293 细胞的 NF-κB 信号通路，增加 Nod1 蛋白的表达。$PM_{2.5}$ 可能通过 $PM_{2.5}$-Nod1-NF-κB 轴刺激先天免疫系统，从而导致慢性过敏性疾病的发生。GFAP 是星形胶质细胞活化的标志物，孕鼠暴露于 $PM_{2.5}$ 后，会导致子代小鼠脾脏中 GFAP 的免疫反应性增强，细胞因子含量也随 $PM_{2.5}$ 的增加而变化。说明 $PM_{2.5}$ 可能会影响免疫系统的发育。另有研究提示，$PM_{2.5}$ 会引起气道上皮细胞的细胞毒性，激活小鼠骨髓源性抗原提呈细胞（antigen-presenting cells，APCs）和 T 细胞，最终导致呼吸系统疾病的加重。$PM_{2.5}$ 处理后，A549 细胞中 TNF-α、IL-6、IL-8 水平显著升高。且进一步研究发现，TLR4-NF-κB/p65 信号通路参与了 $PM_{2.5}$ 诱导的炎症反应。此外，$PM_{2.5}$ 诱导的自噬通过提高 NF-κB/p65 水平促进炎症反应，而自噬缺乏可增强 Nrf2 表达水平，抑制 $PM_{2.5}$ 暴露所诱导的炎症反应，导致 TNF-α、IL-6、IL-8 水平显著降低，氧化应激和内质网应激也同时受到限制。在 CpG-DNA（TLR9 配体）刺激的树突状细胞中，$PM_{2.5}$ 暴露显著降低了细胞因子 IL-12 p40、IL-6 和 TNF-α 的水平，这可能与抑制 MaPK 和 NF-κB 信号通路有关。有研究认为，$PM_{2.5}$ 和甲醛通过减少血细胞、髓系祖细胞（MPCs）和造血生长因子的表达，破坏 Th1/Th2 和 Treg/Th17 之间的免疫平衡，抑制 DNA 修复相关的 mTOR 信号通路，从而增加氧化应激和 DNA 损伤，引起造血毒性。

外源性物质破坏正常免疫防御系统的过程，包括巨噬细胞损伤，细胞通透性增加、T 细胞群变化和自然杀伤（NK）细胞反应损伤。许多研究都指出 $PM_{2.5}$ 会导致巨噬细胞活力降低。同时，在人类和动物模型中都已经被证明，暴露于 $PM_{2.5}$ 后，细胞因子的产生和适应性反应的激活均受到损害，从而增强个体对病毒感染的易感性。在 T 细胞分群方面，研究表明，$PM_{2.5}$ 会引起不同 T 细胞群之间的不平衡。通常情况下，Th1 细胞用于对感染因子的保护，而 Treg 细胞则部分用于免疫抑制。$PM_{2.5}$ 暴露后，可观察到 Treg 的生成升高和 Th1 的生成抑制。其他体外研究则强调城市 PM 对树突状细胞和淋巴细胞的作用更为复杂。在对幼稚 T 细胞的研究中，发现城市 PM 处理后，粒细胞-巨噬细胞集落刺激因子（granulocyte macrophage colony stimulating factor，GM-CSF）刺激的树突状细胞（dendritic cells，DCs）在混合白细胞反应（mixed leucocyte reaction，MLR）中增强了 CD4 T 细胞的增殖，而 Th1 细胞的比例出现降低。对 CD8 T 细胞混合白细胞反应的后续研究显示，城市 PM 刺激的 DCs 可导致 CD8 T 细胞的 IFN-γ 分泌量增加，提示暴露于城市 PM 的 DCs 对 CD4 和 CD8 T 细胞有不同的免疫调节作用。

近年来有研究提出，大气颗粒物所携带的化学成分的毒性可能与其对机体的毒性作用联系更为密切。有研究称，$PM_{2.5}$ 的纯颗粒组分（主要由碳组成）和环境 $PM_{2.5}$ 都会引起细胞发生炎症反应，包括促炎因子水平的增加和肺部大量免疫细胞的积聚，而环境 $PM_{2.5}$ 比洗脱后的纯颗粒物组分的诱导能力更强。此外，研究发现，吸入城市大气颗粒物可刺激小鼠气道中的 Th2 和 Th17 炎症，引发更强的气道炎症和高反应性，这可能与城市 PM 中较高的金属含量有关。这种炎症伴随气道高反应性、炎症浸润和细胞因子的释放增加，如 IL-5、IL-13、IFN-γ 和 IL-17A，而炭黑、DEP 和煤灰等颗粒物组分不能产生这种炎症反应结果。此外，UFPs 因其具有较多的 PAH 和高氧化电位，比 $PM_{2.5}$ 更容易增强继发性卵清蛋白（ovalbumin，OVA）诱导过敏性气道炎症的能力，导致从鼻甲一直到小气道的嗜酸性炎症和黏液样增生。空气中的多环芳烃和 $PM_{2.5}$ 可以通过脐带血淋巴细胞分布的变化影响胎儿免疫发育，造成妊娠早期脐血 $CD3^+$、$CD4^+$淋巴细胞百分比增加，$CD19^+$、NK 细胞的百分比降低；而在妊娠后期则相反。短期和长期暴露于高水平的 CO、NO_2 和 $PM_{2.5}$ 与 Foxp3 的差异甲基化区域的改变有关。IL-10 甲基化也呈现类似趋势。

目前，普遍认为颗粒物会通过诱发氧化应激和内源性抗氧化剂的减少，从而导致损伤、疾病和死亡。有研究显示，暴露于大气颗粒物后会导致肺部氧化损伤和氧化还原失衡，抑制谷胱甘肽（glutathione，GSH）的生成，进而有助于增强呼吸系统中的病毒复制，增强流感疾病的严重程度。颗粒物对氧化应激的诱导很可能是颗粒物中的重金属和有机化合物成分共同作用的结果。颗粒物所携带的有机化合物，或颗粒物在细胞代谢过程中形成的有机化合物，均可以向氧分子提供电子，形成超氧化物自由基。过渡金属同样可以提供电子形成超氧化物和过氧化氢，并可以直接消耗内源性硫醇抗氧化剂。氧化应激又继续诱导 NF-κB 和 AP-1 信号通路，以及含有抗氧化反应元件（antioxidant response element，ARE）启动子的基因转录，但具体机制尚未完全阐明。除了激活促炎途径外，活性氧还可以通过直接破坏细胞蛋白质和 DNA 引起免疫毒性。颗粒物中含有复杂的有机多环芳烃分子，这些分子同样会诱发氧化应激。细胞有感知多环芳烃的特殊机制，即芳香烃受体。多环芳烃受体和配体的结合会触发核转移和外源代谢酶如 CYP1A1 和 CYP1B1 的产生，进而导致更严重的细胞毒性或基因毒性产物生成。事实上，DEP 中的多环芳烃被认为是引发遗传毒性的主要原因，这表明 DNA 损伤是由多环芳烃水平决定的，而不是由金属源 ROS 等其他因素决定的。此外，AhR 能够与各种炎症和抗氧化相关的转录因子，如 RORγt、STAT1、Nrf2 和 NF-κB 相互作用。因此，空气污染中的多环芳烃可能是通过 AhR 配体的竞争和失调从而破坏转录因子生成和屏障内稳态。

其他空气污染物导致免疫毒性的机制及特征与颗粒物也有相似之处。体外研究发现，400 ppb NO_2 暴露于原代人支气管上皮细胞（HBECs）6 小时后，可导致 GM-CSF、CXCL8 和 TNF-α 大量产生。此外，重复暴露于 NO_2 可增加健康支气管上皮中 Th2 相关细胞因子的释放，同时增加 ICAM-1 的表达并持续刺激中性粒细胞，增加对呼吸道病毒的易感性。O_3 也可以刺激上皮细胞产生促炎因子，如

CXCL8、GM-CSF 和 TNF-α 等。研究显示，儿童暴露于较高水平的环境 SO_2 和氟化物与支气管高反应性增加和血液嗜酸性粒细胞减少有关。同样地，在暴露于 $PM_{2.5}$ 超过 16 周的小鼠中，发现非过敏性嗜酸性鼻炎症和上皮稳态的破坏，说明长期暴露于 $PM_{2.5}$ 也能够诱导嗜酸性粒细胞炎症。总的来说，空气污染物成分通过多种细胞传感机制刺激细胞，包括 Toll 样受体（Toll-like receptors，TLRs）、ROS 传感途径和 PAH 传感途径。进而又继续激活促炎细胞内信号级联，如 NF-κB 和 MaPK 信号通路，导致免疫毒性。

8.2.6　生殖系统毒性机制

1. 大气颗粒物对雄性生殖系统的毒性机制

$PM_{2.5}$ 或其他环境因素与机体接触后，可干扰生殖发育的多个环节，并且造成损伤作用。一方面，男性生殖发育过程对环境污染物极为敏感，另一方面，颗粒物对生殖系统的影响范围广泛且深远。一项基于波兰 327 名男性的流行病学研究表明，暴露于大气颗粒物会引起精子形态异常，体内睾酮水平降低。此外，暴露于 $PM_{2.5}$ 增加了染色质不成熟细胞的比例。通过多因素分析发现 $PM_{2.5}$ 暴露与 Y 染色体二体、性染色体二体和 21 染色体二体呈显著正相关。有研究对生活在不同环境质量的大学生的精子质量进行了评估，结果发现生活在 $PM_{2.5}$ 浓度较高环境的大学生精液中丙二醛（malondialdehyde, MDA）水平较高。同时，也发现暴露于较高浓度的大气颗粒物会干扰精子线粒体 DNA（mitochondrial DNA, mtDNA）的复制过程，破坏了 mtDNA 的完整性。这些发现表明，大气颗粒物可能导致精子发生氧化应激，产生的 ROS 对 mtDNA 造成了消极影响。这项研究是第一次直接报告环境空气污染与精子氧化损伤标志物水平增加的潜在关联的人群研究。另外，最近的一项队列研究表明，$PM_{2.5}$ 暴露与精子的数量和体积有很强的负相关关系。此外，$PM_{2.5}$ 与严重急性呼吸综合征冠状病毒 2 型（severe acute respiratory syndrome coronavirus type 2, SARS-CoV-2）在诱导生殖系统损伤过程中具有协同作用。以上人群研究的结果都证明了大气颗粒物会对雄性生殖系统造成不良影响，但尚未对这些影响的具体机制进行详细阐述。

一些毒理学动物实验也对大气颗粒物和生殖系统的关联进行了研究。有研究发现暴露于 $PM_{2.5}$ 的 SD 大鼠精子密度和精子存活率显著降低，生精细胞和成熟精子的数量减少，精子畸形的发生率增加，血清睾酮浓度降低，睾丸组织结构异常，睾丸组织凋亡指数增加。同时，该研究证实内质网应激自噬信号通路的激活是 $PM_{2.5}$ 引发生殖毒性的关键机制。精子运动分析是评价男性生育能力的一项必要的试验，研究人员评估了暴露于高浓度 $PM_{2.5}$ 小鼠模型的精子运动质量，发现

精子运动与 $PM_{2.5}$ 暴露之间存在负相关。此外，研究也提示了 $PM_{2.5}$ 暴露引起精子质量下降和睾丸损伤依赖于 NALP3 介导的炎症通路。环境 $PM_{2.5}$ 暴露导致精子数量减少可能是由于精子生成过程功能异常，细颗粒物暴露可能通过诱导下丘脑炎症抑制下丘脑-垂体-性腺轴，进而抑制睾酮生物合成酶的表达，影响成熟精子的生成。最近的一项动物实验研究报道了 $PM_{2.5}$ 通过激活 PI3K/Akt 信号通路导致 ROS 的产生，从而破坏血睾屏障的完整性，进而破坏生精微环境的稳定性。研究指出，暴露于颗粒物雄性大鼠的生精细胞发育不良，精子质量下降，最终导致生殖功能受损。以上证据进一步证实了 $PM_{2.5}$ 可以引起雄性生殖系统损伤。

综上所述，暴露于大气颗粒物会降低精子质量，影响精子生成。其机制可能与 $PM_{2.5}$ 诱发炎症，氧化应激和细胞自噬有关。

2. 大气颗粒物对雌性生殖系统的毒性机制

大气颗粒物不只会对雄性生殖系统有损害作用，同时也会影响雌性的正常生殖功能。一项由接受不孕症治疗的女性组成的队列研究对空气污染暴露与卵巢衰老的生物标志物之间的联系进行了探索。高水平 $PM_{2.5}$ 暴露与窦卵泡计数（一种公认的卵巢储备指标）呈负相关，提示 $PM_{2.5}$ 暴露与卵巢衰老有关。研究结果还表明，$PM_{2.5}$ 对女性不孕症和月经周期异常的女性窦卵泡数的影响更明显。利用 $PM_{2.5}$ 暴露小鼠模型发现，长期接触大气颗粒物能够对雌性小鼠未来的生殖潜力产生负面影响。暴露于 $PM_{2.5}$ 会减少原始和初级卵泡池，尤其在产前或者产后阶段，原始卵泡对 $PM_{2.5}$ 更加敏感。此外，暴露于高浓度的 $PM_{2.5}$ 后会诱发小鼠体内卵母细胞数量减少，退化率增高，最终导致卵母细胞的质量下降。研究还指出，暴露组卵母细胞中 ROS 水平显著升高，提示颗粒物可能通过刺激 ROS 产生，促进线粒体氧化应激导致卵母细胞损伤。有研究利用 RNA 测序技术，发现了 $PM_{2.5}$ 暴露诱导的差异表达基因主要富集于卵巢甾体发生、活性氧和氧化磷酸化途径。同时，雌性 C57BL/6J 小鼠全身暴露 4 个月的结果显示慢性 $PM_{2.5}$ 暴露可导致卵巢功能障碍，包括生殖功能受损、内分泌紊乱和卵巢储备能力下降。主要的机制是通过 NF-κB/IL-6 信号通路激活及其相关的氧化磷酸化通路触发卵巢内细胞凋亡。苯并[*a*]芘（Benzo[*a*]pyrene，BaP）是 $PM_{2.5}$ 常见的组成成分，研究发现暴露于 BaP 可显著增加小鼠卵母细胞内 ROS 水平，诱导卵母细胞出现早期凋亡。BaP 还可导致子代小鼠卵母细胞成熟率低、减数分裂异常、线粒体功能受损和早期凋亡。这些发现揭示了母亲暴露于空气污染物后对自身及后代卵母细胞都具有不利影响。最近有研究评估了一些药物和植物化学物对暴露于 $PM_{2.5}$ 雌性生物生殖毒性的干预作用，证实了阿司匹林、维生素 C、维生素 E、O_3 及白藜芦醇苷对生殖系统有一定的保护作用，这为空气污染相关的生殖系统疾病的治疗提供了新的策略。

总而言之，大气颗粒物可能促使雌性生殖系统氧化还原紊乱，导致卵母细胞的生长发育过程异常，卵巢过早衰老，最终影响正常生殖功能。但 $PM_{2.5}$ 致生殖系统毒性的具体机制尚无定论，仍需要进一步的研究。

8.3　总结与展望

综上所述，大气颗粒物不仅能对呼吸系统和心血管系统造成损伤，导致心肺结构改变和功能下降，还会破坏肠道内稳态并诱导慢性肝损伤，影响消化系统功能，并通过诱导免疫毒性对身体各器官造成严重的损害。相关报道还指出，暴露于大气颗粒物会降低精子质量，影响精子生成，并造成卵母细胞的生长发育过程异常，导致不良的出生结局，影响正常生殖功能。另外，大气颗粒物暴露与神经发育障碍和神经退行性疾病特征相关联。值得注意的是，即使在非常低的水平，大气颗粒物仍然对公共卫生构成一定的风险。这应当引起决策者对进一步降低大气颗粒物排放允许水平的重新考虑。氧化应激、炎症、自噬、凋亡被认为是大气颗粒物引起有害效应和毒性的主要机制。大气颗粒物暴露会导致机体的氧化应激与氧化损伤，并在机体内诱导局部和系统炎症反应，同时大气颗粒物的致突变性与 DNA 损伤作用会引起基因表达谱的改变，从而影响内质网应激、自噬与凋亡、代谢功能紊乱、基因突变与表观遗传调控等一系列细胞生理生化过程，改变细胞的正常生理功能，从而导致组织细胞损伤。这些发现为大气颗粒物暴露和健康影响之间的机制提供了分子层面的见解。然而，我们对于大气颗粒物引起众多不良健康效应的复杂信号通路的理解上，仍有诸多分子机制亟待探讨。深入研究大气颗粒物健康效应及生物学机制可为大气污染相关疾病的早期防治及生物标志物筛选提供理论依据。另外，由于大气颗粒物的化学成分和物理化学特性随空间和时间的变化而变化，且真实环境污染均以混合物形式存在，其健康影响是污染组分联合毒性的体现。因此，对于大气颗粒物及其组分的有害效应及分子机制的研究和对多种污染物的暴露情况及其在协同效应下联合毒性的评估同样至关重要。

（段军超[①] 刘汝青[②] 董光辉[②]）

---

① 首都医科大学

② 中山大学

参 考 文 献

[1] Comunian S, Dongo D, Milani C, et al. Air Pollution and Covid-19: The role of particulate matter in the spread and increase of Covid-19's morbidity and mortality [J]. International Journal of Environmental Research and Public Health, 2020, 17 (12): 4487.

[2] Borisova T. Nervous system injury in response to contact with environmental. Engineered and planetary micro- and nano-sized particles[J]. Frontiers In Physiology, 2018, 9: 728.

[3] Johnson N M, Hoffmann A R, Behlen J C, et al. Air pollution and children's health-a review of adverse effects associated with prenatal exposure from fine to ultrafine particulate matter [J]. Environmental Health and Preventive Medicine, 2021, 26 (1): 72.

[4] Barbier E, Carpentier J, Simonin O, et al. Oxidative stress and inflammation induced by air pollution-derived $PM_{2.5}$ persist in the lungs of mice after cessation of their sub-chronic exposure[J]. Environment International, 2023, 181: 108248.

[5] Ferrari L, Carugno M, Bollati V. Particulate matter exposure shapes DNA methylation through the lifespan [J]. Clinical Epigenetics, 2019, 11 (1): 129.

[6] Feng S, Gao D, Liao F, et al. The health effects of ambient $PM_{2.5}$ and potential mechanisms [J]. Ecotoxicology and Environmental Safety, 2016, 128: 67-74.

[7] 庄志雄，曹佳，张文昌. 现代毒理学[M]. 北京：人民卫生出版社, 2018: 533.

[8] Guo Z, Hong Z, Dong W, et al. $PM_{2.5}$-induced oxidative stress and mitochondrial damage in the nasal mucosa of rats [J]. International Journal of Environmental Research and Public Health, 2017, 14 (2): 134.

[9] Guan L, Geng X, Stone C, et al. $PM_{2.5}$ exposure induces systemic inflammation and oxidative stress in an intracranial atherosclerosis rat model [J]. Environmental Toxicology, 2019, 34 (4): 530-538.

[10] Xu Z, Wu H, Zhang H, et al. Interleukins 6/8 and cyclooxygenase-2 release and expressions are regulated by oxidative stress-JAK2/STAT3 signaling pathway in human bronchial epithelial cells exposed to particulate matter ≤2. 5 μm [J]. Journal of Applied Toxicology, 2020, 40 (9): 1210-1218.

[11] He J, Wang Y M, Zhao Z M, et al. Oxidative damage related to $PM_{2.5}$ exposure in human embryonic stem cell-derived fibroblasts [J]. Zhonghua Yufang Yixue Zazhi, 2016, 50 (8): 705-709.

[12] Yang J, Huo T, Zhang X, et al. Oxidative stress and cell cycle arrest induced by short-term exposure to dustfall $PM_{2.5}$ in A549 cells [J]. Environmental Science and Pollution Research, 2018, 25 (23): 22408-22419.

[13] Gui J, Wang L, Liu J, et al. Ambient particulate matter exposure induces ferroptosis in hippocampal cells through the GSK3B/Nrf2/GPX4 pathway [J]. Free Radical Biology & Medicine, 2024, 213: 359-370.

[14] Mei H, Wu D, Yong Z, et al. $PM_{2.5}$ exposure exacerbates seizure symptoms and cognitive dysfunction by disrupting iron metabolism and the Nrf2-mediated ferroptosis pathway[J]. Science of the Total Environment, 2024, 910: 168578.

[15] Yue W, Tong L, Liu X, et al. Short term $PM_{2.5}$ exposure caused a robust lung inflammation, vascular remodeling, and exacerbated transition from left ventricular failure to right ventricular hypertrophy [J]. Redox Biology, 2019, 22: 101161.

[16] Masuda D, Nakanishi I, Ohkubo K, et al. Mitochondria play essential roles in intracellular protection against oxidative stress—Which molecules among the ROS generated in the mitochondria can escape the mitochondria and contribute to signal activation in cytosol? [J]. Biomolecules, 2024, 14 (1): 128.

[17] Long M H, Zhu X M, Wang Q, et al. $PM_{2.5}$ exposure induces vascular dysfunction *via* NO generated by iNOS in lung of ApoE−/− mouse [J]. International Journal of Biological Sciences, 2020, 16 (1): 49-60.

[18] Suo D, Zeng S, Zhang J, et al. $PM_{2.5}$ induces apoptosis, oxidative stress injury and melanin metabolic disorder in human melanocytes [J]. Experimental and Therapeutic Medicine, 2020, 19 (5): 3227-3238.

[19] Bekki K, Ito T, Yoshida Y, et al. $PM_{2.5}$ collected in China causes inflammatory and oxidative stress responses in macrophages through the multiple pathways [J]. Environmental Toxicology and Pharmacology, 2016, 45: 362-369.

[20] Hemmingsen J G, Jantzen K, Møller P, et al. No oxidative stress or DNA damage in peripheral blood mononuclear cells after exposure to particles from urban street air in overweight elderly [J]. Mutagenesis, 2015, 30 (5): 635-642.

[21] Xu X, Wang H, Liu S, et al. TP53-dependent autophagy links the ATR-CHEK1 axis activation to proinflammatory VEGFA production in human bronchial epithelial cells exposed to fine particulate matter ($PM_{2.5}$) [J]. Autophagy, 2016, 12 (10): 1832-1848.

[22] Caceres L, Abogunloko T, Malchow S, et al. Molecular mechanisms underlying NLRP3 inflammasome activation and IL-1β production in air pollution fine particulate matter ($PM_{2.5}$)-primed macrophages[J]. Environmental Pollution, 2024, 341: 122997.

[23] Li X, Zheng M, Pu J, et al. Identification of abnormally expressed lncRNAs induced by $PM_{2.5}$ in human bronchial epithelial cells [J]. Bioscience Reports, 2018, 38 (5): BSR20171577.

[24] 齐铁雄, 石琳, 郑彤, 等. 4 种不同污染源气体颗粒物及柯萨奇病毒 B 组 3 型对大鼠心肌细胞自噬和凋亡的影响 [J]. 中华实验和临床病毒学杂志, 2019, (3): 225-230.

[25] Wang Y, Tang M. $PM_{2.5}$ induces autophagy and apoptosis through endoplasmic reticulum stress in human endothelial cells [J]. Science of Total Environment, 2020, 710: 136397.

[26] Wang Y, Zhong Y, Liao J, et al. $PM_{2.5}$-related cell death patterns[J]. International Journal of Medical Sciences, 2021, 18 (4): 1024-1029.

[27] Chu M, Sun C, Chen W, et al. Personal exposure to $PM_{2.5}$, genetic variants and DNA damage: A multi-center population-based study in Chinese [J]. Toxicology Letters, 2015, 235 (3): 172-178.

[28] Liu H, Lai W, Nie H, et al. $PM_{2.5}$ triggers autophagic degradation of Caveolin-1 *via* endoplasmic reticulum stress (ERS) to enhance the TGF-β1/Smad3 axis promoting pulmonary fibrosis[J]. Environment International, 2023, 181: 108290.

[29] Bocchi C, Bazzini C, Fontana F, et al. Characterization of urban aerosol: Seasonal variation of mutagenicity and genotoxicity of $PM_{2.5}$, PM_1 and semi-volatile organic compounds [J]. Mutation Research Genetic Toxicology and Environmental Mutagenesis, 2016, 809: 16-23.

[30] Sordo M, Maciel-Ruiz J A, Salazar A M, et al. Particulate matter-associated micronuclei frequencies in maternal and cord blood lymphocytes [J]. Environmental and Molecular Mutagenesis, 2019, 60 (5): 421-427.

[31] Bhargava A, Tamrakar S, Aglawe A, et al. Ultrafine particulate matter impairs mitochondrial redox homeostasis and activates phosphatidylinositol 3-kinase mediated DNA damage responses in lymphocytes [J]. Environmental Pollution, 2018, 234: 406-419.

[32] Ming Y, Zhou X, Liu G, et al. $PM_{2.5}$ exposure exacerbates mice thoracic aortic aneurysm and dissection by inducing smooth muscle cell apoptosis *via* the MAPK pathway[J]. Chemosphere, 2023, 313: 137500.

[33] Platel A, Privat K, Talahari S, et al. Study of *in vitro* and *in vivo* genotoxic effects of air pollution fine ($PM_{2.5\sim0.18}$) and quasi-ultrafine ($PM_{0.18}$) particles on lung models [J]. Science of the Total Environment, 2020, 711: 134666.

[34] Ning J, Pei Z, Wang M, et al. Site-specific Atg13 methylation-mediated autophagy regulates epithelial inflammation in $PM_{2.5}$-induced pulmonary fibrosis[J]. Journal of Hazardous Materials, 2023, 457: 131791.

[35] Santovito A, Gendusa C, Cervella P, et al. In vitro genomic damage induced by urban fine particulate matter on human lymphocytes [J]. Scientific Reports, 2020, 10 (1): 8853.

[36] Ambroz A, Vlkova V, Rossner P, et al. Impact of air pollution on oxidative DNA damage and lipid peroxidation in mothers and their newborns [J]. International Journal of Hygiene and Environmental Health, 2016, 219 (6): 545-556.

[37] Li R, Zhou R, Zhang J. Function of $PM_{2.5}$ in the pathogenesis of lung cancer and chronic airway inflammatory

diseases[J]. Oncology Letters, 2018, 15 (5) : 7506-7514.

[38] Monti P, Iodice S, Tarantini L, et al. Effects of PM exposure on the methylation of clock genes in a population of subjects with overweight or obesity [J]. International Journal of Environmental Research and Public Health, 2021, 18 (3) .

[39] Song J, Cheng M, Wang B, et al. The potential role of plasma miR-4301 in $PM_{2.5}$ exposure-associated lung function reduction[J]. Environmental Pollution, 2023, 327: 121506.

[40] Pang X, Shi H, Chen X, et al. miRNA-34c-5p targets Fra-1 to inhibit pulmonary fibrosis induced by silica through p53 and PTEN/PI3K/Akt signaling pathway[J]. Environmental Toxicology, 2022, 37 (8) : 2019-2032.

[41] Chen R, Li H, Cai J, et al. Fine particulate air pollution and the expression of microRNAs and circulating cytokines relevant to inflammation, coagulation, and vasoconstriction [J]. Environmental Health Perspectives, 2018, 126 (1) : 017007.

[42] Palanivel R, Vinayachandran V, Biswal S, et al. Exposure to air pollution disrupts circadian rhythm through alterations in chromatin dynamics [J]. iScience, 2020, 23 (11) : 101728.

[43] Nawrot T S, Saenen N D, Schenk J, et al. Placental circadian pathway methylation and in utero exposure to fine particle air pollution [J]. Environment International, 2018, 114: 231-241.

[44] Rodosthenous R S, Kloog I, Colicino E, et al. Extracellular vesicle-enriched microRNAs interact in the association between long-term particulate matter and blood pressure in elderly men [J]. Environmental Research, 2018, 167: 640-649.

[45] World Health Organization. WHO releases country estimates on air pollution exposure and health impact. Gena: World Health Organization, 2016 [EB/OL]. https://www.who.int/en/news-room/detail/27-09-2016-who-releases- country-estimates-on-air-pollution-exposure-and-health-impact.

[46] Rajagopalan S, Al-Kindi S G, Brook R D. Air pollution and cardiovascular disease: JACC State-of-the-Art Review [J]. Journal of the American College of Cardiology, 2018, 72 (17) : 2054-2070.

[47] Hou D, Ge Y, Chen C, et al. Associations of long-term exposure to ambient fine particulate matter and nitrogen dioxide with lung function: A cross-sectional study in China [J]. Environment International, 2020, 144: 105977.

[48] Dong H, Zheng L, Duan X, et al. Cytotoxicity analysis of ambient fine particle in BEAS-2B cells on an air-liquid interface (ALI) microfluidics system [J]. Science of the Total Environment, 2019, 677: 108-119.

[49]Badran G, Verdin A, Grare C, et al. Toxicological appraisal of the chemical fractions of ambient fine ($PM_{2.5\sim0.3}$) and quasi-ultrafine ($PM_{0.3}$) particles in human bronchial epithelial BEAS-2B cells [J]. Environmental Pollution, 2020, 263 (Pt A) : 114620.

[50] Zhang Y, Ma R, Ban J, et al. Risk of cardiovascular hospital admission after exposure to fine particulate pollution [J]. Journal of the American College of Cardiology, 2021, 78 (10) : 1015-1024.

[51] Kaufman J D, Adar S D, Barr R G, et al. Association between air pollution and coronary artery calcification within six metropolitan areas in the USA (the Multi-Ethnic Study of Atherosclerosis and Air Pollution) : A longitudinal cohort study [J]. Lancet, 2016, 388 (10045) : 696-704.

[52] Hu D, Jia X, Cui L, et al. Exposure to fine particulate matter promotes platelet activation and thrombosis *via* obesity-related inflammation [J]. Journal of Hazardous Materials, 2021, 413: 125341.

[53] Jiang J, Liang S, Zhang J, et al. Melatonin ameliorates $PM_{2.5}$-induced cardiac perivascular fibrosis through regulating mitochondrial redox homeostasis [J]. Journal of Pineal Research, 2021, 70 (1) : e12686.

[54] Long Y M, Yang X Z, Yang Q Q, et al. $PM_{2.5}$ induces vascular permeability increase through activating MAPK/ERK signaling pathway and ROS generation [J]. Journal of Hazardous Materials, 2020, 386: 121659.

[55] Wang Y T, Wu, Tang M. Ambient particulate matter triggers dysfunction of subcellular structures and endotheLial cell apoptosis through disruption of redox equilibrium and calcium homeostasis[J]. Journal of Hazardous Materials, 2020, 394: p. 122439.

[56] Ning R, Li Y, Du Z, et al. The mitochondria-targeted antioxidant MitoQ attenuated $PM_{2.5}$-induced vascular

fibrosis via regulating mitophagy [J]. Redox Biology, 2021, 46: 102113.

[57] Yang X, Zhao T, Feng L, et al. $PM_{2.5}$-induced ADRB2 hypermethylation contributed to cardiac dysfunction through cardiomyocytes apoptosis *via* PI3K/Akt pathway [J]. Environment International, 2019, 127: 601-614.

[58] Liu L, Zhang Y, Yang Z, et al. Long-term exposure to fine particulate constituents and cardiovascular diseases in Chinese adults [J]. Journal of Hazardous Materials, 2021, 416: 126051.

[59] Zhang Z, Weichenthal S, Kwong J C, et al. Long-term exposure to iron and copper in fine particulate air pollution and their combined impact on reactive oxygen species concentration in lung fluid: A population-based cohort study of cardiovascular disease incidence and mortality in Toronto, Canada [J]. International Journal of Epidemiology, 2021, 50 (2): 589-601.

[60] Zhang Y, Ji X, Ku T, et al. Heavy metals bound to fine particulate matter from northern China induce season-dependent health risks: A study based on myocardial toxicity [J]. Environmental Pollution, 2016, 216: 380-390.

[61] Feng J, Cavallero S, Hsiai T, et al. Impact of air pollution on intestinal redox lipidome and microbiome [J]. Free Radical Biology & Medicine, 2020, 151: 99-110.

[62] Liu T, Chen X, Xu Y, et al. Gut microbiota partially mediates the effects of fine particulate matter on type 2 diabetes: Evidence from a population-based epidemiological study [J]. Environment International, 2019, 130: 104882.

[63] Li X, Cui J, Yang H, et al. Colonic injuries induced by inhalational exposure to particulate-matter air pollution [J]. Advanced Science（Weinh）, 2019, 6 (11): 1900180.

[64] Li X, Sun H, Li B, et al. Probiotics ameliorate colon epithelial injury induced by ambient ultrafine particles exposure [J]. Advanced Science（Weinh）, 2019, 6 (18): 1900972.

[65] Pastorekova S, Gillies R J. The role of carbonic anhydrase IX in cancer development: links to hypoxia, acidosis, and beyond [J]. Cancer Metastasis Reviews, 2019, 38 (1-2): 65-77.

[66] Xu M X, Ge C X, Qin Y T, et al. Prolonged $PM_{2.5}$ exposure elevates risk of oxidative stress-driven nonalcoholic fatty liver disease by triggering increase of dyslipidemia [J]. Free Radical Biology & Medicine, 2019, 130: 542-556.

[67] Zhang H, Haghani A, Mousavi A H, et al. Cell-based assays that predict in vivo neurotoxicity of urban ambient nano-sized particulate matter [J]. Free Radical Biology & Medicine, 2019, 145: 33-41.

[68] Haghani A, Johnson R, Safi N, et al. Toxicity of urban air pollution particulate matter in developing and adult mouse brain: Comparison of total and filter-eluted nanoparticles [J]. Environment International, 2020, 136: 105510.

[69] Li X, Zhang Y, Li B, et al. Activation of NLRP3 in microglia exacerbates diesel exhaust particles-induced impairment in learning and memory in mice [J]. Environment International, 2020, 136: 105487.

[70] Ge J, Yang H, Lu X, et al. Combined exposure to formaldehyde and $PM_{2.5}$: Hematopoietic toxicity and molecular mechanism in mice[J]. Environment International, 2020, 144: 106050.

[71] Pfeffer P E, Ho T R, Mann E H, et al. Urban particulate matter stimulation of human dendritic cells enhances priming of naive CD8 T lymphocytes [J]. Immunology, 2018, 153 (4): 502-512.

[72] Gour N, Sudini K, Khalil S M, et al. Unique pulmonary immunotoxicological effects of urban PM are not recapitulated solely by carbon black, diesel exhaust or coal fly ash [J]. Environmental Research, 2018, 161: 304-313.

[73] Zhang G, Jiang F, Chen Q, et al. Associations of ambient air pollutant exposure with seminal plasma MDA, sperm mtDNA copy number, and mtDNA integrity [J]. Environment International, 2020, 136: 105483.

[74] Guo Y, Cao Z, Jiao X, et al. Pre-pregnancy exposure to fine particulate matter（$PM_{2.5}$）increases reactive oxygen species production in oocytes and decrease litter size and weight in mice [J]. Environmental Pollution, 2021, 268 (Pt A): 115858.

[75] Zhou S, Xi Y, Chen Y, et al. Ovarian dysfunction induced by chronic whole-body $PM_{2.5}$ exposure [J]. Small, 2020, 16 (33): e2000845.

第 9 章　大气颗粒物理化特性对人群健康效应的影响

大气颗粒物是大气中常见的污染物，根据颗粒物空气动力学直径的不同可把颗粒物分为总悬浮颗粒物（total suspended particulate，TSP）、可吸入颗粒物（inhalable particulate，IP）、细颗粒物（fine particulate matter，$PM_{2.5}$）、超细颗粒物（ultrafine particulate matter，$PM_{0.1}$）等。根据颗粒物污染的不同来源，颗粒物上含有的成分也会不同，有生物成分、重金属、无机盐类、有机物等。颗粒物由于粒径和成分等理化特性的不同，引起的人群健康效应会有所不同。

9.1　不同粒径大气颗粒物健康效应的差异

国际著名医学期刊 *New England Journal of Medicine* 于 2019 年刊发了一项全球范围内 652 个城市的颗粒物空气污染与居民死亡关系的时间序列研究和 meta 分析[1]。该研究发现，短期内可吸入颗粒物（PM_{10}）、细颗粒物（$PM_{2.5}$）浓度的增加，与总死亡、心血管疾病死亡和呼吸系统疾病死亡之间存在显著相关性。其中 $PM_{2.5}$ 每升高 10 μg/m^3，总死亡率、心血管疾病死亡率与呼吸系统疾病死亡率将分别增加 0.68%（95%CI：0.59%，0.77%）、0.55%（95%CI：0.45%，0.66%）与 0.74%（95%CI：0.53%，0.95%），而 PM_{10} 每升高 10 μg/m^3，相应疾病死亡率将分别增加 0.44%（95%CI：0.39%，0.50%）、0.36%（95%CI：0.30%，0.43%）与 0.47%（95%CI：0.35%，0.58%）。研究还表明，在低于主要国际组织和国家的空气质量标准限值，暴露反应曲线呈近乎线性增加，且不存在明显的阈值（图 9-1）。

不同粒径大气颗粒物所导致的健康效应与其在机体沉积和吸收程度，以及携带有毒有害物质的能力有关。较小的颗粒物有利于细胞吸收，并通过上皮和内皮细胞进入细胞以及进入血液循环系统，造成更大的伤害。随着粒径减小，颗粒物的表面积增加，对活性氧的产生具有更大的催化作用，有利于增加颗粒物的毒性。这可能引起更多高 ROS 的生成，导致细胞存活率的降低、白介素-8 的升高以及 DNA 的损伤。目前我国开展了较为丰富的不同粒径颗粒物污染健康效应的比较研究，涉及的颗粒物主要包括 PM_1、$PM_{2.5}$、$PM_{2.5\sim10}$、PM_{10} 以及纳米级别超细粒子，采用的研究设计以时间序列、病例交叉研究为主，其次为队列研究、横

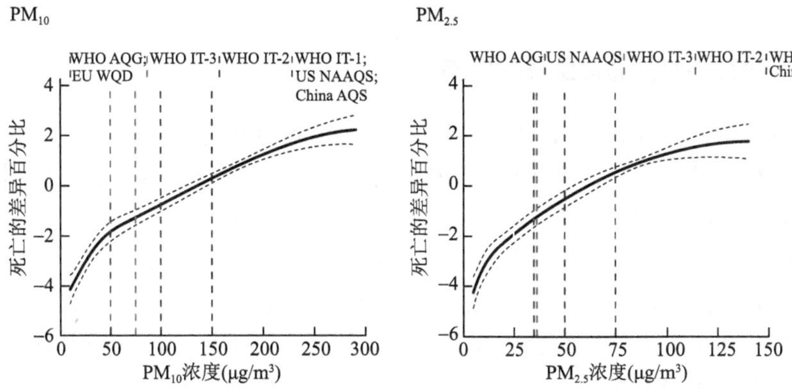

图 9-1　大气颗粒物与人群死亡率暴露-反应关系曲线 [1]

断面研究等。通过颗粒物（particulate matter）、健康结局（mortality、morbidity、hospital admission、emergency visit、hospitalization 等）、中国人群（Chinese population）等关键词，检索 PubMed、Web of Science、Embase、Scopus 等数据库，限定至少开展三种粒径颗粒物比较性的原创性研究，最终纳入 46 篇文章，如图 9-2 所示。

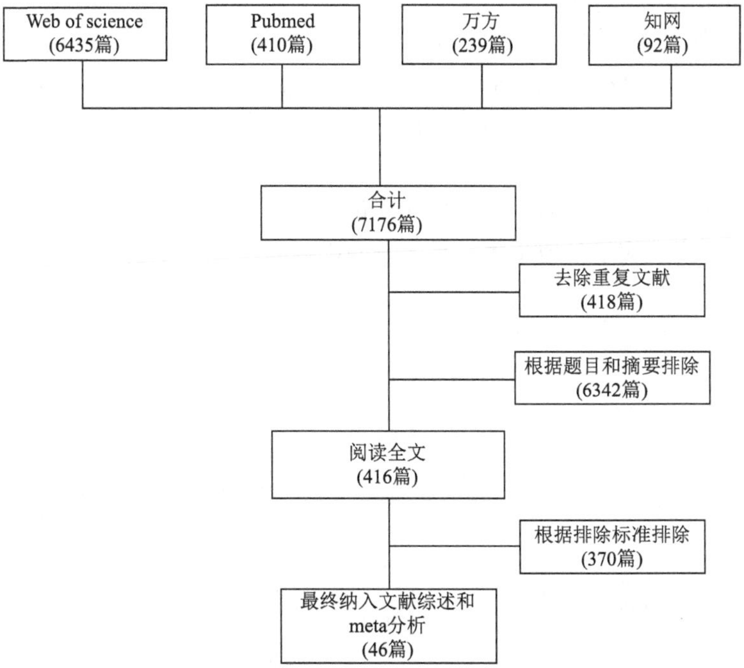

图 9-2　不同粒径大气颗粒物与中国人群健康关联研究的筛选流程图

9.1.1　大气颗粒物对门急诊结局的影响

在门急诊结局方面，Chen 等[2]在全国 26 个城市开展了 PM_1、$PM_{2.5}$、$PM_{1\sim2.5}$ 对急诊人数影响的研究，发现 PM_1 与 $PM_{2.5}$ 上升 10 μg/m³，急诊人数将分别增加 1.1%（95%CI：0.6%，1.7%）与 1.0%（95%CI：0.5%，1.6%），而 $PM_{1\sim2.5}$ 的影响无显著影响，提示 $PM_{2.5}$ 对急诊发病的影响可能主要由 PM_1 或更细粒子所导致。在其余纳入的流行病学研究，主要报道颗粒物粒径越小对门急诊人数的影响越大，或者是只在小粒径的颗粒物中发现有显著效应。特别地，Fang 等[3]在北京市开展了 5~560 nm 超细粒子与急诊人数关联效应比较性的研究，得到 25~100 nm 与 100~560 nm 超细粒子与呼吸系统疾病急诊发病风险的关联有统计学意义，而其他粒径粒子的影响无统计学意义。另外，Leitte 等[4]比较了 3~1000 nm 超细粒子的影响，得到小于 50 nm 的粒子与呼吸系统疾病急诊逐日人数间不存在统计学关联，而 50~100 nm 的粒子可增加呼吸系统疾病发病的风险。

不同的是，Li 等[5]在北京、西宁、武汉、上海与广州等城市开展的颗粒物对呼吸系统疾病门诊逐日人数影响的研究得到，$PM_{2.5\sim10}$ 的效应估计值要大于 $PM_{2.5}$、PM_{10}，以上颗粒物每上升 10 μg/m³，呼吸系统疾病门诊逐日人数将分别为增加 2.93%（95%CI：1.05%，4.84%）、1.39%（95%CI：0.38%，2.40%）与 1.10%（95%CI：0.38%，1.83%）。另外，Lin 等[6]在广州地区发现颗粒物污染与急性呼吸窘迫综合征发病的关联有统计学意义，两者暴露-反应关系曲线呈现单调上升趋势；而在不同颗粒物中 PM_{10} 的效应估计值最大；Liu 等[7]在北京地区比较了 3~10000 nm 颗粒物对心血管疾病急诊人数的影响，得到 10~30 nm 与 30~50 nm 粒子的健康效应估计值最大，且冬季的影响高于夏季（表 9-1）。

表 9-1　大气颗粒物对人群门急诊结局影响的研究

作者（年份）	城市	研究年限	健康结局	样本量	研究方法	主要结论	污染物
Bao 等（2020）[8]	兰州	2014~2017	慢性阻塞性肺疾病门诊	54058	时间序列广义可加模型	短期暴露于 $PM_{2.5}$ 可导致慢性阻塞性肺病（COPD）门诊病例增加，而 PM_c 与 PM_{10} 的影响无统计学意义；老年人与男性为 $PM_{2.5}$ 敏感人群	$PM_{2.5}$、PM_c、PM_{10}
Chen 等（2017）[9]	中国 26 个城市	2014~2015	急诊病例	—	时间序列广义可加模型	$PM_{2.5}$ 与急诊的关联主要由于 PM_1 所导致，而 $PM_{1\sim2.5}$ 与急诊的关联无统计学意义	PM_1、$PM_{1\sim2.5}$、$PM_{2.5}$
Chen 等（2020）[3]	兰州	2017~2018	心血管疾病急诊	8340	时间序列广义可加模型	短期暴露于 $PM_{2.5}$ 可导致兰州市 CVD 急诊病例增加，其效应在男性与低于 65 岁的人群中更大，而 PM_{10} 与 PM_c 的效应无统计学意义	$PM_{2.5}$、PM_c、PM_{10}

续表

作者（年份）	城市	研究年限	健康结局	样本量	研究方法	主要结论	污染物
Fang 等（2021）[3]	北京	2015~2017	呼吸系统疾病急诊	136925	时间序列广义可加模型	25~100 nm 与 100~560 nm 的超细颗粒物与呼吸系统疾病急诊发病风险的关联有统计学意义；超细颗粒物对支气管炎发病的影响要大于上呼吸道疾病与肺炎的患者	$PNC_{5\sim25}$、$PNC_{25\sim100}$、$PNC_{100\sim560}$
Ge 等（2018）[10]	广州	2012~2015	慢性阻塞性肺疾病、哮喘、肺炎、脑卒中等急诊	2100000	时间序列分布滞后非线性模型	$PM_{2.5}$ 与 PM_{10} 可显著增加肺炎与 RTI 住院风险，PM_c 与细菌类的呼吸系统疾病住院率呈现正相关。颗粒物对呼吸系统疾病住院率的影响呈现收获效应，而对心血管疾病无显著的收获效应	$PM_{2.5}$、PM_c、PM_{10}
Leitte 等（2010）[4]	北京	2004~2006	呼吸系统疾病急诊	15981	时间序列广义可加模型	小于 50 nm 的颗粒物与呼吸系统疾病急诊病例间不存在统计学关联，而 50~100 nm 的粒子可增加呼吸系统疾病发病的风险	$PNC_{3\sim10}$、$PNC_{10\sim30}$、$PNC_{30\sim50}$、$PNC_{50\sim100}$、$PNC_{100\sim300}$、$PNC_{300\sim1000}$
Li 等（2020）[5]	中国 5 个城市	2013~2018	呼吸系统疾病门诊	3005793	时间序列广义可加模型	短期 PM 暴露与儿童呼吸道门诊发病存在显著相关，在不同颗粒物中，$PM_{2.5\sim10}$ 的效应估计值最大；颗粒物的影响在冷季与过渡季大于暖季	$PM_{2.5}$、$PM_{2.5\sim10}$、PM_{10}
Lin 等（2018）[6]	广州	2008~2011	急性呼吸窘迫综合征相关的急救	17002	时间序列广义可加模型	颗粒物污染与急性呼吸窘迫综合征发病的关联有统计学意义，两者暴露-反应关系曲线呈现单调上升趋势；而 PM_{10} 的效应估计值最大	PM_1、$PM_{2.5}$、PM_{10}
Liu 等（2021）[12]	广州	2015~2016	急诊	292743	时间序列病例交叉研究	颗粒物污染与急诊病例的关联有统计学意义，PM_1 的效应估计值最大；暴露于第 4~6 小时的影响最大；0~16 岁儿童组所受的影响略大于其他年龄组	PM_1、$PM_{2.5}$、PM_{10}
Liu 等（2011）[11]	北京	2004~2006	心血管疾病急诊	13026	时间序列分布滞后非线性模型	亚微米颗粒物浓度水平升高与心血管发病率增加有关，其中 10~30 nm 与 30~50 nm 粒子的健康效应估计值最大，且冬季的影响高于夏季	$PNC_{3\sim10}$、$PNC_{10\sim30}$、$PNC_{30\sim50}$、$PNC_{50\sim100}$、$PNC_{100\sim300}$、$PNC_{300\sim1000}$、$PNC_{1000\sim2500}$、$PNC_{2500\sim10000}$
Zhang 等（2020）[13]	广州、深圳	2015~2016	全因急诊	624192	时间分层病例交叉设计	短期暴露于环境颗粒物污染可导致急诊病例增加，且 PM_1 的效应估计值最大；0~14 岁的儿童受到颗粒物的影响最大，而冷季的影响大于暖季	PM_1、$PM_{2.5}$、PM_{10}

续表

作者（年份）	城市	研究年限	健康结局	样本量	研究方法	主要结论	污染物
Zhai 等（2021）[14]	兰州	2014~2017	呼吸系统疾病门诊	—	时间序列广义可加模型	$PM_{2.5}$ 与呼吸系统疾病门诊病例的关联有统计学意义，而 PM_{10} 与 $PM_{2.5\sim10}$ 的影响通常无统计学意义，男性与 0~5 岁儿童为 $PM_{2.5}$ 敏感人群	$PM_{2.5}$、$PM_{2.5\sim10}$、PM_{10}

针对以上纳入的研究进行 meta 分析得到 PM_1、$PM_{2.5}$、$PM_{2.5\sim10}$、PM_{10} 每增加 10 μg/m³，分别导致门急诊人数增加 1.56%（95%CI：1.11%，2.00%）、1.40%（95%CI：1.15%，1.65%）、0.65%（95%CI：−0.20%，1.51%）与 0.79%（95%CI：0.42%，1.16%），研究间的异质性均具有统计学意义（I^2=88.01%，P=0.049；I^2=71.41%，P＜0.001；I^2=96.17%，P＜0.001；I^2=92.08%，P＜0.001）（图 9-3）。

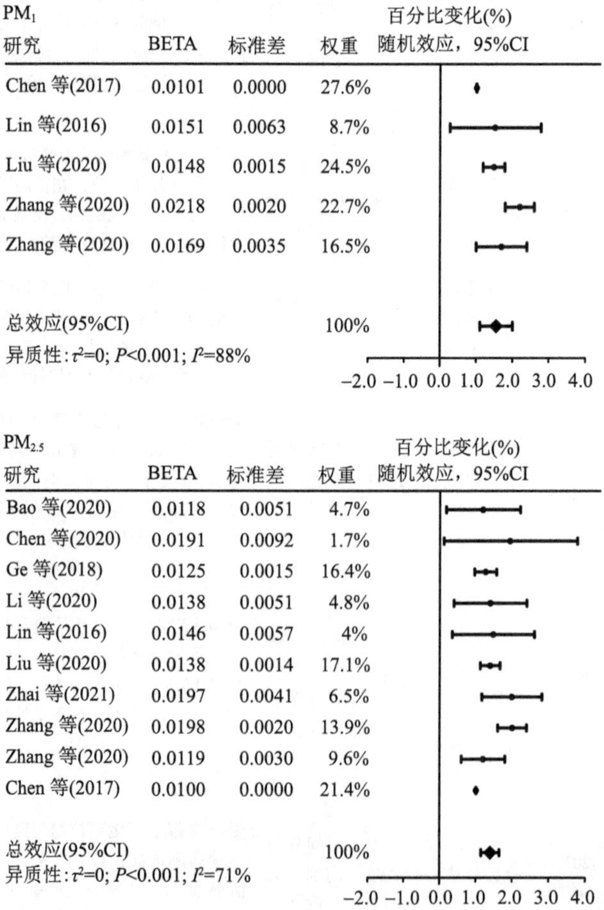

PM1
研究 BETA 标准差 权重
百分比变化(%)
随机效应，95%CI
Chen 等(2017) 0.0101 0.0000 27.6%
Lin 等(2016) 0.0151 0.0063 8.7%
Liu 等(2020) 0.0148 0.0015 24.5%
Zhang 等(2020) 0.0218 0.0020 22.7%
Zhang 等(2020) 0.0169 0.0035 16.5%
总效应(95%CI) 100%
异质性: τ²=0; P<0.001; I²=88%
−2.0 −1.0 0.0 1.0 2.0 3.0 4.0
PM2.5
研究 BETA 标准差 权重
百分比变化(%)
随机效应，95%CI
Bao 等(2020) 0.0118 0.0051 4.7%
Chen 等(2020) 0.0191 0.0092 1.7%
Ge 等(2018) 0.0125 0.0015 16.4%
Li 等(2020) 0.0138 0.0051 4.8%
Lin 等(2016) 0.0146 0.0057 4%
Liu 等(2020) 0.0138 0.0014 17.1%
Zhai 等(2021) 0.0197 0.0041 6.5%
Zhang 等(2020) 0.0198 0.0020 13.9%
Zhang 等(2020) 0.0119 0.0030 9.6%
Chen 等(2017) 0.0100 0.0000 21.4%
总效应(95%CI) 100%
异质性: τ²=0; P<0.001; I²=71%
−2.0 −1.0 0.0 1.0 2.0 3.0 4.0

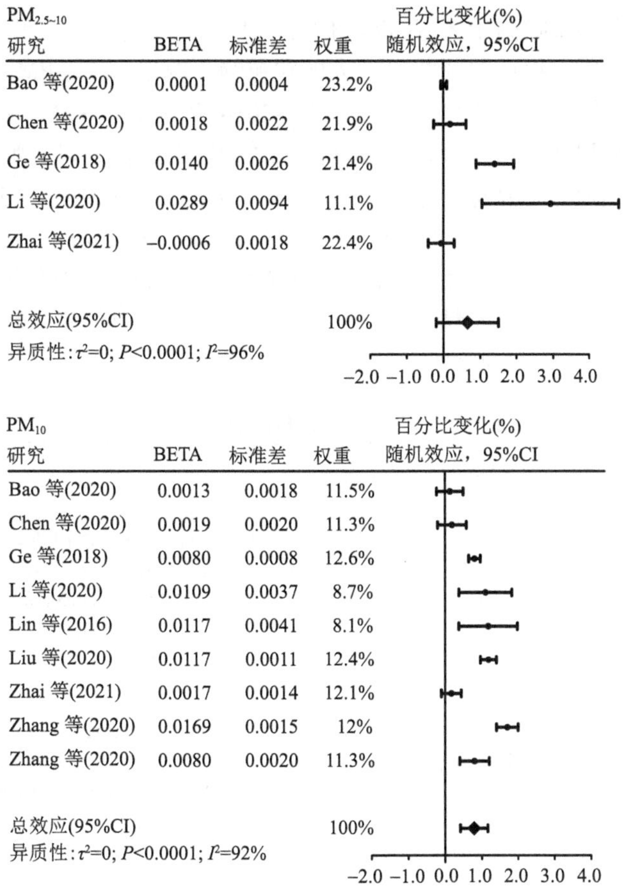

图 9-3　不同粒径大气颗粒物对门急诊健康结局影响的 meta 分析

9.1.2　大气颗粒物对住院结局的影响

本小节纳入 9 篇关于不同粒径颗粒物与住院结局关联比较性的研究，其中 6 篇表明颗粒物粒径越小对住院人数的影响越大，或者是只在小粒径的颗粒物中发现有统计学意义的影响。例如，Wang 等[15]比较了广东 21 个城市不同粒径颗粒物与支气管扩张住院人数的关联，得 $PM_{2.5}$ 的效应估计值大于 PM_{10} 与 $PM_{2.5\sim10}$，以上颗粒污染物每变化 IQR 个单位将分别导致支气管扩张住院人数上升 6.7%（93%CI：2.0%，11.6%）、6.0%（95%CI：1.4%，10.8%）与 3.8%（95%CI：0.5%，7.3%）。另外，Hu 等[16]在上海地区研究了 10~2500 nm 颗粒物与急性心肌梗死住院人数的关联，得到超细颗粒物（特别是小于 300 nm）可显著增加急性梗死发病的风险，而大于 300 nm 细颗粒的影响无统计学意义，且超细粒子对 ST

波段抬升的患者的影响高于无 ST 波段抬升的患者。

另外，3 篇研究报道粒径相对较大的颗粒物（$PM_{2.5\sim10}$ 或 PM_{10}）对住院人数的影响更大。具体地，Pu 等[17]比较了 2015-2016 年 $PM_{2.5}$、$PM_{2.5\sim10}$、PM_{10} 对四川 18 个城市 0~18 岁儿童下呼吸道感染住院人数的影响，得到以上颗粒物污染每升高 10 μg/m³，住院人数将分别增加 0.79%（95%CI：0.29%，1.29%）、0.77%（95%CI：0.13%，1.41%）与 2.33%（95%CI：1.23%，3.44%），在支气管炎与肺炎中 $PM_{2.5\sim10}$ 导致的效应最大。Qiu 等[18]在成都市与 Gao 等[19]在北京市分别报道了 $PM_{2.5}$、$PM_{2.5\sim10}$、PM_{10} 与精神障碍疾病住院与心理疾患住院人数影响的研究工作，且发现 $PM_{2.5\sim10}$ 导致的健康效应最大（表 9-2）。

表 9-2　大气颗粒物对人群住院结局影响的研究

作者（年份）	城市	研究年限	健康结局	样本量	研究方法	主要结论	污染物
Gao 等（2017）[19]	北京	2013~2015	心理疾患的住院病例	13291	时间序列广义可加模型	颗粒物与心理疾患的住院风险的关联存在具有统计学意义，特别是精神分裂症的患者，而 PM_c 所呈现的效应最大。相较于男性，女性患者受颗粒物的影响更大	$PM_{2.5}$、PM_c、PM_{10}
Hu 等（2020）[16]	上海	2014~2018	急性心肌梗死住院	4720	时间序列广义可加模型	超细颗粒物（特别是小于 300 nm）可显著增加急性梗死发病的风险，且对 ST 波段抬升的患者的影响高于无 ST 波段抬升的患者	$PNC_{10\sim30}$、$PNC_{30\sim50}$、$PNC_{50\sim100}$、$PNC_{100\sim300}$、$PNC_{300\sim1000}$、$PNC_{1000\sim2500}$
Pu 等（2020）[17]	四川 18 城市	2015~2016	下呼吸道感染住院	233183	时间序列广义可加模型	$PM_{2.5}$、PM_{10}、PM_c 颗粒物污染与支气管炎、肺炎和总体下呼吸道感染住院风险的关联有统计学意义，而 PM_c 所呈现的效应最大。颗粒物的影响在 1~17 岁的儿童中要大于婴儿，冷季的效应要大于热季	$PM_{2.5}$、$PM_{2.5\sim10}$、PM_{10}
Qiu 等（2019）[18]	成都	2015~2016	精神障碍住院	10947	时间序列广义可加模型	PM 污染（$PM_{2.5}$、PM_{10} 和 PM_c）与总精神障碍疾病（MD）以及特定疾病（痴呆症、精神分裂症和抑郁症）的住院风险升高有关；PM_c 效应估计值要大于其余颗粒物。此外，MD 的大量发病负担可归因于超过 PM 暴露	$PM_{2.5}$、$PM_{2.5\sim10}$、PM_{10}
Wang 等（2021）[20]	合肥	2016~2018	儿童肺炎住院	15683	时间序列广义可加模型	与 $PM_{2.5}$ 和 PM_{10} 相比，PM_1 对儿童肺炎的短期效应更大；PM_1 对男童与女童的影响均为显著，而 $PM_{2.5}$ 与 PM_{10} 仅对男童的影响较为显著；PM_1 与儿童肺炎的暴露-反应关系曲线近似直线，而其余颗粒物为非线性	PM_1、$PM_{2.5}$、PM_{10}

续表

作者（年份）	城市	研究年限	健康结局	样本量	研究方法	主要结论	污染物
Wang 等（2021）[15]	广东 21 城市	2013~2017	支气管扩张住院	114345	时间序列广义可加模型	颗粒物污染与支气管扩张并伴有下呼吸道感染患者住院风险有统计学关联，而与支气管扩张伴有咳血和无明显并发症的患者无统计学关联；$PM_{2.5}$ 的效应估计值大于 PM_{10} 与 $PM_{2.5\sim10}$	$PM_{2.5}$、$PM_{2.5\sim10}$、PM_{10}
Zhang 等（2020）[21]	成都	2013~2017	精神障碍住院	134292	时间序列广义可加模型	短期暴露于 PM 污染（$PM_{2.5}$、PM_{10} 和 PM_c）与成都市人群精神疾患、精神分裂症和痴呆症的住院人数增加有关，$PM_{2.5}$ 的效应值最大。男性和老年人对颗粒物污染更敏感，且冷季的影响大于暖季。此外，颗粒物污染带来较为客观的经济负担	$PM_{2.5}$、$PM_{2.5\sim10}$、PM_{10}
Zhang 等（2020）[22]	深圳	2015~2016	呼吸系统疾病住院	6078	病例交叉设计	PM_1 与 $PM_{2.5}$ 同呼吸系统疾病住院率的关联有统计学意义，两者暴露-反应关系曲线为单调上升近似线性，而 $PM_{1\sim2.5}$ 的效应无统计学意义；肺炎与 COPD 受颗粒物的影响更大，45~74 岁年龄者受到颗粒物的影响更大，冷季的影响大于暖季	PM_1、$PM_{2.5}$、PM_{10}
Zhang 等（2021）[23]	深圳	2015~2017	心血管疾病住院	5969	病例交叉设计	短期暴露于颗粒物污染与心血管疾病住院率存在统计学关联，其中颗粒物对高血压住院的影响最大；粒径越小所呈现的效应越大；男性与老年人受到的影响更大	PM_1、$PM_{2.5}$、PM_{10}

针对以上纳入的研究进行 meta 分析得到 PM_1、$PM_{2.5}$、$PM_{2.5\sim10}$、PM_{10} 每增加 10 μg/m^3，分别导致住院人数增加 8.96%（95%CI：6.14%，11.85%）、2.70%（95%CI：1.10%，4.33%）、2.71%（95%CI：1.43%，4.01%）与 1.51%（95%CI：0.75%，2.28%），研究间的异质性具有统计学意义（I^2=0.1%，P=0.626；I^2=93.90%，P<0.001；I^2=67.24%，P=0.019；I^2=82.27%，P<0.001）（图 9-4）。

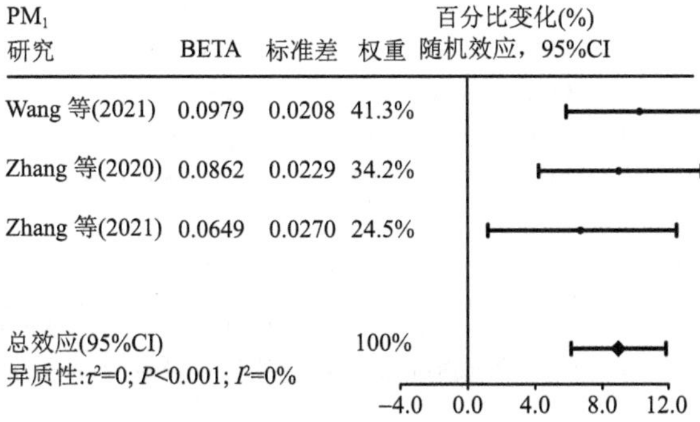

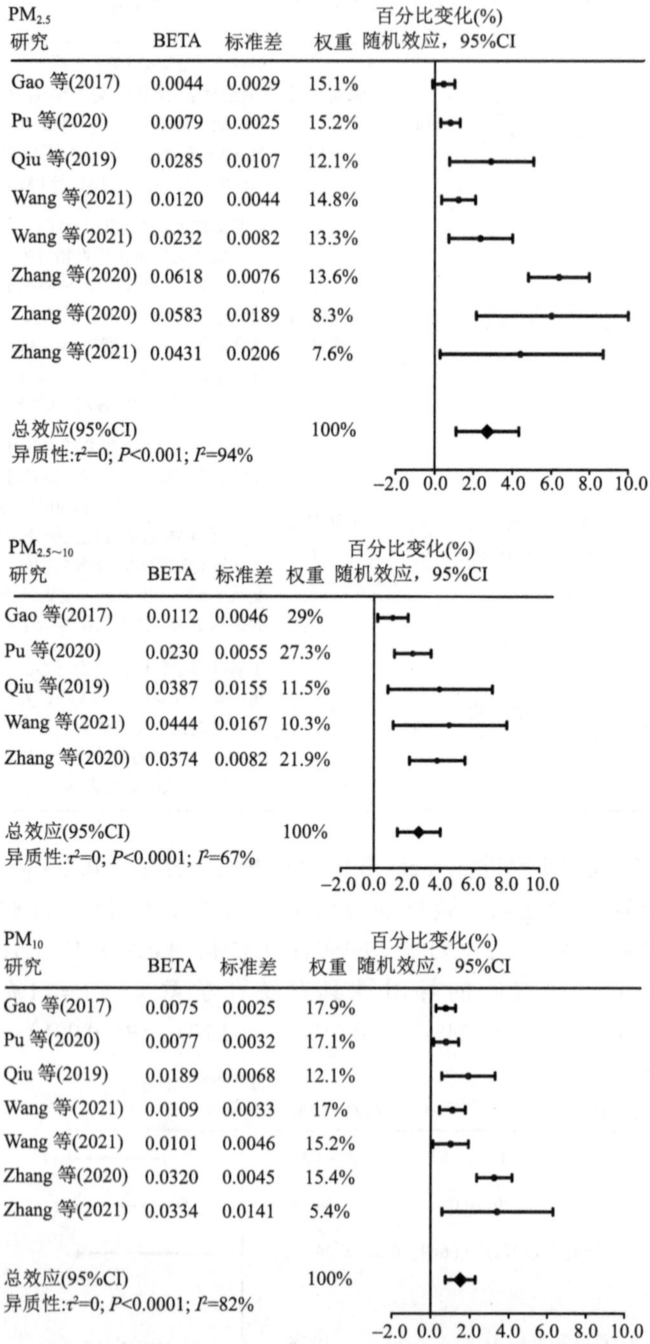

图 9-4 不同粒径大气颗粒物对住院健康结局影响的 meta 分析

9.1.3　大气颗粒物对死亡结局的影响

本部分纳入 9 篇关于不同粒径颗粒物与死亡结局关联比较性的研究，其中 8 篇表明颗粒物粒径越小对住院人数的影响越大，或者是只在小粒径的颗粒物中发现有统计学意义的影响。例如，Yin 等[24]在全国 60 个城市开展了不同粒径颗粒物污染对不同疾病人群死亡风险关联的研究，得到 PM_1、$PM_{2.5}$、PM_{10} 对全死因人群死亡率的影响较为一致，以上三种颗粒物每升高 10 μg/m³，全死因人群死亡率将分别增加 0.19%（95%CI：0.09%，0.28%）、0.18%（95%CI：0.08%，0.27%）、0.17%（95%CI：0.01%，0.24%）；且 PM_1 对心血管疾病人群死亡率影响的效应要高于 $PM_{2.5}$ 与 PM_{10}，以上三种颗粒物每升高 10 μg/m³，心血管疾病人群死亡率将分别增加 0.29%、0.24% 与 0.21%。Yin 等[25]在上海地区开展了 10~1000 nm 的颗粒物对逐日慢性阻塞性肺疾病死亡人数影响的研究工作，得到该地区颗粒物空气污染对逐日慢性阻塞性肺疾病死亡人数的影响可能主要由直径小于 0.3 μm 的颗粒物所导致。该研究的结论与 Peng 等[26]的较为一致，后者得到颗粒物对慢性阻塞性肺疾病不利影响主要由小于 0.5 μm 的细粒子所导致。

另外，Wu 等[27]在广州地区比较了 $PM_{2.5}$、$PM_{2.5\sim10}$、PM_{10} 对人群死亡风险影响的差异，得到 $PM_{2.5\sim10}$ 导致的健康效应最大，且在非意外死因、心血管疾病和呼吸系统疾病的研究结论一致（表 9-3）。

表 9-3　大气颗粒物对人群死亡结局影响的研究

作者（年份）	城市	研究年限	健康结局	样本量	研究方法	主要结论	污染物
Li 等（2013）[28]	北京	2005~2009	非意外死亡人数、呼吸系统疾病死亡、循环系统疾病死亡	—	时间序列广义可加模型	$PM_{2.5}$、PM_{10} 与人群死亡风险的关联有统计学意义，且 $PM_{2.5}$ 的效应值最大，而 $PM_{2.5\sim10}$ 无统计学意义；颗粒物的影响在冷季的效应大于暖季	$PM_{2.5}$、$PM_{2.5\sim10}$、PM_{10}
Yin 等（2019）[25]	中国上海浦东新区	2014~2016	慢性阻塞性肺疾病死亡	5430	时间序列广义可加模型	上海市颗粒物空气污染对 COPD 死亡率的影响可能主要由直径小于 0.3 μm 的颗粒物所导致	$PNC_{0.01\sim0.03}$、$PNC_{0.03\sim0.05}$、$PNC_{0.05\sim0.1}$、$PNC_{0.3\sim1}$、$PNC_{1\sim2.5}$、$PNC_{2.5\sim10}$

续表

作者（年份）	城市	研究年限	健康结局	样本量	研究方法	主要结论	污染物
Yin 等（2020）[24]	中国 60 个城市	2014~2017	全死因、心血管疾病死亡、呼吸系统疾病死亡	—	时间序列广义可加模型	颗粒物污染与人群死亡风险的关联有统计学意义，不同粒径污染物对全死因人群死亡风险的影响较为一致，而 PM_1 对心血管疾病人群死亡的影响高于其他颗粒物	PM_1、$PM_{2.5}$、PM_{10}
Wu 等（2018）[27]	广州	2006~2016	非意外死因、心血管死亡和呼吸系统死亡	430565	时间序列广义可加模型	空气颗粒物与人群死亡率的关联有统计学意义，其中 $PM_{2.5\sim10}$ 的风险最大；近年来 $PM_{2.5}$ 和 PM_{10} 相关的心肺死亡风险仍然有统计学意义，呼吸系统疾病人群死亡风险甚至随时间呈现增长趋势	$PM_{2.5}$、$PM_{2.5\sim10}$、PM_{10}
Meng 等（2013）[29]	沈阳	2006~2008	总死亡、心血管系统疾病死亡、呼吸系统疾病死亡	—	时间序列广义可加模型	直径＜0.5 μm 的颗粒可能是造成颗粒物空气污染对健康的不利影响的最主要原因，并且随着颗粒粒径的减小，不利的健康影响越大	$PNC_{0.25\sim0.28}$、$PNC_{0.28\sim0.30}$、$PNC_{0.30\sim0.35}$、$PNC_{0.35\sim0.40}$、$PNC_{0.40\sim0.45}$、$PNC_{0.45\sim0.50}$、$PNC_{0.50\sim0.65}$、$PNC_{0.65\sim1.0}$、$PNC_{1.0\sim2.5}$、$PNC_{2.5\sim10}$
Lin 等（2015）[30]	广州	2007~2011	心血管疾病死亡	33721	时间序列广义可加模型	PM_{10}、$PM_{2.5}$ 和 PM_1 为广州市人群心血管死亡的危险因素，其中 PM_1 的健康效应估计值要大于其余颗粒物；三种颗粒物与死亡风险呈现近似线性关系；$PM_{2.5\sim10}$ 与 $PM_{1\sim2.5}$ 的健康效应无统计学意义	PM_1、$PM_{2.5}$、PM_{10}
Lin 等（2015）[31]	广州	2007~2011	脑卒中死亡	9066	时间序列广义可加模型	颗粒物污染与出血性脑卒中死亡率的关联有统计学意义，而与缺血性脑卒中无统计学意义；颗粒物粒径愈小则死亡风险愈大	PM_1、$PM_{2.5}$、PM_{10}
Peng 等（2019）[26]	上海	2009 年 4 月 1 日~2011 年 3 月 31 日	慢性阻塞性肺病死亡	3238	时间序列广义可加模型	颗粒物空气污染对 COPD 死亡率的不利影响可能主要由小于 0.5 μm 的细粒子所导致，粒径越小健康影响越大；细颗粒物的影响只在冷季与男性中具有统计学意义	$PNC_{0.25\sim0.28}$、$PNC_{0.28\sim0.30}$、$PNC_{0.30\sim0.35}$、$PNC_{0.35\sim0.40}$、$PNC_{0.40\sim0.45}$、$PNC_{0.45\sim0.50}$、$PNC_{0.50\sim0.65}$、$PNC_{0.65\sim1.0}$、$PNC_{1.0\sim2.5}$、$PNC_{2.5\sim10}$

针对纳入的研究进行 meta 分析得到 PM_1、$PM_{2.5}$、PM_{10} 每升高 10 μg/m³，分别导致死亡人数增加 1.48%（95%CI：−0.22%，3.21%）、0.72%（95%CI：0.19%，1.26%）与 0.67%（95%CI：0.08%，1.26%），研究间的异质性具有统计学意义（I^2=80.35%，P<0.001；I^2=95.35%，P<0.001；I^2=93.73%，P=0.001）（图 9-5）。

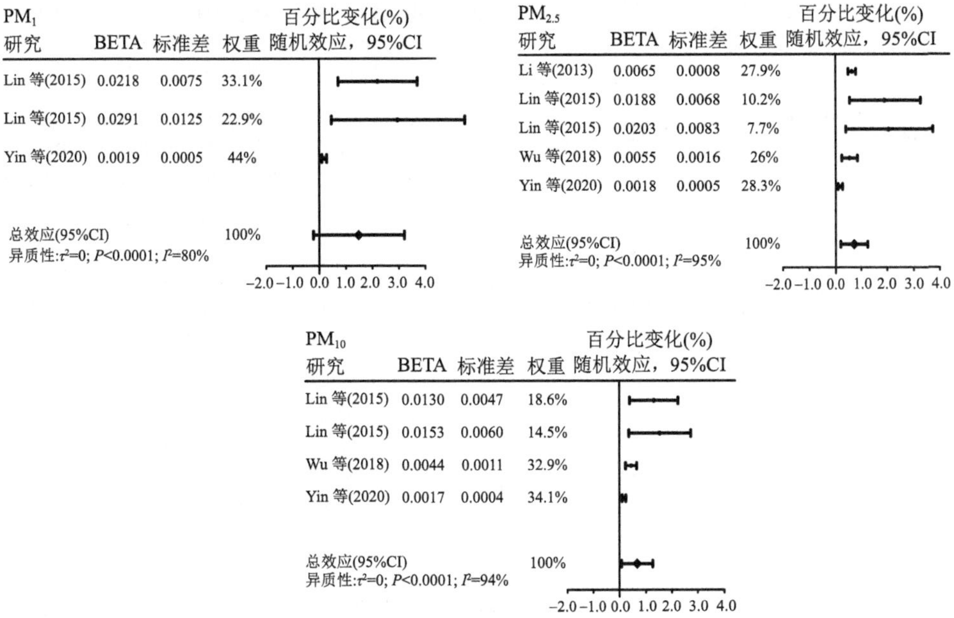

图 9-5　不同粒径大气颗粒物对死亡结局影响的 meta 分析

9.1.4　大气颗粒物对其他健康结局的影响

本部分所纳入的研究主要为队列研究、横断面研究与病例对照研究，涵盖的健康结局包括早产、哮喘与相关的症状、心血管疾病患病与相关指标、心理健康、肥胖等，见表 9-4。

表 9-4　颗粒物污染对其他健康结局影响的研究

作者（年份）	城市	研究年限	健康结局	样本量	研究方法	主要结论	污染物
Chen 等（2018）[40]	上海	2014 年 6 月	3~12 岁患孤独症儿童	124 例病例、1240 健康儿童	病例对照研究	生命早期颗粒物暴露（1~3 岁）与儿童孤独症的发病风险存在统计学关联，在两岁与三岁暴露的颗粒物导致的影响更大；在三种粒径颗粒物中，PM_1 呈现出的效应最大	PM_1、$PM_{2.5}$、PM_{10}

续表

作者（年份）	城市	研究年限	健康结局	样本量	研究方法	主要结论	污染物
Huang 等（2021）[38]	上海	2015~2019	心率变异性	78	重复测量的纵向研究	心脏自主神经功能障碍的参数随着颗粒物浓度增加而下降，而粒径越小则健康风险越大。颗粒物对心脏自主神经功能障碍的影响可能主要由小于 0.3 μm 的颗粒物（尤其是超细粒子）所贡献	UFP
Lawrence 等（2018）[45]	中国东北 7 个城市	2012~2013	儿童睡眠障碍	59754	横断面研究	颗粒物与儿童多种睡眠障碍症状的关联具有统计学意义，且粒径越小健康影响越大。颗粒物对女童的影响大于男童	PM_1、$PM_{2.5}$、PM_{10}
Li 等（2021）[36]	河南	2015~2017	动脉粥样硬化心血管疾病	31162	队列研究	颗粒物污染与动脉粥样硬化心血管疾病发病的关联有统计学意义，其中 $PM_{2.5}$ 的效应估计值大于 PM_1 与 PM_{10}，而污染物的联合效应大于各污染物单独效应；另外，低收入者与低教育程度者受颗粒物污染的影响要更大	PM_1、$PM_{2.5}$、PM_{10}
Liu 等（2019）[35]	辽宁 7 个城市	2012~2013	哮喘与相关症状	56137	横断面研究	颗粒物与哮喘发病和相关症状发病的关联有统计学意义，呈现颗粒物粒径愈小危害愈大的趋势；流感疫苗接种可以降低空气污染对儿童和青少年呼吸道疾病的不利影响	PM_1、$PM_{2.5}$、PM_{10}
Li 等（2020）[32]	中国全国	2013~2014	早产	1535545	队列研究 COX 比例风险回归模型	在怀孕期间暴露于高浓度 PM_1、$PM_{2.5}$、PM_{10} 下会增加早产的风险，$PM_{2.5}$ 导致的效应估计值大于其他颗粒物	PM_1、$PM_{2.5}$、PM_{10}
Liu 等（2019）[33]	广州	2014~2017	早产	4278	队列研究	在第 12~20 孕周期间，产前暴露于较高 PM_1 和 $PM_{2.5}$ 浓度与早产风险增加有关。母体和胎儿 LiNE-1 甲基化交替可能是 PM 增加早产风险的潜在机制	PM_1、$PM_{2.5}$、PM_{10}
Luo 等（2020）[41]	河南	2016~2017	自杀意念	29997	队列研究	长期暴露于高浓度环境颗粒物污染（PM_1、$PM_{2.5}$ 和 PM_{10}）与中国农村成年人的自杀意念风险增加有关，而 $PM_{2.5}$ 的效应估计值最大；男性、高教育程度者、饮酒者、36~64 岁的人群为污染物的敏感人群	PM_1、$PM_{2.5}$、PM_{10}
Pan 等（2019）[46]	台湾	2003~2012	糖尿病视网膜病变	579	病例对照研究	颗粒物污染与糖尿病性视网膜病变风险的关联有统计学意义，而粗颗粒物呈现的效应更大	$PM_{2.5}$、$PM_{2.5\sim10}$、PM_{10}
Qiao 等（2020）[43]	河南	2015 年 7 月至 2017 年 9 月	骨质疏松	8033	横断面研究	长期暴露于颗粒物污染与骨质疏松症的高风险呈正相关，两者呈现单调上升且近似线性关系，PM_1 的效应估计值大于其他颗粒物	PM1、$PM_{2.5}$、PM_{10}

续表

作者（年份）	城市	研究年限	健康结局	样本量	研究方法	主要结论	污染物
Tu 等（2020）[37]	河南	2015~2017	动脉粥样硬化性心血管疾病（ASCVD）	31162	队列研究	暴露于高浓度 PM_1、$PM_{2.5}$ 与 PM_{10} 和 10 年动脉粥样硬化性心血管疾病高风险增加有关，$PM_{2.5}$ 的效应估计值最大；运动可降低污染物的影响，意味着运动为预防动脉粥样硬化性心血管疾病有效方法	PM_1、$PM_{2.5}$、PM_{10}
Xu 等（2021）[39]	中国西南 5 个省份	2018 年 5 月至 2019 年 9 月	高血压与血压指标	99556	队列研究	长期暴露于环境 PM 与高血压发病风险和血压指标（舒张压与收缩压等）升高有显著关联，粒径小的颗粒物呈现的效应值越大。富含抗氧化食物和阻止高血压饮食模式可以减轻空气污染的影响	PM_1、$PM_{2.5}$、PM_{10}
Yang 等（2018）[44]	辽宁 3 个城市	2009 年 4~12 月	糖尿病患病和葡萄糖稳态	28830	横断面研究	长期暴露于颗粒物污染与人群患糖尿病的风险增加有关，特别是较年轻、超重或肥胖的人群；不同粒径颗粒物的影响无显著差异	PM_1、$PM_{2.5}$、PM_{10}
Yu 等（2020）[34]	辽宁省	2012~2013	哮喘患病与相关症状	59754	横断面研究	PM_1、$PM_{2.5}$ 与 PM_{10} 中，PM_1 与儿童和青少年哮喘及相关症状（流鼻涕、持续性咳嗽、过敏性鼻炎等）的关联最强；剖腹产增强了空气污染与儿童和青少年哮喘的关联；剖腹产的修饰效应在女孩中要强于男孩，在大龄儿童中强于年幼儿童	PM_1、$PM_{2.5}$、PM_{10}
Zhang 等（2020）[47]	河南农村	无	高血压患病	28440	队列研究	打鼾与颗粒物污染为中国农村人群高血压的危险因素，不同颗粒物间，$PM_{2.5}$ 的效应估计值最大；颗粒物对打鼾频次高的人群影响越大	PM_1、$PM_{2.5}$、PM_{10}
Zhang 等（2021）[48]	武汉	2014~2018	儿童哮喘	5788	队列研究	怀孕期与生命早期 1 岁暴露于颗粒物污染可增加儿童哮喘发病风险，颗粒物粒径越小影响越大；颗粒物对男童、母乳喂养时间低于 6 个月、患哮喘早于 3 岁儿童等影响更大	PM_1、$PM_{2.5}$、PM_{10}
Zhang 等（2021）[42]	中国 7 个省市	2012 年	肥胖	44718	横断面研究	长期暴露于空气污染与儿童和青少年体重增加、腰围和肥胖患病率增加有关；颗粒物粒径越小呈现的效应越大；污染物的影响在年龄大的男童影响大，而在女童中为年龄小的；城市地区的人群受到污染物的影响要大于农村地区	PM_1、$PM_{2.5}$、PM_{10}

在早产健康结局方面，Li 等[32]基于全国 1535545 例新生儿的数据，研究了怀孕期暴露于 PM_1、$PM_{2.5}$、PM_{10} 与早产的关联，得到与低浓度污染水平（低于第 25 百分位数）相比，以上颗粒物在高浓度水平（高于 75 百分位数）导致早产的

风险比分别为 1.29（95%CI：1.26，1.32）、1.52（95%CI：1.46，1.58）与 1.22（95%CI：1.17，1.27）。同样，Liu 等[33]在广州地区的研究证实在第 12~20 孕周期间，较产前暴露于较高 PM_1 和 $PM_{2.5}$ 浓度与早产风险增加有关，并指出母体和胎儿 LiNE-1 甲基化交替可能是 PM 增加早产风险的潜在机制。

在哮喘与相关的症状方面，Yu 等[34]研究了 PM_1、$PM_{2.5}$、PM_{10} 与辽宁省 7 个城市 59724 名儿童和青少年哮喘发病的关联，得到以上污染物升高 IQR 个单位，哮喘发病的风险比分别为 1.65（95%CI：1.54，1.76）、1.59（95%CI：1.49，1.69）与 1.51（95%CI：1.42，1.60），同时 PM_1 与呼吸系统疾病相关症状（流鼻涕、持续性咳嗽、过敏性鼻炎等）的关联强度高于其他颗粒物，且剖腹产增强了颗粒物污染与儿童和青少年哮喘发病的关联。另外，Liu 等[35]进一步指出流感疫苗接种可以降低颗粒物污染对儿童和青少年呼吸道疾病的不利影响。

心血管疾病患病与相关指标方面，Li 等[36]在河南省利用 31162 人的队列比较了不同粒径颗粒物污染与动脉粥样硬化心血管疾病发病的关联程度，其中 $PM_{2.5}$ 的效应估计值大于 PM_1 与 PM_{10}，污染物的联合效应大于各污染物单独效应。在相同的队列，Tu 等[37]进一步指出运动可一定程度降低污染物的影响。另外，Huang 等[38]分析了 10~1000 nm 的颗粒物对心率变异性指标的影响，发现心脏自主神经功能障碍的参数随着颗粒物的浓度增加而下降，而粒径越小则健康风险越大，颗粒物对心脏自主神经功能障碍的影响可能主要由小于 0.3 μm 的颗粒物（尤其是超细粒子）所贡献。针对高血压患病与血压相关指标，Xu 等[39]在中国西南 5 个省份开展了颗粒物影响的队列研究，得到 PM_1、$PM_{2.5}$ 与 PM_{10} 每升高 10 $\mu g/m^3$，高血压患病的相对风险比分别为 1.11（95%CI：1.03，1.20）、1.10（95%CI：1.06，1.15）与 1.05（95%CI：1.02，1.08）。另外，PM_1 对血压指标（舒张压与收缩压）的影响大于其他颗粒物，而富含抗氧化食物和化合物的阻止高血压饮食模式可以减轻颗粒物污染的影响。

心理健康方面，Chen 等[40]比较了上海市 124 例 3~12 岁患孤独症儿童与 1240 例健康儿童颗粒物暴露的状况，得到生命早期颗粒物暴露（1~3 岁）与儿童孤独症的发病风险存在统计学关联，PM_1、$PM_{2.5}$ 与 PM_{10} 每升高 10 $\mu g/m^3$，3~12 岁儿童患孤独症的风险比分别为 1.86（95%CI：1.09，3.17）、1.78（95%CI：1.14，2.76）与 1.68（95%CI：1.09，2.59）。针对儿童睡眠障碍问题，Lawrence 等[45]在辽宁省 7 个城市研究了不同颗粒物与 59754 例儿童睡眠障碍的关联，PM_1、$PM_{2.5}$ 与 PM_{10} 每升高 IQR 个单位，儿童睡眠障碍的风险比分别为 1.53（95%CI：1.38，1.69）、1.47（95%CI：1.34，1.62）与 1.17（95%CI：1.02，1.34）；同时，PM_1 对睡眠障碍相关症状（包括睡眠-觉醒过渡障碍、过度嗜睡障碍、睡眠呼吸障碍等）的影响大于其他颗粒物。另外，Luo 等[41]在河南地区的研究指出长期暴露于高浓度环境颗粒物污染（PM_1、$PM_{2.5}$ 和 PM_{10}）与中国农村成年人的自杀意念风险增加有关，但 $PM_{2.5}$ 的效应估计值最大。

肥胖、骨质疏松、糖尿病等方面，Zhang 等[42]在中国 7 个省市纳入 44718 例儿童和青少年，得到长期暴露于空气污染与儿童和青少年体重增加、腰围和肥胖患病率增加有关；颗粒物粒径越小呈现的效应越大；颗粒污染物的影响在年龄大的男童影响大，而在女童中为年龄小的影响大。Qiao 等[43]在河南地区开展的横断面研究发现长期暴露于颗粒物污染与骨质疏松症的高风险呈正相关，两者呈现单调上升近似线性关系，PM_1 的效应估计值大于 $PM_{2.5}$ 与 PM_{10}。针对糖尿病患病，Yang 等[44]在辽宁 3 个城市的研究得到长期暴露于颗粒物污染与人群患糖尿病的风险增加有关，特别是较年轻、超重或肥胖的人群；不同粒径颗粒物的影响无显著差异。

9.2 大气颗粒物不同组分、不同来源的健康效应

9.2.1 大气颗粒物不同组分的健康效应

颗粒物不是单一的污染物，是多种污染物的复合体。美国环境保护局（Enviromental Protection Agency，EPA）将其定义为一种极其微小的颗粒和气体的复杂混合物，包括酸、有机物、金属、土壤和灰尘。颗粒物组分主要包括化学成分和生物成分。生物成分包括可见与不可见微生物体，以及其他悬浮在空气中的生物物质，它们通常黏附在粗颗粒物表面，然而真菌孢子、花粉、非团聚细菌也可存在于细颗粒物[49]。化学成分包括矿物质（氧化铝、钙、硅、钛、铁、镁、锰、钠、钾）、有机物、碳元素、次级无机物、海盐和微量元素[50]，其中次级无机物成分（硫酸盐、硝酸盐和铵盐）和炭质颗粒可决定颗粒物自身的酸度和毒性程度而受到广泛关注，见图 9-6。

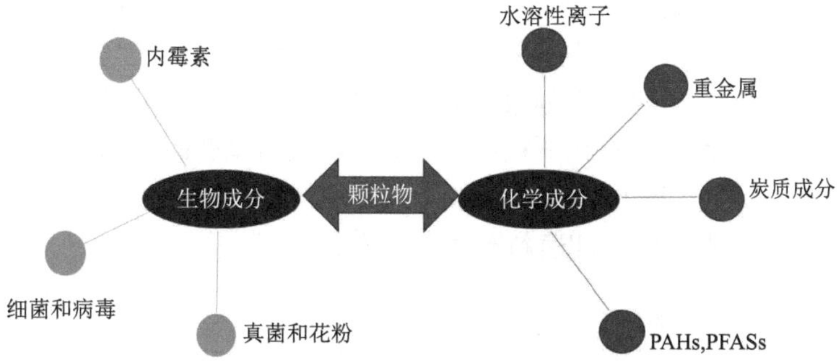

图 9-6 大气颗粒物的生物和化学组成成分[51]

1. 大气颗粒物生物成分及其人群健康效应

生物成分是大气颗粒物的重要组成部分，占大气颗粒物的 5%~34%。生物气溶胶，是大气介质中的固体或液体成分，包括植物花粉、微生物有机体（真菌、细菌、病毒）、微生物来源的有机化合物（内毒素、代谢物、毒物和其他细菌组成成分）[51]。生物气溶胶黏附在颗粒物表面可加剧人体内呼吸道过敏反应和其他肺部疾病，在暴露人群中引起过敏反应、毒性反应以及感染反应，引发咳嗽、气喘、流涕、皮疹、头痛以及疲劳等症状[52,53]。

1）内毒素

内毒素是革兰阴性杆菌外膜的重要组成成分，且作为颗粒物的重要组成成分广泛存在于周围环境中[54]。研究指出，可吸入性颗粒物中内毒素浓度为呼吸道颗粒物浓度的 3~10 倍，大气中内毒素大部分存在于 $PM_{2.5}$ 且在吸入人体后沉积在肺部[55]。据报道，儿童和成人内毒素暴露可引发哮喘和喘息。研究显示内毒素可使肺功能减弱，参与多种肺部疾病如尘肺病、慢性阻塞性肺气肿和急性肺损伤的致病过程。内毒素与其他大气污染物如颗粒物、真菌、臭氧共同吸入，可提高炎症反应的敏感性和严重性，同时导致其他不良的健康效应。Aghaei 等在中东最大的固体废物管理设施处进行了一项横断面研究，调查了堆肥设施中内毒素暴露及其与周围居民肺功能和临床症状的关系，结果显示与对照组相比，暴露组出现咳嗽、疲劳和头痛的风险增加[56]。

2）细菌

空气细菌是自然和城市环境中空气生物颗粒的主要组成部分，也是室内外气溶胶的关键组成部分[57]。在颗粒物上，细菌在不同的环境中具有不同的优势种，且细菌的组成和环境相关。目前关于细菌成分对人体健康效应的研究较少，有研究显示空气中高浓度的细菌可作为过敏性哮喘和季节性过敏的病原体或触发器，对人类健康产生较大影响；然而 Jacobs 等研究调查显示在欧洲部分城市小学生中，喘息发生与灰尘中微生物水平呈负相关，其他呼吸道症状与微生物指标水平无相关性[58]；提示微生物暴露健康效应在不同区域可能存在差异，需进一步展开更多研究对比。病毒可吸附在颗粒物上，随着颗粒物飘散而加速其传播，Zhu 等研究发现 $PM_{2.5}$ 浓度每升高 10 μg/m³，新冠确诊病例增加 2.24%（95%CI：1.02~3.46），提示颗粒物可加速新冠病毒的传播[59]。

3）真菌和植物花粉

真菌病原体和过敏原在空气中普遍存在。粗颗粒的主要生物成分是真菌孢子，其大小约为 2~10 μm[60]。研究显示真菌和花粉的细胞物质占 $PM_{2.5}$ 总质量的

4%~11%，占细颗粒物中有机碳的 12%~22%。其中枝孢霉、曲霉子和青霉菌为真菌主要优势菌种，在相关研究报道中出现的频率最高。真菌孢子被认为是有害健康的风险因子，可引起过敏和哮喘的炎症反应。Toyib 等探讨了链格孢菌和枝孢菌真菌孢子日变化对小学生肺功能的季节性短期影响，研究显示表明链格孢菌和枝孢菌孢子暴露一天后，会负向影响肺功能指数，尤其在冬季期间对肺功能指数最大呼气流量（peak expiratory flow，PEF）的影响最大[61]。另外有研究显示哮喘控制状况与 $PM_{2.5}$ 和花粉严重程度呈负相关，减少有害的户外环境暴露可能改善儿童和青少年的哮喘发生。

2. 大气颗粒物化学成分及其人群健康效应

不同颗粒物的化学成分变化很大，其组成成分复杂，主要包括水溶性离子、炭质成分[包括有机碳（organic carbon，OC）、元素碳（elemental carbon，EC）]和无机元素，每种组分约占颗粒物质量 10%~30%。二级次生离子 SO_4^{2-} 和 NO_3^- 一般是由大气中的 SO_2、NO_x 和 NH_3 经过二次化学反应生成，主要来自机动车尾气及燃煤排放。EC 主要来源于燃料不完全燃烧，如机动车排放、烹饪、森林大火等；OC 的形成过程和来源可分为污染源直接排放的一次有机碳和有机气体经光化学反应等途径生成的二次有机碳；无机元素是大气颗粒物的另一重要成分，可分为地壳元素（如 Fe、Al、Ca 和 Si 等）和人为污染元素（如 Zn、Pb、Cu、Cr、Ni 和 Cd 等），人为污染元素通常来自各种工业排放。国内外大量研究结果显示暴露于大气颗粒物的不同组分可以对人体的呼吸系统、心血管系统、神经系统等产生影响。流行病学调查研究显示元素碳、有机碳和硝酸盐与心血管疾病和呼吸系统疾病住院率和死亡率有关，也有研究显示 $PM_{2.5}$ 的组成元素如 Ni、Zn、Si、Al、V、Cr、As 和 Br，同样与心血管和呼吸道疾病住院人数增加、死亡率增加和低出生体重有关。

1）重金属

虽然微量金属只占颗粒物质量的小部分，但其潜在毒性不可忽视或低估。大气颗粒物中的重金属主要包括，钴（Co）、锌（Zn）、锰（Mn）、镍（Ni）、铜（Cu）、砷（As）、铬（Cr）、镉（Cd）和铅（Pb），As 虽是类金属，但由于它的化学特性和环境行为与重金属类似，也把它列入其中。其中镉（Cd）、铬（Cr）、钴（Co）、锰（Mn）、铅（Pb）、镍（Ni）等列入美国环境保护局的危险空气污染物清单。根据国际癌症研究机构（International Agency for Research on Cancer，IARC），As、Cd、Cr 和 Ni 被划分为第 1 组（对人致癌），Pb 被划分为第 2A 组（很可能对人致癌），许多其他金属被划分为第 2B 组（可能对人致癌）[62]。不同来源和大小的大气颗粒物中重金属的含量和组成差异很大。据报道，发展中国家大气颗粒物中重金属质量浓度较高，而发达国家普遍处于较低水平，且 70%以上的重金属分布在 PM_{10} 中，随着颗粒物粒径的减小，重金属含量升高[63,64]。$PM_{2.5}$ 比表面积大，是病毒、细菌和重金属的载体，可被人体通过呼吸系统吸入并被肺泡吸收，或通过肺通气进入其他器官，可能导致哮喘、支气管炎和心血管疾病。

通常，接触空气中金属的直接途径是通过呼吸道吸入，也可通过接触沉积在食物、饮料和室内外器具表面的颗粒物等间接途径接触。研究显示重金属 Cu、As、Co、Cr 等可通过芬顿反应生成 ROS，可导致机体内脂质、DNA 和蛋白质等生物大分子的氧化损伤，这是心血管损害和致癌早期的重要驱动因素[65,66]。一项多伦多市的队列研究表明，长期暴露于 Fe、Cu 及联合暴露三种暴露模式均与心血管疾病的死亡率呈正相关[67]。另外一项中国上海 78 人的定组研究显示，短期暴露于 $PM_{2.5}$ 可降低心脏自主神经功能（heart rate variability，HRV），在滞后 1 天或 2 天时显著减弱，其中砷、镉、铬和镍均与 HRV 参数的降低有关，提示交通相关 $PM_{2.5}$ 重金属组分可抑制心脏自主神经功能[68]。

长期接触重金属可能损害人体多个器官。它不仅可能引起免疫系统异常，还可能引起心血管疾病、呼吸系统疾病和神经心理疾病；所有这些危险都可能影响儿童的发育。肺的发育是一个连续的多阶段过程，在肺的任何发育阶段，环境污染物的干扰都可能改变肺功能，增加呼吸疾病的风险。一项中国台湾地区基于 171281 名儿童为期 7 年的出生队列研究，通过计算 $PM_{2.5}$ 中砷（As）、镉（Cd）、汞（Hg）、铅（Pb）等重金属的浓度，采用分布滞后非线性模型，研究了重金属复合暴露与重金属污染与儿童哮喘发生率的关系，提示在妊娠 1~14 周和 21~40 周以及出生后 1~3 周，铅暴露与哮喘呈正相关，在敏感性分析中，Pb 和 As 共暴露、Pb 和 Cd 共暴露、Pb 和 Hg 共暴露与哮喘发作呈正相关[69]。

大量研究发现颗粒物可通过氧化应激机制损伤男性生育能力，颗粒物进入体内，可直接影响精子质量。在一项中国武汉地区大气颗粒物污染与精子质量关系的流行病学研究中发现，$PM_{2.5}$ 每增加一个四分位数（36.5 μg/m³），精子浓度下降 8.5%（95%CI：2.3%，14.4%），总精子数下降 8.1%（95%CI：2.3%，14.4%），颗粒物中锑、镉、铅、锰和镍暴露与精子浓度下降显著相关，而锰暴露与精子总活力下降显著相关，对于非吸烟者精子质量更容易受 $PM_{2.5}$ 成分锑和镉影响[70]。另外一项中国汕头的 $PM_{2.5}$ 金属成分与精子（2314 份）质量指标的关联研究，通过纵向数据分位数回归，发现 $PM_{2.5}$ 质量四分位数范围（14.0 μg/m³）的增加与精子浓度低尾分布和精子数量高尾分布呈负相关；$PM_{2.5}$ 的钒暴露与精子数分布的第 90 百分位显著相关，而与更低百分位无显著相关；此外，精子活力较高的受试者更容易受到 $PM_{2.5}$ 中硫酸盐、铬和锰成分的影响[71]。

除此之外，大气颗粒物中经常存在多种重金属，金属-金属相互作用对最终观测结果至关重要。因为一种金属元素会影响另一种元素的积累和分布，多金属共暴露后会产生协同或拮抗作用。Cu 和 Zn 的混合物对人子宫内膜原代上皮细胞具有拮抗作用，而 Cu 和 Ag 的混合物对人子宫内膜原代上皮细胞具有协同作用[72]，从而对女性生殖系统产生影响。

2）水溶性离子

颗粒物中的水溶性离子主要包括 SO_4^{2-}、NH_4^+、NO_3^-。硫酸盐主要由含硫前体（SO_2、H_2S、CS_2、COS 和 DMS）的光化学氧化物生成，且 SO_2 是主要来源。$NaNO_3$ 存在于海盐中，是 NO_3^-的重要天然来源，由于 NO_3^-的热不稳定性，其在夏季和冬季之间的分布不同，在夏季显著大于冬季。NO_x 是硝酸盐最重要的前体物质，主要来源于城市中急剧增加的车辆尾气的排放。NO_x 可以既转化为硝酸，也可以与 NH_3 结合，通过光化学反应形成硝酸盐。另外 NH_4^+也是重要的离子之一，主要来源于生物排放、微生物代谢和农业活动[73]。

在环境中，SO_4^{2-}、NH_4^+、NO_3^-的存在形式为$(NH_4)_2SO_4$、NH_4HSO_4、NH_4NO_3、NH_4Cl、中性盐。颗粒物吸附的无机盐不仅可以对人产生直接的影响，使心血管疾病、呼吸系统疾病的患病率增加，它可以与其他污染物产生联合作用，对人产生毒害作用，对人体健康产生间接的影响，例如它可以增加金属生物利用度，增强肺内有毒化合物沉积，以及催化有机气溶胶的形成[74]。

长期暴露于颗粒物吸附的水溶性离子，对人体的呼吸系统和心血管系统产生的损伤不容忽视。硫酸盐能影响呼吸道防御功能和心血管功能，急性暴露于 100 $\mu g/m^3$ 硫酸盐的环境中可改变正常人支气管黏液纤毛运输功能[75]。有研究发现暴露于 $PM_{2.5}$ 中的硫酸盐可以使心血管疾病患者或有心血管疾病风险患者的 HRV 降低[76]。硝酸盐也可造成呼吸系统和心血管系统的损伤，在加拿大的一项队列研究中发现 $PM_{2.5}$ 中的硝酸盐和铵盐与儿童哮喘的发病呈正相关[77]。Cao 等的研究发现硝酸盐可以使人群总死亡率、心血管疾病死亡率或呼吸疾病死亡率明显升高，与单纯的 $PM_{2.5}$ 相比，结合硝酸盐更能引起总死亡率和心血管疾病死亡率的增加[78]。在 Atkinson 的 meta 分析中发现 SO_4^{2-}、NO_3^-可以增加心血管疾病和呼吸道疾病死亡率[79]。$PM_{2.5}$ 中的特定成分（即 SO_4^{2-}、NH_4^+、NO_3^-）可增加中国成人中心血管疾病和高血压发病率，$PM_{2.5}$ 中硫酸铵、硝酸铵浓度越高，心肌梗死和冠心病的患病率越高，提示颗粒物结合的水溶性离子在心血管疾病的发生中起着重要作用[80]。

3）元素碳

炭质成分可分为元素碳（EC），又称黑碳（black carbon, BC）和有机碳（OC）两大部分，黑碳由含碳物质的不完全燃烧产生。它占环境 PM_{10} 和 $PM_{2.5}$ 质量的 20%~40%和 25%~50%。黑碳有潜在的气候效应、环境效应以及广泛的健康效应。黑碳和死亡率有关，有研究显示，黑碳与人体呼吸系统和心血管系统疾病有显著的相关性。一项中国上海的定组研究，$PM_{2.5}$ 化学成分对健康青年一氧化氮呼出气（fractional exhaled nitric oxide，FeNO）的急性效应显示，$PM_{2.5}$ 的组分黑碳，可能是 $PM_{2.5}$ 中引发气道炎症反应的主要成分[81]。早期的 $PM_{2.5}$ 暴露及其主要组分黑碳，硝酸盐与儿童的哮喘风险增加有关。一项长达 26 年的法国队列研究显示长期暴露于黑碳与肺癌的发生率呈正相关[82]，至少可以部分解释肺癌的发生原因。一项 18 年的中国老年人群队列研究显示，五种 $PM_{2.5}$ 成分 BC、OM、NH_4^+、SO_4^{2-}、NO_3^-混合暴露每增加四分位数，老年人群认知损伤的校正风险比（HR）（95%CI）为 1.08（1.05~1.11），在 qg 计算模型中，BC 正向指标权重最大（0.69），其次是 OM（0.31），进一步分析发现，较年轻老年人和农村老年人更加敏感[83]。

大量的研究显示，颗粒物中黑碳颗粒是导致不良心血管健康效应的重要成分之一，暴露于黑碳颗粒以及超细颗粒物可影响人体的血压。Kirrane 等发现与 $PM_{2.5}$ 相比，短期、长期 BC 暴露与心血管疾病的结局包括心率变异性、心率、血压以及 ST 段下沉、动脉粥样硬化和心脏功能的关联是相似的，无显著性差异，与 $PM_{2.5}$ 相比，BC 并不是心血管效应更好的预测指标，且目前的研究不足以区分 BC 与 $PM_{2.5}$ 的心血管效应，提示 $PM_{2.5}$ 中的成分 BC 对心血管效应是否具有重要作用，仍需进一步研究[84]。

血浆代谢组学研究结果显示与 $PM_{2.5}$ 的其他组分相比，长期暴露于黑碳颗粒与机体的很多代谢改变相关。居住在污染严重的大型城市的人群出现了环氧化酶-2、白细胞介素-1β 和 CD14 上调、血脑屏障破坏、内皮激活和大脑氧化应激等反应，而大脑的认知功能和结构变化主要集中在儿童期及青春期，儿童和青少年的大脑可能更容易受到空气污染的影响，甚至可能导致心理健康紊乱。一项美国波士顿的出生队列研究通过语言和非语言智力评估显示高浓度的黑碳水平暴露与认知功能降低有关[85]；Shen 等在中国五所大学对大学生进行一项回顾性研究，研究显示长期黑碳暴露与抑郁症的症状显著性相关，而与焦虑无关[86]。

4）有机物（多环芳烃类）

有机物是大气颗粒物的主要成分，约占颗粒物总质量的 10%~70%[87]。其中，有机物约占 $PM_{2.5}$ 质量浓度的 20%~90%[88,89]。可吸入颗粒物粒径小，比表面积大，吸附能力强，在其表面吸附了大量的有机物[90]。多数有机颗粒物分布在 1~5 μm 范围，其中有 55%~70%的粒子集中在粒径小于 2 μm 范围。从化学组成看，许多对人体有致癌作用的物质，如多环芳烃有 70%~90%分布在粒径≤3.5 μm 的颗粒物上，脂肪酸和脂肪烃也有 80%~90%分布在粒径≤3.0 μm 范围内。颗粒物中有机物造成的健康效应主要来自于多环芳烃（polycyclic aromatic hydrocarbons，PAHs），另外，全氟烷基和多氟烷基物质近年来由于其持久性，生物累积性、毒性而备受关注。

多环芳烃是最早被发现和研究的一类持久性有机污染物，其结构稳定，可在大气、水体、沉积物、灰尘等多种环境介质中长期存在，具有半挥发性特性，由环境中各种燃料的不完全燃烧产生。目前已经发现致癌性多环芳烃及其衍生物已超过 400 种，其中苯并芘（B[*a*]P）是公认的三致（致癌、致突变、致畸）化合物，含氧多环芳烃（如二苯并呋喃）和含氮多环芳烃（如硝基多环芳烃）也为潜在的诱变物[91]。研究表明气溶胶中 95%~98%的多环芳烃富集在粒径≤7.0 μm 的颗粒物上，50%~70%富集在粒径≤1.1 μm 的颗粒物上。富集多环芳烃的细颗粒气溶胶可以进入人体的呼吸系统，甚至可以进入肺泡和血液，对人体健康构成严重威胁。

致癌、致突变性效应：人类及动物癌症病变有 70%~90%是环境中化学物质引起的，而 PAHs 则是环境致癌化学物质中数量最多的一类。在总数已达 1000 多种的致癌物中，PAHs 占了 1/3 以上。研究表明，燃烧过程中释放的颗粒物结合多环芳烃具有致癌性、致突变性和致畸毒性，可能对消防员和其他住在火灾附近的人产生不利影响[92]。天津市某社区颗粒物结合多环芳烃的个人暴露测量以及风险评估显示，暴露于多环芳烃对老年人构成了潜在癌症风险[93]。

对呼吸系统的影响：颗粒物结合的多环芳烃对肺功能有损伤作用。中国东北地区学龄儿童的一项研究中，在供暖季节，A 和 B 学校的大气 $PM_{2.5}$ 结合 4~6 环 PAH 水平显著升高，肺通气功能障碍（PVD）和小气道功能障碍（SAD）发生率增加。同时发现 $PM_{2.5}$ 结合的多环芳烃水平与学龄儿童的 SAD 相关。因此，暴露于大气 $PM_{2.5}$ 结合的 PAH 对肺功能参数具有不利影响[94]。此外，在中国一项队列研究中，招募了 224 名参与者作为研究对象，并通过线性混合模型量化了个人 $PM_{2.5}$ 和 16 种 PAHs 与三年内肺功能水平以及肺功能变化的相关性，结果显示萘、苊、荧蒽和芘的四分位数间均与 FVC 下降有关，荧蒽和芘与 FEV_1 下降有关。与持续低暴露水平组相比，三种 HMW-多环芳烃（苯并[*a*]蒽、二苯并[*a*,*h*]蒽和苯并[*ghi*]苝）的长期高水平暴露与 FVC 下降相关。表明短期和长期 $PM_{2.5}$ 结合的 PAH 暴露都可能影响肺功能[95]。另外在中国一项 273 名寄宿学童研究中，其中 110 名和 163 名儿童分别处于低 PM 和高 PM 暴露区域，结果显示 PM 可导致儿童血清肺损伤标志物 CC16 升高，在 PM 暴露期间，其有毒成分多环芳烃在肺损伤中起关键作用[96]。

对心血管系统的影响：现有证据表明，附着在颗粒物上的有机化合物多环芳烃是心血管疾病（CVD）的重要触发因素，有助于颗粒物暴露导致 CVD 的发展或恶化[97]。中国台北一项研究对 7 名健康老年人进行 72 小时的个人暴露监测，采用移动设备、便携式心电图记录仪和广义相加混合模型来评价粒度分馏 PM、颗粒物结合多环芳烃、黑碳和一氧化碳对 HRV 指数的影响，研究结果表明，颗粒结合多环芳烃暴露会影响健康老年人的心脏自主神经控制功能[98]。

对生殖系统的影响：多环芳烃具有内分泌干扰活性，对于男性和女性具有非癌症生殖效应，暴露于室外细颗粒物结合的多环芳烃与生殖功能障碍有关。在一项重庆大学生男性生殖健康队列研究中，通过收集空气 $PM_{2.5}$ 颗粒物，测量了 16 种多环芳烃的暴露水平并评估了尿液样本中多环芳烃代谢物，研究了 $PM_{2.5}$ 中 16 种多环芳烃的组成特征和变异特征，评估了 1452 个样本中多环芳烃暴露与精液常规参数、精子染色质结构和血清激素水平之间的关系。结果表明，多环芳烃可对生殖参数产生影响，如高分子量（HMW）多环芳烃不利于精子正常形态的形成，多环芳烃的含量可影响血清生殖激素水平，提示可吸入颗粒物结合的多环芳烃可能是男性生殖健康的潜在危险因素[99]。

大气 $PM_{2.5}$ 结合污染物会导致儿童的许多不良健康影响。中国贵屿市一项研究招募了学龄前儿童（3~6 岁）238 人，测量了电子垃圾污染的城镇大气中 $PM_{2.5}$ 结合多环芳烃的暴露水平，探讨了 $PM_{2.5}$ 及其多环芳烃暴露、儿童血浆胰岛素样生长因子 1（insulin-like growth factor 1，IGF-1）浓度和儿童身高之间的关联和中介效应，结果显示暴露于大气 $PM_{2.5}$ 上多环芳烃与儿童身高呈负相关，并与血浆中 IGF-1 水平降低有关，提示大气 $PM_{2.5}$ 结合多环芳烃的暴露对儿童成长存在负面影响[100]。

5）全氟烷基和多氟烷基物质

全氟烷基和多氟烷基物质（perfluoroalkyl and polyfluoroalkyl substances，PFASs）是一类合成有机化学品，含有不同官能团的全（每-）或部分（多-）氟化碳链[101]。自 20 世纪 50 年代以来，由于其优异的表面活性和稳定性，PFASs 已在全球范围内作为工业和日常使用的活性成分和表面活性剂，如电子制造、金属电镀、纺织品、润滑剂、炊具、水性成膜泡沫和食品包装材料。根据不同的官能团和物理化学性质，PFASs 可分为离子 PFASs（*i*-PFASs），如全氟烷基羧酸（PFCAs）、磺酸（PFSAs）；中性 PFASs（*n*-PFASs），如氟调聚物醇（FTOHs）、全氟辛基磺酰胺乙醇（FOSEs）。*i*-PFASs 和 *n*-PFASs 在环境中以不同形式存在，*i*-PFASs 在环境中具有持久性，容易吸附到固相中，如颗粒物质、土壤和沉积物；与 *i*-PFASs 不同，*n*-PFASs 具有挥发性，主要分布以气态形式存在[102]。由于全氟辛烷磺酸 PFOS 和 PFOA（*i*-PFASs 类）的毒性、生物累积性、持久性，这些化学物的健康危害受到了很大关注。

大气环境是 PFASs 影响人及动植物的主要暴露途径，同时也是其转运及转化的重要场所。鉴于 *i*-PFASs 与大气颗粒物有较强的相关性，我国目前有关颗粒物与 PFASs 的研究主要集中在 *i*-PFASs[103]。Fang 等调查了 2014 年从中国 10 个城市收集的大气颗粒物中 PFOA 和 PFOS 的浓度，PFOA 和 PFOS 的浓度范围在 0.08~25 pg/m^3 和 0.12~12 pg/m^3 之间，平均浓度分别为 3.7 pg/m^3 和 2.1 pg/m^3 。Guo 等 2013~2015 年在上海调查了不同粒径大气颗粒物中 PFASs 的浓度及种类分布，PFAS 浓度范围为 260~1900 pg/m^3（平均值：1440 pg/m^3）；PFASs 的分布呈双峰型，在粒径（0.4~2.1 μm）和（＞2.1 μm）的颗粒物分别达到峰值，其中全氟癸酸（PFUnDA, 75%）在细颗粒物（＜2.1 μm）内积累较多，PFOA（69%）和 PFDA（64%）次之[104]。目前，关于 PFASs 的人群健康效应在“中国 C8 计划（Isomers of C8 Health Project in China）”研究较多，其研究了中国成年人血清中 PFASs 及其异构体水平与超重及腹型超重[105]、眼部状况[106]、血糖稳态[107]、尿酸水平[108]、血压[109]、肾功能[110]的关系，结果显示血清中全氟化合物及其异构体的水平与人群中超重或腹型超重水平呈正相关，和直链 PFASs 相比，支链异构体和超重及腹型超重之间有相近或者更强的效应，而这种效应在女性人群中更显著；血清中 PFASs 水平与中国成人视力损伤和玻璃体疾病的风险增加相关；血清中 PFASs 与血糖稳态标记物呈正相关，且在不同性别间有差异；血清中 PFASs 与尿酸的关系根据异构体和成人肾功能的不同而不同，并且血清 PFASs 浓度与血清尿酸呈正相关，尤其是 PFOA；血清中 PFASs 与血压水平呈正相关，且女性更容易受到影响；支链全氟辛烷磺酸异构体与肾功能呈负相关。

9.2.2　大气颗粒物不同来源颗粒物的健康效应

大气颗粒物来源于自然源（如沙尘暴、火山爆发和海水喷溅等）和人为源（如燃料燃烧、汽车尾气、建筑扬尘和农业生产等），后者是大气颗粒物污染的主要来源。越来越多的流行病学和毒理学研究证据表明，来自不同来源的颗粒物可能会对健康造成不同的影响[111]。

1. 燃料燃烧来源颗粒物的人群健康效应

人类的生产和生活活动中使用的各种燃料如煤炭、石油、液化石油气、煤气、天然气和生物质燃料的燃烧构成了大气颗粒物的重要来源。在中国北方，大约在 11 月中旬开始居民集体供暖，从暖季到冷季，排放源发生重大变化，这种变化可能导致大气中颗粒物发生相应变化。研究发现，在冷季，燃煤增加，电镜下观察 $PM_{2.5}$ 形状发现，由煤炭燃烧形成的球形颗粒显著增加；$PM_{2.5}$ 成分分析发现，$PM_{2.5}$ 成分中硫酸盐、硝酸盐、二次气溶胶含量增加[112]。此外，许多居民特别是农村地区，仍然在使用煤炭和生物质等固体燃料以满足日常烹饪和取暖需求，炉子中固体燃料的低效燃烧产生了各种有害颗粒和气体造成空气污染。目前，随着我国工业的快速发展，作为主要能源的化石燃料被大量使用，在其燃烧过程中会产生大量的颗粒物和挥发性有机物等，也是造成我国城市环境空气污染的重要来源。有证据表明，与暴露于其他颗粒物源相比，暴露于燃煤发电站的颗粒物会对健康产生更大的不利影响[113]。

大气颗粒物进入人体的主要部位是呼吸系统，颗粒物的粒径越细小越容易进入人体内部结构。颗粒物进入肺部后，对肺组织有严重的堵塞作用，使肺的通气和换气功能下降。大气颗粒物会刺激呼吸道表面的迷走神经末梢，导致支气管痉挛，增大呼吸道阻力，减弱机体的肺通气功能，从而刺激各种呼吸道疾病产生。接触 $PM_{2.5}$ 还会增加呼吸系统中不同病原体（包括细菌和病毒）的易感性，增加呼吸道感染的发病率和死亡率，$PM_{2.5}$ 暴露引起的宿主防御功能障碍可能是呼吸系统感染易感的关键。在靠近燃煤发电站的人群中发现氧化应激和 DNA 氧化损伤的血液标志物水平升高，说明吸入燃煤释放的颗粒物会通过氧化应激和氧化敏感转录因子的激活引起炎症，从而导致不良健康影响[114,115]。体内实验表明长期暴露于生物质燃烧产生的 $PM_{2.5}$ 增加了支气管上皮 BEAS-2B 细胞中活性氧（ROS）水平，会影响细胞形态以及细胞周期进程，促进自噬和细胞死亡[116,117]。中国沈阳的一项研究显示，在供暖季节，燃煤来源的空气污染物约占不同来源的45.5%，在非供暖季节，约占 28.0%，无论季节如何，来自煤炭燃烧的污染物占比都为最高，研究还显示由呼吸系统疾病引起的每日死亡人数在供暖季节高于非供暖季节[118]。

吸入化石燃料燃烧产生的 $PM_{2.5}$ 是心血管疾病的重要危险因素。$PM_{2.5}$ 暴露与血压升高、血栓形成和胰岛素抵抗有关，它还诱导血管损伤并加速动脉粥样硬化的形成。来自动物模型的结果证实了流行病学证据，表明 $PM_{2.5}$ 的心血管效应可能部分归因于氧化应激、炎症和自主神经系统的激活[119]。一项针对西班牙燃煤电厂排放的颗粒物对心血管健康影响的流行病学研究结果显示，燃煤相关死亡例数 709 例，其中 586 例（82.6%）与 $PM_{2.5}$ 有关，其中大多数是由心脏病发作、中风和心力衰竭引起的[120]。在全世界范围内，暴露于烹饪和取暖的固体燃料燃烧造成的室内空气污染是导致过早死亡和残疾的重要危险因素。一项研究中，健康成年志愿者短期暴露于五种炉灶排放物，与对照组相比，暴露于炉灶排放物后对志愿者的心率变异性产生短期影响[121]。

2011~2012 年在我国长沙的一项回顾性队列研究显示，产前暴露于室外工业空气污染和产后暴露于室内装修与中国儿童早期中耳炎独立相关。一项关于化石燃料燃烧产生的室外 $PM_{2.5}$ 污染的全球死亡率评估显示，全球每年约有 10.2 百万人因化石燃料燃烧来源的 $PM_{2.5}$ 而过早死亡，据估计，在与化石燃料相关的 $PM_{2.5}$ 含量较高的地区，死亡率影响最大，尤其是中国（390 万）、印度（250 万）以及美国东部、欧洲和东南亚的部分地区[122]。化石燃料产生的 $PM_{2.5}$ 造成了较高的疾病入院率和死亡率，一项研究显示，孟加拉国达卡化石燃料燃烧相关的 $PM_{2.5}$ 增加了心血管疾病的入院率（RR = 1.44，95%CI：0.45~2.45），以及死亡率（RR =

3.07，95%CI：0.96~5.22）[123]。

2. 交通来源颗粒物的人群健康效应

近年来，伴随着经济的快速发展，中国城市机动车数量大幅增长，交通源颗粒物对我国环境空气颗粒物的贡献越来越大。汽车尾气对大气污染的影响在国内外一些大城市已经达到较高比例，汽车尾气颗粒物的大面积排放是造成交通源大气污染的主要原因。汽车尾气颗粒物是指机动车排气管排出的燃油燃烧后形成的颗粒物，主要包括不可燃物质、可燃但未进行燃烧的物质以及燃烧生成物质，其组成物质主要是炭黑、碳氢化合物、硫化物、可溶性有机物、含金属成分的灰分。机动车尾气颗粒物对健康的影响范围很广，主要包括呼吸系统、心脑血管系统、孕妇及胎儿健康、儿童生长发育状况等。

汽车尾气颗粒物排放高度正好处于人群呼吸带，对人体健康尤其是呼吸系统的影响是最直接的。已有大量研究表明交通源污染物在成人及儿童哮喘发病中起重要作用，柴油尾气颗粒主要是 $PM_{2.5}$，其中相当一部分是 $PM_{0.1}$，这些颗粒物具有很强的氧化还原能力，可导致氧化应激和局部及全身炎症，短期接触会对呼吸道产成有害影响，如过敏性炎症和哮喘，而长期暴露与肺癌风险增加有关[124]。一项来自中国北京的时间序列研究发现，汽油和柴油车辆排放的粒径范围为 5~560 nm 的颗粒物与儿童每日呼吸系统急诊就诊率显著相关[125]。一项 meta 分析显示，交通相关 $PM_{2.5}$ 增加了儿童哮喘风险（OR = 1.07，95%CI: 1.00~1.13），区域分析显示，亚洲交通相关 $PM_{2.5}$ 对儿童哮喘风险的 OR 明显高于欧洲和北美，（OR_{Asia} = 1.36, 95%CI：1.05~1.76；OR_{Europe} = 1.12, 95%CI：1.00~1.25；$OR_{North\ America}$ = 1.01, 95%CI：0.99~1.03）[126]。瑞典西部一项 5262 人参与的队列研究探讨了交通相关颗粒物对肺功能及肺表面活性物质的长期影响，结果表明汽车尾气 $PM_{2.5}$ 浓度的增高会导致 FEV1 和 FVC 的减少以及增加 FEV1/FVC 降低的风险，即人群肺通气功能下降，肺功能产生不可逆受损[127]。

美国环境保护局（EPA）指出，交通相关环境污染是心肌梗死的一个风险因素，环境 $PM_{2.5}$ 和心血管疾病住院之间的关联性可能主要是由交通源颗粒物引起的，其中被探讨及研究次数最多的是机动车尾气来源的颗粒物，研究发现机动车尾气中的元素颗粒物与黑碳是心血管系统疾病的主要危险因子[128]。一项基于中国上海 36 名健康学生中进行的研究发现，交通相关来源 $PM_{2.5}$ 的四分位范围增加与收缩压[1.5（95%CI：0.26~2.7）mmHg]、舒张压[1.2（95%CI：0.10~2.2）mmHg]和平均动脉压[1.2（95%CI：0.15~2.2）mmHg]的增加显著相关，证明几种人为排放的 $PM_{2.5}$（尤其是交通相关 $PM_{2.5}$）可能是导致血压升高的主要原因[129]。中国香港的一项研究发现，机动车尾气中的 PM_{10}、富含硝酸盐的土壤和海盐与缺血性心脏病住院率较高有关[130]。体内实验研究发现，暴露于汽油尾气颗粒的小鼠表现出血浆内皮素-1 升高，与小鼠的心血管效应有关。在德国西部进行的一项基于人群的前瞻性研究中发现，长期暴露于交通源特定的空气污染及其化学成分与中风风险增加有关，且在同等条件下，交通颗粒物污染与导致中风风险的关联比工业颗粒物或总颗粒物污染更强[131]。

研究发现孕妇在怀孕期间暴露于交通相关的空气污染会增加不良分娩结果和儿童疾病的风险，怀孕期间长期接触交通源 $PM_{2.5}$，尤其是来自于机动车尾气的污染物，将引起早产、流产、低出生体重、糖耐量受损、胚胎停育、小头畸形等严重后果，对孕妇和胎儿都有很大的危害[132]。来自中国北京的一项回顾性研究发现汽油和柴油车辆排放的细颗粒和超细颗粒物与早产风险增加显著相关[133]。此外，还有研究表明，妊娠早期，交通颗粒物污染与早发性先兆子痫的发病有关[134]。研究发现，机动车排放的元素碳和锌以及汽油燃烧产生的钒和镍可能与低出生体重有关[135]。

通过暴露于不同水平交通相关空气污染的儿童研究发现，高暴露组比低暴露组的儿童在认知发展方面更为缓慢[136]。通过对孤独症儿童和正常儿童的研究发现，在怀孕期间和出生后第一年暴露于交通有关的空气污染的儿童患孤独症可能性更大[137]。研究发现暴露于几种交通相关空气污染物的儿童糖化血红蛋白、血压和尿前列腺素升高，表明暴露于交通相关空气污染物会增加儿童代谢综合征的风险[138]。

3. 道路扬尘来源的颗粒物的人群健康效应

按照我国《防治城市扬尘污染技术规范》，可以把扬尘源分为道路扬尘、施工扬尘、土壤扬尘与堆场扬尘四类，其中道路和施工是大部分城市扬尘的主要来源，两者合计可占扬尘总排放量的 80%以上。扬尘是大气颗粒物的主要来源之一，尤其是在中国北方干燥、多风、多沙的气候条件下对环境空气质量有重要影响。根据中国主要城市生态环境管理部门发布的官方 $PM_{2.5}$ 源解析数据，北京、天津、南京、杭州、上海和广州的扬尘源对 $PM_{2.5}$ 的贡献率为 7.6%~30%。一项对正在进行大规模基础设施建设的雄安新区调查发现，不同类型扬尘源对环境 PM_{10} 的总贡献为 42.59 μg/m³（29.38%），其中道路扬尘（32.63 μg/m³，22.51%）的贡献约为建筑扬尘（9.78 μg/m³，6.74%）的三倍，道路是扬尘的主要来源，但大规模的基础设施建设是造成道路扬尘高排放和高贡献的主要原因，因此，道路扬尘是引起雄安新区扬尘的关键[139]。

道路扬尘是城市地区的一种特殊环境介质，其成分复杂，包括土壤、沉积的建筑材料、空气中的微粒、工业和车辆排放的烟尘和烟气。道路扬尘中 $PM_{2.5}$ 通常由有机碳（包含 1%~20%）、元素碳（约 1%）、水溶性无机离子（WSI）（约 10%）、各种元素（硅、铝、镁、钙和钛）（＞1%）和重金属（镍、铜、锌和铅）（＜1%）组成[140]。扬尘可以通过再悬浮更容易地输送到大气中，从而对空气、水和土壤造成长期污染。与土壤扬尘相比，道路扬尘更容易通过摄入、吸入和皮肤接触进入人体，因为其粒径小，在大风天气下具有固有的流动性，这可能会增加对人体健康的潜在不利影响。

研究发现，道路扬尘中的 $PM_{2.5}$ 与呼吸系统并发症住院率之间存在显著的正相关关系[141]。暴露于道路扬尘颗粒物会对人体气道造成不利的健康影响，据估计，道路扬尘每增加 5 μg/m³，儿童呼吸急促的 OR 值将增加 1.12（95%CI: 1.02~1.22）[142]。居住在主干道路附近（<75 米）的儿童患终生变应性鼻炎的患病率（PR）增加 1.12（95%CI: 1.02~1.22）[143]。与上班人员相比，道路清洁工患哮喘的概率增加 2.47（95%CI: 1.7~3.6）[144]。以上均表明道路扬尘颗粒物会引起人体气道的过敏反应。一项体外研究将人咽部 FaDu 细胞暴露于采集的 10 个城市（包括武汉、南京、上海、广州、成都、北京、兰州、天津、哈尔滨和西安）的道路扬尘 $PM_{2.5}$ 中，发现细胞活力降低，LDH 和 IL-6 增加，增加表皮生长因子受体（EGFR）的表达，因此，道路扬尘 $PM_{2.5}$ 对人体上呼吸道的咽上皮细胞有不良影响[145]。

研究发现，与心血管相关的住院人数增加与道路扬尘中的 $PM_{2.5}$ 之间存在关联[146]。北京市一项针对 43 名 COPD 患者的研究发现，室内 $PM_{2.5}$ 的燃烧源和道路尘源及其相关成分可能对 COPD 患者的心血管功能产生不利影响[147]。一项研究调查了收集的道路扬尘对人角膜上皮细胞的影响，发现道路扬尘可降低细胞活力，诱导细胞炎症反应和氧化应激[148]。

由于重金属污染在我国道路扬尘中普遍存在，道路扬尘中重金属对人体健康的影响不容忽视。一项研究综合评估了道路扬尘中重金属的污染水平、空间分布、来源和潜在健康风险。结果表明，中国东南部省份的铜、锌、镉和铅含量普遍高于西北地区，此外，交通排放物和工业活动被确定为道路扬尘中重金属污染的两个主要来源，健康风险的空间分布表明，东南地区的健康风险比西北地区严重，铅对儿童和成人的非致癌风险相对高于其他三种金属，儿童的危险指数值高于成人。此外，研究发现，道路灰尘 $PM_{2.5}$ 中的铝和硅等元素与低出生体重有关[135]。来自辽宁省的一项研究发现，工业区道路扬尘中砷暴露对儿童健康有潜在不利影响，儿童因道路扬尘接触砷而患癌症的风险升高[149]。研究显示，天津市受多环芳烃污染的道路扬尘与儿童和成人的总癌症风险升高有关，分别高达 2.55×10^{-5} 和 9.33×10^{-5}[150]。

4. 建筑施工扬尘来源的颗粒物的人群健康效应

随着我国建筑业的发展，建筑施工扬尘成为我国大气颗粒物来源及空气污染的重要组成部分。施工扬尘是指城市市政基础设施建设、建筑物建造与拆迁、设备安装工程及装饰修缮工程等施工场所在施工过程中产生的扬尘。已有研究表明，建筑施工对 PM_{10} 有很大的贡献率。在国内一些大中型城市，建筑施工扬尘产生的

PM_{10}浓度可达到 20 μg/m³，平均占当地大气 PM_{10}浓度的 10%~20%，而建筑施工扬尘对 $PM_{2.5}$ 的浓度贡献可达 9.6 μg/m³。针对天津市一处典型的建筑施工工地进行现场实测，结果显示，地基开挖阶段 PM_{10} 排放因子最高，可达 2.3821 g/(m² · h)。

建筑施工扬尘颗粒物暴露与呼吸系统症状及功能损害以及心血管系统疾病显著相关。研究表明呼吸系统疾病和心血管疾病的发病率增加与空气中建筑扬尘的浓度呈正相关，浓度每增加 10 μg/m³，就会增加 7.2%的病人，其中呼吸系统受到的影响最大，病患增加率在 47.4%左右[151]。建筑施工相关颗粒物与呼吸系统相关的症状有咳嗽、咳痰、喘息和呼吸短促；相关功能性损害主要有肺功能下降（FEV_1 下降）、与炎症过程相关的肺气肿改变、陈旧性钙化肉芽肿、肺部局部钙化和浸润性改变；同时，在有害颗粒长期作用下还会引起肺部感染、肺结核、哮喘、慢性阻塞性肺疾病（COPD）等。在评估生活在水泥厂附近居民对 $PM_{10\sim2.5}$、$PM_{2.5\sim1}$ 和 PM_1 的暴露情况的一项研究中发现，与成年人相比，儿童和退休人员肺部区域的细颗粒物沉积更为显著，并且三种不同粒径的颗粒物中沉积剂量最高的是退休人员，以上研究表明细颗粒物对弱势群体产生更为不利的健康影响[152]。此外，混凝土是现代生活基础设施中极其重要的一部分，由于石英形式的结晶二氧化硅是混凝土的主要成分，在涉及混凝土扰动的施工作业期间，可能会产生可吸入的石英粉尘，从而对接触的工人产生矽肺危害[153]。此外，在建筑施工过程中大型混凝土结构破坏可产生非常细小的碎片，包括 $PM_{2.5}$，研究表明混凝土中产生的 $PM_{2.5}$ 含量与小鼠巨噬细胞中肿瘤坏死因子-α（TNF-α）的释放呈正相关，并且有明确的剂量-反应关系[154]。在研究建筑工人灰尘颗粒物暴露与哮喘关系的一项回顾性队列研究中表明，建筑工人暴露于建筑行业刺激性的颗粒物可能在哮喘中发挥作用，增强建筑工人患哮喘的风险[155]。建筑扬尘产生的可吸入颗粒物对呼吸道还有致炎作用，其致炎强度与其浓度和颗粒物分布有关，其导致的气道炎症通常为非特异性炎症。此外，扬尘引起大气中 PM_{10}和 $PM_{2.5}$浓度增高，心血管疾病发病率和死亡率也会增高。

5. 农业生产来源的颗粒物的人群健康效应

我国对大气颗粒物来源特征的研究集中在工业源、交通源、城市建筑扬尘源的排放特征，而对农业源排放的颗粒物研究较少，不同的农业活动排放颗粒物的大小、成分不同，对环境造成的影响以及对人体产生的健康效应也不一样。农业耕作、收割环节和农田风蚀是农业源颗粒物的重要来源，相关过程主要包括风蚀、施肥、收获、谷物处理、整地、秸秆燃烧和农业机械尾气等。农业生产耕作排放的颗粒物受风速、土壤湿度和机械扰动力度的共同作用，风速和机械扰动力度越大，土壤湿度越低，土壤颗粒物的排放越强。美国农业生产每年导致 17900 例与空气质量有关的人群死亡[156]。2005~2015 年间，我国空气污染的减少大部分来自于家庭燃烧、工业过程和电力生产的排放减少，而农业的相对贡献率越来越显著。研究显示，2005 年，我国空气污染大部分是由农业、工业、家庭燃烧和电力生产造成的，分别占 23%、22%、19%和 12%，而 2015 年，这四个行业分别贡献了 30%、19%、13%和 6%[157]。

农业生产中畜禽养殖与化肥会排放大量的氨，氨为 $PM_{2.5}$ 产生的前体物，随着氨排放量的增加为霾的产生提供了便利条件，氨对人体的健康效应主要表现为对呼吸道、眼结膜及皮肤的刺激性。在田间施用农药时，一部分农药会以粉尘等颗粒物形式飘散到大气中，残留在作物体上或黏附在作物表面的仍可挥发到大气中，进入大气的农药可以被悬浮的颗粒物吸收，并随气流向各地输送，造成大气农药污染。

一项研究表明，内毒素与哮喘的关联程度取决于早期生活在农场的经历，来源于农业生产的颗粒物可能会改变室内灰尘微生物群，加剧室内灰尘内毒素，且内毒素水平的增加与特应性和非特应性哮喘发病率的增加呈正相关[158]。法国的一项研究对 50 个农场 72 名农民进行抽样调查，结果表明来源于农场的细颗粒物与参与慢性阻塞性肺病血清细胞因子降低显著相关，这可能与农业人员接触硫化氢、氨、有机粉尘和生物质有关。研究发现与传统猪舍环境相比，安装颗粒分离器后，猪舍中颗粒物和有机粉尘减少，经鼻灌洗评估，暴露于颗粒分离猪舍环境后志愿者 IL-6 和 IL-8 水平降低[159]。一项研究评估了甘蔗工人和巴西农业城镇居民在非收割和收割期的呼吸症状、肺功能和氧化应激标记物，并评估了人群对 $PM_{2.5}$ 的暴露情况，研究结果显示收割期间，两组工人的喘息、咳嗽、打喷嚏和呼吸困难显著增加，但工人的情况更为明显，且肺功能下降幅度更大，氧化应激标记物显著升高[160]。在评估儿童肺功能与相关空气污染物和杀虫剂之间相关性的一项研究中表明，随着农业相关空气污染物和农业杀虫剂的累积增加，对儿童一些肺功能指标产生了不利影响，包括第 1 秒用力呼气容积（FEV_1）、用力肺活量（FVC）和 25%~75%肺活量之间的用力呼气流量（$FEF_{25\sim75}$）[161]。

研究表明农药颗粒与心血管疾病关系密切，男性暴露于农药 $PM_{2.5}$ 的浓度与心血管死亡率呈正相关，且与女性相比，男性更容易受到农药化学品颗粒物的威胁[162]。研究表明含有农药粉尘的暴露会降低男性生殖激素，被农药污染的粉尘不仅对直接接触农药的职业工人，而且对附近的居民也会产生严重的健康风险，尤其是与神经和内分泌系统相关的风险[163]。

农业源已经成为大气颗粒物污染的重要来源之一，厘清农业耕作和收割时期大气颗粒物的排放特征，从而评估其对空气质量的影响及人群健康效应，进而制定科学合理的减排措施及人群健康预防策略具有重要实践意义。

6. 森林火灾来源的颗粒物的人群健康效应

森林火灾被确定为非农业火灾排放的主要贡献者，非农业火灾在我国主要集中在华北和西南地区，尤其是春季和秋季。森林火灾可排放大量有毒有害的颗粒物进入大气，经过长距离运输，可能在大范围内对人群健康造成不利影响，是大气颗粒物的另一主要来源。1980~2005 年间，仅在中国北方地区就有大约 1.0×10^6 hm^2 的森林被烧毁。通常，火灾在持续时间较长的干燥天气条件下达到高峰。森林火灾烟雾是气体和颗粒物的复杂混合物，研究发现火灾释放的颗粒物的数量和组成主要取决于树种、燃料类型和燃烧条件，其排放的颗粒物主要由以有机碳为主的含碳物质组成，无机化合物如钾、氯化物和钙只占一小部分。目前，气态（如乙腈）和颗粒（如左旋葡聚糖）痕量化合物已被确定为植被火灾排放的标志物。近年来，我国森林火灾对大气污染贡献的研究日益受到重视。

大多数研究发现，森林火灾颗粒物可能比城市颗粒物毒性更大。大多数关于森林火灾烟雾对健康影响的流行病学研究使用细颗粒物（$PM_{2.5}$）来测量或评估人群暴露。急性暴露于森林火灾烟雾产生的 $PM_{2.5}$ 与一系列不良健康后果相关，包括呼吸和心血管疾病恶化、低出生体重和死亡风险增加等。

一项针对亚洲地区的研究发现，印度尼西亚 1997 年发生了一起对社区健康造成极大危害的森林火灾事件，研究将 1997 年 9 月至 1998 年 6 月期间的病例与 1995~1996 年同期进行比较，报告显示急性呼吸道感染和支气管哮喘的病例有所增加，甚至在印度尼西亚境外和远离火源的一些地方进行的研究也发现，所有呼吸系统疾病或哮喘的急诊入院人数都有所增加[164]。一项评估 2006 年 12 月至 2007 年 1 月澳大利亚维多利亚州重大火灾对健康影响的研究表明，火灾相关 $PM_{2.5}$ 暴露与重要的临床心血管事件发生呈正相关，主要发现包括火灾 $PM_{2.5}$ 暴露与院外心脏骤停之间存在正相关，还观察到缺血性心脏病和心肌梗死住院的风险增加[165]。另外，对 2005 年和 2008 年欧洲森林火灾产生的 $PM_{2.5}$ 对死亡率的影响进行了评估，发现在 27 个国家中，2005 年和 2008 年分别有 1483 人和 1080 人过早死亡可归因于森林火灾排放的 $PM_{2.5}$[166]。

森林火灾排放的 $PM_{2.5}$ 造成的空气污染是公众健康的一个显著危险因素，此外，随着气候变化的加剧，未来的风险可能会增加，因此，评估森林火灾对公众健康和社会经济效益的影响是十分必要的。

7. 沙尘暴来源的颗粒物的人群健康效应

沙尘暴是指强风将地面尘沙吹起使空气很混浊，水平能见度小于 1 km 的天气现象，由于人类在经济发展过程中对植被的破坏，会导致沙尘暴的暴发频数增加。沙尘暴可引起空气污染，其暴露能显著增加心血管疾病和呼吸系统疾病的住院率，并可能缩短平均预期寿命，引起的健康风险与其颗粒物的化学成分密切相关。颗粒物作为载体，可携带细菌、真菌和病毒等生物性物质，有研究发现一些真菌、青霉菌、曲霉菌和未经鉴定的真菌环境浓度在沙尘暴期间增加，并且增加趋势似乎与环境颗粒物水平有关。

沙尘暴暴露会对健康产生不利影响，尤其是心血管和呼吸系统健康，其短期暴露会引起呼吸、皮肤、眼睛、心血管和神经系统的就诊、住院率和死亡率的增加，长期暴露会引起孕妇及胎儿和婴儿的健康问题以及儿童认知困难[167]。研究发现沙尘暴引起了沙特阿拉伯首都利雅得地区大气污染物 CO 含量上升 84.25%，$PM_{2.5}$上升 76.71%，O_3上升 40.41%，NO_2上升 12.03%，与严重急性呼吸综合征冠状病毒 2（SARS-CoV-2）病例的增加相关[168]。接触沙尘暴产生的颗粒物会导致呼吸系统疾病恶化。研究发现沙尘暴造成中国香港地区 PM_{10} 平均浓度增加，其中沙尘暴暴发后 2 天，因 COPD 入院的急诊人数显著增加，PM_{10} 每增加 10 μg/m^3，COPD 入院急诊人数的相对风险为 1.05（95%CI: 1.01~1.09）[169]。沙尘暴期间，来自中国沙漠附近的工业城市包头的颗粒物在人支气管上皮细胞系 BEAS-2B 中具有轻微的细胞毒性，且显著增加了 IL-6 和 IL-8 的表达水平[170]。

研究发现，暴露于中国北方沙尘暴源区内蒙古阿拉善高原的沙尘细颗粒物后，大鼠外周血白细胞数量显著增加，血清促炎细胞因子（IL-1β、TNF-α、IL-6）和促纤维化因子（TGF-β1）水平显著升高，SOD 和 GSH 水平显著降低，同时，还观察到轻度肺纤维化、肾实质萎缩、脾脏组织紊乱、白髓和红髓破坏等病理改变[169]。沙尘暴引起的空气污染还增加了台北市哮喘、缺血性心脏病和脑血管疾病的住院风险[171]。台湾地区心肌梗死住院研究发现亚洲沙尘暴事件不会立即导致心肌梗死的发生，但沙尘暴可能通过滞后效应增加心肌梗死的发生率[172]。

8. 火山爆发来源的颗粒物的人群健康效应

火山爆发是一种自然现象，原因是地球内部的熔融物质在压力作用下喷出。火山爆发不仅会造成空气、水等污染，而且会影响气候，火山爆发产物会给周围居民带来呼吸和其他健康问题。火山爆发影响人体健康不仅取决于火山爆发量、毒物的性质、爆发的持续时间和扩散范围，而且取决于火山爆发产物的粒度、成分、表面积、浓度、pH 值和水溶性。

火山爆发是空气污染的一个重要来源，火山爆发会产生大量高浓度的火山灰和烟雾。火山灰对健康的影响主要取决于火山灰颗粒物的大小及其与环境的相互作用，火山烟雾含有 SO_2、CO_2、H_2S、SiO_2、颗粒物等一次大气污染物，对眼睛、皮肤、呼吸系统和心血管系统等造成不利影响。研究发现火山爆发导致 SO_2 和细颗粒物气溶胶浓度升高，暴露居民每日咳嗽、咳痰、流鼻涕、喉咙痛/干、鼻窦充血、喘息、眼睛刺激和急性支气管炎的风险增加[173]。此外，SO_2 等物质还能与大气中的其他物质发生反应，形成二次大气污染物如硫酸盐气溶胶等影响人体健康，尤其是对儿童、老年人和呼吸系统疾病（包括哮喘、肺气肿、肺炎、肺水肿和支气管炎等）患者。研究发现火山灰暴露导致人肺泡巨噬细胞 LC3-Ⅱ水平的增加，表明暴露可能干扰人肺泡巨噬细胞的自噬[174]。

火山爆发产生的 SiO_2 沉积肺部可能引起矽肺的发生；大量 CO 可致使人体中毒；SO_2 及硫酸气溶胶暴露可对眼睛、鼻腔、喉咙和呼吸道产生刺激性，加重哮喘，甚至引发窒息和死亡；大量 CO_2 暴露可引起高碳酸血症，最终导致循环衰竭和酸中毒死亡；H_2S 暴露可引发头痛、眼部和呼吸道刺激以及嗅觉丧失，严重者可导致肺水肿，甚至窒息；砷暴露会增加皮肤、肺、肝、膀胱和肾脏的癌症风险；铅暴露对儿童神经发育有不良影响；镉暴露可引起肝脏和肾脏损害；火山灰暴露于眼睛可引起角膜擦伤和结膜炎等疾病，暴露于皮肤可引起皮肤刺激即“灰疹”，一些人还可产生头痛、恶心呕吐、腹泻、排尿疼痛和咳嗽等症状，严重者甚至引发呼吸中枢麻痹、窒息和休克反应等。

综上，大气颗粒物因其粒径小，比表面积大，容易吸附各种有毒有害的化学及生物物质，包括各种细菌、真菌、内毒素、花粉，以及化学成分矿物质、多环芳烃、碳质组分、重金属、水溶性离子等，因其决定颗粒物自身的酸度和毒性程度而受到广泛关注。此外，大气颗粒物具有不同的来源，有自然源（如沙尘暴、火山爆发等）和人为源（如燃料燃烧、汽车尾气、建筑扬尘和农业生产等），来自不同来源的颗粒物会对健康造成不同的影响。越来越多的流行病学和毒理学研究针对不同组分、不同来源的颗粒物进行了探究，提示我们要关注不同组分、不同来源颗粒物对人体的健康影响效应，进而制定科学合理的减排措施及人群健康预防策略。

9.3 案 例 分 析

9.3.1 案例一

2021 年 3 月 15 日 02:00，银川市 PM_{10} 质量浓度急剧上升，大气能见度骤降，从 01:00 的 5000 m 降至 700 m，之后继续下降，03:00~05:00 能见度达到最低仅 200 m，PM_{10} 在 15 日 14:00 最高达到 5776 μg/m³。中卫位于银川西南方，3 月 15 日 07:00 大气能见度由 5200 m 骤降至 200 m，PM_{10} 质量浓度在 15 日 01:00 达到 7044 μg/m³。同时，3 月 15 日 23:00 兰州市大气能见度由 7400 m 骤降至 700 m，最低时达到 500 m，在此期间 PM_{10} 质量浓度于 16 日 04:00 达到 3950 μg/m³。

我国北方地区从 3 月 15 日开始出现的这场重污染天气过程主要是由于起源于蒙古国的沙尘暴引起，与北方其他地区相比，西北东部（32°~42°N，100°~110°E）的沙尘天气维持时间长，大部分地区长达 5 天。这次沙尘暴为近十年最强，导致多地学校停课、航班取消，对我国北方地区造成严重影响，对环境和经济造成了重大破坏。

国家气候中心数据显示自 2021 年 1 月至 3 月上旬中国北方大部及蒙古国南部平均气温较常年同期偏高 1~2℃，降水也异常偏少，特别是 2021 年 3 月上旬西北地区大部、内蒙古中西部、蒙古国西南部平均气温较同期偏高 4~6℃，非常有利于沙尘天气的发生。另外，与 22 年前相比，2021 年 2 月西北地区大部、内蒙古西部的植被明显增加，但中蒙边界地区、蒙古国南部地区的植被减少。因此，在这样的气候背景条件下，蒙古国及中蒙边界极易出现大范围的沙尘暴天气。

此次重污染沙尘天气，其首要污染物为 PM_{10}。值得关注的是，有研究指出本次北方地区沙尘暴呈现出与过去不同的特点，大气远距离输送可能在沙尘暴形成中的贡献更大，沙尘颗粒在远距离传输过程中可能结合了不同地区的人为排放物，人为源空气污染物会在沙尘颗粒上产生新的气溶胶物种，导致其化学成分和毒性发生变化，使我国的空气污染状况比以往更复杂，给大气污染综合治理和研究提出了新的挑战。

思考题

（1）沙尘暴是大气颗粒物的一个重要来源。除沙尘暴以外，大气颗粒物还有哪些主要来源？其他来源的颗粒物与沙尘暴来源颗粒物有什么不同之处？

（2）沙尘中有哪些重要组分？我国《环境空气质量标准》（GB 3095—2012）对环境空气中 PM_{10} 的标准是什么？阐述长期吸入 PM_{10} 带来的健康危害。

（3）举例说明沙尘颗粒在远距离输送过程中会有哪些变化？

（4）说明本次沙尘暴的主要来源，并阐述本次沙尘暴的发生除与前期高温少雨的气候条件以及植被减少等原因有关外，还有哪些引发本次沙尘天气的重要因素。

（5）沙尘暴的防治措施有哪些？

9.3.2　案例二

我国云南省宣威市位于滇东北部乌蒙山区，全县面积 6000 多 km^2，人口 110 余万，90%以上是农民，其中汉族占 94%左右。当地居民以烟煤、无烟煤、木柴为主要生活燃料，因交通不便多以就地取材为主。宣威市是云南省主要产煤基地，小煤窑遍地皆是。农民住宅多是一楼一底土木结构，底层前三分之二为“堂屋”，内设“火塘”靠窗处设一躺床，是全家人生活活动中心。底层后三分之一为卧室或畜厩。楼上为主要卧室和粮食等物的贮藏室。室内空气流通不畅又没有排烟设备，燃料在炉灶内燃烧排放出大量烟尘，造成室内极为严重的空气污染。妇女主要从事家务劳动：做饭、煮猪食、饲养家畜、养老抚幼、纺织缝纫等。

据调查统计，宣威妇女每天在室内活动（包括睡眠）时间约为 17 h 左右。云南盛产烟草，宣威男性多会吸烟，女性多不吸烟。1979~1993 年间，男性肺癌年龄调整死亡率是 $27.7/10^5$，属全国肺癌高发区之一，女性肺癌年龄调整死亡率是 $25.3/10^5$，居全国之首。对室内空气成分进行分析，见表 9-5。

表 9-5　室内空气污染物的理化、生物学特性

组别	总悬浮颗粒物（mg/m^3）	颗粒物粒径＜1.0μm（%）	有机物含量（%）	BaP（ng/m^3）	PAH 甲基衍生物	六种致癌 PAH 含量	致突变性	致癌性（二阶段皮肤致癌性）	BaP- DNA 共价结合物	二氧化硫（mg/m^3）	硫酸雾（mg/m^3）	砷（沉降颗粒物，μg/g）	镍（沉降颗粒物，μg/g）
烧烟煤地区肺癌死亡率 $128.31/10^5$	5.64	51.0	72.82	6269	多	高	强	强	高	0.44	0.05	12.0	60.0
烧无烟煤和烧柴地区肺癌死亡率 $2.08/10^5$	1.59	6.0	55.0	457	少	低	弱	弱	低	0.03	0.04	28.0	2.0

思考题

（1）你认为造成宣威人群肺癌的可能主要原因是什么？

（2）请提出有效措施减少肺癌的发生。

（张志红[①]　杨　军[②]）

参 考 文 献

[1] Liu C, Chen R, Sera F, et al. Ambient particulate air pollution and daily mortality in 652 cities[J]. New England Journal of Medicine, 2019, 381 (8): 705-715.

[2] Chen G, Li S, Zhang Y, et al. Effects of ambient PM_1 air pollution on daily emergency hospital visits in China: An epidemiological study[J]. Lancet Planetary Health, 2017, 1 (6): e221-e229.

[3] Fang J, Song X, Xu H, et al. Associations of ultrafine and fine particles with childhood emergency room visits for respiratory diseases in a megacity[J]. Thorax, 2021, 77 (4): 391-397.

[4] Leitte A M, Schlink U, Herbarth O, et al. Size-segregated particle number concentrations and respiratory emergency room visits in Beijing, China[J]. Environmental Health Perspectives, 2011, 119 (4): 508-513.

[5] Li M, Tang J, Yang H, et al. Short-term exposure to ambient particulate matter and outpatient visits for respiratory diseases among children: A time-series study in five Chinese cities[J]. Chemosphere, 2021, 263: 128214.

[6] Lin H, Tao J, Kan H, et al. Ambient particulate matter air pollution associated with acute respiratory distress syndrome in Guangzhou, China[J]. Journal of Exposure Science & Environmental Epidemiology, 2018, 28 (4): 392-399.

[7] Liu L, Breitner S, Schneider A, et al. Size-fractioned particulate air pollution and cardiovascular emergency room visits in Beijing, China[J]. Environmental Research, 2013, 121: 52-63.

[8] Bao H, Dong J, Liu X, et al. Association between ambient particulate matter and hospital outpatient visits for chronic obstructive pulmonary disease in Lanzhou, China[J]. Environmental Science and Pollution Research, 2020, 27 (18): 22843-22854.

[9] Chen R, Gao Q, Sun J, et al. Short-term effects of particulate matter exposure on emergency room visits for cardiovascular disease in Lanzhou, China: A time series analysis[J]. Environmental Science and Pollution Research, 2020, 27 (9): 9327-9335.

[10] Ge E, Lai K, Xiao X, et al. Differential effects of size-specific particulate matter on emergency department visits for respiratory and cardiovascular diseases in Guangzhou, China[J]. Environmental Pollution, 2018, 243: 336-345.

[11] Liu L, Breitner S, Schneider A, et al. Size-fractioned particulate air pollution and cardiovascular emergency room visits in Beijing, China[J]. Environmental Research, 2013, 121: 52-63.

[12] Liu L, Song F, Fang J, et al. Intraday effects of ambient PM_1 on emergency department visits in Guangzhou, China: A case-crossover study[J]. Science of the Total Environment, 2021, 750: 142347.

[13] Zhang Y, Fang J, Mao F, et al. Age- and season-specific effects of ambient particles (PM_1, $PM_{2.5}$, and PM_{10}) on daily emergency department visits among two Chinese metropolitan populations[J]. Chemosphere, 2020, 246: 125723.

---

① 山西医科大学

② 暨南大学

[14] Zhai G, Zhang K, Chai G. Lag effects of size-fractionated particulate matter pollution on outpatient visits for respiratory diseases in Lanzhou, China[J]. Annals of Agricultural and Environmental Medicine, 2021, 28 (1): 131-141.

[15] Wang Z, Zhou Y, Zhang Y, et al. Association of hospital admission for bronchiectasis with air pollution: A province-wide time-series study in southern China[J]. International Journal of Hygiene and Environmental Health, 2021, 231: 113654.

[16] Hu J, Tang M, Zhang X, et al. Size-fractionated particulate air pollution and myocardial infarction emergency hospitalization in Shanghai, China[J]. Science of the Total Environment, 2020, 737: 140100.

[17] Pu X, Wang L, Chen L, et al. Differential effects of size-specific particulate matter on lower respiratory infections in children: A multi-city time-series analysis in Sichuan, China[J]. Environmental Research, 2021, 193: 110581.

[18] Qiu H, Zhu X, Wang L, et al. Attributable risk of hospital admissions for overall and specific mental disorders due to particulate matter pollution: A time-series study in Chengdu, China[J]. Environmental Research, 2019, 170: 230-237.

[19] Gao Q, Xu Q, Guo X, et al. Particulate matter air pollution associated with hospital admissions for mental disorders: A time-series study in Beijing, China[J]. European Psychiatry, 2017, 44: 68-75.

[20] Wang X, Xu Z, Su H, et al. Ambient particulate matter (PM_1, $PM_{2.5}$, PM_{10}) and childhood pneumonia: The smaller particle, the greater short-term impact? [J]. Science of the Total Environment, 2021, 772: 145509.

[21] Zhang P, Zhou X. Health and economic impacts of particulate matter pollution on hospital admissions for mental disorders in Chengdu, Southwestern China[J]. Science of the Total Environment, 2020, 733: 139114.

[22] Zhang Y, Ding Z, Xiang Q, et al. Short-term effects of ambient PM_1 and $PM_{2.5}$ air pollution on hospital admission for respiratory diseases: Case-crossover evidence from Shenzhen, China[J]. International Journal of Hygiene and Environmental Health, 2020, 224: 113418.

[23] Zhang Y, Zhang L, Wei J, et al. Size-specific particulate air pollution and hospitalization for cardiovascular diseases: A case-crossover study in Shenzhen, China[J]. Atmospheric Environment, 2021, 251: 113418.

[24] Yin P, Guo J, Wang L, et al. Higher risk of cardiovascular disease associated with smaller size-fractioned particulate matter[J]. Environmental Science & Technology Letters, 2020, 7 (2): 95-101.

[25] Yin G, Liu C, Hao L, et al. Associations between size-fractionated particle number concentrations and COPD mortality in Shanghai, China[J]. Atmospheric Environment, 2019, 214: 116875.

[26] Peng L, Xiao S, Gao W, et al. Short-term associations between size-fractionated particulate air pollution and COPD mortality in Shanghai, China[J]. Environmental Pollution, 2020, 257: 113483.

[27] Wu R, Zhong L, Huang X, et al. Temporal variations in ambient particulate matter reduction associated short-term mortality risks in Guangzhou, China: A time-series analysis (2006-2016) [J]. Science of the Total Environment, 2018, 645: 491-498.

[28] Li P, Xin J, Wang Y, et al. Time-series analysis of mortality effects from airborne particulate matter size fractions in Beijing[J]. Atmospheric Environment, 2013, 81: 253-262.

[29] Meng X, Ma Y, Chen R, et al. Size-fractionated particle number concentrations and daily mortality in a Chinese city[J]. Environmental Health Perspectives, 2013, 121 (10): 1174-1178.

[30] Lin H, Tao J, Du Y, et al. Particle size and chemical constituents of ambient particulate pollution associated with cardiovascular mortality in Guangzhou, China[J]. Environmental Pollution, 2016, 208: 758-766.

[31] Lin H, Tao J, Du Y, et al. Differentiating the effects of characteristics of PM pollution on mortality from ischemic and hemorrhagic strokes[J]. International Journal of Hygiene and Environmental Health, 2016, 219 (2): 204-211.

[32] Li Q, Wang Y-Y, Guo Y, et al. Folic acid supplementation and the association between maternal airborne particulate matter exposure and preterm delivery: A national birth cohort study in China[J]. Environmental Health Perspectives, 2020, 128 (12): 127010.

[33] Liu X, Ye Y, Chen Y, et al. Effects of prenatal exposure to air particulate matter on the risk of preterm birth and roles of maternal and cord blood LINE-1 methylation: A birth cohort study in Guangzhou, China[J]. Environment International, 2019, 133: 105177.

[34] Yu H, Guo Y, Zeng X, et al. Modification of caesarean section on the associations between air pollution and childhood asthma in seven Chinese cities[J]. Environmental Pollution, 2020, 267: 115443.

[35] Liu K, Li S, Qian Z, et al. Benefits of influenza vaccination on the associations between ambient air pollution and allergic respiratory diseases in children and adolescents: New insights from the Seven Northeastern Cities study in China[J]. Environmental Pollution, 2020, 256: 113434.

[36] Li R, Hou J, Tu R, et al. Associations of mixture of air pollutants with estimated 10-year atherosclerotic cardiovascular disease risk modified by socio-economic status: the Henan Rural Cohort Study[J]. Science of the Total Environment, 2021, 793: 148542.

[37] Tu R, Hou J, Liu X, et al. Physical activity attenuated association of air pollution with estimated 10-year atherosclerotic cardiovascular disease risk in a large rural Chinese adult population: A cross-sectional study[J]. Environment International, 2020, 140: 105819.

[38] Huang C, Tang M, Li H, et al. Particulate matter air pollution and reduced heart rate variability: How the associations vary by particle size in Shanghai, China[J]. Ecotoxicology and Environmental Safety, 2021, 208: 111726.

[39] Xu H, Guo B, Qian W, et al. Dietary pattern and long-term effects of particulate matter on blood pressure: A large cross-sectional study in Chinese adults[J]. Hypertension, 2021, 78 (1): 184-194.

[40] Chen G, Jin Z, Li S, et al. Early life exposure to particulate matter air pollution (PM_1, $PM_{2.5}$ and PM_{10}) and autism in Shanghai, China: A case-control study[J]. Environment International, 2018, 121: 1121-1127.

[41] Luo Z, Hou Y, Chen G, et al. Long-term effects of ambient air pollutants on suicidal ideation in China: The Henan Rural Cohort Study[J]. Environmental Research, 2020, 188: 109755.

[42] Zhang Z, Dong B, Chen G, et al. Ambient air pollution and obesity in school-aged children and adolescents: A multicenter study in China[J]. Science of the Total Environment, 2021, 771: 144583.

[43] Qiao D, Pan J, Chen G, et al. Long-term exposure to air pollution might increase prevalence of osteoporosis in Chinese rural population[J]. Environmental Research, 2020, 183: 109264.

[44] Yang B Y, Qian Z, Li S, et al. Ambient air pollution in relation to diabetes and glucose-homoeostasis markers in China: A cross-sectional study with findings from the 33 Communities Chinese Health Study[J]. Lancet Planetary Health, 2018, 2 (2): E64-E73.

[45] Lawrence W R, Yang M, Zhang C, et al. Association between long-term exposure to air pollution and sleep disorder in Chinese children: The Seven Northeastern Cities study[J]. Sleep, 2018, 41 (9).

[46] Pan S C, Huang C C, Chin W S, et al. Association between air pollution exposure and diabetic retinopathy among diabetics[J]. Environmental Research, 2020, 181: 108960.

[47] Zhang H, Li S, Chen G, et al. Ambient air pollutants aggravate association of snoring with prevalent hypertension: results from the Henan Rural Cohort[J]. Chemosphere, 2020, 256: 127108.

[48] Zhang Y, Wei J, Shi Y, et al. Early-life exposure to submicron particulate air pollution in relation to asthma development in Chinese preschool children[J]. Journal of Allergy and Clinical Immunology, 2021, 148 (3): 771-782.

[49] Meklin T, Reponen T, Toivola M, et al. Size distributions of airborne microbes in moisture-damaged and reference school buildings of two construction types[J]. Atmospheric Environment, 2002, 36 (39): 6031-6039.

[50] Terzi E, Argyropoulos G, Bougatioti A, et al. Chemical composition and mass closure of ambient PM_{10} at urban sites[J]. Atmospheric Environment, 2010, 44 (18): 2231-2239.

[51] Morakinyo O M, Mokgobu M I, Mukhola M S, et al. Health outcomes of exposure to biological and chemical components of inhalable and respirable particulate matter[J]. International Journal of Environmental Research Public Health, 2016, 13 (6): 592.

[52] Schwartz D A, Thorne P S, Yagla S J, et al. The role of endotoxin in grain dust-induced lung disease[J]. Amercan Journal of Respiratory and Critical Care Medicine, 1995, 152 (2) : 603-608.
[53] Targonski P V, Persky V W, Ramekrishnan V. Effect of environmental molds on risk of death from asthma during the pollen season[J]. Journal of Allergy and Clinical Immunology, 1995, 95 (5) : 955-961.
[54] Mitchell D C, Armitage T L, Schenker M B, et al. Particulate matter, endotoxin, and worker respiratory health on large Californian dairies[J]. International Journal of Occupational and Environmental Medicine, 2015, 57 (1) : 79-87.
[55] Tager I B, Lurmann F W, Haight T, et al. Temporal and spatial patterns of ambient endotoxin concentrations in Fresno, California[J]. Environmental Health Perspectives, 2010, 118 (10) : 1490-1496.
[56] Aghaei M, Yaghmaeian K, Hassanvand M S, et al. Exposure to endotoxins and respiratory health in composting facilities[J]. Ecotoxicology and Environmental Safety, 2020, 202: 110907.
[57] Brodie E L, Desantis T Z, Parker J P, et al. Urban aerosols harbor diverse and dynamic bacterial populations[J]. Proceedings of the National Academy of Sciences of the United States of America, 2007, 104 (1) : 299-304.
[58] Jacobs J, Borràs-Santos A, Krop E, et al. Dampness, bacterial and fungal components in dust in primary schools and respiratory health in schoolchildren across Europe[J]. Occupational and Environmental Medicine, 2014, 71 (10) : 704-712.
[59] Zhu Y, Xie J, Huang F, et al. Association between short-term exposure to air pollution and COVID-19 infection: Evidence from China[J]. Science of the Total Environment, 2020, 727: 138704.
[60] GLikson M, Rutherford S, Simpson R W, et al. Microscopic and submicron components of atmospheric particulate matter during high asthma periods in Brisbane, Queensland, Australia[J]. Atmospheric Environment, 1995, 29 (4) : 549-562.
[61] Olaniyan T, Dalvie Ma, RöösLi M, et al. Short-term seasonal effects of airborne fungal spores on lung function in a panel study of schoolchildren residing in informal settlements of the Western Cape of South Africa[J]. Environmental Pollution, 2020, 260: 114023.
[62] Olawoyin R, Schweitzer L, Zhang K, et al. Index analysis and human health risk model appLication for evaluating ambient air-heavy metal contamination in Chemical Valley Sarnia[J]. Ecotoxicology Environmental Safety, 2018, 148: 72-81.
[63] Jiang Y, Shi L, Guang A L, et al. Contamination levels and human health risk assessment of toxic heavy metals in street dust in an industrial city in Northwest China[J]. Environmental Geochemistry and Health, 2018, 40 (5) : 2007-2020.
[64] Yi E, Nway N C, Aung W Y, et al. Preliminary monitoring of concentration of particulate matter ($PM_{2.5}$) in seven townships of Yangon City, Myanmar[J]. Environmental Health Preventive Medicine, 2018, 23 (1) : 53.
[65] Xuan Y, Gào X, Holleczek B, et al. Prediction of myocardial infarction, stroke and cardiovascular mortality with urinary biomarkers of oxidative stress: Results from a large cohort study[J]. International Journal of Cardiology, 2018, 273: 223-229.
[66] Zhang Y, Chu M, Zhang J, et al. Urine metabolites associated with cardiovascular effects from exposure of size-fractioned particulate matter in a subway environment: A randomized crossover study[J]. Environment International, 2019, 130: 104920.
[67] Zhang Z, Weichenthal S, Kwong J C, et al. Long-term exposure to iron and copper in fine particulate air pollution and their combined impact on reactive oxygen species concentration in lung fluid: a population-based cohort study of cardiovascular disease incidence and mortality in Toronto, Canada[J]. International Journal of Epidemiology, 2021, 50 (2) : 589-601.
[68] Hu J, Fan H, Li Y, et al. Fine particulate matter constituents and heart rate variability: A panel study in Shanghai, China[J]. Science of the Total Environment, 2020, 747: 141199.
[69] Hsieh C Y, Jung C R, Lin C Y, et al. Combined exposure to heavy metals in $PM_{2.5}$ and pediatric asthma[J]. Journal of Allergy and Clinical Immunology, 2021, 147 (6) : 2171-2180. e2113.

[70] Huang X, Zhang B, Wu L, et al. Association of exposure to ambient fine particulate matter constituents with semen quality among men attending a fertility center in China[J]. Environmental Science &Technology, 2019, 53(10): 5957-5965.

[71] Wu H, Yu X, Wang Q, et al. Beyond the mean: Quantile regression to differentiate the distributional effects of ambient $PM_{2.5}$ constituents on sperm quality among men[J]. Chemosphere, 2021, 285: 131496.

[72] Jing W, Wang L, Jing H, et al. In vitro cytotoxicity of Cu^{2+}, Zn^{2+}, Ag^{+} and their mixtures on primary human endometrial epithelial cells[J]. Contraception, 2012, 85(5): 509-518.

[73] Yin L, Niu Z, Chen X, et al. Characteristics of water-soluble inorganic ions in $PM_{2.5}$ and $PM_{2.5\sim10}$ in the coastal urban agglomeration along the Western Taiwan Strait Region, China[J]. Environmental Science and Pollution Research, 2014, 21 (7): 5141-5156.

[74] Reiss R, Anderson E L, Cross C E, et al. Evidence of health impacts of sulfate-and nitrate-containing particles in ambient air [J]. Inhalation Toxicology, 2007, 19(5): 419-449.

[75] Leikauf G, Yeates D B, Wales KA, et al. Effects of sulfuric acid aerosol on respiratory mechanics and mucociliary particle clearance in healthy nonsmoking adults [J]. American Industrial Hygiene Association Journal. 1981, 42 (4): 273-282.

[76] Chuang K J, Chan C C, Su T C, et al. Associations between particulate sulfate and organic carbon exposures and heart rate variability in patients with or at risk for cardiovascular diseases[J]. Journal of Occupational and Environmental Medicine, 2007, 49(6): 610-617.

[77] Lavigne É, Talarico R, Van Donkelaar A, et al. Fine particulate matter concentration and composition and the incidence of childhood asthma[J]. Environment International, 2021, 152: 106486.

[78] Cao J, Xu H, Xu Q, et al. Fine particulate matter constituents and cardiopulmonary mortality in a heavily polluted Chinese city[J]. Environmental Health Perspectives, 2012, 120(3): 373-378.

[79] Atkinson R W, Mills I C, Walton H A, et al. Fine particle components and health–A systematic review and meta-analysis of epidemiological time series studies of daily mortality and hospital admissions[J]. Journal of Exposure Science and Environmental Epidemiology, 2015, 25(2): 208-214.

[80] Liu L, Zhang Y, Yang Z, et al. Long-term exposure to fine particulate constituents and cardiovascular diseases in Chinese adults[J]. Journal of Hazardous Materials, 2021, 416: 126051.

[81] Shi J, Chen R, Yang C, et al. Association between fine particulate matter chemical constituents and airway inflammation: A panel study among healthy adults in China[J]. Environmental Research, 2016, 150: 264-268.

[82] Lequy E, Siemiatycki J, Hoogh K D, et al. Contribution of long-term exposure to outdoor black carbon to the carcinogenicity of air pollution: Evidence regarding risk of cancer in the Gazel Cohort[J]. Environmental Health Perspectives, 2021, 129(3): 037005.

[83] Qi J, Zhao N, Liu M, et al. Long-term exposure to fine particulate matter constituents and congnitive impairment among older adults: An 18-years Chinese nationwide cohort study[J]. Journal of Hazardous Materials, 2024, 468: 133785.

[84] Kirrane E F, Luben T J, Benson A, et al. A systematic review of cardiovascular responses associated with ambient black carbon and fine particulate matter [J]. Environment International, 2019, 127: 305-316.

[85] SugLia S F, Gryparis A, Wright R O, et al. Association of black carbon with cognition among children in a prospective birth cohort study[J]. American Journal of Epidemiology, 2008, 167(3): 280-286.

[86] Shen M, Gu X, Li S, et al. Exposure to black carbon is associated with symptoms of depression: A retrospective cohort study in college students[J]. Environment International, 2021, 157: 106870.

[87] turpin B J, Saxena P, Andrews E J A E. Measuring and simulating particulate organics in the atmosphere: problems and prospects[J]. Atmospheric Environment, 2000, 34(18): 2983-3013.

[88] Kalberer, Science M J. Identification of polymers as major components of atmospheric organic aerosols[J]. Science, 2004, 303(5664): 1659-1662.

[89] Riipinen I, Yli-Juuti T, Pierce J R, et al. The contribution of organics to atmospheric nanoparticle growth[J].

Nature Geoscience, 2012, 5 (7): 453-458.

[90] Ravishankara A R. Heterogeneous and multiphase chemistry in the troposphere [J]. Science, 1997, 276: 1058-1065.

[91] 李红, 邵龙义, 单忠健. 气溶胶中有机物的研究进展和前景[J]. 中国环境监测, 2001, 17 (3): 6.

[92] Bralewska K, Rakowska J. Concentrations of particulate matter and PM-bound polycyclic aromatic hydrocarbons released during combustion of various types of materials and possible toxicological potential of the emissions: the results of preliminary studies[J]. International Journal of Environmental Research and Public Health, 2020, 17 (9): 3202.

[93] Han B, Liu Y, You Y, et al. Assessing the inhalation cancer risk of particulate matter bound polycyclic aromatic hydrocarbons (PAHs) for the elderly in a retirement community of a mega city in North China[J]. Environmental Science and Pollution Research, 2016, 23 (20): 20194-20204.

[94] Kang Z, Liu X B, Yang C, et al. Effect of ambient $PM_{2.5}$-bound BBFA and DAHA on small airway dysfunction of primary schoolchildren in northeast China[J]. Biomed Research International. 2019, 2019: 1-9.

[95] Mu G, Fan L, Zhou Y, et al. Personal exposure to $PM_{2.5}$-bound polycyclic aromatic hydrocarbons and lung function alteration: Results of a panel study in China[J]. Science of the Total Environment, 2019, 684: 458-465.

[96] Wang T, Wang Y, Xu M, et al. Polycyclic aromatic hydrocarbons in particulate matter and serum club cell secretory protein change among schoolchildren: A molecular epidemiology study[J]. Environmental Research, 2021, 192: 110300.

[97] Holme J A, Brinchmann B C, Refsnes M, et al. Potential role of polycyclic aromatic hydrocarbons as mediators of cardiovascular effects from combustion particles[J]. Environmental Health, 2019, 18 (1): 74.

[98] Tang C S, Chuang K J, Chang T Y, et al. Effects of personal exposures to micro- and nano-particulate matter, black carbon, particle-bound polycyclic aromatic hydrocarbons, and carbon monoxide on heart rate variability in a panel of healthy older subjects[J]. nternational Journal of Environmental Research and Public Health, 2019, 16 (23): 4672.

[99] Chen Q, Wang F, Yang H, et al. Exposure to fine particulate matter-bound polycyclic aromatic hydrocarbons, male semen quality, and reproductive hormones: The MARCHS study[J]. Environmental Pollution, 2021, 280: 116883.

[100] Zeng Z, Huo X, Wang Q, et al. $PM_{2.5}$-bound PAHs exposure linked with low plasma insulin-like growth factor 1 levels and reduced child height[J]. Environment International, 2020, 138: 105660.

[101] Buck R C, Franklin J, Berger U, et al. Perfluoroalkyl and polyfluoroalkyl substances in the environment: terminology, classification, and origins[J]. Integrated Environmental Assessment and Management, 2011, 7 (4): 513-541.

[102] Wang Z, Macleod M, Cousins I T, et al. Using COSMOTHERM to predict physicochemical properties of poly- and perfluorinated alkyl substances (PFASs) [J]. Environmental Chemistry, 2011, 8 (4): 389-398.

[103] Ahrens L, Harner T, Shoeib M, et al. Improved characterization of gas-particle partitioning for per- and polyfluoroalkyl substances in the atmosphere using annular diffusion denuder samplers[J]. Environmental Science & Technology, 2012, 46 (13): 7199-7206.

[104] Guo M, Lyu Y, Xu T, et al. Particle size distribution and respiratory deposition estimates of airborne perfluoroalkyl acids during the haze period in the megacity of Shanghai[J]. Environmental Pollution, 2018, 234: 9-19.

[105] Tina Y P, Zeng X W, Bloom M S, et al. Isomers of perfluoroalkyl substances and overweight status among Chinese by sex status: Isomers of C8 Health Project in China[J]. Environment International, 2019, 124: 130-138.

[106] Zeeshan M, Yang Y, Zhou Y, et al. Incidence of ocular conditions associated with perfluoroalkyl substances exposure: Isomers of C8 Health Project in China[J]. Environment International, 2020, 137: 105555.

[107] Zhang Y T, Zeeshan M, Su F, et al. Associations between both legacy and alternative per- and polyfluoroalkyl substances and glucose-homeostasis: The Isomers of C8 health project in China[J]. Environment

International, 2022, 158: 106913.

[108] Zeng X W, Lodge C J, Dharmage S C, et al. Isomers of per- and polyfluoroalkyl substances and uric acid in adults: Isomers of C8 Health Project in China[J]. Environment International, 2019, 133 (Pt A): 105160.

[109] Mi X, Yang Y Q, Zeeshan M, et al. Serum levels of per- and polyfluoroalkyl substances alternatives and blood pressure by sex status: Isomers of C8 health project in China[J]. Chemosphere, 2020, 261: 127691.

[110] Wang J, Zeng X W, Bloom M S, et al. Renal function and isomers of perfluorooctanoate (PFOA) and perfluorooctanesulfonate (PFOS): Isomers of C8 Health Project in China[J]. Chemosphere, 2019, 218: 1042-1049.

[111] Deng Q, Deng L, Miao Y, et al. Particle deposition in the human lung: Health impLications of particulate matter from different sources[J]. Environmental Research, 2019, 169: 237-245.

[112] Zhao Z, Lv S, Zhang Y, et al. Characteristics and source apportionment of $PM_{2.5}$ in Jiaxing, China[J]. Environmental Science and Pollution Research, 2019, 26 (8): 7497-511.

[113] Hime N, Marks G, Cowie C. A comparison of the health effects of ambient particulate matter air pollution from five emission sources[J]. International Journal of Environmental Research and Public Health, 2018, 15 (6): 1206.

[114] Possamai F, Júnior S, Parisotto E, et al. Antioxidant intervention compensates oxidative stress in blood of subjects exposed to emissions from a coal electric-power plant in South Brazil[J]. Environmental Toxicology and Pharmacology, 2010, 30 (2): 175-180.

[115] Wong R, Kuo C, Hsu M, et al. Increased levels of 8-hydroxy-2 -deoxyguanosine attributable to carcinogenic metal exposure among schoolchildren[J]. Environmental Health Perspectives, 2005, 113 (10): 1386-1390.

[116] Merk R, Heßelbach K, Osipova A, et al. Particulate matter (PM) from biomass combustion induces an anti-oxidative response and cancer drug resistance in human bronchial epithelial BEAS-2B cells[J]. International Journal of Environmental Research and Public Health, 2020, 17 (21): 8193.

[117] Dornhof R, Maschowski C, Osipova A, et al. Stress fibers, autophagy and necrosis by persistent exposure to $PM_{2.5}$ from biomass combustion[J]. Public Library of Science One, 2017, 12 (7): e0180291.

[118] Xia S, Huang D, Jia H, et al. Relationship between atmospheric pollutants and risk of death caused by cardiovascular and respiratory diseases and malignant tumors in Shenyang, China, from 2013 to 2016: An ecological research [J]. Chinese Medical Journal. 2019, 132 (19): 2269-2277.

[119] Bhatnagar A. Cardiovascular effects of particulate air pollution[J]. Annual Review of Medicine, 2021, 73: 393-406.

[120] Ruiz Bautista L. Cardiovascular impact of PM from the emissions of coal-fired power plants in Spain during 2014[J]. Medicina Clínica, 2019, 153 (3): 100-105.

[121] Cole-Hunter T, Dhingra R, Fedak K, et al. Short-term differences in cardiac function following controlled exposure to cookstove air pollution: The subclinical tests on volunteers exposed to smoke (STOVES) study[J]. Environment International, 2021, 146: 106254.

[122] Vohra K, Vodonos A, Schwartz J, et al. Global mortality from outdoor fine particle pollution generated by fossil fuel combustion: Results from GEOS-Chem[J]. Environmental Research, 2021, 195: 110754.

[123] Rahman M M, Begum B A, Hopke P K, et al. Cardiovascular morbidity and mortality associations with biomass- and fossil-fuel-combustion fine-particulate-matter exposures in Dhaka, Bangladesh[J]. International Journal of Epidemiology, 2021, 50 (4): 1172-1183.

[124] Künzli N, Bridevaux P, Liu L, et al. Traffic-related air pollution correlates with adult-onset asthma among never-smokers[J]. Thorax, 2009, 64 (8): 664-670.

[125] Fang J, Song X, Xu H, et al. Associations of ultrafine and fine particles with childhood emergency room visits for respiratory diseases in a megacity[J]. Thorax, 2022, 27 (4): 391-397.

[126] Han K, Ran Z, Wang X, et al. Traffic-related organic and inorganic air pollution and risk of development of childhood asthma: A meta-analysis[J]. Environmental Research, 2021, 194: 110493.

[127] Carlsen H, Nyberg F, Torén K, et al. Exposure to traffic-related particle matter and effects on lung function and potential interactions in a cross-sectional analysis of a cohort study in west Sweden[J]. BMJ Open, 2020, 10(10): e034136.

[128] Samoli E, Atkinson R, Analitis A, et al. Associations of short-term exposure to traffic-related air pollution with cardiovascular and respiratory hospital admissions in London, UK[J]. Occupational and Environmental Medicine, 2016, 73(5): 300-307.

[129] Lei X, Chen R, Li W, et al. Personal exposure to fine particulate matter and blood pressure: Variations by particulate sources[J]. Chemosphere, 2021, 280: 130602.

[130] Pun V, Yu I, Ho K, et al. Differential effects of source-specific particulate matter on emergency hospitalizations for ischemic heart disease in Hong Kong[J]. Environmental Health Perspectives, 2014, 122(4): 391-396.

[131] Rodins V, Lucht S, Ohlwein S, et al. Long-term exposure to ambient source-specific particulate matter and its components and incidence of cardiovascular events-the Heinz Nixdorf Recall study[J]. Environment International, 2020, 142: 105854.

[132] Ottone M, Broccoli S, Parmagnani F, et al. Source-related components of fine particulate matter and risk of adverse birth outcomes in Northern Italy[J]. Environmental Research, 2020, 186: 109564.

[133] Fang J, Yang Y, Zou X, et al. Maternal exposures to fine and ultrafine particles and the risk of preterm birth from a retrospective study in Beijing, China[J]. Science of the Total Environment, 2021: 151488.

[134] Assibey-Mensah V, Glantz J, Hopke P, et al. Wintertime wood smoke, traffic particle pollution, and preeclampsia[J]. Hypertension (Dallas, Tex: 1979), 2020, 75(3): 851-858.

[135] Bell M, Belanger K, Ebisu K, et al. Prenatal exposure to fine particulate matter and birth weight: variations by particulate constituents and sources[J]. Epidemiology (Cambridge, Mass), 2010, 21(6): 884-891.

[136] Sunyer J, Esnaola M, Alvarez-Pedrerol M, et al. Association between traffic-related air pollution in schools and cognitive development in primary school children: A prospective cohort study[J]. Public Library of Science Medicine, 2015, 12(3): e1001792.

[137] Volk H, Lurmann F, Penfold B, et al. Traffic-related air pollution, particulate matter, and autism[J]. JAMA Psychiatry, 2013; 70(1): 71-77.

[138] Mann J, Lutzker L, Holm S, et al. Traffic-related air pollution is associated with glucose dysregulation, blood pressure, and oxidative stress in children[J]. Environmental Research, 2021, 195: 110870.

[139] Li T, Dong W, Dai Q, et al. Application and validation of the fugitive dust source emission inventory compilation method in Xiong'an New Area, China[J]. Science of the Total Environment, 2021, 798: 149114.

[140] Sun J, Shen Z, Zhang L, et al. Chemical source profiles of urban fugitive dust PM samples from 21 cities across China[J]. Science of the Total Environment, 2019, 649: 1045-1053.

[141] Bell M, Ebisu K, Leaderer B, et al. Associations of $PM_{2.5}$ constituents and sources with hospital admissions: analysis of four counties in Connecticut and Massachusetts (USA) for persons ≥ 65 years of age[J]. Environmental Health Perspectives, 2014, 122(2): 138-144.

[142] Gent J, Koutrakis P, Belanger K, et al. Symptoms and medication use in children with asthma and traffic-related sources of fine particle pollution[J]. Environmental Health Perspectives, 2009, 117(7): 1168-1174.

[143] Jung D, Leem J, Kim H, et al. Effect of traffic-related air pollution on allergic disease: Results of the children's health and environmental research[J]. Allergy, Asthma & Immunology Research, 2015, 7(4): 359-366.

[144] Zock J, Kogevinas M, Sunyer J, et al. Asthma characteristics in cleaning workers, workers in other risk jobs and office workers[J]. The European Respiratory Journal. 2002, 20(3): 679-685.

[145] Tung N, Ho K, Niu X, et al. Loss of E-cadherin due to road dust PM activates the EGFR in human pharyngeal epithelial cells[J]. Environmental Science and Pollution Research International. 2021, 28(38): 53872-53887.

[146] Kioumourtzoglou M, Coull B, Dominici F, et al. The impact of source contribution uncertainty on the effects

of source-specific $PM_{2.5}$ on hospital admissions: A case study in Boston, Ma[J]. Journal of Exposure Science & Environmental Epidemiology, 2014, 24(4): 365-371.

[147] Zhang W, Li H, Pan L, et al. Chemical constituents and sources of indoor PM and cardiopulmonary function in patients with chronic obstructive pulmonary disease: Estimation of individual and joint effects[J]. Environmental Research, 2021, 197: 111191.

[148] Yoon S, Han S, Jeon K, et al. Effects of collected road dusts on cell viability, inflammatory response, and oxidative stress in cultured human corneal epithelial cells[J]. Toxicology Letters, 2018, 284: 152-160.

[149] Xu S, Zheng N, Liu J, et al. Geochemistry and health risk assessment of arsenic exposure to street dust in the zinc smelting district, Northeast China[J]. Environmental Geochemistry and Health, 2013, 35(1): 89-99.

[150] Yu B, Xie X, Ma L, et al. Source, distribution, and health risk assessment of polycyclic aromatic hydrocarbons in urban street dust from Tianjin, China[J]. Environmental Science and Pollution Research International. 2014, 21(4): 2817-2825.

[151]罗丽. 建筑施工扬尘对城市环境的影响及对策分析[J]. 中国高新技术企业, 2016(23): 84-85.

[152] Sánchez-Soberón F, Mari M, Kumar V, et al. An approach to assess the particulate matter exposure for the population living around a cement plant: modelling indoor air and particle deposition in the respiratory tract[J]. Environmental Research, 2015, 143: 10-18.

[153] Linch K. Respirable concrete dust-silicosis hazard in the construction industry[J]. Applied Occupational and Environmental Hygiene, 2002, 17(3): 209-221.

[154] Montoya L, Gadde H, Champion W, et al. $PM_{2.5}$ generated during rapid failure of fiber-reinforced concrete induces TNF-alpha response in macrophages[J]. Science of the Total Environment, 2019, 690: 209-216.

[155] Sauni R, Oksa P, Huikko S, et al. Increased risk of asthma among finnish construction workers[J]. Occupational Medicine (Oxford, England), 2003, 53(8): 527-531.

[156] Domingo N, Balasubramanian S, Thakrar S, et al. Air quality-related health damages of food[J]. Proceedings of the National Academy of Sciences of the United States of America, 2021, 118(20): e2013637118.

[157] Zheng H, Zhao B, Wang S, et al. Transition in source contributions of $PM_{2.5}$ exposure and associated premature mortality in China during 2005-2015[J]. Environment International, 2019, 132: 105111.

[158] Carnes M, Hoppin J, Metwali N, et al. House dust endotoxin levels are associated with adult asthma in a U. S. farming population[J]. Annals of the American Thoracic Society, 2017, 14(3): 324-331.

[159] HedeLin A, Sundblad B, Sahlander K, et al. Comparing human respiratory adverse effects after acute exposure to particulate matter in conventional and particle-reduced swine building environments[J]. Occupational and Environmental Medicine, 2016, 73(10): 648-655.

[160] Prado G, Zanetta D, Arbex M, et al. Burnt sugarcane harvesting: Particulate matter exposure and the effects on lung function, oxidative stress, and urinary 1-hydroxypyrene[J]. Science of the Total Environment, 2012, 437: 200-208.

[161] Benka-Coker W, Hoskovec L, Severson R, et al. The joint effect of ambient air pollution and agricultural pesticide exposures on lung function among children with asthma[J]. Environmental Research, 2020, 190: 109903.

[162] Sekhotha M, Monyeki K, Sibuyi M. Exposure to agrochemicals and cardiovascular disease: A Review[J]. International Journal of Environmental Research and Public Health, 2016, 13(2): 229.

[163] Waheed S, Halsall C, Sweetman A, et al. Pesticides contaminated dust exposure, risk diagnosis and exposure markers in occupational and residential settings of Lahore, Pakistan[J]. Environmental Toxicology and Pharmacology, 2017, 56: 375-382.

[164] Haikerwal A, Akram M, Del Monaco A, et al. Impact of fine particulate matter ($PM_{2.5}$) exposure during wildfires on cardiovascular health outcomes[J]. Journal of the American Heart Association, 2015, 4(7): e1001653.

[165] Dennekamp M, Abramson M. The effects of bushfire smoke on respiratory health[J]. Respirology (Carlton,

Vic), 2011, 16 (2): 198-209.

[166] Kollanus V, Prank M, Gens A, et al. Mortality due to vegetation fire-originated $PM_{2.5}$ exposure in europe-assessment for the years 2005 and 2008[J]. Environmental Health Perspectives, 2017, 125 (1): 30-37.

[167] Aghababaeian H, Ostadtaghizadeh A, Ardalan A, et al. Global health impacts of dust storms: a systematic review[J]. Environmental Health Insights, 2021, 15: 11786302211018390.

[168] Meo S, Almutairi F, Abukhalaf A, et al. Sandstorm and its effect on particulate matter $PM_{2.5}$, carbon monoxide, nitrogen dioxide, ozone pollutants and SARS-CoV-2 cases and deaths[J]. Science of the Total Environment, 2021, 795: 148764.

[169] Cao X, Lei F, Liu H, et al. Effects of dust storm fine particle-inhalation on the respiratory, cardiovascular, endocrine, hematological. and digestive systems of rats[J]. Chinese Medical Journal. 2018, 131 (20): 2482-2485.

[170] Wang B, Li N, Deng F, et al. Human bronchial epithelial cell injuries induced by fine particulate matter from sandstorm and non-sandstorm periods: Association with particle constituents[J]. Journal of Environmental Sciences (China), 2016, 47: 201-210.

[171] Bell M, Levy J, Lin Z. The effect of sandstorms and air pollution on cause-specific hospital admissions in Taipei, Taiwan[J]. Occupational and Environmental Medicine, 2008, 65 (2): 104-111.

[172] Teng J, Chan Y, Peng Y, et al. Influence of Asian dust storms on daily acute myocardial infarction hospital admissions[J]. Public Health Nursing (Boston, Mass), 2016, 33 (2): 118-128.

[173] Longo B. The Kilauea Volcano adult health study[J]. Nursing Research, 2009, 58 (1): 23-31

[174] Monick M, Baltrusaitis J, Powers L, et al. Effects of Eyjafjallajökull volcanic ash on innate immune system responses and bacterial growth in vitro[J]. Environmental Health Perspectives, 2013, 121 (6): 691-698.

第 10 章 大气颗粒物与其他环境因素交互作用对健康的影响

10.1 大气颗粒物与其他气态污染物交互作用对健康的影响

大气污染物是一种复杂的混合物，包括大气颗粒物和气态污染物等。和大气颗粒物一样，气态污染物也是对健康造成重大威胁的大气污染物之一。常见的气态污染物包括臭氧（O_3）、氮氧化物（NO_x）、二氧化硫（SO_2）和一氧化碳（CO）。大量流行病学研究表明，短期或者长期暴露于气态污染物和多种健康结局相关，如肺功能下降、哮喘、心血管疾病、不良出生结局、抑郁等。气态污染物导致的健康危害已经成为全球范围内的一个重大公共卫生问题。据估计，全世界每年有 290 万人因气态污染物而死亡，特别是在中低收入国家，经济的迅速发展带来工业排放的增加，气态污染物的水平也迅速上升。由于气态污染物通常和大气颗粒物共同存在于周围空气而被人体吸入，共同暴露于大气颗粒物和气态污染物对健康的影响可能存在复杂的交互作用[1]。本章集中讲述大气颗粒物和气态污染物联合暴露对健康的影响及其机制。

10.1.1 大气颗粒物与 O_3 联合暴露对健康的影响

高层大气（平流层）中的臭氧（O_3）对大气中的日光紫外线有削弱作用，因此可以保护人类避免受到过度紫外线的照射。但在近地面大气中，O_3 是一种二次污染物。O_3 通过前体物质氮氧化物（NO_x）和挥发性有机化合物（VOCs）在阳光下发生化学反应而产生。因为这两类前体污染物主要来源于燃料燃烧和工业生产[2]，而随着社会经济的发展，化石燃料的生产和使用增加，O_3 的前体物质也增加，O_3 污染日益严重。2019 年，中国 337 个地级市以上城市的 8 小时年平均臭氧浓度（DMa8）第 90 百分位为 148 μg/m^3，与 2015 年相比，增长了 10.4%。

O_3 水溶性小，易于进入呼吸道深部，引起多种不良健康效应：损伤呼吸系统（加重哮喘、慢性阻塞性肺病，促进呼吸系统炎症发生）、损伤心血管系统（发生心脏病，脑卒中，充血性心力衰竭等风险增加）、损伤中枢神经系统、对生殖和发育造成不良影响并能增加过早死亡的风险。以前学者常将 O_3 和 $PM_{2.5}$ 等颗粒物作为独立的环境污染物考虑，但是流行病学研究表明，在 O_3 和 $PM_{2.5}$ 浓度高的地区，因长期 $PM_{2.5}$ 暴露导致的非意外死亡、心血管死亡和呼吸系统疾病死亡率都更高[3, 4]。即，O_3 和 $PM_{2.5}$ 的联合暴露对呼吸和心血管系统等健康有更明显的不良影响，一些新的证据还表明，O_3 和 $PM_{2.5}$ 的联合暴露可能对早产、老年近视眼等的发生有协同作用。

1. 大气颗粒物与 O_3 联合暴露对呼吸系统的影响

1）O_3 暴露对呼吸系统的影响

大气 O_3 浓度的上升和肺功能下降，哮喘和慢性阻塞性肺部（COPD）的恶化和死亡相关，而且老人、儿童和既往存在呼吸道疾患的个体更容易受到 O_3 水平升高的影响[5]。据估计，大气 O_3 每增加 25 ppb，死亡率上升约 4%[6]。同时吸入 O_3 和大气颗粒物，肺部的损害更为严重。

2）大气颗粒物与 O_3 交互作用对呼吸系统的影响

流行病学研究发现，O_3 和 $PM_{2.5}$ 的联合暴露会降低肺功能，增加气道反应，加重哮喘发展，加快 COPD 的发生发展。例如，一项在墨西哥开展的儿童研究发现，虽然单独暴露于 $PM_{2.5}$ 或 O_3 都会降低呼气峰值流速，但是联合暴露于 $PM_{2.5}$ 和 O_3 会更大地降低峰值流速（同时暴露四分位间距浓度为 17 μg/m³ 的 $PM_{2.5}$ 和四分位间距浓度为 25 ppb 的 O_3 会降低 7.1%的峰值流速[7]）。2009 年发表的一项大型研究调查了美国的 70000 名儿童呼吸道过敏的流行情况发现，当 O_3 和 $PM_{2.5}$ 的水平较高时，儿童更容易患花粉症和呼吸道过敏。O_3 浓度每升高 10 μg/m³，呼吸道过敏的发生风险增加 1.23 倍（95%CI：1.15~1.26），$PM_{2.5}$ 每升高 10 μg/m³，呼吸道过敏发生的风险增加 1.23 倍（95%CI：1.10~1.38）[8]。

同时，动物实验研究发现 O_3 和 $PM_{2.5}$ 对呼吸系统的影响有协同作用[1]。一项开展在加拿大渥太华的研究将 F244 大鼠分别暴露于清洁空气、0.8 ppm 的 O_3、5 mg/m³ 的颗粒物、50 mg/m³ 的颗粒物，或 O_3 和颗粒物的混合气溶胶 4 小时，然后通过细胞标记评估肺实质和细支气管区域的细胞增殖情况。结果发现，单独暴露于 O_3 的大鼠和同时暴露于 O_3 和颗粒物的大肺部都有明显的细胞增殖，而且相较而言，同时暴露于 O_3 和颗粒物的大鼠肺部细胞增殖现象更为明显[9]。这表明，O_3 和颗粒物的联合暴露会加剧肺部上皮病变，且在支气管表现出两种污染物的协同作用，在肺实质表现出相加作用。随后 Adamson 等的实验研究也验证了这个发现[10]。

3）大气颗粒物与 O_3 对呼吸系统影响的交互效应机制

$PM_{2.5}$ 和 O_3 对呼吸系统健康产生的交互效应可能是有以下的机制：①$PM_{2.5}$

组分复杂，其很多成分都来自排放源排放到大气后发生的转换反应，其转化能力和大气中氧化气体的浓度相关。所以 O_3 浓度高的时候大气氧化能力也强，颗粒物的转化反应快，二次转化的成分也多。同时，高浓度 $PM_{2.5}$ 给臭氧的生成提供反应表面，加速 O_3 的生成，造成大气中 $PM_{2.5}$ 和 O_3 的浓度都高。②氧化性气体会消耗肺内膜液的抗氧化剂，并且增加肺部上皮细胞的通透性[11]，使得 $PM_{2.5}$ 更容易进入循环系统造成更大危害。③氧化性气体会加速 $PM_{2.5}$ 的光化学老化，增加 $PM_{2.5}$ 的毒性。

2. 大气颗粒物与 O_3 联合暴露对心血管系统的影响

1）O_3 暴露对心血管系统的影响

O_3 因其强氧化性，可引起机体发生氧化应激、炎性反应以及血栓形成等一系列病理危害，进而引发心血管疾病的发病风险。最近一项基于全人群样本的前瞻性队列研究发现，在暖季臭氧每增加 10 μg/m³，中国人群高血压、脑卒中、冠心病的发病风险分别增加 10%、7%和 15%。2018 年时，因臭氧暴露所导致的 CVD 病例达 122 万，比 2010 年相比增加 41%[12]。另一篇纳入了仅 10 万中国代表性成年人群的研究报道了类似的结果，O_3 浓度每增加 10 μg/m³，心血管疾病、缺血性心脏病以及卒中的发病风险分别增加 9%、18%和 6%[13]。

2）大气颗粒物与 O_3 交互作用对心血管系统的影响

研究发现，O_3 暴露会增强 $PM_{2.5}$ 暴露在心血管系统的不良效应，从而对健康产生更大的危害。具体地说，O_3 和 $PM_{2.5}$ 的联合暴露会引起氧化应激，使血压升高，血栓形成，血管功能紊乱，心率变异性下降，促使动脉粥样硬化，增加心血管疾病的发生率和死亡率。一项在加拿大开展的研究探究了短期 $PM_{2.5}$ 暴露和 O_3 暴露对心血管死亡的关联，结果发现了 $PM_{2.5}$ 和 O_3 对因心血管疾病死亡发生的影响有协同作用，在 O_3 浓度高的时候，$PM_{2.5}$ 暴露和心血管死亡的关联也会更强[3]。换一句话说，O_3 浓度的下降也可以降低短期暴露于 $PM_{2.5}$ 带来的急性危害效应。在中国成都开展的一项研究不仅发现了 $PM_{2.5}$ 暴露和 O_3 暴露的协同作用，而且发现 O_3 和 $PM_{2.5}$ 的联合暴露对心血管死亡的影响，滞后一天的累积效应是最强的[11]。即，滞后一天的 $PM_{2.5}$ 质量浓度每增加 10 μg/m³，因心血管疾病死亡的风险在总人群、男性人群和女性人群中分别是 0.35%，0.26%和 0.38%；滞后一天的 O_3 质量浓度每增加 10 μg/m³，因心血管疾病死亡的风险在总人群，男性人群和女性人群中分别是 0.66%，0.43%，1.05%；而同时暴露于高浓度的 $PM_{2.5}$ 和高浓度的 O_3，心血管死亡风险最高。

3）大气颗粒物与 O_3 对心血管系统影响的交互效应机制

O_3 和 $PM_{2.5}$ 的联合作用对心血管作用的机制目前尚不明晰。可能的机制包括引发全身炎症、引起氧化应激、改变心脏自主神经功能等[14]。

3. 大气颗粒物与 O_3 联合暴露对其他健康结局的影响

1）大气颗粒物与 O_3 交互作用对早产的影响

虽然早有研究表明，产前接触大气颗粒物或者 O_3 都会增加早产的风险[15]，但最近才有学者开始探究 O_3 和大气颗粒物对早产发生的交互作用，发现 O_3 和 $PM_{2.5}$ 的联合暴露对早产的发生有协同作用。2019 年一项芬兰的研究发现，O_3 每升高 10 ppb，早产的风险增加 1.34 倍（95%CI：0.90~2.00）；$PM_{2.5}$ 每升高 10 μg/m^3，早产的风险为 0.99 倍（95%CI：0.69~1.42）；O_3 和 $PM_{2.5}$ 的联合暴露会增加 3.63 倍的早产风险（95%CI：2.16~6.10）[16]。暴露于大气污染物可能通过多种途径增加早产的风险，例如引起胎盘和胎儿缺氧，增加炎症或氧化应激[17]。O_3 和 $PM_{2.5}$ 的联合暴露对早产的发生产生协同作用可能有以下机制：O_3 消耗肺衬里液中的抗氧化剂来降低肺部对 $PM_{2.5}$ 的防御，所以 O_3 暴露后，肺上皮屏障减弱，促使颗粒物被吸收到循环系统中，颗粒物可以到达宫内隔室或诱导全身炎症。宫内炎症环境的变化可能引发宫颈成熟，羊膜囊破裂或子宫肌层收缩力增加，从而引发早产[16]。

2）大气颗粒物与 O_3 交互作用对老花眼的影响

有研究发现，$PM_{2.5}$ 和 O_3 对老花眼的发生也有协同作用，协同指数为 2.39。该项研究在六个中低收入国家开展，纳入 36620 名年龄大于 50 岁的研究对象，以同时暴露于低 $PM_{2.5}$ 浓度和低 O_3 浓度的人群为对照组，结果发现，同时暴露于低浓度 $PM_{2.5}$ 和高浓度 O_3 或高浓度 $PM_{2.5}$ 和低浓度 O_3 会增加 1.22 倍发生老花眼的风险；而同时暴露于高浓度 $PM_{2.5}$ 和高浓度 O_3 会增加 2.04 倍的患病风险[16]。其产生协同作用的潜在的机制尚不清楚，可能与 $PM_{2.5}$ 和 O_3 对呼吸系统和心血管系统产生的协同作用的机制相似，即 $PM_{2.5}$ 作为 O_3 的载体，将 O_3 输送到各个系统；或者是 O_3 会和颗粒物发生化学反应，从而产生协同作用。另一种可能是，由于两种污染物影响的病理途径相似（比如都会引起炎症反应和氧化应激，与内皮细胞中的细胞因子受体相互作用，从而引起眼睛的炎症和氧化应激），所以暴露于较高水平的 O_3 可能会降低眼睛对污染物的清除率，增加颗粒物的沉积和滞留，从而促使老花眼的发生[18]。

10.1.2　大气颗粒物与 NO_x、SO_2 联合暴露对健康的影响

氮氧化物是一组由氮和氧组成的气态空气污染物，主要包括 NO_2 和 NO。NO_2 主要来源于汽车尾气排放，其次是工业排放。人体吸入的 NO_2 可以深入远端气道和肺泡，产生活性氧（ROS）和含氮物质（NOS），这些物质会引起氧化应激，损害呼吸道，进入循环系统后，还会与血红蛋白结合，造成组织缺氧。大量研究表明，NO_2 会增加气道炎症，加重咳嗽和喘息，降低肺功能，增加哮喘发作[19]。此外，NO_2 暴露还与心血管损伤，抑郁症、早产、低出生体重、帕金森病以及糖尿病的发生相关。NO_2 污染对人类健康造成的危害不容忽视，一项纳入了 15 项长期随访的队列研究报告，NO_2 浓度每增加 10 μg/m³，死亡风险增加 5%[20]。

SO_2 主要来源于发电厂、工业锅炉、柴油发电机以及一些工业生产过程，例如精炼石油和加工金属，是一种重要的工业污染物。尽管中国大气 SO_2 的浓度呈现逐步下降的趋势，中国北方 2015~2019 年平均 SO_2 浓度为 26.9 μg/m³，但仍然高于世界很多地区。SO_2 可以刺激并损伤皮肤和眼睛、鼻子、喉咙以及肺部的黏膜。高浓度的 SO_2 可引起呼吸系统的刺激和炎症，并引起深呼吸时的疼痛、咳嗽、喉咙刺激和呼吸困难。此外，高浓度的 SO_2 可影响肺功能，加重哮喘发作，并加重敏感人群的心脏疾病。

SO_2、NO_2 和 $PM_{2.5}$ 往往共存于大气中。SO_2 和 NO_2 易溶于水，95%可以被上呼吸道吸收，很少可以进入呼吸道深处。但是 NO_2、SO_2 与 $PM_{2.5}$ 结合之后即不易被上呼吸道吸收并且随 $PM_{2.5}$ 进入呼吸道深处，进入循环系统从而造成更大的危害。APHENA 研究发现，平均 NO_2 浓度在 40~70 μg/m³ 之间时，PM_{10} 每增加 10 μg/m³，心肺疾病超额死亡风险变化从 0.19%（95%CI：0.00~0.41%）到 0.80%（0.67%~0.93%）[21]。随后在美国进行的 APHENA 研究也发现 NO_2 浓度增加会提高颗粒物的毒性作用[22]。

1. 大气颗粒物与 NO_2、SO_2 联合暴露对呼吸系统的影响

1）NO_2，SO_2 暴露对呼吸系统的影响

已知交通暴露的 NO_2 与肺癌存在关联，大气 NO_2 浓度每升高 10 μg/m³，肺癌发生率提高 4%（95%CI：1%~8%）[23]。

2）大气颗粒物与 NO_2、SO_2 交互作用对呼吸系统的影响

NO_2 和 SO_2 可以和空气颗粒物结合进入肺部引起类似于单独暴露于 NO_2 和 SO_2 的健康效应。共同暴露于 NO_2 和大气颗粒物会增加肺癌发生的风险[24]。一项在加利福尼亚开展的研究对 97288 名参与者随访 17 年，用 COX 比例风险回归模

型评估交通相关的污染物和肺癌的关联，调整了人口学特征、吸烟、职业、社会经济水平以及生活方式因素的影响后发现，$PM_{2.5}$ 每升高 10 μg/m³，患肺癌的风险增加 1.20 倍（95%CI：1.01~1.43）；NO_x 每升高 50 ppb，患肺癌的风险增加 1.15 倍（95%CI：0.99~1.33）；NO_2 每升高 20 ppb，患肺癌的风险增高 1.12 倍（95%CI：1.95~1.32）。

3）大气颗粒物与 NO_2、SO_2 对呼吸系统影响的交互效应机制

由于 $PM_{2.5}$ 不仅可以吸附 NO_2、SO_2，还可以吸附一些铁、锰等氧化性金属。这些具有氧化性的金属可以将 SO_2 氧化为 SO_3。SO_3 和呼吸道的液体反应生成硫酸，刺激和腐蚀呼吸道。同样地，$PM_{2.5}$ 携带的 NO_2 也可和呼吸道液体反应生成硝酸，对肺泡产生刺激和腐蚀作用。研究表明，进入呼吸道深部的 NO_2、SO_2 会破坏细胞，使纤维断裂，从而形成肺气肿。长期暴露于 NO_2、SO_2 的腐蚀能引起肺泡壁纤维细胞增生，发生肺纤维变形。

2. 大气颗粒物与 NO_2、SO_2 联合暴露对心血管系统的影响

1）NO_2、SO_2 暴露对心血管系统的影响

NO_2 是交通污染的典型标志物，研究者已对其健康（包括心血管健康）影响进行了长期的研究，并已累积了大量研究结果。一项有 36948 名中国成年人，并随访了 8 年的前瞻性队列研究发现，NO_2 每增加 10 μg/m³, 高血压和脑卒中的发病风险分别增加 56%和 52%。另外，研究者对 10 项多国队列研究进行合并的结果显示，对应的 CVD 发病风险增加 11%，另外因 NO_2 暴露导致的 CVD 病例增加 144 万[25]。Jia 等针对全球发表的文章开展的一项 meta 分析结果发现，长期暴露 NO_2 后，污染物浓度每增加 10 μg/m³，心衰的发病风险增加 20.4%[26]。一些研究也评估了 SO_2 对因心血管疾病入院和就诊的影响，但研究结果不一致且多为短期-过性效应。

2）大气颗粒物与 NO_2、SO_2 交互作用对心血管系统的影响

NO_2 和 $PM_{2.5}$ 的联合暴露对心血管疾病的发生存在协同作用。1998 年芬兰发表的一项研究发现，当 NO_2 浓度大于 24 μg/m³，NO_2 能增加 $PM_{2.5}$ 对心血管系统的不良影响[27]。随后一项香港的研究[28]也发现 PM_{10} 和 NO_2 在增加心肺疾病急诊就医率方面有协同作用。PM_{10} 和 NO_2 浓度最高的时候其急性心血管事件发生率最高，当天 PM_{10} 浓度每升高 10 μg/m³，急性心血管事件住院率升高 0.55%，同样的，高 PM_{10} 暴露下，当天 NO_2 每升高 10 μg/m³，因急性心血管事件住院率升高 1.20%[29]。

3）大气颗粒物与 NO_2、SO_2 对心血管系统影响的交互效应机制

颗粒物和 SO_2、NO_2 相互作用的机制目前不清楚。可能的机制是：颗粒物作为载体，SO_2、NO_2 会随着颗粒物进入肺部沉积。由于 SO_2、NO_2 是硫酸、硝酸形成的前体物质，SO_2、NO_2 容易在颗粒物表面形成硫酸盐、硝酸盐，这些盐类会增加颗粒物的毒性作用。此外，NO_2 也可能在颗粒物表面发生化学反应或者通过改变肺部环境而使颗粒物和 NO_2 之间产生交互作用。$PM_{2.5}$ 和 NO_2 的协同作用还可能与促进机体凝血功能或降低心脏自主神经控制相关[30]。

10.1.3　空气颗粒物与 CO 联合暴露对健康的影响

CO 是一种无色无臭的气体，由燃料的不完全燃烧形成。大气中的 CO 主要来自于汽车尾气排放、供暖、工业和火灾。CO 易于进入血液，与氧气竞争性地结合血红蛋白，其与血红蛋白的亲和力是氧气的 200~400 倍，从而导致组织缺氧和损伤。研究发现，CO 暴露对健康有广泛的影响，接触高浓度的 CO 可引起一些急性或慢性的症状：头痛、头晕、恶心、呕吐、心肌缺血、心房颤动、肺炎和肺水肿、定向障碍和疲劳等症状；引发冠心病患者的胸痛；造成视力受损、意识模糊；引发不良出生结局[31]。然而，相较于 CO 中毒浓度，日常接触的大气 CO 浓度较低，关于低浓度 CO 对健康的影响目前的研究结果并不一致，一些实验和临床的证据表明，接触低浓度的 CO 可能可以通过抗凋亡、抗炎和抗增殖对细胞组织产生保护作用。据报道，CO 在先天免疫反应中也起着重要作用[30]。但是，很多流行病学研究发现大气 CO 浓度升高会引发不良健康结局。最近的一项 meta 分析纳入了 19 项高质量研究，评估中国大气 CO 暴露与非意外、心血管和呼吸道死亡的相关性，结果发现，大气 CO 每升高 1 mg/m^3，非意外死亡率增加 1.0220（95%CI：1.0102~1.0339），心血管死亡率增加 1.0304（95%CI：1.0154~1.0457），呼吸系统死亡率增加 1.0318（95%CI：1.0132~1.0506）[32]。

CO 和大气颗粒物同时存在于周围大气，大气颗粒物和 CO 的联合暴露可能会对心肺功能产生影响。最近还有研究发现，大气颗粒物和 CO 的联合暴露能增加不良出生结局的发生风险，CO 和 $PM_{2.5}$ 的平均月浓度增加可能会刺激新生儿肝酶的产生，同时降低出生体重和身长[33]。

1. 大气颗粒物与 CO 联合暴露对呼吸系统的影响

1）CO 暴露对呼吸系统的影响

大气颗粒物对呼吸系统的不良影响已被多个研究证实，但是大气 CO 暴露对

呼吸系统影响目前的结论不一致。有研究提出较高浓度的大气 CO 会给支气管和肺泡造成不良影响，降低肺功能，引起呼吸系统疾病[34]。一项研究评估了大气污染物对中国福州 0~13 岁婴儿或儿童哮喘发生风险的影响，结果发现，大气 CO 浓度和哮喘相关的门诊或急诊就诊次数呈现正相关关系[35]。但有研究表明大气 CO 可能具有抗炎作用，能减轻呼吸道炎症；同时有人提出低水平的 CO 可以提供内源性血红素加氧酶-1，血红素加氧酶-1 及其酶促反应产物可对肺部产生保护作用。结论的差异可能是研究地区的空气污染水平和研究方法的不一致导致的。虽然已经有许多研究探讨多种大气污染物共同暴露的效应，其中也包括有 CO，但是 CO 通常作为混杂因素进行调整，所以 CO 对呼吸系统的影响证据还不充分。

2）大气颗粒物与 CO 交互作用对呼吸系统的影响

共同暴露于 CO 和 $PM_{2.5}$ 可能会增加哮喘的发生风险、增加流感的死亡率。一项在美国开展的研究探究了共同暴露于 $PM_{2.5}$ 及多种大气污染物和新型冠状病毒感染的关联发现，$PM_{2.5}$ 和 CO 每升高 1 μg/m³，新型冠状病毒感染人数将分别增加 0.1%和 14.8%。CO 每增加 1 μg/m³，新型冠状病毒死亡的人数增加 4.2%[36]。

2. 大气颗粒物与 CO 联合暴露对心血管系统的影响

1）CO 暴露对心血管系统的影响

CO 对心血管系统疾病的影响，已被学者们广泛研究。一项在中国西北人群中开展的研究发现，CO 每增加 1 μg/m³，因缺血性心脏病、心律不齐、心衰、脑血管疾病入院的风险增加 7%、8%、6%和 6%，该危害效应尤其在女性人群中更明显[37]。类似地，Taheri 等在伊朗人群中开展的时间序列分析研究也发现，CO 每增加 1 mg/m³，因心衰、缺血性心脏病以及脑血管疾病住院的病人分别增加 4.6%、2.2%和 5.7%[38]。

2）大气颗粒物与 CO 交互作用对心血管系统的影响

共同暴露于 CO 和 $PM_{2.5}$ 可能导致心肺功能的下降，增加动脉闭塞性疾病的发生。一项在墨西哥开展的研究发现，$PM_{2.5}$ 和 CO 的联合暴露会改变心脏的自主神经调节，且 $PM_{2.5}$ 每增加 10 μg/m³，对数转换的高频心率变异性下降 0.008（95%CI：−0.015，0.0004）；CO 浓度每增加 1ppb，对数转换的低频心率变异性下降 0.024（95%CI：−0.041，−0.007），对数转换的超低频心率变异性下降 0.034（95%CI：−0.061，−0.007）。2022 年中国台湾发表的一项研究利用当地健康保险数据库（NHIRD）和台湾空气质量监测数据库（TAQMD），评估了 2003~ 2013 空气污染与外周动脉闭塞性疾病的关联。在 10 年随访期间，共确定了 1598 例 PAOD 病例以及 98540 例对照，调整了年龄、性别、城镇化水平、居住面积、基线的合并症以及所服用药物后发现，$PM_{2.5}$ 浓度每增加一个四分位，患病风险增加 1.14 倍（95%CI：1.13~1.16）；CO 浓度每增加一个四分位，外周动脉闭塞性疾病患病风险增加 2.35 倍（95%CI：1.95~2.84）。CO 和 $PM_{2.5}$ 的浓度与随访期间 PAOD 的累计发病率呈强烈正相关。

3）大气颗粒物与 CO 对心血管系统影响的交互效应机制

CO 中毒导致心脏损伤的发生机制较为明确，通常认为是 CO 导致心肌细胞缺氧，激活血小板，损害线粒体功能引起的。但是日常接触的大气 CO 浓度较低，CO 造成的不良健康效应可能和钙离子稳态失调，引起氧化应激，心脏应激，引发室性心律失常[39]，或者增加炎症的发生，破坏胆固醇平衡，改变纤维蛋白原，增加血液浓度等相关[40]。共同暴露于大气颗粒物和 CO 可能会产生交互作用，但产生交互作用的机制目前尚不清楚，可能和血清 C 反应蛋白升高，心肌灌注储备减少，冠状动脉内皮功能障碍，颈动脉内膜介质增厚等相关。

10.1.4　小结

气态污染物是一类重要的大气污染物，经济的迅速发展使得工业排放增加，气态污染物的水平也迅速上升，中低收入国家承担着最大的由气态污染物引起的疾病负担。事实上，超过 85%归因于气态污染物的死亡发生在中低收入国家[41]。本章节介绍了大气颗粒物与几个典型的气态污染物交互作用的健康效应。总的来说，流行病学研究表明大气颗粒物和气态污染物之间存在交互作用，毒理学实验也解释了交互效应存在的合理性。然而，大气颗粒物和气态污染物交互作用的研究证据是非常有限的。大多数研究只关注单独的污染物和各种健康结局的关联，这些研究通常认为这些共存的气态污染物是大气颗粒物和健康结局关联的潜在的混杂因素，大多采用多污染物模型来调整气态污染物的健康效应，少有研究探讨污染物之间的交互作用，所以我们对这些污染物的交互作用了解有限。事实上，我们生存在一个复杂的环境，同时暴露于大气颗粒物和气态污染物是难以避免的。这些污染物之间可能会产生协同作用或拮抗作用，了解这些交互作用对于准确评估污染物的风险是重要的。由于每一种空气污染物都可能有不同的季节变化规律和化学相互作用，因此对每种污染物进行风险评估也并不简单，未来还需要更多的研究进行相关的探索。

10.2 大气颗粒物与气象因素交互作用对健康的影响

近年来，空气污染与气候变化的交互作用对于健康的影响已经得到了广泛的关注。2018 年 10 月，WHO 在日内瓦召开了第一届全球空气污染与健康大会。会议提出，各国需制定经济实惠的战略，以减少运输、能源、农业、废物和住房部门的主要空气污染排放；此外，这些有利于健康的战略将是“双赢”的，将同时有助于缓解气候变化，助力实现健康、能源和城市的可持续发展目标。针对“空气污染、气候变化和健康保障”这一重大议题，各国和各组织作出了 70 多项改善空气质量的承诺，提出联合攻关并在 2030 年实现减少全球 1/3 与空气污染有关的过早死亡。2019 年 1 月，WHO 进一步发布了需要重点解决的十大威胁健康的问题[42]，包括空气污染和气候变化。

空气污染与导致全球变暖的温室气体同根同源，空气污染的主要原因（燃烧化石燃料）也是气候变化的主要推动因素。在复杂的大气化学过程中，空气污染与气候变化也存在多方面的相互作用。此外，大气颗粒物与不良气象因素复合暴露时，不良气象条件（如高温）可通过影响人体对污染物的吸收和代谢等对健康产生联合影响[43]。因此，在气候变化的背景下，从大气环境复合暴露的角度出发，明确大气颗粒物与气象因素交互作用对健康的影响显得尤为重要。

10.2.1 大气颗粒物与气象因素的关系

1. 大气颗粒物对气候变化产生重要的影响

在大气科学研究领域里，人们将大气中的悬浮、滞留和沉降的物质粒子，称为大气粒子（atmospheric particles）、大气颗粒物（atmospheric particulate matter）或者大气气溶胶（atmospheric aerosol）。

气溶胶或气溶胶颗粒物与温室气体同根同源，包括了多种人为源和自然源。气溶胶通过直接排放或在大气中由气体前体物形成，它们在大气中的寿命从几天到几周不等。气溶胶的成分复杂，主要包含以人为排放为主的硫酸盐气溶胶、硝酸盐气溶胶、黑碳、有机气溶胶和以自然排放为主的海洋喷雾气溶胶、沙尘等。这些气溶胶颗粒物具有不同的大气特性（表 10-1），这些特性决定了它们是否影响辐射强迫①、在大气中的寿命、所参与的大气化学过程以及对人类健康和生态

① 辐射强迫：由于气候系统内部变化，如二氧化碳浓度或太阳辐射的变化等外部强迫引起的对流层顶垂直方向上的净辐射变化；是对某个因子改变地球-大气系统射入和逸出能量平衡影响程度的一种度量，同时也是一种指数，反映了该因子在潜在气候变化机制中的重要性。

系统的影响。

表 10-1　各气溶胶成分、来源类型、大气寿命以及对辐射强迫的影响

气溶胶成分	来源	大气寿命	辐射强迫
硫酸盐气溶胶	二级	数分钟到数周	–
硝酸盐气溶胶	二级	数分钟到数周	–
黑碳	初级+二级	数分钟到数周	+
有机气溶胶	初级+二级	数分钟到数周	+/–
海洋喷雾气溶胶	初级	数天到一周	–
沙尘	初级	数分钟到数周	–

气溶胶作为气候变化的重要载体，可以通过气溶胶–辐射效应或气溶胶–云效应影响辐射，从而影响地球表面温度[44]。气溶胶–辐射效应是由气溶胶粒子吸收或散射辐射引起的。气溶胶–云效应是指直径接近或超过 100 nm 的气溶胶颗粒作为云凝结核，在上升气团中被激活形成云滴。由于较大数量的云滴能够导致较高的云反照率（即太阳辐射向太空的反向散射）和较长的云寿命，因此构成云凝结核的气溶胶颗粒浓度是云层遮蔽太阳辐射以产生冷却的驱动因素。由此可以看出，大气颗粒物可通过吸收或散射太阳辐射从而对辐射强迫产生直接的影响，也可以作为云凝聚核间接影响辐射强迫，最终影响气候变化。

在各气溶胶组分中，黑碳粒子吸收的辐射有助于全球变暖，而硫酸盐气溶胶、硝酸盐气溶胶和有机气溶胶等粒子均可通过散射过程或气溶胶-云效应与太阳辐射相互作用，降低地球表面温度[44]。

碳质物质和碳基燃料的不完全燃烧可产生黑碳颗粒，其主要来源包括森林和草原火灾、住宅生物燃料燃烧、化石燃料燃烧、工业生产和发电。黑碳气溶胶是大气中最重要的光吸收器，具有对可见光和近红外光强吸收性以及较高的稳定性。因此，黑碳气溶胶悬浮在大气中，可通过吸收光线增加地球表面温度。此外，黑碳气溶胶还可以减少沉积在高反照率表面（如雪和冰）上的反射阳光量，从而加速积雪和冰的融化，从而引起全球海平面的上升，如图 10-1 所示。据估计，黑碳对于导致全球变暖的辐射强迫的贡献仅次于二氧化碳[45]。

大气中硫酸盐气溶胶硝酸盐气溶胶的主要来源是工业生产、发电厂和航运过程中化石燃料燃烧产生的二氧化硫及氮氧化物排放。生物质燃烧以及自然来源（海洋中产生的二甲基硫化物氧化和火山喷发）也可产生硫酸盐气溶胶和硝酸盐气溶胶。硫酸盐和硝酸盐气溶胶粒子可以与其他化合物混合，并通过凝结的方式达到更大的直径，作为云凝结核被激活产生气溶胶–云效应。此外，大气中的 SO_2 和 NO_x 转化为硫酸盐或硝酸盐气溶胶的过程常伴随着酸沉积，可对水生生态系统、森林和其他植被产生不利影响，从而间接影响全球变暖。

图 10-1　空气质量与气候变化相互作用[37]

直接排放到大气中的有机气溶胶，称为初级有机气溶胶。在全球范围内，生物量燃烧是初级有机气溶胶的主要来源，具有强季节性和显著的年际变异性。初级有机气溶胶通常与交通尾气排放有关，其他来源包括生物燃料、烹饪、生物制品（如花粉、细菌和植物碎片）、海风和土壤。初级有机气溶胶中的气相挥发性有机化合物（有机蒸气）进行氧化反应并凝结，就形成二级有机气溶胶。在成核过程中，蒸气分子首先形成几纳米的小簇，再通过冷凝过程形成云凝结核，从而产生冷却效应。研究表明，二级有机气溶胶的影响大于初级有机气溶胶。此外，在具有光吸收作用的有机气溶胶中，偏向于吸收较短的波长，因此有机气溶胶也称为“棕色碳”。虽然吸收辐射的体积加权强度比黑碳弱，但从全球变暖的角度来看，大气气溶胶中棕色碳的总体丰度可能会导致其影响更为显著。

综上所述，气溶胶颗粒对气候的影响取决于气溶胶的化学成分和物理性质，并且由于同时存在气溶胶–云效应和散射而引起的冷却效应和黑碳气溶胶的升温效应，气溶胶对于气候变化的总体影响存在很大的不确定性。

2. 气候变化对于大气颗粒物也存在广泛的影响

气象条件对大气颗粒物浓度水平和化学成分会产生重要的影响[46]，在气候变化背景下，这种影响可能会明显。

较高的温度可增加气态二氧化硫向硫酸盐颗粒物的转化速率，增加硫酸盐颗粒物浓度，但同时也有利于硝酸铵颗粒物的蒸发，从而降低硝酸铵颗粒物的浓度。此外，较高的温度可能会影响生物源性挥发性有机化合物的排放，从而影响有机气溶胶浓度。湿沉降①是大气颗粒物的主要沉降方式，降水频率和降水强度均会影响大气颗粒物的湿沉降过程。大气颗粒物对风速和大气稳定条件也很敏感，如大气停滞事件②和大气边界层③高度对于大气颗粒物浓度的增加非常重要。在气候变化背景下，全球温度和降雨模式的变化可能加剧空气污染。现有研究表明，在较高的辐射强迫情景（RCP8.5）④下，全球变暖将导致 2100 年全球平均颗粒物浓度水平小幅上升，约 0.21 $\mu g/m^3$[47]。另一方面，有研究发现整个 21 世纪全球气溶胶负担和颗粒物表面浓度都将增加，这归因于湿沉降对颗粒物的消除的减少[48,49]。

值得一提的是，气候变化对野火的影响可能对大气颗粒物浓度有显著影响。野火是一系列复杂条件相互作用的结果：包括天气（包括温度、相对湿度、风速、降水量和降水频率）、燃料（包括点火剂和燃烧条件）、地形和人类的影响。由于气温的升高（如春季和夏季温度变暖）、降水的减少或相对湿度的降低，导致火灾季节更干燥、更长，雪融化变早或减少，使得森林火灾的风险更高。在气候变化的背景下，未来将存在更多的雷暴天气和更干燥的自然环境，这将导致森林火灾的数量增加。研究发现，2003 年欧洲异常炎热的夏天与有记录的野火有关，这些野火通过产生大气颗粒物和臭氧严重降低了空气质量[50]。Spracklen 等通过预测气候驱动的野火，发现美国西部夏季的碳质 PM 增加 0.5 mg/m^3[51]。

总而言之，大气颗粒物的浓度和化学变化受到污染物排放、化学过程、沉降和气象条件（如温度、降水）变化的多种相互作用的影响。由于这些相互作用难以定量评估，尤其是气候变化对未来大气颗粒物的影响仍存在较大不确定性。在政府间气候变化专门委员会（IPCC）第六次评估报告中，气候变化对 $PM_{2.5}$ 的总体影响没有报告明确的置信区间[52]。

3. 大气颗粒物与气象因素复合暴露影响健康的路径

大气颗粒物与气象因素可以通过多种复杂途径影响人体健康。人体吸收环境毒物的速率（即生物剂量）、体内毒物的代谢、各种器官系统内毒性的表现以及毒物的排泄都受到环境温度直接或间接的影响。因此，从人体对污染物的吸收和

---

① 湿沉降：悬浮于大气中的各种粒子由于降水冲刷而沉降的过程。

② 大气停滞事件：静止的空气团发展并使得煤烟、尘埃和臭氧在下层大气中积聚的现象。

③ 大气边界层：又称行星边界层。旋转地球大气的湍流边界层，其厚度从几百米至 1.5~2.0 km，平均为 1 km。因其包围旋转的地球（行星）而得名。

④ RCP8.5：RCP 是一系列综合的浓缩和排放情景，用作 21 世纪人类活动影响下气候变化预测模型的输入参数。其中 RCP8.5 是在无气候变化政策干预时的基线情景，特点是温室气体排放和浓度不断增加。

代谢角度出发，不同气象因素与大气颗粒物复合暴露对健康的联合影响可能主要通过温度表现出来。

人体吸收环境毒物的速率受到温度的影响较大。人类和其他哺乳动物暴露在温度和相对湿度较高的环境中时，皮肤血流量增加，从而加速皮肤对各种有毒物质的吸收；呼吸频率、潮气量和微小通气量增加，从而增加通过肺部对大气颗粒物的吸入。一旦毒物质通过皮肤和肺进入人体，高温和高湿的环境将通过体温的升高间接影响机体对化学物质的毒性以及代谢和排泄过程。毒物的体内外毒性与温度成正比，大多数生物过程都依赖于身体温度，包括受体酶结合、反应性氧化应激代谢物的形成、脂质过氧化、细胞通透性等。肝脏和肾脏代谢产物排泄中毒物的代谢转化同样是温度依赖性过程。此外，由于包括铅和汞在内的多种金属可随汗水排出，热应激诱导的出汗可能是一个降低毒性的潜在机制。

总之，从大气化学过程和人体对毒物的吸收与代谢过程来看，大气颗粒物与气象因素可能对健康产生交互效应。以下将聚焦于典型的健康结局（呼吸系统疾病、心血管系统疾病、传染病以及不良出生结局），介绍大气颗粒物和气象因素的交互作用研究情况。所提及的交互作用均为广义的交互，包括交互作用和效应修饰作用。

10.2.2 大气颗粒物与气象因素交互作用对典型健康结局的影响

1. 呼吸系统疾病

大气中的各类有害颗粒物会通过每时每刻进行的气体交换进入呼吸道，从而危害呼吸系统健康。季节变化，温度、湿度等气象因素的波动也对呼吸系统疾病产生重要的影响。在过去的数十年中，关注大气颗粒物和温度等气象因素对呼吸系统疾病的独立影响的研究已经比较充分[53,54]。高温和大气颗粒物对人体健康的不良影响有相似的生物学机制，如系统性氧化应激和炎症反应，自主神经功能变化等[55]。此外，寒冷、干燥的空气可造成呼吸道脱湿而导致呼吸道对大气颗粒物更加敏感[56]。因此，温度、湿度等气象因素与大气颗粒物对呼吸系统健康的影响存在交互作用。本书第 4 章已经介绍了大气颗粒物对呼吸系统健康的影响。本小节主要介绍气象因素对呼吸系统疾病的影响，以及大气颗粒物与气象因素交互作用对呼吸系统疾病的影响。

1）气象因素对呼吸系统的影响

全国性流行病学研究显示，温度和非意外死亡之间的关联为非线性，暴露-反应曲线呈反 J 形。非意外死亡率最低时对应的温度为最佳温度，否则为非最佳温度。非最佳温度暴露在呼吸系统疾病死亡中的归因比例为 10.57%（其中，慢性阻塞性肺疾病 12.57%）[57]。气温和湿度可影响急性呼吸道感染和慢性呼吸系统疾病的发病率，病情加重率和病死率等。

急性呼吸道感染发病会受到季节，温度的影响。肺炎和流行性感冒发病率在冬季更高。此外，日温差（diurnal temperature range，DTR）与呼吸道感染疾病的发病率增加也存在关联，且在儿童和老年人群中日温差的影响更明显[58]。

慢性阻塞性肺疾病（chronic obstructive pulmonary disease，COPD）是目前患病率最高的慢性呼吸系统疾病。吸烟、二手烟、职业暴露、室内外空气污染是其重要的危险因素。COPD 的发病率，急性加重率以及死亡率在寒冷的季节（10 月至次年 3 月）高于温暖的季节（4~9 月）[59]。寒冷季节温度每减少 1℃，COPD 急性加重率增加 0.8%。气温低于 5℃时，年龄大于 65 岁的老年人 COPD 急性加重风险最高[60]。高温和低温都可增加 COPD 的死亡率，归因于气温暴露的 COPD 死亡人数中低温的归因分值大于高温，分别为 30.41%和 1.22%[61]。

慢性呼吸系统疾病中，哮喘的患病率仅次于 COPD。花粉、环境污染物、烟草污染是哮喘的常见触发因素。此外，哮喘发病率在温暖季节（5~10 月）合并高相对湿度和高臭氧浓度，以及寒冷季节合并低相对湿度时较高[62]。低温和高温都可能会影响哮喘发病率，而低温对哮喘的影响更显著[63]。

2）大气颗粒物与气象因素交互作用对呼吸系统疾病的影响

近几十年，国际上开始开展研究来揭示大气颗粒物与气象因素的交互作用。目前的研究主要聚焦于温度、湿度与大气颗粒物对呼吸系统疾病的发生率和死亡率影响的交互作用，见表 10-2。

表 10-2　大气颗粒物与气象因素对呼吸疾病发病率和死亡率影响的交互作用

研究文献	研究特征[a]	暴露因素	结局	主要发现
Qian et al. 2008[64]	武汉，2001~2004 年	PM_{10}，温度	呼吸系统疾病死亡率	PM_{10}与高温（研究期间日均温度大于 95%百分位数）存在交互作用。高温时，PM_{10}对呼吸系统疾病死亡率增加的效应更强
Meng et al. 2012[65]	中国八个城市，2001~2008 年[b]	PM_{10}，温度	呼吸系统疾病死亡率	极端高温（＞95%分位数）增加了 PM_{10}与呼吸系统疾病死亡率的关联
Yitshak-Sade et al. 2018[66]	美国新英格兰地区，2001~2011 年	$PM_{2.5}$，温度	呼吸系统疾病发病率	短期或长期暴露于 $PM_{2.5}$对呼吸系统疾病发病率的关联在高温以及温差较大的月份更大
Leitte et al. 2009[67]	罗马尼亚德罗贝塔图尔努塞韦林市，2001~2002 年	TSP，湿度	支气管炎发病率	总悬浮颗粒物（TSP）使支气管炎发病率增加，干燥的空气（低绝对湿度）会增强总悬浮颗粒物的效应

续表

研究文献	研究特征 a	暴露因素	结局	主要发现
Qiu et al. 2013[68]	香港，1998~2007 年	PM_{10}，温度，湿度	慢阻肺急诊住院率	PM_{10} 等大气污染物对慢性阻塞性肺病急诊住院率的效应在寒冷以及相对湿度较低（<80%）时更强
Mokoena et al. 2020[69]	西安，2011~2016 年	$PM_{2.5}$，温度，湿度	呼吸系统疾病死亡率	低温，低相对湿度与 $PM_{2.5}$ 的协同作用增加呼吸系统疾病的死亡率

a. 大多数研究基于呼吸系统疾病的入院记录或死亡登记数据，采用时间序列分析方法；

b. 八个城市分别为广州、杭州、上海、沈阳、苏州、太原、天津、武汉，各个城市研究时间不同

从上述研究证据可以看出，非最佳温度（低温和高温）、温度差、低相对湿度都可能增加大气颗粒物与呼吸系统疾病的发病率、死亡率的关联[64-72]。大气颗粒物可以直接侵入到肺组织造成呼吸道损伤，导致肺功能降低、呼吸系统疾病发生率增加。非最佳温度可以造成年龄大于 65 岁的老年人、儿童以及有基础疾病的人群的超额死亡率和发病率增加[73]。高浓度的大气颗粒物、非最佳温度、低相对湿度等暴露同时发生时，可对呼吸系统的健康造成更大的危害。

气候变化的大背景下，除了气温的升高，野火和沙尘暴等极端天气事件的发生频率也在增加，花粉等气源性致敏物的浓度也会呈现增加的趋势[74]。有研究显示中国西北地区沙尘天气与大气颗粒物对呼吸系统疾病发生率的影响存在交互作用[75]。此外，空气污染、高温、花粉对哮喘发病的影响也可能存在交互作用[76]。

2. 心血管系统疾病

心血管系统疾病，尤其是缺血性心脏病和中风，是全球范围内的主要死因之一。近几十年内心血管系统疾病负担一直呈上升趋势。在心血管系统疾病危险因素中空气污染和非最佳温度分别排在第 4 位和第 9 位[77]。在评估大气颗粒物或温度、湿度等气象因素对健康的独立影响时，研究者往往将其视为相互的混杂因素进行控制。大气颗粒物与高温有着相似的危害心血管系统健康的生物学机制，如炎症反应、血液黏度改变等。此外，高温可以导致血液流动加快、血压升高和脱水，低温会使交感神经反应增强，导致血压升高。很多研究发现气象因素（主要是温度）对大气颗粒物的心血管系统危害有效应修饰作用[78]。之前的章节已经介绍了大气颗粒物对心血管系统健康的危害。本节主要介绍气象因素对心血管系统健康的影响，大气颗粒物与气象因素之间的交互作用对心血管系统疾病的影响。

1）气象因素对心血管系统疾病的影响

温度与心血管系统疾病的死亡率增加相关。全国性流行病学研究显示，平均而言，非最佳温度导致的每例心血管系统疾病死亡的寿命损失年数（YLL）为

1.51 年[79]。归因方面，17.48%的人群心血管系统疾病死亡可以归因于非最佳温度暴露，其中冠心病死亡的 18.76%，卒中死亡的 16.11%可归因于非最佳温度[57]。此外，温度可以影响血压、血脂等与心血管系统健康紧密相关的指标，也可以影响心血管系统疾病的发病率。

一项系统综述与 meta 分析的结果显示，环境温度降低与成年人血压上升相关。平均气温每减少 1℃，有心血管相关疾病（如糖尿病、高血压）的人群收缩压增加 0.41 mm Hg，健康人群血压上升 0.17 mm Hg[80]。此外，环境温度会影响血脂指标，研究显示，平均温度每升高 5℃，高密度脂蛋白（HDL）下降 1.76%，低密度脂蛋白（LDL）增加 1.87%[81]。

全国 184 个城市展开的研究指出，连续两日的温差每增加 1℃，缺血性心脏病、心力衰竭、心律失常和缺血性中风发病率分别增加 0.31%, 0.48%, 0.34%, 0.82%[82]。系统综述与 meta 分析研究显示，低温、热浪、日温差都会影响心血管系统疾病的发病率。温度每减少 1℃，心血管系统疾病发病率增加 2.8%，暴露于热浪天气时增加 2.2%[83]。

2）大气颗粒物与气象因素交互作用对心血管系统疾病的影响

近些年来，有不少研究关注大气颗粒物与气象因素对彼此的效应修饰作用以及两者之间的交互作用对心血管系统疾病的影响，见表 10-3。

表 10-3 大气颗粒物与气象因素对心血管疾病死亡率和发病率影响的交互作用

研究	研究特征[a]	暴露	结局	主要发现
Qian et al. 2008[64]	武汉，2001~2004 年	PM_{10}，温度	心血管系统疾病死亡率	PM_{10}与环境温度的交互作用会增加心血管系统疾病的死亡率，且在高温（研究期间日均温度大于 95%百分位数）时最强
Meng et al. 2012[65]	中国八个城市，2001~2008 年[b]	PM_{10}，温度	系血管系统疾病死亡率	极端高温（大于 95%百分位数）增加了 PM_{10}与心血管系统疾病每日死亡率增加之间关联
Yitshak-Sade et al. 2018[66]	美国新英格兰地区，2001~2011 年	$PM_{2.5}$，温度	心脏病发病率	$PM_{2.5}$对心脏疾病的发病率的影响在低温以及温差更大的月份更大
Qiu et al. 2013[84]	香港，1998~2007 年	PM_{10}，季节，湿度	缺血性心脏病发病率	寒冷（11-4 月）和干燥（相对湿度小于 80%）增加 PM_{10}对缺血性心脏病发病率增加的效应
Rodrigues et al. 2017[85]	巴西马托格罗索州，2009~2011 年	$PM_{2.5}$，温度，湿度	心血管系统疾病发病率和死亡率	高温（高于 37.9℃）、低相对湿度（低于 54.5%）增加 $PM_{2.5}$对心血管系统疾病发病率和死亡率的效应
Klompmaker et al. 2021[86]	美国，2000~2016 年	$PM_{2.5}$，温度，湿度	心血管系统疾病发病率	低温和低绝对湿度时 $PM_{2.5}$浓度升高与心血管系统疾病发病率增加呈现更强的关联

a. 大多数研究基于心血管系统疾病的入院记录或死亡登记数据，采用时间序列分析方法；

b. 八个城市分别为广州、杭州、上海、沈阳、苏州、太原、天津、武汉，各个城市研究时间不同目前，大多数文献都是基于医院入院登记和死亡登记数据，发现大气颗粒物和温度、湿度等气象因素对心血管系统和呼吸系统疾病的发病率和死亡率增加存在协同作用。高温、低温和温度差异较大时大气污染颗粒对心血管疾病发病率和死亡率的影响更大[64-66,70,71,87-89]。低相对湿度与大气颗粒物对心血管系统疾病的危害可能存在协同作用[84-86]。老年人群由于生理调节功能的下降以及患有高血压等基础心血管系统疾病，对高温和大气颗粒物的交互作用的危害更加易感[51]。系统综述和 meta 分析也显示，高温时 PM_{10} 浓度每增加 10 μg/m³，心血管系统疾病死亡率增加 1.28%（95%CI，0.66%，1.91%）[90]。目前这种交互作用的机制不是很明确，如之前所述，高温或低温暴露均会造成血压、血流、血脂、脱水、炎症反应等生理改变。

3. 传染性疾病

经过三次卫生革命，我们已经战胜了诸多严重危害人类健康的传染病，但迄今为止，下呼吸道感染、腹泻、疟疾依然是世界范围内降低青少年健康调整寿命年的排在前五的危险因素[91]。大气颗粒物和气象因素可以作用于传染源、传播途径和易感人群，进而通过独立和交互效应影响传染病的发生发展。之前的章节已经介绍了大气颗粒物对传染病疾病的影响。本节将从大气颗粒物与气象因素对传染性疾病交互作用可能机制的相关研究出发，介绍气象因素对传染性疾病的影响，进而总结大气颗粒物与气象因素交互作用对传染性疾病的影响。

1）大气颗粒物与气象因素对传染性疾病交互作用可能机制

虽然目前研究尚未充分揭示大气颗粒物与气象因素对传染病影响的机制，但传染病的病因明确，使得研究者们可以从传染病的三要素着手进行探索并提供了一些可靠的研究证据：①改变传染源本身的传染性和毒力。实验室研究中发现，大气颗粒物与病毒生物气溶胶的联合雾化降低了包膜噬菌体的传染性，却增加了非包膜噬菌体的传染性[92]。②改变传染源或传播途径在人群中的分布，这也是公认的最可能的途径。对烟雾环境下空气中抗生素耐药基因的分布进行宏基因组分析，发现在雾霾事件中 $PM_{2.5}$ 和 PM_{10} 空气样本中抗生素耐药基因的基因丰度（基因的拷贝数量）是非雾霾天的 1.6~7.7 倍和 2.1~5.1 倍，且受到气象因素如相对湿度和风速的严重影响。携带抗生素耐药基因的细菌可能黏附在了颗粒物上，而这往往也意味着可造成更大范围的移动和传播[93]。2021 年春季在马德里进行的研究却未能在室外空气样本（PM_{10}、$PM_{2.5}$、PM_1）中检测到新冠病毒的 RNA，这可能是由于社会活动的减少导致环境中新冠病毒传播减少，室外颗粒物浓度下降，春季的气象稳定性和环境温度升高等[94]。2021 年的另一项综述也指出病毒可能会通过颗粒物与气体的复杂相互作用而在空气中持续存在，这取决于颗粒物的化学成分、粒子的电荷和气象条件等[95]。③作用于易感人群的行为方式和免疫条件。例如严重的污染物导致肺表面活性物质异常，高温导致肺灌注不足，热应激导致的炎症反应等，这些都为二者对传染病的相互作用创造了可能性[96,97]。

2）气象因素对传染病的影响

有学者总结了国内关于传染病受气象因素影响的研究，强调环境温度升高会使细菌性痢疾、手足口病的发病率增高，若伴随着湿度或者降水量增加则会导致疟疾、登革热、流行性乙型脑炎的流行。在中国东部，高风速会加重流行性出血热的流行[98]。气温对感染性腹泻（除霍乱、细菌性和阿米巴痢疾、伤寒和副伤寒外的感染性腹泻）的效应近似 U 形，高温和低温都可以增加感染性腹泻的发病风险，且在国内不同地区存在不同的季节效应[99]。欧洲的许多综述性研究已经确认气象因素可以通过影响宿主，传播途径和改变易感人群行为方式等途径，影响登革热、疟疾、禽流感这一类媒介传染病的流行[100,101]。除此之外，也有研究发现痢疾、胃肠炎、中耳炎会受到气象因素的影响[102-104]。

呼吸系统传染病的传染源和传播途径更易受到气象因素的影响，这也一定程度上解释了呼吸道传染病的流行与季节性分布[105]。国内外的研究都强调环境温度是影响呼吸道合胞病毒的重要因素，环境温度升高时呼吸道合胞病毒在气溶胶中的稳定性更高，这也就导致了婴儿细支气管肺炎的流行[106-108]。然而，气象因素的影响相对复杂，一些研究中发现的结果不一致，如在同一片热带地区的研究指出相对湿度升高会增加萨尔瓦多（OR=1.18）和巴拿马（OR=1.44）地区的流感活动，但会遏制危地马拉地区的流感活动（OR=0.79）[109]。

3）大气颗粒物与气象因素交互作用对传染性疾病的影响

因为传染病本身的特点，大气颗粒物与气象因素交互作用对传染性疾病的影响研究目前主要关注呼吸系统传染病，其中，下呼吸道感染和流感关注最多。下呼吸道感染是指呼吸道声门以下受到了感染，包括支气管炎和肺炎等，有研究者发现下呼吸道感染的死亡率会随着环境中 $PM_{2.5}$ 的浓度增加而增加，且在温暖的季节影响更为严重[110]。2020 年北京的研究却未发现颗粒物污染对结核病的影响在冷季与暖季存在差异[111]。下呼吸道感染中的一部分可以归因于流感，研究者们也发现颗粒物对流感的影响会受到气象因素的修饰。国内对流感样疾病的流行季节与颗粒物暴露的研究也发现流感季节（10 月至次年 4 月）空气中 $PM_{2.5}$ 浓度上升会增加此类疾病的发病风险[112]。另一项研究中也得到了相似的结论，与炎热的天气相比，在寒冷时 $PM_{2.5}$ 与流感传播的关联更强[113]。在 2013 年的一项研究发现 PM_{10} 暴露与日均温度对澳大利亚布里斯班儿童流感发病率的影响有交互作用[114]。但也有研究发现高温情况下，颗粒物对流感日发病率的增加效应更强，研究结果的差异可能是因为不同研究地区间存在的其他气象条件差异，如湿度与风速等[91]。

自新型冠状病毒感染（COVID-19）暴发以来，这一领域涌现了很多探讨气象因素和大气颗粒物对其传播影响的研究，其中也不乏对交互作用的讨论。对各自独立效应的研究发现，气象因素、空气污染物与 COVID-19 确诊和死亡病例之间存在强烈的相关性，空气中高浓度的颗粒物可能为病毒提供了更多黏附的表面，促进了疫情在南亚地区六个国家的传播[115-116]。2020 年春季在欧洲各个地区观察到的卫生服务和医院负担过重以及高死亡率可能与 $PM_{2.5}$ 的峰值以及可能的特定天气情况（如沙尘和气温变化）有关[79]。另外，平均地表气温增加，空气相对湿度下降，会使空气中颗粒物浓度上升，气象因素与颗粒物的交互作用可能促使了疫情暴发和传播[117]。

国内的学者定量研究了气象因素与颗粒物污染的交互影响，利用中国 120 个城市的患病率数据，研究者发现温度、湿度等气象因素和 $PM_{2.5}$ 影响确诊病例数，在此基础上，进一步探索发现 $PM_{2.5}$ 与降水量存在交互作用进一步增加新冠病毒感染的确诊病例数[118]。疫情初期，在意大利北部地区的新冠疫情广泛传播与城市的 PM_{10} 污染高度相关，其中，高风速沿海地区的感染人数仅占低风速腹地地区的一半，这提示我们在风速低、相对湿度高的地区进行疫情防控时，应同时采取降低大气颗粒物的相应措施[119]。

4. 不良孕产结局

不良孕产结局，是指正常妊娠以外出现的病理妊娠结局及妊娠期并发症，包括妊娠糖尿病、早产、死产、低出生体重等，不仅会影响孕妇和胎儿健康，也可影响远期的心血管疾病、内分泌系统疾病及肿瘤等慢性病风险，严重时甚至威胁孕妇和胎儿的生命，是关乎社会与人类世代发展的全球公共卫生问题之一。引发不良孕产的因素很多，环境因素是主要原因之一。怀孕增加了女性的生理脆弱性和社会脆弱性，使其对外界环境危害刺激的反应更为敏感和强烈，因此，本节围绕孕妇这一脆弱人群，介绍大气颗粒物与气象因素对不良孕产结局的独立和交互作用。

1）气象因素对不良孕产结局的影响

目前气象因素对不良孕产结局影响的生物学机制尚不明确，以往的研究提示可能是通过影响子宫胎盘的血液灌注、母体体温调节能力和诱发氧化应激及炎症反应从而导致不良孕产结局，具体可分为以下几种类型：

（1）内分泌系统：高温下机体可能出现热应激反应从而诱导抗利尿激素

（ADH）以及催产素（OT）分泌增加、子宫血流减少并可能导致胎儿代谢由合成途径转变为分解途径。例如，一项母羊的热应激代谢实验发现，母体核心温度每升高 1℃，血清 ADH 和 OT 分别增加 100%和 60%，子宫的血流量减少 20%~30%，且慢性热应激下母羊子代的出生体重较对照组减轻 20%，肝脏蛋白质含量减少 50%并伴有肌肉蛋白减少，肝、肌糖原升高。

（2）体温调节系统：怀孕期间母亲的体重和脂肪沉积加快以及体表面积与体重的比值降低导致散热能力下降，而胎儿的生长和新陈代谢则使得母体的产热增加，最终影响体温调节能力。

（3）免疫系统：高温可能诱发氧化应激和系统炎症反应。例如，热应激下人体会释放热休克蛋白（HSP），如 HSP-70，它可诱导促炎细胞因子从而引发全身性炎症，有研究发现在早产风险高的孕妇外周血中 Hsp-70 水平较高。

相较于大气颗粒物，目前对于气象因素与不良孕产结局间的研究较少，其中主要关注的结局为早产、低出生体重和死产[120-122]。近期的一项系统综述和 meta 分析发现高温对早产、低出生体重和死产都有影响，其中，温度每升高 1℃，早产的风险增加 1.05 倍（95%CI：1.03~1.07）；死产的风险也增加 1.05 倍（95%CI：1.01~1.08）；在 28 项温度与出生体重的研究中，有 18 项研究发现温度升高与出生体重降低有关；在 29 项高温对早产的急性影响中，有 27 项发现高温会增加早产风险，见图 10-2[123]，以上研究证据都提示气象因素与不良孕产结局有关。

2）大气颗粒物与气象因素交互作用对不良孕产结局的影响

相较于大气颗粒物和气象因素对不良孕产结局的独立作用，对两者交互作用的研究较少，但在已有研究中绝大部分都发现两者间存在交互作用。例如，在我国珠三角地区开展的大气颗粒物与气象因素对不良孕产结局交互作用的系列研究发现，对胎儿影响方面，温度、湿度与 PM_{10} 对小于胎龄儿（small for gestational age，SGA）有交互作用，在低温和低湿下（温度＜5th，湿度＜5th），PM_{10} 每增加 1 个 IQR（11.1 μg/m³），SGA 的风险分别增加 61%和 32%，此外，还发现季节对 $PM_{2.5}$、PM_{10} 与 SGA 的关联存在修饰效应，夏季和秋季的 SGA 发生风险较高；热浪与 $PM_{2.5}$ 对早产存在协同交互作用（RERI＞0），中等强度的热浪暴露与较高浓度 $PM_{2.5}$ 联合暴露可协同增加 20%~40%早产超额风险[124]。对母亲影响方面，没有观察到极端温度以及昼夜温差与 $PM_{2.5}$、PM_{10} 对妊娠糖尿病（gestational diabetes mellitus ，GDM）有交互作用（RERI＜0，AP＜0，$P_{s=1}$＜0.05）。此外，在其他一些国家和地区也开展了两者交互作用的研究，汇总研究见表 10-4。

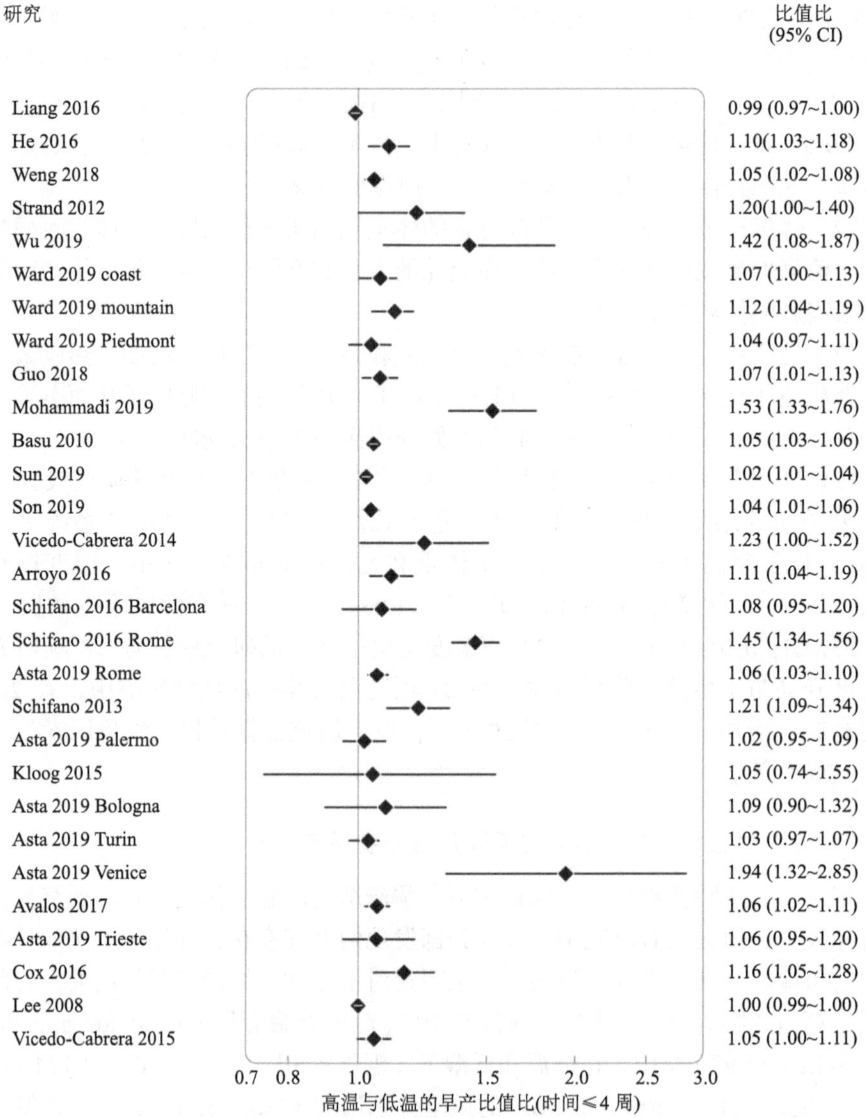

图 10-2　短期（≤分娩前 4 周）高温对早产风险的影响研究森林图[123]

表 10-4　大气颗粒物与气象因素对不良孕产结局的交互作用研究汇总

结局	研究	研究特征	暴露因素	暴露时期	主要发现
PTB	Kwag et al., 2021[125]	2010~2016 年； 韩国； 回顾性队列研究； n=1329991	$PM_{2.5}$、热浪	孕早、中期	孕中期 $PM_{2.5}$ 增强了热浪对 PTB 的影响，关联强度随 $PM_{2.5}$ 浓度的增加而增强

续表

结局	研究	研究特征	暴露因素	暴露时期	主要发现
PTB	Kwag et al., 2021[126]	2010~2016 年；韩国首尔；回顾性队列研究；n= 581239	$PM_{2.5}$、温度	孕早、中、晚期	孕早期 $PM_{2.5}$ 与温度存在交互，$PM_{2.5}$ 增强低温对 PTB 的影响
PTB	Wang et al., 2020[124]	2015~2017 年；中国广州；回顾性队列研究；n=215059	$PM_{2.5}$、热浪	产前 1 周	低强度的热浪与 $PM_{2.5}$ 有协同作用
PTB	Sun et al., 2020[127]	2005~2013 年；美国加利福尼亚；回顾性队列研究；n=1967300	$PM_{2.5}$、热浪	产前 1 周	热浪与 $PM_{2.5}$ 有协同作用
PTB	Ranjbaran et al., 2020[128]	2015~2018 年；伊朗德黑兰；时间序列研究；n=542492	$PM_{2.5}$、温度	孕 1~21 周	$PM_{2.5}$ 增强了热浪对 PTB 的影响
PTB	Alman et al., 2019[129]	1999~2006 年；美国；回顾性队列研究；n=2839	$PM_{2.5}$、温度	孕 1~7 月	温度修饰了 $PM_{2.5}$ 对 PTB 的效应，高温天气增强 $PM_{2.5}$ 对 PTB 的影响
PTB	Guan et al., 2019[130]	2006~2013 年；中国北京；回顾性队列研究；n=5166	$PM_{2.5}$、季节（暖季：3~8 月；冷季：9~2 月）	孕 1~37 周	季节修饰了 $PM_{2.5}$ 对 PTB 的效应，暖季和冷季 PTB 产风险均增加
PTB	Schifano et al., 2013[131]	2001~2010 年；意大利罗马；回顾性队列研究；n=132691	PM_{10}、季节（暖季：4~10 月；冷季：11~3 月）	孕 1~36 周	PM_{10} 修饰了季节对 PTB 的效应，暖季增强 PM_{10} 对 PTB 的影响
PTB	Jalaludin et al., 2007[132]	1998~2000 年；澳大利亚悉尼；回顾性队列研究；n=123840	PM_{10}、$PM_{2.5}$、季节（春、夏、秋、冬）	孕早期、产前 1 个月、产前 3 个月	季节修饰了 $PM_{2.5}$ 和 PM_{10} 对 PTB 的效应，秋季和冬季 PTB 风险增加，夏季降低
PTB、LBW	Chen et al., 2018[133]	2003~2013 年；澳大利亚布里斯班；回顾性队列研究；n=173720	$PM_{2.5}$、温度	孕早、中、晚期	温度修饰了 $PM_{2.5}$ 对 PTB 和 LBW 的效应，中低温度影响较高温大

续表

结局	研究	研究特征	暴露因素	暴露时期	主要发现
SGA、LBW	Wang et al., 2019[134]	2005~2012 年；中国深圳；回顾性队列研究；n=1206158	PM_{10}、温度、湿度	孕早、中、晚期	温度、湿度与 PM_{10} 有正向交互，较低的温度和湿度增强 PM_{10} 的影响
SGA、LGA	Wang et al., 2019[135]	2015~2017 年；中国广州；回顾性队列研究；n=506000	PM_{10}、$PM_{2.5}$、季节（春、夏、秋、冬）	孕早、中、晚期	季节修饰了 $PM_{2.5}$ 和 PM_{10} 对 SGA 的效应，夏季和秋季 SGA 风险增加
CHD	Jiang et al., 2021[136]	2015~2018 年；中国长沙；病例对照研究；n=10131	$PM_{2.5}$、温度	孕早期	温度与 $PM_{2.5}$ 对 CHD 有协同作用，中低强度的高温协同作用更明显
CHD	Simmons et al., 2021[137]	1999~2007 年；美国；病例对照研究；n=6857	$PM_{2.5}$、温度	孕 3~8 周	高温与 $PM_{2.5}$ 对室间隔缺损有交互作用
CHD	Stingone et al., 2019[138]	1999~2007 年；美国；病例对照研究；n=6665	$PM_{2.5}$、温度	孕早期	极端高温与 $PM_{2.5}$ 对室间隔缺损存在交互作用
GDM	Zhang et al., 2021[139]	2011~2014 年；中国广州；前瞻性队列研究；n=5165	$PM_{2.5}$、PM_{10}、温度	极端高温：孕 21~22 周；极端低温：孕 14~17 周；昼夜温差：孕 21~24 周	极端温度及昼夜温差与 $PM_{2.5}$ 和 PM_{10} 对 GDM 无交互作用

注：PTB，早产；LBW，低出生体重；SGA，小于胎龄儿；CHD，先天性心脏病；GDM，妊娠糖尿病

通过上述汇总我们可以发现，在这些研究中，除了个别研究，大部分均发现大气颗粒物与气象因素对不良孕产结局存在正向交互作用。但是，目前研究也存在一些局限性：研究的结局较单一，对其他重要的不良孕产结局，例如死产、出生缺陷、先天性畸形等关注较少；研究的暴露较单一，大部分研究关注的都是 $PM_{2.5}$ 与温度间的交互作用，而其他大气颗粒物如 PM_1、超细颗粒物（ultrafine particles，UFPs）的粒径较 $PM_{2.5}$ 更小，可进入呼吸道更深处，且有研究发现在动物和人体胎盘中均可检测出 UFPs，这表明 UFPs 可能通过胎盘屏障对胎儿健康造成影响，但目前缺乏研究。

5. 其他健康结局

大气颗粒物和气象因素的联合作用对人体健康影响广泛，除了前述的健康结局外，还包括精神与行为障碍、肺癌、特应性皮炎等。

1）精神与行为障碍

精神与行为障碍是国际疾病分类第十版（ICD-10）中根据临床特点对精神疾病的一种分类，包括精神分裂症、抑郁症、双相情感障碍等多种疾病，其发病可能受到大气颗粒物与气象因素交互作用的影响。河北石家庄的一项 $PM_{2.5}$ 对精神与行为障碍影响的研究根据季节分层后发现，$PM_{2.5}$ 在寒冷的季节（10 月至次年 3 月）和精神与行为障碍有关，而在温暖的季节（同年 4~9 月）无关；安徽铜陵的一项时间序列研究以每日平均温度的第 50 百分位数（50th）为对照，将温度分为低温（5th，10th 或 20th）、中温（5~95th，10~90th 或 20~80th）和高温（95th、90th 或 80th），发现 $PM_{2.5}$ 在高温下与精神分裂症入院风险关联最强，且入院风险随着温度的升高而增加。

2）肺癌

肺癌与大气颗粒物间的关系已得到充分证明，但不同研究结果间存在较大的异质性，有研究者发现这些差异可能来源于气象因素的修饰作用。例如：我国近期一项基于全国 345 个县区的横断面调查发现在气温或相对湿度较高的县区，PM_1 与男性肺癌发病率之间的相关性更强；同样，另一项涵盖北京、广州、重庆 3 个超大城市的研究发现年平均温度每增加 1℃且年平均湿度每增加 1%，$PM_{2.5}$ 对肺癌死亡率的影响分别增加 0.12%（95%CI：0.01%，0.23%）和 0.04%（95%CI：0.002%，0.07%）。

3）特应性皮炎

特应性皮炎是一种常见的慢性、复发性、炎症性皮肤病，其病因尚未明确。有研究发现，与暖季相比，在寒冷的季节 $PM_{2.5}$ 和 PM_{10} 对特应性皮炎的入院率影响更大。这种季节性的差异可能是由于暖季潮湿的天气滋润了皮肤从而缓解特应性皮炎的症状，而冷季干燥的天气则加重了特应性皮炎的症状从而促使病人就诊。

本节以几类典型的健康结局为主介绍了大气颗粒物与气象因素交互作用的健康效应。总的来说，在健康结局方面，目前研究关注的传染性疾病以呼吸道传染病的发病率与死亡率为主，心血管疾病以总体发病率与死亡率为主，呼吸系统疾病以总体入院率、死亡率和哮喘的发病率为主，不良孕产结局以早产为主；在暴露因素方面，颗粒物主要为 $PM_{2.5}$ 和 PM_{10}，气象因素主要为季节、温度和湿度；在研究方法方面，大多数研究主要采用分层分析评估效应修饰作用，少量研究计算相加模式下交互作用系数（RERI、AP 和 S 指数）定量评估交互效应。此外，目前交互作用的研究大多是基于死因登记、传染病登记和出生登记系统等收集数据设计回顾性研究，缺乏研究对象在吸烟、饮酒、运动和饮食等个体行为层面的信息，导致在研究中无法控制这些重要的混杂因素，且对于研究对象个体环境暴露评估的精确性也有待进一步提高。

10.2.3 "双碳"目标下的健康协同效益

2020 年 9 月 22 日，国家主席习近平在第七十五届联合国大会一般性辩论上发表重要讲话[140]："中国将提高国家自主贡献力度，采取更加有力的政策和措施，二氧化碳排放力争于 2030 年前达到峰值，努力争取 2060 年前实现碳中和。"

"双碳"目标的实现，将带来巨大的健康协同效益。一方面，碳中和愿景下的碳减排措施将会大幅度提升中国的环境质量，从而改善中国居民的健康水平。通过可再生能源替代化石燃料、能效提高以及工艺流程改造等手段，能够减少当地大气污染物排放，改善当地环境质量，进而降低人体对大气颗粒物的暴露和相关的健康损害（图 10-3）。另一方面，碳减排措施将产生直接的气候效应，低碳转型能够减少温室气体的排放，降低大气中的辐射强迫，进而减少气候变化带来全球变暖和极端天气气候事件，从而避免相应的健康损害[141]。

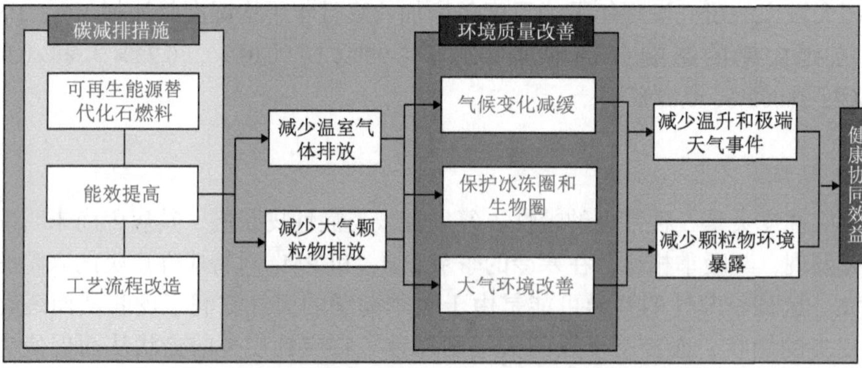

图 10-3　碳减排措施产生健康协同效益的主要途径

1. 碳减排措施对大气颗粒物的影响及健康效应

大气颗粒物的排放减少将带来显著的空气质量的提升，并产生相应的健康效应。例如，将化石燃料替代为可再生能源，能够减少发电过程中的污染物排放，从而降低与 $PM_{2.5}$ 相关的中风、缺血性心脏病、慢性肺阻塞病和肺癌等疾病的过早死亡风险[142]；在农村地区使用电能替代生物质不完全燃烧，能够有效避免室内空气污染对家庭主妇造成的健康损害[143]；全国各地的电力部门减排 1.95 亿吨 CO_2 时，可避免 1120 例 $PM_{2.5}$ 相关的过早死亡[106]；京津冀地区钢铁行业按计划去产能时，预计 2030 年 $PM_{2.5}$ 浓度分别下降 0.2 μg/m³、0.3 μg/m³ 和 0.7 μg/m³，进而可避免 5.18 万例过早死亡和 56 亿元经济损失[144]。

碳达峰情景下，2030 年中国的年平均 $PM_{2.5}$ 浓度将下降到 24~35 μg/m³ 左右，能够避免的与 $PM_{2.5}$ 相关的过早死亡人数在 3 万~20 万人左右[145-149]；碳中和情景下，2060 年全国人群 $PM_{2.5}$ 年均暴露水平将降至 8 μg/m³ 左右，届时将有 78%的人群 $PM_{2.5}$ 年均暴露水平低于 WHO 指导值（10 μg/m³）[150]。

2. *碳减排措施对气候变化的影响及健康效应*

碳减排措施将有效减缓全球变暖，并产生相应的健康效应。中国碳中和目标贡献的减排有望使全球平均温升下降 0.2 至 0.3℃[151]，因此能够一定程度上降低温升带来的健康风险，如与高温相关的过早死亡和劳动力生产率损失等。近期的一项研究预估了我国气候变化下未来热相关死亡风险，发现在 1.5℃升温情景下，即使考虑人口适应能力的提升，中国城市每年热相关超额死亡率将从 1986~2005 年的 32.1/百万人增加到 48.8~67.1/百万人；在 2.0℃升温情景下，每年热相关超额死亡将比 1.5℃升温情景多 2.7 万例/年[152]。另一项全国范围的研究显示，在高排放情景（RCP8.5）下，热相关超额死亡率预计将从 2010 年的 1.9%增加到 2030 年的 2.4%和 2090 年的 5.5%[140]。据测算，中国在 RCP4.5 情景（对标碳达峰情景）下相比于 RCP8.5 情景，能够避免的高温相关的过早死亡人数在 2090 年为 10 万人左右[140]。碳中和目标作为一个更为严格的减排目标，产生的与高温相关的健康效益应该更大。

“双碳”目标实现可带来可观的健康协同效益。我国由于人口密度大，污染物背景浓度偏高，是低碳转型健康协同效益最显著的地区[145-148]。已有研究表明，考虑健康协同效益对低碳转型政策的设计进行优化，能够提升政策收益[153]。尽管如此，健康协同效益尚未被纳入到低碳转型相关的政策考虑中。我国正面临着未来碳中和路径的决策，不同路径的健康协同效益有着较大的差异，如何权衡这些差异，实现碳减排与公众健康的双赢，将是我国未来面临的重要挑战[154]。

10.2.4　小结

在过去的几十年中，大量的流行病学研究表明大气颗粒物与人类健康有关，这些研究帮助政府及相关部门制订了一系列环境污染物的质量标准，使得空气质量得到了较大程度的改善。在全球气候变化背景下，气候变化及相关极端事件将成为人类健康的最大威胁之一。大气颗粒物与气象因素可能产生交互效应加剧健康危害。目前的研究证据提示我们，减少复合暴露所带来的效益更大，尤其是对老年人、儿童以及孕妇等脆弱人群。尽管目前具体的生物学机制尚不完全清楚，但这一领域的公共卫生意义重大，未来需要在不同气候及不同经济水平的地区开展相关研究，从复合暴露角度探索大气颗粒物与气象因素对健康的交互作用，以帮助决策者采取更有针对性的政策与措施进一步促进人类的健康与发展。

"碳达峰碳中和"是我国坚定执行的战略，"双碳"目标驱动的气候减缓政策可以促进能源结构的优化和化石能源消费的下降，不仅能降低碳排放，同时还能显著减少大气污染物的排放和污染治理的成本，带来可观的健康协同效益。在实现双碳目标的路径选择中，亟须将公众健康纳入进行考量，其产生的健康协同效益可以为"碳达峰碳中和"目标的实现提供"面向人民生命健康"层面的科学依据，促进我国环境与健康可持续发展。

10.3 大气颗粒物与居住环境因素交互作用对健康的影响

居住环境，主要包括居住地周围的自然环境和建成环境，是人类接触最为密切的环境。随着全球快速的城市化发展，越来越多的人移居至城市，居住环境发生了显著的变化，一些居住环境特征，如绿地、水体、建成环境（如道路密度、街区可步行性等）和噪声等对人类健康的影响得到了广泛的关注。例如，居住于绿地较多的环境已被证明与更低的心血管疾病和代谢综合征患病风险有关，而居住于不宜步行的街区则被认为与高血压和糖尿病的高风险相关。居住环境特征如绿地、水体除通过缓解压力、促进体育锻炼等途径直接对人体健康产生影响外，还可能与大气颗粒物相互作用，影响甚至拮抗大气颗粒物对健康的危害。

目前，居住环境特征与空气污染之间的关系备受关注。许多研究表明多种居住环境指标与空气污染密切相关，如高水平道路密度、车流量与空气污染水平之间存在正相关关系；而绿地和水体的存在可能会降低环境颗粒物浓度。此外，大气颗粒物可能作用于居住环境，从而延长和加重其对人体的危害。目前我国的建成环境变化迅速，且空气污染还处于较高水平，因此，明确大气颗粒物与居住环境的交互作用对健康的影响是十分重要的。

10.3.1 大气颗粒物与居住环境的关系

大气颗粒物为大气中悬浮、滞留和沉降的物质粒子。居住环境因素，包括绿地、水体、建筑和噪声会对大气颗粒物浓度水平和化学成分产生重要的影响。

1. 大气颗粒物与绿地的关系

绿地指自然植被覆盖的区域，如森林、城市公园、道路绿化带以及私家花园等。绿地可以通过植物叶面、枝条表面、茎秆或者气孔、皮孔吸收直接捕获大气颗粒物（如 $PM_{2.5}$、PM_{10}），起到滞尘作用，通过植被覆盖地表减少地面扬尘，其复杂的冠层结构还可以降低风速促进颗粒物沉降或改变风速阻拦颗粒物进入局部区域，降低 $PM_{2.5}$、PM_{10} 浓度[155,156]。许多研究表明，林地 $PM_{2.5}$ 和 PM_{10} 浓度低于林外和城市背景值[157,158]。许珊等还发现，城市绿地面积比与 $PM_{2.5}$ 浓度呈负相关[159]。King 等的研究结果显示纽约城市森林对 PM_{10} 的削减能力可达到 4%~20%[160]。绿地影响颗粒物的主要因素包括：①植被覆盖率。城市植被覆盖率越大，颗粒物浓度越小[159,161]。城市绿地斑块面积越大，滞尘能力越强，对颗粒物浓度降低作用也越大[162]。②植被群落结构和生长季节。城市绿化带对 $PM_{2.5}$ 消减作用与其宽度和植物群落结构有关，群落内郁闭度高，多复层结构的绿化带对 $PM_{2.5}$ 消减作用高于郁闭度低、单层结构的绿化带[163]。叶片发育的季节，灌木和阔叶林的滞尘能力最好，而在落叶季节，针叶林和混合林的滞尘能力最好[164]。③大气污染程度。不同的污染背景下，道路绿化带对 $PM_{2.5}$ 消减作用不同。随着颗粒物浓度增大，道路绿化带对 $PM_{2.5}$ 消减作用减弱[163]。此外，草地因植被较矮，无法影响悬浮在空中的颗粒物，滞尘能力较灌木等其他城市绿地类型弱，但其覆盖减少了地面尘源，因此草地的颗粒物浓度也低于城市建设用地等环境[163]。

绿地中的植被能有效阻滞空气中的颗粒物，但沉积在植物表面的颗粒物仍可进一步危害植物和土壤。植物体表面的颗粒物可能被雨水冲刷，进入土壤，或通过气孔之间进入植物体内，参与循环,造成有害元素在植物和土壤中富集。其次，大气颗粒物可能会增加植物花粉产量，诱导植物花粉中的致敏原蛋白表达，或直接与花粉结合，引起人体过敏反应。最后，也有证据表明，当空气污染物作为一种压力源作用于植物时，植物会释放生物性挥发性有机物（biogenic volatile organic compounds, BVOCs），并与空气中的氮氧化物结合生成臭氧，降低空气质量。

2. 大气颗粒物与水体的关系

关于水体和湿地与颗粒物关系的研究还较少，目前已有的证据表明水体区域的颗粒物浓度较高，且秋季浓度高于冬季[159,165]。水体的增湿效应可能是影响颗粒物浓度的主要原因。

3. 大气颗粒物与其他建成环境的关系

城市建成环境是影响大气颗粒物浓度的重要环境类型，通常被看作是颗粒物最重要的排放源。城市化和经济快速发展导致建成区面积不断扩张，一方面大量工业活动和能源消耗集中在城市及周边区域，大气污染物集中排放，同时人口集聚，更多交通、城市建设等人类活动带来的汽车尾气和扬尘直接增加大气颗粒物浓度，导致城市内颗粒物浓度高于郊区和农村[166,167]。首先，就城市内部而言，高浓度 $PM_{2.5}$ 主要分布在居住用地、工业用地、交通用地和道路拥堵结节点[162]，这可能与这些区域的能源燃烧和汽车尾气排放有关；而城市建设活动对 PM_{10} 的响应更明显，Font 等对道路拓宽建设活动期间及前后的 $PM_{2.5}$、PM_{10} 浓度进行了连续观察，发现活动期间和工程完成后 PM_{10} 明显升高，$PM_{2.5}$ 变化不大[168]。其次，从建成环境的空间格局上看，城市建筑呈现出集聚发展和蔓延发展两种格局类型，集聚型的城市格局可以显著改变居民的出行方式，增加公共交通的分担率，有效降低汽车的使用率和尾气排放量；而蔓延型城市格局往往因机动车使用率高，污染物排放高，空气质量也较差[169,170]。两种格局类型对比研究表明，集聚型城市比蔓延型城市在汽车尾气排放方面能预期减少 7.8%的碳氢化合物、6.3%的一氧化碳、5.5%的氮氧化合物[171]，而这些是影响颗粒物浓度的主要污染物。最后，尽管城市建成环境结构复杂，能降低风速、改变颗粒物的流速和方向，使较大颗粒物重力干沉降加快[172]，甚至建筑物墙面和道路表面能滞留和承载部分粉尘，但没有降水的情况下，因道路和墙面粗糙程度低，表面的颗粒物易被风吹起成为二次扬尘。综上，城市建成环境是颗粒物的“源”环境，其中 $PM_{2.5}$ 主要受建成环境的类型影响，而 PM_{10} 主要受城市建设活动的影响，城市建筑的形态和格局也会影响大气颗粒物浓度。

10.3.2 大气颗粒物与居住环境因素交互作用对各系统的影响

1. 呼吸系统疾病

呼吸道是直接暴露于颗粒物的器官，颗粒物进入肺部可使支气管的通气功能下降、细支气管和肺泡的换气功能丧失。吸附着有害物质的颗粒物可以刺激或腐蚀肺泡壁，长期作用使呼吸道防御机能受到损害，发生呼吸系统疾病。同时，不同的居住环境也会对呼吸系统疾病产生重要的影响。过去数十年中，关于大气颗粒物和居住环境因素对呼吸系统疾病独立影响的研究比较充分。绿地、水体和建成环境因素可能通过改变微小气候和生活方式以影响呼吸系统健康，此外，长期居住于不同环境的人群其呼吸道对大气颗粒物的敏感性也不同。本书第四章节已经介绍了大气颗粒物对呼吸系统健康的影响。本节主要介绍居住环境对呼吸系统疾病的影响，以及大气颗粒物与居住环境因素交互作用对呼吸系统疾病的影响。

1）居住环境对呼吸系统的影响

目前已有多项研究探究了绿地与呼吸系统疾病的关联，但结论尚不一致。一项纳入 108 项研究的系统综述显示，绿地暴露与更低的呼吸系统死亡风险以及更好的肺功能有关，但关于其他呼吸系统结局（哮喘、肺癌、呼吸系统症状和鼻炎）的结论上不一致[173]，例如，近年一项中国北方开展的研究发现绿地暴露与儿童哮喘患病率降低有关[174]，但在另一项于澳大利亚和意大利儿童中开展的研究并没有发现这样的关联[175]。这种不同的结论可能与特定的城市背景以及绿地中的植被类型有关。

水体可加湿空气，降低环境温度，有利于缓解呼吸道症状，但关注水体与呼吸系统疾病的研究数量较少。一项横断面研究发现，居住地距水体更远的慢性阻塞性肺病（chronic obstructive pulmonary disease, COPD）患者有着更差的健康相关生命质量（health-related quality of life, HRQL）[176]，而另一项有关城市土地利用模式与健康的系统综述未发现水体与呼吸系统结局的显著关联[177]。

城市建成环境对呼吸系统疾病影响涉及多个方面，如居住于拥堵的城市环境中可能增加儿童罹患哮喘的风险[178]；同样，居住于人口密度高的地区可能与 COPD 患病率增加有关。此外，国内一项横断面调查发现，居住地周围餐饮店越多，居民的呼吸系统状况越差；而居住在离主干道较远以及通风较好的环境中与较好的呼吸系统状况有关[179]。除上述居住环境特征以外，环境噪声也会通过影响免疫系统、损伤结缔组织而导致呼吸系统疾病[180]。Liu 等[181]在丹麦护士队列中观察到交通噪声暴露显著增加 COPD 的患病风险；另一项病例交叉研究发现，65 岁以上人群中，最大夜间噪声水平每增加 1dBA（滞后 0 天或 1 天），COPD 归因死亡率升高 4%[182]。

2）颗粒物与居住环境因素交互作用对呼吸系统疾病的影响

近年来，国际上开始开展研究来揭示大气颗粒物与居住环境因素的交互作用，但关注两者对呼吸系统影响的交互作用的研究还较少。

一些研究发现了绿地与大气颗粒物对呼吸系统疾病的影响具有交互效应。英国一项纳入 22645 名参与者的横断面研究发现更高密度的树与更低的哮喘住院率有关，且这种保护效应在 $PM_{2.5}$ 浓度高于 13.52 μg/m³ 时更强[183]。而一项国内的研究基于更高水平的颗粒物浓度得出了新的结论：在大气颗粒物污染处于中低水平（PM_1＜42 μg/m³）时，绿地暴露对儿童肺功能具有保护作用，但在高水平颗粒物污染（PM_1＞55 μg/m³）存在的情况下绿地暴露可能与更差的儿童肺功能有关[184]。

此外，一项丹麦护士队列研究发现了 $PM_{2.5}$ 和噪声暴露均会增加 COPD 的发病风险，但两者无交互作用[181]。而其他关于颗粒物和噪声与呼吸系统疾病的研究仅评估了两者的单独效应，未探究两者交互效应。

2. 心血管系统疾病

大气颗粒物是导致心血管系统疾病的重要空气污染物之一。颗粒物的长期或短期暴露可导致人群心血管系统疾病（主要包括动脉粥样硬化、心肌缺血、心肌梗死和心律失常等）发病率和死亡率升高。绿地、水体和噪声等环境因素对心血管系统产生影响的生物学通路与颗粒物相似，主要包括改变血液黏稠度和血液动力学（如绿地和水体可促进居民体育锻炼，噪声作为压力源会引起人体儿茶酚胺和皮质醇升高）。本节主要介绍居住环境因素对心血管系统健康的影响，以及大气颗粒物与气象因素之间的交互作用对心血管系统疾病的影响。

1）居住环境对心血管系统疾病的影响

绿地与心血管系统疾病的保护性关联已在多项研究中被发现。一项系统综述与 meta 分析综合了迄今为止绿地与心血管系统疾病的 53 项流行病学证据，发现较高水平的归一化植被指数（normalized difference vegetation index, NDVI）与较低的心血管疾病死亡率、缺血性心脏病死亡率、脑血管疾病死亡率和卒中发病率/患病率风险相关，如，NDVI 每增加 0.1 个单位，心血管疾病死亡率降低 2%~3%[185]。此外，绿地暴露还与较低的高血压以及血脂代谢紊乱患病率有关[186,187]。

水体和心血管系统疾病间的关系也逐渐得到关注。一项在英国开展的回顾性队列研究发现，在极度贫困的地区，靠近水体的居住地与更低的心血管系统疾病（心血管疾病、高血压、糖尿病和中风）患病风险有关[188]，这可能是由于接近水体与减轻心理压力以及增加体力活动有关[189]。

噪声对心血管系统健康也具有广泛的影响。噪声作为一种压力源可能导致儿茶酚胺分泌增多，提高氧化应激水平而引起小血管收缩、破坏血管内皮细胞，从而导致心血管系统疾病。一项重复测量研究发现短期暴露于环境噪声会使收缩压显著增高[190]；还有证据表明交通噪声暴露与更高的缺血性心脏病[191]和卒中[192]的发生风险有关。

2）大气颗粒物与居住环境交互作用对心血管系统疾病的影响

近年来，有多项研究关注大气颗粒物与居住环境对彼此的效应修饰作用，以及两者之间的交互作用对心血管系统疾病的影响，见表 10-5。

表 10-5　大气颗粒物与居住环境因素对心血管系统疾病影响的交互作用

研究	研究特征	暴露	结局	主要发现
S. Heo, et al., 2015[193]	美国 *n*= 364 区县 生态学研究	$PM_{2.5}$，PM_{10}，绿地	心血管系统疾病住院率	绿地水平显著降低区县水平 $PM_{2.5}$ 暴露归因的心血管系统疾病住院率
M.Yitshak-Sade, et al., 2022[194]	美国 *n*=179986 横断面研究	$PM_{2.5}$，可步性，绿地	心血管疾病死亡率	在白人比例较低、受教育水平较低的人群中发现绿地削弱 $PM_{2.5}$ 与心血管疾病死亡率的关联；但未发现可步性与 $PM_{2.5}$ 的交互作用
G. Li, et al., 2022[195]	安徽省 *n*=8383 横断面研究	$PM_{2.5}$，PM_{10}，绿地，气温	高血压患病率	绿地对高血压患病的保护效应随着颗粒物浓度升高而降低
Hankey, et al., 2012[196]	美国 *n*=30007 横断面研究	居住区可步性，$PM_{2.5}$	缺血性心脏病患病率	可步行性高和低的社区，由空气污染导致的缺血性心脏病死亡率相似
N. S. Liao, et al., 2022[197]	美国 *n*=83560 队列研究	$PM_{2.5}$，绿地，居住区可步性	心血管疾病死亡率	$PM_{2.5}$ 与更高的心血管疾病死亡率有关，且关联在可步性高的区域更强
Z. Yang, et al., 2022[162]	宁波市 *n*=27375 队列研究	$PM_{2.5}$，可步性	缺血性中风发病率	在较低的 $PM_{2.5}$ 浓度下，可步性与缺血性中风的风险呈负相关，但这种关联随着 $PM_{2.5}$ 浓度的增加而减弱
H. Kälsch, et al., 2014[198]	德国 *n*=4814 横断面研究	$PM_{2.5}$，交通噪声	动脉粥样硬化患病率	未发现空气污染与噪声的交互作用
J.O. Klompmaker, et al., 2014[199]	荷兰 *n*=387195 横断面研究	$PM_{2.5}$，绿地，交通噪声	糖尿病、高血压、心脏病发作、卒中患病率	未发现空气污染与绿地、噪声的交互作用
Y. H. Lim, et al., 2021[181]	丹麦 *n*=22189 队列研究	$PM_{2.5}$, NO_2，交通噪声	心衰事件发生率	未发现交通噪声与 $PM_{2.5}$ 的交互作用

目前，有研究发现了绿地暴露与大气颗粒物对心血管系统疾病发病率的交互作用，发现在社会经济地位较低的人群中，住宅区绿地可能会削弱 $PM_{2.5}$ 暴露与心血管系统疾病死亡率的关联[194]。也有研究探究了社区可步行性和颗粒物暴露

的交互作用。一项来自在美国开展的横断面研究发现，在可步行性高的街区，$PM_{2.5}$ 与心血管疾病死亡率的关联更强；而另一项在中国开展的研究发现，街区的可步行性对缺血性中风的发生风险具有保护效应，但这种效应随着 $PM_{2.5}$ 浓度的升高而降低。因此，可能在不同颗粒物浓度背景下，社区可步行性对健康的影响可能不同。此外，多项研究评估了噪声与大气颗粒物共同暴露对心血管系统疾病的影响，但均未发现两者有显著的交互作用。

3. 不良妊娠结局

不良出生结局包括妊娠期糖尿病等妊娠其并发症以及早产、死产和低出生体重等病理性妊娠结局。女性在妊娠期对各种环境因素更加敏感，除颗粒物暴露外，居住环境因素也会影响产妇与胎儿的健康状况。本节主要介绍居住环境的独立作用和颗粒物暴露与居住环境因素交互作用对妊娠结局的影响。

1）居住环境对不良妊娠结局的影响

住宅区绿地水平对胎儿出生结局的影响是近年来研究热点领域之一，多项研究发现母亲孕期暴露对出生结局具有保护效应。例如，在一项系统综述与 meta 分析中，作者发现较高的住宅绿化水平通常与较高的出生体重和较低的低出生体重风险有关[200]。一项评估高温对孕妇流产风险的研究发现，对于居住在绿地水平较高的妇女，高温致其流产的风险更小[201]。此外，还有研究表明母亲孕期绿地暴露对胎儿先天性心力衰竭的发展具有保护作用[202]。绿地对妊娠结局保护作用可能的机制在于通过降低各种化学性（如空气污染）或非化学性压力源（如高温、噪声等）而降低氧化应激水平。

噪声对不良妊娠结局的影响主要体现在导致母亲妊娠期高血压疾病[203]、早产[204]和胎儿低出生体重[200]。噪声作为一种压力源，可能会导致母亲产生压力应激反应[205]，引起子宫和胎盘血管收缩；此外，噪声暴露可能会导致孕妇睡眠障碍[206]，这两种生物学反应都与不良妊娠结局的发生有关[207,208]。

2）居住环境与颗粒物交互作用对不良妊娠结局的影响

相较于大气颗粒物和居住环境对不良孕产结局的独立作用，对两者交互作用的研究较少。目前仅一项在北京开展的出生队列研究评估了大气颗粒物暴露与绿地的交互作用对出生结局的影响，发现母亲孕期绿地暴露可能削弱大气颗粒物与子代两岁时 BMI 的负向关联[209]。母亲孕期体内氧化与抗氧化过程的失衡可能影响子代生长发育。大气颗粒物可增加母亲孕期氧化应激水平，而绿地暴露则可能通过缓解压力、吸附颗粒物有害组分以及鼓励体育锻炼来拮抗颗粒物暴露的危害效应。因此，同时改善居住环境绿化水平和控制颗粒物浓度可能对促进儿童生长发育具有更显著的作用。

4. 传染性疾病

颗粒物对传染性疾病的三要素都具有一定的影响，如改变病原体毒力、加快病原体传播速度、影响易感人群的免疫力等。居住环境因素如绿地、水体和噪声等也可能在传播途径与人群易感性方面影响传染病的发展。

1）居住环境对传染病的影响

绿地与多种传染病相关环境因素（如降低气温、增加湿度、为虫媒提供栖息地等）存在关联，因此，一些研究也对绿地暴露和传染病的关系进行了评估，特别是在新型冠状病毒感染（COVID-19）大流行以来。以往的研究发现绿地暴露可能降低痢疾和手足口病的发生率，但也与更高的结核、疟疾和登革热的发生风险有关[210-212]。有关绿地与新冠病毒感染的研究发现，社区内树冠的面积越大，新冠病毒感染发生风险越低[213]；从国家层面上看，绿地水平高的国家新冠病毒感染病例数和死亡数都显著低于绿地水平较低的国家[214]。

理论上来看，水体同样会影响传染病的发生和传播，但目前关于水体与传染病关系的研究较少。一项系统综述总结了国内关于土地利用模式与登革热的关系，发现关于水体与中国登革热发病及传播的研究具有不一致的结论[215]。此外，还有一项波兰的研究发现，水体数量越多的区县新冠病毒的感染和死亡病例数越低[216]。

一项系统综述总结了紧凑型社区结构（更高的可步行性和人口密度）对新冠病毒感染流行的影响，但发现不同研究间结论尚不一致[217]。例如，一项涉及美国多个州的生态学研究发现人口密度与新冠病毒感染人数的正相关关系[218]，而另外两项纽约州的生态学研究报告了负相关且不显著的结果[219,220]。

2）大气颗粒物与居住环境因素交互作用对传染性疾病的影响

目前的大多数研究仅关注颗粒物和居住环境对传染病的单独效应，仅有一项来自英国生物银行队列的研究评估了居住环境与颗粒物暴露的交互作用。这项研究评估了居住区绿地与 $PM_{2.5}$ 暴露和新冠病毒检测阳性率的关联，发现 $PM_{2.5}$ 浓度与社区新冠病毒检测阳性率呈正相关，但绿地水平的增加可能显著削弱这样的关联，尤其是在社会经济地位较低的人群中[221]。

5. 其他健康结局

大气颗粒物与居住环境的交互作用对人体健康影响广泛，除了前述的健康结局外，还包括精神健康和全因死亡率等。

已有证据表明，颗粒物暴露与较差的精神健康有关，且两者的关系可能受居住环境的影响。荷兰的一项关于 $PM_{2.5}$ 和绿地暴露对青少年精神健康影响的研究发现，$PM_{2.5}$ 与青少年的精神健康评分呈负相关，且这种关联在绿地水平较低的地区更强[222]。此外，绿地水平较高的区域，$PM_{2.5}$ 对全因死亡风险的影响可能更小[223]。

本节以几类典型的健康结局为主介绍了大气颗粒物与居住环境因素交互作用的健康效应。总的来说，在健康结局方面，目前研究关注的心血管疾病以常见心血管系统疾病如高血压、缺血性心脏病的发病率/患病率为主，呼吸系统疾病以总体患病率和哮喘的发病率为主，不良孕产结局以低出生体重为主；在暴露因素方面，颗粒物主要为 $PM_{2.5}$ 和 PM_{10}，居住环境因素主要为绿地和噪声；在研究方法方面，大多数研究主要采用亚组分析评估效应修饰作用，少量研究计算相加模式下交互作用系数（RERI 指数）定量评估交互效应。此外，目前评估交互作用的研究多数为横断面研究，无法确定环境因素之间以及环境因素与结局的时序关系，因此因果论证的能力较差。

10.3.3 小结

在过去的几十年中，我国居民的居住环境发生了巨大的改变，同时，空气污染虽然得到了一定的控制，但依然是影响居民健康的重要环境因素。目前的研究证据提示我们，同时改善空气质量与居住环境所带来的效益更大。尽管目前具体的生物学机制尚不完全清楚，但这一领域具有重要的公共卫生意义，未来在探索颗粒物暴露的危害效应时应同时考虑居住环境因素的影响，从复合暴露角度探索大气颗粒物与居住环境因素对健康的交互作用，以帮助决策者采取更有针对性的政策与措施进一步促进居民健康。

（王　琼① 杨博逸② 许姝丽③）

参 考 文 献

[1] Mauderly J L, Samet J M. Is there evidence for synergy among air pollutants in causing health effects? [J]. Environmental Health Perspectives, 2009, 117(1): 1-6.

[2] Kinney P L. Interactions of climate change, air pollution, and human health [J]. Current Environmental Health Reports, 2018, 5(1): 179-186.

① 中山大学

② 中山大学

③ 深圳市宝安区公共卫生服务中心

[3] Lavigne E, Burnett R T, Weichenthal S. Association of short-term exposure to fine particulate air pollution and mortality: Effect modification by oxidant gases [J]. Scientific Reports, 2018, 8 (1) : 16097.

[4] Park H J, Lee H Y, Suh C H, et al. The effect of particulate matter reduction by indoor air filter use on respiratory symptoms and lung function: A Systematic Review and Meta-analysis [J]. Allergy Asthma & Immunology Research, 2021, 13 (5) : 719-732.

[5] Patial S, Saini Y. Lung macrophages: Current understanding of their roles in ozone-induced lung diseases [J]. Critical Reviews in Toxicology, 2020, 50 (4) : 310-323.

[6] Parodi S, Vercelli M, Garrone E, et al. Ozone air pollution and daily mortality in Genoa, Italy between 1993 and 1996 [J]. Public Health, 2005, 119 (9) : 844-850.

[7] Gold D R, Damokosh A I, Pope C A 3rd, et al. Particulate and ozone pollutant effects on the respiratory function of children in southwest Mexico City [J]. Epidemiology, 1999, 10 (1) : 8-16.

[8] Parker J D, Akinbami L J, Woodruff T J. Air pollution and childhood respiratory allergies in the United States [J]. Environmental Health Perspectives, 2009, 117 (1) : 140-147.

[9] Vincent R, Bjarnason S G, Adamson I Y, et al. Acute pulmonary toxicity of urban particulate matter and ozone [J]. American Journal of Clinical Pathology, 1997, 151 (6) : 1563-1570.

[10] Adamson I Y, Vincent R, Bjarnason S G. Cell injury and interstitial inflammation in rat lung after inhalation of ozone and urban particulates [J]. American Journal of Respiratory Cell and Molecular Biology, 1999, 20 (5) : 1067-1072.

[11] Blomberg A, Mudway I, Svensson M, et al. Clara cell protein as a biomarker for ozone-induced lung injury in humans [J]. European Respiratory Journal, 2003, 22 (6) : 883-888.

[12] Zhu L, Fang J, Yao Y, et al. Long-term ambient ozone exposure and incident cardiovascular diseases: National cohort evidence in China [J]. Journal of Hazardous Materials, 2024, 471: 134158.

[13] Niu Y, Zhou Y, Chen R, et al. Long-term exposure to ozone and cardiovascular mortality in China: A nationwide cohort study [J]. The Lancet Planetary Health, 2022, 4(6): e496-e503.

[14] Yin C M, Zhang Y, Hu W D, et al. Effects of interaction between $PM_{2.5}$ and O_3 8-h max on mortality of cardiovascular diseases in Chengdu [J]. Sichuan DaxueXuebao YiXue Ban, 2021, 52 (6) : 981-986.

[15] Stieb D M, Chen L, Eshoul M, et al. Ambient air pollution, birth weight and preterm birth: A systematic review and meta-analysis [J]. Environmental Research, 2012, 117: 100-111.

[16] Siddika N, Rantala A K, Antikainen H, et al. Synergistic effects of prenatal exposure to fine particulate matter ($PM_{2.5}$) and ozone (O_3) on the risk of preterm birth: A population-based cohort study [J]. Environmental Research, 2019, 176: 108549.

[17] Kannan S, Misra D P, Dvonch J T, et al. Exposures to airborne particulate matter and adverse perinatal outcomes: A biologically plausible mechanistic framework for exploring potential effect modification by nutrition [J]. Environmental Health Perspectives, 2006, 114 (11) : 1636-1642.

[18] Lin H, Guo Y, Ruan Z, et al. Ambient $PM_{2.5}$ and O_3 and their combined effects on prevalence of presbyopia among the elderly: A cross-sectional study in six low- and middle-income countries [J]. Science of the Total Environment, 2019, 655: 168-173.

[19] United States Environmental Protection Agency. Integrated Science Assessment（ISA）for Oxides of Nitrogen – Health Criteria（Final Report, Jan 2016）[R]. https://cfpub.epa. gov/ncea/isa/recordisplay. cfm?deid=310879. 2016.

[20] Hoek G, Krishnan R M, Beelen R, et al. Long-term air pollution exposure and cardio- respiratory mortality: A review [J]. Environmental Health, 2013, 12 (1) : 43.

[21] Aga E, Samoli E, Touloumi G, et al. Short-term effects of ambient particles on mortality in the elderly: results from 28 cities in the APHEA2 project [J]. European Respiratory Journal Suppl, 2003, 40: 28s-33s.

[22] Samoli E, Peng R, Ramsay T, et al. Acute effects of ambient particulate matter on mortality in Europe and North America: results from the APHENA study [J]. Environmental Health Perspectives, 2008, 116 (11) :

1480-1486.

[23] Hamra G B, Laden F, Cohen A J, et al. Lung cancer and exposure to nitrogen dioxide and traffic: A systematic review and meta-analysis [J]. Environmental Health Perspectives, 2015, 123 (11): 1107-1112.

[24] Cibattini M, Rizzello E, Lucaroni F, et al. Systematic review and meta-analysis of recent high-quality studies on exposure to particulate matter and risk of lung cancer [J]. Environmental Research, 2021, 196: 110440.

[25] Wang K, Yuan Y, Wang Q, et al. Incident risk and burden of cardiovascular diseases attributable to long-term NO_2 exposure in Chinese adults [J]. Environment International, 2023, 178: 108060.

[26] Jia Y, Lin Z, He Z, et al. Effect of air pollution on heart failure: Systematic review and meta-analysis [J]. Environmental Health Perspectives, 2023, 131 (7): 76001.

[27] Pönkä A, Savela M, Virtanen M. Mortality and air pollution in Helsinki [J]. Archives of Environmental & Occupational Health, 1998, 53 (4): 281-286.

[28] Wong T W, Lau T S, Yu T S, et al. Air pollution and hospital admissions for respiratory and cardiovascular diseases in Hong Kong [J]. Journal of Occupational and Environmental Medicine, 1999, 56 (10): 679-683.

[29] Yu I T, Qiu H, Wang X, et al. Synergy between particles and nitrogen dioxide on emergency hospital admissions for cardiac diseases in Hong Kong [J]. Journal of the American College of Cardiology, 2013, 168 (3): 2831-2836.

[30] Baccarelli A, Zanobetti A, Martinelli I, et al. Effects of exposure to air pollution on blood coagulation [J]. The Journal of Thrombosis and Haemostasis, 2007, 5 (2): 252-260.

[31] NSW Department of Planning, Industry and Environment. Air pollution episodes in New South Wales [R]. https://www.environment.nsw.gov.au/topics/air/air-pollution-episodes.

[32] Guo X, Song Q, Wang H, et al. Systematic review and meta-analysis of studies between short-term exposure to ambient carbon monoxide and non-accidental. cardiovascular, and respiratory mortality in China [J]. Environmental Science and Pollution Research, 2022, 29 (24): 35707-35722.

[33] Nourouzi Z, Chamani A. Characterization of ambient carbon monoxide and $PM_{2.5}$ effects on fetus development, liver enzymes and TSH in ISFAHan City, central Iran [J]. Environmental Pollution, 2021, 291: 118238.

[34] Mcgrath J J. Biological plausibility for carbon monoxide as a copollutant in PM epidemiologic studies [J]. Inhalation Toxicology, 2000, 12 (Suppl 4): 91-107.

[35] Zhou Q, Kang SL, Lin X, et al. Impact of air pollutants on hospital visits for pediatric asthma in FuZhou city, southeast China [J]. Environmental Science and Pollution Research, 2022.

[36] Meo S A, Abukhalaf A A, Alessa O M, et al. Effect of environmental pollutants $PM_{2.5}$, CO, NO_2, and O_3 on the incidence and mortality of SARS-CoV-2 Infection in Five Regions of the USA [J]. International Journal of Environmental Research and Public Health, 2021, 18 (15).

[37] You J, Liu Y, Dong J, Wang J, Bao H. Ambient carbon monoxide and the risk of cardiovascular disease emergency room visits: A time-series study in Lanzhou, China[J]. Environmental Geochemistry and Health, 2023, 45 (11): 7621-7636.

[38] Taheri M, Nouri F, Ziaddini M, et al. Ambient carbon monoxide and cardiovascular-related hospital admissions: A time-series analysis[J]. Frontiers in Physiology, 2023, 14: 1126977.

[39] André L, Gouzi F, Thireau J, et al. Carbon monoxide exposure enhances arrhythmia after cardiac stress: Involvement of oxidative stress [J]. Basic Research in Cardiology, 2011, 106 (6): 1235-1246.

[40] Wu X M, Basu R, Malig B, et al. Association between gaseous air pollutants and inflammatory, hemostatic and Lipid markers in a cohort of midlife women [J]. Environment International, 2017, 107: 131-139.

[41] Newell K, Kartsonaki C, Lam K B H, et al. Cardiorespiratory health effects of gaseous ambient air pollution exposure in low and middle-income countries: A systematic review and meta-analysis [J]. Environmental Health, 2018, 17 (1): 41.

[42] WHO. Ten threats to global health in 2019[EB/OL]. (2019-01-15) [2021-12-5].

[43] 屈芳，肖子牛. 气候变化对人体健康影响评估 [J]. 气象科技进展, 2019, 9(4): 34-47.

[44] Von Schneidemesser E, Monks P S, Allan J D, et al. Chemistry and the linkages between air quality and climate change [J]. Chemical Reviews, 2015, 115(10): 3856-3897.

[45] Ramanathan V, Carmichael G. Global and regional climate changes due to black carbon [J]. Nature Geoscience, 2008, 1(4): 221-227.

[46] Blencown H, Krasevec J, De Onis M, et al. National. regional. and worldwide estimates of low birthweight in 2015, with trends from 2000: A systematic analysis [J]. Lancet Global Health, 2019, 7(7): e849-e860.

[47] Westervelt D M, Horowitz L W, Naik V, et al. Quantifying $PM_{2.5}$-meteorology sensitivities in a global climate model [J]. Atmospheric Environment, 2016, 142: 43-56.

[48] Allen R J, Hassan T, Randles C A, et al. Enhanced land-sea warming contrast elevates aerosol pollution in a warmer world [J]. Nature climate Change, 2019, 9(4): 300.

[49] Xu Y G, Lamarque J F. Isolating the meteorological impact of 21st Century GHG warming on the removal and amospheric loading of anthropogenic fine particulate matter pollution at global scale [J]. Earths Future, 2018, 6(3): 428-440.

[50] Jacob D J, Winner D A. Effect of climate change on air quality [J]. Atmospheric Environment, 2009, 43(1): 51-63.

[51] Spracklen D V, Mickley L J, Logan J A, et al. Impacts of climate change from 2000 to 2050 on wildfire activity and carbonaceous aerosol concentrations in the western United States [J]. Journal of Geophysical Research-Atmospheres, 2009, 114: 767-780.

[52] Masson-Delnotie V, Zhai P, Pörtner H O, et al. Global warming of 1. 5°C[R]. Cambridge University Press & Assessment, 2022.

[53] De Sario M, Katsouyanni K, Michelozzi P. Climate change, extreme weather events, air pollution and respiratory health in Europe [J]. The European Respiratory Journal, 2013, 42(3): 826-843.

[54] Kan H, Chen R, Tong S. Ambient air pollution, climate change, and population health in China [J]. Environment International, 2012, 42: 10-19.

[55] Zhang Q, Chen R, Yin G, et al. The establishment of a new air health index integrating the mortality risks due to ambient air pollution and non-optimum temperature [J]. Engineering, 2021, 14: 156-162.

[56] Mcgregor G R, Walters S, Wordley J. Daily hospital respiratory admissions and winter air mass types, Birmingham, UK [J]. International journal of biometeorology, 1999, 43(1): 21-30.

[57] Chen R, Yin P, Wang L, et al. Association between ambient temperature and mortality risk and burden: Time series study in 272 main Chinese cities [J]. BMJ (Clinical Research Ed), 2018, 363: k4306.

[58] Mirsaeidi M, Motahari H, Taghizadeh Khamesi M, et al. Climate change and respiratory infections [J]. Annals of the American Thoracic Society, 2016, 13(8): 1223-1230.

[59] Javorac J, Jevtic M, Zivanovic D, et al. What are the effects of meteorological factors on exacerbations of chronic obstructive pulmonary disease? [J]. Atmosphere, 2021, 12(4): 422.

[60] Tseng C M, Chen Y T, Ou S M, et al. The effect of cold temperature on increased exacerbation of chronic obstructive pulmonary disease: A nationwide study [J]. Public Library of Science ONE, 2013, 8(3): e57066.

[61] Lu B B, Gu S H, Wang A H, et al. Study on influence of air temperature on daily chronic obstructive pulmonary disease mortality in Ningbo [J]. Zhonghua Liuxingbingxue Zazhi, 2017, 38(11): 1528-1532.

[62] Lam H C, Li A M, Chan E Y, et al. The short-term association between asthma hospitalisations, ambient temperature, other meteorological factors and air pollutants in Hong Kong: A time-series study [J]. Thorax, 2016, 71(12): 1097-1109.

[63] Chen Y, Kong D, Fu J, et al. Associations between ambient temperature and adult asthma hospitalizations in Beijing, China: A time-stratified case-crossover study [J]. Respiratory Research, 2022, 23(1): 38.

[64] Qian Z, He Q, Lin H M, et al. High temperatures enhanced acute mortality effects of ambient particle pollution in the "oven" city of Wuhan, China [J]. Environmental Health Perspectives, 2008, 116(9): 1172-

1178.

[65] Meng X, Zhang Y, Zhao Z, et al. Temperature modifies the acute effect of particulate air pollution on mortality in eight Chinese cities [J]. Science of the Total Environment, 2012, 435-436: 215-221.

[66] Yitshak-Sade M, Bobb J F, Schwartz J D, et al. The association between short and long-term exposure to $PM_{2.5}$ and temperature and hospital admissions in New England and the synergistic effect of the short-term exposures [J]. Science of the Total Environment, 2018, 639: 868-875.

[67] Leitte A M, Petrescu C, Franck U, et al. Respiratory health, effects of ambient air pollution and its modification by air humidity in Drobeta-turnu Severin, Romania [J]. Science of the Total Environment, 2009, 407(13): 4004-4011.

[68] Qiu H, Yu I T S, Wang X, et al. Season and humidity dependence of the effects of air pollution on COPD hospitalizations in Hong Kong [J]. Atmospheric Environment, 2013, 76: 74-80.

[69] Mokoena K K, Ethan C J, Yu Y, et al. Interaction effects of air pollution and climatic factors on circulatory and respiratory mortality in Xi'an, China between 2014 and 2016 [J]. International Journal of Environmental Research and Public Health, 2020, 17(23): 9027.

[70] Tina L, Liang F, Guo Q, et al. The effects of interaction between particulate matter and temperature on mortality in Beijing, China [J]. Environmental Science Processes & Impacts, 2018, 20(2): 395-405.

[71] Li G, Jiang L, Zhang Y, et al. The impact of ambient particle pollution during extreme-temperature days in Guangzhou City, China [J]. Asia-Pacific Journal of Public Health, 2014, 26(6): 614-621.

[72] Ren C, Williams G M, Tong S. Does particulate matter modify the association between temperature and cardiorespiratory diseases? [J]. Environmental Health Perspectives, 2006, 114(11): 1690-1696.

[73] Areal A T, Zhao Q, Wigmann C, et al. The effect of air pollution when modified by temperature on respiratory health outcomes: A systematic review and meta-analysis [J]. Science of the Total Environment, 2021, 811: 152336.

[74] Deng S Z, Jalaludin B B, Antó J M, et al. Climate change, air pollution, and allergic respiratory diseases: A call to action for health professionals [J]. Chinese Medical Journal. 2020, 133(13): 1552-1560.

[75] Ma Y, Xiao B, Liu C, et al. Association between amient air pollution and emergency room visits for respiratory diseases in spring dust storm season in Lanzhou, China [J]. International Journal of Environmental Research and Public Health, 2016, 13(6): 613.

[76] Anenberg S C, Haines S, Wang E, et al. Synergistic health effects of air pollution, temperature, and pollen exposure: A systematic review of epidemiological evidence [J]. Environmental Health: A Global Access Science Source, 2020, 19(1): 130.

[77] Roth G A, Mensah G A, Johnson C O, et al. Global burden of cardiovascular diseases and risk factors, 1990—2019: Update from the GBD 2019 Study [J]. Journal of the American College of Cardiology, 2020, 76(25): 2982-3021.

[78] Lou J, Wu Y, Liu P, et al. Health effects of climate change through temperature and air pollution [J]. Current Pollution Reports, 2019, 5(3): 144-158.

[79] Hu J, Hou Z, Xu Y, et al. Life loss of cardiovascular diseases per death attributable to ambient temperature: A national time series analysis based on 364 locations in China [J]. Science of the Total Environment, 2021, 756: 142614.

[80] Wang Q, Li C, Guo Y, et al. Environmental ambient temperature and blood pressure in adults: A systematic review and meta-analysis [J]. Science of the Total Environment, 2017, 575: 276-286.

[81] Halonen J I, Zanobetti A, Sparrow D, et al. Outdoor temperature is associated with serum HDL and LDL [J]. Environmental Research, 2011, 111(2): 281-287.

[82] Tina Y, Liu H, Si Y, et al. Association between temperature variability and daily hospital admissions for cause-specific cardiovascular disease in urban China: A national time-series study [J]. Public Library of Science Medicine, 2019, 16(1): e1002738.

[83] Phung D, Thai P K, Guo Y, et al. Ambient temperature and risk of cardiovascular hospitalization: An updated systematic review and meta-analysis [J]. Science of the Total Environment, 2016, 550: 1084-1102.

[84] Qiu H, Yu I T, Wang X, et al. Cool and dry weather enhances the effects of air pollution on emergency IHD hospital admissions [J]. International Journal of Cardiology, 2013, 168 (1): 500-505.

[85] Rodrigues P C O, Pinheiro S L, Junger W, et al. Climatic variability and morbidity and mortality associated with particulate matter [J]. Revista de Saúde Pública, 2017, 51 (91).

[86] Klompmaker J O, Hart J E, James P, et al. Air pollution and cardiovascular disease hospitalization—Are associations modified by greenness, temperature and humidity? [J]. Environment International, 2021, 156: 1067150.

[87] Zhang J, Feng L, Hou C, et al. Interactive effect between temperature and fine particulate matter on chronic disease hospital admissions in the urban area of Tianjin, China [J]. International Journal of Environmental Health Research, 2021, 31 (1): 75-84.

[88] Kim S E, Lim Y H, Kim H. Temperature modifies the association between particulate air pollution and mortality: A multi-city study in the Republic of Korea [J]. Science of the Total Environment, 2015, 524-525: 376-383.

[89] Huang C H, Lin H C, Tsaic D, et al. The interaction effects of meteorological factors and air pollution on the development of acute coronary syndrome [J]. Scientific Reports, 2017, 7: 44004.

[90] Li J, Woodward A, Hou X Y, et al. Modification of the effects of air pollutants on mortality by temperature: A systematic review and meta-analysis [J]. Science of the Total Environment, 2017, 575: 1556-1570.

[91] Vos T, Lims S, Abbafati C, et al. Global burden of 369 diseases and injuries in 204 countries and territories, 1990–2019: A systematic analysis for the Global Burden of Disease Study 2019 [J]. Lancet, 2020, 396 (10258): 1204-1222.

[92] Groulx N, Urch B, Duchaine C, et al. The pollution particulate concentrator（PoPCon）: A platform to investigate the effects of particulate air pollutants on viral infectivity [J]. Science of the Total Environment, 2018, 628-629: 1101-1107.

[93] Hu J, Zhao F, Zhang X X, et al. Metagenomic profiling of ARGs in airborne particulate matters during a severe smog event [J]. Science of the Total Environment, 2018, 615: 1332-1340.

[94] Linillos-Pradill O B, Rancan L, Diaz Ramiro E, et al. Determination of SARS-CoV-2 RNA in different particulate matter size fractions of outdoor air samples in Madrid during the lockdown [J]. Environmental Research, 2021, 195: 110863.

[95] Bourdrel T, Annesi-Maesano I, Alahmad B, et al. The impact of outdoor air pollution on COVID-19: A review of evidence from in vitro, animal. and human studies [J]. European Respiratory Review, 2021, 30 (159): 200242.

[96] Fattorini D, Regoli F. Role of the chronic air pollution levels in the COVID-19 outbreak risk in Italy [J]. Environmental Pollution, 2020, 264: 114732.

[97] Zhang R, Meng Y, Song H, et al. The modification effect of temperature on the relationship between air pollutants and daily incidence of influenza in Ningbo, China [J]. Respiratory Research, 2021, 22 (1): 153.

[98] Yi L, Xu X, Ge W, et al. The impact of climate variability on infectious disease transmission in China: Current knowledge and further directions [J]. Environmental Research, 2019, 173 (255-61).

[99] 刘志东. 气象因素致其他感染性腹泻发病综合风险评估及预警模型研究 [D]. 济南: 山东大学, 2020.

[100] Baharom M, Ahmad N, Hod R, et al. The impact of meteorological factors on communicable disease incidence and its projection: A systematic review [J]. International Journal of Environmental Research and Public Health, 2021, 18 (21): 11117.

[101] Li Y, Dou Q, Lu Y, et al. Effects of ambient temperature and precipitation on the risk of dengue fever: A systematic review and updated meta-analysis [J]. Environmental Research, 2020, 191: 110043.

[102] Philipsborn R, Ahmed SM, Brosi BJ, et al. Climatic drivers of diarrheagenic escherichia coli incidence: A

systematic review and meta-analysis [J]. Journal of Infectious Diseases, 2016, 214(1): 6-15.

[103] Hall GV, Hanigan I C, Dear KB, et al. The influence of weather on community gastroenteritis in Australia [J]. Epidemiology and Infection, 2011, 139(6): 927-936.

[104] Jiang Y F, Luo W W, Zhang X, et al. Relative humidity affects acute otitis media visits of preschool children to the emergency department [J]. Ent-Ear Nose & Throat Journal, 2021, 102(7): 467-472.

[105] Romaszko J, Skutecki R, Bochenski M, et al. Applicability of the universal thermal climate index for predicting the outbreaks of respiratory tract infections: A mathematical modeling approach [J]. International Journal of Biometeorology, 2019, 63(9): 1231-1241.

[106] Sloan C, Heaton M, Kang S, et al. The impact of temperature and relative humidity on spatiotemporal patterns of infant bronchiolitis epidemics in the Contiguous United States [J]. Health Place, 2017, 45: 46-54.

[107] Welliver R C, SR. Temperature, humidity, and ultraviolet B radiation predict community respiratory syncytial virus activity [J]. Pediatric Infectious Disease Journal. 2007, 26(11 Suppl): S29-35.

[108] Zhang X L, Shao X J, Wang J, et al. Temporal characteristics of respiratory syncytial virus infection in children and its correlation with climatic factors at a public pediatric hospital in Suzhou [J]. Journal of Clinical Virology, 2013, 58(4): 666-670.

[109] Soebiyanto R P, Clara W, Jara J, et al. The role of temperature and humidity on seasonal influenza in tropical areas: Guatemala, El Salvador and Panama, 2008-2013 [J]. Public Library of Science ONE, 2014, 9(6): e100659.

[110] Samoli E, Stefoggia M, Rodopoulou S, et al. Which specific causes of death are associated with short term exposure to fine and coarse particles in Southern Europe? Results from the MED-PARTICLES project [J]. Environment International, 2014, 67: 54-61.

[111] Huang S, Xiang H, Yang W, et al. Short-term effect of air pollution on tuberculosis based on Kriged Data: A time-series analysis [J]. International Journal of Environmental Research and Public Health, 2020, 17(5): 1522.

[112] Feng C, Li J, Sun W, et al. Impact of ambient fine particulate matter ($PM_{2.5}$) exposure on the risk of influenza-like-illness: A time-series analysis in Beijing, China [J]. Environmental Health, 2016, 15: 17.

[113] Chen G, Zhang W, Li S, et al. The impact of ambient fine particles on influenza transmission and the modification effects of temperature in China: A multi-city study [J]. Environment International, 2017, 98: 82-88.

[114] Xu Z, Hu W, Williams G, et al. Air pollution, temperature and pediatric influenza in Brisbane, Australia [J]. Environment International, 2013, 59: 384-388.

[115] Jain M, Sharma G D, Goyal M, et al. Econometric analysis of COVID-19 cases, deaths, and meteorological factors in South Asia [J]. Environmental Science and Pollution Research, 2021, 28(22): 28518-28534.

[116] Rohrer M, Flahault A, Stoffel M. Peaks of fine particulate matter may modulate the spreading and virulence of COVID-19 [J]. Earth Systems and Environment, 2020, 4(4): 789-796.

[117] Zoran M A, Savastru R S, Savastru D M, et al. Assessing the relationship between surface levels of $PM_{2.5}$ and PM_{10} particulate matter impact on COVID-19 in Milan, Italy [J]. Science of the Total Environment, 2020, 738: 139825.

[118] Zhou J, Qin L, Meng X, et al. The interactive effects of ambient air pollutants-meteorological factors on confirmed cases of COVID-19 in 120 Chinese cities [J]. Environmental Science and Pollution Research, 2021, 28(21): 27056-27066.

[119] Coccia M. Factors determining the diffusion of COVID-19 and suggested strategy to prevent future accelerated viral infectivity similar to COVID [J]. Science of the Total Environment, 2020, 729: 138474.

[120] Barreca A, Schaller J. The impact of high ambient temperatures on delivery timing and gestational lengths [J]. Nature Climate Change, 2020, 10(1): 77.

[121] Ha S, Liu D, Zhu Y, et al. Ambient temperature and early delivery of Singleton Pregnancies [J].

Environmental Health Perspectives, 2017, 125 (3) : 453-459.

[122] Sun S, Weinberger K R, Spangler K R, et al. Ambient temperature and preterm birth: A retrospective study of 32 million US singleton births [J]. Environment International, 2019, 126: 7-13.

[123] Chersich M F, Pham M D, Areal A, et al. Associations between high temperatures in pregnancy and risk of preterm birth, low birth weight, and stillbirths: Systematic review and meta-analysis [J]. BMJ（Clinical Research Ed）, 2020, 371: m3811.

[124] Wang Q, Li B, Benmarhnia T, et al. Independent and combined effects of heatwaves and $PM_{2.5}$ on preterm birth in Guangzhou, China: A survival analysis [J]. Environmental Health Perspectives, 2020, 128 (1) : 17006.

[125] Kwag Y, Kim M H, Oh J, et al. Effect of heat waves and fine particulate matter on preterm births in the Republic of Korea from 2010 to 2016 [J]. Environment International, 2021, 147: 106239.

[126] Kwag Y, Kim M H, Ye S, et al. The combined effects of fine particulate matter and temperature on preterm birth in Seoul, 2010—2016 [J]. International Journal of Environmental Research and Public Health, 2021, 18 (4) : 1463.

[127] Sun Y, Ilango S D, Schwarz L, et al. Examining the joint effects of heatwaves, air pollution, and green space on the risk of preterm birth in California [J]. Environmental Research Letters, 2020, 15 (10) : 104099.

[128] Ranjbaran M, Mohammadi R, Yaseri M, et al. Ambient temperature and air pollution, and the risk of preterm birth in Tehran, Iran: A time series study [J]. Journal of Maternal-fetal & Neonatal Medicine, 2020, 1-12.

[129] Alman B L, Stingone J A, Yazdy M, et al. Associations between $PM_{2.5}$ and risk of preterm birth among liveborn infants [J]. Annals of Epidemiology, 2019, 39 (46-53) : e2.

[130] Guan T, Xue T, Gao S, et al. Acute and chronic effects of ambient fine particulate matter on preterm births in Beijing, China: A time-series model [J]. Science of the Total Environment, 2019, 650 (Pt 2) : 1671-1677.

[131] Schifano P, Lallo A, Asta F, et al. Effect of ambient temperature and air pollutants on the risk of preterm birth, Rome 2001—2010 [J]. Environment International, 2013, 61: 77-87.

[132] Jalaludin B, Mannes T, Morgan G, et al. Impact of ambient air pollution on gestational age is modified by season in Sydney, Australia [J]. Environmental Health, 2007, 6 (16) .

[133] Chen G, Guo Y, Abramson M J, et al. Exposure to low concentrations of air pollutants and adverse birth outcomes in Brisbane, Australia, 2003—2013 [J]. Science of the Total Environment, 2018, 622-623: 721-726.

[134] Wang Q, Liang Q, Li C, et al. Interaction of air pollutants and meteorological factors on birth weight in Shenzhen, China [J]. Epidemiology, 2019, 30 Suppl 1: s57-s66.

[135] Wang Q, Benmarhnia T, Li C, et al. Seasonal analyses of the association between prenatal ambient air pollution exposure and birth weight for gestational age in Guangzhou, China [J]. Science of the Total Environment, 2019, 649: 526-534.

[136] Jiang W, Liu Z, Ni B, et al. Independent and interactive effects of air pollutants and ambient heat exposure on congenital heart defects [J]. Reprod Toxicol, 2021, 104: 106-113.

[137] Simmons W, Lin S, Luben T J, et al. ModeLing complex effects of exposure to particulate matter and extreme heat during pregnancy on congenital heart defects: A U. S. population-based case-control study in the National Birth Defects Prevention Study [J]. Science of the Total Environment, 2021, 152150.

[138] Stingone J A, Luben T J, Sheridan S C, et al. Associations between fine particulate matter, extreme heat events, and congenital heart defects [J]. Environmental Epidemiology, 2019, 3 (6) : e071.

[139] Zhang H, Wang Q, Benmarhnia T, et al. Assessing the effects of non-optimal temperature on risk of gestational diabetes mellitus in a cohort of pregnant women in Guangzhou, China[J]. Environ Int, 2021, 152: 106457.

[140] 新华社. 习近平在第七十五届联合国大会一般性辩论上的讲话[EB/OL].（2020-09-22）[2021-12-5].

[141] Yang J, Zhou M, Ren Z, et al. Projecting heat-related excess mortality under climate change scenarios in China [J]. Nature Communications, 2021, 12 (1) .

[142] Cai W, Hui J, Wang C, et al. The Lancet Countdown on $PM_{2.5}$ pollution-related health impacts of China's

projected carbon dioxide mitigation in the electric power generation sector under the Paris Agreement: a modelling study [J]. Lancet Planetary Health, 2018, 2 (4) : E151-E61.
[143] Duflo E, Greenstone M, Hanna R. Indoor air pollution, health and economic well-being [J]. Surveys and Perspectives Integrating Environment and Society, 2008, 1: 1-9.
[144] Cao C J, Cui X Q, Cai W J, et al. Incorporating health co-benefits into regional carbon emission reduction policy making: A case study of China's power sector [J]. Applied Energy, 2019, 253.
[145] Li M, Zhang D, Li C-T, et al. Air quality co-benefits of carbon pricing in China [J]. Nature Climate Change, 2018, 8 (5) : 398.
[146] Li N, Chen W, Rafaj P, et al. Air quality improvement co-benefits of low-carbon pathways toward well below the 2 degrees C climate target in China [J]. Environmental Science & Technology, 2019, 53 (10) : 5576-5584.
[147] Markandya A, Sampedro J, Smith S J, et al. Health co-benefits from air pollution and mitigation costs of the Paris Agreement: A modelling study [J]. Lancet Planetary Health, 2018, 2 (3) : E126-E133.
[148] Vandyck T, Keramidas K, Kitous A, et al. Air quality co-benefits for human health and agriculture counterbalance costs to meet Paris Agreement pledges [J]. Nature Communications, 2018, 9 (1) : 4939.
[149] Xie Y, Wu Y, Xie M, et al. Health and economic benefit of China's greenhouse gas mitigation by 2050 [J]. Environmental Research Letters, 2020, 15 (10) : 10402.
[150] Cheng J, Tong D, Zhang Q, et al. Pathways of China's $PM_{2.5}$ air quality 2015–2060 in the context of carbon neutrality [J]. National Science Review, 2021, 8 (12) : nwab078.
[151] Tracker C A. China going carbon neutral before 2060 would lower warming projections by around 0. 2 to 0.3 degrees centigrade [J]. Press Release https://climateactiontracker org/press/china-carbon-neutral-before-2060-would-lower-warming-projections-by-around-2-to-3-tenths-of-a-degree, 2020.
[152] Wang Y, Wang A, Zhai J, et al. Tens of thousands additional deaths annually in cities of China between 1. 5 degrees C and 2. 0 degrees C warming [J]. Nature Communications, 2019, 10 (1) : 3376.
[153] Li J, Cai W, Li H, et al. Incorporating health cobenefits in decision-making for the decommissioning of Coal-fired power plants in China [J]. Environmental Science & Technology, 2020, 54 (21) : 13935-13943.
[154] Sampedro J, Smith S J, Arto I, et al. Health co-benefits and mitigation costs as per the Paris Agreement under different technological pathways for energy supply [J]. Environment International, 2020, 136.
[155] Nguyen T, Yu X, Zhang Z, et al. Relationship between types of urban forest and $PM_{2.5}$ capture at three growth stages of leaves [J]. Journal of Environmental Sciences (China) , 2015, 27: 33-41.
[156] Tallis M, Taylor G, Sinnett D, et al. Estimating the removal of atmospheric particulate pollution by the urban tree canopy of London, under current and future environments [J]. Landscape and Urban Planning, 2011, 103 (2) : 129-138.
[157] 古琳，王成，王晓磊，等. 无锡惠山三种城市游憩林内细颗粒物($PM_{2.5}$)浓度变化特征[J]. 应用生态学报, 2013, 24(9): 2485-2493.
[158] 王成，郭二果，郄光发. 北京西山典型城市森林内 $PM_{2.5}$ 动态变化规律[J]. 生态学报，2014，34(19): 5650-5658.
[159] 许珊，邹滨，蒲强，等. 土地利用/覆盖的空气污染效应分析 [J]. 地球信息科学学报, 2015, 17(3): 290-299.
[160] King K L, Johnson S, Kheirbek I, et al. Differences in magnitude and spatial distribution of urban forest pollution deposition rates, air pollution emissions, and ambient neighborhood air quality in New York city [J]. Landscape and Urban Planning, 2014, 128: 14-22.
[161] 郭含文，丁国栋，赵媛媛，等. 城市不同绿地 $PM_{2.5}$ 质量浓度日变化规律[J]. 中国水土保持科学，2013, 11 (4) : 99-103.
[162] 于静，尚二萍. 城市快速发展下主要用地类型的 $PM_{2.5}$ 浓度空间对应——以沈阳为例[J]. 城市发展研究, 2013, 20 (09) : 128-130+44.
[163] 李新宇，赵松婷，李延明，等. 北京市不同主干道绿地群落对大气 $PM_{2.5}$ 浓度消减作用的影响[J]. 生态环境学报, 2014, 23 (4) : 615-621.

[164] Nguyen T, Yu X, Zhang Z, et al. Relationship between types of urban forest and $PM_{2.5}$ capture at three growth stages of leaves [J]. Journal of Environmental Sciences, 2015, 27: 33-41.

[165] 岳辉. 武汉市大气 PM_{10} 浓度空间分布特征及其影响因素研究 [D]. 广州: 华中农业大学, 2012.

[166] Zhao X, Zhang X, Xu X, et al. Seasonal and diurnal variations of ambient $PM_{2.5}$ concentration in urban and rural environments in Beijing [J]. Atmospheric Environment, 2009, 43 (18): 2893-900.

[167] Querol X, Alastuey A, Pandolfi M, et al. 2001–2012 trends on air quality in Spain [J]. Science of the Total Environment, 2014, 490: 957-969.

[168] Font A, Baker T, Mudway IS, et al. Degradation in urban air quality from construction activity and increased traffic arising from a road widening scheme [J]. Science of the Total Environment, 2014, 497-498: 123-132.

[169] Martins H. Urban compaction or dispersion? An air quality modelling study [J]. Atmospheric Environment, 2012, 54: 60-72.

[170] Bandeira J M, Coelho M C, Sá M E, et al. Impact of land use on urban mobility patterns, emissions and air quality in a Portuguese medium-sized city [J]. Science of the Total Environment, 2011, 409 (6): 1154-1163.

[171] 宋彦, 钟绍鹏, 章征涛, 等. 城市空间结构对 $PM_{2.5}$ 的影响——美国夏洛特汽车排放评估项目的借鉴和启示 [J]. 城市规划, 2014, 38 (5): 9-14.

[172] De Meij A, Bossioli E, Penard C, et al. The effect of SRTM and Corine Land Cover data on calculated gas and PM_{10} concentrations in WRF-Chem [J]. Atmospheric Environment, 2015, 101: 177-193.

[173] Mueller W, Milner J, Loh M, et al. Exposure to urban greenspace and pathways to respiratory health: An exploratory systematic review [J]. Science of the Total Environment, 2022, 829: 154447.

[174] Zeng X W, Lowe A J, Lodge C J, et al. Greenness surrounding schools is associated with lower risk of asthma in schoolchildren [J]. Environment International, 2020, 143: 105967.

[175] Dzhambov A M, Lercher P, Rüdisser J, et al. Allergic symptoms in association with naturalness, greenness, and greyness: A cross-sectional study in schoolchildren in the Alps [J]. Environmental Research, 2021, 198: 110456.

[176] Moitra S, Foraster M, Arbillaga-Etxarri A, et al. Roles of the physical environment in health-related quality of life in patients with chronic obstructive pulmonary disease [J]. Environmental Research, 2022, 203: 111828.

[177] Labib S M, Lindley S, Huck J J. Spatial dimensions of the influence of urban green-blue spaces on human health: A systematic review [J]. Environmental Research, 2020, 180: 108869.

[178] Putra I, Astell-Burt T, Feng X. Caregiver perceptions of neighbourhood green space quality, heavy traffic conditions, and asthma symptoms: Group-based trajectory modelling and multilevel longitudinal analysis of 9, 589 Australian children [J]. Environmental Research, 2022, 212 (Pt A): 113187.

[179] 陈春, 谌曦, 罗支荣. 社区建成环境对呼吸健康的影响研究 [J]. 规划师, 2020, 36(9): 71-76.

[180] Recio A, Linares C, Banegas J R, et al. Road traffic noise effects on cardiovascular, respiratory, and metabolic health: An integrative model of biological mechanisms [J]. Environmental Research, 2016, 146: 359-370.

[181] Liu S, Lim Y H, Pedersen M, et al. Long-term air pollution and road traffic noise exposure and COPD: The Danish Nurse Cohort [J]. European Respiratory Journal. 2021, 58 (6): 2004594.

[182] Recio A, Linares C, Banegas J R, et al. The short-term association of road traffic noise with cardiovascular, respiratory, and diabetes-related mortality [J]. Environmental Research, 2016, 150: 383-390.

[183] Alcock I, White M, Cherrie M, et al. Land cover and air pollution are associated with asthma hospitalisations: A cross-sectional study [J]. Environment International, 2017, 109: 29-41.

[184] Zhou Y, Bui D S, Perret J L, et al. Greenness may improve lung health in low-moderate but not high air pollution areas: Seven Northeastern Cities' study [J]. Thorax, 2021, 76 (9): 880-886.

[185] Liu X X, Ma X L, Huang W Z, et al. Green space and cardiovascular disease: A systematic review with meta-analysis [J]. Environmental Pollution, 2022, 301: 118990.

[186] Yang B Y, Markevych I, Heinrich J, et al. Residential greenness and blood lipids in urban-dwelling adults: The 33 Communities Chinese Health Study [J]. Environmental Pollution, 2019, 250: 14-22.

[187] Yang B Y, Markevych I, Bloom M S, et al. Community greenness, blood pressure, and hypertension in urban dwellers: The 33 Communities Chinese Health Study [J]. Environment International, 2019, 126: 727-734.

[188] Tieges Z, Georgiou M, Smith N, et al. Investigating the association between regeneration of urban blue spaces and risk of incident chronic health conditions stratified by neighbourhood deprivation: A population-based retrospective study, 2000–2018 [J]. International Journal of Hygiene and Environmental Health, 2022, 240: 113923.

[189] Georgiou M, Morison G, Smith N, et al. Mechanisms of impact of blue spaces on human health: A systematic literature review and meta-analysis [J]. International Journal of Environmental Research and Public Health, 2021, 18(5): 2486.

[190] Chang L T, Chuang K J, Yang W T, et al. Short-term exposure to noise, fine particulate matter and nitrogen oxides on ambulatory blood pressure: A repeated-measure study [J]. Environmental Research, 2015, 140: 634-640.

[191] Cai Y, Hodgson S, Blangiardo M, et al. Road traffic noise, air pollution and incident cardiovascular disease: A joint analysis of the HUNT, EPIC-Oxford and UK Biobank cohorts [J]. Environment International, 2018, 114: 191-201.

[192] Cole-Hunter T, Dehlendorff C, Amini H, et al. Long-term exposure to road traffic noise and stroke incidence: A Danish Nurse Cohort study [J]. Environmental Health, 2021, 20(1): 115.

[193] Heo S, Bell ML. The influence of green space on the short-term effects of particulate matter on hospitalization in the U. S. for 2000-2013 [J]. Environmental Research, 2019, 174: 61-68.

[194] Yitshak-Sade M, James P, Kloog I, et al. Neighborhood greenness attenuates the adverse effect of $PM_{2.5}$ on cardiovascular mortality in neighborhoods of lower socioeconomic status [J]. International Journal of Environmental Research and Public Health, 2019, 16(5): 814.

[195] Li G, Zhang H, Hu M, et al. Associations of combined exposures to ambient temperature, air pollution, and green space with hypertension in rural areas of Anhui Province, China: A cross-sectional study [J]. Environmental Research, 2022, 204(Pt D): 112370.

[196] Hankey S, Marshall J D, Brauer M. Health impacts of the built environment: within-urban variability in physical inactivity, air pollution, and ischemic heart disease mortality [J]. Environmental Health Perspectives, 2012, 120(2): 247-253.

[197] Liao N S, Van Den Eeden S K, Sidney S, et al. Joint associations between neighborhood walkability, greenness, and particulate air pollution on cardiovascular mortality among adults with a history of stroke or acute myocardial infarction [J]. Environmental Epidemiology, 2022, 6(2): e200.

[198] Kälsch H, Hennig F, Moebus S, et al. Are air pollution and traffic noise independently associated with atherosclerosis: The Heinz Nixdorf Recall Study[J]. Eur Heart J, 2014, 35(13): 853-860.

[199] Klompmaker J O, Montagne D R, Meliefste K, et al. Spatial variation of ultrafine particles and black carbon in two cities: Results from a short-term measurement campaign[J]. Sci Total Environ, 2015, 508: 266-275.

[200] Dzhambov A M, Lercher P. Road traffic noise exposure and birth outcomes: An updated systematic review and meta-analysis [J]. International Journal of Environmental Research and Public Health, 2019, 16(14): 2522.

[201] Sun X, Luo X, Cao G, et al. Associations of ambient temperature exposure during pregnancy with the risk of miscarriage and the modification effects of greenness in Guangdong, China [J]. Science of the Total Environment, 2020, 702: 134988.

[202] Nie Z, Yang B, Ou Y, et al. Maternal residential greenness and congenital heart defects in infants: A large case-control study in Southern China [J]. Environment International, 2020, 142: 105859.

[203] Pedersen M, Halldorsson T I, Olsen S F, et al. Impact of road traffic pollution on pre-eclampsia and pregnancy-induced hypertensive disorders [J]. Epidemiology, 2017, 28(1): 99-106.

[204] Arroyo V, Díaz J, Ortiz C, et al. Short term effect of air pollution, noise and heat waves on preterm births in Madrid (Spain) [J]. Environmental Research, 2016, 145: 162-168.

[205] Prasher D. Is there evidence that environmental noise is immunotoxic? [J]. Noise Health, 2009, 11(44): 151-155.

[206] Kwak K M, Ju Y S, Kwon Y J, et al. The effect of aircraft noise on sleep disturbance among the residents near a civilian airport: A cross-sectional study [J]. Ann Journal of Occupational and Environmental Medicine, 2016, 28(1): 38.

[207] Felder J N, Baer R J, Rand L, et al. Sleep disorder diagnosis during pregnancy and risk of preterm birth [J]. Journal of Obstetrics and Gynaecology, 2017, 130(3): 573-581.

[208] Wadhwa P D, Entringer S, Buss C, et al. The contribution of maternal stress to preterm birth: Issues and considerations [J]. Clinics In Perinatology, 2011, 38(3): 351-384.

[209] Zhou S, Guo Y, Bao Z, et al. Individual and joint effects of prenatal green spaces, $PM_{2.5}$ and PM_1 exposure on BMI Z-score of children aged two years: A birth cohort study [J]. Environmental Research, 2022, 205: 112548.

[210] Du Z, Lawrence W R, Zhang W, et al. Bayesian spatiotemporal analysis for association of environmental factors with hand, foot, and mouth disease in Guangdong, China [J]. Scientific Reports, 2018, 8(1): 15147.

[211] Chen Y, Yang Z, Jing Q, et al. Effects of natural and socioeconomic factors on dengue transmission in two cities of China from 2006 to 2017 [J]. Science of the Total Environment, 2020, 724: 138200.

[212] Liu L, Zhong Y, Ao S, et al. Exploring the relevance of green space and epidemic diseases based on Panel Data in China from 2007 to 2016 [J]. International Journal of Environmental Research and Public Health, 2019, 16(14): 2551.

[213] Grigsby-Toussaint D S, Shin J C. COVID-19, green space exposure, and mask mandates [J]. Science of the Total Environment, 2022, 836: 155302.

[214] Meo S A, Almutairi F J, Abukhalaf A A, et al. Effect of green space environment on air pollutants $PM_{2.5}$, PM_{10}, CO, O_3, and incidence and mortality of SARS-CoV-2 in highly green and less-green countries [J]. International Journal of Environmental Research and Public Health, 2021, 18(24): 13151.

[215] Gao P, Pilot E, Rehbock C, et al. Land use and land cover change and its impacts on dengue dynamics in China: A systematic review [J]. Public Library of Science Neglected Tropical Diseases, 2021, 15(10): e0009879.

[216] Ciupa T, Suligowski R. Green-blue spaces and population density versus COVID-19 cases and deaths in Poland [J]. International Journal of Environmental Research and Public Health, 2021, 18(12): 6636.

[217] Zhang X, Sun Z, Ashcroft T, et al. Compact cities and the covid-19 pandemic: Systematic review of the associations between transmission of Covid-19 or other respiratory viruses and population density or other features of neighbourhood design [J]. Health Place, 2022, 76: 102827.

[218] Nguyen Q C, Huang Y, Kumar A, et al. Using 164 million google street view images to derive built environment predictors of COVID-19 cases [J]. International Journal of Environmental Research and Public Health, 2020, 17(17): 6359.

[219] Dimaggio C, Klein M, Berry C, et al. Black/African American Communities are at highest risk of COVID-19: spatial modeling of New York City ZIP Code-level testing results [J]. Annals of Epidemiology, 2020, 51: 7-13.

[220] Credit K. Neighbourhood inequity: Exploring the factors underlying racial and ethnic disparities in COVID-19 testing and infection rates using ZIP code data in Chicago and New York [J]. Regional Science Policy & Practice, 2020, 12(6): 1249-1271.

[221] Scalsky R J, Chen Y J, Ying Z, et al. The social and natural environment's impact on SARS-CoV-2 infections in the UK Biobank [J]. International Journal of Environmental Research and Public Health, 2022, 19(1): 533.

[222] Bloemsma L D, Wijga A H, Klompmaker J O, et al. Greenspace, air pollution, traffic noise and mental wellbeing throughout adolescence: Findings from the Piama study [J]. Environment International, 2022, 163: 107197.

[223] Crouse D L, Pianult L, Balram A, et al. Complex relationships between greenness, air pollution, and mortality in a population-based Canadian cohort [J]. Environment International, 2019, 128: 292-300.

第 11 章　大气颗粒物的干预研究

11.1　大气颗粒物的干预研究现状

随着社会工业化和城市化的不断发展，大气颗粒物污染形势愈发严峻，其造成的健康危害已成为全球关注的公共卫生问题。据世界卫生组织（World Health Organization，WHO）报道，2019 年全球超过 90%人口的生活地区大气颗粒物浓度高于 WHO 空气质量指南所建议的水平[1]。全球疾病负担（global burden of disease，GBD）研究 2019 年结果显示，全球因大气颗粒物暴露导致的伤残调整寿命年（disability-adjusted life-years，DALYs）高达 2.10 亿，位居全球居民疾病负担危险因素第二位；在我国，归因于大气颗粒物暴露的 DALYs 高达 4160 万。既往研究已发现大气颗粒物暴露与多种心血管、呼吸等系统疾病的发生和死亡风险升高有关；同时，国际癌症研究机构（International Agency for Research on Cancer，IARC）已将大气污染物（包括大气颗粒物）列为人类 I 类致癌物[2]。因此，无论是在大气质量可能仍在恶化的中低等收入国家，还是在过去几十年来大气污染水平有所控制的高收入国家，对于大气颗粒物的干预仍是控制重大慢性非传染性疾病危险因素的重要举措之一。

鉴于大气颗粒物对人群健康影响的广泛性和严重性，近年来各国政府和相关研究人员在预防和控制大气颗粒物的健康危害方面提出了长期、短期的基于群体和个体水平的多种干预措施。在群体水平干预方面，主要体现在制定大气污染防控和治理方案、划分低排放区[3]、控制燃煤[4]、更换燃料类型[5]等长期或永久干预措施，以及道路限速[6]、重大活动期间综合管控[7]等暂时性干预措施；在个体水平方面，可通过使用空气净化器、个体呼吸防护用品、强化营养、药物辅助和增强体育锻炼等多种途径，从而达到预防或降低大气颗粒物所致健康危害的目的。

参照减缓大气颗粒物污染对健康不良效应已采取的政策、计划与干预措施，可将解决大气颗粒物污染问题的思路大致总结为三级：第一级为预防，即从污染源头禁止大气颗粒物的排放；第二级为改善，即在污染源无法消除的背景下，通过干预措施降低大气颗粒物的浓度及对人群的影响；第三级为规避，即从个体层面采取措施减少对大气颗粒物的暴露。通过多种措施的综合实施，全方位控制、降低大气颗粒物暴露对人体健康损害。

11.2　大气颗粒物的群体干预研究

11.2.1　长期干预研究

1. 国内

1）《大气污染防治行动计划》

《大气污染防治行动计划》（Air Pollution Prevention and Control Action Plan，APPCAP，以下简称《大气十条》）由国务院印发，自 2013 年 9 月 10 日开始实施，明确了后续五年及至今大气污染防治的总体思路，计划通过 10 条共 35 项重点任务措施，实现以下目标：第一，到 2017 年，全国地级及以上城市可吸入颗粒物即 PM_{10} 浓度比 2012 年下降 10%以上，京津冀、长三角、珠三角等区域细颗粒物即 $PM_{2.5}$ 浓度分别下降 25%、20%、15%左右，其中北京市 $PM_{2.5}$ 年均浓度控制在 60 μg/m³ 左右；第二，力争再用五年或更长时间，逐步消除重污染天气，实现全国空气质量明显改善。

2017 年，Cai 等以污染较严重的京津冀地区为例，使用数学模型估算了《大气十条》实施后，在 2012 年的污染背景下，2017 年和 2020 年污染物的预期减少量[8]。该研究发现，2017 年京津冀地区 SO_2、NO_x、$PM_{2.5}$、非甲烷挥发性有机化合物（non-methane volatile organic compound，NMVOC）、氨气（NH_3）排放量将分别比 2012 年下降 36%、31%、30%、12%和 10%。2020 年，京津冀地区 SO_2、NO_x、$PM_{2.5}$、NMVOC、NH_3 排放量将分别比 2012 年下降 40%、44%、40%、22%和 3%。此外，2017 年和 2020 年的 $PM_{2.5}$ 年浓度将分别比 2012 年降低 28.3%和 37.8%。同时，该研究认为《大气十条》是降低京津冀地区 $PM_{2.5}$ 污染水平的有效途径，并且提示仍需进一步重视和加强 NMVOC 和 NH_3 的排放控制（图 11-1）。

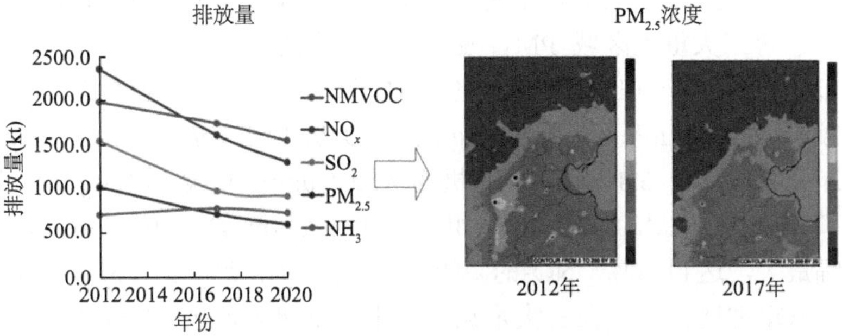

图 11-1　2012~2020 年污染物降低趋势

实际上，该研究的预估情况也与实际情况相符。《大气十条》实施后，全国空气质量总体改善，重污染天气有较大幅度的减少。2017 年 12 月 28 日，国家环境保护部举行了例行新闻发布会，新闻发言人刘友宾介绍，2017 年 1~11 月全国 PM_{10}年均浓度比 2013 年同期下降 21.5%，京津冀、长三角、珠三角 $PM_{2.5}$年均浓度分别下降 38.2%、31.7%和 25.6%，北京市 $PM_{2.5}$年均浓度接近 60 μg/m³。

此外，清华大学 Zhang 等的研究定量分析了《大气十条》各项政策对空气质量改善的贡献[9]。该研究发现，自《大气十条》实施以来，2013~2017 年全国人口加权年均 $PM_{2.5}$浓度从 61.8 μg/m³下降到 42.0 μg/m³，降幅为 32%（图 11-2）。另外，全国范围 SO_2排放减少 1640 万吨，NO_x排放减少 800 万吨，一次 $PM_{2.5}$排放减少 350 万吨。工业行业提标改造（包括电力超低排放改造和钢铁、水泥等重点行业提标改造）、燃煤锅炉整治、落后产能淘汰和民用燃料清洁化是对大气质量改善最为有效的四项政策，这四项主要的有效控制措施分别使 2017 年全国的 $PM_{2.5}$年均浓度下降了 6.6 μg/m³、4.4 μg/m³、2.8 μg/m³和 2.2 μg/m³。

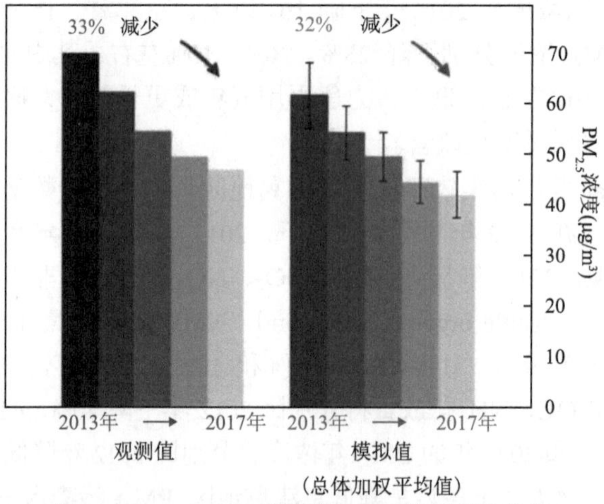

图 11-2　2013~2017 年中国 $PM_{2.5}$浓度变化趋势

Geng 等分析了 2013~2017 年间，中国东部地区尤其是京津冀地区、长三角和珠三角地区等三大重点区域 $PM_{2.5}$ 及其组分浓度的变化趋势[10]。由于 $PM_{2.5}$ 组分浓度降低，$PM_{2.5}$ 浓度在这段时间内也大幅下降。中国东部地区 SO_4^{2-}的人口加权平均浓度从 11.1 μg/m³下降到 6.7 μg/m³，NO_3^-从 13.8 μg/m³降至 13.1 μg/m³，NH_4^+从 7.4 μg/m³ 降至 5.8 μg/m³，有机物从 9.9 μg/m³ 降至 8.4 μg/m³，黑碳从 4.6 μg/m³ 降至 3.8 μg/m³，其他 $PM_{2.5}$ 组分从 12.9 μg/m³ 降至 9.6 μg/m³。其中，SO_4^{2-}的降幅最大，达到 40%，NO_3^-的降幅最小，为 5%，这导致 $PM_{2.5}$组分中 NO_3^-占比较大，SO_4^{2-}占比较小。在三大重点区域中，京津冀地区 $PM_{2.5}$及其组分浓度降幅最大。该研究也提示，为更有效地缓解 $PM_{2.5}$ 污染，未来需进一步减少

NH_3的排放。

Zhang 等除了定量评估《大气十条》政策对空气质量的改善之外，还评估了 2013~2017 年间我国 $PM_{2.5}$ 污染改善的健康效益。工业行业提标改造、燃煤锅炉整治、落后产能淘汰以及民用燃料清洁化这四项有效措施在降低人群 $PM_{2.5}$ 暴露水平的同时，可以进一步减少 37 万可能由 $PM_{2.5}$ 导致的超额死亡。Maji 等的研究也发现[11]2014~2018 年间北京市空气质量有显著改善，死亡人数显著下降。2014 年，$PM_{2.5}$和 O_3分别导致 29270 人和 3030 人死亡，而 2018 年这两种污染物的归因死亡人数分别下降 5.6%和 18.5%。武卫玲等的研究也发现类似的健康效益[12]。2013~2017 年间，随着 $PM_{2.5}$ 浓度的显著下降，与其他省份相比，京津冀地区及其周边地区因 $PM_{2.5}$ 暴露所导致的过早死亡下降幅度最大。就全国范围来看，以 WHO 过渡期第一阶段的目标值（$PM_{2.5}$ 年均浓度为 35 μg/m³）为控制线，2013 年大约有 101293 人过早死亡，2017 年约为 41080 人。《大气十条》的实施可能避免了约 60213 人过早死亡。Huang 等对 2013~2017 年全国 74 个重点城市空气质量监测和死亡数据进行分析，以死亡人数和寿命损失年（years of Life lost，YLL）为指标，评估《大气十条》对健康的影响[13]。结果发现，由于空气质量大幅改善，2017 年中国 74 个重点城市的死亡人数比 2013 年减少 47240 人，YLL 减少 710020 人年。

2）《打赢蓝天保卫战三年行动计划》

继 2017 年的《大气十条》后，我国于 2018 年 7 月 3 日发布实施《打赢蓝天保卫战三年行动计划》（以下简称《三年行动计划》）。《三年行动计划》被称为《大气十条》二期，目标是到 2020 年，明显改善环境空气质量。将这一目标拆解细化后，要求经过三年努力，到 2020 年，SO_2、NO_x 排放总量分别比 2015 年下降 15%以上；$PM_{2.5}$未达标地级及以上城市浓度比 2015 年下降 18%以上，地级及以上城市空气质量优良天数比率达到 80%，重度及以上污染天数比率比 2015 年下降 25%以上。提前完成“十三五”目标任务的地区，要保持和巩固改善成果，尚未完成的，要确保全面实现“十三五”约束性目标。

2020 年 9 月 11 日，生态环境部副部长赵英民在国新办举行的国务院政策例行吹风会上介绍了科技助力打赢蓝天保卫战有关情况。从污染物浓度来看，在实施《三年行动计划》期间，京津冀及其周边地区秋冬季的 $PM_{2.5}$ 平均浓度从 104 μg/m³下降到 70 μg/m³，累计下降 32.7%。从污染天数来看，平均重污染天数由 37.4 天下降到 14.1 天，下降 62%。与 2016 年相比，2019 年，“2+26”城市 $PM_{2.5}$平均浓度下降了 22%，重污染天数减少了 40%；其中，北京市 $PM_{2.5}$浓度由 2016 年的 73 μg/m³下降到 2018 年的 42 μg/m³，重污染天数由 34 天下降到了 4 天。相比于 2015 年，2020 年 $PM_{2.5}$平均浓度为 37 μg/m³，同比下降 28.8%。

2020 年全国生态环境质量简况的数据显示，2020 年，全国 337 个地级及以上城市平均优良天数比例为 87.0%，同比上升 5.0 个百分点。$PM_{2.5}$ 年均浓度为 33 μg/m³，同比下降 8.3%；PM_{10} 年均浓度为 56 μg/m³，同比下降 11.1%；O_3 年均浓度为 138 μg/m³，同比下降 6.8%；SO_2 年均浓度为 10 μg/m³，同比下降 9.1%；NO_2 年均浓度为 24 μg/m³，同比下降 11.1%；CO 均浓度为 1.3 mg/m³，同比下降 7.1%。其中，$PM_{2.5}$ 年均浓度已达到 WHO 第一阶段 35 μg/m³ 的目标值。

在《三年行动计划》收官之时，截至 2020 年 12 月 27 日，京津冀及周边地区、汾渭平原、长三角地区这三大重点区域 80 个地级及以上城市重度及以上污染天数共计 100 天，比 2019 年同期减少 95 天，减少幅度达 47.8%；比 2015 年同期减少 631 天，减少幅度高达 86.3%。同时，2020 年的优良天数比例达到 87%，三大重点区域 80 个地级及以上城市优良天数整体增加，2020 年秋冬季以来优良天数为 5306 天，比 2019 年同期增加 191 天，增加 3.7%；比 2015 年增加 974 天，增加 22.5%，此外，全国共有 202 个城市空气质量达标，同比增加了 45 个。京津冀及周边地区、长三角地区、汾渭平原等重点区域优良天数比率同比分别提高 10.4、8.7、8.9 个百分点，重污染天数同比明显减少。

3）清洁取暖

清洁取暖是指利用清洁化能源，通过高效用能系统实现低排放、低能耗的取暖方式。以往我国北方地区的取暖方式大多为使用散烧煤，该方式的大气污染物排放量大，所以国家推出了系列清洁取暖措施，在节能减排和减少雾霾天数的同时，保障北方居民温暖过冬。

在 2016 年 12 月召开的中央财经领导小组第十四次会议上，习近平总书记强调，要按照企业为主、政府推动、居民可承受的方针，宜气则气，宜电则电，尽可能利用清洁能源，加快提高清洁供暖比重。李克强总理在 2017 年 3 月 5 日作政府工作报告时提出，要加快解决燃煤污染问题。全面实施散煤综合治理，推进北方地区冬季清洁取暖，完成以电代煤、以气代煤 300 万户以上，全部淘汰地级以上城市建成区燃煤小锅炉。

此后，支持政策密集出台。仅 2017 年，我国就出台了十余项清洁取暖改造政策。2017 年 5 月，财政部、住建部、原国家环保部、国家能源局（简称“四部委”）决定开展中央财政支持北方地区冬季清洁取暖试点工作，解决散煤污染问题。半个月后，国家能源局公布 12 个“2017 年北方地区冬季清洁取暖试点城市”名单。

2017 年 8 月，中华人民共和国环境保护部发布了《京津冀及周边地区 2017—2018 年秋冬季大气污染综合治理攻坚行动方案》，要求当年 10 月底前，“2+26”城市完成以电代煤、以气代煤 300 万户以上。

2017 年 9 月，《关于北方地区清洁供暖价格政策的意见》下发，要求完善“煤改电”“煤改气”价格政策，因地制宜健全供热价格机制。

2017 年 12 月，国家发展改革委等部门根据中央财经领导小组第十四次会议关于推进北方地区冬季清洁取暖的要求，制定了《北方地区冬季清洁取暖规划（2017—2021 年）》（以下简称《规划》），首次提出用 3~5 年时间在北方地区建构完整的清洁取暖产业体系。《规划》明确提出，北方地区清洁取暖率要在 2019 年达到 50%，其中“2+26”重点城市城区的清洁取暖率达到 90%以上，县城和城乡接合部达到 70%以上，农村地区达到 40%以上。到 2021 年，北方地区清洁取暖率达到 70%，替代散烧煤 1.5 亿吨，“2+26”城市城区全部实现清洁取暖，35 蒸吨以下燃煤锅炉全部拆除，县城达 80%以上，20 蒸吨以下燃煤锅炉全部拆除，农村地区清洁取暖率达到 60%以上。

2020 年 5 月，国家生态环境部在新闻发布会上指出，“煤改气”“煤改电”对 $PM_{2.5}$ 下降的贡献率达到 1/3 以上，环境效益明显。此外，有文章评估了北方典型地区农村清洁采暖污染物排放的变化[14]，结果发现，在农村地区散煤取暖污染物排放远高于其他清洁取暖方式。采暖季的日均 $PM_{2.5}$ 为 322 μg/m³，是 WHO 标准值的 12.9 倍。天然气、电力替代方式对 $PM_{2.5}$ 的减排率在 90%以上。使用天然气、电力取暖，可减少 46%的室内 $PM_{2.5}$ 浓度。不同清洁取暖替代方式均可不同程度地改善空气质量，降低室内外的 $PM_{2.5}$ 暴露浓度，减少健康损害。

4）机动车限行政策

2008 年 10 月，我国颁布了机动车尾号限行政策，并开启了此后漫长的常态化实施。截至 2020 年 12 月，中国已有百余个城市实施过机动车限行政策。城市机动车限行政策的基本逻辑是限制一部分号牌的车辆出行来减少交通流量，进而减少包含固体悬浮微粒（$PM_{2.5}$、PM_{10}）、CO、NO_x 及 SO_x 等导致空气污染的尾气排放和道路扬尘，从污染源控制上防治大气污染。

机动车限行政策分为两种，一般限行政策和特殊限行政策。一般限行政策的实施周期长，限行范围广。特殊限行政策是在特殊时期内开展的，相比之下实施周期短，政策力度较强，主要有以下三种：冬季采暖期限行、重污染天气限行和城市建设类限行。孙传旺等评估了这两种城市机动车限行政策对 $PM_{2.5}$ 的影响[15]，结果发现，一般限行政策和特殊限行政策均不同程度地缓解了大气污染。在实施一般限行政策后，城市 $PM_{2.5}$ 浓度增长率约降低 17.7%，而特殊限行政策可使 $PM_{2.5}$ 浓度增长率降低约 49.2%，相对而言特殊限行政策的减排效果更明显。另外，限行区域的相对大小和限制机动车的相对数量均能影响政策效果，一般来说，限行区域越大，限行的车辆越多，减排效果越显著。

2007 年以来，北京曾六次启动机动车单双号行驶措施，每次的限行政策均在一定程度上改善了污染严重程度（图 11-3）。2008 年奥运召开的 17 天内，北京市环保局数据显示，全市空气质量每日均达标，污染物浓度全面下降 50%，创造 10 年来历史最好水平。

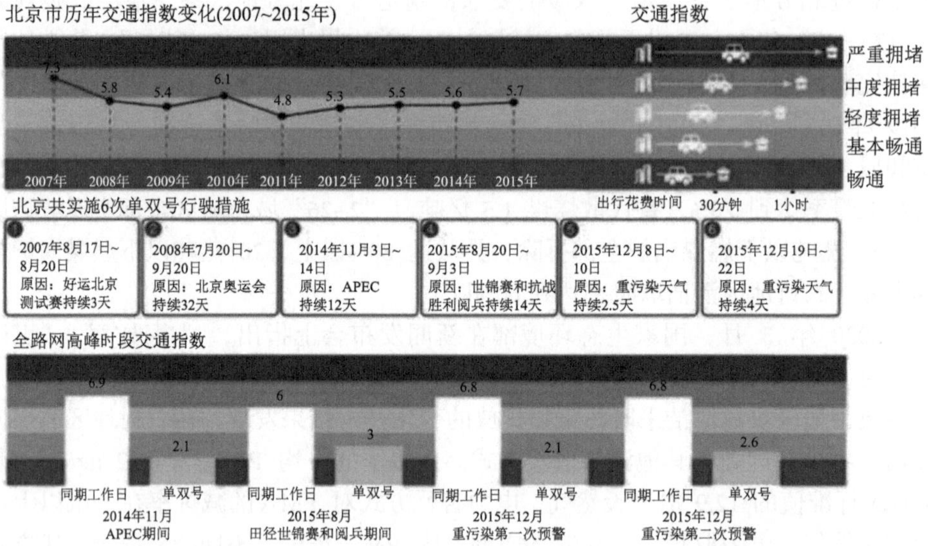

图 11-3　2007 年以来，北京共六次启动机动车单双号行驶措施

2014 年亚太经合组织（Asia-Pacific Economic Cooperation，APEC）峰会在北京召开，通过全市单双号行驶、渣土车与黄标车禁行等措施，NO_x 减排 44%，颗粒物减排 58%，挥发性有机物减排 49%。

2015 年，北京在举办世界田径锦标赛、抗战胜利阅兵期间实行单双号限行，$PM_{2.5}$ 平均浓度为 17.8 μg/m³，同比下降 73.2%。此次保障措施中，包括机动车单双号限行在内的所有机动车减排措施对 $PM_{2.5}$ 浓度下降贡献最大。2015 年 12 月 8~10 日北京发布了首次重污染红色预警，机动车单双号限行的措施发挥了抑制污染的作用，极大减少了高峰时段的怠速排放。交通环境监控站一次污染物 NO 的监测结果显示，早高峰时段的峰值浓度降幅接近 40%。2015 年 12 月 19~22 日北京发布了第二次红色预警，在实施机动车单双号限行措施后，不同时段的 $PM_{2.5}$ 实际监测浓度下降了 10%~30%，污染峰值削弱效果明显。

2. 国外

1）美国：制定大气污染防治相关法律法规

自 1948 年多诺拉烟雾事件和 20 世纪 50 年代洛杉矶光化学烟雾事件后，美国开始制定出台并严格实施一系列法规对大气污染进行治理。在 20 世纪，美国于 1955 年颁布了第一部联邦大气污染控制法规《空气污染控制法》。在 20 世纪 70 年代末，美国先后颁布并实施了《国家环境政策法》《清洁空气法》。其中，《清洁空气法》是一部里程碑式的大气环境保护类法律，它要求美国联邦环境保护部门独立地行使对全国的大气环境质量监控、规划、研究等职责，并通过制定具体大气环境目标的方式对各州混乱而不力的大气环境保护活动进行管理。《清洁空气法》最重要的进步就是确立了环境质量达标制度，要求在联邦层面构建一个约束美国各州的大气环境质量标准体系，并且以各州的客观环境与发展程度为前提，赋予各州政府一系列的大气环境质量目标，要求各州政府在自身的权限范围内采取行动，从而为这一系列目标向联邦负责。《清洁空气法》此后又历经 1977 年和 1990 年的两次修订，得到进一步完善。同期美国还制定了《机动车空气污染控制法》《能源供应与环境协调法》及一系列修正案等。

在实施以上这些政策的 40 年间，美国生产总值增长了 238%，但全国大气污染中六种主要污染物（悬浮颗粒、铅[Pb]、O_3、CO、NO_2 和 SO_2）的大气环境含量平均下降了 69%。具体来说，与 1990 年比，2018 年 CO（8 小时）年均浓度下降 78%，NO_2（24 小时）年均浓度下降 59%，O_3（8 小时）年均浓度下降 25%，PM_{10}（24 小时）年均浓度下降 46%。与 2000 年相比，SO_2（1 小时）年均浓度下降 90%，$PM_{2.5}$（24 小时）年均浓度下降 44%。与 2010 年相比，Pb 3 个月的平均浓度下降 85%（图 11-4）。根据《清洁空气法》设置的二级联邦大气环境质量标准进行评判，美国绝大多数州都经历了从不达标到达标的转变。例如，1991 年尚有 41 个州的大气 CO 含量超标，但到了 2014 年这 41 个州全部达到了国家大

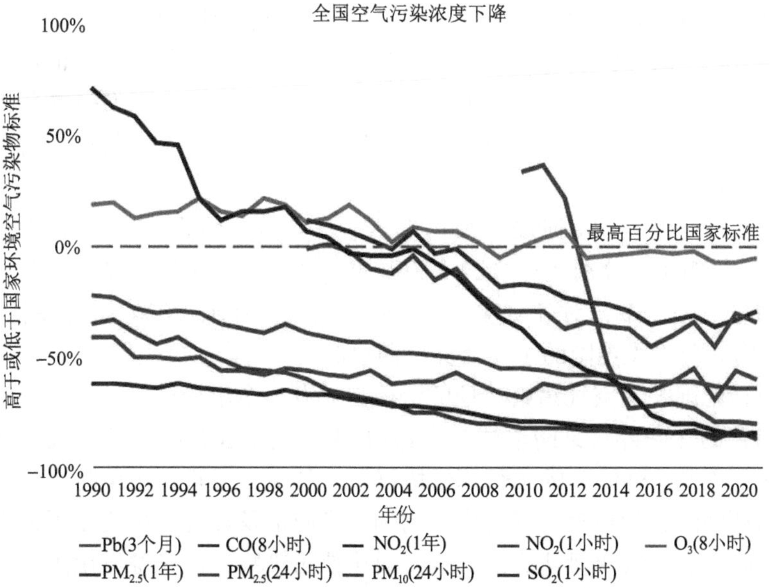

图 11-4　1990~2021 年美国空气质量分布趋势图

气环境 CO 含量标准。虽然这些州的汽车保有量一直处于稳步上升的趋势，但在《清洁空气法》的指导下，州政府对新汽车的 CO 排放标准的设置不断严格，不仅淘汰了含铅汽油，而且提高了能源转化率，减少了废气的排放[16]。

2）欧洲：四阶段大气污染治理

在欧洲国家中，英国是世界上最早进行工业革命的国家，也是最先受到大气污染危害的国家之一。1952 年英国伦敦发生了举世瞩目的“伦敦烟雾事件”，导致约 4000 人因呼吸道疾病等原因死亡，10 万人致病。事件发生后，英国政府下定决心治理空气污染，而后伦敦的烟雾治理，可按照其空气质量的改善趋势可划分成四个阶段。

第一阶段是准备阶段（1953~1960 年）。英国政府在 1956 年颁布了世界上第一部空气污染防治法案《清洁空气法》。该法提出禁止黑烟排放、升高烟囱高度、建立无烟区等措施，并且需控制机动车数量，调整能源结构等。到 1960 年，伦敦的 SO_2 和黑烟浓度分别下降 20.9%、43.6%，空气污染防治取得了初步成效。

第二阶段是显著削减阶段（1960~1980 年）。这期间英国对《清洁空气法》进行了修订，并扩大烟尘控制区的范围。到 1976 年，烟尘控制区已覆盖 90%的伦敦地区。在该阶段，伦敦整个城市的 SO_2 和黑烟的浓度在短期内均大幅下降，10 年降幅超过 80%。并且到 1975 年，伦敦已努力将雾霾天气从每年几十天降至每年 10 天以下，1980 年降到 5 天。

第三阶段是平稳改善阶段（1980~2000 年）。该时期政府陆续出台或修订了一系列法案，如《汽车燃料法》（1981 年）、《空气质量标准》（1989 年）、《环境保护法》（1990 年）、《道路车辆监管法》（1991 年）、《清洁空气法》（1993 年）、《环境法》（1995 年）、《国家空气质量战略》（1997 年）、《大伦敦政府法》（1999）、《污染预防和控制法》（1999 年），构成了完善的大气防治法律体系。

第四阶段是低碳发展阶段（2001 年至今）。该时期的 SO_2 和黑烟浓度与 20 世纪 50 年代相比，分别下降 84.2%和 47.4%。另外，英国政府在 2007 年的《环境空气质量战略》中，对 $PM_{2.5}$ 进行了硬性约束，要求 2020 年前控制在 0.025 mg/m^3 之内。现阶段英国的主要目标是创建低碳社会。

此外，德国关于空气污染治理的法律法规有三个里程碑，分别是 1974 年德国政府出台的《联邦污染防治法》、1979 年《关于远距离跨境空气污染的日内瓦条约》，以及 1999 年的《哥德堡协议》。其中，《联邦污染防治法》是德国最重要的环保法，为包括空气污染在内的污染防治及环境保护确立了标准。这些法律法规确定了空气质量达标的标准，对排放污染物的污染源做出限制性规定，同时还确定了最高排放标准。

除了立法之外，德国也从限制颗粒物排放和用技术手段减少排放两个方面来控制颗粒物污染，这些措施包括车辆限行、限速，工业设备限制运转，为车辆安装颗粒过滤装置等。但实际上，德国早期的污染控制对象是二氧化硫、氮氧化物和烟尘，而不是 $PM_{2.5}$。但由于德国对这三种污染物的严格控制，后续产生的二次细颗粒物随之减少，从而减轻了雾霾污染。

2000~2018 年间，欧盟 28 个成员国硫氧化物的浓度下降幅度最大，与 2000 年相比，年均浓度下降 79%。NH_3 的下降幅度最小，与 2000 年比仅下降 10%。重金属砷（As）、镉（Cd）、镍（Ni）和 Pb 分别下降 35%、42%、59%和 68%（图 11-5）[17]。

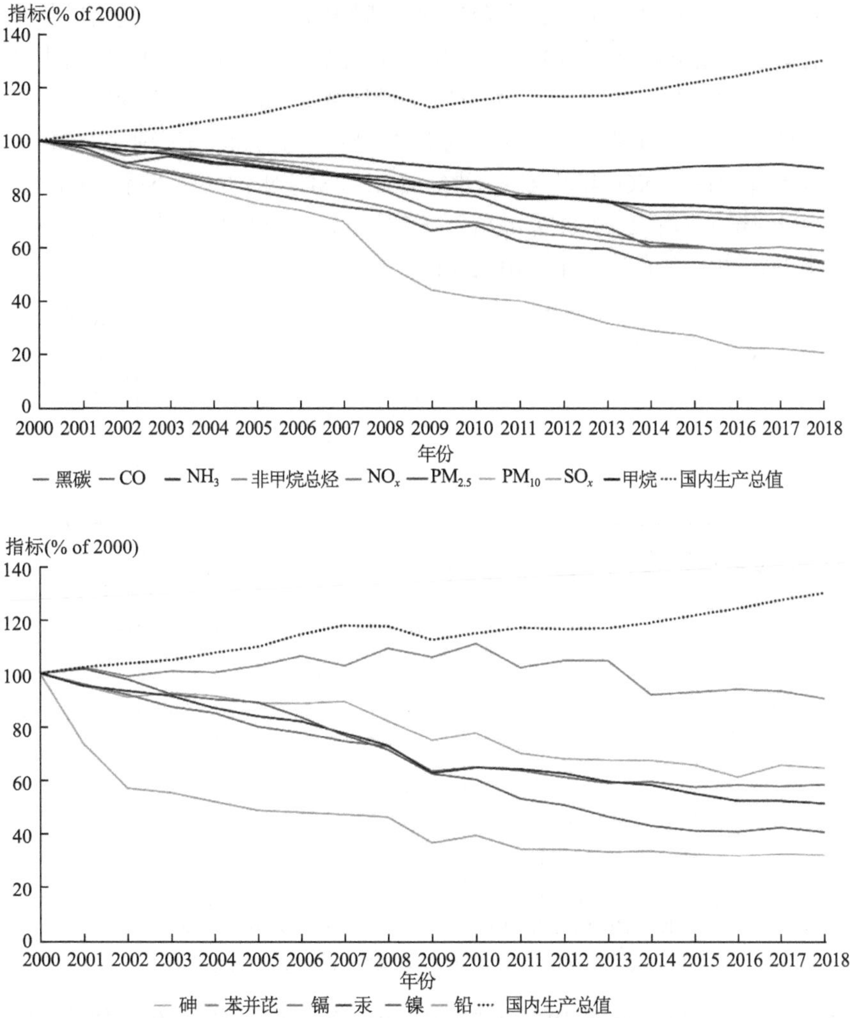

图 11-5　2000~2018 年欧盟国家空气质量分布趋势图

甲烷排放量是指政府间气候变化专门委员会（IPCC）部门 1-7 的总排放量，不包括来自土地利用、土地利用变化和林业的排放

3）日本：制定大气污染防治相关法律法规

在 20 世纪中叶，日本四日市发生了哮喘事件，哮喘患者数量激增，城市上空也是雾霾重重。此后，日本政府高度重视，采取一系列措施改善空气污染。立法方面，日本于 20 世纪 50 年代颁布了《烟尘限制法》《公害对策基本法》《大气污染防治法》《减少汽车氮氧化物总排放量的特殊措施法》《环境基本法》等，形成大气污染治理的综合性法律体系。

此外，日本采取了如下措施来治理雾霾：一是针对固定发生源，安装脱硫脱氮装置；二是针对移动发生源，出台法律法规限制车型车辆；三是借助信息化手段进行有效的监督和控制。1990~2018 年日本国家空气质量分布趋势如图 11-6 所示。经过有效的控制，2020 年日本空气质量指数为 40，空气质量评级为良好，颗粒物、硫氧化物、氮氧化物的浓度也明显下降，与 2000 年相比，2020 年 SO_2 年均浓度下降 71%，NO_2 年均浓度下降 62%，$PM_{2.5}$ 年均浓度下降 25%[18]，2020 年日本 $PM_{2.5}$ 年平均浓度为 11.9 μg/m³，接近 WHO 于 2015 年制定的《空气质量准则》中颗粒物年均浓度标准（10 μg/m³）。

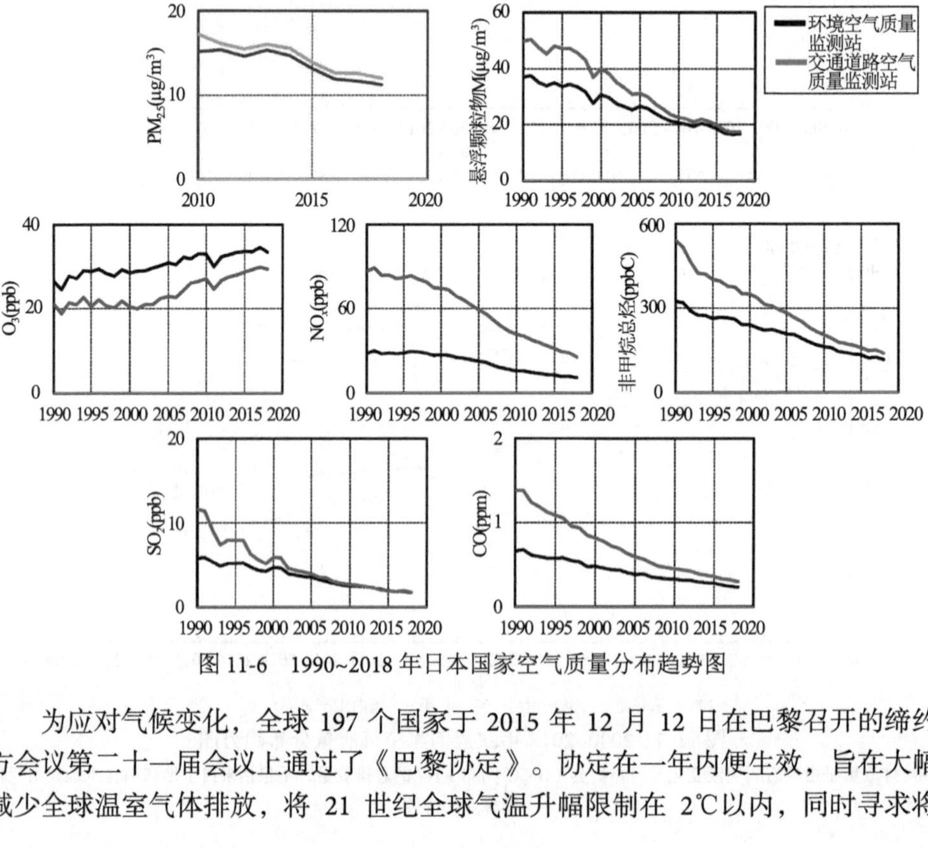

图 11-6　1990~2018 年日本国家空气质量分布趋势图

为应对气候变化，全球 197 个国家于 2015 年 12 月 12 日在巴黎召开的缔约方会议第二十一届会议上通过了《巴黎协定》。协定在一年内便生效，旨在大幅减少全球温室气体排放，将 21 世纪全球气温升幅限制在 2℃以内，同时寻求将气温升幅进一步限制在 1.5℃以内的措施。Markandya 等分析比较了中国、印度、美国、欧洲和世界其他地区为实现《巴黎协定》气候缓解目标而采取的减排措施所花费的成本与其带来的健康收益的差异。Markandya 等首先基于全球变化评估模型[19]，估计各地理区域各种减排途径和策略所花费的成本，以及为实现气候缓解目标温室气体和空气污染物需达到的排放浓度。随后，研究人员基于估计的污染物排放水平，利用来源-受体模型将污染物排放浓度转换为人群暴露水平，计算污染物水平下降导致的过早死亡人数的下降水平，并按不同的病因计算了相应疾病的归因死亡人数的下降水平。最后再根据随死亡风险降低而变化的货币化价值（values of statistical life），将健康影响货币化，计算健康收益，比较减排措施花费与健康收益的差异（图 11-7 和图 11-8）。研究人员发现，在五个地

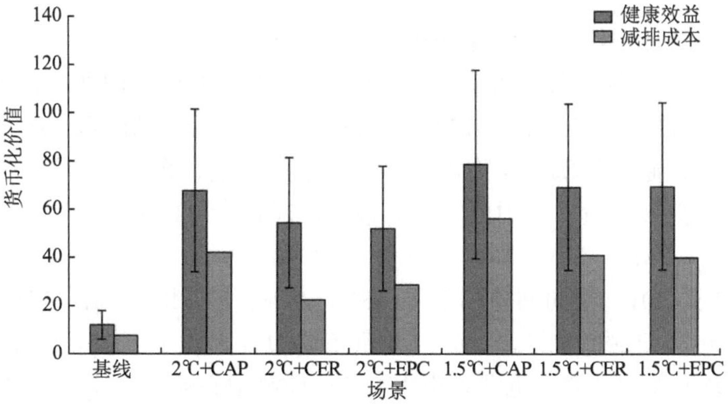

图 11-7　2020~2050 年不同区域和减排策略下健康效益与减排成本分布

使用的折现率为 3%。黑色不确定性条代表文献中给出的 VSL 上下限的数值范围。CER，恒定排放比率情景；EPC，人均平等情景；CAP，能力情景；CER，恒定排放比率情景；EPC，人均平等情景；VSL，统计寿命值

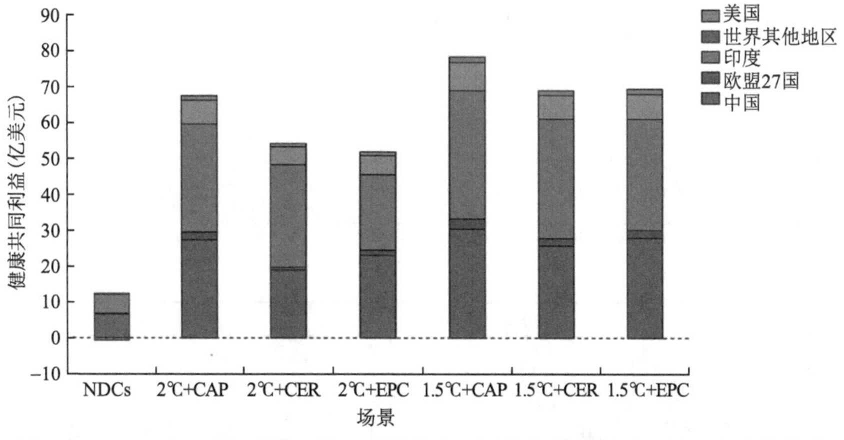

图 11-8　2020~2050 年不同区域和减排策略下污染物暴露所致过早死亡人数分布

NDC，由国家确定的贡献；CAP，能力情景；CER，恒定排放比率情景；EPC，人均平等情景

理区域，健康收益全部大于减排措施花费，效益成本比在 1.4~2.45（不同的减排策略，效益成本比不同），且在中国，印度这两个区域，健康收益可以补偿减排措施花费的成本。该研究另一项重要发现是，在中国和印度，实现 1.5°C 气候缓解目标所产生的净效益（印度：3.28 万亿~8.40 万亿美元，中国：0.27 万亿~2.31 万亿美元）将大大高于实现 2.0°C 目标所产生的净效益。

11.2.2　短期干预研究

1. 国内

1）"APEC 蓝"

2014 年 11 月中旬，2014 年 APEC 第 22 次领导人非正式会议在北京召开。为保障会议期间空气质量，北京市与天津、河北、山东、山西、内蒙古六大省（直辖市、自治区）联合，在 APEC 会议召开前，启动《APEC 会议期间空气质量保障方案》，通过降低污染物排放、降低道路扬尘、企业限产停产、机动车限行等方式保障空气质量。据中国气象局报道，2014 年 11 月 1 日至 12 日期间北京市大气 $PM_{2.5}$、PM_{10}、SO_2、NO_2 浓度分别为 43 μg/m³、62 μg/m³、8 μg/m³、46 μg/m³，相较于 2013 年同期分别下降 55%、44%、57%和 31%，各项污染物浓度均达到近 5 年同期最低水平。此外，北京市周边五大省（直辖市、自治区）的空气质量同比均有明显改善。据北京市生态环境监测中心初步统计，京津冀及周边地区的 $PM_{2.5}$ 平均浓度同比下降 29%左右。Ansari 等[20]利用模型得到 APEC 会议期间及对照时段的大气污染物浓度变化趋势（图 11-9）。短时间内大幅度下降的大气污染物也带来了一定的健康收益。研究表明，在 APEC 会议实施空气质量管理期间，降低的 $PM_{2.5}$ 浓度可以避免 39~63 例全因死亡，其中心血管疾病死亡约 21~51 例，呼

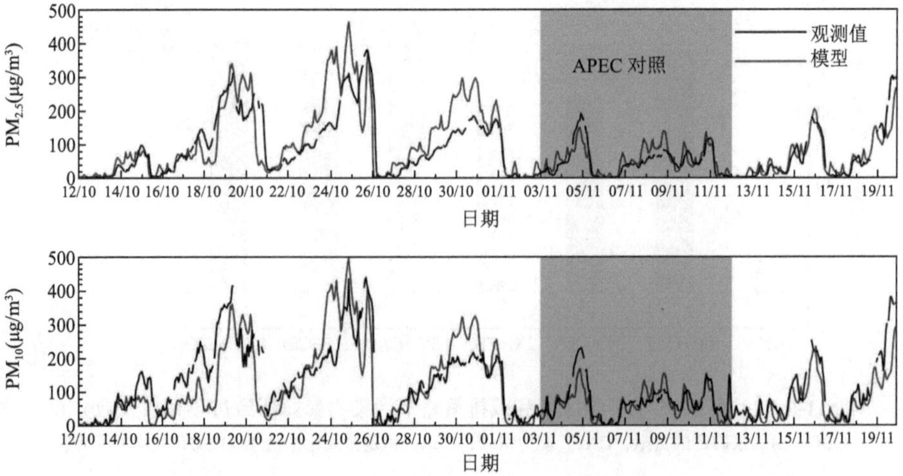

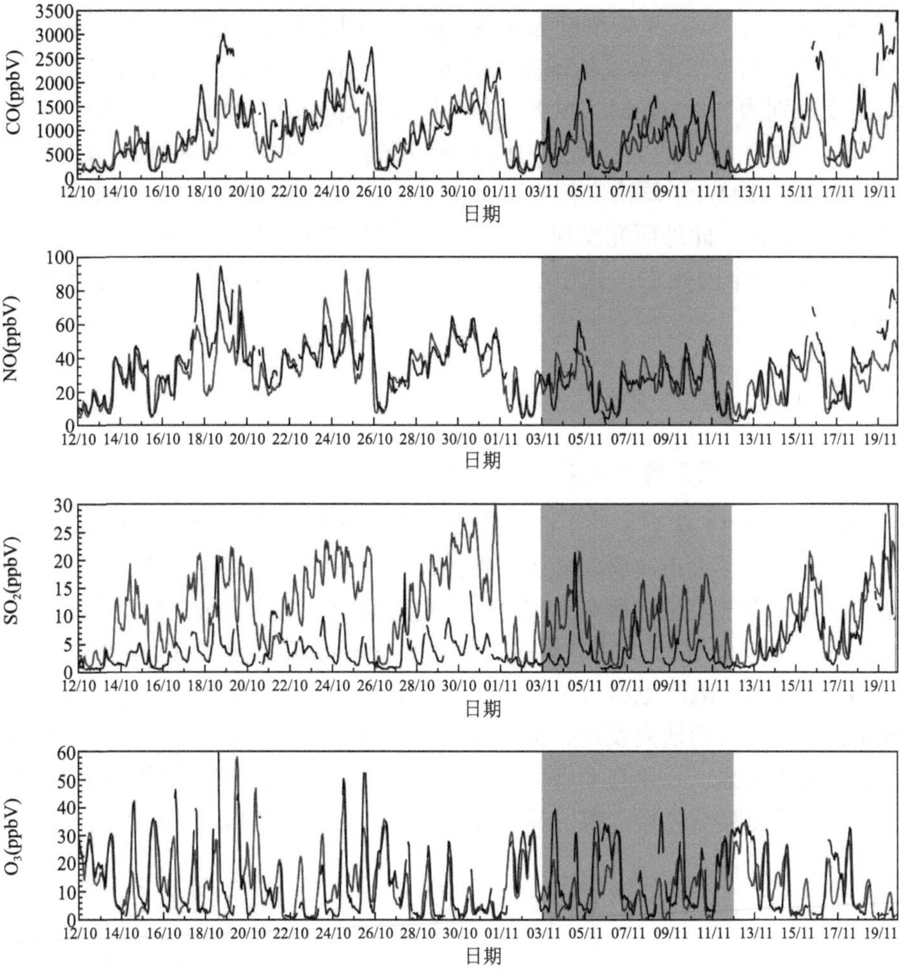

图 11-9　APEC 会议期间及对照时段的大气污染物浓度变化趋势

吸系统死亡约 6~13 例[21]。APEC 会议期间，因严格的空气质量管理，北京空气质量均为优良级别，蓝天再现北京，引起了网络热议，这一现象也被称为“APEC 蓝”。

2）“阅兵蓝”

2015 年国际田联世界田径锦标赛和中国人民抗日战争暨世界反法西斯战争胜利 70 周年纪念活动举办前，在借鉴 2008 年北京奥运会和 2014 年 APEC 会议空气质量保障经验的基础上，北京市再次联合周边六大省（直辖市、自治区）共同实行《中国人民抗日战争暨世界反法西斯战争胜利 70 周年纪念活动北京市空气质量保障方案》，通过车辆限行、企业停限产、工地停工等方式减少污染物排放，管控空气质量。北京市环保监测中心监测数据表明，2015 年 8 月 20 日至 9

月 3 日，北京市 $PM_{2.5}$ 平均浓度为 17.8 μg/m³，同比下降 73.2%，连续 15 天达到一级优水平，相当于世界发达国家大城市水平。SO_2、NO_2、PM_{10} 等各项污染物平均浓度分别为 3.2 μg/m³、22.7 μg/m³ 和 25.3 μg/m³，同比分别下降 46.7%、52.1%和 69.2%，均达到了监测历史以来的最低水平。2015 年 9 月 3 日上午阅兵期间，北京市 $PM_{2.5}$ 平均浓度仅为 8 μg/m³，蓝天伴随微风出现，"阅兵蓝"完美呈现在国人面前。此外研究发现，在 15 天的管理期间，降低的 $PM_{2.5}$ 浓度大约可避免 41~65 例全因死亡，其中心血管死亡病例约 22~52 例，呼吸系统死亡约 6~13 例[21]。

2. 国外

1）1996 年美国亚特兰大夏季奥运会

1996 年 7 月 19 日至 8 月 4 日，第 26 届夏季奥林匹克运动会在美国亚特兰大举行。美国亚特兰大市政府实施了一项为期 17 天的交通管控策略，缓解了交通拥堵，改善了空气质量。研究发现，在奥运会期间，工作日最高机动车数目降低了 22.5%，大气 O_3 浓度从奥运会前四周的 81.3 ppb 降低至 58.6 ppb，降幅约为 30%，PM_{10}、NO_2 浓度也有所下降（图 11-10）。且机动车数目与每日最高臭氧浓度呈正相关。目前研究发现，奥运会期间降低的大气污染物浓度对呼吸系统疾病的影响较为明显。一项在亚特兰大五个中心区县开展的研究表明，奥运会期间多家医院的儿童哮喘急诊人数明显下降[22]。同时有研究结果表明，奥运会期间居

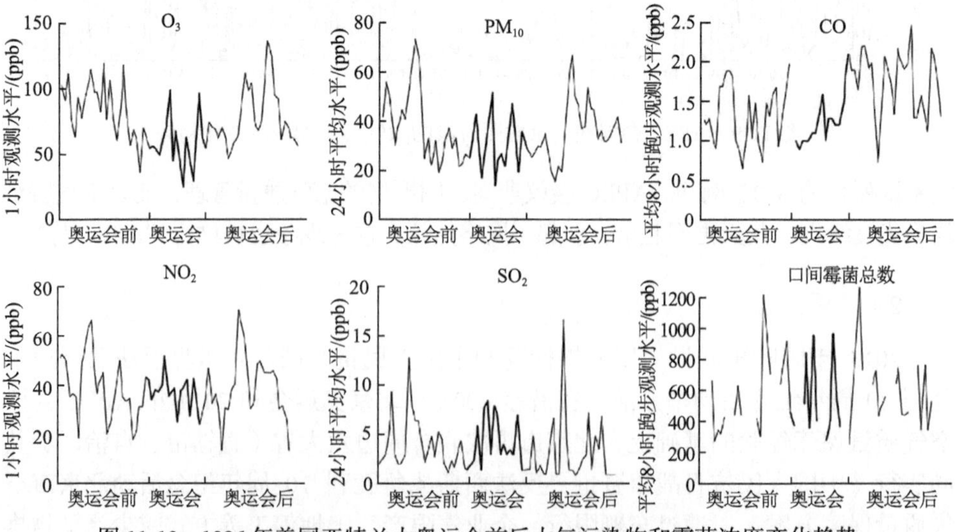

图 11-10　1996 年美国亚特兰大奥运会前后大气污染物和霉菌浓度变化趋势

虚线是指有缺失的数据（如霉菌数仅有工作日数据）

民尤其是儿童群体，因上呼吸道疾病和哮喘急诊风险分别减少 18%和 25%，但 COPD 急诊风险有所增加，增幅为 37%[23]。

2）2002 韩国釜山亚运会

2002 年 9 月 29 日至 10 月 14 日，第 14 届亚洲运动会于韩国釜山举办。当地政府通过控制工业废气排放、机动车限行等方式对亚运会期间空气质量进行管控。研究发现，2002 年韩国釜山亚运会期间，相较于亚运会前大气 PM_{10}、SO_2、NO_2、CO、O_3 分别下降 0.72%、12.77%、8.56%、9.52%、24.94%（图 11-11），均未超过韩国空气质量指导值。2020 年亚运会期间，15 岁以下儿童哮喘住院风险较亚运会前降低 40%。且在亚运会期间 15 岁以下儿童每日平均哮喘住院人数呈现下降趋势。2003 年同期数据显示，上述大气污染物浓度相较于 2002 年更高，同期每日平均哮喘住院人数呈现上升趋势（图 11-12）[24]。研究结果提示，控制大气污染物对儿童哮喘住院率的影响可能不是偶然。

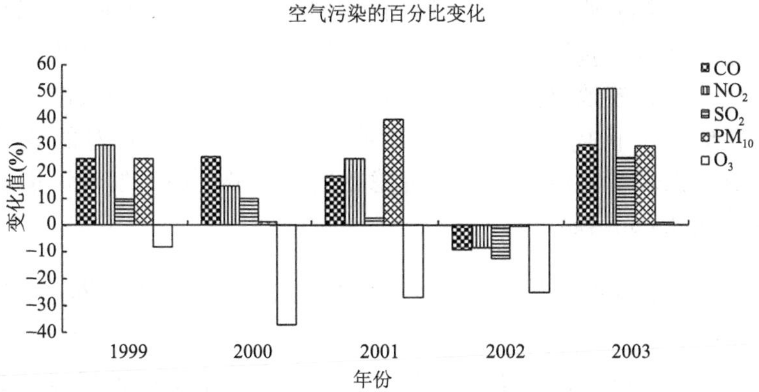

图 11-11　1996~2003 年亚运会前后相同时段韩国釜山大气污染浓度变化百分比

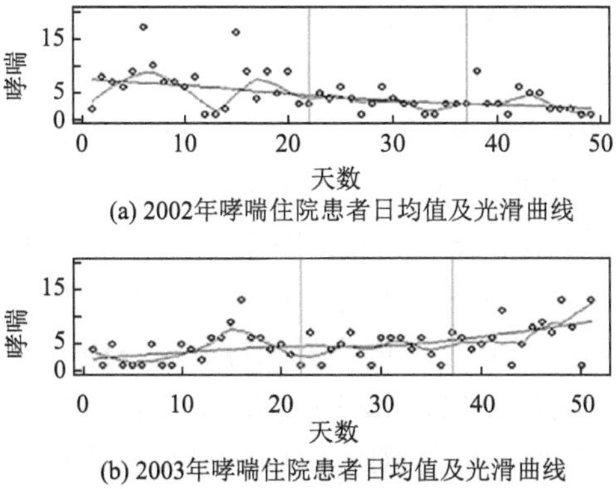

图 11-12　2002 年和 2003 年 9 月 8 日~11 月 4 日韩国釜山 15 岁以下儿童每日因哮喘住院数目时间变化趋势

11.3 大气颗粒物的个体干预研究

大气颗粒物暴露会对人体健康造成多种危害，个体水平的干预可减少大气颗粒物暴露或降低其暴露对身体造成的不良影响。呼吸系统是颗粒物进入机体的主要门户，最先受到颗粒物的影响，而使用空气净化装置和佩戴口罩等物理阻隔手段可有效减少个体呼吸系统的大气颗粒物污染暴露。此外，有研究也提示通过营养补给、体育锻炼、药物使用等手段可以降低颗粒物暴露所致的人体氧化应激水平或增强人体对颗粒物暴露的抵御能力，从而降低颗粒物暴露对人体造成的不良影响。

11.3.1 空气净化装置

人们大部分时间都在室内度过，室内空气污染物直接通过呼吸进入人体。室外空气污染会渗透到建筑物中，增加室内污染物的含量和种类；另外，室内建筑和家具装修材料质量良莠不齐，也会加重室内的空气污染状况。合理使用空气净化器可有效地提高室内空气质量，显著降低颗粒物浓度。目前空气净化器种类繁多，国内外有许多学者对不同品种空气净化器的效果进行探讨，大多数研究表明使用高效微粒过滤器进行机械过滤，发现该措施可去除至少 99.97%的 0.3 μm 颗粒[25]。

1. 空气净化装置的使用可降低污染物暴露对呼吸系统的刺激，降低对呼吸功能的不利影响

在一项双盲交叉试验中，研究人员在上海低 O_3 季节招募 43 名患有轻度或中度哮喘的儿童，以探讨通过空气净化装置进行颗粒物过滤，对哮喘患儿气道病理生理学变化的影响。研究对象在卧室内随机使用市售便携式空气净化器或假的过滤装置，每次使用时长为 2 周，在每次干预的开始和结束时测量肺部变化情况。结果显示，在真实过滤期间，卧室 $PM_{2.5}$ 浓度的平均值比假过滤期间低 63.4%。并且，与假过滤相比，真过滤与气道力学的改善显著相关，反映在气道总阻力降低 24.4%，小气道阻力降低 43.5%，气道电抗降低 22.2%。不仅如此，真过滤还与呼出的一氧化氮分数减少 27.6%、呼气峰流量增加 1.6%有关[26]。同样是上海开展的一项双盲随机交叉研究，研究人员观察到过滤后室内 $PM_{2.5}$ 降低了 72.4%，浓度降低至 10.0 μg/m³。过滤后 5 Hz（Z5）下的气道阻抗降低了 7.1%，5 Hz（R5）下的气道阻力降低了 7.4%，小气道阻力（R5–R20）增加了 20.3%；然而，没有观察到肺活量指标，如 1 秒内用力呼气量（FEV_1），用力肺活量（FVC）的显著改善。在过滤结束后 24 小时，血管性血友病因子（VWF）也降低了 26.9%，表

明血栓形成的风险降低[27]。也有韩国学者进行荟萃分析，评估使用空气过滤器与慢性呼吸系统疾病患者呼吸功能的关联，结果发现空气过滤器可以降低室内颗粒物浓度并增加哮喘患者的呼气峰值，但对呼吸道症状或 FEV_1 没有显著影响[28]。

2. 空气净化装置的使用可降低机体炎症水平，并减轻污染物暴露导致的心血管不良影响

一项北京的研究发现，经空气净化装置过滤后的室内 $PM_{2.5}$ 从（60 ± 45）μg/m^3 降低到（24 ± 15）μg/m^3、黑碳（BC）从（3.87 ± 1.65）×10^{-5} m^{-1} 减少到（1.81 ± 1.19）×10^{-5} m^{-1}，同时发现老年人全身炎症水平显著降低[29]。一项系统综述研究总结了家用空气净化器对 $PM_{2.5}$ 暴露和血压的影响，结果显示室内空气净化器的使用显著降低 $PM_{2.5}$ 的室内暴露以及收缩压水平[30]。Chuang 等[31]在台北招募了 200 名家庭主妇，进行了一项关于窗式空调机组 MERV11 过滤的研究，结果显示过滤器将室内 $PM_{2.5}$ 浓度从 22 μg/m^3 降低到 13 μg/m^3，并且与血压、全身炎症和氧化应激的降低有关。

3. 不同原理的净化装置可能对人体带来不同的健康影响

Dong 等[32]在北京开展一项研究，旨在探讨电离空气净化器对 44 名儿童心肺功能的影响。他们的研究发现，净化后颗粒物和 BC 浓度显著降低，$PM_{0.5}$、$PM_{2.5}$、PM_{10} 和 BC 分别降低了 48%、44%、34%和 50%，O_3 水平没有变化，而空气负离子（NAI）从 12 cm^{-3} 增加到 12997 cm^{-3}。同时研究对象的 FEV_1 增加 4.4%，呼出的氮氧化物减少 14.7%，可见电离空气净化器可以带来显著的呼吸效益。一项在湖南长沙开展的干预研究中，受试者被分成两组，一组仅移除静电除尘器（ESP），另一组同时移除静电除尘器和高效微粒空气过滤器（HEPA 过滤器）。移除 HEPA 过滤器导致 $PM_{2.5}$ 浓度大幅增加，但受试者的心肺风险生物标志物的含量并未改变。但是去除 ESP 会导致臭氧浓度和几种心血管风险生物标志物的小幅下降，表明 ESP 产生的臭氧可能会产生不利影响[33]。

11.3.2 佩戴口罩

与空气净化器不同，正确佩戴口罩可减少室内外的多种不同场景的空气污染暴露，是最方便、最实惠的防护措施之一，尤其是在户外环境中。在呼吸道传染病流行期间，或是在高浓度污染环境，戴口罩都具有良好的防护作用。目前用于防护的口罩种类繁多，常见的有一次性医用口罩、医用外科口罩、医用防护口罩、颗粒物防护口罩和防护面具。其中颗粒物防护口罩是密合型口罩，可带有呼气阀。根据《呼吸防护用品——自吸过滤式防颗粒物呼吸器》（GB 2626—2006），颗粒物防护口罩的过滤元件按过滤性能可分为防非油性颗粒物（KN）

和防油性颗粒物（KP）两类，其中 KN 类只适用于过滤非油性颗粒物，KP 类适用于过滤油性和非油性颗粒物。在此基础上，根据实验测得的过滤效率可再细分为 KN90、KN95、KN100、KP90、KP95 和 KP100。KN90 和 KP90 是指面罩的过滤效率≥90.0%，KN95 和 KP95 是指面罩的过滤效率≥95.0%，而 KN100 和 KP100 是指面罩的过滤效率≥99.97%，其中最常使用的是 KN95。除了颗粒物防护口罩，其他种类的口罩对颗粒物也有一定的阻隔作用。研究表明，活性炭口罩对 $PM_{2.5}$ 的平均阻隔率大于 95%，国产医用防护口罩和 $PM_{2.5}$ 口罩阻隔率大于 70%，而一次性外科口罩阻隔率低于 10%[34]。口罩的有效性不仅取决于口罩材料的过滤效率，还与口罩与面部的贴合度相关，佩戴方式是否正确也会影响口罩对人体的防护作用。

1. 佩戴口罩可能通过改善自主神经功能降低大气颗粒物暴露的健康损害

在上海一项随机交叉试验，受试者被随机分为两组，并佩戴 N95 口罩 48 小时，每隔 3 周清洗一次。在每次干预的前 24 小时内持续监测心率变异性和动态血压。在每次干预结束时测量循环生物标志物。研究结果显示，与不佩戴 N95 口罩相比，佩戴 N95 口罩组的收缩压降低 2.7 mmHg，心率变异性各参数增加，提示短期佩戴 N95 口罩可能会通过改善自主神经功能和降低血压对心血管产生有益作用[35]。一项在中国北京开展的研究招募了 98 名不吸烟但具有冠心病史的志愿者，2 天内在北京市中心进行了 2 小时的步行。参与者被随机分配在 2 次步行中的 1 次中戴上高效的空气过滤面罩，并佩戴设备来监测他们的空气污染物暴露情况以及血压和心脏功能。结果表明佩戴口罩后呼吸道症状减少并且对心血管疾病起到保护作用，包括降低血压和改善心率变异性[36]。一项在北京对 40 名年轻健康的大学生进行的随机交叉研究中，参与者每人在 4 个不同的研究期间按随机顺序接受 4 次不同处理（无干预阶段[NIP]、呼吸器干预阶段[RIP]、耳机干预阶段[HIP]、呼吸器加耳机干预阶段[RHIP]），为期 2 周间隔，以评估口罩和降噪耳机的短期心血管效益。与 NIP 相比，其他干预组的心率变异性参数增加，ST 段抬高和心率下降，表明短期佩戴口罩和/或耳机可能通过改善自主神经功能将地铁空气污染引起的心血管风险降低[37]。

2. 佩戴口罩可能通过改善气道炎症，全身氧化应激和内皮功能障碍降低大气颗粒物暴露的健康损害

Guan 等[38]在严重污染时开展为期 2 天的一项双盲随机对照交叉研究，15 名健康的年轻受试者被要求戴着真或假 N95 口罩沿着繁忙的交通道路行走 2 小时，以确定暴露后 24 小时内气道炎症、内皮功能障碍和氧化应激的生物标志物水平的变化。N95 面罩使直径在 5.6~560 nm 之间的环境空气颗粒数量浓度下降

48%~75%。所有受试者呼出气一氧化氮水平及呼出气冷凝液中白细胞介素 1α、白细胞介素 1β、白细胞介素 6 水平均显著升高，真 N95 口罩组的上述指标的增加在统计学上显著低于假口罩组。尿肌酐校正的丙二醛水平没有明显的组间差异。在动脉僵硬度指标中，与假口罩相比，戴真口罩的受试者在暴露后的射血持续时间更长；在增强压力或增强指数方面没有发现显著的组间差异。结果表明 N95 口罩部分减少了急性颗粒相关的气道炎症，但全身氧化应激和内皮功能障碍均未显著改善。

11.3.3 营养干预

1. 抗氧化剂

基于目前的证据，氧化应激可能是空气污染危害人类健康的关键环节，因此推测补充抗氧化剂可增加身体的抗氧化防御能力，减轻大气污染暴露对机体健康的负面影响。水果和蔬菜存在许多有抗氧化作用的维生素，如维生素 C、维生素 E、β-胡萝卜素等。维生素 C（抗坏血酸）是一种重要的气道抗氧化剂，是组织修复的重要组成部分。维生素 E 是指包括生育酚和生育三烯酚在内的一组化合物，是重要的抗氧化剂，可对抗暴露于氧化剂引起的上皮组织损伤。一项研究发现维生素 C 和槲皮素可减轻 $PM_{2.5}$ 诱导的人支气管上皮细胞损伤，并提出维生素 C 和槲皮素可能通过调节 ROS 生成和炎症表达来促进氧化损伤细胞的修复[39]。两项动物研究分别发现维生素 C 和复合维生素 B 对 $PM_{2.5}$ 诱导的肺部损伤存在保护作用[40,41]。两项动物研究发现补充硒可有效预防 $PM_{2.5}$ 引起的心血管和肺部炎症和氧化应激[42,43]。巴西一项流行病学研究发现，与对照组相比，暴露于发电厂燃煤排放物的工人和生活在排放区附近的受试者的血液中的氧化应激生物标志物显著升高，在施加维生素 E 和维生素 C 的干预后，大多数指标都恢复至对照组水平，血液内存在的酶促或非酶促抗氧化防御得到明显改善[44]。

2. Omega-3 脂肪酸

Omega-3 脂肪酸属于多不饱和脂肪酸，是人体无法自行合成的脂肪酸。补充 Omega-3 脂肪酸可有助于降低脂质水平和全身炎症水平。地中海饮食中常包含许多富含 Omega-3 脂肪酸的食物，如深海鱼类、鱼油、奇亚籽等。一项动物实验发现，Omega-3 脂肪酸和维生素 E 都可以减轻 $PM_{2.5}$ 暴露引起的心血管损伤，而且 Omega-3 脂肪酸和维生素 E 组合使用比单独使用更加有效[45]。我国上海一项随机对照试验评估了 Omega-3 脂肪酸的作用，该研究将 65 名健康大学生随机分配到安慰组或干预组，安慰组受试者每天补充 2.5 g 葵花籽油，而干预组受试者每天补充 2.5 g 鱼油，同时监测 $PM_{2.5}$ 实时浓度。结果发现在 $PM_{2.5}$ 暴露的改变下，与安慰剂组相比，干预组受试者的与改善炎症、凝血、内皮功能障碍、氧化应激和神经内分泌紊乱相关的生物标志物水平都趋于稳定，提示膳食补充 Omega-3 脂肪酸可减轻 $PM_{2.5}$ 高水平暴露的潜在心血管不良影响[46]。

3. 花色苷

花色苷是一种广泛存在于植物中的功能性水溶色素，具有抗炎症、提高免疫力、清除自由基等多种生理活性功能。蓝莓及其他越橘浆果（如蔓越莓、欧洲越橘等）组成的膳食补充剂因含有丰富的花色苷而具有明显的保健功效。Wang 等为研究蓝莓花色苷对 $PM_{2.5}$ 致机体心血管损伤的干预及其机制进行了一项随机对照试验。该研究招募冠心病患者为研究对象，分为干预组（31 人）和对照组（28 人）。干预组成员服用蓝莓冻干粉冲剂 10 g/d，对照组成员服用饮用水，连续干预 60 天。干预期间监测室内 $PM_{2.5}$ 及室外主要环境污染物的日均浓度，并测量研究对象的 HRV，检测血清心肌酶活性、炎性因子含量和氧化应激指标。结果表明，蓝莓冻干粉干预可改善 $PM_{2.5}$ 暴露诱导的冠心病老人 HRV 的降低及心肌酶活性的增高[47]。

4. 体育锻炼

实验证据表明，无论是在运动前还是运动后接触香烟烟雾的暴露，机体都可以通过减缓烟雾引起的炎性损伤和氧化损伤来改善颗粒物导致的肺部损害[48,49]。因此，适度的体育锻炼可能通过增加人体对大气污染的抵抗能力来降低大气颗粒物暴露所致的炎症反应和氧化应激水平。然而，体育锻炼的形式、场所、持续时间等因素与大气颗粒物暴露浓度和健康效益有很大的相关性。当个体暴露于较高的颗粒物浓度时，由于体育锻炼期间每分钟通气量增加，体力活动会放大呼吸吸收和空气污染物在肺中的沉积，持续进行体育锻炼可能会使运动对人体的益处有所降低，甚至出现不良健康效应。

目前，探讨运动干预对颗粒物暴露和健康影响的研究很少，仅国外个别研究报道了相关的内容。BOS 等在比利时开展了一项完全随机设计的人群研究，评估有氧运动对颗粒物暴露与炎症生物标志物、血清脑源性神经营养因子和认知表现的影响[50]。研究者分别在布鲁塞尔（城市地区）和摩尔（农村地区）招募了 21 名和 13 名志愿者，按照来自的地区分为了两组，高浓度交通污染物环境运动组和低浓度交通污染环境运动组，干预行为是两组志愿者在不同颗粒物暴露环境下进行有氧运动（步行与跑步交替），每次干预 1 小时，每周 3 次，共 12 周，运动的同时记录环境空气颗粒物浓度。干预期结束后为每位志愿者进行有氧适能测定、差异白细胞计数测定和认知测试。结果显示，在城市地区的志愿者接受到的污染物暴露显著高于农村环境。在高浓度交通污染环境下运动，志愿者肺部炎症标志物呼出气一氧化氮明显增加，FEV_1 减小，这提示着可能存在肺功能的损害；低浓度交通污染环境运动组在训练后，Stroop 任务中的反应时间有所提高，但在高浓度交通污染环境运动组则没有，颗粒物的暴露可能抑制运动带来的认知表现的改善。所以，在颗粒物浓度高时进行体育运动可能会对健康造成损害且降低运动带来的益处，在低浓度的环境中运动是更明智的选择。

5. 药物干预

1）褪黑素

褪黑素（melatonin）是一种用于调节睡眠-觉醒周期的激素，主要由大脑中主管昼夜节律的松果体产生。有研究表明，褪黑素还可以由许多组织和细胞产生，包括炎症细胞。外源性的褪黑素可作为减少氧化应激和炎症的干预措施，促进颗粒物从肺内清除，从而降低大气颗粒物暴露对人体的健康风险。

来自我国的一项动物实验发现，$PM_{2.5}$ 可诱发心脏肥大和纤维化，尤其是血管周围纤维化。给予褪黑素可显著逆转 $PM_{2.5}$ 诱导的心脏成纤维细胞向肌成纤维细胞的表型调节。褪黑素通过抑制线粒体氧化损伤和调节 SIRT3 介导的 SOD2 去乙酰化，有效缓解 $PM_{2.5}$ 诱导的心功能障碍和纤维化（图 11-13）[51]。这些结果表明，服用褪黑素可能是预防和治疗空气污染相关心脏病的一种前瞻性疗法。

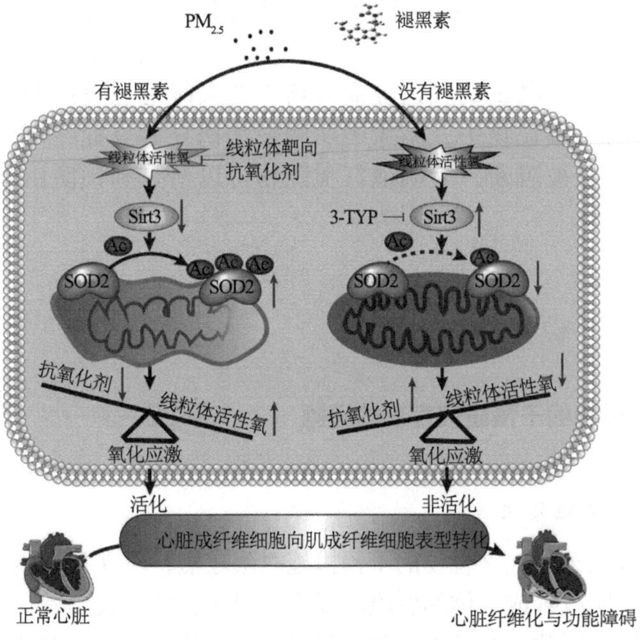

图 11-13　褪黑素改善 $PM_{2.5}$ 诱发的心脏血管周围纤维化的原理图

SOD2，超氧化物歧化酶 2

2）二甲双胍

目前国内外许多研究发现大气颗粒物暴露与人体代谢紊乱相关，其中胰岛素抵抗是关键环节。因此推测大气颗粒物可以通过改善胰岛素的敏感性来降低大气颗粒物暴露对人体的健康影响。二甲双胍（metformin）是一种常用于治疗 2 型糖尿病的药物，可加速人体对葡萄糖的摄取和脂肪酸氧化，同时可抑制糖异生和脂肪生成。城市颗粒物空气污染会诱导肺泡巨噬细胞释放包括白细胞介素 6 在内的促炎细胞因子，导致血栓形成增加。一项动物实验发现，用二甲双胍治疗暴露于 $PM_{2.5}$ 污染的小鼠，可阻止颗粒物诱导的复合物Ⅲ线粒体活性氧（complex Ⅲ mitochondrial reactive oxygen species，ROS）的产生，而 ROS 是开启钙释放激活钙通道和释放白细胞介素 6 所必需的。因此，二甲双胍可以抑制颗粒物诱导的肺泡巨噬细胞释放白细胞介素 6，并降低动脉血栓形成风险[52]。

3）他汀类药物

他汀类药物（statins）是一类降脂药物，其临床效益不仅由于能够改变血脂风险特征，也归因于其抗氧化作用。他汀类药物可以调节心肌和脉管系统中的心血管氧化还原信号，因此具有预防和治疗心血管疾病的潜力。一项队列研究使用了来自 SWAN 队列的 1923 名中年女性的数据，通过炎症标志物 C 反应蛋白的水平调查某些亚组是否易受长期暴露于空气污染的影响，研究结果表明，那些服用他汀类药物的人 C 反应蛋白水平较低[53]。此外，也有实验证明，他汀类药物可以抑制体外模型中测量的气道炎症。培养的人气道上皮细胞暴露于含有和不含他汀类药物的颗粒物中，结果表明颗粒物诱导的炎症在用他汀类药物预处理的细胞中完全被阻断，表明他汀类药物可以治疗和预防由空气污染暴露引起的气道炎症[54]。

11.4　总　　结

11.4.1　大气颗粒物的干预研究存在的问题

1. 长期干预措施欠缺

目前大多数关于大气颗粒物的干预措施时限较短，虽在采取措施后短期内大气颗粒物污染有所改善或人体的健康状况有所提高，但从长远看，干预措施的健康效益仍旧不够。因此，治理大气污染仍需要进一步出台长期有效的政策，才能收获较为稳定有效的健康效益。

2. 干预研究尚少，健康收益不明确

虽然国内针对大气颗粒物暴露控制及大气颗粒物暴露的健康危害研究均取得一定成果，但与欧美国家相比，国内的大气颗粒物浓度高、人口规模大、相关干预研究起步晚；尚不明确目前存在的各种干预措施是否可产生确切的健康效益，以及是否有其他简易可行的个体化措施可达到类似的健康保护效果。

3. 缺少对多种干预措施效果的综合评价

目前的干预措施研究大多是独立地针对某一措施开展，如在考虑个体干预措施带来的健康效益时未能同时考虑群体措施干预对于某个具体个体的影响，则可能导致干预措施效果评估出现偏差。

11.4.2　展望

目前诸多针对大气颗粒物污染干预的政策、计划与研究已付诸实施，虽然世界各地解决大气颗粒物浓度及健康损害问题的方法各有不同，但在干预措施的实施效果和现存问题方面的情况是相近的。在群体研究方面，大多数干预研究均发现长期和（或）短期大气颗粒物暴露干预对人群全死因死亡及主要系统（心血管系统及呼吸系统）死亡风险的下降有关。然而目前针对群体水平的干预研究大多基于生态学研究或横断面研究，对干预措施的确切实施效果评价仍需要基于队列设计的研究进行探讨。此外，考虑到我国大气颗粒物污染现状依然严峻，空间跨度大，各地区污染物分布、人群的易感性差异较大，仍需要因地制宜实施适用于更小范围的干预措施或政策，以在更小的空间尺度上对大气颗粒物的污染进行更为精准的干预。

在个体干预研究方面，目前的研究通过多个可能途径，通过物理阻隔手段及改善个体的健康状况以应对大气颗粒物污染所带来的健康损害。目前研究数量虽多，但由于各个研究本身存在的局限，关于个体干预措施对于应对大气颗粒物暴露产生的群体健康损害方面效益结论仍不一致。未来的研究需要更多地对各个干预措施的具体实施细节进行优化，包括使用空气净化器及佩戴口罩后个体水平的大气颗粒物真实暴露水平的精准测量、营养干预、体育锻炼及药物使用等具体干预措施的量化、个体室内室外污染物暴露水平准确测量等。

整体而言，现有的证据已表明大气颗粒物长期及短期干预措施可一定程度上降低人体大气颗粒物暴露水平，但具体的健康效益仍不明确，且缺乏对多种干预措施效果的综合评价。未来需要更多更全面的大气颗粒物干预研究为大气颗粒物的健康危害和个体及群体的干预措施带来的健康效益提供流行病学依据。

（刘跃伟[①]　周小涛[②]）

参 考 文 献

[1] World Health Organization. WHO global air quality guidelines: Particulate matter（$PM_{2.5}$ and PM_{10}）, ozone, nitrogen dioxide, sulfur dioxide and carbon monoxide[R]. Geneva: World Health Organization, 2021.

[2] IARC. Outdoor air pollution[R]. IARC Monogr Eval Carcinog Risks Hum, 2016, 109: 9-444.

[3] Boogaard H, Janssen N A, Fischer P H, et al. Impact of low emission zones and local traffic policies on ambient air pollution concentrations[J]. Science of the Total Environment, 2012, 435-436: 132-140.

[4] Clancy L, Goodman P, Sinclair H, et al. Effect of air-pollution control on death rates in DubLin, Ireland: an intervention study[J]. Lancet, 2002, 360（9341）: 1210-1214.

[5] Saaroni H, Chudnovsky A, Ben-Dor E. Reflectance spectroscopy is an effective tool for monitoring soot pollution in an urban suburb[J]. Science of the Total Environment, 2010, 408（5）: 1102-1110.

[6] Bel G, Rosell J. Effects of the 80km/h and variable speed Limits on air pollution in the metropolitan area of Barcelona[J]. Transportation Research Part D: Transport and Environment, 2013, 23: 90-97.

[7] Li Y, Wang W, Wang J, et al. Impact of air pollution control measures and weather conditions on asthma during the 2008 Summer Olympic Games in Beijing[J]. International Journal of Biometeorology, 2011, 55（4）: 547-554.

[8] Cai S Y, Wang Y J, Zhao B, et al. The impact of the "Air Pollution Prevention and Control Action Plan" on $PM_{2.5}$ concentrations in Jing-Jin-Ji region during 2012-2020[J]. Science of the Total Environment, 2017, 580: 197-209.

[9] Zhang Q, Zheng Y, Tong D, et al. Drivers of improved $PM_{2.5}$ air quality in China from 2013 to 2017[J]. Proc Natl Acad Sci USA, 2019, 116（49）: 24463-24469.

[10] Geng G, Xiao Q, Zheng Y, et al. Impact of China's Air Pollution Prevention and Control Action Plan on $PM_{2.5}$ chemical composition over eastern China[J]. 中国科学：地球科学（英文版）, 2019, 62（12）: 1872-1884.

[11] Maji K J, Li V O, Lam J C. Effects of China's current Air Pollution Prevention and Control Action Plan on air pollution patterns, health risks and mortalities in Beijing 2014—2018[J]. Chemosphere, 2020, 260: 127572.

[12]武卫玲，薛文博，王燕丽，等.《大气污染防治行动计划》实施的环境健康效果评估[J]. 环境科学, 2019, 40（7）: 2961-2966.

[13] Huang J, Pan X, Guo X, et al. Health impact of China's Air Pollution Prevention and Control Action Plan: An analysis of national air quality monitoring and mortality data[J]. Lancet Planet Health, 2018, 2（7）: e313-e323.

[14] 徐银鸿. 北方典型地区农村清洁采暖污染物排放及综合效益评估[D]. 北京：北京化工大学, 2020.

[15] 孙传旺，徐淑华. 城市机动车限行对 $PM_{2.5}$ 的影响与效果检验[J]. 中国管理科学, 2021, 29（1）: 196-206.

[16] Lisabeth L D, Escobar J D, Dvonch J T, et al. Ambient air pollution and risk for ischemic stroke and transient ischemic attack[J]. Annals of Neurology, 2008, 64（1）: 53-59.

[17] European Environment Agency. Air quality in Europe – 2020 report [R]. Copenhagen: European Environment Agency, 2020.

[18] Ito A, Wakamatsu S, Morikawa T, et al. 30 years of air quality trends in Japan[J]. Atmosphere, 2021, 12（8）: 1072.

---

① 中山大学

② 深圳市宝安区公共卫生服务中心

[19] Markandya A, Sampedro J, Smith SJ, et al. Health co-benefits from air pollution and mitigation costs of the Paris Agreement: A modelling study[J]. Lancet Planet Health, 2018, 2 (3): e126-e133.
[20] Ansari T U, Wild O, Li J, et al. Effectiveness of short-term air quality emission controls: A high-resolution model study of Beijing during the Asia-Pacific Economic Cooperation (APEC) summit period[J]. Atmospheric Chemistry and Physics, 2019, 19 (13): 8651-8668.
[21] Lin H, Liu T, Fang F, et al. Mortality benefits of vigorous air quality improvement interventions during the periods of APEC Blue and Parade Blue in Beijing, China[J]. Environmental Pollution, 2017, 220 (Pt A): 222-227.
[22] Friedman M S, Powell K E, Hutwagner L, et al. Impact of changes in transportation and commuting behaviors during the 1996 Summer Olympic Games in Atlanta on air quality and childhood asthma[J]. JAMA, 2001, 285 (7): 897-905.
[23] Peel J L, Klein M, Flanders W D, et al. Impact of improved air quality during the 1996 Summer Olympic Games in Atlanta on multiple cardiovascular and respiratory outcomes[J]. Res Health Effects Institute, 2010 (148): 3-23; discussion 25-33.
[24] Lee J T, Son J Y, Cho Y S. Benefits of mitigated ambient air quality due to transportation control on childhood asthma hospitalization during the 2002 summer Asian games in Busan, Korea[J]. Journal of The Air & Waste Management Association, 2007, 57 (8): 968-973.
[25] Allen R W, Barn P. Individual- and Household-level interventions to reduce air pollution exposures and health risks: a review of the recent literature[J]. Current Environmental Health Reports, 2020, 7 (4): 424-440.
[26] Cui X, Li Z, Teng Y, et al. Association between bedroom particulate matter filtration and changes in airway pathophysiology in children with asthma[J]. JAMA Pediatrics, 2020, 174 (6): 533-542.
[27] Cui X, Li F, Xiang J, et al. Cardiopulmonary effects of overnight indoor air filtration in healthy non-smoking adults: A double-blind randomized crossover study[J]. Environment International, 2018, 114: 27-36.
[28] Park H J, Lee H Y, Suh C H, et al. The effect of particulate matter reduction by indoor air filter use on respiratory symptoms and lung function: a systematic review and meta-analysis[J]. Allergy Asthma & Immunology Research, 2021, 13 (5): 719-732.
[29] Shao D, Du Y, Liu S, et al. Cardiorespiratory responses of air filtration: A randomized crossover intervention trial in seniors Living in Beijing: Beijing Indoor Air Purifier Study, BIAPSY[J]. Science of the Total Environment, 2017, 603-604: 541-549.
[30] Walzer D, Gordon T, Thorpe L, et al. Effects of home particulate air filtration on blood pressure: A systematic review[J]. Hypertension, 2020, 76 (1): 44-50.
[31] Chuang H C, Ho K F, Lin L Y, et al. Long-term indoor air conditioner filtration and cardiovascular health: A randomized crossover intervention study[J]. Environment International, 2017, 106: 91-96.
[32] Dong W, Liu S, Chu M, et al. Different cardiorespiratory effects of indoor air pollution intervention with ionization air purifier: Findings from a randomized, double-blind crossover study among school children in Beijing[J]. Environmental Pollution, 2019, 254 (Pt B): 113054.
[33] Day D B, Xiang J, Mo J, et al. Combined use of an electrostatic precipitator and a high-efficiency particulate air filter in building ventilation systems: Effects on cardiorespiratory health indicators in healthy adults[J]. Indoor Air, 2018, 28 (3): 360-372.
[34] 彭明军，曾其莉，岳苗苗，等. 市场抽样口罩对空气 $PM_{2.5}$ 防护效果研究[J]. 中国消毒学杂志[J]. 2014, 31 (9): 942-944+947.
[35] Shi J, Lin Z, Chen R, et al. Cardiovascular benefits of wearing particulate-filtering respirators: A randomized crossover trial[J]. Environmental Health Perspectives, 2017, 125 (2): 175-180.
[36] Langrish J P, Li X, Wang S, et al. Reducing personal exposure to particulate air pollution improves cardiovascular health in patients with coronary heart disease[J]. Environmental Health Perspectives, 2012, 120 (3): 367-372.

[37] Yang X, Jia X, Dong W, et al. Cardiovascular benefits of reducing personal exposure to traffic-related noise and particulate air pollution: A randomized crossover study in the Beijing subway system[J]. Indoor Air, 2018.

[38] Guan T, Hu S, Han Y, et al. The effects of facemasks on airway inflammation and endothelial dysfunction in healthy young adults: A double-blind, randomized, controlled crossover study[J]. Particle and Fibre Toxicology, 2018, 15(1): 30.

[39] Jin X, Su R, Li R, et al. Amelioration of particulate matter-induced oxidative damage by vitamin C and quercetin in human bronchial epithelial cells[J]. Chemosphere, 2016, 144: 459-466.

[40] 罗瀛宇. 维生素 B 通过 DNA 甲基化调控 Th17/Treg 平衡在 $PM_{2.5}$ 诱导急性肺损伤中的保护作用研究[D]. 泸州: 西南医科大学, 2021.

[41] 韩书芝, 李海月, 张凤蕊, 等. 维生素 C 对 $PM_{2.5}$ 染毒大鼠肺组织氧化损伤的影响[J]. 中国老年学杂志, 2021, 41(19): 4373-4377.

[42] Liu J, Yang Y, Zeng X, et al. Investigation of selenium pretreatment in the attenuation of lung injury in rats induced by fine particulate matters[J]. Environmental Science and Pollution Research, 2017, 24(4): 4008-4017.

[43] Zeng X, Liu J, Du X, et al. The protective effects of selenium supplementation on ambient $PM_{2.5}$-induced cardiovascular injury in rats[J]. Environmental Science and Pollution Research, 2018, 25(22): 22153-22162.

[44] Possamai F P, Júnior S Á, Parisotto E B, et al. Antioxidant intervention compensates oxidative stress in blood of subjects exposed to emissions from a coal electric-power plant in South Brazil[J]. Environmental Toxicology and Pharmacology, 2010, 30(2): 175-180.

[45] Du X, Jiang S, Bo L, et al. Combined effects of vitamin E and omega-3 fatty acids on protecting ambient $PM_{2.5}$-induced cardiovascular injury in rats[J]. Chemosphere, 2017, 173: 14-21.

[46] Lin Z, Chen R, Jiang Y, et al. Cardiovascular benefits of fish-oil supplementation against fine particulate air pollution in China[J]. Journal of the American College of Cardiology, 2019, 73(16): 2076-2085.

[47] 王紫玉. 蓝莓花色苷对细颗粒物致机体心血管损伤的干预及其机制研究[D]. 南宁: 广西医科大学, 2017.

[48] Kuru P, Bilgin S, Mentese S T, et al. Ameliorative effect of chronic moderate exercise in smoke exposed or nicotine appLied rats from acute stress[J]. Nicotine & Tobacco Research, 2015, 17(5): 559-565.

[49] Yu Y B, Liao Y W, Su K H, et al. Prior exercise training alleviates the lung inflammation induced by subsequent exposure to environmental cigarette smoke[J]. Acta Physiologica, 2012, 205(4): 532-540.

[50] Bos I, De Boever P, Vanparijs J, et al. Subclinical effects of aerobic training in urban environment[J]. Medicine and Science in Sports and Exercise, 2013, 45(3): 439-447.

[51] Jiang J, Liang S, Zhang J, et al. Melatonin ameLiorates $PM_{2.5}$-induced cardiac perivascular fibrosis through regulating mitochondrial redox homeostasis[J]. Journal of Pineal Research, 2021, 70(1): e12686.

[52] Soberanes S, Misharin A V, Jairaman A, et al. Metformin targets mitochondrial electron transport to reduce air-pollution-induced thrombosis[J]. Cell Metabolism, 2019, 29(2): 335-347. e5.

[53] Ostro B, Malig B, Broadwin R, et al. Chronic $PM_{2.5}$ exposure and inflammation: determining sensitive subgroups in mid-life women[J]. Environmental Research, 2014, 132: 168-175.

[54] Wang W, Le W, Ahuja R, et al. Inhibition of inflammatory mediators: Role of statins in airway inflammation[J]. International Journal of Otolaryngology-Head and Neck Surgery, 2011, 144(6): 982-987.

第 12 章　大气颗粒物的疾病负担及经济学评价

疾病负担（burden of disease，BOD）是基于传统健康状况描述形成和发展起来的，指疾病（disease）、伤残（disability）及过早死亡（premature death）对整个社会经济和健康的压力，通常以经济负担、死亡率等指标衡量由健康问题造成的损失和影响。随着经济的飞速发展，大气颗粒物污染问题已成为影响我国居民健康的重要因素。科学研究表明大气颗粒物可通过多种途径进入人体，对暴露人群的呼吸、心血管等系统造成多种不良健康影响。因此定量评估大气颗粒物污染疾病负担的人群分布及动态变化，有助于评价当前疾病防治策略，为大气质量干预措施制定提供依据，具有重要的理论及现实意义。

本章将在分别阐述大气颗粒物流行病学负担和经济负担的概念以及研究方法的基础上，结合案例进行分析。

12.1　大气颗粒物的疾病负担

12.1.1　大气颗粒物疾病负担概述

1. 疾病负担定义

自世界银行（World Bank）使用“全球疾病负担”（global burden of disease，GBD）的概念以来，此概念得到了世界范围内的广泛应用，尤其是在研究发展中国家和中等收入国家在控制疾病的优先侧重点领域和确定基本卫生服务保障的策略方面。疾病负担主要包括机体的疼痛、伤残、劳动力的损失甚至寿命年损失的流行病学负担，以及个体和社会医疗保健所支付的费用和因病休工或劳动力降低等因素引起的经济负担，本节主要讨论流行病学负担。

2. 指标发展阶段

疾病负担指标是在传统健康状况描述的基础上逐步形成和发展起来的，随着人们对疾病负担认识的不断进步，其发展历程大致可分为四个阶段，见图 12-1。

第一阶段　此阶段的疾病负担指标主要包括发病率、患病率、死亡率、死因位次等。这类传统指标的优势在于计算所需的数据比较容易获得，操作简单，结

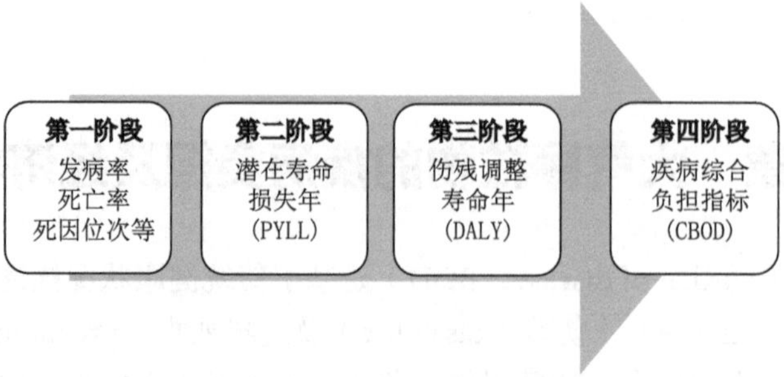

图 12-1　疾病负担指标发展历程图

果直观。但是，这类指标比较单一，仅能从频数上反映疾病发生或死亡的危害大小，没有考虑不同人群重症与死亡引起的损失差异，未能评估伤残或失能年龄等重要信息，难以反映疾病对个人和社会价值带来的复杂影响。

这一阶段的指标提出时间早，尽管存在许多不足，但已成为大气颗粒物污染与人群健康影响研究的常用疾病负担指标。国内外多数研究均采用这些指标评价健康结局，如在欧洲开展的大气污染健康影响队列研究项目、在美国开展的大气污染物与发病率和死亡率关系研究项目以及在我国多个城市开展的大气污染和健康影响研究项目[1-3]，这些研究均证实大气污染可显著提升人群多种疾病的死亡率或发病率等健康结局指标，增加人群疾病负担。

第二阶段　此阶段主要以 1982 年美国疾病预防控制中心推广的潜在寿命损失年（potential years of life lost，PYLL）作为疾病负担指标。PYLL 最早于 1947 年由学者 Mary Dempsey 提出，也称为潜在减寿年数，是指某年龄组人群因某病死亡者的期望寿命与实际死亡年龄之差的总和，即死亡所造成的寿命损失。

PYLL 较第一阶段指标更为准确，在考虑死亡数量的基础上，以期望寿命为基准，进一步衡量死亡造成的寿命损失，强调了过早死亡对健康的影响，可以弥补死亡率和发病率等常规流行病学指标没有考虑死亡年龄的不足。但该指标仍然存在较大局限性：一是难以评价超过期望寿命的死亡；二是未考虑疾病造成的伤残或失能负担；三是假设相同年龄个体的社会、经济价值相同。目前，国内外评估大气污染疾病负担的研究较少将 PYLL 作为结局指标。

第三阶段　此阶段主要以伤残调整寿命年（disability adjusted life years，DALY）作为疾病负担指标，DALY 在 PYLL 的基础上，开创性地对非死亡结局所致疾病负担进行量化描述。1990 年，相关机构专家合作运用 DALY 指标进行当年的全球疾病负担研究，分析世界不同地区的疾病与危险因素的疾病负担，并建立疾病负担评价方法和标准化比较单位。随后几年，在此基础上延伸形成健康寿命年（healthy life years，HeaLY）、质量调整寿命年（quality adjusted life years，QALYs）、伤残调整期望寿命（disability adjusted life expectancy，

DALE）等概念。比较而言，HeaLY 没有全面考虑年龄和时间贴现，更适用于评价卫生干预措施的效果而不是估计某病的健康损失，DALY 则更适用于疾病负担的测量。

DALY 是目前应用最多的、最具有代表性的疾病负担评价和测量指标，指从发病到死亡所损失的全部健康寿命年，分为因早死所致的寿命损失年（years of life lost，YLL）和疾病所致伤残引起的健康寿命损失年（years lived with disability，YLD）两部分，同时也考虑了年龄权重、疾病严重程度及贴现率等多种因素。DALY 能够在同一尺度下比较致命和非致命健康结局的严重性，有较好的公平性，但也有学者提出，贴现率、年龄权重和失能等级只反映了研究者和世界银行专家的意见，不一定能反映所分析地区的实际情况。除此之外，这一指标的局限性还包括：DALY 并未优先考虑每种疾病的严重程度；老人和那些患有严重残疾失能却无有效治疗方法的人群会被看作是“最没有医疗投入价值”的群体，这在一定程度上造成了卫生资源分配的歧视；这类指标由于仅考虑患病和死亡的总人数而无法分类对各种健康结局进行评价。

应用 DALY 指标来评估大气污染疾病负担的方法始于 1990 年的 GBD 研究，自此之后，国内外学者逐渐开始使用 DALY 指标定量描述大气污染对人群健康的影响及大气环境质量改善所带来的人群健康收益，目前，这一指标应用十分广泛。最新的 GBD 2019 研究均采用该指标对大气颗粒物污染的疾病负担进行了评估。

由 DALY 衍生而来的指标，如 QALY，也经常被应用于国内外大气颗粒物污染疾病负担研究之中，常作为大气质量干预措施效果评价指标，用于评估空气污染控制对公众健康的好处。英国有学者使用马尔科夫模型量化了英格兰、威尔士、伦敦 $PM_{2.5}$ 减少对特定年龄和性别的 QALY 健康收益[4]。DALY 的组成部分 YLL 也有较多应用，例如我国学者使用 YLL 指标对比 COVID-19 封锁期间与以往年份的差异，从而估计与空气污染变化有关的疾病负担[5]。

第四阶段　此阶段主要以疾病负担综合指标（comprehensive burden of disease，CBOD）进行疾病负担评价。随着学科的发展，传统医学模式开始向生物—心理—社会医学模式（现代医学模式）转变。对于疾病负担的评价，不仅应考虑死亡和失能，还需要关注心理健康等因素的影响。考虑到疾病不仅给患者本人带来负担，也会影响到家庭及社会，CBOD 同时测量疾病的个人、家庭和社会负担，通过专家咨询法获得各自在疾病综合负担中所占的权重系数，将各疾病负担指数与权重系数的乘积相加求得。但该指标的运用过程较为复杂，权重系数较为主观，目前这一指标在大气污染疾病负担评估研究中应用十分有限，有待后续发展。

12.1.2 大气颗粒物所致疾病负担现状

大气颗粒物污染是全球范围的环境问题，大气颗粒物对人群健康的影响也是重要的公共卫生问题，大量流行病学研究，包括时间序列、病例交叉和队列研究，证实暴露于大气颗粒物与缺血性心脏病、慢性呼吸道疾病、肺癌等疾病的发病和死亡率升高紧密关联。下文将分别从大气颗粒物对人群死亡率、伤残寿命调整年以及其他疾病负担指标的影响三方面介绍大气颗粒物所致疾病负担现状。

1. 对人群死亡影响

近年来，随着污染事件的发生，人们开始逐渐认识和关注颗粒物污染对死亡率及发病率的影响，全球均开展了相关调查研究。

2019 年基于 24 个国家和地区，652 个城市的研究表明，PM_{10} 每增加 10 μg/m³，全死因死亡，循环系统疾病死亡，呼吸系统疾病短期死亡的风险分别为 0.44%（0.39，0.50），0.36%（0.30，0.43）和 0.47%（0.35，0.58），$PM_{2.5}$ 的效应分别为 0.68%（0.59，0.77），0.55%（0.45，0.66）和 0.74%（0.53，0.95）。结果还显示颗粒物浓度较低且温度较高的区域，颗粒物的效应更强。

一篇关于 PM_{10} 和 $PM_{2.5}$ 长期暴露与肺癌风险的 meta 分析纳入了自 2004 年以来发表的队列研究[6,7]，基于随机效应模型的合并结果显示，$PM_{2.5}$ 暴露的增加（10 μg/m³）与肺癌死亡率和发病率增加相关，RR 值分别约为 1.17 和 1.11；对于 PM_{10} 的汇总分析有相似的结果，RR 估计值分别为 1.28 和 1.11。此项分析基于队列研究，且对混杂因素进行了控制，因此以较高的证据强度表明暴露于 $PM_{2.5}$ 或 PM_{10} 与肺癌风险之间存在关联。

韩国一项研究提示[8]，从 1990 年到 2013 年，韩国的平均人口加权 $PM_{2.5}$ 浓度为 30.2 μg/m³，估计的相关过早死亡的人数约为 17203 人，占韩国所有死亡的 6.4%。$PM_{2.5}$ 所致过早死亡中最常见的死因是缺血性卒中，导致约 5382 人死亡，其次是气管癌、支气管癌和肺癌，导致约 4958 人死亡，而出血性卒中和缺血性心脏病分别导致约 3452 和 3432 人死亡。

我国研究者对于颗粒物的超额死亡影响也进行了多项研究。在颗粒物短期影响研究中，2010 年我国 4 城市（北京、上海、广州、西安）研究利用颗粒物对死亡影响的急性暴露反应关系系数，对其短期健康影响进行探讨，表明 2010 年归因于 $PM_{2.5}$ 的超额死亡人数分别为 2349 人、280 人、1715 人和 726 人，共计 7770 人，分别占当年死亡人数的 1.9%，1.6%，2.2%，1.6%。在颗粒物长期效应影响研究中，我国学者基于高分辨率 $PM_{2.5}$ 数据（1 km × 1 km），对 2000~2016 年 $PM_{2.5}$ 的长期效应进行评估，研究结果显示 17 年间，$PM_{2.5}$ 导致 3000 万人的超额死亡，年度死亡负担区间为 150 万~220 万人。

在使用死亡率作为评价指标时，没有考虑到死亡年龄、伤残或失能年龄和权重等重要信息，因此对于颗粒物导致的人群健康负面影响的描述并不全面。尽管如此，总体而言，上述研究可以充分表明暴露于大气颗粒物会显著增加死亡风险，对人群健康危害巨大。

2. 对人群伤残寿命调整年影响

大气颗粒物不仅对人群死亡率与发病率产生影响，也会导致伤残或失能，因此需要更综合的指标来反映大气颗粒物引起的疾病负担。DALY 指标结合了 YLL（因早死所导致的寿命年损失）和 YLD（因伤残所导致的健康寿命损失年），可以相对全面地描述从发病到死亡所损失的全部健康寿命年。

GBD 研究自 20 世纪 90 年代至今一直使用 DALY 指标评估疾病负担[9]，研究显示环境颗粒物的风险排名在 1990 年位列第十三名，约占全球总 DALY 损失的 2.7%，而根据最新的 GBD 2019 研究[10]，大气颗粒物的风险占比约为 4.7%，排名呈现上升趋势，达到第七名。GBD 2015 进行的大气污染疾病负担专题研究显示，2015 年全球大气 $PM_{2.5}$ 污染可造成约 10306.62 万人年的 DALY 损失，占全球 DALY 损失的 4.2%，其中我国大气 $PM_{2.5}$ 可造成约 2177.87 万人年的 DALY 损失。

近年来，除 GBD 外，国际上许多学者也运用这一指标评估颗粒物导致的疾病负担[11]，有学者对欧盟 28 国儿童的 7 个环境风险因素进行了研究[12]，结果显示环境风险因素每年造成约 21.1 万人年 DALY 的损失。其中 PM_{10} 和 $PM_{2.5}$ 是主要的贡献因子，导致 59%的环境风险因素相关 DALY。芬兰一项研究显示 2015 年该国人口加权 $PM_{2.5}$ 与 PM_{10} 浓度分别为 5.3 μg/m³，12 μg/m³，造成的疾病负担分别约为 26000 DALYs 与 3800 DALYs。波兰首都华沙的研究以 DALY 作为评估指标对交通相关的大气污染疾病负担进行了估算，发现减少 1 kg 与交通相关的 PM_{10} 排放，可使 170 万居民每年减少 1604 人年的 DALY 损失。2017 年对于沙特阿拉伯的研究显示[13]，$PM_{2.5}$ 的年平均人口加权浓度为 87.9 μg/m³，导致 31.52 万人年 DALY，占 4.5%的总和伤残调整寿命损失年。

学者研究发现印度 2017 年平均人口加权 $PM_{2.5}$ 浓度为 89.9 μg/m³，其中 42.6%的居民居住在平均 $PM_{2.5}$ 浓度大于 80 μg/m³ 的地区中，$PM_{2.5}$ 导致 2130 万人年的 DALY 损失，占总 DALY（48070 万人年）损失的 4.4%。此外，在印度孟买和德里的研究还对 1995~2015 年归因于 PM_{10} 的 DALY 损失进行了分析，结果发现，孟买 1995 年和 2015 年归因于 PM_{10} 的 DALY 损失分别约为 33.68 万人年和 50.51 万人年，20 年间上升了约 49.98%；德里 1995 年和 2015 年归因于 PM_{10} 的 DALY 损失分别为 339296.03 人年和 750320.60 人年，上升了约 121.14%，两地区可归因于 PM_{10} 的 DALY 损失均有大幅度上升。

我国一些学者也应用 DALY 指标开展了许多大气颗粒物所致疾病负担的评估。有研究评估了 2013 年 $PM_{2.5}$ 对北京居民的影响，据估计，$PM_{2.5}$ 相关的死亡和心血管疾病是造成居民健康损失的最主要因素，当年 $PM_{2.5}$ 造成的 DALY 为 155 万人年。一项纳入我国所有省份的研究显示[14]，2017 年全国年平均人口加权 $PM_{2.5}$ 浓度约为 52.7 μg/m³，$PM_{2.5}$ 暴露造成约 1980.49 万人年 DALY 损失，男性的 DALY 损失高于女性，分别约为 1249.35 万、731.1 万人年，其中慢性阻塞性肺疾病与卒中是占比最大的两种疾病。另一项纳入我国 338 个城市的研究结果显示，2020 年归因于 $PM_{2.5}$ 暴露的 DALY 为 2450 万人年，从地域角度来看，与 $PM_{2.5}$ 相关的健康影响高的城市普遍集中在华北平原，若在 2020~2025 年期间减少 10%的 $PM_{2.5}$ 浓度，预计将会得到 156 万人年的 DALY 收益。

寿命损失年（YLL）作为 DALY 指标的一部分，是指因早死所导致的生命年损失，等于各年龄组某健康结局所导致的死亡人数与各死亡年龄段的寿命年损失乘积的总和。该指标目前常用的计算方法有 4 种，即减寿年数、时期寿命表减寿年数、队列寿命表减寿年数、标准寿命表减寿年数，其中最常用的是世界卫生组织（World Health Organization，WHO）推荐的各年龄组标准寿命减寿年数（standard expected years of life lost，SEYLL）。

世界各国同样基于此项指标进行了很多研究，有学者研究了欧洲 28 个国家暴露于大气污染造成的疾病负担[15]，其中 $PM_{2.5}$ 引起的 YLL 高于二氧化氮和臭氧，在 2013 年导致约 466.8 万人年的 YLL。文章设定了四个从保守到乐观的排放假设情境，即使是最保守情境（$PM_{2.5}$ 浓度从目前水平降至 25 μg/m³）下，也会带来预期寿命的提高。伊朗一项研究显示，2008~2017 年十年间，阿瓦士市的大气 $PM_{2.5}$ 共造成 7.19 万人年的 YLL，其中 2010 年最高，达到 0.15 万人年[16]。澳大利亚一项 2006~2016 年的研究提示该国 $PM_{2.5}$ 浓度整体较低[17]，从 2006 年的 7.1 μg/m³ 至 2016 年 6.4 μg/m³，其中人为导致的浓度分别为 3.2 μg/m³ 和 3.1 μg/m³，据估计，此期间澳大利亚 30 岁以上人群中，人为 $PM_{2.5}$ 污染平均每年导致约 3.9 万人年 YLL（约占所有死亡人数的 2%），其中超过 80%的过早死亡发生在人口较多的东部各州。澳大利亚进行的另一项研究则提示，归因于木材燃烧和发电站排放 $PM_{2.5}$ 的减少会带来可观的 YLL 收益。此外，也有一些研究对特定来源的大气污染对 YLL 的影响进行了估算，如瑞士一项对交通相关的大气污染对人群 YLL 的影响研究发现，在 2010 年，交通相关的大气污染与人群 YLL 具有正相关关系，可导致约 1.4 万人年 YLL 的损失。

YLL 在我国也有较广泛的应用，2013~2016 年在国内 96 城市进行的一项研究表明如果 $PM_{2.5}$ 浓度从目前的 66.08 μg/m³ 下降到 25 μg/m³，每个城市归因于 $PM_{2.5}$ 的缺血性心脏病 YLL 将减少约 1346.94 人年。一项单城市研究显示，2012~2016 年期间广州市的大气 $PM_{2.5}$ 浓度约为 47.3 μg/m³，因 $PM_{2.5}$ 暴露导致的

YLL 累积超过 200 万人年，其中男性高于女性，年老人群（>65 岁）的影响高于年轻人群。中国在 2013 年实施了大气污染防治行动计划，一项基于此政策实施的 74 个城市的研究显示[18]，2013~2017 年间，$PM_{2.5}$ 浓度下降了约 33.3%，PM_{10} 浓度下降了约 27.8%，据估计，2013 年 74 个重点城市环境由于 $PM_{2.5}$ 暴露共导致约 651.2 万人年 YLL；这一数字在整个 5 年期间持续下降，2017 年观察到约为 573.5 万人年 YLL。其中，死因是慢性阻塞性肺疾病、缺血性心脏病、肺癌和卒中的 YLL 均有所下降。

伤残寿命损失年（YLD）作为 DALY 指标的另一部分，是指疾病所致伤残引起的健康寿命损失年，计算方法是发生某种健康结局的数量与持续该种健康结局的时间的乘积，再与该种健康结局的伤残权重系数相乘。但在实际应用中，可能受到各类伤残权重系数评估不全面的影响，在大气颗粒物疾病负担研究中单独应用较少。

DALY 及其组成部分 YLL 和 YLD，作为疾病负担评估指标，已广泛应用于大气颗粒物疾病负担评估研究中。综上所述，大气颗粒物在全球范围内导致较为严重的疾病负担，不仅造成死亡率的上升，也对人群的生命质量有很大影响，因此需要进一步发展和完善相关指标，以期全面评估空气颗粒物带来的疾病负担。

3. 对其他疾病负担指标影响

1）潜在寿命损失年

潜在寿命损失年（PYLL）指某年龄人群因某病死亡者的期望寿命与实际死亡年龄之差的总和，即死亡所造成的寿命损失。该指标是在考虑死亡数量的基础上，以期望寿命为基准，进一步衡量死亡造成的寿命损失，强调了早亡对健康的影响。目前国内外并未见 PYLL 作为疾病负担指标评价大气颗粒物疾病负担的研究。但有学者以 PYLL 为指标分析污染物暴露与疾病的关联。2009 年西班牙一项研究使用这一指标进行分析，提示在工业集中度高和空气污染严重的地区，男性和女性都具有更高的 PYLL。2007 年在湖北武汉的一项研究表明大气污染暴露与 PYLL 的变化具有明显的相关性。

2）期望寿命

期望寿命（life expectancy，LE）为某死亡水平下，某年龄段人群平均还能存活的年数。LE 是反映人类健康水平、死亡水平的综合指标，其高低主要受社会经济条件和医疗水平等因素的制约，不同社会、不同时期有很大差别。

美国有学者纳入了 211 个县的空气污染数据，研究了 $PM_{2.5}$ 暴露和预期寿命的关联，结果显示 $PM_{2.5}$ 浓度每减少 10 μg/m³，LE 会上升约 0.69 年[19]。一项使用世界银行数据进行的跨国研究表明，收入不平等和 $PM_{2.5}$ 暴露的增加会导致 LE 减少[20]。在澳大利亚进行的一项研究提示，终生暴露在人为产生 $PM_{2.5}$ 的情境下，小于 5 岁儿童的 LE 会减少约 76 天。印度一项研究表明，如果暴露于环境颗粒物污染低于与健康损失相关的最低水平，即平均人口加权 $PM_{2.5}$ 介于 2.4 μg/m³ 和 5.9 μg/m³ 之间时，印度的平均 LE 将增加 0.9 年。

国内研究中 LE 的应用也较为广泛，一项研究评估了 2013~2017 年全国 214 个城市长期 $PM_{2.5}$ 暴露与 LE 的关系[21]，结果显示全国年均 $PM_{2.5}$ 浓度从 2013 年的 67.78 μg/m³ 下降为 2017 年的 45.25 μg/m³，城镇居民平均 LE 从 78.53 岁提高到 79.86 岁。东部地区 $PM_{2.5}$ 减少 10 μg/m³ 会使 LE 增加约 0.16 年。这提示大气十条政策在 2013~2017 年间的实施可能会对 LE 产生好处，尤其是在东部地区。另一项研究评估了西安市四种交通方式的通勤颗粒物暴露和估计 LE 损失，结果表明，颗粒物暴露水平从高到低的通勤方式依次是：骑行、乘坐公交巴士、乘坐出租车、地铁，骑自行车通勤者的 LE 损失也最高，人均 5.51~6.43 个月，这提示，在严重污染期间，用地铁代替骑行可以有效避免急性暴露。

LE 作为易于理解和解释的指标，在大气颗粒物所致疾病负担的研究中得到了较广泛的应用。这一指标没有区分健康与带病生存时期，然而，在全球老龄化的背景下，带病生存的情况越来越普遍，健康调整期望寿命指标需要得到更多关注。目前常用的健康调整期望寿命指标包括伤残调整期望寿命和质量调整期望寿命。

A. 伤残调整期望寿命

伤残调整期望寿命（DALE）是 2000 年由 WHO 提出的一个新的健康综合衡量指标，它是在 DALY 的基础上发展起来的，但和 DALY 的角度不同，DALE 指排除了死亡和伤残影响后，人们在完全健康状况下生存的年数，更容易被非专业人士理解。DALE 是对不同个体的健康状况进行详尽描述后，将其在非完全健康状态下生活的年数，经过伤残严重性权重转换，转化成相当于在完全健康状况下生活的年数，从而进行人群健康状况的量化评价的指标。DALE 对人群存活率、死亡率、不同健康状况的流行率和严重程度都很敏感，是一种健康综合衡量指标。DALE 指标已被成功地应用于 WHO 各成员国卫生系统的绩效评价中，但目前国内外并没有研究将该指标应用在大气污染疾病负担研究中，这也为日后大气污染疾病负担的研究提供了方向。

B. 质量调整寿命年

质量调整寿命年（QALY）是用生命质量来调整期望寿命或生存年数而得到的一个新指标，该指标通过生命质量把疾病状态下或健康状况低下的生存年数换算成健康人的生存年数。通常先将处于某种健康状态的生存年数乘以该状态的权重值，再将各种健康状况加总。权重取值的参考尺度为 0 到 1，其中 0 表示死亡，1 表示完全健康，权重取值的确定有很多方法，常用 bush 的 F 功能表，即将功能状态按照行动能力、身体活动和社会活动能力的不同水平组合成 31 种不同的状态，并按照一定评分标准得到各种功能状态的权重系数。

大气颗粒物污染疾病负担的评估研究中常应用 QALY 来评估采取不同的措施改善大气环境质量后的人群健康收益。

一项研究比较了在法国和意大利使用美国的 $PM_{2.5}$ 排放标准导致相关疾病负担的变化情况[22]，结果显示，在法国使用当下排放标准 QALY 大约为 19.63，采用美国 $PM_{2.5}$ 排放标准 QALY 大约为 19.67，在意大利使用当下和美国排放法规的相应 QALY 分别为 27.38 和 27.69。尽管在使用美国 $PM_{2.5}$ 排放标准的情形下，QALY 的改变并不大，然而这一标准在法国带来的增量成本约为–1000 欧元，在意大利的增量成本约为–3000 欧元，提示采用美国排放标准将节省资金提高生命质量。

我国有学者研究了北京地区 $PM_{2.5}$ 结合的有毒金属对人体造成的多种不利健康影响[23]，结果显示，肾癌、肺炎、肺癌、皮肤癌和糖尿病所致的人均损失 QALY 高于其他疾病。在 $PM_{2.5}$ 结合的有毒金属的各类来源中，对典型疾病总体负担贡献前两位的分别是燃煤（50.2%）和汽车排放（24.4%），由于煤炭是北京取暖的主要燃料，其在冬季和春季的贡献最大。研究表明，相比 2016 年，2017 年煤炭燃烧造成的 QALY 损失下降了 49.1%，这可能与煤炭控制政策有关。

QALY 可以较好地评价政策实施对于大气颗粒物导致疾病负担的改善情况，且这一指标反映健康的敏感性较高——它既可以反映健康的不良方面，也能反映健康的积极方面，从躯体、心理、社会等方面综合评估。但 QALY 也存在局限，它的权重评估具有主观性，在应用 QALY 评价大气颗粒物的疾病负担时难以进行地区间比较。

12.1.3　大气颗粒物所致疾病负担评价方法

大气颗粒物污染导致的疾病负担的评价主要基于以下四步骤：人群暴露水平评估、健康结局的确定及暴露-反应关系评价、人群归因分值的计算、各病种疾病负担的估计，具体流程如图 12-2 所示。

1. 人群暴露水平评估

评价大气颗粒物导致的疾病负担首先需要对人群暴露水平进行准确的评估，只有获得可靠的人群暴露水平，才能根据暴露-反应关系等进行后续的定量评估。理想情况下，应该对所有暴露于大气颗粒物的人群进行个体水平的暴露估计，但实际应用中，考虑到暴露数据的可获得性，通常使用范围更大的指标进行评估。

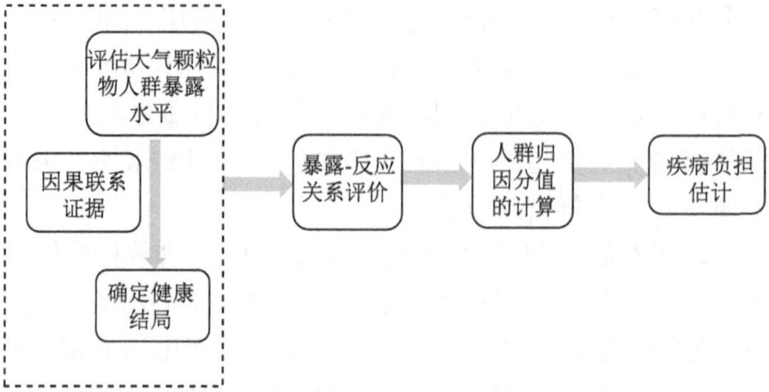

图 12-2 大气颗粒物污染的归因疾病负担评估方法

传统研究中常使用环境固定监测站点的数据来评估人群暴露水平，但由于监测站通常设立在城市地区，会导致对农村地区人口估计的缺失，且由于每个个体的时间活动模式的差异性以及固定监测点监测范围的可及性等不足，使暴露人口的真实暴露水平与固定监测点的监测数据存在差异，进而影响暴露评估的准确性。

随着技术的发展，现在对于暴露水平的估计更加多元，包括采用空气质量数据集成模型、土地利用回归模型、地理信息系统模型和卫星遥感数据评估模型等暴露评估技术，从更精细的水平评估一定空间范围内的暴露浓度，极大地提升了人群暴露水平评估的准确性，可以对固定检测站点较少的地区进行估计。在更精确的环境暴露浓度基础上，近年来对人群在不同情境下的暴露水平估计也有了更多的关注，包括使用接触点测量，即对颗粒物贴近人体接触面的采样测定，如携带个体采样器对一天当中不同情境下的暴露进行分别测量。此种方法考虑了接触时间的长短和类型，可以获得较精确的个体层面数据，较好描述正在发生的暴露水平，但由于仪器及人工成本，难以在人群中大面积普及。除接触点测量外，也可采用情景评估方法，即结合个体的时间-活动模式与实际监测或模型的估计，通过问卷或观察等技术手段获得日常行为方式或活动场所，对接触的微环境或强度进行记录，从而对人群的实际暴露水平有更精确的评估，预计将来发生的暴露。通过暴露-反应标志物可以对过往的接触水平予以估计，但目前对于颗粒物的暴露生物标志物尚无成熟的评估手段。

2. 确定健康结局及暴露-反应关系

在估计暴露水平后，需确定关注的健康结局。大气颗粒物污染可通过直接或间接作用对人体产生一系列的健康效应，包括亚健康状态、发病和死亡等。研究者可根据研究的目的确定一种或多种结局进行疾病负担评价。基于现有流行病学证据，明确其因果联系，确定健康结局后，进一步选取大气污染疾病负担评估所需的暴露-反应关系，其系数一般用 β 表示，意义为大气颗粒物浓度每变化一个单位所导致的健康结局的变化程度。当两者关系为线性时，β 值不变；若两者关系为非线性，在不同浓度水平污染物对应的 β 值不同。

暴露-反应关系有两种常见的获取途径，第一种是研究者自行评价，其思路大致为，分析人群研究中收集到的数据和信息，初步确定暴露和相应健康结局之间是否存在可定量的关系。综合使用适当统计分析模型及外推法估计低于观测数据下限时的不良健康结局风险，从而推测暴露水平开始在人群中产生不良效应的阈值。采用基准剂量法或参考剂量法计算暴露-反应关系。这种方法对于人群暴露数据和健康结局数据以及相关统计模型选取的要求都较为复杂，因此也可采用第二种方法，即从以往流行病学文献中提取关注的暴露-反应关系系数。对于文献的选取一般遵循如下原则：①优先选择能够确定因果关系的研究设计如队列研究和病例对照研究；②优先选择样本量较大并具有代表性的国内或本地研究；③在选择时对某种健康结局应优先选择研究周期长的长期慢性健康效应研究；④对于多个暴露-反应关系可通过 meta 分析进行合并或采用其他模拟方法如贝叶斯蒙特卡罗非线性曲线模拟进行预测评估，获得综合的暴露-反应关系系数。

3. 归因分值计算

人群归因分值（population attributable fraction，PAF）是指暴露人群中的发病、伤残或死亡归因于暴露危险因素的部分占全部发病、伤残或死亡的百分比，极少有健康结果与单个风险直接相关的情况，大多数疾病超过一个的潜在原因，因此需要确定它们的相对影响。

在大气颗粒物污染的疾病负担研究中人群归因分值计算，首先需要获得相对危险度（RR），计算公式如下：

$$\mathrm{RR}=\sqrt{\beta\times(C-C_0)} \tag{12-1}$$

式中，β 为大气污染物与特定健康结局的暴露-反应关系系数；C 为人群暴露浓度水平；C_0 为阈值浓度。其中 β 值多来自既往研究的结果。实际使用中也可以根据现有流行病学资料拟合不同暴露水平下大气污染物的效应值。

其次，基于以上结果进行归因分值的计算，如果考虑到暴露水平的反事实分布，公式如下：

$$\mathrm{PAF}=\frac{\int_{x=0}^{m}\mathrm{RR}(x)P(x)\mathrm{d}x-\int_{x=0}^{m}\mathrm{RR}(x)P'(x)\mathrm{d}x}{\int_{x=0}^{m}\mathrm{RR}(x)P(x)\mathrm{d}x} \tag{12-2}$$

式中，PAF 为归因分值（死亡或者疾病负担降低的比例）；RR（x）为某暴露水

平 x 下的相对危险度；$P(x)$为特定人群的实际暴露分布；$P'(x)$为反事实场景下的人群暴露分布；m 为最高的暴露水平。

也可使用简化的公式，即考虑到危险因素的暴露水平降至零或者无风险水平，公式如下：

$$\mathrm{PAF}=P\frac{\mathrm{RR}-1}{1+P(\mathrm{RR}-1)} \tag{12-3}$$

式中，PAF 为归因分值（死亡或者疾病负担降低的比例）；P 为人群的暴露比例；RR 为相对危险度，即特定暴露水平下大气颗粒物污染所致健康风险。

在选取大气颗粒物的阈值浓度时，通常有三种方法，第一种为选取零值，即认为大气颗粒物导致的健康效应是无阈值的。第二种为选取从流行病学研究中获取的理论最低风险暴露水平作为阈值浓度。第三种则是选择当地政府公布的大气颗粒物质量评价标准或世界卫生组织发布的相应空气质量指导值。

4. 计算健康结局的疾病负担

在选好关注的健康结局基础上，确定待研究的疾病负担指标，如发病率、死亡率、DALY 等，根据不同指标的计算要求选择相应的数据。在收集数据时，需按照标准进行疾病分类。WHO 为了便于分析世界各国人口的健康状况和死因的差别，制定了的国际统一的疾病分类方法：国际疾病分类（International Classification of Diseases，ICD）。它是世界上公认的疾病分类标准。该标准根据疾病的病因、病理、临床表现和解剖位置等特性，将疾病进行有序分类，并编码。现在全世界采用第 10 次修订版《疾病和有关健康问题的国际统计分类》（ICD-10）标准。此外，第 11 次修订版目前已经发布，这一版本改变了部分编码结构，同时首次为电子环境设计，更方便数据的采集和分析。这一版本将于 2022 年 1 月正式用于国际报告。

12.2 大气颗粒物所致疾病负担的经济学评价

12.2.1 大气颗粒物所致疾病负担的经济损失评估概述

疾病的经济负担是指疾病、残疾和过早死亡给患者、家庭和社会造成的经济损失，以及为预防和治疗疾病而消耗的卫生资源。相反，如果疾病可以减少或消除，社会也可以降低疾病的成本从而获得利益。研究大气颗粒物所致疾病的经济负担，可为有限卫生资源的优先配置提供参考。

根据评估经济损失的不同角度，疾病的经济负担通常可以分为三种类型：直接经济负担、间接经济负担和无形经济负担。

直接经济负担是指个人、家庭、社会和政府在疾病和伤害的预防、治疗和康复过程中直接消耗的各种经济资源，主要包括两部分。一部分是卫生保健部门消耗的经济资源，包括患者治疗疾病的支出、医疗卫生机构的财政投入等。另一部分是非卫生保健部门消耗的经济资源，如与疾病相关的科研支出、患者就医时产生的交通费、差旅费等。疾病直接经济负担的计算主要包括采用上下法、疾病成本法等。

间接经济负担，是指因疾病导致劳动力有效工作时间或工作能力减少，或因发病、致残、早逝导致收入现值减少而造成的社会经济或社会生产的产出损失，以及包括患者亲属在内的陪护人员因工作时间减少而造成的经济损失。其估算方法包括人力资本法、支付意愿法、摩擦成本法等。

疾病的无形经济负担是指疾病、残疾或过早死亡给患者、家庭和社会其他成员造成的心理和精神痛苦。由于此类指标难以衡量，因此很少真正纳入计算。

健康经济损失评估可分为两步进行，第一步是健康损失的估计，其目的是确定颗粒物污染带来的健康损失，包括空气污染和健康结局之间关系的确立。第二步是采用经济学评价的方法，货币化相应的健康损失。

由于颗粒物污染对人体多个系统（循环系统、呼吸系统等）有不良影响，可引起多种疾病发病率和死亡率上升，因此在评估相应的健康经济损失时，需对各病种、各健康结局带来的经济损失进行加和。

12.2.2　大气颗粒物的经济学评价现状

1. 直接疾病经济负担

直接疾病经济负担通常指为防治疾病所直接耗费的经济资源，例如住院或门诊费用。一项研究使用 2017 年中国 338 个城市的空气污染物浓度来估计与空气污染物相关的健康负担[24]，其定义为全因、心血管和呼吸系统疾病导致的过早死亡以及心血管和呼吸系统疾病住院。分别采用统计生命值和疾病成本的方法估计过早死亡和住院的经济损失。结果显示 2017 年全国因大气污染物引起的全因早死 135 万人，占全国报告死亡人数的 17.2%。在全因早死中，$PM_{2.5}$、$PM_{2.5\sim10}$ 的贡献分别为 11.1%、5.2%。整体健康负担（早逝和住院）的经济损失为 20655.4 亿元，相当于 2017 年全国 GDP 的 2.5%。

2. 间接疾病经济负担

疾病间接经济负担指患病、伤残和死亡而损失的劳动时间或降低的劳动能力给个人和社会带来的经济损失。有学者将健康协同收益纳入实现 2060 年中国碳中和规划，探索以协同方式实现碳中和目标、空气质量目标和健康中国目标的技术路径[25]。该研究建模框架由三个模块组成：第一，使用可计算的一般均衡模型来捕获整个经济系统的运行情况，以研究不同技术组合的碳减排成本和空气污染物排放路径。第二使用降低复杂性的空气质量模型来估计大气污染物排放路径中颗粒物的浓度。第三使用健康影响评估模型来估计过早死亡、发病率以及由此造成的预期寿命损失，然后根据统计寿命的价值和疾病成本将这些健康影响货币化。结果显示。如果遵循以开发可再生能源为主导的碳中和途径，到 2060 年，所有省份的空气质量都可以达到世界卫生组织的指导方针。随着碳中和目标的实现，2020~2060 年的总贴现缓解成本（贴现率为 5%）将在 40 万~125 万亿元人民币之间，累计可以避免 2200 万~5000 万例过早死亡。与参考情景相比，中国有可能在 2060 年将人均相关预期寿命提高 0.88~2.80 岁。

除常规健康状况外，也有学者关注颗粒物污染引起的主观感受变化，在北京对于 1751 人进行的一项研究基于条件估值法对 $PM_{2.5}$ 污染对健康和情绪的影响提供了货币估计[26]，结果显示 $PM_{2.5}$ 对健康影响的福利损失约为 293 亿元/年，情绪抑郁的福利损失约为 197 亿元/年。就全社会而言，包括健康和情绪影响在内的感知福利损失约为 493 亿元，相当于北京 2015 年 GDP 的 2.2%。WTA 调查结果显示，健康影响和情绪抑郁的社会福利损失分别约为 633 亿和 599 亿元人民币，合计占比 5.5%。

12.2.3 大气颗粒物的经济学评价方法

经济损失评估的两个组成部分是确定颗粒物污染对暴露人群造成的健康损失和健康损失的货币化。下面简单介绍七种主要的货币化方法。

1. 疾病成本法

疾病成本法（cost of illness, COI） 属于直接经济负担，是由于疾病引起的费用。疾病成本法所计算的成本，包括患病期间与患病有关的所有直接费用和间接费用，包括门、急诊和住院的直接医疗和医药费用，患者停工引起的收入损失，以及交通和陪护费用等间接费用。还包括未就诊患者的自我诊疗和医药费用。计算公式如下：

$$\begin{aligned}\text{就诊费用} = &\ \text{就诊人次} \times (\text{人均就诊直接费用} + \text{人均就诊间接费用}) \\ &+ \text{就诊时间} \times \text{日均收入损失}\end{aligned} \quad (12\text{-}4)$$

$$\begin{aligned}\text{住院费用} = &\ \text{住院人次} \times (\text{人均住院直接费用} + \text{人均住院间接费用}) \\ &+ \text{住院时间} \times \text{日均收入损失}\end{aligned} \quad (12\text{-}5)$$

$$未就诊费用=未就诊人次\times 人均自我治疗费用 \quad (12\text{-}6)$$

疾病成本法是一种事后计算方法，该方法以已发生的医疗费用和收入损失等为基础，更接近实际支出，但卫生数据的滞后性和不完整性会影响疾病成本法的应用效果。随着卫生统计数据质量的提高与进一步公开，疾病成本法的估算结果将更加可靠。然而，从更全面的角度来看，疾病造成的损失不仅体现在经济上，也体现在精神上。疾病造成的精神痛苦价值不计入疾病成本法，因此计算结果只是总损失的保守下限，是对疾病造成损失的低估。此外，一般来说，对于非致死性疾病或急性疾病，在患者短期内可以治愈，疾病无长期负面影响尤其是精神痛苦，且收入和医疗费用具备的情况下，使用疾病成本法评估健康影响是一种简单易行的近似方法。但是对于慢性病来说，由于患病时间长，给患者带来很大的精神痛苦。用疾病成本法估算不仅困难，而且偏差很大。此外，疾病成本法还忽略了对没有生产能力或参与生产的人的评价。

2. 意愿调查法

意愿调查法（contingent valuation method，CVM）以福利经济学中消费者效用恒定理论为基础，基于效用最大化原则，获得人们对假想市场上非市场物品的支付意愿（willingness to pay，WTP）和受偿意愿（willingness to accept compensation，WTA），与疾病成本法不同，是一种事前估计与预测的方法。

CVM 通过问卷调查揭示受访者的偏好，定量计算 WTA 或 WTP 的分布规律，从而得出非市场商品或服务的货币价值。CVM 问卷通常由三部分组成，即评估对象及其背景信息、受访者对评估对象的支付意愿、受访者的社会经济特征。在评估大气颗粒物污染增加人们患病或死亡风险的成本时，衡量的是个人为避免健康风险变化而愿意提供的支付意愿，或个人为同意接受健康风险变化而需要支付的补偿金额。

意愿调查法可以综合衡量疾病和死亡风险造成的损失。它不仅衡量个人医疗费用和因病损失的时间价值，还包括疾病带来的精神痛苦。这种方法构造了对假想市场被调查者的主观调查，通常不会发生实际的货币支付，因此容易造成假想偏差，即假想市场和实际市场中被调查者的行为倾向存在差异。在应用过程中，受访者对大气颗粒污染物的支付意愿评估可能会受到比如经济社会、人文环境、生态环境等各方面影响，在一定程度上导致估值不准确。运用这一方法时，需要从问卷设计，发放，收集等多方面进行严格的控制，耗费较大的时间和人力成本，对结果的解读也需要进行专业分析，因此执行难度较大。我国对部分城市居民的调查显示，居民的支付意愿差异较大，未来需要对更多城市进行支付意愿的调查研究，以准确反映各城市居民因生活习惯和消费理念等不同导致的空气污染支付意愿差异。

3. 人力资本法

人力资本法（human capital method，HCM）是最早评估非市场商品价值的方法之一。人力资本是指体现在劳动者身上的资本，主要包括劳动者的文化知识、技术水平和健康状况。人力资本法将人视为生产财富的资本，并以一个人生产多少财富来界定其价值。因为劳动力的边际产量等于收入，用一个人的贴现收入之和来定义这个人的价值，把损失的时间转化为货币损失，所以也称为提前收益法。在健康危害的经济评价中，传统的人力资本法认为，过早死亡的社会损失等于工作时间损失时劳动价值和预期收入的现值。人力资本法评估的不是人的生命价值，而是不同大气颗粒物暴露条件下，疾病或死亡造成的社会贡献的差异。例如，t 岁的人因大气颗粒物污染过早死亡的损失等于该人在余下的正常寿命期间的收入现值，关系式为：

$$E_c = \sum_{i=1}^{T-t} \frac{\pi_{t+i} \times E_{t+i}}{(1+\lambda)^i} \tag{12-7}$$

式中，E_c 为由于颗粒物暴露引起过早死亡收入损失；π_{t+i} 为年龄为 t 岁的人活到 $t+i$ 岁的概率；E_{t+i} 为年龄为 $t+i$ 岁时的预期收入；λ 为贴现率；T 为正常的期望寿命。

人力资本法因其计算数据易得能够节约时间和资金，计算方法经济学含义明显，并能在一定程度上反映污染引起的人体健康损失而被许多学者采用，但人力资本法是以未来工资收入来衡量人的价值，所以不同年龄人的价值不同，它隐含着富人的生命要比穷人的生命更有价值，暗示那些属于生存型的工人、失业者。退休人员的价值为零，未充分就业的人和年轻人的价值也很低，因为他们未来经过贴现的收入往往会被他们进入劳动力之前的教育成本所抵消。该方法从个体的收入来考察个人的价值，引起伦理道德上的争议。

4. 修正的人力资本法

传统的人力资本法忽视了个人健康价值和社会幸福价值，存在伦理道德缺陷，因此提出修正的人力资本法（amended human capital method）。在估算污染引起早死的经济损失时，修正人力资本法将人均 GDP 视为一个统计生命年对社会的贡献，这种方法与人力资本法的不同之处在于，它从整个社会的角度来考察人力资本，以评估生命消亡损失的价值，因此不考虑个体差异。空气污染物导致人过早死亡，失去预期寿命，由此造成的人力资本损失等于预期寿命年内人力资本对 GDP 的贡献。参照传统人力资本法以个人收入评估过早死亡的经济损失，修正的人力资本法使用基准年的人均 GDP 代替个人收入。计算公式如下：

$$EC = P \cdot HC_M = P \cdot \sum_{i=1}^{t} GDP_{PCI}^{PV} = P \cdot \sum_{i=1}^{t} GDP_{PCO} \frac{(1+\alpha)}{(1+\gamma)} i \quad (12\text{-}8)$$

式中，EC 为因过早死亡的经济损失；P 为过早死亡的人数；HC_M 为人均人力资本；t 为平均损失寿命年数（年）；γ 为社会贴现率；α 为人均 GDP 年均增长率，GDP_{PCI}^{PV} 为第 i 年的人均 GDP 现值；GDP_{PCO} 为基准年人均 GDP。

计算中应注意的问题包括：过早死亡损失的生命年数是社会预期寿命与平均死亡年龄的差值，社会预期寿命随着时间的推移而逐渐增加，需要对社会预期寿命进行合理的预测；需要对未来社会 GDP 进行预测；未来的社会 GDP 需要贴现，贴现率是指将未来支付改变为现值所使用的利率，其数值选择对评价结果的影响较大。

5. 摩擦成本法

摩擦成本法（friction cost method，FCM）是测量疾病成本最保守的方法。其评估摩擦期社会投资的附加成本，包括患者造成的正常生产中断损失和新员工培训费用等。摩擦期是指患者不能正常工作到恢复正常生产的时期。

摩擦成本只考虑直到产出恢复到以前的水平的过渡成本，这可能使得这种方法低估实际疾病成本。具体而言，这种方法假设，由工人疾病或伤残造成的空缺将由以前的失业者填补。然而，情况并非总是如此，因为大部分空缺是由已经就业的工人填补，他们离开了当前的工作，从而创造了另一个空缺。劳动者患病或残疾对市场造成的扰动，会给其他员工带来一些就业机会，从而引发空缺链，根据其长度可能造成多重摩擦成本。空缺链的长度不易估计，且会随着商业周期的变化而变化，一般失业率越低空缺链越长。有研究提议将摩擦成本乘以预期的空缺链长度，这种调整可能会在一定程度上改善摩擦成本法的低估现象。

摩擦成本法没有考虑职业阶层之间工资水平的差异。如果疾病负担集中在较低的社会经济阶层，使用人口平均工资可能导致高估生产力成本。过去摩擦成本法的研究鼓励根据职业类别使用不同的摩擦期，因为有些职业从业者不容易被替代。在实际应用中，很难准确获得摩擦周期，这也成为该方法的限制因素。

6. 工资-风险法

工资风险法（wage-risk method）指利用劳动力市场中其他条件相同的情况下，死亡风险越高，工资报酬越高的现象。通过将工资对其他影响工资的变量做回归，可以找出工资差别的风险原因，从而估算生命的价值，它是平衡劳动力市场中工人工作风险差异货币化补偿的标准化模型。工资风险法的原理是劳动力市场的均衡工资水平会随着劳动者工作伤亡风险的增加而增加，事实上，这种方法更准确地说是一种受偿意愿的方法，它通过考察一个人在死亡风险增加时希望获得的额外工资来确定生命的价值。

工资风险法的优势在于，研究中使用的所有数据都来自劳动者在劳动力市场的实际行为，结果是客观的。缺点包括：现实生活中，部分劳动者无法充分认识工作的风险，或者没有做出理性的工作选择，不符合“补偿性工资差异理论”的假设，会限制工资风险法的应用；劳动者不能完全自由选择工作，会受自身技能和所在地区行业分布的影响；不同的劳动者有不同的风险偏好，一些从事危险工作的劳动者并不像社会上大多数人那样厌恶风险。很难衡量这些工人的风险和利益之间的补偿；在劳动力市场中，与风险相关的非货币因素很多，模型可能无法分离风险-价格均衡。因此，工资风险法的适用性在一定程度上受到限制。

7. 可计算的一般均衡模型

可计算一般均衡（CGE）模型利用反映经济活动的真实数据来探索经济系统对政策和技术变化的反应。通常在处于均衡态的经济系统中，选择某些变量进行政策干扰，衡量当该系统重回均衡态后变化产生的影响。在应用时，一般需要根据暴露-反应关系确定因 $PM_{2.5}$ 导致的伤残或死亡，然后估算健康支出和劳动时间供给的减少，并通过可计算的一般均衡模型评估大气颗粒物造成的经济损失。CGE 模型可以考虑 $PM_{2.5}$ 对不同经济实体和不同产业部门的影响。动态 CGE 模型的一个优点是它允许跨时间的研究和研究领域的扩展，可以测量 $PM_{2.5}$ 引起的长期经济损失。

与上述支付意愿法、人力资本法、疾病成本法等方法相比，可计算一般均衡模型能够捕捉经济系统中不同主体之间全方位的相互作用和反馈效应，是衡量空气污染经济影响的一种较为系统的方法，已被广泛用于评估世界和国家各级不同气候政策的经济和环境影响。

12.3 案例分析

12.3.1 人口老龄化与全球大气 $PM_{2.5}$ 健康经济损失

1. 研究背景

大气污染是一种对公众健康具有重大危害的风险因素。暴露于大气 $PM_{2.5}$ 不仅导致全球每年超过 400 万人死亡，同时预期寿命的降低也造成人力资本、生产力和社会福利方面的重大损失。由于老年人群的生理代谢水平不断降低，身体健康状况逐步退化，因此大气污染往往给老年人群带来更严重的健康影响。根据联合国统计，2000~2016 年间，全球 60 岁及以上人口增加了 50%，这一趋势意味着空气污染对社会福利的健康成本可能随之增加。为了给大气污染防治政策提供更多的科学支持，全球很多学者和机构都对大气污染的健康和经济损失进行了研究[27]。

2. 研究方法

该研究采用全球暴露-反应关系模型估算 $PM_{2.5}$ 健康影响，开发了一套年龄校正的统计生命年价值评估体系，量化评估了由 $PM_{2.5}$ 带来的健康经济损失，解析了人口增长、老龄化、非传染性疾病基线死亡率、$PM_{2.5}$ 暴露水平及 GDP 等主要驱动因素，构建了全球大气污染健康及经济损失综合评估模式，充分考量了年龄结构变迁对大气污染健康经济损失变化带来的影响，具体评估过程如下：

1）估计 2000~2016 年全球 $PM_{2.5}$ 暴露量

该研究使用大气成分分析小组开发的全球 $PM_{2.5}$ 数据库，以 0.1°×0.1°的分辨率检索了 $PM_{2.5}$ 浓度的年平均估计值。数据库使用地理加权回归生成，结合了来自卫星数据的 $PM_{2.5}$ 测量值、来自化学传输模型的地球科学估计值和监测数据。全球 $PM_{2.5}$ 估计值在使用监测站点 $PM_{2.5}$ 浓度的样本外交叉验证中有良好表现（R^2=0.81）。

暴露人口方面，从社会经济数据应用中心（Socioeconomic Data and Applications Center，SEDAC）获取世界网格人口（GPWv4），由于 GPWv4 以 0.0083°×0.0083°分辨率网格化，因此将人口数据汇总为与 $PM_{2.5}$ 数据相同的分辨率。

2）暴露-反应关系评定

该研究应用了全球暴露死亡率模型（GEMM）中的新浓度-反应函数来估计与不同健康结局相关的归因死亡人数，GEMM 是基于对数线性模型的扩展，进行了非线性变换，计算公式如下：

$$\mathrm{RR}_{i,j,k,a}=\exp\left\{\theta_{k,a}\times\log(z_{ij}/(\alpha_{k,a}+1))\times[1/(1+\sqrt{-(z_{ij}-\mu_{k,a})/\nu_{k,a}})]\right\} \tag{12-9}$$

式中，i 为网格单元；j 为年份；k 为不同死因；a 为年龄；$z_{ij}=C_{ij}-c_{\mathrm{f}}$，其中 C_{ij} 为环境中 $PM_{2.5}$ 的浓度，c_{f} 为 $PM_{2.5}$ 的阈值浓度；$\theta_{k,a}$ 为控制非线性回归关系斜率，α 为模型的曲率，$\dfrac{1}{1+\sqrt{-\dfrac{z_{ij}-\mu_{k,a}}{\nu_{k,a}}}}$ 为逻辑加权函数。

3）与 $PM_{2.5}$ 相关的死亡人数和寿命损失计算

由于长期暴露于空气污染会缩短预期寿命而导致死亡，因此该研究将与 $PM_{2.5}$ 相关的 YLL 作为评估健康成本的主要指标，其计算公式如下：

$$D_{i,j,k,a} = E^{0}_{i,j,k,a} \times \mathrm{AF}_{i,j,k,a} \times \mathrm{Pop}_{i,j,a} = E^{0}_{i,j,k,a} \times [(\mathrm{RR}_{i,j,k,a} - 1) / \mathrm{RR}_{i,j,k,a}] \times \mathrm{Pop}_{i,j,a} \mathrm{YLL}_{i,j,k,a} = D_{i,j,k,a} \times \mathrm{LE}_{i,j,a} \tag{12-10}$$

式中，i 为网格单元；j 为年份；k 为不同死因；a 为年龄；$D_{i,j,k,a}$ 为死亡人数；$E^{0}_{i,j,k,a}$ 为暴露人群的特定年龄和疾病基线死亡率；$\mathrm{AF}_{i,j,k,a}$ 为 $PM_{2.5}$ 污染造成相对风险的归因比例；$\mathrm{Pop}_{i,j,a}$ 为暴露人口；$\mathrm{LE}_{i,j,a}$ 为预期寿命。该研究从 2017 年全球疾病负担研究（GBD 2017）的结果中获得了国家水平的年龄死因别基线死亡率和预期寿命。

4）估计经年龄调整的 VSLY

理论模型和一些经验研究表明，统计生命值（VSL）和统计生命年价值（VSLY）可能随年龄而变化，但是目前对于采取年龄不变或年龄调整的衡量标准没有达成一致意见。以往的大多数研究采用年龄恒定的 VSL 或 VSLY 来量化空气污染的健康成本。但是恒定方法没有考虑到剩余寿命、生活质量和社会经济地位都会随着人们的年龄而变化，导致 VSL 或 VSLY 的变化。因此，应用与年龄无关的 VSL 或 VSLY 可能会对空气污染导致的经济成本做出有偏差的估计。

该研究为了解释支付意愿在生命周期中的变化，建立年龄调整的 VSLY 方法，从国家水平上通过财富、剩余预期寿命和特定年龄生存率来修改恒定的 VSLY，从而探讨环境 $PM_{2.5}$ 导致死亡的经济成本，计算公式如下：

$$\mathrm{Age\_VSLY}_{c,j,a} = \frac{\mathrm{VSL}_{\mathrm{OECD}} \left(\frac{\mathrm{GDP}_{c,j}}{\mathrm{GDP}_{\mathrm{OECD},j}} \right)^{e} \times \frac{\mathrm{LE}_{c,j}}{\mathrm{LE}_{c,j,\mathrm{mean}}} \times \frac{\omega_a}{\omega_{\mathrm{mean}}}}{\sum_{a}^{T} (P_{a,c} \times 1 / (1 + r_c)^{T-a-1})} \tag{12-11}$$

式中，j 为年份；a 为年龄；c 为国家；$\mathrm{VSL}_{\mathrm{OECD}}$ 为来自经合组织（OECD）国家的基础 VSL；$\mathrm{GDP}_{c,j}$ 为第 j 年、c 国人均国内生产总值（GDP）；$\mathrm{GDP}_{\mathrm{OECD},j}$ 为 OECD 国家的人均 GDP；e 为 VSL 中的收入弹性，ω_a 为 a 年龄的财富；ω_{mean} 为平均财富；T 为 a 年龄预期死亡的年龄；$\mathrm{LE}_{c,j,\mathrm{mean}} = \frac{\mathrm{LE}_{c,j,a} \times \mathrm{Pop}_{c,j,a}}{\sum \mathrm{Pop}_{c,j,a}}$ 为 c 国 j 年的平均预期寿命；$P_{a,c}$ 为生存概率；r_c 为贴现率。2000~2016 年特定国家的人均 GDP 来自

世界银行数据库。从 GBD 2017 研究中收集了每个国家的特定年龄生存概率、预期寿命数据和生存数据。每个国家的人均 GDP、财富、VSL 和 VSLY 按 2011 年购买力平价（purchasing-power-parity，PPP）美元调整。

5）评估空气污染的经济成本

基于上述信息评估空气污染造成的经济成本，公式如下：

$$\text{Age\_VSLY\_EC}_{i,j,k,a} = D_{i,j,k,a} \sum_{t=0}^{\text{LE}_{i,j,a-1}} \frac{\text{Age\_VSLY}_{c,j,a+t}}{(1+r)^t} \tag{12-12}$$

式中，$\text{Age_VSLY_EC}_{i,j,k,a}$为网格 i 中第 j 年人口年龄 a 中由原因 k 造成的可归因死亡的经济成本，使用年龄调整后的 VSLY 测量；t 为可归因死亡年龄后的第 t 年；r 为贴现率。

3. 主要结果

1）$PM_{2.5}$ 导致老年人群承受更高的健康经济损失

2016 年，在全球范围内，由于人口增长和人口老龄化，全球范围内室外 $PM_{2.5}$ 污染导致 842 万人死亡，约为 2000 年的 1.4 倍，其中 60 岁及以上人群死亡占总数的 69%以上。$PM_{2.5}$ 暴露引发约 1.6 亿寿命年损失，其中 60 岁及以上的人群占 38%。2000~2016 年期间，60 岁及以上人群的寿命损失年增加了 60%，相比之下 60 岁以下人群仅增加 3%。从地理上看，东南亚、东亚以及大洋洲和南亚超级区域在全球因 $PM_{2.5}$ 污染导致的死亡中占多数，这主要是因为其人口规模较大，$PM_{2.5}$ 暴露和基线死亡率高于其他区域。

在总人口中，归因于 $PM_{2.5}$ 污染的 YLLs 的经济成本从 2000 年的 2.37 万亿美元/年增加到 2016 年的 4.09 万亿美元/年。这一成本相当于 2016 年全球 GDP 的 3.6%。其中，老年人群健康经济损失占全部人群健康经济损失的 59%以上。在此期间，老年人口的经济成本增长比年轻人口的经济成本增长快 23%。由于较高的人均健康成本和基线死亡率，暴露于 $PM_{2.5}$ 给老年人口造成了过高的经济成本，其中最高的经济成本与 60~64 岁的人群和 85 岁及以上人群有关。

2）$PM_{2.5}$ 导致的不同病因别健康经济损失

由 $PM_{2.5}$ 引起的经济成本在五个具体死因中差异很大。其中缺血性心脏病的成本最高，占 2016 年 $PM_{2.5}$ 造成的总经济成本的 27%。因为缺血性心脏病的疾病特异性基线死亡率较高，而且每次死亡都会造成更多寿命损失。在所有特定原因中，与卒中相关的健康成本增长最快，其次是慢性阻塞性肺病。$PM_{2.5}$ 导致的经济损失在不同国家有很大的差异。在高收入地区的国家，如日本和美国，其他非传染性疾病导致的成本份额高于中低收入国家。从 2000 年到 2016 年，高收入超级区域由于五个特定原因导致的经济成本普遍下降，但归因于其他非传染性疾病死亡的成本却在增加，这一增长可能是由于老年人口中其他非传染性疾病的发病率较高。

对 2016 年与 $PM_{2.5}$ 污染有关的经济健康成本占国家 GDP 的百分比的研究发现，尽管中国的经济成本是全世界最大的，但俄罗斯、印度、意大利和尼日利亚的经济成本相对于国家 GDP 来说更高。中国和印度与 $PM_{2.5}$ 污染相关的健康成本在 2000~2016 年间大幅增加与其经济快速增长有关。

3）$PM_{2.5}$ 导致健康经济损失相关影响因素

该研究将环境 $PM_{2.5}$ 污染导致的健康成本变化按国家和地区划分为五个主要贡献因素如下：人口增长、人口老龄化、非传染性疾病和下呼吸道感染导致的年龄别基线死亡率、大气 $PM_{2.5}$ 暴露水平，以及人均 GDP 增长。在全球范围内，从 2000 年到 2016 年，GDP 增长使 $PM_{2.5}$ 造成的健康成本增加 77%，人口老龄化的影响使健康成本增加了 21%，抵消了死亡率降低带来的收益的一半左右。在所有驱动因素中，人均 GDP 的增长是研究期间东南亚、东亚和大洋洲地区以及南亚地区健康成本快速增长的主要因素。例如，中国健康成本的增长主要是由于人均 GDP 的增长，导致健康经济损失增加超过 490%、人口老龄化和 $PM_{2.5}$ 暴露分别造成健康经济损失增加了 29%和 20%。在高收入地区，基线死亡率的变化在降低健康成本方面发挥了关键作用，人口老龄化是医疗成本增长的主要因素。例如在美国，人口老龄化造成的健康成本（19%）超过了降低死亡率的基线收益（17%）。驱动因素对健康成本变化的影响也因年龄组而异。$PM_{2.5}$ 暴露的减少对 60 岁及以上人群的健康成本降低的贡献大于 60 岁以下人群的健康成本。

12.3.2　2019 全球疾病负担研究

1. 研究背景

全球疾病负担（GBD）研究致力于衡量全球多种原因造成的残疾和死亡。在过去 20 年中，它已经发展成为一个由近 5500 名研究人员组成的国际联盟，其估计值每年都在更新。GBD 的历史可以追溯到 20 世纪 90 年代初，当时世界银行委托进行了最初的 GBD 研究，并将其纳入具有里程碑意义的《1993 年世界发展报告：投资与健康》中。GBD 研究对全世界的卫生政策和议程制定产生了深远的影响，特别是因为它引起了全球对其他隐藏或忽视的健康挑战的关注，例如精神疾病和道路伤害负担。GBD 工作在世界卫生组织（WHO）制度化，该组织继续更新 GBD 调查结果。

1990 年后世界卫生组织分别公布了 2010 年、2013 年、2015 年、2016 年、2017 年、2019 年的疾病负担研究。截至目前，最新的 GBD 2019 研究于 2020 年发表在《柳叶刀》杂志上，由来自 152 个国家和地区的 5000 多名合作者的投入制作而成。对 204 个国家和地区以及全球的每个国家和地区进行了独立的人口估计，还新增五个国家（意大利、尼日利亚、巴基斯坦、菲律宾和波兰）的省级估算。在 GBD 2017 基础上对致命和非致命原因列表中添加了新的原因，共计 369 种疾病和伤害。还添加了两个新的风险因素（非最佳温度下的高低温）和 54 个新的风险结果对，共计 87 个风险因素。以下部分对该评估中大气污染相关部分进行简要介绍。

2. 评价过程

用于估计暴露于环境颗粒物污染的数据来自多个来源，包括大气气溶胶的卫星观测、地面测量、化学物质传输模型模拟、人口估计和土地利用数据。在 GBD 2015 实施空气质量数据集成模型（data integration model for air quality，DIMAQ）之前，暴露估计值使用单一的全局函数来校准现有的地面测量数据，以获得 $PM_{2.5}$ 的“融合”估计值，这种方法在利用所有可得数据源情况下，对准确性和计算效率之间进行权衡。但后续研究表明此种暴露估计值由于使用了单一的全球校准函数低估了特定地点的地面测量值。在 GBD 2015 和 GBD 2016 中，在贝叶斯分层模型框架下，针对每个国家估计校准模型中的系数。在一个国家内数据不足的情况下，可以从更高的总体“借用”信息。因此，单个国家层面的估计是基于国家、区域和超级区域的信息组合。GBD 2017 和 GBD 2019 中使用的模型还包括国家内部的校准变化。GBD 2019 中使用的模型，全球地球物理 $PM_{2.5}$ 估计值分辨率为 0.1°×0.1°，以下称为 DIMAQ2，相比 DIMAQ 有许多实质性的改进。DIMAQ 中认为不同年份的地面测量结果是在相关年份进行的，因此与该年的其他输入值如卫星等进行回归。在 DIMAQ2 中，考虑了时间变化情况，从而一定程度上改进了地面测量值和其他变量之间有可能不匹配的情况。人群网格估计方面，人口数据从世界人口网格化数据库（GPW）获得，同上述 $PM_{2.5}$ 数据结合起来形成最终的基于人群网格的地面 $PM_{2.5}$ 暴露水平评估。

对于环境和家庭颗粒物污染，GBD 2019 构建了缺血性心脏病、卒中（缺血性和出血性）、慢性阻塞性肺病、肺癌、急性下呼吸道感染和 2 型糖尿病与大气污染物的暴露反应关系曲线。简要流程如下，将环境 $PM_{2.5}$ 污染暴露相关研究，结合二手烟暴露与家庭固体燃料转化的 $PM_{2.5}$ 暴露研究，使用 MR-BRT 样条进行拟合，建立风险曲线，研究包括了形状约束，以便曲线单调增加并向下凹，这是

$PM_{2.5}$ 风险在生物学上最合理的形状。利用人口暴露和理论最低风险暴露水平（TMREL）进一步计算 PM 暴露的人群归因分值，TMREL 指定为均匀分布，其上下限由在北美进行的空气污染队列研究暴露分布的最低和第五百分位数的平均值给出，GBD 2019 的分布下限和上限与 GBD 2015 以来相同，分别为 2.4 μg/m³ 和 5.9 μg/m³。以上信息汇总不良出生结局 $PM_{2.5}$ 暴露计算人口归因分数，最后得到按年龄、性别、年份、地域划分的可归因于每种风险的死亡、YLL、YLD 和 DALY。

从 GBD 2019 开始，由于研究的增加与相关方法的改进，将主动吸烟研究排除在风险曲线之外，这一举措消除了早期估计中一个重要的不确定性来源，即主动吸烟和非自愿暴露例如环境和家庭 $PM_{2.5}$，二手烟暴露在剂量和其他方面的差异。

3. 主要结果

在 GBD 2019 评估的 87 个全球健康风险因子中，大气 $PM_{2.5}$ 污染其中位居第七，每年造成全世界超过 414 万人过早死亡，造成 11821 万人年的 DALY 损失。从不同疾病结局来看，大气 $PM_{2.5}$ 污染所导致的下呼吸道感染、肺癌（及其他呼吸道癌症）、缺血性心脏病、脑卒中、慢性阻塞性肺疾病和 2 型糖尿病过早死亡人数分别为 32.6 万，30.7 万，133.2 万，114.3 万，69.5 万，19.7 万；大气 $PM_{2.5}$ 污染所导致以上六种健康结局的 DALY 分别为 1341.8 万，701.6 万，3217.4 万，2873.6 万，1541.3 万，903.4 万人年。根据 GBD 2019，我国空气污染在所有的二级危险因素所致 DALY 的排名中位列第四。

以上结果显示，全球范围内，大气污染已成为主要的健康风险因子之一，可对我国乃至全球范围的国家均造成较大的疾病负担。

12.4 研究展望

空气污染对人群健康的威胁在世界范围内普遍存在，各国专家对空气污染会导致人群疾病负担与经济损失已有共识，但现有研究由于暴露-反应系数或疾病负担指标的选择不一致，以及经济损失评价的方法不同，可能导致结果的异质性。

未来应通过建立前瞻性队列研究，纳入更多的因素，从而更加全面地在较强因果联系上分析大气颗粒物与健康的关联；应对人群在地理尺度或个人行为尺度的暴露有更精确的判断，包括室内环境的颗粒物暴露，选择或计算具有代表性的暴露-反应关系系数；应选取更精细的指标进行政策实施效果评价，由于颗粒物污染的健康经济损失评价领域涉及内容较广，所以应吸引多学科的研究人员加入，以提高研究质量并且促进学科交叉发展，为政策制定提供依据。后续研究还应针对特定地区、特定时间段，对不同方法所得经济损失结果进行比较研究，确定更适用不同地区的方法。

（李国星①）

参 考 文 献

[1] Thurston G D, Ahn J, Cromar K R, et al.Ambient particulate matter air pollution exposure and mortality in the NIH-AARP diet and health cohort[J]. Environmental Health Perspectives, 2016, 124 (4): 484-490.

[2] Doiron D, De Hoogh K, Probst-Hensch N, et al. Residential air pollution and associations with wheeze and shortness of breath in adults: A combined analysis of cross-sectional data from two large european cohorts[J]. Environmental Health Perspectives, 2017, 125 (9): 097025.

[3] Gao N, Li C, Ji J, et al. Short-term effects of ambient air pollution on chronic obstructive pulmonary disease admissions in Beijing, China (2013—2017) [J]. International Journal of Chronic Obstructive Pulmonary Disease, 2019, 14: 297-309.

[4] Schmitt L H M. QALY gain and health care resource impacts of air pollution control: A Markov modelling approach[J]. Environmental Science & Policy, 2016, 63: 35-43.

[5] Chen G, Tao J, Wang J, et al. Reduction of air pollutants and associated mortality during and after the COVID-19 lockdown in China: Impacts and impLications[J]. Environmental Research, 2021, 200: 111457.

[6] Chen X, Zhang L-W, Huang J-J, et al. Long-term exposure to urban air pollution and lung cancer mortality: A 12-year cohort study in Northern China[J]. Science of the Total Environment, 2016, 571: 855-861.

[7] Ciabattini M, Rizzello E, Lucaroni F, et al. Systematic review and meta-analysis of recent high-quality studies on exposure to particulate matter and risk of lung cancer[J]. Environmental Research, 2021, 196: 110440.

[8] Kim J-H, Oh I-H, Park J-H, et al. Premature deaths attributable to long-term exposure to ambient fine particulate matter in the Republic of Korea[J]. Journal of Korean Medical Science, 2018, 33 (37): e251-e251.

[9] Global burden of 87 risk factors in 204 countries and territories, 1990—2019: A systematic analysis for the Global Burden of Disease Study 2019[J]. Lancet (London, England), 2020, 396 (10258): 1223-1249.

[10] Cohen A J, Brauer M, Burnett R, et al. Estimates and 25-year trends of the global burden of disease attributable to ambient air pollution: An analysis of data from the Global Burden of Diseases Study 2015[J]. Lancet (London, England), 2017, 389 (10082): 1907-1918.

[11] Du J, Yang J, Wang L, et al. A comparative study of the disease burden attributable to PM2.5 in China, Japan and the Republic of Korea from 1990 to 2017[J]. Ecotoxicology and Environmental Safety, 2021, 209: 111856.

[12] Rojas-Rueda D, Vrijheid M, Robinson O, et al. Environmental burden of childhood disease in Europe[J]. International Journal of Environmental Research and Public Health, 2019, 16 (6).

[13] Rojas-Rueda D, Alsufyani W, Herbst C, et al. Ambient particulate matter burden of disease in the Kingdom of Saudi Arabia[J]. Environmental Research, 2021, 197: 111036.

[14] Yin P, Brauer M, Cohen A J, et al. The effect of air pollution on deaths, disease burden, and Life expectancy across China and its provinces, 1990-2017: an analysis for the Global Burden of Disease Study 2017[J]. The Lancet Planetary Health, 2020, 4 (9): e386-e398.

[15] Koolen C D, Rothenberg G. Air Pollution in Europe[J]. Chemsuschem, 2019, 12 (1): 164-172.

[16] Zallaghi E, Goudarzi G, Sabzalipour S, et al. Effects of long-term exposure to PM on years of life lost and

① 北京大学

expected Life remaining in Ahvaz city, Iran (2008—2017) [J]. Environmental Science and Pollution Research International. 2021, 28 (1): 280-286.

[17] Hanigan I C, Broome R A, Chaston T B, et al. Avoidable mortality attributable to anthropogenic fine particulate matter (PM) in Australia[J]. International Journal of Environmental Research and Public Health, 2020, 18 (1).

[18] Huang J, Pan X, Guo X, et al. Health impact of China's Air Pollution Prevention and Control Action Plan: An analysis of national air quality monitoring and mortality data [J]. The Lancet Planetary Health, 2018, 2 (7): e313-e323.

[19] Kim S-Y, Pope A C, Marshall J D, et al. Reanalysis of the association between reduction in long-term PM concentrations and improved life expectancy[J]. Environmental Health : A Global Access Science Source, 2021, 20 (1): 102.

[20] Jorgenson A K, Thombs R P, Clark B, et al. Inequality amplifies the negative association between life expectancy and air pollution: A cross-national longitudinal study[J]. Science of the Total Environment,2021, 758: 143705.

[21] Wu Y, Wang W, Liu C, et al. The association between long-term fine particulate air pollution and Life expectancy in China, 2013 to 2017[J]. Science of the Total Environment, 2020, 712: 136507.

[22] Kim S, Xiao C, Platt I, et al. Health and economic consequences of applying the United States' PM automobile emission standards to other nations: A case study of France and Italy[J]. Public Health, 2020, 183: 81-87.

[23] Liu J, Chen Y, Cao H, et al. Burden of typical diseases attributed to the sources of PM-bound toxic metals in Beijing: An integrated approach to source apportionment and QALYs[J]. Environment International, 2019, 131: 105041.

[24] Yao M, Wu G, Zhao X, et al. Estimating health burden and economic loss attributable to short-term exposure to multiple air pollutants in China[J]. Environmental Research, 2020, 183: 109184.

[25] Zhang S, An K, Li J, et al. Incorporating health co-benefits into technology pathways to achieve China's 2060 carbon neutrality goal: a modelling study[J].The Lancet Planetary Health, 2021, 5 (11): e808-e817.

[26] Yin H, Pizzol M, Jacobsen J B, et al. Contingent valuation of health and mood impacts of PM2.5 in Beijing, China[J]. Science of the Total Environment, 2018, 630: 1269-1282.

[27] Yin H, Brauer M, Zhang J J, et al. Population ageing and deaths attributable to ambient PM pollution: A global analysis of economic cost[J]. The Lancet Planetary Health, 2021, 5 (6): e356-e367.